高职高专教育“十三五”规划教材

数学应用技术

◎主 编 邓 光 徐辉军

同济大学出版社
TONGJI UNIVERSITY PRESS

内容提要

本书于2007年被确定为江苏省高校立项精品教材，2011年被评为江苏省高校精品教材.

全书内容分基础模块、专业模块和拓展模块三大部分，主要介绍了预备知识、极限与连续、导数与微分及其应用、积分及其应用、向量代数与空间解析几何、多元函数微积分及其应用、无穷级数及其应用、常微分方程及其应用、线性代数及其应用、概率统计及其应用以及数学建模等数学基础知识与理论、基本应用与方法等内容.本书以应用为目的，重视数学背景的介绍、数学概念的建立、数学应用能力的培养和数学文化的熏陶，将Matlab软件作为辅助工具融入教材，每章配有相关的实际应用案例、数学实验、习题、名人名言及阅读材料.

本书适用作高职高专工科、经管类专业数学公共基础课教学用书，也可作为专科层次成人教育、自学考试等参考资料.

图书在版编目(CIP)数据

数学应用技术 / 邓光，徐辉军主编. -- 上海：同济大学出版社，2017.7

ISBN 978-7-5608-7143-1

Ⅰ. ①数… Ⅱ. ①邓… ②徐… Ⅲ. ①高等数学—高等职业教育—教材 Ⅳ. ①O13

中国版本图书馆CIP数据核字(2017)第157234号

高职高专教育“十三五”规划教材

数学应用技术

主编 邓 光 徐辉军

责任编辑 陈佳蔚 **责任校对** 除春莲 **封面设计** 潘向蓁

出版发行 同济大学出版社 www.tongjipress.com.cn
(地址:上海市四平路1239号 邮编:200092 电话:021-65985622)

经　销 全国各地新华书店

印　刷 常熟市大宏印刷有限公司

开　本 787 mm×1092 mm 1/16

印　张 25.25

字　数 630 000

印　数 1—4 100

版　次 2017年7月第1版 2017年7月第1次印刷

书　号 ISBN 978-7-5608-7143-1

定　价 49.00元

前　言

本书是按照教育部《高职高专教育数学课程教学基本要求》，针对高等职业教育“高素质技术技能人才”的培养目标，结合当前高等职业教育专业建设与课程改革的发展趋势编写的. 本书将传统高等教育中的高等数学与工程数学融为一体，保持内容体系的完整性. 同时，在内容处理上，对一些抽象的理论性定义和证明，尽可能简略；对一些与专业学习、实际应用密切联系的内容与方法，则尽可能详细.

作为2007年江苏省高校立项精品教材，本书先后由河海大学生出版社、电子科技大学出版社、化学工业出版社分别于2007年、2010年和2011年出版过三次. 此次修订，我们将Matlab软件作为辅助工具融入教材，对教材章节结构、部分内容进行了调整和完善，补充增加了部分案例和习题，使教材整体更加丰满，并力求体现如下特点：

1. 适应专业调整，重新审定教材内容. 以“必需够用”为度，选择教材内容，满足各专业发展需求，丰富模块化体系，强化服务专业的功能.

2. 注重中高职、普职课程的衔接. 适当降低难度，满足多元化的教学需求，内容编排由浅入深循序渐进，注重有效衔接，增加必要的预备知识.

3. 体现数学实用性、工具性和针对性. 选择紧密结合专业的案例资源，增加联系实际的背景资料和数学模型，将Matlab软件作为辅助工具融入教材，力求提供一套解决实际问题整体方案.

4. 强调育人功能，提高学生数学素养. 数学是工具，用于交流的语言，更是一种文化，必要增加数学文化的介绍，体现通识必修课的文化功能.

分专业的模块组合与教学时序建议

学期安排	学习任务		组合1 化工类	组合2 机械类	组合3 电子类	组合4 土建类	组合5 经管类
第一学期	基础模块	1. 预备知识	4	4	4	4	4
		2. 极限与连续	12	12	12	12	12
		3. 导数与微分	12	12	12	12	12
		4. 导数与微分的应用	6	8	8	8	8
		5. 积分	12	12	12	12	12
		6. 积分的应用	6	8	8	8	8

(续表)

学期安排		学习任务	组合1 化工类	组合2 机械类	组合3 电子类	组合4 土建类	组合5 经管类
第二学期	专业模块	7. 向量代数与空间解析几何	12	12	12	12	
		8. 多元函数微积分及其应用	12	12	12	12	
		9. 无穷级数及其应用			18		
		10. 常微分方程及其应用		10	10	10	14
		11. 线性代数及其应用	14	18		18	18
		12. 概率统计及其应用	14				20
	拓展模块	13. 数学建模(选学)					
合计			104	104	104	104	104

全书分工如下:第 7、9、11 和 12 章由邓光负责编写,第 1、3、10 章由徐辉军负责编写,第 5、13 章由徐静负责编写,第 4、8 章由刘长太负责编写,第 2 章由王伟负责编写,第 6 章由耿红梅负责编写.此外,本书在编写过程中,得到许多兄弟院校同行们的支持和帮助,本校各专业系部及数学教研室也给予了大力协助,谨在此表示感谢.

本书可供高职高专高中起点化工、机械、电子、信息、土建及经管等各大类专业选用.

由于编者的水平,教材中如有存在错误或不足之处,敬请读者给予批评和指正.

本书编写组

2017 年 6 月

目　录

基础模块

专业模块

拓展模块

基础模块

第1章 预备知识

万事万物都在不停的变化.例如,每天的气温都会随时间的变化而变化;产品的生产成本会随产量的增加而增加.作为研究和描述客观世界的工具,微积分研究的基本对象就是函数.本章对函数的有关知识做进一步的复习巩固、加深理解和拓展学习,同时列出了中学数学中初等代数、初等几何及三角函数的常用公式,另外,为了能向学生传授一套完整地解决问题的方法,本章增加了对Matlab软件的介绍.

学习要点

- 理解函数的概念,能求函数的定义域、解析式和函数值,会作简单函数的图像.
- 掌握函数的基本性质,能判断函数的单调性、奇偶性、周期性和有界性,掌握基本初等函数.
- 理解复合函数的概念,能熟练的进行复合函数的分解.
- 理解初等函数的概念.
- 掌握常用的函数模型,能根据实际问题建立函数模型.
- 掌握初等代数、初等几何和三角函数的常见公式.
- 掌握 Matlab 软件的基本操作,能利用 Matlab 软件进行简单代数运算.

一种科学只有在成功地运用数学时,才算是达到了真正完善的地步.

——卡尔·马克思

卡尔·马克思(1818—1883)
德国伟大的政治家、哲学家、革命理论家

1.1 函 数

1.1.1 常量、变量与增量

1. 常量与变量

在自然现象或技术过程中不起变化或保持一定的数值的量叫做常量. 而在过程中变化着的或可以取不同数值的量叫做变量.

例如,把一个密闭容器内的气体加热时,气体的体积和气体的分子个数保持一定,它们是常量;而气体的温度和压力则取得越来越大的数值,所以它们是变量. 一个量是常量还是变量,要根据具体情况作出分析.

常量通常用字母 a, b, c, … 等表示,变量通常用字母 x, y, t, … 等表示. 任何一个变量总有一定的变化范围,如果变量的变化是连续的,则常用区间来表示变量的变化范围.

2. 变量的增量

设变量 x 从它的初值 x_1 变到终值 x_2,终值与初值的差 $x_2 - x_1$ 就叫做变量 x 的增量,记作 Δx,即

$$\Delta x = x_2 - x_1.$$

增量 Δx 可以是正的,可以是负的,也可以是零. 记号 Δx 并不表示某个量 Δ 与变量 x 的乘积,而是一个整体不可分割的记号.

例如,平面上的动点 P,其起点坐标为 $(1, -2)$,终点坐标为 $(5, 8)$,那么关于坐标 x, y 的增量则分别是 $\Delta x = 5 - 1 = 4$ 和 $\Delta y = 8 - (-2) = 10$.

1.1.2 函数的概念

1. 函数的定义

设 x 和 y 是两个变量,D 是实数集的某个子集,若对于 x 在 D 中的每个取值,变量 y 按照一定的法则或对应关系总有一个确定的值与之对应,则称变量 y 是变量 x 的函数,记作

$$y = f(x)^{①}.$$

x 叫做自变量,数集 D 叫做函数的定义域,当 x 取遍 D 中的一切实数值时,与它对应的函数值的集合 M 叫做函数的值域,定义域和对应关系是构成函数的两个要素.

在函数的定义中,并没有要求自变量变化时函数值一定要变,只要求对于自变量 $x \in D$ 都有确定的 $y \in M$ 与它对应. 因此,常量 $y = C$ 也符合函数的定义,因为当 $x \in \mathbf{R}$ 时,所对应的 y 值都是确定的常数 C.

2. 函数的符号

y 是 x 的函数可以记作 $y = f(x)$,但在同一个问题中,如果出现几个不同的函数,为区别起见,可采用不同的函数记号来表示. 例如,以 x 为自变量的函数可以表示为

---

① 中国清代数学家李善兰(1811—1882)翻译的《代数学》一书中首次用中文把“function”翻译为“函数”,此译名沿用至今.

$$F(x),\ g(x),\ \varphi(x),\ \cdots$$

函数 $y=f(x)$ 当 $x=x_0\in D$ 时,对应的函数值可以记为 $f(x_0)$.

例1 设 $f(x)=\arcsin x$,求 $f(0)$, $f(-1)$, $f\left(\frac{\sqrt{3}}{2}\right)$, $f\left(-\frac{\sqrt{2}}{2}\right)$, $f(a)$.

解 $f(0)=\arcsin 0=0$,

$f(-1)=\arcsin(-1)=-\frac{\pi}{2}$,

$f\left(\frac{\sqrt{3}}{2}\right)=\arcsin\frac{\sqrt{3}}{2}=\frac{\pi}{3}$,

$f\left(-\frac{\sqrt{2}}{2}\right)=\arcsin\left(-\frac{\sqrt{2}}{2}\right)=-\frac{\pi}{4}$,

$f(a)=\arcsin a$, $a\in[-1,1]$.

例2 若 $f(x+1)=x^2+x$,求 $f(x)$.

解 令 $x+1=u$,则 $x=u-1$,

$$f(x+1)=f(u)=(u-1)^2+(u-1)=u^2-u+2,$$

故 $f(x)=x^2-x+2$.

3. 函数的定义域

当我们在研究函数时,必须注意函数的定义域.函数的定义域由函数表达式或函数所涉及的实际问题来确定.若从函数表达式本身来确定函数的定义域,一般可从以下四个方面考虑:

(1) 在分式中,分母不能为零;

(2) 在根式中,负数不能开偶次方根;

(3) 在对数式、三角函数、反三角函数中,要符合相关函数的定义域;

(4) 函数表达式中有分式、根式、对数式、三角函数式和反三角函数时,我们要取其交集.

例3 求下列函数的定义域.

(1) $f(x)=\frac{1}{x^2-2x}+\sqrt{3-x}$;　　(2) $y=\arcsin\frac{x+1}{3}$.

解 (1) 由 $\begin{cases}x^2-2x\neq 0,\\ 3-x\geqslant 0,\end{cases}$

得
$$\begin{cases}x\neq 0,\\ x\neq 2,\\ x\leqslant 3.\end{cases}$$

故该函数的定义域为 $(-\infty,0)\cup(0,2)\cup(2,3]$.

(2) 由 $-1\leqslant\frac{x+1}{3}\leqslant 1$,

得
$$-4\leqslant x\leqslant 2.$$

故该函数的定义域为 $[-4,2]$.

函数的定义域可以用区间或集合来表示.

4. 相同函数

两个函数只有当它们的定义域和对应关系完全相同时,这两个函数才被认为是相同的.

例如，函数 $y=x$ 与 $y=\sqrt[3]{x^3}$，由于它们的定义域和对应关系都相同，所以它们是相同函数. 又如，函数 $y=x$ 与 $y=\sqrt{x^2}$，虽然定义域相同，但由于对应关系不同，所以它们是不同的函数.

5. 反函数

设有函数 $y=f(x)$，其定义域为 D，值域为 M. 若对于 M 中的每一个 y 值 $(y\in M)$，都可以从 $y=f(x)$ 确定唯一的 x 值 $(x\in D)$，则根据函数的定义，x 也可以称为是 y 的函数，叫做函数 $y=f(x)$ 的反函数，记作 $x=f^{-1}(y)$，它的定义域为 M，值域为 D.

习惯上，函数的自变量都用 x 表示，所以，反函数也可表示为 $y=f^{-1}(x)$.

函数 $y=f(x)$ 的图像与其反函数 $y=f^{-1}(x)$ 的图像关于直线 $y=x$ 对称.（想一想：能否说"函数 $y=f(x)$ 的图像与函数 $x=f^{-1}(y)$ 的图像关于直线 $y=x$ 对称"?）

并不是每一个函数在其定义域上都有反函数. 简单地说，反函数存在的条件就是 x 与 y 必须满足一一对应的关系.

1.1.3 函数的图像

表示函数通常有公式法、表格法和图像法三种方法. 图像法是了解函数基本特征的一种直观方法. 掌握函数图像随函数式而变化的基本规律，对于快速描绘函数图像、了解变量间的变化规律和函数特征具有重要的意义. 例如 $y=x^2$ 的图像及其变化如表 1-1 所示.

表 1-1

函数	图像	函数式变化	图像变化	图像变化特点
$y=x^2$	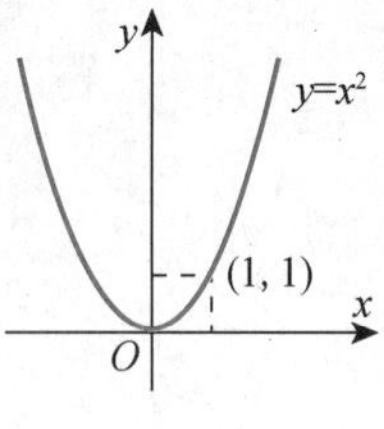 $y=x^2$；$(1,1)$；O；x；y	$y=x^2+1$	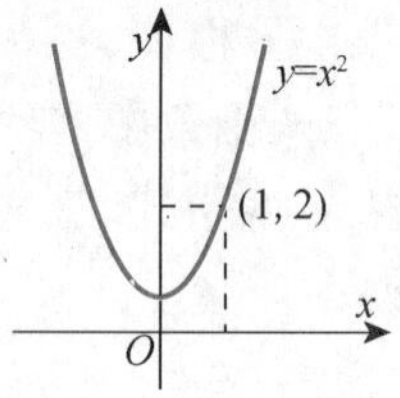 $y=x^2$；$(1,2)$；O；x；y	将函数 $y=x^2$ 的图像沿 y 轴方向整体向上平移 1 个单位
		$y=x^2-1$	略	略
		$y=(x+1)^2$	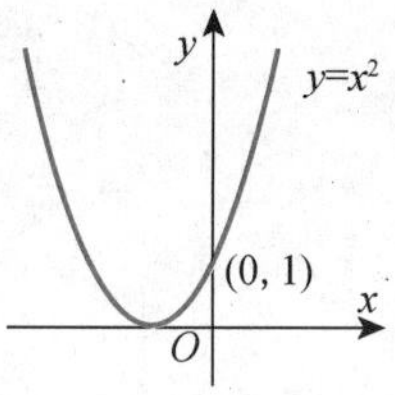 $y=x^2$；$(0,1)$；O；x；y	将函数 $y=x^2$ 的图像沿 x 轴方向整体向左平移 1 个单位
		$y=(x-1)^2$	略	略
		$y=2x^2$	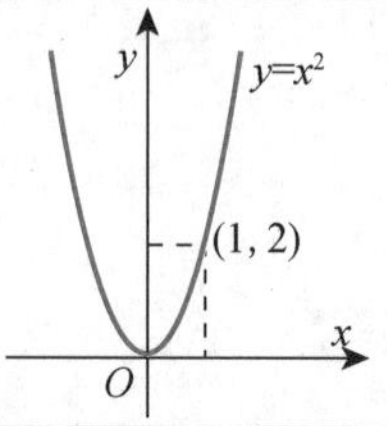 $y=x^2$；$(1,2)$；O；x；y	将函数 $y=x^2$ 的图像每个横坐标所对应的纵坐标扩大为原来的 2 倍
		$y=\frac{1}{2}x^2$	略	略

1.1.4 函数的一般性质

1. 函数的奇偶性

若函数 $f(x)$ 的定义域关于原点对称，且对任意 x，都有

$$f(-x)=-f(x),$$

则称 $f(x)$ 为奇函数.

若函数 $f(x)$ 的定义域关于原点对称，且对任意 x，都有

$$f(-x)=f(x),$$

则称 $f(x)$ 为偶函数.

若函数 $f(x)$ 既非奇函数，也非偶函数，则称 $f(x)$ 为非奇非偶函数.

例如，$f(x)=\sin x$ 是奇函数，$f(x)=\cos x$ 是偶函数，而 $f(x)=\sin x+\cos x$ 则是非奇非偶函数.

奇函数的图像是关于原点对称的(图 1-1)，偶函数的图像是关于 y 轴对称的(图 1-2). 不论是奇函数还是偶函数，它们的定义域必须关于原点对称.

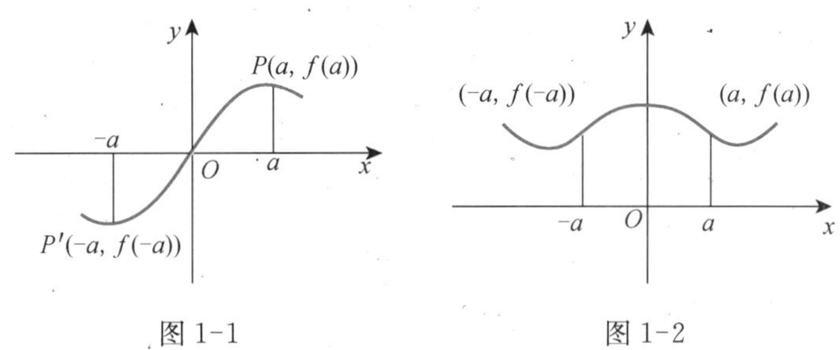

图 1-1　　图 1-2

进一步地，我们有结论：任何一个定义域关于原点对称的函数一定能够表示为一个奇函数和一个偶函数的和，即

$$f(x)=\frac{f(x)+f(-x)}{2}+\frac{f(x)-f(-x)}{2}.$$

2. 函数的单调性

若函数 $f(x)$ 在区间 (a,b) 内随着 x 的增大而增大，即对于 (a,b) 任意两点 x_1 和 x_2，有

$$\text{当 } x_1<x_2 \text{ 时，}\quad f(x_1)<f(x_2),$$

则称函数 $f(x)$ 在区间 (a,b) 内是单调增加的，函数 $f(x)$ 叫做单调增函数，区间 (a,b) 叫做函数 $f(x)$ 的单调增加区间. 单调增函数的图像特征是沿横坐标轴正向上升(图 1-3).

若函数 $f(x)$ 在区间 (a,b) 内随着 x 的增大而减小，即对于 (a,b) 任意两点 x_1 和 x_2，有

$$\text{当 } x_1<x_2 \text{ 时，}\quad f(x_1)>f(x_2),$$

则称函数 $f(x)$ 在区间 (a,b) 内是单调减小的，函数 $f(x)$ 叫做单调减函数，区间 (a,b) 叫做函

数 $f(x)$ 的单调减小区间. 单调减函数的图像特征是沿横坐标轴正向下降(图 1-4).

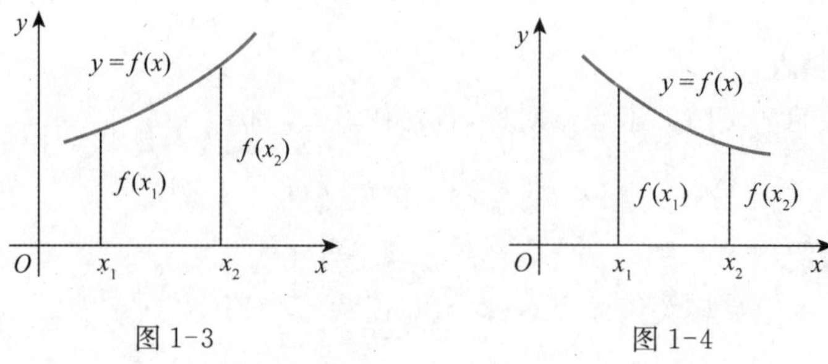

图 1-3　　　　图 1-4

函数的单调增加与单调减小特性统称为函数的单调性. 有些函数在定义域内具有单调性,而有些函数在定义域内没有单调性,但在定义域的局部区间内却有单调性. 例如,函数 $y=\sin x$ 在其定义域 $(-\infty, +\infty)$ 内不是单调函数,但在 $\left[2k\pi-\frac{\pi}{2}, 2k\pi+\frac{\pi}{2}\right]$ 上却是单调增加的,在 $\left[2k\pi+\frac{\pi}{2}, 2k\pi+\frac{3\pi}{2}\right]$ 上又是单调减小的.

3. 函数的有界性

设函数 $f(x)$ 在区间 (a, b) 内有定义,若存在一个正数 M, 使得对于区间 (a, b) 内的一切 x 值,对应的函数值 $f(x)$ 都有

$$|f(x)| \leqslant M$$

成立,则称 $f(x)$ 在区间 (a, b) 内有界;若这样的数 M 不存在,则称 $f(x)$ 在区间 (a, b) 内无界. 此定义也适用于闭区间的情形.

如果函数 $y=f(x)$ 在区间 (a, b) 内是有界的,那么它的图像在 (a, b) 内必介于两平行线 $y=\pm M$ 之间(图 1-5).

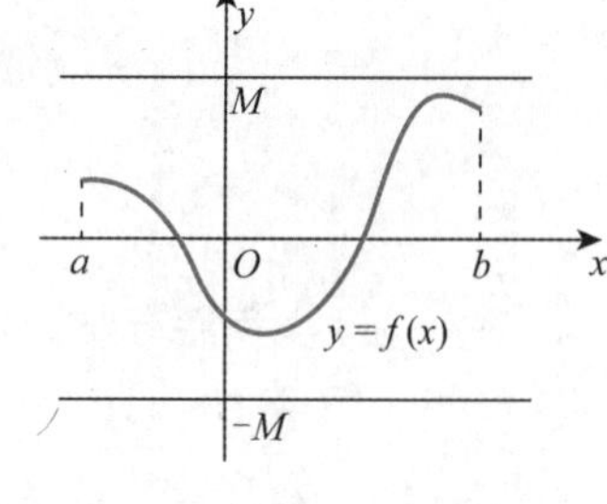

图 1-5

常见的有界函数有 $y=\sin x$, $y=\cos x$, $y=\arctan x$, $y=\frac{1}{1+x^2}$ 等.

4. 函数的周期性

对于函数 $f(x)$, 若存在一个正数 T, 使得对于定义域内的一切 x, 等式

$$f(x+T)=f(x)$$

都成立,则称函数 $f(x)$ 是周期函数,正数 T 叫做这个函数的周期. 显然, $2T$, $3T$, $\cdots$, nT $(n \in \mathbf{N})$ 都是周期,周期的最小正数叫做周期函数的最小正周期(我们所说的周期通常是指函数的最小正周期).

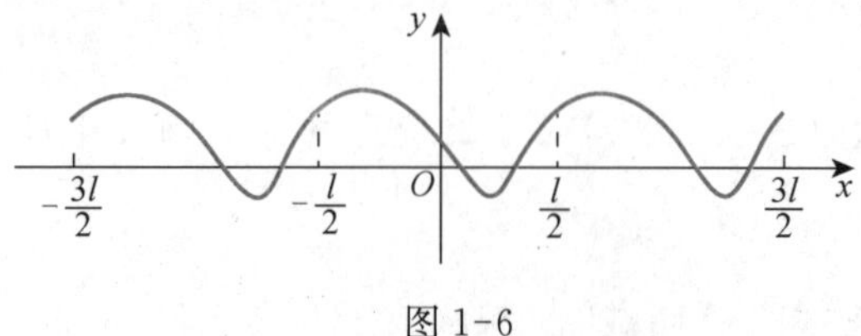

图 1-6

如果一个函数以 T 为周期,那么它的图像在定义域内每隔长度 T 的相邻区间上,有相同的形状(图 1-6).

常见的周期函数有 $y=C$, $y=\sin x$, $y=\cos x$ 等.

1.1.5　基本初等函数

我们把幂函数 $y=x^{\alpha}$（α 为实数）、指数函数 $y=a^{x}$（$a>0$ 且 $a\neq1$）、对数函数 $y=\log_{a}x$（$a>0$ 且 $a\neq1$）、三角函数和反三角函数统称为基本初等函数.

常用的基本初等函数的定义域、值域、图像和特性如表 1-2 所示.

表 1-2　基本初等函数

	函数	定义域与值域	图像	特性
幂函数	$y=x$	$x\in(-\infty,+\infty)$ $y\in(-\infty,+\infty)$	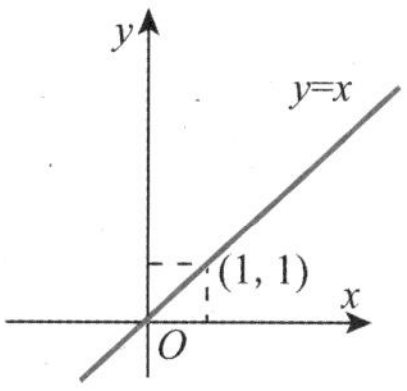	奇函数 在 $(-\infty,+\infty)$ 单调增加
	$y=x^{2}$	$x\in(-\infty,+\infty)$ $y\in(0,+\infty)$	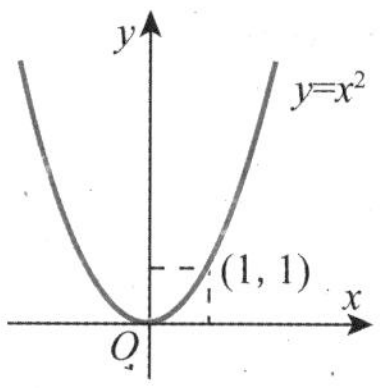	偶函数 在 $(-\infty,0)$ 单调减少 在 $(0,+\infty)$ 单调增加
	$y=x^{3}$	$x\in(-\infty,+\infty)$ $y\in(-\infty,+\infty)$	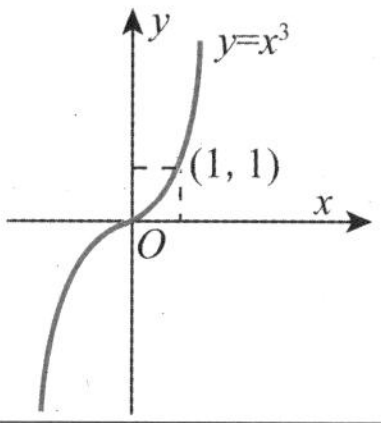	奇函数 在 $(-\infty,+\infty)$ 单调增加
	$y=x^{-1}$	$x\in(-\infty,0)\cup(0,+\infty)$ $y\in(-\infty,0)\cup(0,+\infty)$	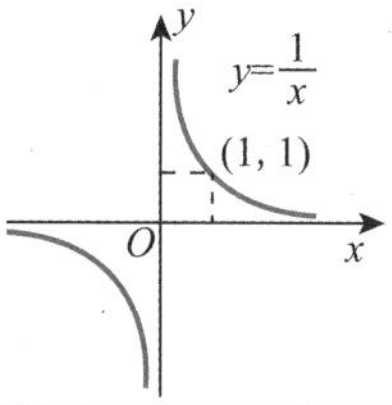	奇函数 在 $(-\infty,0)$ 单调减少 在 $(0,+\infty)$ 单调减少
	$y=\sqrt{x}$	$x\in[0,+\infty)$ $y\in[0,+\infty)$	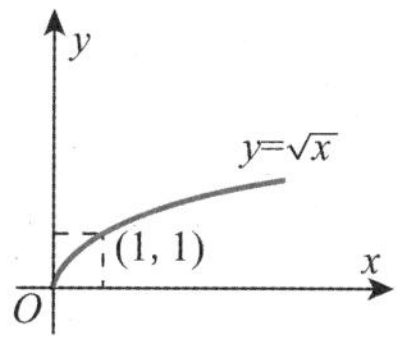	非奇非偶函数 在 $[0,+\infty)$ 单调增加
指数函数	$y=a^{x}$ $(0<a<1)$	$x\in(-\infty,+\infty)$ $y\in(0,+\infty)$	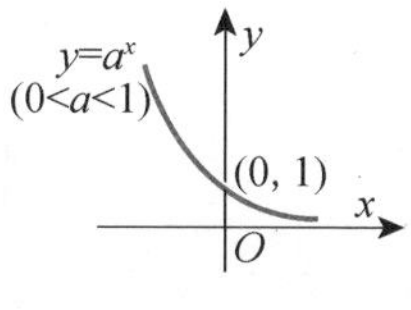	非奇非偶函数 在 $(-\infty,+\infty)$ 单调减少

（续表）

	函数	定义域与值域	图像	特性
指数函数	$y=a^x$ $(a>1)$	$x\in(-\infty,+\infty)$ $y\in(0,+\infty)$	$y=a^x$ $(a>1)$ $y=1$ $(0,1)$ O x y	非奇非偶函数 在 $(-\infty,+\infty)$ 单调增加
对数函数	$y=\log_a x$ $(0<a<1)$	$x\in(0,+\infty)$ $y\in(-\infty,+\infty)$	$x=1$ $(1,0)$ O x y $y=\log_a x$ $(0<a<1)$	非奇非偶函数 在 $(0,+\infty)$ 单调减少
	$y=\log_a x$ $(a>1)$	$x\in(0,+\infty)$ $y\in(-\infty,+\infty)$	$x=1$ $y=\log_a x(a>1)$ O $(1,0)$ x y	非奇非偶函数 在 $(0,+\infty)$ 单调增加
三角函数	$y=\sin x$	$x\in(-\infty,+\infty)$ $y\in[-1,+1]$	$y=\sin x$ 1 O π 2π -1 x y	奇函数，周期为 2π 在 $\left(2k\pi-\frac{\pi}{2},\ 2k\pi+\frac{\pi}{2}\right)$ 单调增加 在 $\left(2k\pi+\frac{\pi}{2},\ 2k\pi+\frac{3\pi}{2}\right)$ 单调减少
	$y=\cos x$	$x\in(-\infty,+\infty)$ $y\in[-1,+1]$	$y=\cos x$ 1 O $\frac{\pi}{2}$ $\frac{3\pi}{2}$ -1 x y	偶函数，周期为 2π 在 $(2k\pi,\ 2k\pi+\pi)$ 单调减少 在 $(2k\pi+\pi,\ 2k\pi+2\pi)$ 单调增加
	$y=\tan x$	$x\neq k\pi+\frac{\pi}{2}(k\in\mathbf{Z})$ $y\in(-\infty,+\infty)$	$y=\tan x$ $\frac{\pi}{2}$ $-\pi$ $-\frac{\pi}{2}$ O π x y	奇函数，周期为 π 在 $\left(k\pi-\frac{\pi}{2},\ k\pi+\frac{\pi}{2}\right)$ 单调增加
	$y=\cot x$	$x\neq k\pi(k\in\mathbf{Z})$ $y\in(-\infty,+\infty)$	$y=\cot x$ $\frac{3\pi}{2}$ O $-\frac{\pi}{2}$ $\frac{\pi}{2}$ π x y	奇函数，周期为 π 在 $(k\pi,\ k\pi+\pi)$ 单调减少

（续表）

	函数	定义域与值域	图像	特性
反三角函数	$y=\arcsin x$	$x\in[-1,1]$ $y\in\left[-\frac{\pi}{2},+\frac{\pi}{2}\right]$	$y=\arcsin x$	奇函数 在 $\left[-\frac{\pi}{2},+\frac{\pi}{2}\right]$ 单调增加 有界
	$y=\arccos x$	$x\in[-1,1]$ $y\in[0,+\pi]$	$y=\arccos x$	非奇非偶函数 在 $[-1,1]$ 单调减少 有界
	$y=\arctan x$	$x\in(-\infty,+\infty)$ $y\in\left(-\frac{\pi}{2},+\frac{\pi}{2}\right)$	$y=\arctan x$	奇函数 在 $(-\infty,+\infty)$ 单调增加 有界
	$y=\text{arccot}\, x$	$x\in(-\infty,+\infty)$ $y\in(0,+\pi)$	$y=\text{arccot}\, x$	非奇非偶函数 在 $(-\infty,+\infty)$ 单调减少 有界

1.1.6 分段函数、复合函数和初等函数

1. 分段函数

在不同的区间内用不同的式子来表示的函数叫做分段函数.

例如，函数 $f(x)=\begin{cases}x, & x\geqslant 0,\\ -x, & x<0\end{cases}$ 是定义域在 $(-\infty,\infty)$ 的分段函数. 当 $x\geqslant 0$ 时，$f(x)=x$；当 $x<0$ 时，$f(x)=-x$（图 1-7）.

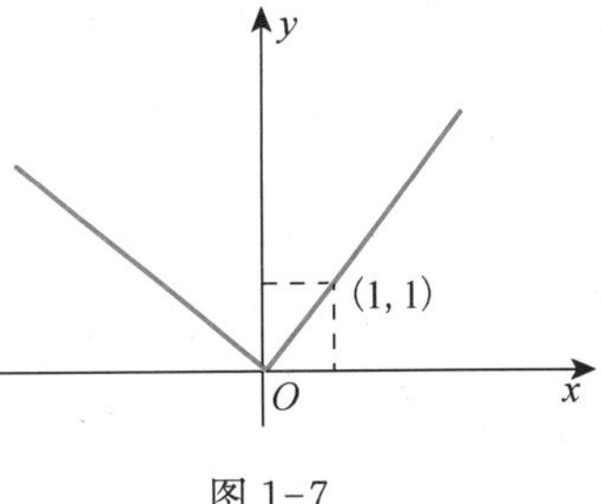

图 1-7

2. 复合函数

设 y 是 u 的函数 $y=f(u)$，而 u 又是 x 的函数 $u=\varphi(x)$，$u=\varphi(x)$ 的定义域为数集 A. 若在数集 A 或 A 的子集上，对于 x 的每一个值所对应的 u 值，都能使函数 $y=f(u)$ 有定义，则 y 就是 x 的函数. 这个函数

叫做函数 $y=f(u)$ 与 $u=\varphi(x)$ 复合而成的函数,简称为 x 的复合函数,记作

$$y=f[\varphi(x)].$$

其中,u 叫做中间变量,其定义域为数集 A 或数集 A 的子集.

必须注意的是,不是任何两个函数都可以复合成一个复合函数.例如,$y=\arcsin u$ 与 $u=2+x^2$ 就不能复合成一个复合函数.(为什么?)三个或者更多个函数具备复合条件时,也能够形成一个新的复合函数.例如,$y=u^2$,$u=\sin v$,$v=x^2+1$ 可以复合成 $y=\sin^2(x^2+1)$.

掌握一个复合函数的复合过程(通常称为分解),对了解复合函数的特性具有重要作用,应当给予足够的重视.

例 4 指出下列函数的复合过程.

(1) $y=(2x-3)^{100}$; (2) $y=\ln(\sin 2x)$; (3) $y=\sqrt{\ln(2^x+3)}$.

解 (1) $y=(2x-3)^{100}$ 是由 $y=u^{100}$,$u=2x-3$ 复合而成.

(2) $y=\ln(\sin 2x)$ 是由 $y=\ln u$,$u=\sin v$,$v=2x$ 复合而成.

(3) $y=\sqrt{\ln(2^x+3)}$ 是由 $y=\sqrt{u}$,$u=\ln v$,$v=2^x+3$ 复合而成.

注意 复合函数复合过程的分解结果必须是若干基本初等函数或基本初等函数与常数的运算,这也是检验分解结果是否正确的标准.

3. 初等函数

由基本初等函数经过有限次的四则运算和有限次的函数复合步骤所构成并可用一个式子表示的函数叫做初等函数.例如,$y=\sin^2 x$,$y=\sqrt{1-x^2}$,$y=x\ln x$ 等都是初等函数.

值得注意的是,由于分段函数 $f(x)=\begin{cases} x, & x\geqslant 0, \\ -x, & x<0 \end{cases}$ 可化为 $y=\sqrt{x^2}$,而 $y=\sqrt{x^2}$ 是由 $y=\sqrt{u}$ 和 $u=x^2$ 复合而成的,所以说这个分段函数实际是一个初等函数.本书中所讨论的函数绝大多数是初等函数.

习 题 1.1

1. 求下列函数的定义域.

(1) $y=\sqrt{3x+4}$; (2) $y=\dfrac{3x}{x^2-5x+4}$;

(3) $y=\dfrac{6}{\sqrt{4-x^2}}$; (4) $y=\dfrac{1}{x}-\sqrt{1-x^2}$;

(5) $y=\lg\dfrac{1+x}{1-x}$; (6) $y=\arcsin\sqrt{2x}$;

(7) $y=\sqrt{1-|x|}$; (8) $y=\dfrac{x}{\tan x}$.

2. 判断下列每组中所给的两个函数是否相同.

(1) $y=x$ 和 $y=(\sqrt{x})^2$; (2) $y=\arccos x$ 和 $y=\dfrac{\pi}{2}-\arcsin x$;

(3) $y=\ln\sqrt{x-1}$ 和 $y=\frac{1}{2}\ln(x-1)$； (4) $y=|x-1|$ 和 $y=\begin{cases}1-x, & x<1,\\ 0, & x=1,\\ x-1, & x>1.\end{cases}$

3. 设 $f(x)=\begin{cases}0, & x<0,\\ 2x, & 0\leqslant x<\frac{1}{2},\\ 2(1-x), & \frac{1}{2}\leqslant x<1,\\ 0, & x\geqslant 1.\end{cases}$ 作出它的图像，并求 $f\left(-\frac{1}{2}\right)$，$f\left(\frac{1}{3}\right)$，$f\left(\frac{3}{4}\right)$，$f(2)$ 的值.

4. 设 $f\left(x+\frac{1}{x}\right)=x^2+\frac{1}{x^2}$，求 $f(x)$.

5. 判断下列函数的奇偶性.

(1) $f(x)=x\sin x$； (2) $y=\frac{e^x+e^{-x}}{2}$；

(3) $f(x)=\ln(\sqrt{1+x^2}-x)$； (4) $f(x)=\begin{cases}x+1, & x>0,\\ 0, & x=0,\\ x-1, & x<0.\end{cases}$

6. 说明下列函数在指定区间上的单调性.

(1) $y=x^3$，$x\in(-1,0)$； (2) $y=\ln x$，$x\in(0,+\infty)$.

7. 指出下列各周期函数的最小正周期.

(1) $y=\sin x+\cos x$； (2) $y=\sin^2 x$.

8. 下列函数中哪些函数在 $(-\infty,+\infty)$ 内是有界的？

(1) $y=\cos^2 x$； (2) $y=\frac{1}{1+\tan x}$.

9. 指出下列各复合函数的复合过程.

(1) $y=e^{x^2}$； (2) $y=\cos^2(1-2x)$；

(3) $y=\sin(2\ln 2x)$； (4) $y=\arcsin[\lg(2x+1)]$；

(5) $y=e^{\cos x^2}$； (6) $y=\sin(\ln x)^2$；

(7) $y=\ln^3(\sin 2x)$； (8) $y=\arctan[\ln(2x+1)]$.

1.2 函数的应用

在解决实际问题时，通常要先建立函数关系，然后进行分析和计算. 我们通过以下几个简单的实际应用问题，说明建立函数关系的过程和方法.

【应用 1】 个人所得税问题

十届全国人大常委会第三十一次会议于 2007 年 12 月 29 日表决通过了关于修改个人所得税法的决定. 根据决定，自 2008 年 3 月 1 日起，我国个税免征额将从现在的 1 600 元/月上调至 2 000 元/月. 现行的工资、薪金所得的个人所得税计算公式为

$$每月应纳税额 = 应纳税所得额 \times 税率 - 速算扣除数.$$

其中，应纳税所得额＝每月收入额－免税标准. 个人所得税税率表见表 1-3.

表 1-3　个人所得税税率表

级数	每月收入的纳税部分	税率	速算扣除数
1	不超过 500 元的部分	5%	0
2	超过 500 元至 2 000 元的部分	10%	25
3	超过 2 000 元至 5 000 元的部分	15%	125
4	超过 5 000 元至 20 000 元的部分	20%	375
5	超过 20 000 元至 40 000 元的部分	25%	1 375
6	超过 40 000 元至 60 000 元的部分	30%	3 375
7	超过 60 000 元至 80 000 元的部分	35%	6 375
8	超过 80 000 元至 100 000 元的部分	40%	10 375
9	超过 100 000 元的部分	45%	15 375

若一个人的月薪为 x 元，税率为 y，则税率 y 与月薪 x 的函数关系式为

$$y=f(x)=\begin{cases}0.00, & x\in[0,\ 2\,000],\\ 0.05, & x\in(2\,000,\ 2\,500],\\ 0.10, & x\in(2\,500,\ 4\,000],\\ 0.15, & x\in(4\,000,\ 7\,000],\\ 0.20, & x\in(7\,000,\ 22\,000],\\ 0.25, & x\in(22\,000,\ 42\,000],\\ 0.30, & x\in(42\,000,\ 62\,000],\\ 0.35, & x\in(62\,000,\ 82\,000],\\ 0.40, & x\in(82\,000,\ 102\,000],\\ 0.45, & x\in(102\,000,\ +\infty).\end{cases}$$

该函数的图像如图 1-8 所示.

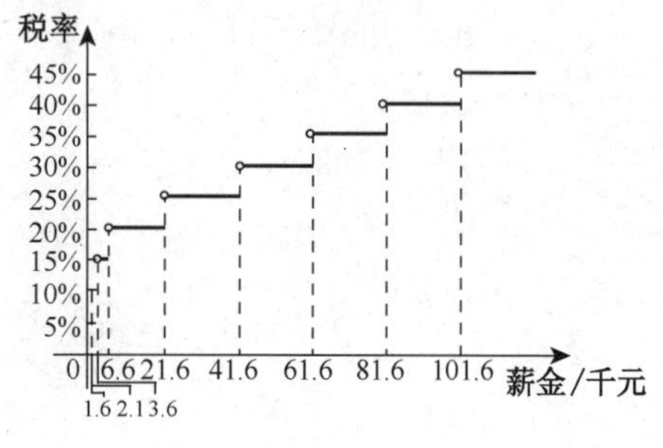

图 1-8

例如，假如某人月收入为 4 000 元，那么缴纳税款是多少？

算法一：某人月收入应纳税部分为 4 000－2 000＝2 000 元，依据税率表，则有

$$应缴税款=500\times5\%+1\,500\times10\%=175(元).$$

算法二：依据个税计算公式，则有

$$应缴税款=(4\,000-2\,000)\times10\%-25=175(元).$$

算法二利用“速算扣除数”进行计算，显然快捷、方便. 个人所得税问题与我们日常生活中常见的出租车计价、电费分时段收缴、住房公积金的缴纳等问题都具有利用分段函数进行计算的共性.

【应用 2】　银行储蓄问题

人民币存款利率由中国人民银行制定，国家规定均按单利计息，基本公式为

利息 $I = pnr_0$ （p 为本金，n 为存期，r_0 为银行利率）.

本利和 $s = p + I = p(1 + nr_0)$.

根据 1999 年修订的个人所得税法和对储蓄存款利息所得征收个人所得税的实施办法，我国自 1999 年 11 月 1 日起，对储蓄存款利息所得恢复征收个人所得税，税率为 20%. 根据第十届全国人民代表大会常务委员会第二十八次会议修改后的个人所得税法第十二条的规定，国务院决定自 2007 年 8 月 15 日起，将储蓄存款利息所得个人所得税的适用税率由 20% 调减为 5%. 2008 年国务院决定自 10 月 9 日起对储蓄存款利息所得暂免征收个人所得税. 人民币存款利率见表 1-4.

表 1-4　人民币存款利率表(2011 年 4 月 6 日后)

项目	年利率(%)
一、城乡居民及单位存款	
(一) 活期	0.50
(二) 定期	
1. 整存整取	
三个月	2.85
半年	3.05
一年	3.25
二年	4.15
三年	4.75
五年	5.25
2. 零存整取、整存零取、存本取息	
一年	2.85
三年	3.05
五年	3.25
3. 定活两便	按一年以内定期整存整取同档次利率打 6 折

例如，某人于某日在银行存入 10 000 元人民币，整存整取，存期为 10 年，则到期时本利和为

$$本利和 = 本金 + 利息 = 10\,000 + 10\,000 \times 5.25\% \times 10 = 15\,250(元).$$

一般地，若本金为 a 元人民币，整存整取，存期为 x 年，年利率为 r，则到期时本利和为

$$y = a + arx = a(1 + rx).$$

对照利率表，上式可具体表示为

$$y = \begin{cases} a(1 + 3.25\%x), & x = 1, \\ a(1 + 4.15\%x), & x = 2, \\ a(1 + 4.75\%x), & x = 3,\ 4, \\ a(1 + 5.25\%x), & x \geqslant 5. \end{cases}$$

其中，$x \geqslant 1$ 且 $x \in \mathbf{N}$.

【应用 3】 住房贷款问题

按照中国人民银行 2011 年 4 月 6 日调整的个人住房公积金贷款年利率：贷款期限 5 年

以下(含5年)的为4.2%,5年以上的为4.7%.商业贷款利率是:6个月为5.85%,1年为6.31%,1—3年为6.40%,3—5年为6.65%,5年以上为6.8%.

例如,某人欲购买一套住房,打算采用公积金贷款30万元,贷款期限10年,每月等额还款,那么月供是多少?

设贷款总额为a元,贷款月利率为r,贷款月数为n,月供为x,则有

第一个月还款:x.

第二个月时累计还款:第二个月还款额+第一个月还款额+第一个月还款额的一个月利率,即

$$x+x+xr=x+x(1+r).$$

第三个月时累计还款:第三个月还款额+第二个月累计还款额+第二个月累计还款额的一个月利率,即

$$x+[x+x(1+r)]+[x+x(1+r)]r=x+x(1+r)+x(1+r)^2.$$

……

第n个月到期时累计还款:

$$x+x(1+r)+x(1+r)^2+\cdots+x(1+r)^{n-1}=\frac{(1+r)^n-1}{r}x.$$

注意 金融机构贷款是采用"复利"的计算方式,即当贷款总额为a元,贷款月利率为r,贷款月数为n是,到期还本付息总额应为$a(1+r)^n$,而不是存款"单利"时的$a(1+nr)$,因此

$$a(1+r)^n-\frac{(1+r)^n-1}{r}x=0,$$

求得

$$x=\frac{ar(1+r)^n}{(1+r)^n-1},$$

即 月供=[贷款总额×月利率×(1+月利率)^{月数}]÷[(1+月利率)^{月数}−1].

据此公式计算可得某人每月还款额为3 138.16元.

因此,只需将贷款金额、贷款期限、月利率等代入公式,即可得到等额还款每月的金额,同学们还可以通过网络上的"计算器"进行验证.

在实际问题中建立函数关系的大致步骤如下:

(1) 找出问题中的常量和变量,进而分析出变量中的自变量和函数;

(2) 把常量、自变量和函数分别用适当的字母或符号表示;

(3) 根据专业领域、社会生活等相关知识建立上述各量的等量关系;

(4) 指出满足实际问题的函数的定义域;

(5) 应用函数关系求出实际问题的解.

习 题 1.2

1. 一个快餐联营公司在某地区开设了60个营业点,每个营业点每天的平均营业额达20 000元.对在该地区是否开设新营业点的研究表明,每开设一个新营业点,会使每个营业点的每天平均营业额减少200

元.求该公司所有营业点的每天总收入和新开设营业点数目之间的函数关系.

2. 火车站收取行李费的规定如下:当行李不超过 50 kg 时,按基本运费计算,每公斤收费 0.15 元;当超过 50 kg 时,超重部分按每公斤 0.25 元收费.试求运费 y(元)与重量 x(kg)之间的函数关系式,并作出这个函数的图像.

3. 设某机械厂今年的生产总值是 574.8 万元,若

(1) 计划平均每年增长率为 27%,问 5 年后(不包括今年)的产值可达多少万元?

(2) 该厂计划 5 年后(不包括今年)的产值要达到 2 000 万元,平均每年的增长率是多少?

(3) 平均每年的增长率为 27%,问多少年后该厂的年产值可达 3 000 万元?

4. 某人在银行作每月 100 元的零存整取储蓄,月利率按单利 0.14%计算,问 12 月的本利合计是多少?

5. 某人欲购买一款价格为 14 万元的家用轿车,首付 6 万元,其余 8 万元采用银行贷款方式,年利率 5.76%,每月等额还款,期限 3 年,问月供是多少元?到期共偿还银行本利多少万元?

6. 某外商向某服装企业投资 1 000 万美元,按连续复利年利率 6%计算利息,商定 20 年后一次收回投资基金,问到期时该服装企业应向外商缴回投资本利和多少美元?

1.3 初等代数

1.3.1 数的扩张及运算规则

1. 数的扩张与分类(图 1-9)

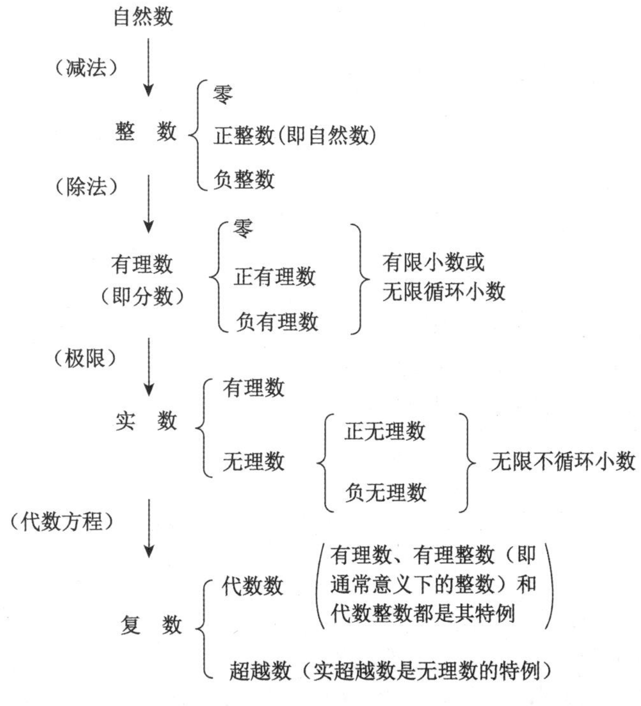

图 1-9 数的扩张与分类

2. 三个基本运算律

(1) 交换律　$a+b=b+a,\ ab=ba.$

(2) 结合律　$(a+b)+c=a+(b+c),\ (ab)c=a(bc).$

(3) 分配律　$(a+b)c=ac+bc.$

3. 乘方与方根

(1) 乘方

n 个数 a 相乘

$$\underbrace{a\cdot a\cdot\cdots\cdot a}_{n\text{个}}=a^n,$$

称为 a 的 n 次(乘)方,又称为 a 的 n 次幂. a 称为幂底数, n 称为幂指数.

规定不等于零的数的零次方等于 1,即 $a^0=1,\ a\neq 0.$

(2) 方根

数 a 的 n 次方根是指求一个数,它的 n 次方恰好等于 a. a 的 n 次方根记为 $\sqrt[n]{a}$(n 为大于 1 的自然数). n 称为根指数, a 称为根底数.

注　在实数范围内,负数不能开偶次方,一个正数开偶次方有两个方根,其绝对值相同,符号相反.

4. 指、对数运算

(1) 指数运算

$a^m\cdot a^n=a^{m+n},$　　$\dfrac{a^m}{a^n}=a^{m-n},$

$(a^m)^n=a^{mn},$　　$(ab)^m=a^m b^m,$

$\left(\dfrac{a}{b}\right)^m=\dfrac{a^m}{b^m},$　　$a^{\frac{m}{n}}=\sqrt[n]{a^m}=(\sqrt[n]{a})^m,$

$a^{-m}=\dfrac{1}{a^m},$　　$a^0=1\ (a\neq 0).$

(2) 对数运算(设 $a>0$ 且 $a\neq 1,\ c>0$ 且 $c\neq 1$)

$\log_a a=1,$　　$\log_a 1=0,$

$\log_a MN=\log_a M+\log_a N,$　　$\log_a \dfrac{M}{N}=\log_a M-\log_a N,$

$\log_a M^b=b\log_a M,$　　$\log_{a^b} M=\dfrac{1}{b}\log_a M,$

$a^{\log_a N}=N$(对数恒等式),　　$\log_a M=\dfrac{\log_c M}{\log_c a}$(换底公式).

5. 乘法、因式分解公式

$(x+a)(x+b)=x^2+(a+b)x+ab,$

$(a\pm b)^2=a^2\pm 2ab+b^2,$　　$(a\pm b)^3=a^3\pm 3a^2b+3ab^2\pm b^3,$

$a^2-b^2=(a-b)(a+b),$　　$a^3\pm b^3=(a\pm b)(a^2\mp ab+b^2),$

$a^n-b^n=(a-b)(a^{n-1}+a^{n-2}b+a^{n-3}b^2+\cdots+ab^{n-2}+b^{n-1})$($n$ 为正整数).

6. 二次方程 $ax^2+bx+c=0(a\neq0)$ 的根(设 $\Delta=b^2-4ac$)

当 $\Delta>0$ 时,方程有两个不相等的实根:$x_1=\dfrac{-b-\sqrt{\Delta}}{2a}$,$x_2=\dfrac{-b+\sqrt{\Delta}}{2a}$;

当 $\Delta=0$ 时,方程有两个相等的实根:$x_1=x_2=\dfrac{-b}{2a}$;

当 $\Delta<0$ 时,方程没有实根.

7. 排列、组合及二项式定理

(1) 阶乘

设 n 为自然数,则 $n!=1,2,3,\cdots,n$ 称为 n 的阶乘.并且规定 $0!=1$.

(2) 排列

从 n 个不同的元素中,每次取出 k 个 $(k\leqslant n)$ 不同的元素,按一定的顺序排成一列,称为选排列.其排列种数为

$$A_n^k=n(n-1)(n-2)\cdots(n-k+1)=\frac{n!}{(n-k)!}.$$

(3) 组合

从 n 个不同的元素中,每次取出 k 个不同的元素,不管其顺序合并成一组,称为组合.其组合种数为

$$C_n^k=\frac{A_n^k}{k!}=\frac{n!}{(n-k)!k!}.$$

(4) 二项式定理

$$(a+b)^n=C_n^0a^n+C_n^1a^{n-1}b+C_n^2a^{n-2}b^2+\cdots+C_n^ra^{n-r}b^r+\cdots+C_n^nb^n \quad (n\text{ 为正整数}).$$

1.3.2 数列与简单级数

1. 等差数列

通项公式 $a_n=a_1+(n-1)d$.

前 n 项和 $S_n=\dfrac{(a_1+a_n)n}{2}=na_1+\dfrac{n(n-1)}{2}d$.

2. 等比数列

通项公式 $a_n=a_1q^{n-1}$.

前 n 项和 $S_n=\dfrac{a_1(1-q^n)}{1-q}=\dfrac{a_1-a_nq}{1-q}$.

无穷递减等比级数的和 $S=\sum\limits_{n=1}^{\infty}a_1q^{n-1}=\dfrac{a_1}{1-q}\quad(|q|<1)$.

3. 某些级数的部分和

$$1+2+3+\cdots+n=\frac{1}{2}n(n+1),$$

$$1+3+5+\cdots+(2n-1)=n^2,$$

$$2+4+6+\cdots+2n=n(n+1),$$

$$1^2+2^2+3^2+\cdots+n^2=\frac{1}{6}n(n+1)(2n+1),$$

$$1^3+2^3+3^3+\cdots+n^3=\frac{1}{4}n^2(n+1)^2,$$

$$1^2+3^2+5^2+\cdots+(2n-1)^2=\frac{1}{3}n(4n^2-1),$$

$$1^3+3^3+5^3+\cdots+(2n-1)^3=n^2(2n^2-1),$$

$$1\times2+2\times3+3\times4+\cdots+n(n+1)=\frac{1}{3}n(n+1)(n+2),$$

$$\frac{1}{1\times2}+\frac{1}{2\times3}+\frac{1}{3\times4}+\cdots+\frac{1}{n(n+1)}=1-\frac{1}{n+1}=\frac{n}{n+1},$$

$$\frac{1}{1\times3}+\frac{1}{3\times5}+\frac{1}{5\times7}+\cdots+\frac{1}{(n-1)(n+1)}=\frac{3}{4}-\frac{1}{2n}-\frac{1}{2(n+1)}.$$

1.3.3 不等式

1. 简单不等式

(1) 若 $a>b$, $b>c$, 则 $a>c$.

(2) 若 $a>b$, 则 $a+c>b+c$.

(3) 若 $a>b$, $c>d$, 则 $a+c>b+d$.

(4) 若 $a>b$, $c>0$, 则 $ac>bc$；若 $a>b$, $c<0$, 则 $ac<bc$.

(5) 若 $a>b>0$, $c>d>0$, 则 $ac>bd$；若 $a>b>0$, $0<c<d$, 则 $\frac{a}{c}>\frac{b}{d}$.

2. 绝对值的不等式

(1) 若 $|a|<b$, $b>0$, 则 $-b<a<b$.

(2) 若 $|a|>b$, $b>0$, 则 $a>b$ 或 $a<-b$.

(3) 若 $|a|=b$, $b>0$, 则 $a=b$ 或 $a=-b$.

3. 三角、指数、对数函数的不等式

$\sin x<x<\tan x\ \left(0<x<\frac{\pi}{2}\right)$, $\cos x<\frac{\sin x}{x}<1\ (0<x<\pi)$,

$\sin x>x-\frac{1}{6}x^3\ (x>0)$, $\cos x>1-\frac{1}{2}x^2\ (-\infty<x<\infty,\ x\neq0)$,

$\tan x>x+\frac{1}{3}x^3\ \left(0<x<\frac{\pi}{2}\right)$, $e^x>1+x\ (x\neq0)$,

$\frac{x}{1+x}<\ln(1+x)<x\ (x>-1,\ x\neq0)$.

4. 二次不等式 $ax^2+bx+c>0\ (a\neq0)$ 的解(设 $\Delta=b^2-4ac$)(表 1-5)

表 1-5

	$\Delta>0$	$\Delta=0$	$\Delta<0$
$a>0$	$x>\frac{-b+\sqrt{\Delta}}{2a}$, $x<\frac{-b-\sqrt{\Delta}}{2a}$	$x\neq-\frac{b}{2a}$	$-\infty<x<\infty$
$a<0$	$\frac{-b+\sqrt{\Delta}}{2a}<x<\frac{-b-\sqrt{\Delta}}{2a}$	无解	无解

1.4 初等几何

1.4.1 面积、体积公式(表 1-6)

表 1-6

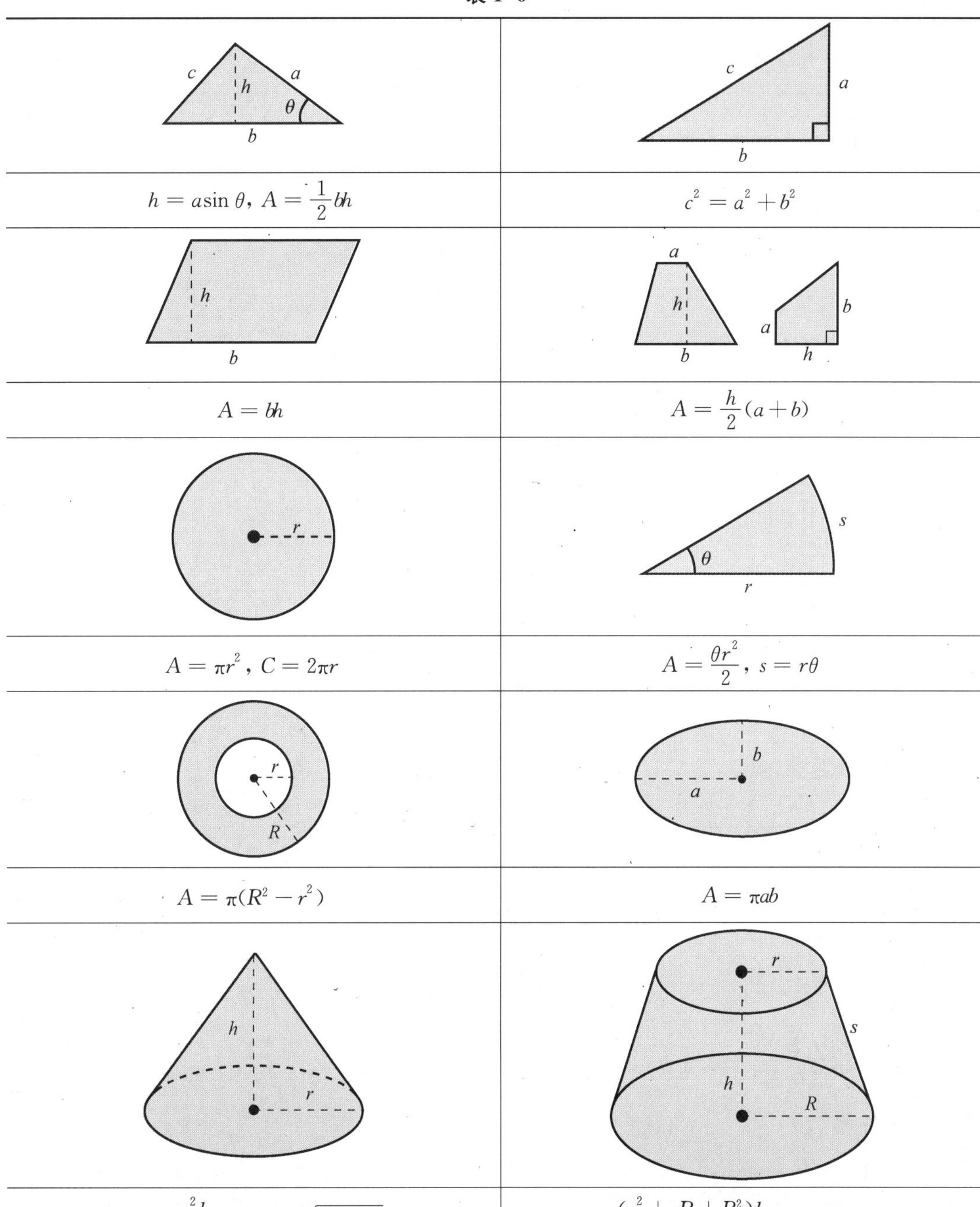

$h = a\sin\theta,\ A = \dfrac{1}{2}bh$	$c^2 = a^2 + b^2$
$A = bh$	$A = \dfrac{h}{2}(a+b)$
$A = \pi r^2,\ C = 2\pi r$	$A = \dfrac{\theta r^2}{2},\ s = r\theta$
$A = \pi(R^2 - r^2)$	$A = \pi ab$
$V = \dfrac{\pi r^2 h}{3},\ A = \pi r\sqrt{r^2 + h^2}$	$V = \dfrac{\pi(r^2 + rR + R^2)h}{3},\ A = \pi s(R+h)$

（续表）

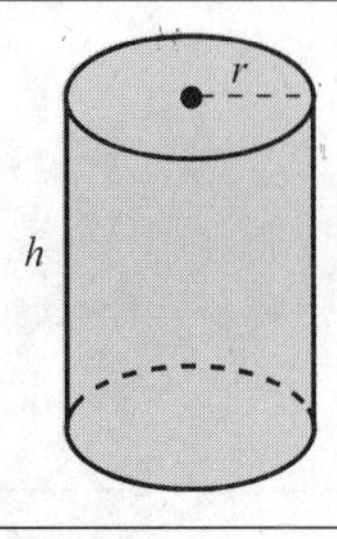	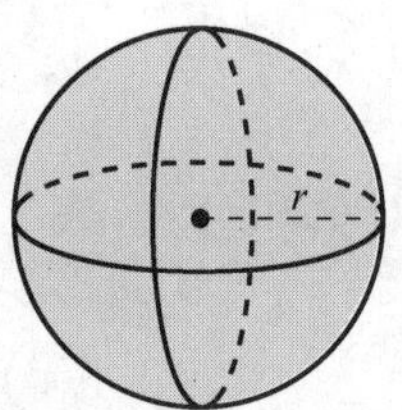
$V=\pi r^2 h,\ A=2\pi rh$	$V=\dfrac{4}{3}\pi r^3,\ S=4\pi r^2$

1.4.2 直线与方程

1. 直线方程

点斜式：$y-y_0=k(x-x_0)$.

斜截式：$y=kx+b$.

两点式：$\dfrac{y-y_1}{y-y_2}=\dfrac{x-x_1}{x-x_2}$.

截距式：$\dfrac{x}{a}+\dfrac{y}{b}=0$（$a$，$b$ 不为 0）.

一般式：$Ax+By+C=0$（a，b 不同时为 0）.

参数式：$\begin{cases} x=x_0+t\cos\theta, \\ y=y_0+t\sin\theta, \end{cases}$ θ 为倾斜角，t 为参数.

2. 距离公式

两点间距离：点 $P(x_1,\ y_1)$ 与 $P_2(x_2,\ y_2)$ 间的距离为

$$|P_1P_2|=\sqrt{(x_1-x_2)^2+(y_1-y_2)^2}.$$

点到直线距离：点 $P(x_0,\ y_0)$ 到直线 l：$Ax+By+C=0$ 的距离为

$$d=\frac{|Ax_0+By_0+C|}{\sqrt{A^2+B^2}}.$$

两平行线间距离：两条平行线直线 l_1：$Ax+By+C_1=0$，l_2：$Ax+By+C_2=0$ 间的距离为

$$d=\frac{|C_1-C_2|}{\sqrt{A^2+B^2}}.$$

1.4.3 圆与方程

标准方程：$(x-a)^2+(y-b)^2=r^2$.

一般方程：$x^2+y^2+Dx+Ey+F=0$.

参数方程：$\begin{cases} x=a+r\cos\theta, \\ y=b+r\sin\theta, \end{cases}$ $\theta\in[0,\ 2\pi]$.

1.4.4　圆锥曲线

1. 椭圆(表 1-7)

表 1-7

焦点位置	焦点在 x 轴上	焦点在 y 轴上
图形	y, M, c, c, F_1, O, F_2, x	y, F_2, M, O, x, F_1
标准方程	$\frac{x^2}{a^2}+\frac{y^2}{b^2}=1(a>b>0)$	$\frac{y^2}{a^2}+\frac{x^2}{b^2}=1(a>b>0)$
参数方程	$\begin{cases}x=a\cos\theta,\\ y=b\sin\theta,\end{cases}\theta\in[0,\ 2\pi]$	
第一定义	到两定点 F_1，F_2 的距离之和等于常数 $2a$,即 $\lvert MF_1\rvert+\lvert MF_2\rvert=2a\ (2a>\lvert F_1F_2\rvert)$	
第二定义	与一定点的距离和到一定直线的距离之比为常数 e，即 $\frac{MF}{d}=\mathrm{e}\ (0<\mathrm{e}<1)$	
范围	$-a\leqslant x\leqslant a$ 且 $-b\leqslant y<b$	$-b\leqslant x\leqslant b$ 且 $-a\leqslant y\leqslant a$
顶点	$A_1(-a,\ 0)$，$A_2(a,\ 0)$ $B_1(0,\ -b)$，$B_2(0,\ b)$	$A_1(0,\ -a)$，$A_2(0,\ a)$ $B_1(-b,\ 0)$，$B_2(b,\ 0)$
轴长	长轴的长 $=2a$,短轴的长 $=2b$	
对称性	关于 x 轴、y 轴对称,关于原点中心对称	
焦点	$F_1(-c,\ 0)$，$F_2(c,\ 0)$	$F_1(0,\ -c)$，$F_2(0,\ c)$
焦距	$\lvert F_1F_2\rvert=2c(c^2=a^2-b^2)$	
离心率	$\mathrm{e}=\frac{c}{a}=\sqrt{\frac{c^2}{a^2}}=\sqrt{\frac{a^2-b^2}{a^2}}=\sqrt{1-\frac{b^2}{a^2}}\ (0<\mathrm{e}<1)$	
准线方程	$x=\pm\frac{a^2}{c}$	$y=\pm\frac{a^2}{c}$

2. 双曲线(表 1-8)

表 1-8

焦点位置	焦点在 x 轴上	焦点在 y 轴上
图形	y, M, F_1, O, F_2, x	y, M, F_2, O, x, F_1

（续表）

焦点位置	焦点在 x 轴上	焦点在 y 轴上
标准方程	$\frac{x^2}{a^2}-\frac{y^2}{b^2}=1(a>0,\ b>0)$	$\frac{y^2}{a^2}-\frac{x^2}{b^2}=1(a>0,\ b>0)$
参数方程	$\begin{cases}x=a\sec\theta,\\ y=b\tan\theta,\end{cases}\theta\in[0,\ 2\pi]$	$\begin{cases}x=a\tan\theta,\\ y=b\sec\theta,\end{cases}\theta\in[0,\ 2\pi]$
第一定义	到两定点 F_1，F_2 的距离之差的绝对值等于常数 $2a$，即 $\|\|MF_1\|-\|MF_2\|\|=2a(0<2a<\|F_1F_2\|)$	
第二定义	与一定点的距离和到一定直线的距离之比为常数 e，即 $\frac{MF}{d}=\mathrm{e}\ (\mathrm{e}>1)$	
范围	$x\leqslant -a$ 或 $x\geqslant a$，$y\in\mathbf{R}$	$y\leqslant -a$ 或 $y\geqslant a$，$x\in\mathbf{R}$
顶点	$A_1(-a,\ 0)$，$A_2(a,\ 0)$	$A_1(0,\ -a)$，$A_2(0,\ a)$
轴长	实轴的长 $=2a$，虚轴的长 $=2b$	
对称性	关于 x 轴、y 轴对称，关于原点中心对称	
焦点	$F_1(-c,\ 0)$，$F_2(c,\ 0)$	$F_1(0,\ -c)$，$F_2(0,\ c)$
焦距	$\|F_1F_2\|=2c\ (c^2=a^2+b^2)$	
离心率	$e=\frac{c}{a}=\sqrt{\frac{c^2}{a^2}}=\sqrt{\frac{a^2+b^2}{a^2}}=\sqrt{1+\frac{b^2}{a^2}}\quad(e>1)$	
准线方程	$x=\pm\frac{a^2}{c}$	$y=\pm\frac{a^2}{c}$
渐近线方程	$y=\pm\frac{b}{a}x$	$y=\pm\frac{a}{b}x$

3. 抛物线(表 1-9)

表 1-9

焦点位置	焦点在 x 轴上		焦点在 y 轴上	
图形	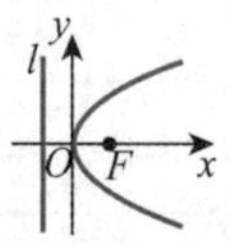	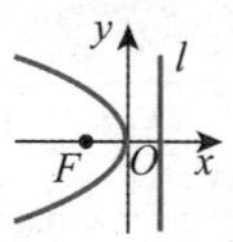	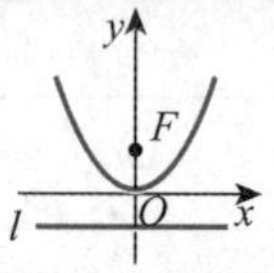	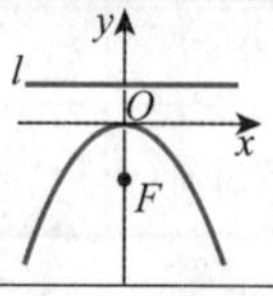
标准方程	$y^2=2px$ $(p>0)$	$y^2=-2px$ $(p>0)$	$x^2=2py$ $(p>0)$	$x^2=-2py$ $(p>0)$
参数方程	$\begin{cases}x=2pt^2,\\ y=2pt\end{cases}$	$\begin{cases}x=-2pt^2,\\ y=2pt\end{cases}$	$\begin{cases}x=2pt,\\ y=2pt^2\end{cases}$	$\begin{cases}x=2pt,\\ y=-2pt^2\end{cases}$
定义	与一定点 F 和一条定直线 l 的距离相等的点的轨迹叫做抛物线(定点 F 不在定直线 l 上)			
顶点	$(0,\ 0)$			
离心率	$e=1$			
对称轴	x 轴		y 轴	
范围	$x\geqslant 0$	$x\leqslant 0$	$y\geqslant 0$	$y\leqslant 0$
焦点	$F\left(\frac{p}{2},\ 0\right)$	$F\left(-\frac{p}{2},\ 0\right)$	$F\left(0,\ \frac{p}{2}\right)$	$F\left(0,\ -\frac{p}{2}\right)$
准线方程	$x=-\frac{p}{2}$	$x=\frac{p}{2}$	$y=-\frac{p}{2}$	$y=\frac{p}{2}$

1.5 三角公式

1.5.1 基本定义(表 1-10)

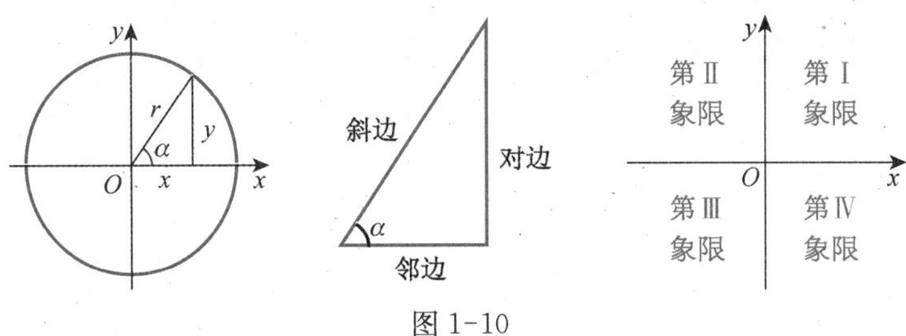

图 1-10

表 1-10

名称	正弦	余弦	正切	余切	正割	余割
定义	$\sin\alpha=\frac{对边}{斜边}=\frac{y}{r}$	$\cos\alpha=\frac{邻边}{斜边}=\frac{x}{r}$	$\tan\alpha=\frac{对边}{邻边}=\frac{y}{x}$	$\cot\alpha=\frac{邻边}{对边}=\frac{x}{y}$	$\sec\alpha=\frac{斜边}{邻边}=\frac{r}{x}$	$\csc\alpha=\frac{斜边}{对边}=\frac{r}{y}$
Ⅰ	+	+	+	+	+	+
Ⅱ	+	+	−	−	−	+
Ⅲ	−	−	+	+	−	−
Ⅳ	−	−	−	−	+	−

1.5.2 特殊三角值(表 1-11)

表 1-11

α	$\sin\alpha$	$\cos\alpha$	$\tan\alpha$	$\cot\alpha$	$\sec\alpha$	$\csc\alpha$
0	0	1	0	不存在	1	不存在
$\frac{\pi}{6}$	$\frac{1}{2}$	$\frac{\sqrt{3}}{2}$	$\frac{\sqrt{3}}{3}$	$\sqrt{3}$	$\frac{2\sqrt{3}}{3}$	2
$\frac{\pi}{4}$	$\frac{\sqrt{2}}{2}$	$\frac{\sqrt{2}}{2}$	1	1	$\sqrt{2}$	$\sqrt{2}$
$\frac{\pi}{3}$	$\frac{\sqrt{3}}{2}$	$\frac{1}{2}$	$\sqrt{3}$	$\frac{\sqrt{3}}{3}$	2	$\frac{2\sqrt{3}}{3}$
$\frac{\pi}{2}$	1	0	不存在	0	不存在	1
$\frac{2\pi}{3}$	$\frac{\sqrt{3}}{2}$	$-\frac{1}{2}$	$-\sqrt{3}$	$-\frac{\sqrt{3}}{3}$	-2	$\frac{2\sqrt{3}}{3}$
$\frac{3\pi}{4}$	$\frac{\sqrt{2}}{2}$	$-\frac{\sqrt{2}}{2}$	-1	-1	$-\sqrt{2}$	$\sqrt{2}$
$\frac{5\pi}{6}$	$\frac{1}{2}$	$-\frac{\sqrt{3}}{2}$	$-\frac{\sqrt{3}}{3}$	$-\sqrt{3}$	$-\frac{2\sqrt{3}}{3}$	2

（续表）

α	$\sin\alpha$	$\cos\alpha$	$\tan\alpha$	$\cot\alpha$	$\sec\alpha$	$\csc\alpha$
π	0	-1	0	不存在	-1	不存在
$\frac{7\pi}{6}$	$-\frac{1}{2}$	$-\frac{\sqrt{3}}{2}$	$\frac{\sqrt{3}}{3}$	$\sqrt{3}$	$-\frac{2\sqrt{3}}{3}$	-2
$\frac{5\pi}{4}$	$-\frac{\sqrt{2}}{2}$	$-\frac{\sqrt{2}}{2}$	1	1	$-\sqrt{2}$	$-\sqrt{2}$
$\frac{4\pi}{3}$	$-\frac{\sqrt{3}}{2}$	$-\frac{1}{2}$	$\sqrt{3}$	$\frac{\sqrt{3}}{3}$	-2	$-\frac{2\sqrt{3}}{3}$
$\frac{3\pi}{2}$	-1	0	不存在	0	不存在	-1
$\frac{5\pi}{3}$	$-\frac{\sqrt{3}}{2}$	$\frac{1}{2}$	$-\sqrt{3}$	$-\frac{\sqrt{3}}{3}$	2	$-\frac{2\sqrt{3}}{3}$
$\frac{7\pi}{4}$	$-\frac{\sqrt{2}}{2}$	$\frac{\sqrt{2}}{2}$	-1	-1	$\sqrt{2}$	$-\sqrt{2}$
$\frac{11\pi}{6}$	$-\frac{1}{2}$	$\frac{\sqrt{3}}{2}$	$-\frac{\sqrt{3}}{3}$	$-\sqrt{3}$	$\frac{2\sqrt{3}}{3}$	-2

1.5.3 基本关系式

$$\tan\alpha=\frac{\sin\alpha}{\cos\alpha},\qquad \cot\alpha=\frac{\cos\alpha}{\sin\alpha},$$

$$\sec\alpha=\frac{1}{\cos\alpha},\qquad \csc\alpha=\frac{1}{\sin\alpha},$$

$$\sin^2\alpha+\cos^2\alpha=1,\qquad \sec^2\alpha=1+\tan^2\alpha,$$

$$\csc^2\alpha=1+\cot^2\alpha.$$

1.5.4 诱导公式

$\sin(2k\pi+\alpha)=\sin\alpha$，$\cos(2k\pi+\alpha)=\cos\alpha$，$\tan(2k\pi+\alpha)=\tan\alpha(k\in\mathbf{Z})$.

$\sin(\pi+\alpha)=-\sin\alpha$，$\cos(\pi+\alpha)=-\cos\alpha$，$\tan(\pi+\alpha)=\tan\alpha$.

$\sin(-\alpha)=-\sin\alpha$，$\cos(-\alpha)=\cos\alpha$，$\tan(-\alpha)=-\tan\alpha$.

$\sin(\pi-\alpha)=\sin\alpha$，$\cos(\pi-\alpha)=-\cos\alpha$，$\tan(\pi-\alpha)=-\tan\alpha$.

口诀:函数名称不变,符号看象限.

$$\sin\left(\frac{\pi}{2}-\alpha\right)=\cos\alpha,\quad \cos\left(\frac{\pi}{2}-\alpha\right)=\sin\alpha.$$

$$\sin\left(\frac{\pi}{2}+\alpha\right)=\cos\alpha,\quad \cos\left(\frac{\pi}{2}+\alpha\right)=-\sin\alpha.$$

口诀:正弦与余弦互换,符号看象限.

1.5.5 两角和差公式

$\cos(\alpha-\beta)=\cos\alpha\cos\beta+\sin\alpha\sin\beta$，$\cos(\alpha+\beta)=\cos\alpha\cos\beta-\sin\alpha\sin\beta$,

$\sin(\alpha-\beta)=\sin\alpha\cos\beta-\cos\alpha\sin\beta$，$\sin(\alpha+\beta)=\sin\alpha\cos\beta+\cos\alpha\sin\beta$,

1.5.6　和差化积公式

$$\sin\alpha+\sin\beta=2\sin\frac{\alpha+\beta}{2}\cos\frac{\alpha-\beta}{2},\quad \sin\alpha-\sin\beta=2\cos\frac{\alpha+\beta}{2}\sin\frac{\alpha-\beta}{2},$$

$$\cos\alpha+\cos\beta=2\cos\frac{\alpha+\beta}{2}\cos\frac{\alpha-\beta}{2},\quad \cos\alpha-\cos\beta=-2\sin\frac{\alpha+\beta}{2}\sin\frac{\alpha-\beta}{2}.$$

1.5.7　二倍角公式

$$\sin2\alpha=2\sin\alpha\cos\alpha,\quad \cos2\alpha=\cos^2\alpha-\sin^2\alpha=2\cos^2\alpha-1=1-2\sin^2\alpha.$$

1.5.8　降幂公式

$$\cos^2\alpha=\frac{\cos2\alpha+1}{2},\quad \sin^2\alpha=\frac{1-\cos2\alpha}{2}.$$

1.5.9　解三角形

1. 正弦定理

在 $\triangle ABC$ 中，a, b, c 分别为角 A, B, C 的对边，则有 $\frac{a}{\sin A}=\frac{b}{\sin B}=\frac{c}{\sin C}=2R$（$R$ 为 $\triangle ABC$ 的外接圆的半径）.

2. 三角形面积公式

$$S_{\triangle ABC}=\frac{1}{2}bc\sin A=\frac{1}{2}ab\sin C=\frac{1}{2}ac\sin B.$$

3. 余弦定理

在 $\triangle ABC$ 中，有 $a^2=b^2+c^2-2bc\cos A$，即 $\cos A=\frac{b^2+c^2-a^2}{2bc}$.

1.6　Matlab 软件简介

Matlab 是一个集数值计算、符号分析、图像显示、文字处理于一体的大型集成化软件. 它最初由美国的 Cleve Moler 博士研制. 其目的是为线性代数等课程中的矩阵运算提供一种方便可行的实验手段. 经过十几年的市场竞争和发展，Matlab 已发展成为在自动控制、生物医学工程、信号分析处理、语言处理、图像信号处理、雷达工程、统计分析、计算机技术、金融界和数学界等各行各业中都有极其广泛应用的数学软件.

归纳起来，Matlab 具有以下几个特点：易学、适用范围广、功能强、开放性强、网络资源丰富.

由于 Matlab 的强大功能，它能使使用者从繁重的计算工作中解脱出来，把精力集中于研究、设计以及基本理论的理解上，所以，Matlab 已成为在校大学生、硕士生、博士生所热衷的基本数学软件. 在此，我们把 Matlab 作为学习数学的工具介绍给读者，希望能有利于读者今后的学习.

1.6.1 Matlab 7.0 环境

Matlab 7.0 版的界面更加方便,运行界面称为 Matlab 操作界面(Matlab Desktop),默认的操作界面如图 1-11 所示.

Matlab 的操作界面是一个高度集成的工作界面,它的通用操作界面包括 9 个常用的窗口.

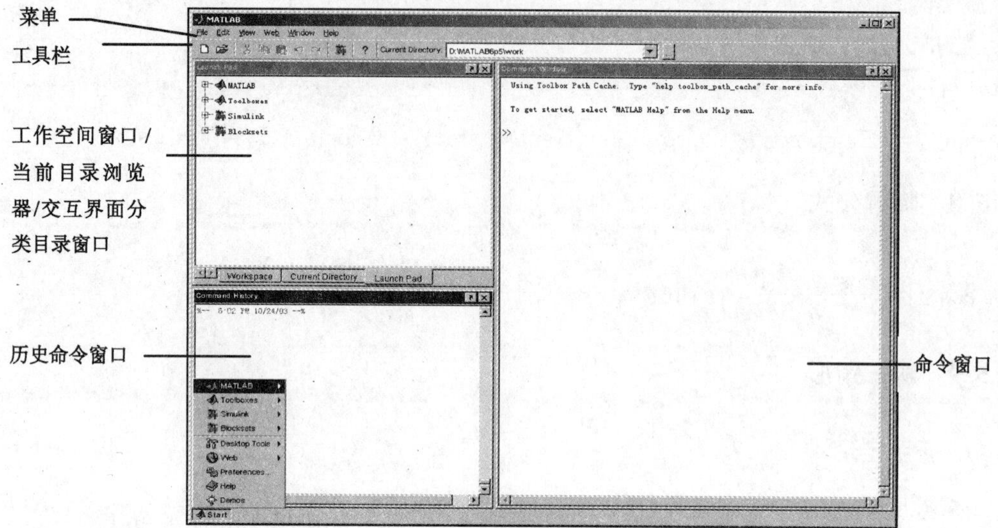

图 1-11　Matlab 7.0 版的默认界面

下面介绍 Matlab 常用的通用操作界面窗口.

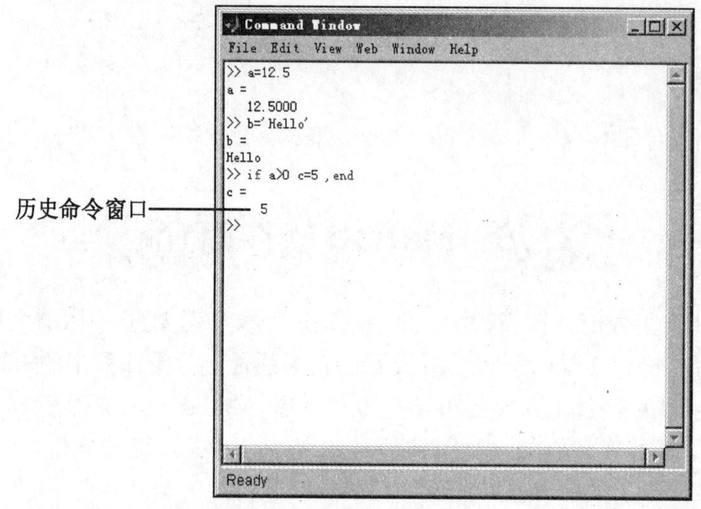

图 1-12　单独的命令窗口

1. 命令窗口(Command Window)

在命令窗口中可键入各种 Matlab 的命令、函数和表达式,并显示除图形外的所有运算结果,如图 1-12 所示.

- 命令窗口单独显示:选择菜单"View"→"Undock Command Window ".
- 单独的命令窗口返回 Matlab 界面:选择命令窗口的菜单"View"→"Dock Command

Window"命令.

(1) 命令行的显示方式

- 命令窗口中的每个命令行前会出现提示符">>".
- 命令窗口内显示的字符和数值采用不同的颜色,在默认情况下,输入的命令、表达式以及计算结果等采用黑色字体.
- 字符串采用赭红色;"if""for"等关键词采用蓝色.

例 1 在命令窗口中输入不同的数值和语句,并查看其显示方式.

```
>>a = 14.7
a =
    14.7000
>>b = 'Hekko'
b =
Hekko
>>if a>0 c = -1, end
c =
-1
```

(2) 命令窗口中命令行的编辑

Matlab 命令窗口不仅可以对输入的命令进行编辑和运行,而且可以对已输入的命令进行回调、编辑和重运行. 常用操作键如表 1-12 所示.

表 1-12　命令窗口中行编辑的常用操作键

键名	作　用	键名	作　用
↑	向前调回已输入过的命令行	Home	使光标移到当前行的开头
↓	向后调回已输入过的命令行	End	使光标移到当前行的末尾
←	在当前行中左移光标	Delete	删去光标右边的字符
→	在当前行中右移光标	Backspace	删去光标左边的字符
PageUp	向前翻阅当前窗口中的内容	Esc	清除当前行的全部内容
PageDown	向后翻阅当前窗口中的内容	Ctrl+C	中断 Matlab 命令的运行

(3) 命令窗口中的标点符号(表 1-13)

表 1-13　Matlab 常用标点符号的功能

名称	符号	功　能
空格		用于输入变量之间的分隔符以及数组行元素之间的分隔符
逗号	,	用于要显示计算结果的命令之间的分隔符;用于输入变量之间的分隔符;用于数组行元素之间的分隔符
点号	.	用于数值中的小数点
分号	;	用于不显示计算结果命令行的结尾;用于不显示计算结果命令之间的分隔符;用于数组元素行之间的分隔符
冒号	:	用于生成一维数值数组,表示一维数组的全部元素或多维数组的某一维的全部元素

（续表）

名称	符号	功能
百分号	%	用于注释的前面，在它后面的命令不需要执行
单引号	' '	用于括住字符串
圆括号	( )	用于引用数组元素；用于函数输入变量列表；用于确定算术运算的先后次序
方括号	[ ]	用于构成向量和矩阵；用于函数输出列表
花括号	{ }	用于构成元胞数组
下划线	_	用于一个变量、函数或文件名中的连字符
续行号	…	用于把后面的行与该行连接以构成一个较长的命令

注：以上的符号一定要在英文状态下输入，因为Matlab不能识别中文标点符号.

例2 在命令窗口中使用不同的标点符号.

```
>>a=12.5, b='Hello'     %逗号表示分隔命令，单引号构成字符串，点号为小数点
a=
    12.5000
b=
Hello
>>c=[1 2; 3 4; 5 6]     %[ ]表示构成矩阵，分号用来分隔行，空格用来分隔元素
c =
    1    2
    3    4
    5    6
>>d=a*...               %...表示续行
```

(4) 数值计算结果的显示格式及设置

• 默认显示格式为：当数值为整数，以整数显示；当数值为实数，以小数后4位的精度近似显示，即以“短(Short)”格式显示；如果数值的有效数字超出了这一范围，则以科学计数法显示结果.

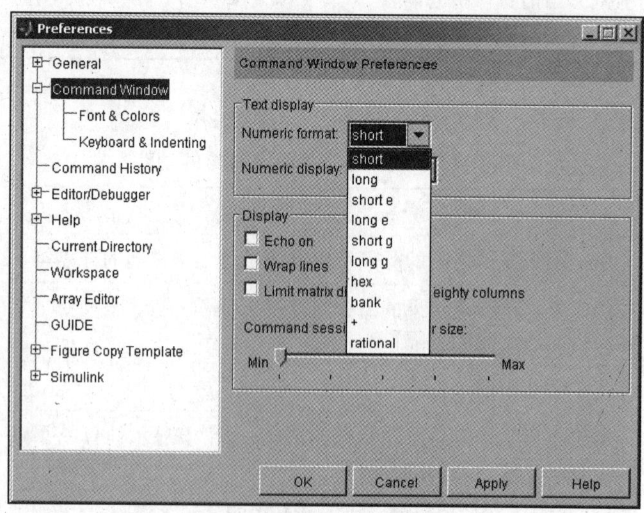

图1-13 参数设置对话框

• 显示格式设置：选择菜单“File”→“Preferences”，则会出现参数设置对话框，如图 1-13 所示.

(5) 命令窗口的常用控制命令

• clc：用于清空命令窗口中的显示内容.

• more：在命令窗口中控制其后每页的显示内容行数.

2. 当前目录浏览器窗口(Current Directory Browser)(图 1-14)

如果是通过单击 Windows 桌面上的 Matlab 图标启动，则启动后的默认当前目录是“matlab/work”；

如果 Matlab 的启动是由单击“matlab/bin/win32”目录下的“matlab. exe”，则默认当前目录是“matlab/bin/win32”.

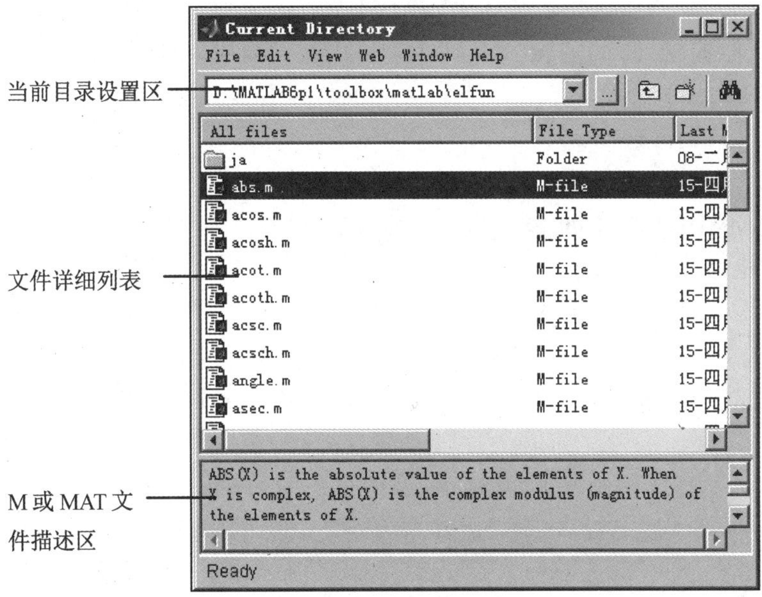

图 1-14　当前目录浏览器窗口

3. 工作空间浏览器窗口(Workspace Browser)

• 工作空间浏览器窗口用于显示所有 Matlab 工作空间中的变量名、数据结构、类型、大小和字节数.

• 可以对变量进行观察、编辑、提取和保存.

图 1-15 为工作空间窗口的单独窗口显示.

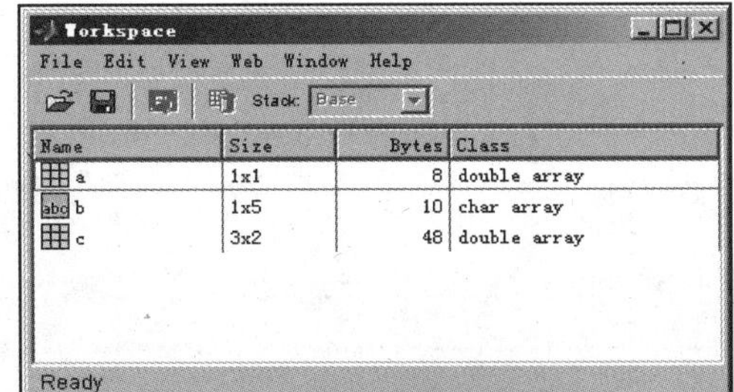

图 1-15　工作空间浏览器窗口

4. 数组编辑器窗口(Array Editor)

打开选择数组编辑器窗口:"Open…"菜单或者双击该变量.

图 1-16 为变量"c=[1 2; 3 4; 5 6]"在"Array Editor"数组编辑器窗口中的显示.

• 在"Numeric format"栏中改变变量的显示类型.

• 在"Size""by"栏中改变数组的大小.

• 逐格修改数组中的元素值.

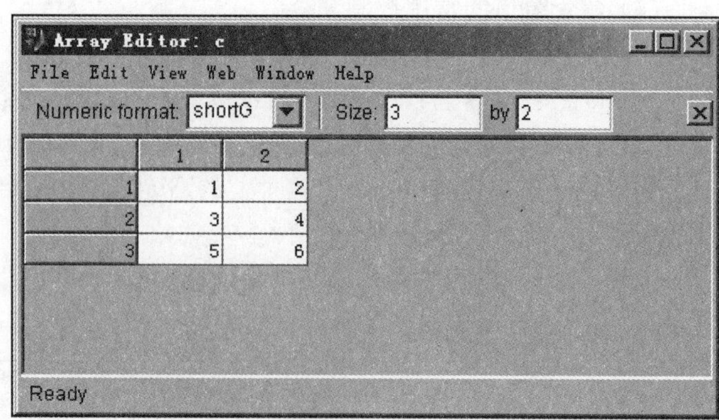

图 1-16 "Array Editor"数组编辑器窗口

5. M 文件编辑/调试器窗口(Editor /Debugger)

启动 M 文件编辑/调试器窗口的方法:

• 单击 Matlab 界面上的图标,或者单击菜单"File"→"New"→"M-file",可打开空白的 M 文件编辑器.

• 单击 Matlab 界面上的图标,或者单击菜单"File"→"Open",在打开的"Open"对话框中填写所选文件名,单击"打开"按钮,就可出现相应的 M 文件编辑器.

• 用鼠标双击当前目录窗口中的 M 文件(扩展名为. m),可直接打开相应文件的 M 文件编辑器.

图 1-17 显示打开了一个"Ex0101. m"文件的 M 文件编辑/调试器窗口.

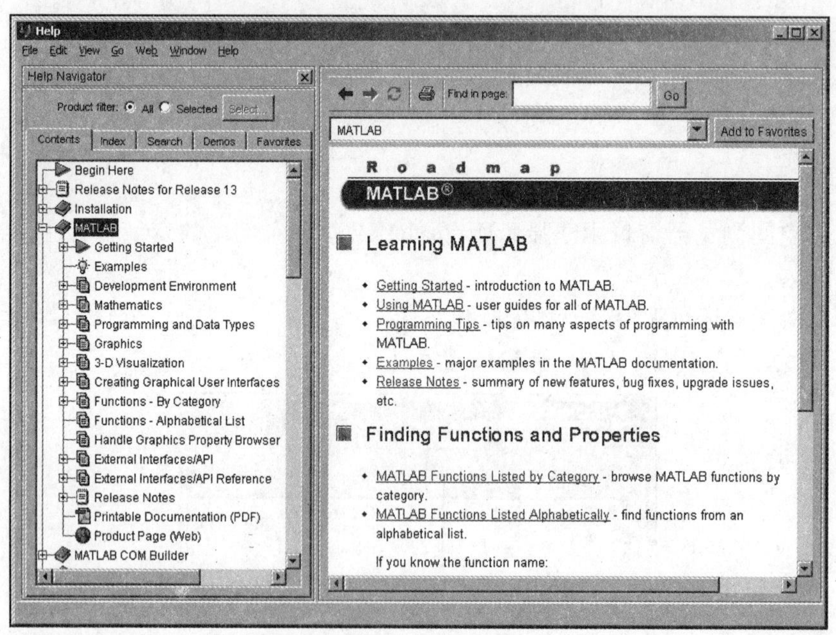

图 1-17 帮助导航/浏览器窗口

Matlab 7.0 的帮助方式有很多种,用户可以通过菜单栏中 Help 来迅速掌握 Matlab 的强大功能.数组编辑器窗口如图 1-18 所示.

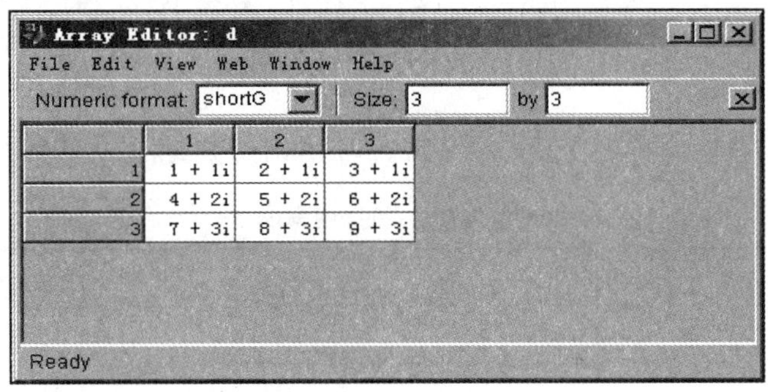

图 1-18 数组编辑器窗口

1.6.2 Matlab 数值计算

1. 变量和数据

(1) 数据类型

数据类型包括:数值型、字符串型、元胞型、结构型等.

数值型=双精度型、单精度型和整数类

整数类=无符号类(uint8, uint16, uint32, uint64)和符号类整数(int8, int16, int32, int64).

(2) 数据

① 数据的表达方式

- 可以用带小数点的形式直接表示.
- 用科学计数法.
- 数值的表示范围是 $10^{-309}\sim10^{309}$.

以下都是合法的数据表示:

−2, 5.67, 2.56e−56(表示 2.56×10^{-56}), 4.68e204(表示 4.68×10^{204}).

② 矩阵和数组的概念

在 Matlab 的运算中,经常要使用标量、向量、矩阵和数组,其定义如下:

- 标量:是指 1×1 的矩阵,即为只含一个数的矩阵.
- 向量:是指 $1\times n$ 或 $n\times1$ 的矩阵,即只有一行或者一列的矩阵.
- 矩阵:是一个矩形的数组,即二维数组,其中向量和标量都是矩阵的特例,0×0 矩阵为空矩阵([]).
- 数组:是指 n 维的数组,为矩阵的延伸,其中矩阵和向量都是数组的特例.

(3) 变量

① 变量的命名规则

- 变量名区分字母的大小写.例如,“a”和“A”是不同的变量.
- 变量名不能超过 63 个字符,第 63 个字符后的字符被忽略,对于 Matlab 6.5 版以前的变量名不能超过31个字符.

• 变量名必须以字母开头,变量名的组成可以是任意字母、数字或者下划线,但不能含有空格和标点符号(如,. %等). 例如,"6ABC""AB%C"都是不合法的变量名.

• 关键字(如 if, while 等)不能作为变量名.

② 特殊变量

Matlab 有一些自己的特殊变量(表 1-14),当 Matlab 启动时驻留在内存.

表 1-14　特殊变量表

特殊变量	取值	特殊变量	取值
ans	运算结果的默认变量名	inf	无穷大,如 1/0
pi	圆周率 π	NaN 或 nan	非数,如 0/0, ∞/∞, 0×∞
eps	计算机的最小数	i 或 j	$i=j=\sqrt{-1}$
flops	浮点运算数		

• 在 Matlab 中系统将计算的结果自动赋给名为"ans"的变量.

```
 2 * pi
ans =
    6.2832
```

2. 矩阵和数组

(1) 矩阵输入

• 矩阵元素应用方括号([ ])括住.

• 每行内的元素间用逗号或空格隔开.

• 行与行之间用分号或回车键隔开.

• 元素可以是数值或表达式.

① 通过显式元素列表输入矩阵

```
c = [1 2; 3 4; 5 3 * 2]      %[ ]表示构成矩阵,分号分隔行,空格分隔元素
c =
    1    2
    3    4
    5    6
```

用回车键代替分号分隔行:

```
 c = [1 2
 3 4
 5 6]
    1    2
    3    4
    5    6
```

② 通过语句生成矩阵

a. 使用 from：step：to 方式生成向量

```
from : to
from : step : to
```

说明：from、step 和 to 分别表示开始值、步长和结束值.

当 step 省略时，则默认为 step=1；

当 step 省略或 step>0 而 from>to 时为空矩阵，当 step<0 而 from<to 时也为空矩阵.

例 3 使用"from：step：to"方式生成以下矩阵.

```
x1 = 2 : 5
x1 =
    2    3    4    5
x2 = 2 : 0.5 : 4
x2 =
    2.0000    2.5000    3.0000    3.5000    4.0000
x3 = 5 : -1 : 2
x3 =
    5    4    3    2
x4 = 2 : -1 : 3        %空矩阵
x4 =
  Empty matrix: 1-by-0
x5 = 2 : -1 : 0.5
x5 =
    2    1
x6 = [1 : 2 : 5; 1 : 3 : 7]       %两行向量构成矩阵
x6 =
    1    3    5
    1    4    7
```

b. 使用 linspace 和 logspace 函数生成向量

```
linspace(a, b, n)
```

说明：a, b, n 三个参数分别表示开始值、结束值和元素个数.

生成从 a 到 b 之间线性分布的 n 个元素的行向量，n 如果省略则默认值为 100.

• logspace 用来生成对数等分向量，它和 linspace 一样直接给出元素的个数而得出各个元素的值.

```
logspace (a, b, n)
```

说明：a, b, n 三个参数分别表示开始值、结束值和数据个数，n 如果省略则默认值为 50. 生成从 10^a 到 10^b 之间按对数等分的 n 个元素的行向量.

例 4 用 linspace 和 logspace 函数生成行向量.

```
x1 = linspace(0, 2 * pi, 5)         %从 0 到 2 * pi 等分成 5 个点
```

```
x1 =
        0    1.5708    3.1416    4.7124    6.2832
x2 = logspace(0, 2, 3)          %从 1 到 100 对数等分成 3 个点
x2 =
    1    10    100
```

③ 由矩阵生成函数产生特殊矩阵

Matlab 提供了很多能够产生特殊矩阵的函数,各函数的功能如表 1-15 所示.

表 1-15 矩阵生成函数

函数名	功能	例子	
		输入	结果
zeros(m, n)	产生 $m\times n$ 的全 0 矩阵	zeros(2, 3)	ans= 0 0 0 0 0 0
ones(m, n)	产生 $m\times n$ 的全 1 矩阵	ones(2, 3)	ans= 1 1 1 1 1 1
rand(m, n)	产生均匀分布的随机矩阵,元素取值范围 0.0～1.0	rand(2, 3)	ans= 0.950 1 0.606 8 0.891 3 0.231 1 0.486 0 0.762 1
randn(m, n)	产生正态分布的随机矩阵	randn(2, 3)	ans= −0.432 6 0.125 3 −1.146 5 −1.665 6 0.287 7 1.190 9
magic(N)	产生 N 阶魔方矩阵(矩阵的行、列和对角线上元素的和相等)	magic(3)	ans= 8 1 6 3 5 7 4 9 2
eye(m, n)	产生 $m\times n$ 的单位矩阵	eye(3)	ans= 1 0 0 0 1 0 0 0 1

注:zeros, ones, rand, randn 和 eye 函数当只有一个参数 n 时,则为 $n\times n$ 的方阵;当 eye(m, n)函数的 m 和 n 参数不相等时则单位矩阵会出现全 0 行或列.

例 5 查看 eye 函数的功能.

```
X1 = eye(2, 3)
X1 =
    1    0    0
    0    1    0
X2 = eye(3, 2)
```

```
X2 =
     1     0
     0     1
     0     0
```

(2) 矩阵和数组的算术运算

① 矩阵和数组的加(+)、减(−)运算

- ***A*** 和 ***B*** 矩阵必须大小相同才可以进行加减运算.
- 如果 ***A***, ***B*** 中有一个是标量,则该标量与矩阵的每个元素进行运算.

② 矩阵和数组的乘法(*)运算

- 矩阵 ***A*** 的列数必须等于矩阵 ***B*** 的行数,除非其中有一个是标量.
- 数组的乘法运算符为". * ",表示数组 A 和 B 中的对应元素相乘. A 和 B 数组必须大小相同,除非其中有一个是标量.

```
x1 = [1 2; 3 4; 5 6];
x2 = eye(3,2)
x2 =
     1     0
     0     1
     0     0
 x1 + x2              %矩阵相加
ans =
     2     2
     3     5
     5     6
x1. * x2              %数组相乘
ans =
     1     0
     0     4
     0     0
x1 * x2               %矩阵相乘 x1 列数不等于 x2 行数
??? Error using = = > *
Inner matrix dimensions must agree.
x3 = eye(2, 3)
x3 =
     1     0     0
     0     1     0
 x1 * x3              %矩阵相乘
ans =
     1     2     0
     3     4     0
     5     6     0
```

③ 矩阵和数组的除法

• 矩阵运算符为"\"和"/"分别表示左除和右除.

```
A\B = A^-1 * B
A/B = A * B^-1.
```

其中，A^{-1}是矩阵的逆，也可用 inv(A)求逆矩阵.

• 数组的除法运算表达式

"A. \B"和"A. /B"分别为数组的左除和右除，表示数组相应元素相除.

A 和 B 数组必须大小相同，除非其中有一个是标量.

例 6 已知 $\boldsymbol{A}=\begin{pmatrix}2 & -1 & 3\\ 3 & 1 & -5\\ 4 & -1 & 1\end{pmatrix}$，$\boldsymbol{B}=\begin{pmatrix}5\\ 5\\ 9\end{pmatrix}$，计算 A\B

```
A = [2  -1  3; 3  1  -5; 4  -1  1]
A =
    2    -1     3
    3     1    -5
    4    -1     1
B = [5; 5; 9]
B =
    5
    5
    9
    X = A\B
X =
      2
    -1
      0
```

• 在线性方程组 A * X=B 中，$m\times n$ 阶矩阵 $\boldsymbol{A}$ 的行数 m 表示方程数，列数 n 表示未知数的个数.

• $n=m$，$\boldsymbol{A}$ 为方阵，A\B=inv(A) * B.

• $m>n$，是最小二乘解，X=inv(A' * A) * (A' * B).

• $m<n$，则是令 X 中的 $n-m$ 个元素为零的一个特殊解. X=inv(A' * A) * (A' * B).

④ 矩阵和数组的乘方

• 矩阵乘方的运算表达式为"A^B"，其中 A 可以是矩阵或标量.

当 $\boldsymbol{A}$ 为矩阵，必须为方阵：

B 为正整数时，表示矩阵 $\boldsymbol{A}$ 自乘 B 次；

B 为负整数时，表示先将矩阵 $\boldsymbol{A}$ 求逆，再自乘$|B|$次，仅对非奇异阵成立；

$\boldsymbol{B}$ 为矩阵时不能运算，会出错；

B 为非整数时，将 $\boldsymbol{A}$ 分解成 A=W * D/W，$\boldsymbol{D}$ 为对角阵，则有 A^B=W * D^B/W.

当 $\boldsymbol{A}$ 为标量：

$\boldsymbol{B}$ 为矩阵时，将 $\boldsymbol{A}$ 分解成 A=W * D/W，$\boldsymbol{D}$ 为对角阵，则有 A^B=W * diag(D. ^B)/W.

• 数组乘方的运算表达式“A.^B”.

当 ***A*** 为矩阵，*B* 为标量时，则将 A(i, j)自乘 B 次；

当 ***A*** 为矩阵，***B*** 为矩阵时，***A*** 和 ***B*** 数组必须大小相同，则将 A(i, j)自乘 B(i, j)次；

当 *A* 为标量，***B*** 为矩阵时，将 A^B(i, j)构成新矩阵的第 *i* 行第 *j* 列元素.

例 7　矩阵和数组的除法和乘方运算.

```
x1 = [1 2; 3 4];
x2 = eye(2)
x2 =
    1     0
    0     1
x1/x2                 %矩阵右除
ans =
    1     2
    3     4
inv(x1)               %求逆矩阵
ans =
 -2.0000       1.0000
  1.5000     -0.5000
 x1\x2                %矩阵左除
ans =
 -2.0000          1.0000
  1.5000        -0.5000
 x1./x2               %数组右除
Warning: Divide by zero.
(Type "warning off Matlab:divideByZero" to suppress this warning.)
ans =
    1     Inf
  Inf     4
 x1.\x2               %数组左除
ans =
    1.0000            0
         0      0.2500
 x1^2                 %矩阵乘方
ans =
      7     10
     15     22
x1^-1                 %矩阵乘方，指数为-1与inv相同
ans =
 -2.0000          1.0000
  1.5000        -0.5000
 x1^0.2               %矩阵乘方，指数为小数
```

```
ans =
   0.8397 + 0.3672i   0.2562 - 0.1679i
   0.3842 - 0.2519i   1.2239 + 0.1152i
 2.^x1              %标量乘方
ans =
    10.4827     14.1519
    21.2278     31.7106
 2.^x1              %数组乘方
ans =
    2     4
    8     16
 x1.^x2             %数组乘方
ans =
    1     1
    1     4
```

(3) 矩阵和数组的数学函数

Matlab 中数学函数对数组的每个元素进行运算. 数组的基本函数如表 1-16 所示.

表 1-16　基本函数

函数名	含义	函数名	含义
abs	绝对值或者复数模	rat	有理数近似
sqrt	平方根	mod	模除求余
real	实部	round	4 舍 5 入到整数
imag	虚部	fix	向最接近 0 取整
conj	复数共轭	floor	向最接近－∞取整
sin	正弦	ceil	向最接近－∞取整
cos	余弦	sign	符号函数
tan	正切	rem	求余数留数
asin	反正弦	exp	自然指数
acos	反余弦	log	自然对数
atan	反正切	log10	以 10 为底的对数
atan2	第四象限反正切	pow2	2 的幂
sinh	双曲正弦	bessel	贝赛尔函数
cosh	双曲余弦	gamma	伽吗函数
tanh	双曲正切		

例 8　使用数组的算术运算函数.

```
t = linspace(0, 2 * pi, 6)
t =
```

```
        0     1.2566    2.5133    3.7699    5.0265    6.2832
y = sin(t)              %计算正弦
y =
        0     0.9511    0.5878   -0.5878   -0.9511   -0.0000
y1 = abs(y)             %计算绝对值,将正弦曲线变成全波整流
y1 =
        0     0.9511    0.5878    0.5878    0.9511    0.0000
1 - exp( - t). * y      %计算按指数衰减的正弦曲线
ans =
    1.0000    0.7293    0.9524    1.0136    1.0062    1.0000
```

S 为标量，$\boldsymbol{A}$，$\boldsymbol{B}$ 为矩阵.

1.6.3 Matlab 作图形

1. 二维作图

绘图命令 plot 绘制 x—y 坐标图,polor 命令绘制极坐标图.

(1) 基本形式

如果 $\boldsymbol{y}$ 是一个向量,那么 plot(y)绘制一个 $\boldsymbol{y}$ 中元素的线性图. 假设我们希望画出

```
y = [0., 0.48, 0.84, 1., 0.91, 6.14]
```

则用命令：

```
plot(y)
```

它相当于命令:plot(x, y),其中 x=[1, 2, …, n]或 x=[1; 2; …; n],即向量 $\boldsymbol{y}$ 的下标编号,n 为向量 $\boldsymbol{y}$ 的长度,Matlab 会产生一个图形窗口,显示图形(图 1-19). 请注意:坐标 x 和 y 是由计算机自动绘出的.

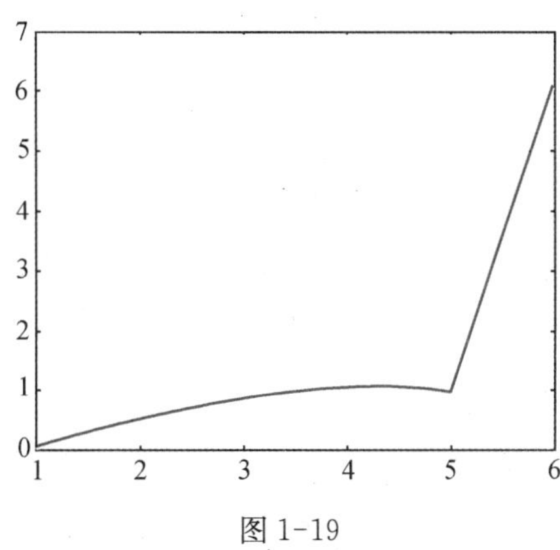

图 1-19

上面的图形没有加上 x 轴和 y 轴的标注,也没有标题. 用 xlabel, ylabel, title 命令可以加上.

如果 $\boldsymbol{x}$, $\boldsymbol{y}$ 是同样长度的向量,plot(x, y)命令可画出相应的 x 元素与 y 元素的 x—y 坐标图. 例如：

```
x=0:0.05: 4*pi;  y=sin(x);  plot(x, y)
grid on, title('y=sin(x)曲线图')
xlabel('x=0: 0.05: 4Pi')
```

结果见图 1-20.

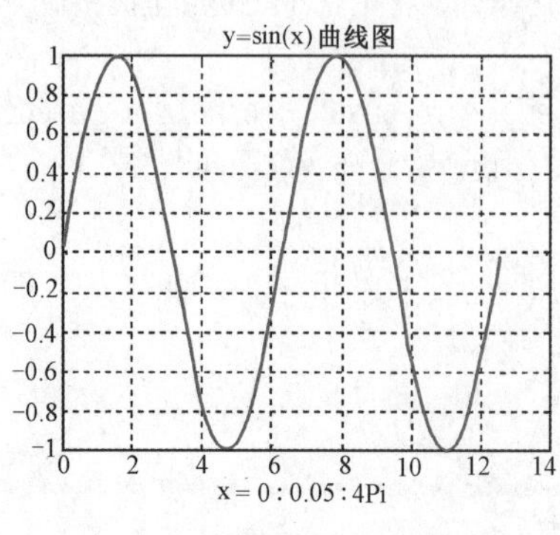

图 1-20

Matlab 图形命令见表 1-17.

表 1-17 Matlab 图形命令

title	图形标题	title	图形标题
xlabel	x 坐标轴标注	grid	给图形加上网格
ylabel	y 坐标轴标注	hold	保持图形窗口的图形
text	标注数据点		

(2) 多重线

在一个单线图上,绘制多重线有三种办法.

第一种方法是利用 plot 的多变量方式绘制:

```
plot(x1, y1, x2, y2, ..., xn, yn)
```

x1, y1, x2, y2, ..., xn, yn 是成对的向量,每一对 x, y 在图上产生如上方式的单线.多变量方式绘图是允许不同长度的向量显示在同一图形上.

第二种方法也是利用 plot 绘制,但加上 hold on/off 命令的配合:

```
plot(x1, y1)
hold on
plot(x2, y2)
hold off
```

第三种方法还是利用 plot 绘制,但代入矩阵:

如果 plot 用于两个变量 plot(x, y),并且 x, y 是矩阵,则有以下情况:

① 如果 y 是矩阵,x 是向量,plot(x, y)用不同的画线形式绘出 y 的行或列及相应的 x 向量,y 的行或列的方向与 x 向量元素的值选择是相同的.

② 如果 x 是矩阵,y 是向量,则除了 x 向量的线族及相应的 y 向量外,以上的规则也适用.

③ 如果 x, y 是同样大小的矩阵,plot(x, y)绘制 x 的列及 y 相应的列.

还有其他一些情况，请参见 Matlab 的帮助系统.

(3) 线型和颜色的控制

如果不指定划线方式和颜色，Matlab 会自动选择点的表示方式及颜色. 也可以用不同的符号指定不同的曲线绘制方式. 例如：

```
plot(x, y,'*')                          %用'*'作为点绘制的图形.
plot(x1, y1,':', x2, y2,'+')            %用':'画第一条线,用'+'画第二条线.
```

线型、点标记和颜色的取值见表 1-18.

表 1-18　线型和颜色控制符

线型		点标记		颜色	
—	实线	.	点	y	黄
:	虚线	o	小圆圈	m	棕色
—.	点划线	x	叉子符	c	青色
--	间断线	+	加号	r	红色
		*	星号	g	绿色
		s	方格	b	蓝色
		d	菱形	w	白色
		^	朝上三角	k	黑色
		v	朝下三角		
		>	朝右三角		
		<	朝左三角		
		p	五角星		
		h	六角星		

如果计算机系统不支持彩色显示，Matlab 将把颜色符号解释为线型符号，用不同的线型表示不同的颜色. 颜色与线型也可以一起给出，即同时指定曲线的颜色和线型(图 1-21). 例如：

```
t = -3.14 : 0.2 : 3.14;
x = sin(t); y = cos(t);
plot(t, x, '+r', t, y, '-b')
```

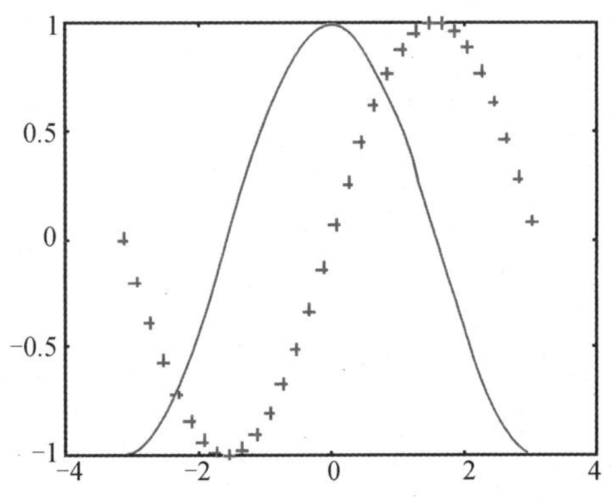

图 1-21　不同线型、颜色的 sin, cos 图形

(4) 极坐标图及条形图

polar 的用法和 plot 相似. 先介绍的 fplot 是扩展来的可用于符号作图的函数.

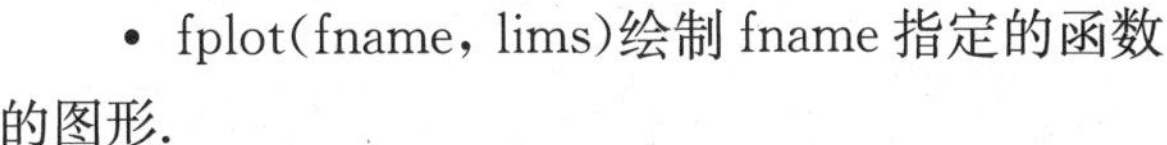

• fplot(fname, lims)绘制 fname 指定的函数的图形.

• polar(theta, rho)使用相角 theta 为极坐标形式绘图，相应半径为 rho，其次可使用

grid 命令画出极坐标网格.

- bar(x)显示 x 向量元素的条形图,bar 不接受多变量.
- hist 绘制统计频率直方图.
- histfit(data, nbins)绘制统计直方图与其正态分布拟合曲线.

fplot 函数的绘制区域为 lims=[xmin, xmax],也可以用 lims=[xmin, xmax, ymin, ymax]指定 y 轴的区域. 函数表达式可以是一个函数名,如 sin, tan 等;也可以是带上参数 x 的函数表达式,如 sin(x), diric(x, 10);也可以是一个用方括号括起的函数组,如[sin, cos].

例 9 fplot('sin',[0 4 * pi])

例 10 fplot('sin(1 . / x)', [0.01 0.1])

例 11 fplot('abs(exp(- j * x * (0 : 9)) * ones(10,1))',[0 2 * pi],'- o')

例 12 fplot('[sin(x),cos(x), tan(x)]', [- 2 * pi 2 * pi - 2 * pi 2 * pi]) % % (图 1-22)

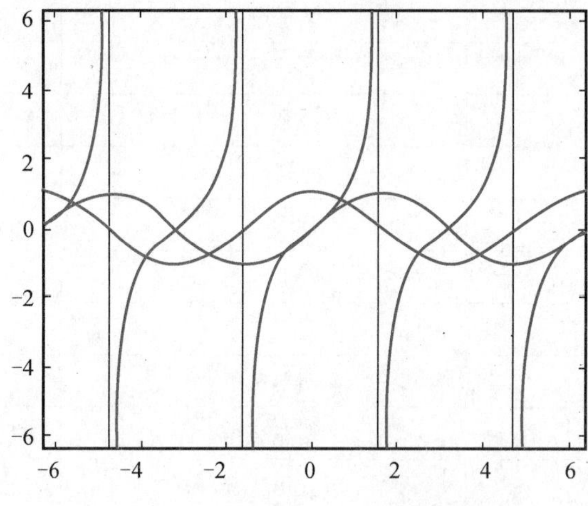

图 1-22 sin, cos, tan 函数图形

下面介绍其他几个作图函数的应用.

例 13 极坐标绘图(图 1-23)

```
t = 0 : 0.01 : 2 * pi;
polar(t, sin(6 * t))
```

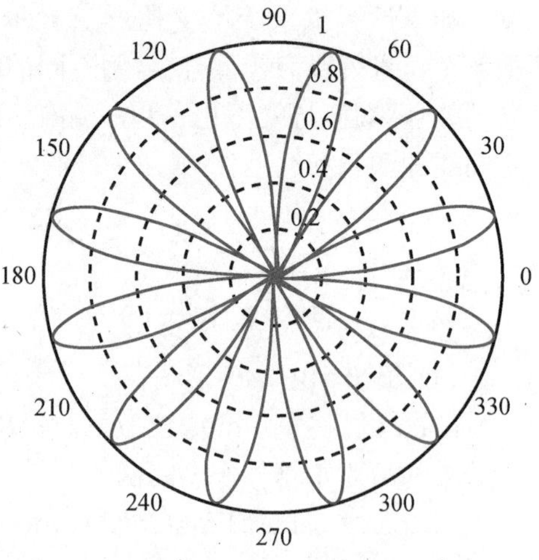

图 1-23 极坐标绘图

例 14 正态分布图

我们可以用命令 normrnd 生成符合正态分布的随机数.

```
normrnd(u, v, m, n)
```

其中,u 表示生成随机数的期望,v 代表随机数的方差.

运行:

```
a = normrnd(10, 2, 10000, 1);
histfit(a)
```

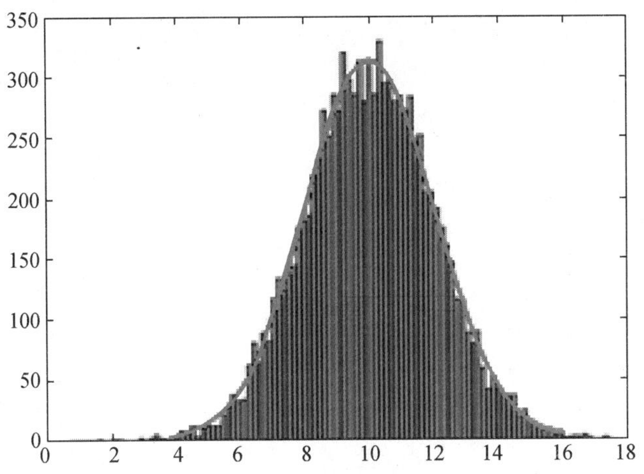

图 1-24　正态分布的统计直方图与其正态分布拟合曲线

我们可以得到正态分布的统计直方图与其正态分布拟合曲线(图 1-24).

例 15　比较正态分布(图 1-25(a))与平均分布(图 1-25(b))的分布图.

```
yn = randn(30000, 1);      %%正态分布
x = min(yn) : 0.2 : max(yn);
subplot(121)
hist(yn, x)
yu = rand(30000, 1);      %%平均分布
subplot(122)
hist(yu, 25)
```

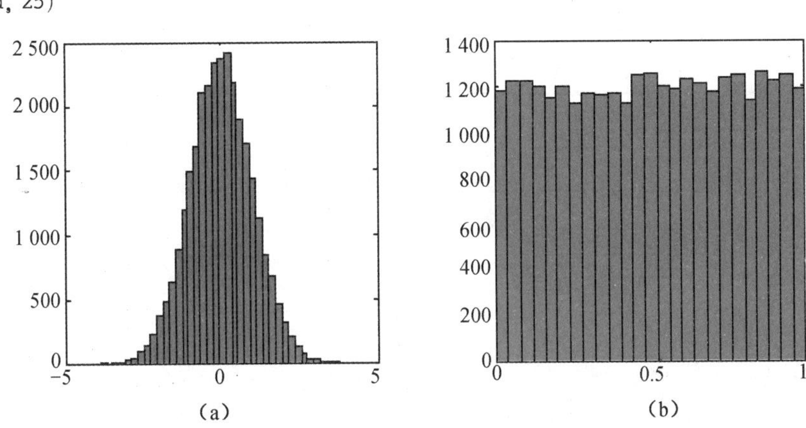

图 1-25　正态分布与平均分布的分布图

(5) 子图

在绘图过程中,经常要把几个图形在同一个图形窗口中表现出来,而不是简单地叠加.这就用到函数 subplot.其调用格式如下:

```
subplot(m, n, p)
```

subplot 函数把一个图形窗口分割成 $m \times n$ 个子区域,用户可以通过参数 p 调用各个子

绘图区域进行操作. 子绘图区域的编号为按行从左至右编号.

例 16 绘制子图

```
x=0: 0.1*pi: 2*pi;
subplot(2, 2, 1)
plot(x, sin(x), '-*');
title('sin(x)');
subplot(2, 2, 2)
plot(x, cos(x),'--o');
title('cos(x)');
subplot(2, 2, 3)
plot(x, sin(2*x), '-.*');
title('sin(2x)');
subplot(2, 2, 4);
plot(x, cos(3*x), ':d')
title('cos(3x)')
```

得到图形如图 1-26 所示.

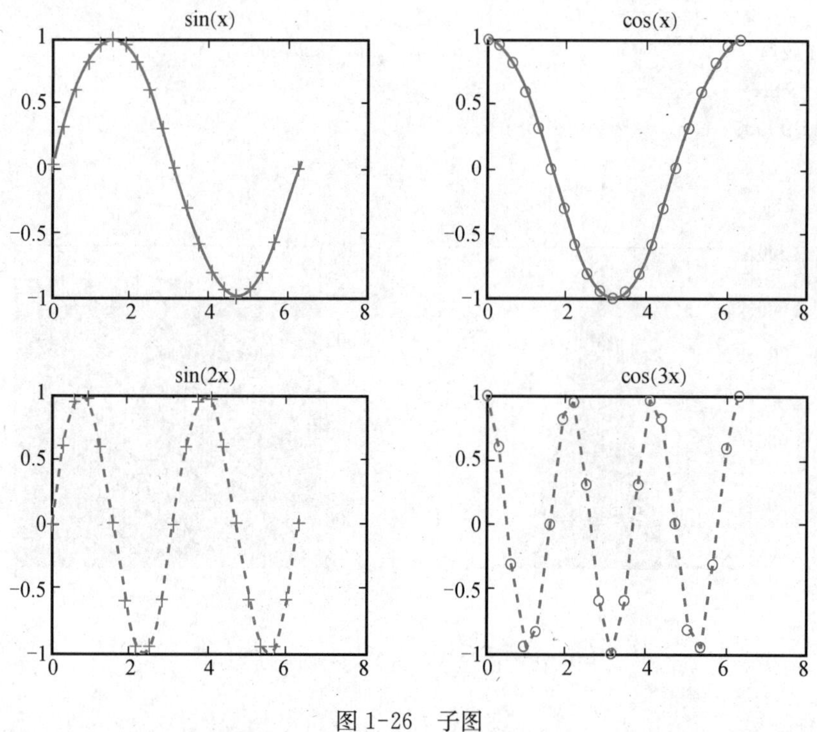

图 1-26 子图

(6) 填充图

利用二维绘图函数 patch,我们可绘制填充图. 绘制填充图的另一个函数为 fill.

下面的例子绘出了函数 humps(一个 Matlab 演示函数)在指定区域内的函数图形.

例 17 用函数 patch 绘制填充图(图 1-27).

```
fplot('humps', [0, 2], 'b')
hold on
patch([0.5 0.5 : 0.02 : 1 1], [0 humps(0.5 : 0.02 : 1) 0], 'r');
hold off
title('A region under an interesting function.')
grid
```

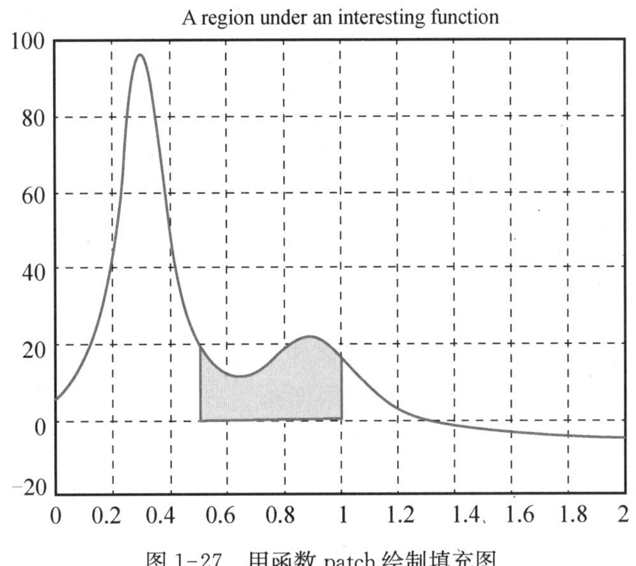

图 1-27 用函数 patch 绘制填充图

我们还可以用函数 fill 来绘制类似的填充图.

例 18 用函数 fill 绘制填充图(图 1-28).

```
x = 0 : pi/60 : 2 * pi;
y = sin(x);
x1 = 0 : pi/60 : 1;
y1 = sin(x1);
plot(x, y, 'r');
hold on
fill([x1 1], [y1 0], 'g')
```

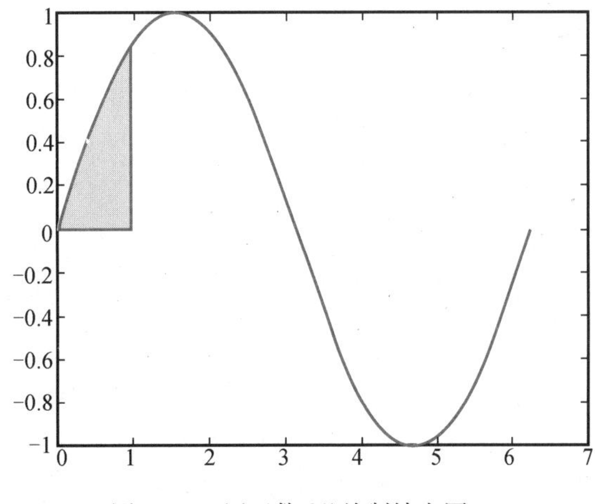

图 1-28 用函数 fill 绘制填充图

2. 三维作图

(1) mesh(Z)语句

mesh(Z)语句可以给出矩阵 **Z** 元素的三维消隐图,网络表面由 **Z** 坐标点定义,与前面叙述的 x—y 平面的线格相同,图形由邻近的点连接而成. 它可用来显示用其他方式难以输出的包含大量数据的大型矩阵,也可用来绘制 **Z** 变量函数.

显示两变量的函数 Z=f(x, y),第一步需产生特定的行和列的 x—y 矩阵. 然后计算函数在各网格点上的值. 最后用 mesh 函数输出.

下面我们绘制 sin(r)/r 函数的图形. 建立图形用以下方法：

```
x = -8 : .5 : 8;
y = x';
x = ones(size(y)) * x;
y = y * ones(size(y))';
R = sqrt(x.^2 + y.^2) + eps;
z = sin(R). /R;
mesh(z)        %%  试运行 mesh(x, y, z),看看与 mesh(z)有什么不同之处?
```

各语句的意义是：首先建立行向量 $\boldsymbol{x}$，列向量 $\boldsymbol{y}$；然后按向量的长度建立 1-矩阵；用向量乘以产生的 1-矩阵，生成网格矩阵，它们的值对应于 $x-y$ 坐标平面；接下来计算各网格点的半径；最后计算函数值矩阵 $\boldsymbol{Z}$. 用 mesh 函数即可以得到图形(图 1-29).

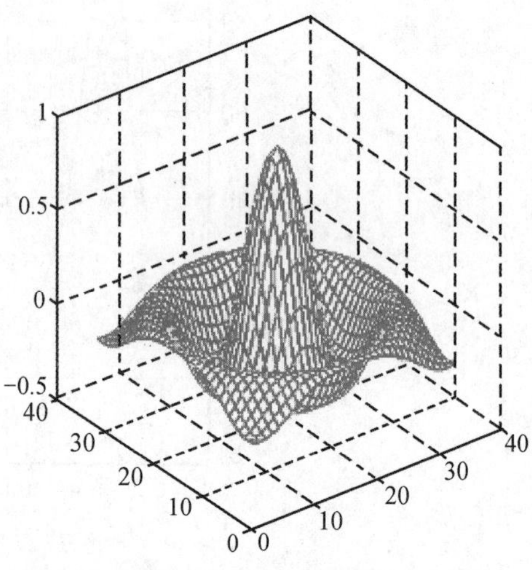

图 1-29　三维 1 消隐图

第一条语句 x 的赋值为定义域，在其上估计函数；第三条语句建立一个重复行的 x 矩阵，第四条语句产生 y 的响应，第五条语句产生矩阵 R(其元素为各网格点到原点的距离). 用 mesh 方法结果如上.

另外，上述命令系列中的前 4 行可用以下一条命令替代：

```
[x, y] = meshgrid( -8 : 0.5 : 8)
```

(2) 与 mesh 相关的几个函数

① meshc 与函数 mesh 的调用方式相同，只是该函数在 mesh 的基础上又增加了绘制相应等高线的功能. 下面来看一个 meshc 的例子：

```
[x, y] = meshgrid([ -4 : .5 : 4]);
z = sqrt(x.^2 + y.^2);
meshc(z)      %%  试运行 meshc(x, y, z),看看与 meshc(z)有什么不同之处?
```

我们可以得到图形(图 1-30).

地面上的圆圈就是上面图形的等高线.

② 函数 meshz 与 mesh 的调用方式也相同，不同的是该函数在 mesh 函数的作用之上增加了屏蔽作用，即增加了边界面屏蔽. 例如：

```
[x, y] = meshgrid([ -4 : .5 : 4]);
z = sqrt(x.^2 + y.^2);
meshz(z)      %%  试运行 meshz(x, y, z),看看与 meshz(z)有什么不同之处?
```

我们得到图形(图 1-31).

(3) 其他几个三维绘图函数

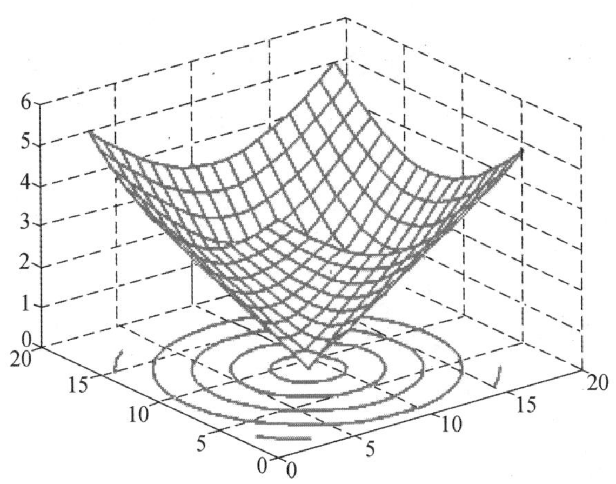

图 1-30　meshc 图

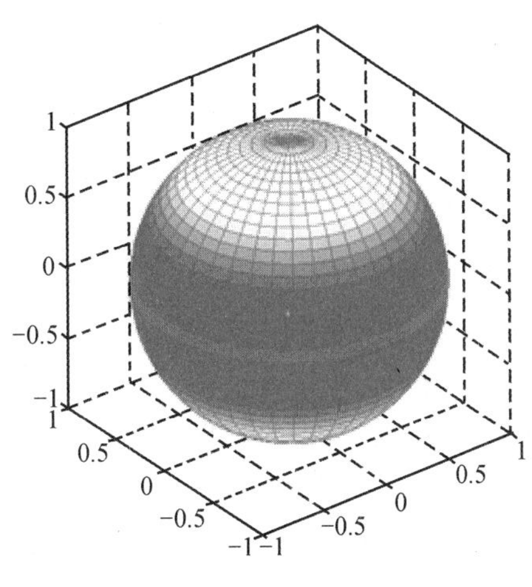

图 1-31　meshz 图

① 在 Matlab 中有一个专门绘制圆球体的函数 sphere，其调用格式如下：

```
[x, y, z] = sphere(n)
```

此函数生成三个$(n+1)\times(n+1)$阶的矩阵，再利用函数 surf(x, y, z)可生成单位球面.

```
[x, y, z] = sphere    %此形式使用了默认值 n=20
sphere(n)    %只绘制球面图，不返回值.
```

运行下面程序：

```
sphere(30);
axis square;
```

得到球体图形(图 1-32).

若只输入 sphere 画图，则是默认了 $n=20$ 的情况.

② surf 函数也是 Matlab 中常用的三维绘图函数. 其调用格式如下：

```
surf(x, y, z, c)
```

输入参数的设置与 mesh 相同,不同的是 mesh 函数绘制的是一网格图,而 surf 绘制的是着色的三维表面. Matlab 语言对表面进行着色的方法是,在得到相应网格后,对每一网格依据该网格所代表的节点的色值(由变量 c 控制),来定义这一网格的颜色. 若不输入 c,则默认为 c=z.

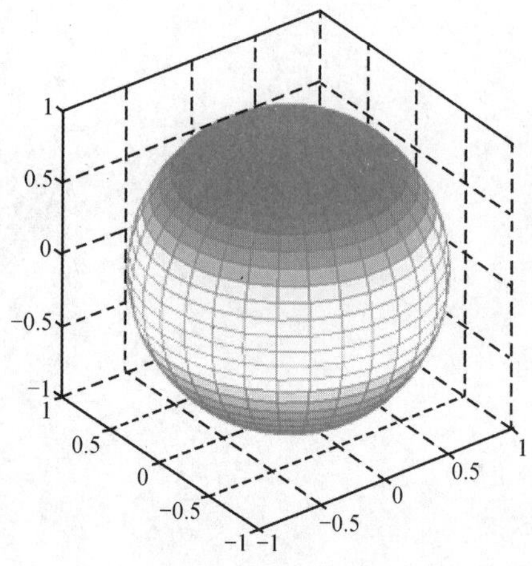

图 1-32　球面图

再来看一个例子:绘制地球表面的气温分布示意图.

```
[a, b, c] = sphere(40);
t = abs(c);      %求绝对值
surf(a, b, c, t);
axis equal
colormap('hot')
```

我们可以得到图形(图 1-33).

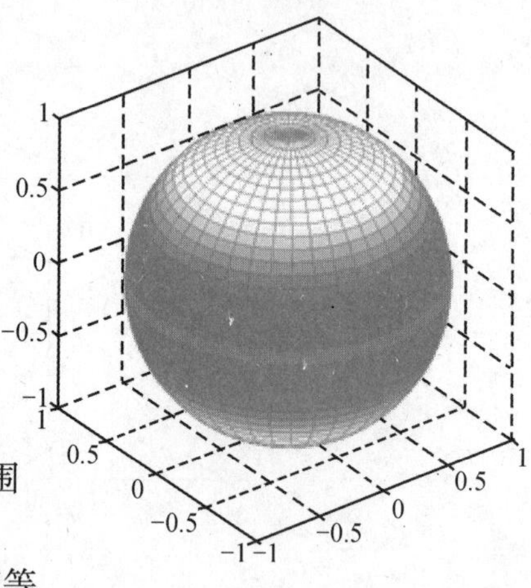

图 1-33　等温线示意图

(4) 图形的控制与修饰

① 坐标轴的控制函数 axis,调用格式如下:

```
axis([xmin, xmax, ymin, ymax, zmin, zmax])
```

用此命令可以控制坐标轴的范围.

与 axis 相关的几条常用命令还有:

axis auto　　　　%自动模式,使得图形的坐标范围满足图中一切图元素

axis equal　　　　%严格控制各坐标的分度使其相等

axis square　　　%使绘图区为正方形

axis on　　　　　%恢复对坐标轴的一切设置

axis off　　　　　%取消对坐标轴的一切设置

axis manual　　　%以当前的坐标限制图形的绘制

② grid on　%在图形中绘制坐标网格

grid off　%取消坐标网格

③ xlabel, ylabel, zlabel　　%分别为 x 轴, y 轴, z 轴添加标注

title　%为图形添加标题.

以上函数的调用格式大同小异,我们以 xlabel 为例进行介绍:

xlabel('标注文本','属性 1','属性值 1','属性 2','属性值 2',…)

这里的属性是标注文本的属性,包括字体大小、字体名、字体粗细等.

例如:

```
[x, y] = meshgrid(-4 : .2 : 4);
R = sqrt(x.^2 + y.^2);
```

```
z = - cos(R);
mesh(x,y,z)
xlabel('x\in[ - 4,4]','fontweight','bold');
ylabel('y\in[ - 4,4]','fontweight','bold');
zlabel('z = - cos(sqrt(x^2 + y^2))','fontweight','bold');
title(' 旋转曲面 ','fontsize',15,'fontweight','bold','fontname',' 隶书 ');
```

我们可以得到图形(图 1-34).

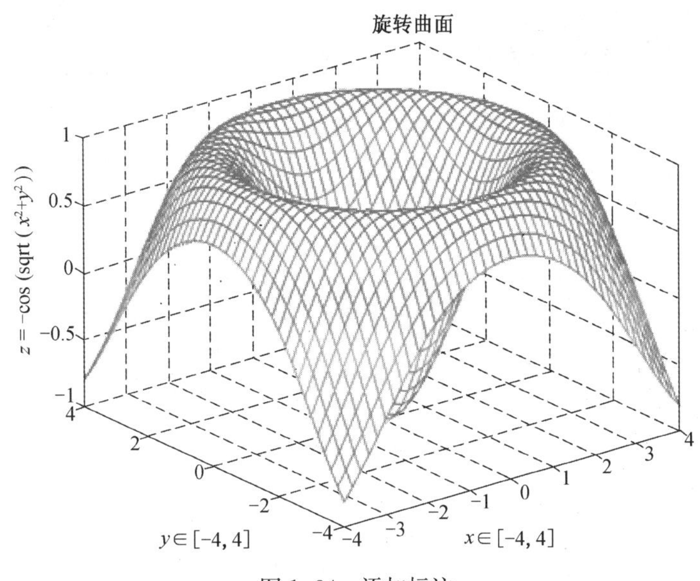

图 1-34　添加标注

以上各种绘图方法的详细用法,请看联机信息.

1.6.4　Matlab 符号运算

1. 符号表达式的建立

(1) 创建符号常量

符号常量是不含变量的符号表达式,用 sym 命令来创建符号常量.

语法:

```
sym(' 常量 ')      %创建符号常量
```

例如,创建符号常量,这种方式是绝对准确的符号数值表示:

```
>>a = sym('sin(2)')
a =
sin(2)
```

sym 命令也可以把数值转换成某种格式的符号常量.

语法:

```
sym(常量,参数)      %把常量按某种格式转换为符号常量
```

说明:参数可以选择为 'd', 'f', 'e' 或 'r' 四种格式,也可省略,其作用如表 1-19 所示.

表 1-19 参数设置

参数	作用
d	返回最接近的十进制数值(默认位数为 32 位)
f	返回该符号值最接近的浮点表示
r	返回该符号值最接近的有理数型(为系统默认方式),可表示为 p/q, p * q, 10^q, pi/q, 2^q 和 sqrt(p)形式之一
e	返回最接近的带有机器浮点误差的有理值

例 19 创建数值常量和符号常量.

```
 a1 = 2 * sqrt(5) + pi             %创建数值常量
a1 =
    7.6137
 a2 = sym('2 * sqrt(5) + pi')      %创建符号表达式

a2 =
2 * sqrt(5) + pi
 a3 = sym(2 * sqrt(5) + pi)        %按最接近的有理数型表示符号常量

a3 =
8572296331135796 * 2^( - 50)
 a4 = sym(2 * sqrt(5) + pi,'d')  %按最接近的十进制浮点数表示符号常量

a4 =
7.6137286085893727261009189533070
 a31 = a3 - a1                     %数值常量和符号常量的计算

a31 =
0
 a5 = '2 * sqrt(5) + pi'           %字符串常量

a5 =
2 * sqrt(5) + pi
```

可以通过查看工作空间来查看各变量的数据类型和存储空间,如图 1-35 所示.

(2) 创建符号变量和表达式

创建符号变量和符号表达式可以使用 sym 和 syms 命令.

① 使用 sym 命令创建符号变量和表达式

语法:

```
sym('变量',参数)          %把变量定义为符号对象
```

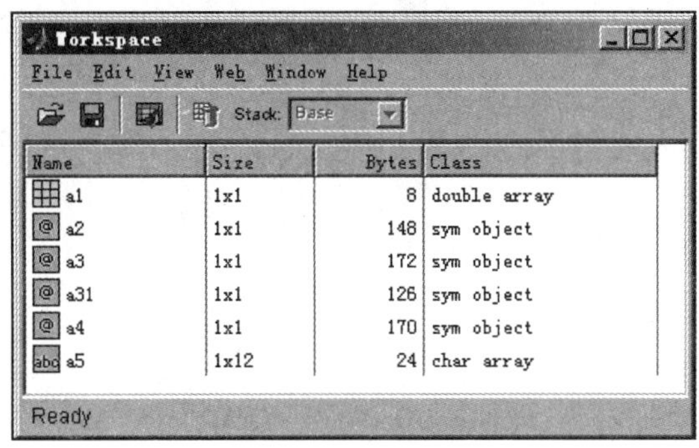

图 1-35 工作空间窗口

说明：参数用来设置限定符号变量的数学特性，可以选择为 'positive'，'real' 和 'unreal'，'positive' 表示为“正、实”符号变量，'real' 表示为“实”符号变量，'unreal' 表示为“非实”符号变量. 如果不限定则参数可省略.

例 20 创建符号变量，用参数设置其特性.

```
syms x y real                    %创建实数符号变量
z=x+i*y;                         %创建 z 为复数符号变量
real(z)                          %复数 z 的实部是实数 x

ans =
x
sym('x', 'unreal');              %清除符号变量的实数特性
real(z)                          %复数 z 的实部
ans =
1/2*x+1/2*conj(x)
```

程序分析：设置 x，y 为实数型变量，可以确定 z 的实部和虚部.

语法：

```
sym('表达式')             %创建符号表达式
```

例 20(续) 创建符号表达式.

```
f1=sym('a*x^2+b*x+c')
f1 =
a*x^2+b*x+c
```

② 使用 syms 命令创建符号变量和符号表达式

语法：

```
syms('arg1','arg2',…,参数)        %把字符变量定义为符号变量
syms arg1 arg2 …,参数             %把字符变量定义为符号变量的简洁形式
```

说明：syms 用来创建多个符号变量，这两种方式创建的符号对象是相同的. 参数设置和前面的 sym 命令相同，省略时符号表达式直接由各符号变量组成.

例 20(续) 使用 syms 命令创建符号变量和符号表达式.

```
syms a b c x                          %创建多个符号变量
f2 = a * x^2 + b * x + c              %创建符号表达式

f2 =
a * x^2 + b * x + c
syms('a','b','c','x')
f3 = a * x^2 + b * x + c;             %创建符号表达式
```

程序分析:既创建了符号变量 a, b, c, x,又创建了符号表达式,f2, f3 和 f1 符号表达式相同.

2. 符号对象与数值对象的转换

(1) 将数值对象转换为符号对象

sym 命令可以把数值型对象转换成有理数型符号对象,vpa 命令可以将数值型对象转换为任意精度的 VPA 型符号对象.

(2) 将符号对象转换为数值对象

使用 double、numeric 函数可以将有理数型和 VPA 型符号对象转换成数值对象.

语法:

```
N = double(S)          %将符号变量 S 转换为数值变量 N
N = numeric(S)         %将符号变量 S 转换为数值变量 N
```

例 21 将符号变量 $2\sqrt{5}+\pi$ 与数值变量进行转换.

```
clear
a1 = sym('2 * sqrt(5) + pi')

a1 =
2 * sqrt(5) + pi
b1 = double(a1)                 %转换为数值变量

b1 =
    7.6137

a2 = vpa(sym('2 * sqrt(5) + pi'),32)

a2 =
7.6137286085893726312809907207421

b2 = numeric(a2)                %转换为数值变量

b2 =
   7.613 7
```

例 22 由符号变量得出数值结果.

```
b3 = eval(a1)

b3 =
   7.6137
```

用“whos”命令查看变量的类型，可以看到 b1，b2，b3 都转换为双精度型：

```
whos

Name     Size     Bytes        Class


 a1       1x1       148        sym object
 a2       1x1       190        sym object
 b1       1x1         8        double array
 b2       1x1         8        double array
 b3       1x1         8        double array
Grand total is 50 elements using 362 bytes
```

3. 符号表达式的操作和转换

(1) 符号表达式中自由变量的确定

① 自由变量的确定原则

Matlab 将基于以下原则选择一个自由变量：

- 小写字母 i 和 j 不能作为自由变量.
- 符号表达式中如果有多个字符变量，则按照以下顺序选择自由变量：首先选择 x 作为自由变量；如果没有 x，则选择在字母顺序中最接近 x 的字符变量；如果与 x 相同距离，则在 x 后面的优先.
- 大写字母比所有的小写字母都靠后.

② findsym 函数

如果不确定符号表达式中的自由符号变量，可以用 findsym 函数来自动确定.

语法：

```
findsym(EXPR, n)          %确定自由符号变量
```

说明：EXPR 可以是符号表达式或符号矩阵；n 为按顺序得出符号变量的个数，当 n 省略时，则不按顺序得出 EXPR 中所有的符号变量.

例 23　得出符号表达式中的符号变量.

```
 f = sym('a*x^2+b*x+c')

f =
a*x^2+b*x+c
 findsym(f)          %得出所有的符号变量

ans =
```

```
a, b, c, x
 g = sym('sin(z) + cos(v)')

g =
sin(z) + cos(v)
 findsym(g, 1)        %得出第一个符号变量
ans =
z
```

程序说明：符号变量 z 和 v 距离 x 相同，以在 x 后面的 z 为自由符号变量.

(2) 符号表达式的化简

同一个数学函数的符号表达式的可以表示成三种形式，例如：

- 多项式形式的表达方式：$f(x) = x^3 + 6x^2 + 11x - 6$.
- 因式形式的表达方式：$f(x) = (x-1)(x-2)(x-3)$.
- 嵌套形式的表达方式：$f(x) = x(x(x-6)+11) - 6$.

例 24 三种形式的符号表达式的表示.

```
 f = sym('x^3 - 6 * x^2 + 11 * x - 6')          %多项式形式

f =
x^3 - 6 * x^2 + 11 * x - 6
 g = sym('(x - 1) * (x - 2) * (x - 3)')          %因式形式

g =
(x - 1) * (x - 2) * (x - 3)
 h = sym('x * (x * (x - 6) + 11) - 6')           %嵌套形式

h =
x * (x * (x - 6) + 11) - 6
```

① pretty 函数

例 24(续) 给出相应的符号表达式形式.

```
pretty(f)


                3     2
               x  - 6 x + 11 x - 6
```

② collect 函数

例 24(续) 给出相应的符号表达式形式.

```
 collect(g)

ans =
x^3 - 6 * x^2 + 11 * x - 6
```

当有多个符号变量,可以指定按某个符号变量来合并同类项.下面有 x，y 符号变量的表达式:

```
f1 = sym('x^3 + 2 * x^2 * y + 4 * x * y + 6')

f1 =

x^3 + 2 * x^2 * y + 4 * x * y + 6
collect(f1, 'y')                %按 y 来合并同类项

ans =

(2 * x^2 + 4 * x) * y + x^3 + 6
```

③ expand 函数

例 24(续)　给出相应的符号表达式形式.

```
expand(g)

ans =

x^3 - 6 * x^2 + 11 * x - 6
```

④ horner 函数

例 24(续)　给出符号表达式的嵌套形式.

```
horner(f)

ans =

x * (x * (x - 6) + 11) - 6
```

⑤ factor 函数

例 24(续)　给出符号表达式的因式形式.

```
factor(f)

ans =
(x - 1) * (x - 2) * (x - 3)
```

⑥ simplify 函数

例 24(续)　利用三角函数来简化符号表达式 $\cos^2 x - \sin^2 x$.

```
y = sym('cos(x)^2 - sin(x)^2')
y =

cos(x)^2 - sin(x)^2
simplify(y)

ans =

2 * cos(x)^2 - 1
```

⑦ simple 函数

simple 函数给出多种简化形式，给出除了 pretty，7collect，expand，factor，simplify 简化形式之外的 radsimp，combine，combine(trig)，convert 形式，并寻求包含最少数目字符的表达式简化形式.

例 24(续) 利用 simple 简化符号表达式 $\cos^2 x-\sin^2 x$.

```
simple(y)
simplify:
2 * cos(x)^2 - 1
radsimp:
cos(x)^2 - sin(x)^2
combine(trig):
cos(2 * x)
factor:
(cos(x) - sin(x)) * (cos(x) + sin(x))
expand:
cos(x)^2 - sin(x)^2
combine:
cos(2 * x)
convert(exp):
(1/2 * exp(i * x) + 1/2/exp(i * x))^2 + 1/4 * (exp(i * x) - 1/exp(i * x))^2
convert(sincos):
cos(x)^2 - sin(x)^2
convert(tan):
(1 - tan(1/2 * x)^2)^2/(1 + tan(1/2 * x)^2)^2 - 4 * tan(1/2 * x)^2/(1 + tan(1/2 * x)^2)^2
collect(x):
cos(x)^2 - sin(x)^2
ans =
cos(2 * x)
```

程序分析：得出最简化的符号表达式为“cos(2 * x)”.

(3) 求反函数和复合函数

在 Matlab 中 finverse 函数可以求得符号函数的反函数.

语法：

```
finverse(f, v)        %对指定自变量 v 的函数 f(v)求反函数
```

说明:当 v 省略,则对默认的自由符号变量求反函数.

① 求反函数

例 25 求 te^x 的反函数.

```
f = sym('t * e^x')                %原函数

f =

t * e^x
g = finverse(f)                   %对默认自由变量求反函数

g =
log(x/t)/log(e)
g = finverse(f,'t')               %对 t 求反函数

g =

t/(e^x)
```

程序分析:如果先定义 t 为符号变量,则参数 't' 的单引号可去掉:

```
syms t
g = finverse(f, t)
```

② 求复合函数

例 26 计算 te^x 与 ay^2+by+c 的复合函数.

```
f = sym('t * e^x');               %创建符号表达式
g = sym('a * y^2 + b * y + c');   %创建符号表达式
h1 = compose(f,g)                 %计算 f(g(x))

h1 =

t * e^(a * y^2 + b * y + c)

h2 = compose(g, f)                %计算 g(f(x))
h2 =

a * t^2 * (e^x)^2 + b * t * e^x + c
h3 = compose(f, g, 'z')               %计算 f(g(z))

h3 =

t * e^(a * z^2 + b * z + c)
```

例 27 计算得出 te^x 与 y^2 的复合函数.

```
f1 = sym('t * e^x');
g1 = sym('y^2');
```

```
h1 = compose(f1,g1)

h1 =

t*e^(y^2)
h2 = compose(f1, g1, 'z')              %计算 f(g(z))

h2 =

t*e^(z^2)
h3 = compose(f1, g1, 't', 'y')         %以 t 为自变量计算 f(g(z))

h3 =

y^2*e^x
h4 = compose(f1, g1, 't', 'y', 'z')   %以 t 为自变量计算 f(g(z)),并用 z 替换 y
h4 =

z^2*e^x
h5 = subs(h3, 'y', 'z')                %用替换的方法实现 h5 与 h4 相同结果

h5 =

(z)^2*e^x
```

阅读材料一

中国女数学家王小云成功破译"白宫密码"

2006 年 12 月 18 日，第三届中国青年女科学家奖颁奖典礼在北京举行，由 18 位来自中科院和中国工程院的院士组成的评审委员会，将奖项授予了五名杰出的女科学家，清华大学和山东大学的双聘教授王小云就是其中之一.

两年前，王小云在美国加州圣芭芭拉召开的国际密码大会上主动要求发言，宣布她及她的研究小组已经成功破解了 MD5，HAVAL－128，MD4 和 RIPEMD 四大国际著名密码算法. 当她公布到第三个成果的时候，会场上已经是掌声四起. 她的发言结束后，会场里爆发的掌声经久不息. 而为了这一天，王小云已经默默工作了 10 年. 几个月后，她又破译了更难的 SHA－1.

王小云从事的是 Hash 函数的研究. 目前在世界上应用最广泛的两大密码算法 MD5 和 SHA－1 就是 Hash 函数中最重要的两种. MD5 是由国际著名密码学家、麻省理工大学的 RonaldRivest 教授于 1991 年设计的，SHA－1 背后更是有美国

国家安全局的背景.两大算法是目前国际电子签名及许多其他密码应用领域的关键技术,广泛应用于金融、证券等电子商务领域.其中 SHA-1 更是被认为是现代网络安全不可动摇的基石.

MD5 密码算法,运算量达到 2^{80}.即使采用现在最快的巨型计算机,也要运算 100 万年以上才能破解.但王小云和她的研究小组用普通的个人电脑,几分钟内就可以找到有效结果.

SHA-1 密码算法,由美国专门制定密码算法的标准机构——美国国家标准技术研究院与美国国家安全局设计,早在 1994 年就被推荐给美国政府和金融系统采用,是美国政府目前应用最广泛的密码算法.2005 年初,王小云和她的研究小组宣布,成功破解 SHA-1.

在王小云开始 Hash 函数研究之初,虽然也有一些密码学家尝试去破译它,但是都没有突破性的成果.因此,15 年来 Hash 函数研究成为不少密码学家心目中最无望攻克的领域.但王小云偏不信邪,她想知道,Hash 函数真像看上去的那么牢不可破吗?

王小云破解密码的方法与众不同.虽然现在是信息时代,密码分析离不开电脑,但对王小云来说,电脑只是自己破解密码的辅助手段.更多的时候,她是用手算,手工设计破解途径.与电视剧《暗算》里的高手不同,王小云的工作更准确地说是"明算".她说:"与黑客的隐蔽攻击不同,全世界的密码分析学家是在一个公开的平台上工作.密码算法设计的函数方法和密码分析的理论都是公开的."

《崩溃!密码学的危机》,美国《新科学家》杂志用这样富有惊悚的标题概括王小云里程碑式的成就.因为王小云的出现,美国国家标准与技术研究院宣布,美国政府 5 年内将不再使用 SHA-1,取而代之的是更为先进的新算法,微软、Sun 和 Atmel 等知名公司也纷纷发表各自的应对之策.

王小云 1966 年生于山东诸城,1983 年至 1993 年就读于山东大学数学系,先后获得学士、硕士和博士学位,1993 年毕业后留校任教.2005 年 6 月受聘为清华大学高等研究中心"杨振宁讲座教授",现为清华大学"长江学者特聘教授".

综合练习一

一、选择题

1. 下列函数中,( )不是奇函数.

A. $y=\tan x+x$ B. $y=x$

C. $y=(x+1)\cdot(x-1)$ D. $y=\dfrac{2}{x}\cdot\sin^2 x$

2. 下列各组中,函数 $f(x)$ 与 $g(x)$ 一样的是( ).

A. $f(x)=x,\ g(x)=\sqrt[3]{x^3}$ B. $f(x)=1,\ g(x)=\sec^2 x-\tan^2 x$

C. $f(x)=x-1,\ g(x)=\dfrac{x^2-1}{x+1}$ D. $f(x)=2\ln x,\ g(x)=\ln x^2$

3. 下列函数中,在定义域内是单调增加、有界的函数是( ).

A. $y=x+\arctan x$ B. $y=\cos x$

C. $y=\arcsin x$ D. $y=x\cdot\sin x$

4. 下列函数中,定义域是 $[-\infty,+\infty]$,且是单调递增的是( ).

A. $y=\arcsin x$ B. $y=\arccos x$

C. $y=\arctan x$ D. $y=\text{arccot}\, x$

5. 函数 $y=\arctan x$ 的定义域是( ).

A. $(0, \pi)$　　B. $\left(-\frac{\pi}{2}, \frac{\pi}{2}\right)$　　C. $\left[-\frac{\pi}{2}, \frac{\pi}{2}\right]$　　D. $(-\infty, +\infty)$

6. 下列函数中，定义域为 $[-1, 1]$，且是单调减少的函数是(　　).

A. $y = \arcsin x$　　B. $y = \arccos x$　　C. $y = \arctan x$　　D. $y = \operatorname{arccot} x$

7. 已知函数 $y = \arcsin(x+1)$，则函数的定义域是(　　).

A. $(-\infty, +\infty)$　　B. $[-1, 1]$　　C. $(-\pi, \pi)$　　D. $[-2, 0]$

8. 下列各组函数中，(　　)是相同的函数.

A. $f(x) = \ln x^2$ 和 $g(x) = 2\ln x$　　B. $f(x) = |x|$ 和 $g(x) = \sqrt{x^2}$

C. $f(x) = x$ 和 $g(x) = (\sqrt{x})^2$　　D. $f(x) = \sin x$ 和 $g(x) = \arcsin x$

9. 设下列函数在其定义域内是增函数的是(　　).

A. $f(x) = \cos x$　　B. $f(x) = \arccos x$

C. $f(x) = \tan x$　　D. $f(x) = \arctan x$

10. 反正切函数 $y = \arctan x$ 的定义域是(　　).

A. $\left(-\frac{\pi}{2}, \frac{\pi}{2}\right)$　　B. $(0, \pi)$

C. $(-\infty, +\infty)$　　D. $[-1, 1]$

11. 下列函数是奇函数的是(　　).

A. $y = x\arcsin x$　　B. $y = x\arccos x$

C. $y = x\operatorname{arccot} x$　　D. $y = x^2\arctan x$

12. 函数 $y = \sqrt[5]{\ln\sin^3 x}$ 的复合过程为(　　).

A. $y = \sqrt[5]{u}$, $u = \ln v$, $v = w^3$, $w = \sin x$　　B. $y = \sqrt[5]{u^3}$, $u = \ln\sin x$

C. $y = \sqrt[5]{\ln u^3}$, $u = \sin x$　　D. $y = \sqrt[5]{u}$, $u = \ln v^3$, $v = \sin x$

二、填空题

1. 函数 $y = \arcsin\frac{x}{5} + \arctan\frac{x}{5}$ 的定义域是________.

2. 函数 $f(x) = \sqrt{x+2} + \arcsin\frac{x+1}{3}$ 的定义域为________.

3. 设 $f(x) = 3^x$，$g(x) = x\sin x$，则 $g(f(x)) =$________.

4. 设 $f(x) = \arctan x$，则 $f(x)$ 的值域为________.

5. 设 $f(x) = x^2 + \arcsin x$，则定义域为________.

6. 函数 $y = \ln(x+2) + \arcsin x$ 的定义域为________.

7. 函数 $y = \sin^2(3x+1)$ 是由________复合而成.

三、计算题

1. 设 $f\left(\sin\frac{x}{2}\right) = 1 + \cos x$，求 $f(x)$.

2. 设 $f(x) = \ln x$，$g(x)$ 的反函数 $g^{-1}(x) = \frac{2(x+1)}{x-1}$，求 $f(g(x))$.

3. 判别 $f(x) = \ln(x + \sqrt{1+x^2})$ 的奇偶性.

4. 已知 $f(x)$ 为偶函数，$g(x)$ 为奇函数，且 $f(x) + g(x) = \frac{1}{x-1}$，求 $f(x)$ 及 $g(x)$.

四、从一块半径为 R 的圆铁片上挖去一个扇形，把留下的中心角为 φ 的扇形做成一个漏斗，试将漏斗的容积 V 表示成中心角 φ 的函数.

五、设 $f(x)$ 满足函数方程 $2f(x) + f\left(\frac{1}{x}\right) = \frac{1}{x}$，证明 $f(x)$ 为奇函数.

第2章 极限与连续

17世纪，数学家对地球上或附近的物体的运动、行星和恒星的运动有着浓厚的兴趣.这项研究涉及物体在每个瞬间的速度和运动方向.极限的概念是研究运动物体的速度和曲线的切线的基础.在这一章，我们首先直观地认识极限，然后正式地研究极限，使用极限来描述函数的变化.当自变量 x 发生微小的变化时，连续变化的函数 $f(x)$ 只会产生细微变化；变化不规律的函数 $f(x)$ 则会产生跳跃性变化，无限制地增加或减少.极限的概念提供了一个精确的方法来区分这些行为.

学习要点

- 了解极限问题的相关背景.
- 理解极限的概念，掌握函数在∞和点 x_0 处极限存在的充分必要条件，能判断极限存在性.
- 理解无穷小、无穷大的概念，能判断无穷小、无穷大，掌握无穷小的性质，无穷小与无穷大的关系，了解无穷小的比较.
- 掌握极限的四则运算法则，掌握两个重要极限，能熟练求函数的极限.
- 理解连续的概念，掌握判断连续性的方法，掌握求函数间断点的方法，了解闭区间上连续函数的性质.
- 知道 Matlab 软件求极限的命令，能利用 Matlab 软件求极限.

科学上没有平坦的大道，真理长河中有无数礁石险滩.只有不畏攀登的采药者，只有不怕巨浪的弄潮儿，才能登上高峰采得仙草，深入水底觅得骊珠.

——华罗庚

华罗庚(1910—1985)
我国当代著名数学家

2.1 面积问题

微积分的起源追溯到至少 2 500 年前的古希腊人，他们使用“穷竭法”计算出图形的面积. 将任意多边形划分成多个三角形(图 2-1)，再利用这些三角形的面积之和求出图形的面积 A.

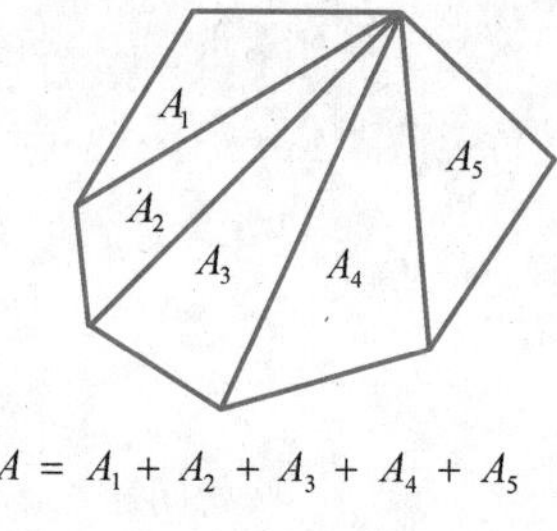

图 2-1

求出一个曲边图形的面积是更加困难的. 古希腊的“穷竭法”是作内接正多边形，并在图形限制下增加内接正多边形的边数. 图 2-2 示范了利用内接正多边形求圆的面积的过程.

将内接正 n 边形的面积记作 A_n. 随着 n 的增加，A_n 与圆的面积越来越接近，即圆的面积是内接正多边形的面积的极限，写作

$$A = \lim_{n \to \infty} A_n.$$

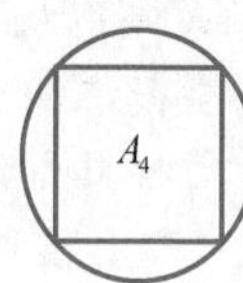

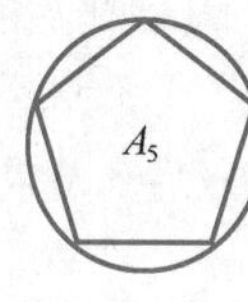

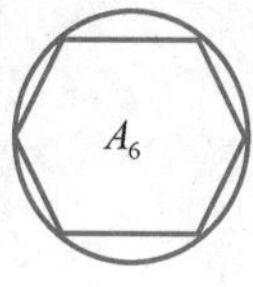

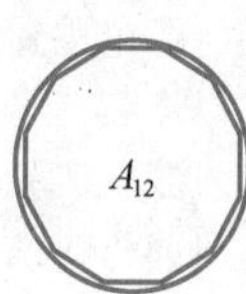

图 2-2

古希腊人并没有精确地使用极限. 尽管如此，欧多克索斯(公元前 5 世纪)还是竭尽全力通过间接的理由证明出熟悉的圆的面积公式

$$A = \pi r^2.$$

2.2 极限的概念

2.2.1 两个常用术语与一组记号

1. 术语一：函数 $f(x)$ 有定义

所谓函数 $f(x)$ 在某处有定义，是指函数 $f(x)$ 在该处有函数值. 依此类推，函数 $f(x)$ 在某处没有定义，是指函数 $f(x)$ 在该处没有函数值. 例如，函数 $f(x)=\dfrac{1}{x}$ 在 $x=1$ 处有函数值 $f(1)=1$，因此我们说函数 $f(x)=\dfrac{1}{x}$ 在 $x=1$ 处有定义；又如，函数 $f(x)=\dfrac{1}{x}$ 在 $x=0$ 处没有函数值，所以我们说函数 $f(x)=\dfrac{1}{x}$ 在 $x=0$ 处没有定义. 当函数在某个区间内的所有点都有函数值时，我们就说函数在该区间内有定义.

2. 术语二：函数 $f(x)$ 无限接近某一个确定的值 A

“无限接近”也许是一个非常生活化的语言，为了更好地描述函数的极限，我们也赋予它以特定的数学意义.

所谓函数 $f(x)$ 无限接近某一个确定的值 A，是指在一定的变化过程中，无论多大的 n(n 是自然数)，下面的不等式总能够在一定的时候得到满足：

$$|f(x)-A|<10^{-n}.$$

3. 一组记号

在描述函数极限的概念时，下面的这一组记号是非常重要的(表 2-1). 我们用表格的形式对这一组记号一一加以说明，希望读者能够加以比较并注意它们之间的区别与联系.

表 2-1

记　号	意　义
$x\to+\infty$	自变量 x 的值，沿 x 轴的正方向无止境地越来越大的变化过程
$x\to-\infty$	自变量 x 的值，沿 x 轴的负方向无止境地越来越大的变化过程
$x\to\infty$	自变量 x 的绝对值，无止境地越来越大的变化过程
$x\to x_0+0$ 或 $x\to x_0^+$	自变量 x 的值，从 x_0 右侧无止境地越来越靠近 x_0 的变化过程
$x\to x_0-0$ 或 $x\to x_0^-$	自变量 x 的值，从 x_0 左侧无止境地越来越靠近 x_0 的变化过程
$x\to x_0$	自变量 x 的值，从 x_0 两侧无止境地越来越靠近 x_0 的变化过程

2.2.2　函数极限的概念

1. 当 $x\to\infty$ 时，函数 $f(x)$ 的极限

(1) 若函数 $f(x)$ 在 $[b,+\infty)$ 上有定义，且当 $x\to+\infty$ 时，函数 $f(x)$ 无限接近某一个确定的值 A，则称函数 $f(x)$ 当 $x\to+\infty$ 时有极限为 A，记作

$$\lim_{x\to+\infty}f(x)=A \quad 或 \quad 当 x\to+\infty 时，f(x)\to A.$$

(2) 若函数 $f(x)$ 在 $(-\infty,a]$ 上有定义，且当 $x\to-\infty$ 时，函数 $f(x)$ 无限接近某一个确定的值 A，则称函数 $f(x)$ 当 $x\to-\infty$ 时有极限为 A，记作

$$\lim_{x\to-\infty}f(x)=A \quad 或 \quad 当 x\to-\infty 时，f(x)\to A.$$

(3) 若函数 $f(x)$ 在 $(-\infty,a]\cup[b,+\infty)$ 上有定义，且有

$$\lim_{x\to+\infty}f(x)=\lim_{x\to-\infty}f(x)=A,$$

则称函数 $f(x)$ 当 $x\to\infty$ 时有极限为 A，记作

$$\lim_{x\to\infty}f(x)=A \quad 或 \quad 当 x\to\infty 时，f(x)\to A.$$

2. 当 $x\to x_0$ 时，函数 $f(x)$ 的极限

(1) 若函数 $f(x)$ 在点 x_0 的右侧附近有定义，且当 $x\to x_0+0$ 时，函数 $f(x)$ 无限接近某一个确定的值 A，则称函数 $f(x)$ 当 $x\to x_0$ 时有右极限为 A，记作

$$\lim_{x\to x_0^+}f(x)=A \quad 或 \quad \lim_{x\to x_0+0}f(x)=A$$

$$或 \quad f(x_0+0)=A \quad 或 \quad 当 x\to x_0+0 时，f(x)\to A.$$

(2) 若函数 $f(x)$ 在点 x_0 的左侧附近有定义，且当 $x \to x_0 - 0$ 时，函数 $f(x)$ 无限接近某一个确定的值 A，则称函数 $f(x)$ 当 $x \to x_0$ 时有左极限为 A，记作

$$\lim_{x \to x_0^-} f(x) = A \quad 或 \quad \lim_{x \to x_0 - 0} f(x) = A \quad 或 \quad f(x_0 - 0) = A$$

或 当 $x \to x_0 - 0$ 时，$f(x) \to A$.

(3) 若函数 $f(x)$ 在点 x_0 的附近有定义，且 $\lim\limits_{x \to x_0^+} f(x) = \lim\limits_{x \to x_0^-} f(x) = A$，则称函数 $f(x)$ 当 $x \to x_0$ 时有极限为 A，记作

$$\lim_{x \to x_0} f(x) = A \quad 或 \quad 当 x \to x_0 时，f(x) \to A.$$

一般地，我们有

$$\lim_{x \to x_0} f(x) = A \Leftrightarrow \lim_{x \to x_0^-} f(x) = \lim_{x \to x_0^+} f(x) = A.$$

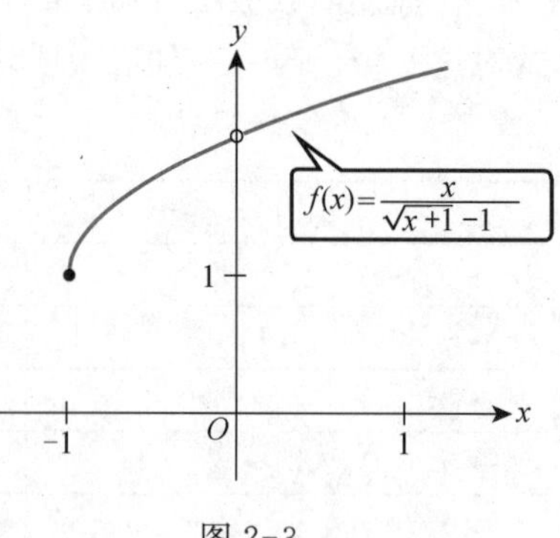

图 2-3

例 1 利用 $x = 0$ 附近的几个值来估计函 $f(x) = \dfrac{x}{\sqrt{x+1}-1}$ 的极限：$\lim\limits_{x \to 0} \dfrac{x}{\sqrt{x+1}-1}$.

解决方法 列出函数 $f(x)$ 取 $x = 0$ 附近的几个值时的函数值：

x 从 0 的左侧靠近 → ← x 从 0 的右侧靠近

x	−0.01	−0.001	−0.000 1	0	0.000 1	0.001	0.01
$f(x)$	1.994 99	1.999 50	1.999 5	?	2.000 05	2.000 50	2.004 99

$f(x)$ 靠近 2 → ← $f(x)$ 靠近 2

根据表中的结果，可以估出极限为 2. 这个极限可以通过图 2-3 进一步强化. 例 1 说明了，虽然函数在 $x = 0$ 处没有定义，但是当 x 靠近 0 时，函数的极限存在.

例 2 已知函数

$$f(x) = \begin{cases} 1, & x \neq 2, \\ 0, & x = 2. \end{cases}$$

求当 $x \to 2$ 时 $f(x)$ 的极限.

解 由于除了 $x = 2$，函数 $f(x) = 1$，可以推出极限为 1，如图 2-4 所示. 即

$$\lim_{x \to 2} f(x) = 1.$$

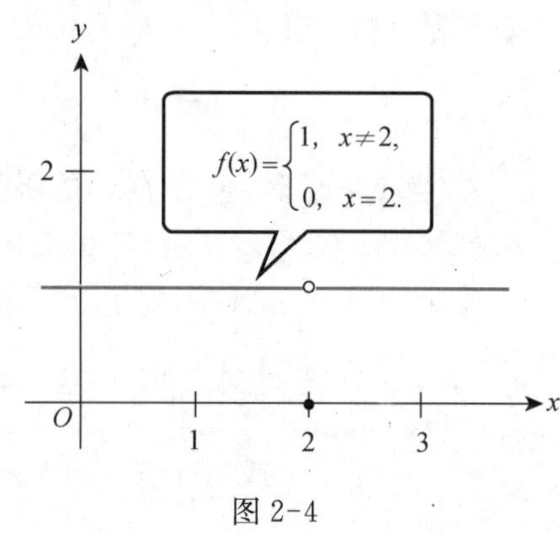

图 2-4

事实上，$f(2)=0$ 对 $x\to 2$ 时 $f(x)$ 的极限没有影响.

根据以上两个例子，我们有以下两点需要注意：

(1) 函数 $f(x)$ 在点 x_0 处的极限情况是指当 $x\to x_0$ 时，$f(x)$ 的变化趋势，并不在于 $f(x)$ 在点 x_0 是否有定义；换句话说，有定义不一定有极限，无定义不一定无极限.

(2) 如果函数 $f(x)$ 在点 x_0 存在极限，那么，$\lim\limits_{x\to x_0}f(x)$ 与 $f(x_0)$ 不一定相等.

3. 数列的极限

在函数极限的基础上，我们进一步讨论无穷数列的极限. 无穷数列的极限可归结为一类特殊函数的无穷极限的情形，这将对讨论无穷数列的极限是有帮助的，也能够使我们更好地理解函数极限与数列极限相互间的关系.

一般地，无穷数列 $\{x_n\}$ 可以写为

$$x_1,\ x_2,\ x_3,\ \cdots,\ x_n,\ \cdots.$$

数列中的每个数叫做数列的项，第 n 项 x_n 叫做数列的一般项或通项. 分析 n 和 x_n 的关系，可以把 n 看作自变量，而 x_n 就可以看作因变量. 进一步分析发现，变量 x_n 由变量 n 唯一确定，这样就得到下面的函数

$$x_n=f(n).$$

而对于这样一类特殊的函数，有：

若当 $n\to+\infty$ 时，函数 $f(n)$ 无限接近某一个确定的值 A，则称函数 $f(n)$ 当 $n\to+\infty$ 时有极限为 A，记作

$$\lim_{n\to+\infty}f(n)=A \quad 或 \quad 当\ n\to+\infty\ 时,\ f(n)\to A$$

或者简记作

$$\lim_{n\to\infty}x_n=A.$$

例如，数列 $1,\ \frac{1}{2},\ \frac{1}{3},\ \cdots,\ \frac{1}{n},\ \cdots$，当 n 无限增大时，$x_n=\frac{1}{n}$ 无限接近于常数 0，所以 $\lim\limits_{n\to\infty}\frac{1}{n}=0$. 又如，数列 $x_n=(-1)^n$，当 n 无限增大时，x_n 在 1 与 -1 两个数上来回"跳动"，不能接近于一个确定的常数，所以这个数列没有极限. 由此可知，并不是任何数列都是存在极限的.

通过观察，可以得到以下常见数列的极限：

(1) $\lim\limits_{n\to\infty}\frac{1}{n^{\alpha}}=0 \quad (\alpha>0)$；

(2) $\lim\limits_{n\to\infty}q^n=0 \quad (|q|<1)$；

(3) $\lim\limits_{n\to\infty}C=C \quad (C$ 为常数).

4. 函数的渐近线

函数的渐近线是函数图像的一种形态，对于函数 $y=f(x)$，

若有 $\lim\limits_{x\to\infty}f(x)=A$ (或 $\lim\limits_{x\to+\infty}f(x)=A$ 或 $\lim\limits_{x\to-\infty}f(x)=A$)，则把直线 $y=A$ 称为函数 $f(x)$ 的一条水平渐近线；

若有 $\lim\limits_{x\to x_0}f(x)=\infty$ (或 $\lim\limits_{x\to x_0^-}f(x)=\infty$，$\lim\limits_{x\to x_0^+}f(x)=\infty$)，则把直线 $x=x_0$ 称为函数

$f(x)$ 的一条垂直渐近线.

例如,函数 $y=\dfrac{1}{x-2}$ 有两条渐近线 $y=0$, $x=2$ (图 2-5);函数 $y=\ln x$ 有一条垂直渐近线 $x=0$ (图 2-6).

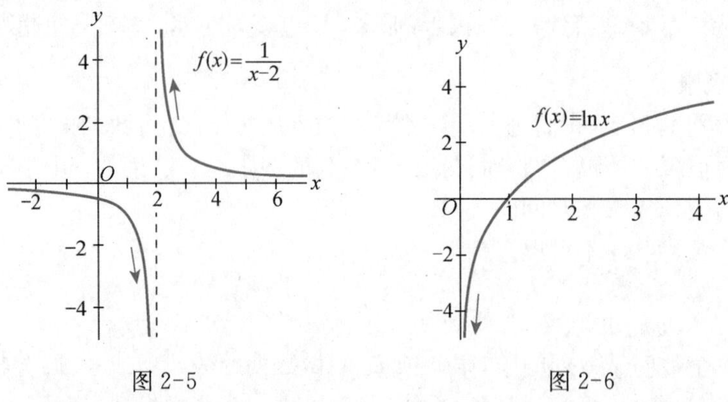

图 2-5　　图 2-6

以上讨论了函数极限的种种情形,最后我们还要说明的是,函数有极限也经常称之为函数收敛,函数没有极限则经常称之为函数发散.

习 题 2.2

1. 已知 $f(x)=\begin{cases}x-1, & x>0,\\ x+1, & x\geqslant 0,\end{cases}$ 讨论函数 $f(x)$ 在 $x\to 0$ 时的极限.

2. 已知 $f(x)=\dfrac{|x|}{x}$, 讨论函数 $f(x)$ 在 $x\to 0$ 时的极限.

3. 已知函数 $f(x)=\begin{cases}3^x, & x<0,\\ x+k, & x\geqslant 0\end{cases}$ 的极限 $\lim\limits_{x\to 0}f(x)$ 存在,求 k 和 $\lim\limits_{x\to 0}f(x)$.

4. 已知 $\lim\limits_{x\to -1}\dfrac{x^2-2x+k}{x+1}$ 存在,试确定 k 的值,并求这个极限.

5. 设 $f(x)$ 在 R 上有定义,函数 $f(x)$ 在点 x_0 左、右极限都存在且相等是函数 $f(x)$ 在点 x_0 处连续的(　　).

A. 充分条件　　B. 充分且必要条件

C. 必要条件　　D. 非充分也非必要条件

6. 求下列函数的垂直渐近线与水平渐近线.

(1) $f(x)=\dfrac{1}{x+2}$;　　(2) $f(x)=\dfrac{3x^2}{x^2+3x+2}$.

2.3 无穷小与无穷大

2.3.1 无穷小与无穷大的概念

若当 $x\to x_0$ (或 $x\to\infty$) 时,函数 $f(x)$ 的极限为零,则函数 $f(x)$ 叫做当 $x\to x_0$ (或 $x\to\infty$) 时的无穷小量,简称无穷小. 若当 $x\to x_0$ (或 $x\to\infty$) 时,函数 $f(x)$ 的绝对值无限增大,则函数 $f(x)$ 叫做当 $x\to x_0$ (或 $x\to\infty$) 时的无穷大量,简称无穷大.

请大家注意：

(1) 说一个函数是无穷小或无穷大，必须指明自变量的变化趋势；

(2) 一个绝对值很小或很大的常数不能笼统地说成是无穷小或无穷大，常数中只有零可以看成是无穷小；

(3) 无穷小(不等于零)与无穷大之间存在着倒数关系.

2.3.2 无穷小的性质

(1) 有限个无穷小的代数和是无穷小；

(2) 有限个无穷小的乘积是无穷小；

(3) 有界函数与无穷小的乘积是无穷小.

例1 求极限 $\lim\limits_{x\to\infty}\dfrac{\sin 3x}{x}$.

解 当 $x\to\infty$ 时，$\sin 3x$ 是有界函数，$\dfrac{1}{x}$ 是无穷小，所以由无穷小的性质可知，$\dfrac{\sin 3x}{x}$ 也是无穷小，即有 $\lim\limits_{x\to\infty}\dfrac{\sin 3x}{x}=0$.

2.3.3 无穷小与函数极限的关系

极限反映的是函数随自变量变化而变化的趋势. 如果函数 $f(x)$ 的极限是 A，那么表明，$f(x)$ 与 A 无限“接近”而不是“等于”，$f(x)$ 与 A 之间的这种“距离”可以用一个无限趋近于零的无穷小量来表示. 因此，无穷小与函数极限的关系就是：具有极限的函数等于它的极限与一个无穷小的和；反之，如果一个函数可以表示为常数与一个无穷小的和，那么该常数就是这个函数的极限. 即

$$\lim_{\substack{x\to\infty\\(x\to x_0)}} f(x)=A \Leftrightarrow f(x)=A+\alpha,\quad 其中\ \lim_{\substack{x\to\infty\\(x\to x_0)}}\alpha=0.$$

2.3.4 无穷小的比较

无穷小的比较反映的是不同的无穷小趋于零的快慢程度.

设 α 和 β 是在同一个自变量变化过程中的无穷小，若在这个变化过程中有

(1) $\lim\dfrac{\beta}{\alpha}=0$，则称 β 是比 α 较高阶的无穷小；

(2) $\lim\dfrac{\beta}{\alpha}=\infty$，则称 β 是比 α 较低阶的无穷小；

(3) $\lim\dfrac{\beta}{\alpha}=C$($C$为不等于零的常数)，则称 β 与 α 是同阶无穷小；特别地，若 $\lim\dfrac{\beta}{\alpha}=1$，则称 β 与 α 是等价无穷小，记作 $\alpha\sim\beta$.

例如，当 $x\to 0$ 时，x^2 是比 $\sin x$ 较高阶的无穷小.

常用等价无穷小：

当 $x\to 0$ 时，有 $\sin x\sim x$；$\tan x\sim x$；$1-\cos x\sim\dfrac{1}{2}x^2$；$\arcsin x\sim x$；$\arctan x\sim x$；

$\sqrt[n]{1+x}-1\sim\frac{1}{n}x$；$\ln(1+x)\sim x$；$e^x-1\sim x$.

例 2 求 $\lim\limits_{x\to 0}\frac{\ln(1-2x)}{\tan x}$.

解 因为当 $x\to 0$ 时，有 $\tan x\sim x$；$\ln(1-2x)\sim -2x$. 所以，原式 $=\lim\limits_{x\to 0}\frac{-2x}{x}=-2$.

习 题 2.3

1. $f(x)=1-\cos 3x(x\to 0)$ 与 mx^n 等价无穷小，则 $m=$ ________，$n=$ ________.

2. 当 $x\to 0$ 时，$x^2-\sin x$ 是关于 x 的（　　）.

A. 高阶无穷小　　B. 同阶无穷小　　C. 低阶无穷小　　D. 等价无穷小

3. 当 $x\to 1$ 时，下列变量中不是无穷小量的是（　　）.

A. x^2-1　　B. $x(x-2)+1$　　C. $3x^2-2x-1$　　D. $4x^2-2x+1$

4. 指出 x 的某一个变化过程，使得下列函数的极限是零.

(1) $f(x)=2x-1$；　　(2) $f(x)=\frac{1}{x-1}$；

(3) $f(x)=\ln x$；　　(4) $f(x)=2^x$.

5. 当 $x\to 0$ 时，$2x-x^2$ 与 x^2-x^3 相比，哪一个是高阶无穷小？

6. 求下列极限.

(1) $\lim\limits_{x\to 0}\frac{1-\cos x}{x^2\cos x}$；　　(2) $\lim\limits_{x\to 0}\frac{\ln(1+3x)}{x}$；

(3) $\lim\limits_{x\to\infty}\frac{5x+4}{3x^2+5}\sin(2x+1)$；　　(4) $\lim\limits_{x\to 0}\frac{1-\cos 2x}{x^2}$；

(5) $\lim\limits_{x\to 0}x\arctan\frac{1}{x}$；　　(6) $\lim\limits_{x\to\infty}\frac{\sin x}{x}$；

(7) $\lim\limits_{x\to 0}\frac{\arctan 3x}{2x}$；　　(8) $\lim\limits_{x\to 0}\frac{\sqrt[3]{1+x}-1}{x}$.

2.4 极限的计算

设 $\lim\limits_{x\to x_0}f(x)=A$，$\lim\limits_{x\to x_0}g(x)=B$，则函数极限的运算主要有以下法则：

(1) $\lim\limits_{x\to x_0}C=C$　（C 为常数）；

(2) $\lim\limits_{x\to x_0}x=x_0$；

(3) $\lim\limits_{x\to x_0}[f(x)\pm g(x)]=\lim\limits_{x\to x_0}f(x)\pm\lim\limits_{x\to x_0}g(x)=A\pm B$；

(4) $\lim\limits_{x\to x_0}[f(x)\cdot g(x)]=\lim\limits_{x\to x_0}f(x)\cdot\lim\limits_{x\to x_0}g(x)=A\cdot B$；

(5) $\lim\limits_{x\to x_0}Cf(x)=C\lim\limits_{x\to x_0}f(x)=CA$　（C 为常数）；

(6) $\lim\limits_{x\to x_0}\frac{f(x)}{g(x)}=\frac{\lim\limits_{x\to x_0}f(x)}{\lim\limits_{x\to x_0}g(x)}=\frac{A}{B}$　$(B\neq 0)$；

(7) $\lim\limits_{x\to x_0}[f(x)]^n=[\lim\limits_{x\to x_0}f(x)]^n=A^n$　（n 为正整数）；

(8) $\lim\limits_{x\to x_0}\sqrt[n]{f(x)}=\sqrt[n]{\lim\limits_{x\to x_0}f(x)}=\sqrt[n]{A}$ （当 n 是偶数时，$A\geqslant 0$）.

上述极限运算法则对于 $x\to\infty$ 的情形同样成立.

例 1 计算下列极限.

(1) $\lim\limits_{x\to 3}(2x^2-3x)$；　　(2) $\lim\limits_{x\to 4}\dfrac{\sqrt{1+6x}}{2x}$；

(3) $\lim\limits_{x\to 2}\dfrac{x+1}{x^2-4x+3}$；　　(4) $\lim\limits_{x\to 1}\dfrac{x+1}{x^2-4x+3}$.

解 (1) $\lim\limits_{x\to 3}(2x^2-3x)=\lim\limits_{x\to 3}2x^2-\lim\limits_{x\to 3}3x=2\lim\limits_{x\to 3}x^2-3\lim\limits_{x\to 3}x$

$$=2(\lim_{x\to 3}x)^2-3\lim_{x\to 3}x=9.$$

(2) $\lim\limits_{x\to 4}\dfrac{\sqrt{1+6x}}{2x}=\dfrac{\lim\limits_{x\to 4}\sqrt{1+6x}}{\lim\limits_{x\to 4}2x}=\dfrac{\sqrt{\lim\limits_{x\to 4}(1+6x)}}{2\lim\limits_{x\to 4}x}=\dfrac{\sqrt{1+\lim\limits_{x\to 4}6x}}{8}=\dfrac{5}{8}$.

(3) $\lim\limits_{x\to 4}\left(\dfrac{4}{3x}+x-2\right)=\lim\limits_{x\to 4}\dfrac{4}{3x}+\lim\limits_{x\to 4}x-2=\dfrac{4}{3}\times\dfrac{1}{\lim\limits_{x\to 4}x}+4-2=2\dfrac{1}{3}$.

例 2 已知等比数列 $a_1, a_1q, a_1q^2, \cdots, a_1q^{n-1}, \cdots$，其中 $|q|<1$，求该数列的前 n 项和 S_n 当 $n\to\infty$ 时的极限.

解 根据等比数列的求和公式 $S_n=\dfrac{a_1(1-q^n)}{1-q}$，有

$$\lim_{n\to\infty}S_n=\lim_{n\to\infty}\frac{a_1(1-q^n)}{1-q}=\lim_{n\to\infty}\frac{a_1}{1-q}\cdot\lim_{n\to\infty}(1-q^n)=\frac{a_1}{1-q}\cdot(\lim_{n\to\infty}1-\lim_{n\to\infty}q^n)$$

$$=\frac{a_1}{1-q}\cdot(1-0)=\frac{a_1}{1-q}.$$

需要进一步说明的是，此例中的等比数列叫做无穷递缩等比数列，其计算结果就是无穷递缩等比数列的求和公式.

注意 如果函数 $f(x)$ 是一个初等函数，且 $f(x)$ 在 x_0 处有定义，那么函数在该点的极限就等于函数在该点的函数值，即 $\lim\limits_{x\to x_0}f(x)=f(x_0)$.

例 3 计算下列极限.

(1) $\lim\limits_{x\to 1}\dfrac{x^2-x}{x^2+x-2}$；　　(2) $\lim\limits_{x\to 3}\dfrac{\sqrt{x+1}-2}{x-3}$.

解 (1) $\lim\limits_{x\to 1}\dfrac{x^2-x}{x^2+x-2}=\lim\limits_{x\to 1}\dfrac{x(x-1)}{(x-1)(x+2)}=\lim\limits_{x\to 1}\dfrac{x}{x+2}=\dfrac{1}{3}$.

(2) $\lim\limits_{x\to 3}\dfrac{\sqrt{x+1}-2}{x-3}=\lim\limits_{x\to 3}\left(\dfrac{\sqrt{x+1}-2}{x-3}\cdot\dfrac{\sqrt{x+1}+2}{\sqrt{x+1}+2}\right)$

$$=\lim_{x\to 3}\left(\frac{1}{x-3}\cdot\frac{x-3}{\sqrt{x+1}+2}\right)$$

$$=\lim_{x\to 3}\frac{1}{\sqrt{x+1}+2}=\frac{1}{4}.$$

在上例中，函数在 x_0 处均没有定义，且分子和分母的极限均为零，对于这种“$\dfrac{0}{0}$ 型”极

限，有时通过"约分"即可求得极限值. 此外，对于初等函数的极限计算，当 $x \to x_0^+$ 和当 $x \to x_0^-$ 的极限的计算完全可以类比于当 $x \to x_0$ 的极限的计算，这里我们就不再一一赘述了.

例 4 计算下列极限.

(1) $\lim\limits_{x\to\infty}\left[\left(2-\dfrac{1}{x}\right)\left(3+\dfrac{1}{x^2}\right)\right]$； (2) $\lim\limits_{x\to\infty}\dfrac{x^2-x}{x^2+x-2}$；

(3) $\lim\limits_{x\to\infty}\dfrac{x^2-x}{x^3+x-2}$； (4) $\lim\limits_{n\to\infty}\dfrac{1+2+3+\cdots+n}{n^2}$.

解 (1) $\lim\limits_{x\to\infty}\left[\left(2-\dfrac{1}{x}\right)\left(3+\dfrac{1}{x^2}\right)\right]=\lim\limits_{x\to\infty}\left(2-\dfrac{1}{x}\right)\lim\limits_{x\to\infty}\left(3+\dfrac{1}{x^2}\right)$

$$=\left(2-\lim_{x\to\infty}\frac{1}{x}\right)\left(3+\lim_{x\to\infty}\frac{1}{x^2}\right)=6.$$

(2) 当 $x\to\infty$ 时，该函数的分子和分母均没有极限，故不能直接运用法则(6)，而是

$$\lim_{x\to\infty}\frac{x^2-x}{x^2+x-2}=\lim_{x\to\infty}\frac{1-\dfrac{1}{x}}{1+\dfrac{1}{x}-\dfrac{2}{x^2}}=\frac{1-\lim\limits_{x\to\infty}\dfrac{1}{x}}{1+\lim\limits_{x\to\infty}\dfrac{1}{x}-\lim\limits_{x\to\infty}\dfrac{2}{x^2}}=1.$$

(3) 与(2)类似，有

$$\lim_{x\to\infty}\frac{x^2-x}{x^3+x-2}=\lim_{x\to\infty}\frac{\dfrac{1}{x}-\dfrac{1}{x^2}}{1+\dfrac{1}{x^2}-\dfrac{2}{x^3}}=\frac{\lim\limits_{x\to\infty}\dfrac{1}{x}-\lim\limits_{x\to\infty}\dfrac{1}{x^2}}{1+\lim\limits_{x\to\infty}\dfrac{1}{x^2}-\lim\limits_{x\to\infty}\dfrac{2}{x^3}}=0.$$

(4) $\lim\limits_{n\to\infty}\dfrac{1+2+3+\cdots+n}{n^2}=\lim\limits_{n\to\infty}\dfrac{\dfrac{n(n+1)}{2}}{n^2}=\dfrac{1}{2}\lim\limits_{n\to\infty}\dfrac{n(n+1)}{n^2}$

$$=\frac{1}{2}\lim_{n\to\infty}\left(1+\frac{1}{n}\right)=\frac{1}{2}\left(1+\lim_{n\to\infty}\frac{1}{n}\right)=\frac{1}{2}.$$

上例中的(2)、(3)两题，当 $x\to\infty$ 时，函数的分子、分母均没有极限且趋向于∞，这种"$\dfrac{\infty}{\infty}$型"的极限，有时可通过分子和分母同除以 x 的最高次幂，再运用极限的运算法则，即可求得函数极限.

习 题 2.4

1. 已知 $\lim\limits_{n\to\infty}\dfrac{a^2n^2+bn+5}{3n-2}=2$，则 $a=$ ________，$b=$ ________.

2. 已知 $\lim\limits_{x\to1}\dfrac{ax^2+2x+b}{x^2-3x+2}=2$，则 $a=$ ________，$b=$ ________.

3. 求下列极限.

(1) $\lim\limits_{x\to3}\dfrac{x^2+3x+5}{2x^2-x+1}$； (2) $\lim\limits_{x\to1}\dfrac{x^2+3x-4}{2x^2-x-1}$；

(3) $\lim\limits_{x\to1}\left(\dfrac{1}{x-1}-\dfrac{2}{x^2-1}\right)$； (4) $\lim\limits_{x\to\infty}\dfrac{x^5+x^4-2}{x^2+x}$；

(5) $\lim\limits_{x\to1}\dfrac{\cos\pi x+2}{x+1}$； (6) $\lim\limits_{x\to1}\dfrac{x^2-x}{x^2+2x-3}$；

(7) $\lim\limits_{x\to 3}\left(\frac{1}{2}x^2-3x-5\right)$；　(8) $\lim\limits_{x\to+\infty}\frac{1+\sqrt{x}}{1-\sqrt{x}}$；

(9) $\lim\limits_{x\to\infty}\left(3-\frac{100}{x^2}\right)\left(4+\frac{3}{x}\right)$；　(10) $\lim\limits_{x\to\infty}\frac{x^2+3x+5}{2x^2-x+1}$；

(11) $\lim\limits_{x\to\infty}\frac{x^2+3x+5}{2x^3-x+1}$；　(12) $\lim\limits_{x\to 1}\left(\frac{1}{1-x}-\frac{3}{1-x^3}\right)$；

(13) $\lim\limits_{n\to\infty}\frac{n^2+2n+6}{n^2}$；　(14) $\lim\limits_{x\to 0}\frac{\sqrt{1+x}-1}{x}$.

2.5 两个重要极限

2.5.1 三明治定理

在 $x=x_0$ 的附近，函数 $f(x)$，$g(x)$ 和 $h(x)$ 满足

$$h(x)\leqslant f(x)\leqslant g(x),$$

且 $\lim\limits_{x\to x_0}h(x)=\lim\limits_{x\to x_0}g(x)=A$，则有

$$\lim_{x\to x_0}f(x)=A.$$

例 1　已知当 $x\neq 0$ 时，$1-\frac{x^2}{5}\leqslant f(x)\leqslant 1+\frac{x^2}{5}$，求 $\lim\limits_{x\to 0}f(x)$.

解　由于 $\lim\limits_{x\to 0}\left(1-\frac{x^2}{5}\right)=\lim\limits_{x\to 0}\left(1+\frac{x^2}{5}\right)=1$.

根据三明治定理，有

$$\lim_{x\to 0}f(x)=1.$$

在这个例子中，虽然不能够知道函数 $f(x)$ 的具体形式，但仍然可以计算出函数在 $x\to 0$ 时的极限，这当然要归功于三明治定理了.

例 2　计算 $\lim\limits_{n\to\infty}\left(\frac{n}{n^2+1}+\frac{n}{n^2+2}+\cdots+\frac{n}{n^2+n}\right)$.

解　因为
$$\frac{n^2}{n^2+n}\leqslant\frac{n}{n^2+1}+\frac{n}{n^2+2}+\cdots+\frac{n}{n^2+n}\leqslant\frac{n^2}{n^2+1},$$

又因为
$$\lim_{n\to\infty}\frac{n^2}{n^2+n}=\lim_{n\to\infty}\frac{n^2}{n^2+1}=1\ (为什么?).$$

根据三明治定理，有

$$\lim_{n\to\infty}\left(\frac{n}{n^2+1}+\frac{n}{n^2+2}+\cdots+\frac{n}{n^2+n}\right)=1.$$

2.5.2 重要极限一　$\lim\limits_{x\to 0}\frac{\sin x}{x}=1$

函数 $f(x)=\frac{\sin x}{x}$ 在点 $x=0$ 处没有定义. 事实上，当把 $x=0$ 代入函数 $f(x)=\frac{\sin x}{x}$

中时，会得到一个“$\frac{0}{0}$型”不定式. 不过，我们可以计算出函数 $f(x)=\frac{\sin x}{x}$ 在 $x=0$ 附近的数值.

表 2-2

x	$\frac{\sin x}{x}$	x	$\frac{\sin x}{x}$
1	0.841 470 985	−1	0.841 470 985
0.5	0.958 851 077	−0.5	0.958 851 077
0.1	0.998 334 166	−0.1	0.998 334 166
0.05	0.999 583 385	−0.05	0.999 583 385
0.01	0.999 983 333	−0.01	0.999 983 333
0.005	0.999 995 833	−0.005	0.999 995 833
0.001	0.999 999 833	−0.001	0.999 999 833
$x\to 0^+$	$\frac{\sin x}{x}\to 1$	$x\to 0^-$	$\frac{\sin x}{x}\to 1$

根据表 2-2 中的数据，可以得到：当 $x\to 0^+$ 和 $x\to 0^-$ 时，函数 $f(x)=\frac{\sin x}{x}$ 的变化趋势是越来越接近 1. 这一结果与函数 $f(x)=\frac{\sin x}{x}$ 的图像(图 2-7)也正好吻合. 所以，我们说当 $x\to 0$ 时 $\frac{\sin x}{x}$ 的极限是 1，记作 $\lim\limits_{x\to 0}\frac{\sin x}{x}=1$.

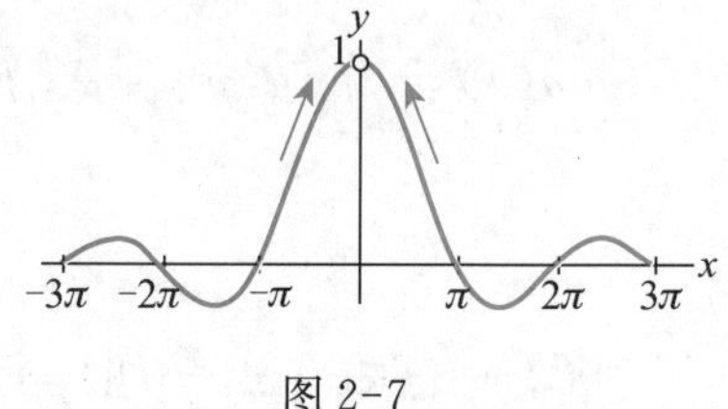

图 2-7

这个极限结果也可以通过三明治定理进一步证明，具体证明过程如下：

作单位圆(图 2-8).

设圆心角 $\angle AOB=x\left(0<x<\frac{\pi}{2}\right)$，过点 A 作圆 O 的切线，交 OB 延长线于点 C，过点 B 作 $BD\perp OA$，交 OA 于点 D，于是

$$\sin x=BD,\quad \tan x=AC.$$

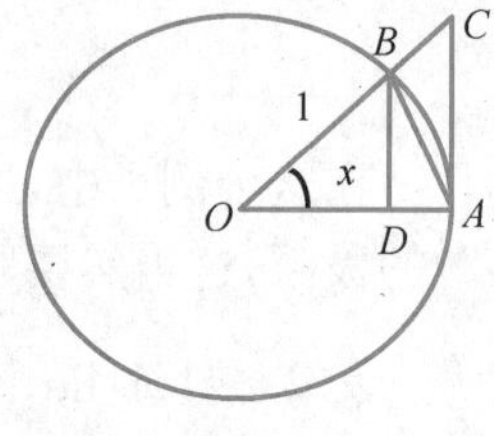

图 2-8

因为 $\triangle AOB$ 的面积 < 圆扇形 AOB 的面积 < $\triangle AOC$ 的面积，所以

$$\frac{1}{2}\sin x<\frac{1}{2}x<\frac{1}{2}\tan x,$$

即

$$1>\frac{\sin x}{x}>\cos x.$$

由偶函数性质，当 $-\frac{\pi}{2}<x<0$ 时也成立.

又 $\lim\limits_{x\to 0}\cos x=1$，$\lim\limits_{x\to 0}1=1$，

由三明治定理，即得

$$\lim_{x\to 0}\frac{\sin x}{x}=1.$$

例3 求下列极限.

(1) $\lim\limits_{x\to 0}\dfrac{\sin 3x}{x}$； (2) $\lim\limits_{x\to 0}\dfrac{\tan x}{x}$； (3) $\lim\limits_{x\to 0}\dfrac{\tan 3x}{\sin 2x}$； (4) $\lim\limits_{x\to 0}\dfrac{1-\cos x}{x^2}$.

解 (1) 原式 $=\lim\limits_{x\to 0}\dfrac{3\sin 3x}{3x}=3\lim\limits_{3x\to 0}\dfrac{\sin 3x}{3x}=3.$

类似地，可得 $\lim\limits_{x\to 0}\dfrac{\sin ax}{bx}=\dfrac{a}{b}$，$\lim\limits_{x\to 0}\dfrac{\sin ax}{\sin bx}=\dfrac{a}{b}$.

(2) 原式 $=\lim\limits_{x\to 0}\dfrac{\dfrac{\sin x}{\cos x}}{x}=\dfrac{\lim\limits_{x\to 0}\dfrac{\sin x}{x}}{\lim\limits_{x\to 0}\cos x}=1.$

(3) 原式 $=\lim\limits_{x\to 0}\dfrac{\dfrac{\tan 3x}{x}}{\dfrac{\sin 2x}{x}}=\dfrac{\lim\limits_{x\to 0}\dfrac{\tan 3x}{x}}{\lim\limits_{x\to 0}\dfrac{\sin 2x}{x}}=\dfrac{\lim\limits_{x\to 0}\dfrac{3\tan 3x}{3x}}{\lim\limits_{x\to 0}\dfrac{2\sin 2x}{2x}}=\dfrac{3}{2}.$

(4) 解法一：对函数的分子应用三角函数的半角公式，即 $1-\cos x=2\sin^2\dfrac{x}{2}$，则有

$$原式=\lim_{x\to 0}\frac{2\sin^2\dfrac{x}{2}}{x^2}=2\lim_{x\to 0}\frac{\sin^2\dfrac{x}{2}}{x^2}=2\left[\lim_{x\to 0}\frac{\sin\dfrac{x}{2}}{x}\right]^2=2\times\left(\frac{1}{2}\right)^2=\frac{1}{2}.$$

解法二：对函数的分子、分母同乘以 $1+\cos x$，则有

$$原式=\lim_{x\to 0}\left(\frac{\sin^2 x}{x^2}\cdot\frac{1}{1+\cos x}\right)=\left(\lim_{x\to 0}\frac{\sin x}{x}\right)^2\cdot\lim_{x\to 0}\frac{1}{1+\cos x}=\frac{1}{2}.$$

2.5.3 重要极限二 $\lim\limits_{x\to 0}(1+x)^{\frac{1}{x}}=\mathrm{e}$

这里 e 是无理数，也是对数函数 $y=\ln x$ 与指数函数 $y=\mathrm{e}^x$ 的底，它的值为

$$\mathrm{e}=2.718\,281\,828\,459\,045\,0\cdots$$

例4 求下列极限.

(1) $\lim\limits_{x\to 0}(1+x)^{\frac{10}{x}}$； (2) $\lim\limits_{x\to 0}(1+5x)^{\frac{1}{x}}$； (3) $\lim\limits_{x\to 0}(1-x)^{\frac{20}{x}}$.

解 (1) 原式 $=[\lim\limits_{x\to 0}(1+x)^{\frac{1}{x}}]^{10}=\mathrm{e}^{10}$.

(2) 原式 $=\lim\limits_{x\to 0}(1+5x)^{\frac{5}{5x}}=[\lim\limits_{x\to 0}(1+5x)^{\frac{1}{5x}}]^5=[\lim\limits_{5x\to 0}(1+5x)^{\frac{1}{5x}}]^5=\mathrm{e}^5$.

(3) 原式$=\lim\limits_{x\to 0}[(1-x)^{\frac{1}{-x}}]^{-20}=[\lim\limits_{x\to 0}(1-x)^{\frac{1}{-x}}]^{-20}=\mathrm{e}^{-20}$.

类似地，得到 $\lim\limits_{x\to 0}(1+ax)^{\frac{b}{x}}=\mathrm{e}^{ab}$. 此外，我们还可由极限 $\lim\limits_{x\to 0}(1+x)^{\frac{1}{x}}=\mathrm{e}$，推出

$$\lim_{x\to\infty}\left(1+\frac{1}{x}\right)^x=\mathrm{e}.$$

这实际上是重要极限 $\lim\limits_{x\to 0}(1+x)^{\frac{1}{x}}=\mathrm{e}$ 的另一种形式.

例 5 求下列极限.

(1) $\lim\limits_{x\to\infty}\left(1+\dfrac{1}{2x}\right)^{4x}$； (2) $\lim\limits_{x\to\infty}\left(1+\dfrac{4}{3x}\right)^{6x}$； (3) $\lim\limits_{x\to\infty}\left(\dfrac{2-x}{1-x}\right)^{x}$.

解 (1) 原式 $=\lim\limits_{x\to\infty}\left[\left(1+\dfrac{1}{2x}\right)^{2x}\right]^{2}=\left[\lim\limits_{x\to\infty}\left(1+\dfrac{1}{2x}\right)^{2x}\right]^{2}=\mathrm{e}^{2}$.

(2) 原式 $=\lim\limits_{x\to\infty}\left[\left(1+\dfrac{1}{\frac{3}{4}x}\right)^{\frac{3}{4}x}\right]^{8}=\left[\lim\limits_{x\to\infty}\left(1+\dfrac{1}{\frac{3}{4}x}\right)^{\frac{3}{4}x}\right]^{8}=\mathrm{e}^{8}$.

(3) 原式 $=\lim\limits_{x\to\infty}\left(1+\dfrac{1}{1-x}\right)^{x}=\lim\limits_{x\to\infty}\left[\left(1+\dfrac{1}{1-x}\right)^{1-x}\cdot\left(1+\dfrac{1}{1-x}\right)^{-1}\right]^{-1}$

$=\left[\lim\limits_{x\to\infty}\left(1+\dfrac{1}{1-x}\right)^{1-x}\right]^{-1}\cdot\lim\limits_{x\to\infty}\left(1+\dfrac{1}{1-x}\right)=\mathrm{e}^{-1}$.

习 题 2.5

1. $\lim\limits_{x\to 0}\dfrac{\sin x}{x}=$ ________，$\lim\limits_{x\to\frac{\pi}{2}}\dfrac{\sin x}{x}=$ ________，$\lim\limits_{x\to\infty}\dfrac{\sin x}{x}=$ ________，

$\lim\limits_{x\to 0}x\sin\dfrac{1}{x}=$ ________，$\lim\limits_{x\to\infty}x\sin\dfrac{1}{x}=$ ________.

2. 求下列极限.

(1) $\lim\limits_{x\to 0}\dfrac{\sin 2x}{x}$； (2) $\lim\limits_{x\to 0}\dfrac{\sin x^{3}}{(\sin x)^{2}}$；

(3) $\lim\limits_{x\to 0}\dfrac{\ln(1+3x)}{\tan 2x}$； (4) $\lim\limits_{x\to+\infty}x\sin\dfrac{1}{x}$；

(5) $\lim\limits_{x\to 0}\dfrac{\sin 3x^{2}}{x^{2}}$； (6) $\lim\limits_{x\to 0}\dfrac{1-\cos x}{\sin^{2}x}$；

(7) $\lim\limits_{x\to\infty}\left(1-\dfrac{2}{x}\right)^{-x}$； (8) $\lim\limits_{x\to 0}\left(\dfrac{1+x}{1-x}\right)^{\frac{1}{x}}$；

(9) $\lim\limits_{x\to 0}(1+\tan x)^{\cot x}$； (10) $\lim\limits_{x\to+\infty}\left(1-\dfrac{1}{x}\right)^{\sqrt{x}}$.

2.6 连　续

自然界中的许多现象，如气温的变化，河水的流动，植物的生长，岁月的流逝，等等，都是连续地变化着的，这种现象反映在函数关系上，就是函数的连续性.

2.6.1 函数连续性的概念

直观地说，一个函数是连续的就是它的图像是一条没有断裂的曲线. 这里我们首先讨论函数在点 $x=x_0$ 的连续情况，进而讨论函数在区间上的连续.

1. 函数 $f(x)$ 在点 $x=x_0$ 的连续

如果 $y=f(x)$ 在 $x=x_0$ 处满足：

$$\lim_{x\to x_0}f(x)=f(x_0),$$

则称函数 $y=f(x)$ 在 $x=x_0$ 处连续.

从连续的定义可以看出,要使得函数 $y=f(x)$ 在 $x=x_0$ 处连续,必须满足下列三个条件:

(1) $f(x_0)$ 存在,就是说函数 $f(x)$ 要在 $x=x_0$ 处有定义;

(2) $\lim\limits_{x\to x_0^+}f(x)=\lim\limits_{x\to x_0^-}f(x)$,也就是 $\lim\limits_{x\to x_0}f(x)$ 要存在;

(3) 函数 $f(x)$ 要在 $x=x_0$ 处的极限值要与函数值相等,即 $\lim\limits_{x\to x_0}f(x)=f(x_0)$.

例如,函数 $f(x)=2x$ 在 $x=2$ 处,由于 $\lim\limits_{x\to 2}2x=4=f(2)$,所以我们说 $f(x)=2x$ 在 $x=2$ 处连续(图 2-9).

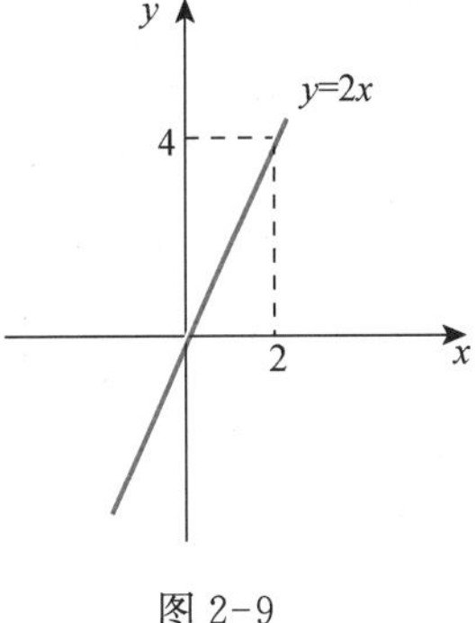

图 2-9

例 1　讨论函数

$$y=f(x)=|x|=\begin{cases}-x, & x\leqslant 0,\\ x, & x>0\end{cases}$$

在 $x=0$ 处的连续性.

解　由于函数 $y=f(x)$ 的定义域为 $(-\infty,+\infty)$,因而函数在 $x=0$ 处有定义,且 $f(0)=0$;

又由于 $\lim\limits_{x\to 0^-}f(x)=\lim\limits_{x\to 0^+}f(x)=0$,所以 $\lim\limits_{x\to 0}f(x)$ 存在,且等于 0,

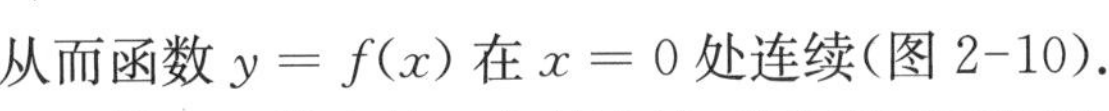

从而函数 $y=f(x)$ 在 $x=0$ 处连续(图 2-10).

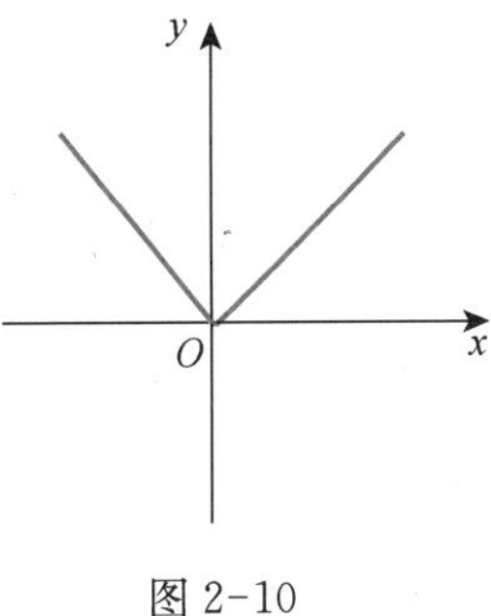

图 2-10

关于函数在某一点的连续,我们还有下面的补充说法:

(1) 如果 $y=f(x)$ 在 $x=x_0$ 处满足 $\lim\limits_{x\to x_0^+}f(x)=f(x_0)$,则称函数 $y=f(x)$ 在 $x=x_0$ 处右连续;

(2) 如果 $y=f(x)$ 在 $x=x_0$ 处满足 $\lim\limits_{x\to x_0^-}f(x)=f(x_0)$,则称函数 $y=f(x)$ 在 $x=x_0$ 处左连续.

2. 函数 $f(x)$ 在区间上的连续

如果函数 $f(x)$ 在开区间 (a,b) 内的每一点都连续,则称函数 $f(x)$ 在开区间 (a,b) 内连续. 如果函数 $f(x)$ 在开区间 (a,b) 内的每一点都连续,且 $f(x)$ 在 $x=a$ 处右连续,在 $x=b$ 处左连续,则称函数 $f(x)$ 在闭区间 $[a,b]$ 上连续.

如果函数 $f(x)$ 在定义域的每一点都连续,则我们说函数 $f(x)$ 是连续函数. 值得注意的是,一切初等函数都是连续函数.

根据初等函数 $f(x)$ 都是连续函数的结论,当我们求初等函数 $f(x)$ 在 $x\to x_0$ 的极限时,只要求初等函数 $f(x)$ 在点 x_0 的函数值 $f(x_0)$ 就可以了.

3. 函数的不连续

例 2　讨论函数

$$f(x)=\begin{cases}2x, & x\neq 2,\\ 0, & x=2\end{cases}$$

在 $x=2$ 处的连续性.

解 由于 $\lim\limits_{x\to 2^+}f(x)=\lim\limits_{x\to 2^-}f(x)=4$，而 $f(2)=0$，所以该函数在 $x=2$ 处不连续(图2-11).

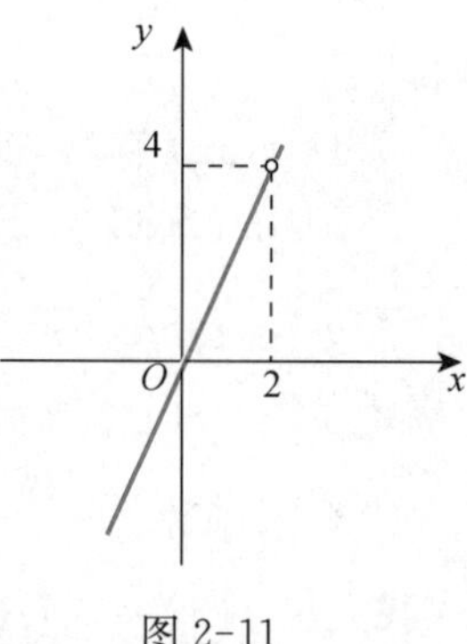

图 2-11

若 $f(x)$ 在 $x=x_0$ 处不连续，则称 $f(x)$ 在 $x=x_0$ 处间断，同时称 $x=x_0$ 为 $f(x)$ 的间断点. 对于间断点，我们有如下的分类：

第一类间断点　$f(x_0-0)$，$f(x_0+0)$ 都存在；

第二类间断点　$f(x_0-0)$，$f(x_0+0)$ 至少有一个不存在. 或者说，不是第一类间断点的任何间断点，都称为第二类间断点.

对间断点进行分类，有利于我们更好地了解函数的性质，但无论是第一类间断点，还是第二类间断点，它们首先必须是间断点.

函数 $f(x)=\begin{cases}2x, & x\neq 2,\\ 0, & x=2\end{cases}$ 在 $x=2$ 处间断，根据间断点的分

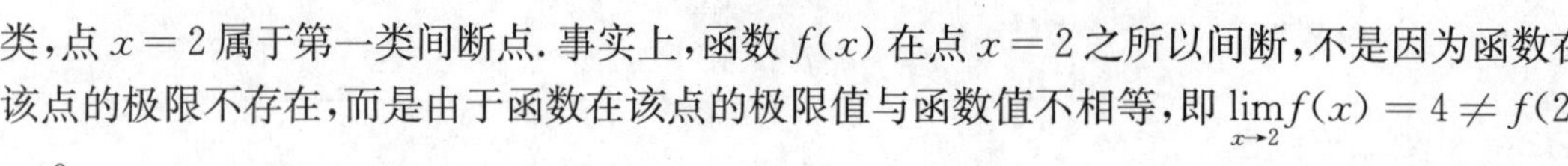

类，点 $x=2$ 属于第一类间断点. 事实上，函数 $f(x)$ 在点 $x=2$ 之所以间断，不是因为函数在该点的极限不存在，而是由于函数在该点的极限值与函数值不相等，即 $\lim\limits_{x\to 2}f(x)=4\neq f(2)=0$.

又如，函数 $f(x)=\dfrac{x^2-1}{x-1}$ 在 $x=1$ 处无定义，所以在该点不连续. 而函数在该点的极限即是存在的，有 $\lim\limits_{x\to 1}f(x)=\lim\limits_{x\to 1}\dfrac{x^2-1}{x-1}=2$，所以，点 $x=1$ 也是函数的 $f(x)=\dfrac{x^2-1}{x-1}$ 的第一类间断点.

2.6.2 闭区间上连续函数的性质

1. 最值定理

如果函数 $f(x)$ 在闭区间 $[a, b]$ 上连续，则函数 $f(x)$ 在闭区间 $[a, b]$ 上必定有最大值和最小值.

2. 介值定理

如果函数 $f(x)$ 在闭区间 $[a, b]$ 上连续，且 $f(a)=A\neq f(b)=B$，则对于 A 与 B 之间的任意一个数 C，在开区间 (a, b) 内至少存在一点 ξ，使得

$$f(\xi)=C\quad (a<\xi<b).$$

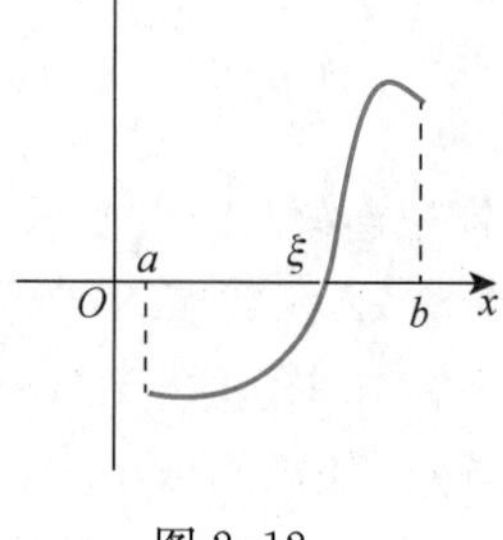

图 2-12

由图 2-12 可知，如果 $f(a)$ 与 $f(b)$ 异号，则在 $[a, b]$ 上连续的曲线 $y=f(x)$ 与 x 轴至少有一个交点 $(\xi, 0)$，这个结论是求方程 $f(x)=0$ 的近似解的理论依据.

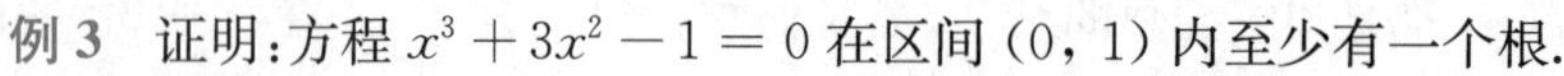

例 3 证明：方程 $x^3+3x^2-1=0$ 在区间 $(0, 1)$ 内至少有一个根.

证明 设 $f(x)=x^3+3x^2-1$，则 $f(x)$ 在闭区间 $[0, 1]$ 上是连续的，且在区间端点的函数值分别为

$$f(0)=-1<0\quad 与\quad f(1)=3>0.$$

根据介值定理可知，在 $(0, 1)$ 内至少有一点 $\xi(0<\xi<1)$，使得 $f(\xi)=0$，即

$$\xi^3+3\xi^2-1=0.$$

因此，方程 $x^3+3x^2-1=0$ 在区间 $(0, 1)$ 内至少有一个根 ξ.

习　题　2.6

1. 求下列函数的间断点，并判别间断点的类型.

(1) $y=\dfrac{x}{(1+x)^2}$；　(2) $y=\dfrac{|x|}{x}$；　(3) $f(x)=\begin{cases}3x-1, & x<1,\\ 1, & x=1,\\ 3-x, & x>1.\end{cases}$

2. 设

$$f(x)=\begin{cases}x, & 0<x<1,\\ \dfrac{1}{2}, & x=1,\\ 1, & 1<x<2,\end{cases}$$

问：(1) $\lim\limits_{x\to 1} f(x)$ 存在吗？

(2) $f(x)$ 在 $x=1$ 处连续吗？若不连续，说明是哪类间断？

3. 根据连续函数的性质，验证方程 $x^5-3x=1$ 至少有一个根介于 1 和 2 之间.

4. 已知函数 $f(x)=\begin{cases}e^x, & x<0,\\ a+x, & x\geqslant 0\end{cases}$ 在 $x=0$ 处连续，求 a 的值.

5. 已知函数 $f(x)=\begin{cases}\dfrac{1}{x}\sin\dfrac{x}{3}, & x\neq 0,\\ a, & x=0\end{cases}$ 在 $(-\infty, +\infty)$ 上是连续函数，求 a 的值.

2.7　数学实验

2.7.1　求极限的 Matlab 命令

Matlab 计算极限的命令是 limit，它的使用方法见表 2-3.

表 2-3

limit(f, x, a)	当 x 趋向于 a 时求 f 的极限
limit(f)	当 x 趋近于 0 时求 f 的极限值
limit(f, x, a, 'right')	当 x 从右侧趋近于 a 时求 f 的极限
limit(f, x, a, 'left')	当 x 从左侧趋近于 a 时求 f 的极限
limit(f, x, inf)	当 x 从趋近 $+\infty$ 时求 f 的极限
limit(f, x, −inf)	当 x 从趋近 $-\infty$ 时求 f 的极限

2.7.2　用 Matlab 进行极限运算

例 1　求 $\lim\limits_{x\to 0}\dfrac{1-e^x}{x}$.

解 在Matlab的命令窗口输入如下命令序列：

```
syms x;                          %定义一个符号变量
y=(1-exp(x))/x;                  %定义一个函数
lim_y=limit(y,x,0);              %求解极限值
```

运行结果：

```
ans=-1
```

例2 求 $\lim\limits_{x\to 0^+}\dfrac{\sqrt{x}+3}{2x-1}$.

解 在Matlab的命令窗口输入如下命令序列：

```
clc;clear                            %清空工作空间,清空工作界面
syms x;
y=(x^(1/2)+3)/(2*x-1);
lim_y=limit(y,x,0,'right');
```

运行结果：

```
ans=-3
```

例3 $\lim\limits_{x\to+\infty}\dfrac{1+\sqrt{x}}{1-\sqrt{x}}$.

解 在Matlab的命令窗口输入如下命令序列：

```
clc;clear                            %清空工作空间,清空工作界面
syms x;
y=(1+x^(1/2))/(1+x^(1/2));
lim_y=limit(y, x, inf);
```

运行结果：

```
ans=-1
```

人民的数学家—华罗庚

华罗庚是一位只有初中毕业文凭而自学成才的数学大师，是一位蜚声中外的国际大数学家.他的一生在解析数论、典型群、矩阵几何学、自守函数论和多复变函数论等很多方面都有精深的研究.

华罗庚1910年11月12日生于江苏金坛，1985年6月12日卒于日本东京.华罗庚的一生发表研究论文有200多篇，并有专著《堆垒素数论》《数论导论》《高等数学引论》等六部.另一方面，华罗庚在发展我国的数学教育和科学普及方面作出了重要贡献，他共有科普性著作数十种.华罗庚

在写成《统筹方法平话及补充》和《优选法平话及其补充》后，亲自带领中国科技大学的师生到一些企业工厂推广和应用"优选法和统筹法"，为生产和实践服务. 1965 年毛主席写信给他，祝贺和勉励他"奋发有为，不为个人而为人民服务".

1924 年华罗庚从金坛县立中学初中毕业，考入上海中华职业学校学习，后因家庭贫困，一年后离开了学校，在父亲经营的小杂货铺当学徒. 1929 年，华罗庚在金坛中学任庶务会计，并开始在上海《科学》杂志发表论文. 他的论文《苏家驹之代数五次方程式解法不能成立的理由》受到清华大学数学系主任熊庆来教授的重视，经熊庆来教授的推荐，他 1931 年到清华大学工作，从图书管理员到助教，再到讲师，进而去英国剑桥大学研究深造，1938 年受聘于西南联大教授. 在极为艰苦的生活条件下，华罗庚白天教学，晚上在油灯下孜孜不倦地从事数学研究工作，写下了名著《堆垒素数论》.

1946 年华罗庚赴美国，任普林斯顿数学研究所研究员、普林斯顿大学和伊利诺斯大学教授. 1950 年华罗庚回国，并任清华大学教授，后来又任中国科学院数学研究所、应用数学研究所所长、名誉所长、中国数学学会理事长、名誉理事长与全国数学竞赛委员会主任. 华罗庚是第三世界科学院院士，德国巴伐利亚科学院院士，在芝加哥大学被列为 88 位数学伟人，1982 年华罗庚当选为美国国家科学院外籍院士；华罗庚曾任中国科学院物理学数学化学部副主任、副院长、主席团成员，中国科学技术大学数学系主任、副校长，中国科协副主席，国务院学位委员会委员等职. 他主要从事解析数论、矩阵几何学、典型群、自守函数论、多复变函数论、偏微分方程、高维数值积分等领域的研究与教学工作并取得了非凡的成就. 在 20 世纪 40 年代，华罗庚就解决了高斯完整三角和的估计. 这是一个历史难题，并得到了最佳误差阶估计(此结果在数论中有着广泛的应用). 对 G. H. 哈代与 J. E. 李特尔伍德关于华林问题及 E. 赖特关于塔里问题的结果作了重大的改进，至今仍是最佳纪录. 在代数方面，华罗庚证明了历史上遗留的一维射影几何的基本定理，给出了体的正规子体一定包含在它的中心之中这个结果的一个简单而直接的证明，被称为嘉当—布饶尔—华定理. 华罗庚的专著《堆垒素数论》系统地总结、发展与改进了哈代与李特尔伍德圆法、维诺格拉多夫三角和估计方法及他本人的方法，发表 60 余年来，其主要结果仍居世界领先地位，先后被译为俄、匈、日、德、英文出版，成为 20 世纪经典数论著作之一. 其专著《多个复变典型域上的调和分析》以精密的分析和矩阵技巧，结合群表示论，具体给出了典型域的完整正交系，从而给出了柯西与泊哇松核的表达式. 这项工作在调和分析、复分析、微分方程等研究中有着广泛深入的影响，曾获中国自然科学奖一等奖. 华罗庚与数学家王元教授合作在近代数论方法与应用的研究方面获重要成果，被称为"华—王方法".

综合练习二

一、选择题

1. 当 $x \to 0$ 时，(　　)与 $2\sin x^2$ 是等价无穷小量.

A. $2x$　　B. $2x^2$　　C. $4x$　　D. $4x^2$

2. 点 $x=1$ 是函数 $f(x)=\begin{cases} 3x-1, & x<1, \\ 1, & x=1, \\ 3-x, & x>1 \end{cases}$ 的(　　).

A. 连续点 B. 第二类间断点 C. 可去间断点 D. 第一类非可去间断点

3. 函数 $f(x)$ 在点 x_0 处有定义是其在 x_0 处极限存在的(　　).

A. 充要条件 B. 必要非充分条件 C. 充分非必要条件 D. 无关条件

4. 已知极限 $\lim\limits_{x\to\infty}\left(\dfrac{x^2+2}{x}+ax\right)=0$，则常数 a 等于(　　).

A. -1 B. 0 C. 1 D. 2

5. 已知 $\lim\limits_{x\to\infty}\dfrac{kx^2+5x-1}{x^2-1}=6$，则常数 $k=$(　　).

A. 1 B. 5 C. 6 D. -1

二、填空题

1. $\lim\limits_{x\to 3}\dfrac{x^2-2x+k}{x-3}=4$，则 $k=$________.

2. 若当 $x\neq 0$ 时，$f(x)=\dfrac{\sin 2x}{x}$，且 $f(x)$ 在 $x=0$ 处连续，则 $f(0)=$________.

3. 设 $f(x)=\begin{cases}x+a, & x\leqslant 0,\\ \cos x, & x>0\end{cases}$ 在 $x=0$ 连续，则常数 $a=$________.

4. $\lim\limits_{x\to\infty}\dfrac{(x^3+1)(x^2+3x+2)}{2x^5+5x^3}=$________.

5. 函数 $y=\dfrac{x^2-1}{x^2-3x+2}$ 的间断点是________，其中点________是第一类可去间断点，点________是第二类间断点.

6. 曲线 $y=\dfrac{x+\sin x}{x^2}-2$ 水平渐近线方程是________.

三、计算下列极限

(1) $\lim\limits_{x\to 2}\dfrac{x^2+5}{x-3}$； (2) $\lim\limits_{x\to 1}\dfrac{x^2-2x+1}{x^2-1}$； (3) $\lim\limits_{x\to\infty}\left(1+\dfrac{1}{x}\right)\left(2-\dfrac{1}{x^2}\right)$；

(4) $\lim\limits_{x\to 0}x^2\sin\dfrac{1}{x}$； (5) $\lim\limits_{x\to 0}\dfrac{\ln(1+2x)}{\sin 5x}$； (6) $\lim\limits_{x\to 0}(1-x)^{\frac{1}{x}}$；

(7) $\lim\limits_{x\to\infty}\left(\dfrac{x+1}{x-1}\right)^{x-1}$； (8) $\lim\limits_{x\to\infty}\left(\dfrac{x}{1+x}\right)^{x}$； (9) $\lim\limits_{x\to\infty}\dfrac{3x^2-5x+1}{2x^2-3}$.

四、解答题

已知函数

$$f(x)=\begin{cases}x-1, & x\leqslant 1,\\ 3-x, & x>1,\end{cases}$$

求 $\lim\limits_{x\to 0}f(x)$ 和 $\lim\limits_{x\to 1}f(x)$，并讨论函数在 $x=1$ 的连续性.

五、证明：方程 $x^5-2x=1$ 至少有一个根介于 1 和 2 之间.

第3章　导数与微分

微分学是微积分的两大分支之一，它主要是研究函数的导数、微分及其计算和应用.其中导数反映了函数相对于自变量的变化的快慢程度，即变化率问题，而微分刻画了当自变量有微小变化时，函数变化的近似值.微分在科学、工程技术及经济等领域有着及其广泛的应用.

学习要点

- 理解导数的概念及其实际意义，能利用定义求函数的导数，了解可导与连续的关系.
- 了解导数的几何意义，能求曲线上一点的切线方程和法线方程.
- 熟练掌握导数基本公式、四则运算法则、复合函数求导法则，掌握隐函数、参数方程求导方法，能熟练求初等函数的导数.
- 理解高阶导数的概念，能熟练求二阶、三阶导数，能求简单的高阶导数.
- 理解微分的概念，掌握微分的运算法则，理解微分与导数的关系，能熟练求初等函数的微分
- 知道 Matlab 软件求导数的命令，能利用 Matlab 软件求导数.

攀登科学高峰，就像登山运动员攀登珠穆朗玛峰一样，要克服无数艰难险阻，懦夫和懒汉是不可能享受到胜利的喜悦和幸福的.

——陈景润

陈景润(1933—1996)
我国当代著名数学家

3.1 斜率及速度问题

微积分的诞生源于四个主要问题(切线问题,速度、加速度问题,最大值、最小值问题,面积问题),每个问题都包含了极限的思想.本节主要介绍前两个问题,其中切线问题的研究可追溯到古希腊伟大科学家阿基米德(Archimedes,前287—前212),速度问题源于开普勒(Kepler, 1571—1630)、伽利略(Galileo, 1564—1642)及牛顿(Newton, 1642—1727)等人对天体运动瞬时速度的研究.这两个问题一个是几何问题,另一个则是物理问题,看似毫无关联,实际上本质相同.

3.1.1 切线问题

什么是曲线上某一点的切线?欧几里得(Euclid,前325—前265)给出了圆的切线的定义:与圆只有一个交点的直线(图3-1)都是圆的切线.但是该定义并不适用于大多数其他曲线的切线(图3-2),极限为这一概念的描述提供了很好的思想.

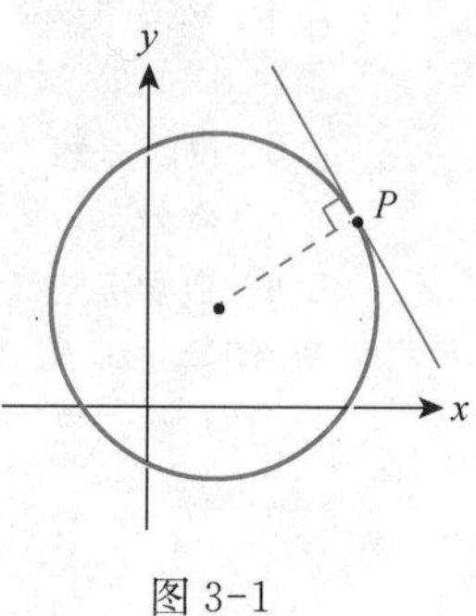

图 3-1

假设 Q 为光滑曲线 $y=f(x)$ 上一点,其坐标为 $(x_0, f(x_0))$, P 为曲线上点 P 附近的一动点,其坐标设为 $(x, f(x))$,作割线 PQ. 当动点 P 沿曲线移动 Q 时,割线 PQ 的位置也随之变动. 当动点 P 沿曲线移动而趋于 Q 时,割线有极限位置 TQ,则直线 TQ 为曲线 $y=f(x)$ 在点 Q 处的切线,如图3-3所示.

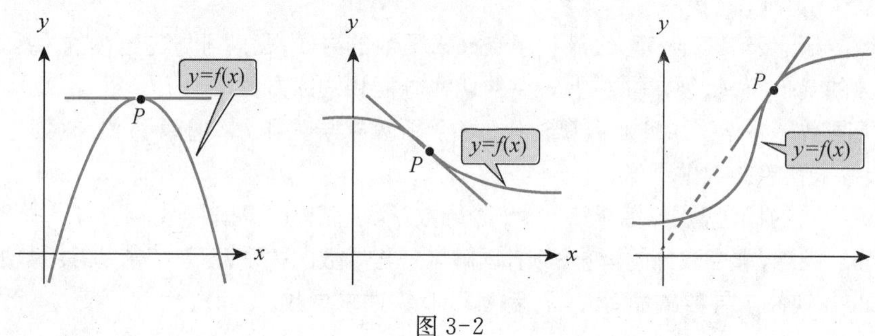

图 3-2

割线 PQ 的斜率为

$$k_{PQ}=\frac{f(x)-f(x_0)}{x-x_0}.$$

当 $x\to x_0$ 时,点 P 沿曲线趋于点 Q,割线 PQ 趋于切线 TQ,从而可得到切线 TQ 的斜率为

$$k_{TQ}=\lim_{x\to x_0}k_{PQ}=\lim_{x\to x_0}\frac{f(x)-f(x_0)}{x-x_0}.$$

在上述极限中引入增量,记 $x=x_0+\Delta x$,从而 $k_{PQ}=$

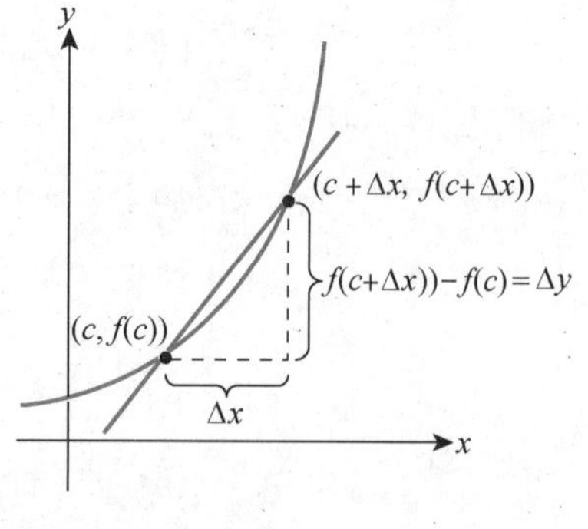

图 3-3

$\dfrac{f(x_0+\Delta x)-f(x_0)}{\Delta x}$ 且 $x\to x_0$ 等价于 $\Delta x\to 0$，因此切线 TQ 得斜率亦可表示为

$$k_{TQ}=\lim_{\Delta x\to 0}k_{PQ}=\lim_{x\to x_0}\frac{f(x_0+\Delta x)-f(x_0)}{\Delta x}.$$

例 1 求抛物线 $y=x^2$ 在点 $P(2,4)$ 处切线斜率并写出切线方程.

解 如图 3-4 所示，在抛物线上点 $P(2,4)$ 附近任取任一点 $Q(2+h,(2+h)^2)$，则割线斜率为

$$k_{PQ}=\frac{\Delta y}{\Delta x}=\frac{(2+h)^2-2^2}{h}=\frac{h^2+4h+4-4}{h}$$
$$=\frac{h^2+4h}{h}=h+4.$$

如果 $h>0$，点 Q 位于点 P 的右上方，反之，点 Q 位于点 P 的左侧. 不管在哪种情况下，当 Q 沿抛物线趋于 P 时 h 趋于 0，因此切线斜率

$$k_{PT}=\lim_{\Delta x\to 0}\frac{\Delta y}{\Delta x}=\lim_{h\to 0}(h+4)=4,$$

自然的，用点斜式给出切线方程

$$y=4+4(x-2)=4x-4.$$

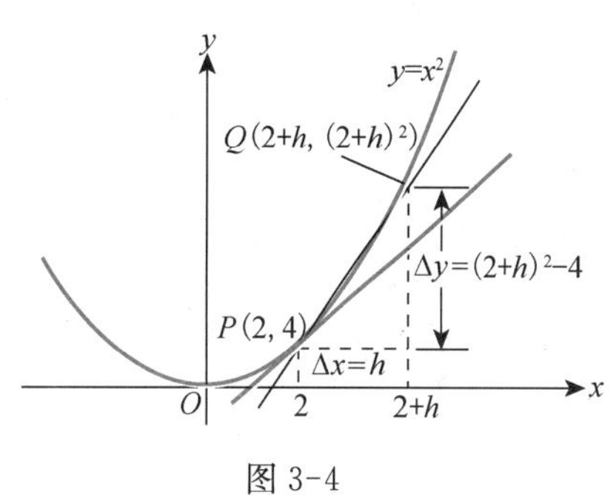

图 3-4

3.1.2 速度问题

16 世纪末，伽利略发现自由落体运动物体的位移与时间的平方成正比. 用 y 表示自由落体运动的位移(单位:ft)，t 表示自由落体运动的时间(单位:s)，伽利略定律为

$$y=16t^2,$$

其中 16 是近似常量(如果 y 单位是 m，则该常量变为 4.9).

例 2 一块石头从悬崖掉落作自由落体运动，求

(1) 该石头在 $t\in[1,2]$ 内的平均速度；

(2) 该石头在 $t_0=1$ 和 $t_0=2$ 的瞬时速度.

解 (1) $\bar{v}=\dfrac{\Delta y}{\Delta t}=\dfrac{16\,(2)^2-16\,(1)^2}{2-1}=48\ (\text{ft/s})$.

(2) 首先计算石头在 $[t_0,t_0+h]$ 内的平均速度

$$\frac{\Delta y}{\Delta t}=\frac{16\,(t_0+h)^2-16\,(t_0)^2}{h},$$

显然无法用该公式计算 t_0 时刻的瞬时速度，但是我们可以用该公式计算从 t_0 开始的任何一个小区间 $[t_0,t_0+h]$ 上的平均速度，见下表：

平均速度：$\dfrac{\Delta y}{\Delta t}=\dfrac{16\,(t_0+h)^2-16t_0^2}{h}$		
时间区间长度 h	平均速度（$t_0=1$）	平均速度（$t_0=2$）
1	48	80
0.1	33.6	65.6
0.01	32.16	64.16
0.001	32.016	64.016
0.000 1	32.001 6	64.001 6

从表中可看出区间 $[1, 1+h]$ 内的平均速度随着区间长度 h 趋于 0 而趋于极限 32，这意味着石头在 $t_0=1$ 的瞬时速度为 32 ft/s.

现在我们从代数视角来确定这一事实. 取 $t_0=1$，石头在 $[1, 1+h]$ 内的平均速度

$$\frac{\Delta y}{\Delta t}=\frac{16\,(1+h)^2-16\,(1)^2}{h}=\frac{16(1+2h+h^2)-16}{h}$$

$$=\frac{32h+16h^2}{h}=32+16h.$$

当 $h\neq 0$ 时，石头在 $[1, 1+h]$ 内的平均速度为 $(32+16h)$ ft/s，当 $h\to 0$ 时，平均速度 $32+16h$ 趋于极限 32.

因此石头在 $t_0=1$ 的瞬时速度为 32 ft/s. 同样的方法可得石头在 $t_0=2$ 的瞬时速度为 64 ft/s.

习 题 3.1

1. 利用例 1 中的方法求下列曲线在 P 点处切线斜率及切线方程.

(1) $y=x^2-3$，$P(2, 1)$；

(2) $y=5-x^2$，$P(1, 4)$；

(3) $y=x^2-2x-3$，$P(2, -3)$；

(4) $y=x^2-4x$，$P(1, -3)$；

(5) $y=x^2$，$P(2, 8)$；

(6) $y=2-x^3$，$P(1, 1)$.

2. (汽车速度)图 3-5 给出汽车起步的时间-位移图.

(1) 估计割线 PQ_1，PQ_2，PQ_3，PQ_4 的斜率，并将它们按照表排成序列；

(2) 估计汽车在 $t=20$ 的速度.

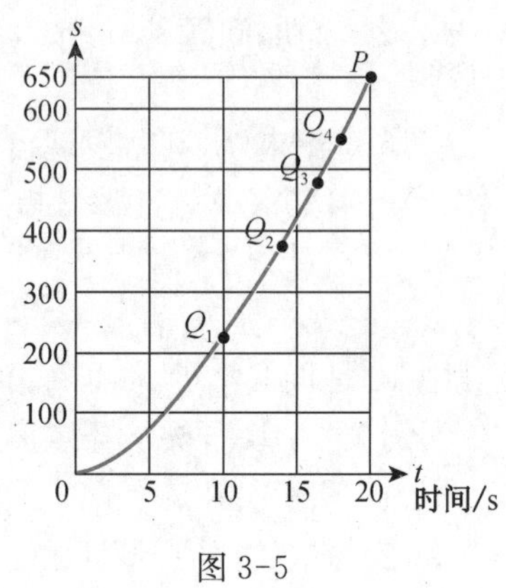

图 3-5

3.2 导数的概念

3.2.1 导数的定义

设函数 $y=f(x)$ 在点 x_0 及其附近有定义，当自变量 x 在点 x_0 有增量 Δx 时，函数有相

应的增量

$$\Delta y = f(x_0 + \Delta x) - f(x_0).$$

如果当 $\Delta x \to 0$ 时，$\dfrac{\Delta y}{\Delta x}$ 的极限存在，那么这个极限值就叫做函数 $y = f(x)$ 在点 x_0 的导数，记作

$$y'\big|_{x=x_0} = \lim_{\Delta x \to 0} \frac{\Delta y}{\Delta x} = \lim_{\Delta x \to 0} \frac{f(x_0 + \Delta x) - f(x_0)}{\Delta x},$$

或记作 $f'(x_0)$，$\left.\dfrac{\mathrm{d}y}{\mathrm{d}x}\right|_{x=x_0}$，$\left.\dfrac{\mathrm{d}}{\mathrm{d}x}f(x)\right|_{x=x_0}$.

所谓函数 $y = f(x)$ 在 $x = x_0$ 处的导数就是函数 $y = f(x)$ 在该点处的变化率，反映了函数随自变量变化而变化的快慢程度，其本质就是极限. 所以函数 $y = f(x)$ 在 $x = x_0$ 处的导数是否存在取决于 $\lim\limits_{\Delta x \to 0} \dfrac{f(x_0 + \Delta x) - f(x_0)}{\Delta x}$ 是否存在. 当 $\lim\limits_{\Delta x \to 0} \dfrac{f(x_0 + \Delta x) - f(x_0)}{\Delta x}$ 存在时，称 $y = f(x)$ 在 $x = x_0$ 处可导；当 $\lim\limits_{\Delta x \to 0} \dfrac{f(x_0 + \Delta x) - f(x_0)}{\Delta x}$ 不存在时，称 $y = f(x)$ 在 $x = x_0$ 处不可导.

如果函数 $y = f(x)$ 在区间 (a, b) 内每一点都可导，就说函数 $y = f(x)$ 在区间 (a, b) 内可导. 这时函数 $y = f(x)$ 对于每一个 $x \in (a, b)$，都有一个确定的导数值与之对应，这就构成了 x 的一个新的函数，这个函数叫做函数 $y = f(x)$ 对 x 的导函数，记作 y'，$f'(x)$，$\dfrac{\mathrm{d}y}{\mathrm{d}x}$ 或 $\dfrac{\mathrm{d}}{\mathrm{d}x}f(x)$. 导函数也简称导数.

注 (1) 求函数 $y = f(x)$ 在 $x = x_0$ 可利用公式

$$f'(x_0) = \frac{f(x) - f(x_0)}{x - x_0}$$

$$f'(x_0) = \lim_{\Delta x \to 0} \frac{f(x_0 + \Delta x) - f(x_0)}{\Delta x}$$

或

$$f'(x_0) = \lim_{h \to 0} \frac{f(x_0 + h) - f(x_0)}{h}.$$

(2) 求函数 $y = f(x)$ 的导数可利用公式

$$f'(x) = \lim_{\Delta x \to 0} \frac{f(x + \Delta x) - f(x)}{\Delta x}$$

或

$$f'(x) = \lim_{h \to 0} \frac{f(x + h) - f(x)}{h}.$$

根据导数的定义，一方面我们可以求一些简单函数的导数，另一方面也可以用来判断一个函数在某个点的是否可导.

例 1 求常函数 $y = C$ 的导数.

解 $\dfrac{\mathrm{d}}{\mathrm{d}x}(C) = \lim\limits_{\Delta x \to 0} \dfrac{f(x + \Delta x) - f(x)}{\Delta x}$

$$= \lim_{\Delta x \to 0} \frac{C-C}{\Delta x} = \lim_{\Delta x \to 0} 0 = 0,$$

即 $\boxed{(C)' = 0}$，由此例可知，常数的导数为零.

例 2 幂函数 $y = x^n (n \in \mathbf{Z}^+)$ 的导数.

解 根据二项式定理

$$(x+\Delta x)^n = x^n + \mathrm{C}_n^1 x^{n-1}(\Delta x) + \mathrm{C}_n^2 x^{n-2}(\Delta x)^2 + \cdots + \mathrm{C}_n^k x^{n-k}(\Delta x)^k + \cdots + (\Delta x)^n,$$

因此

$$\begin{aligned}
\frac{\mathrm{d}}{\mathrm{d}x}(x^n) &= \lim_{\Delta x \to 0} \frac{(x+\Delta x)^n - x^n}{\Delta x} \\
&= \lim_{\Delta x \to 0} \frac{x^n + \mathrm{C}_n^1 x^{n-1}(\Delta x) + \mathrm{C}_n^2 x^{n-2}(\Delta x)^2 + \cdots + \mathrm{C}_n^k x^{n-k}(\Delta x)^k + \cdots + (\Delta x)^n}{\Delta x} \\
&= \lim_{\Delta x \to 0}\left[\mathrm{C}_n^1 x^{n-1} + \mathrm{C}_n^2 x^{n-2}(\Delta x) + \cdots + \mathrm{C}_n^k x^{n-k}(\Delta x)^{k-1} + \cdots + (\Delta x)^{n-1}\right] \\
&= \mathrm{C}_n^1 x^{n-1} + 0 + \cdots + 0 + \cdots + 0 \\
&= n x^{n-1}.
\end{aligned}$$

由以上结论我们可以推得幂函数 $y = x^\alpha$（α 为任意实数）的导数公式为

$$\boxed{(x^\alpha)' = \alpha x^{\alpha-1}}$$

例 3 求三角函数 $y = \sin x$ 的导数.

解

$$\begin{aligned}
\frac{\mathrm{d}}{\mathrm{d}x}(\sin x) &= \lim_{\Delta x \to 0} \frac{\sin(x+\Delta x) - \sin x}{\Delta x} \\
&= \lim_{\Delta x \to 0} \frac{\sin x\cos \Delta x + \cos x\sin \Delta x - \sin x}{\Delta x} \\
&= \lim_{\Delta x \to 0} \frac{\cos x\sin \Delta x - \sin x(1-\cos \Delta x)}{\Delta x} \\
&= \lim_{\Delta x \to 0}\left[\cos x\left(\frac{\sin \Delta x}{\Delta x}\right) - \sin x\left(\frac{1-\cos \Delta x}{\Delta x}\right)\right] \\
&= \cos x\left(\lim_{\Delta x \to 0} \frac{\sin \Delta x}{\Delta x}\right) - \sin x\left[\lim_{\Delta x \to 0} \frac{\sin^2 \Delta x}{\Delta x(1-\cos \Delta x)}\right] \\
&= \cos x \cdot 1 - \sin x \cdot 0 \\
&= \cos x,
\end{aligned}$$

即 $\boxed{(\sin x)' = \cos x}$. 类似地，我们还可以进一步推出 $\boxed{(\cos x)' = -\sin x}$（请读者课后练习）.

函数在某一点的导数就是导函数在该点的函数值，所以计算已知函数在某点的导数时，可以先求出该函数的导函数，然后再求出导函数在该点的函数值.

例 4 试判断函数 $y = \sqrt{x^2} = \begin{cases} -x, & x < 0, \\ x, & x \geqslant 0 \end{cases}$ 在点 $x = 0$ 是否可导.

解 设函数 $y=f(x)=\sqrt{x^2}$ 的自变量 x 在点 $x=0$ 处产生增量 Δx，则相应的函数增量为

$$\Delta y=f(x+\Delta x)-f(x)=f(0+\Delta x)-f(0)=\sqrt{(\Delta x)^2}=|\Delta x|,$$

所以
$$\frac{\Delta y}{\Delta x}=\frac{|\Delta x|}{\Delta x}.$$

因为

$$\lim_{\Delta x\to 0^-}f(x)=\lim_{\Delta x\to 0^-}\frac{|\Delta x|}{\Delta x}=\lim_{\Delta x\to 0^-}\frac{-\Delta x}{\Delta x}=-1,$$
$$\lim_{\Delta x\to 0^+}f(x)=\lim_{\Delta x\to 0^+}\frac{|\Delta x|}{\Delta x}=\lim_{\Delta x\to 0^+}\frac{\Delta x}{\Delta x}=1,$$
$$\lim_{\Delta x\to 0^-}f(x)\neq\lim_{\Delta x\to 0^+}f(x),$$

所以
$$\lim_{\Delta x\to 0}\frac{\Delta y}{\Delta x}\text{不存在}.$$

即函数 $y=\sqrt{x^2}$ 在点 $x=0$ 不可导(图 3-6).

在现实生活与研究实践中，有许多问题都涉及函数的变化率. 一个量的变化率有时候比这个量本身更加重要. 在不同领域，变化率往往以不同的术语出现. 例如，常见的表示变化率的有：

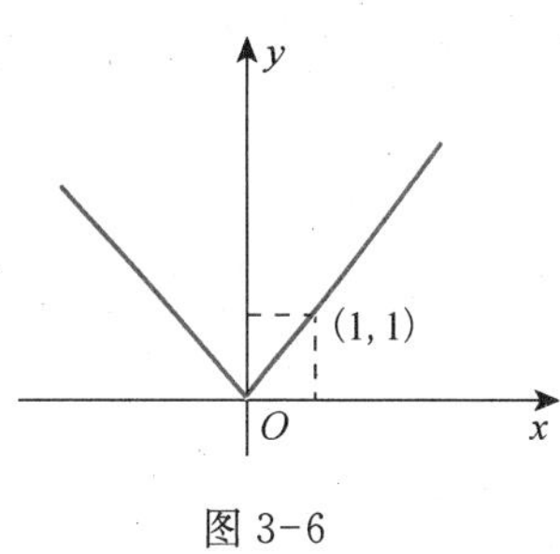

图 3-6

- 速度：位移作为时间函数的变化率；
- 加速度：速度作为时间函数的变化率；
- 电流：电量作为时间函数的变化率；
- 角速度：角度作为时间函数的变化率；
- 边际成本：成本作为产品数量函数的变化率，

以及人口出生率，经济增长率，化学反应速率，等等.

3.2.2 导数的几何意义

函数 $y=f(x)$ 在点 $x=x_0$ 处的导数 $f'(x_0)$ 的几何意义就是曲线 $y=f(x)$ 在点 $M(x_0, f(x_0))$ 处的切线的斜率(图 3-7).

根据导数的几何意义可知，曲线 $y=f(x)$ 在给定点 $M(x_0, y_0)$ 处的切线方程为

$$y-y_0=f'(x_0)(x-x_0),$$

过切点 $M(x_0, y_0)$ 且与切线垂直的直线叫做曲线 $y=f(x)$ 在点 $M(x_0, y_0)$ 处的法线，其方程为

$$y-y_0=-\frac{1}{f'(x_0)}(x-x_0)\quad (f'(x_0)\neq 0).$$

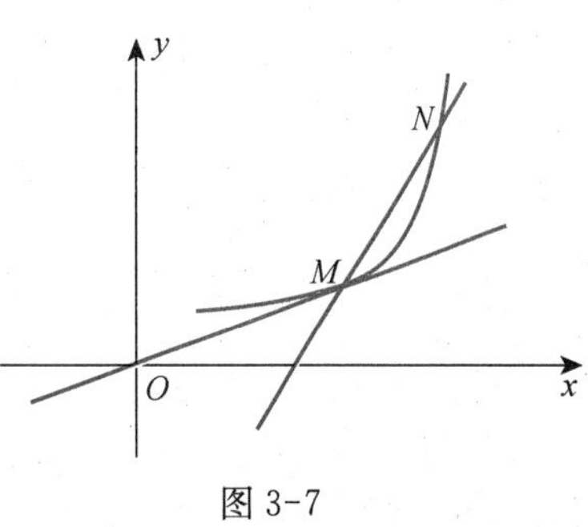

图 3-7

例 5 求函数 $y=f(x)=x^2$ 在点 $x=2$ 处的切线与法线方程.

解 $y'=2x$，$y'|_{x=2}=4$，

由导数的几何意义,函数 $f(x)=x^2$ 在点 $x=2$ 处的切线的方程为

$$y-4=4(x-2).$$

函数 $f(x)=x^2$ 在点 $x=2$ 处的法线的方程为

$$y-4=-\frac{1}{4}(x-2).$$

值得注意的是,当 $y=f(x)$ 在点 $x=x_0$ 处的导数为无穷大时,讨论曲线 $y=f(x)$ 在点 $M(x_0, y_0)$ 处是否有斜率,有两种情况:一种情况是,曲线 $y=f(x)$ 在该点具有垂直于 x 轴的切线,比如 $y=f(x)=\sqrt{1-x^2}$ 在点 $x=1$ 处有垂直于 x 轴的切线;另一种情况是,$y=f(x)$ 在点 $x=x_0$ 处没有切线,比如函数 $y=\frac{1}{x}$, $y=\sqrt{x^2}$ 在点 $x=0$ 处没有切线.

3.2.3 可导与连续的关系

假设函数 $y=f(x)$ 在点 x 处的可导,则有

$$\lim_{\Delta x\to 0}\frac{\Delta y}{\Delta x}=f'(x).$$

根据函数极限与无穷小的关系知道:

$$\frac{\Delta y}{\Delta x}=f'(x)+\alpha \quad (\alpha \text{ 为当 } \Delta x\to 0 \text{ 时的无穷小}),$$

即 $$\Delta y=f'(x)\Delta x+\alpha\Delta x.$$

两边取极限得 $$\lim_{\Delta x\to 0}\Delta y=\lim_{\Delta x\to 0}[f'(x)\Delta x+\alpha\Delta x]=0.$$

所以,根据函数连续的定义知,函数 $y=f(x)$ 在点 x 处连续.

因此,如果函数 $y=f(x)$ 在点 x 处可导,则函数在该点必连续. 但要注意的是,函数在某一点连续却在该点不一定可导,函数连续是函数可导的必要条件,而不是充分条件. 如果函数在某点不连续,则函数在该点必不可导.

例如,在例 2 中我们已经知道函数 $y=\sqrt{x^2}$ 在点 $x=0$ 处不可导(因为无切线),但却在点 $x=0$ 处连续.

又如,函数 $y=\sqrt[3]{x}$ 在点 $x=0$ 处连续但不可导(因为切线垂直于 x 轴).

习 题 3.2

1. 利用公式 $f'(x)=\lim\limits_{x\to x_0}\frac{f(x)-f(x_0)}{x-x_0}$ 求下列函数在 $x_0=1$ 处的导数.

(1) $f(x)=x^2-3x$；　　(2) $f(x)=x^3+5x$；

(3) $f(x)=\frac{x}{x-5}$；　　(4) $f(x)=\frac{x+3}{x}$.

2. 利用公式 $f'(x)=\lim\limits_{\Delta x\to 0}\dfrac{f(x+\Delta x)-f(x)}{\Delta x}$ 求下列函数的导数.

(1) $f(x)=2x-1$；　　(2) $f(x)=\alpha x+\beta$；

(3) $f(x)=3x^2+4$；　　(4) $f(x)=x^2+x+1$；

(5) $f(x)=x^4$；　　(6) $f(x)=\dfrac{2}{x}$.

3. 下列极限表示的是什么函数在哪个点的导数?

(1) $\lim\limits_{h\to 0}\dfrac{2\,(5+h)^3-2\,(5)^3}{h}$；　　(2) $\lim\limits_{h\to 0}\dfrac{\cos(x_0+h)-\cos x_0}{h}$；

(3) $\lim\limits_{h\to 0}\dfrac{\tan(x_0+h)-\tan x_0}{h}$；　　(4) $\lim\limits_{x\to t}\dfrac{x^3-t^3}{x-t}$.

4. 如果 $f(1)=0$，$f'(1)=4$，求极限 $\lim\limits_{\Delta x\to 0}\dfrac{f(1+\Delta x)}{\Delta x}$.

5. 求函数 $f(x)=6x^2+2$ 在点 $(1,8)$ 处的切线方程与法线方程.

3.3　导数的运算法则

3.3.1　函数和、差、积、商的求导法则

设函数 $u=u(x)$ 和 $v=v(x)$ 在点 x 均可导，则有

(1) $(u\pm v)'=u'\pm v'$；

(2) $(uv)'=u'v+uv'$；

(3) $(Cu)'=Cu'$　(C 为常数)；

(4) $\left(\dfrac{u}{v}\right)'=\dfrac{u'v-uv'}{v^2}$　$(v\neq 0)$.

例 1　利用函数和、差求导法则求下列函数的导数.

(1) $f(x)=x^3-4x-5$；　　(2) $f(x)=-\dfrac{x^4}{2}+3x^3-2x$；

(3) $f(x)=\dfrac{3x^2-x+1}{x}$；　　(4) $f(x)=\sqrt{x}+\cos x-3$.

解　(1) $f'(x)=(x^3)'-(4x)'-(5)'=3x^2-4$.

(2) $f'(x)=-\left(\dfrac{x^4}{2}\right)'+(3x^3)'-(2x)'=-2x^3+9x^2-2$.

(3) $f'(x)=(3x-1+x^{-1})'=3-x^{-2}$.

(4) $f'(x)=(\sqrt{x})'+(\cos x)'-(3)'=\dfrac{1}{2}x^{-\frac{1}{2}}-\sin x$.

例 2　利用函数积求导法则求下列函数的导数.

(1) $f(x)=(3x-2x^2)(4x+5)$；　　(2) $f(x)=3x^2\sin x$；

(3) $f(x)=2x\cos x-2\sin x$；　　(4) $f(x)=\sin 2x$.

解　(1) $f'(x)=(3x^2)'(\sin x)+(3x^2)(\sin x)'$

$=6x(\sin x)+(3x^2)\cos x$

$=3x(x\cos x+2\sin x)$.

(2) $f'(x)=(3x-2x^2)'(4x+5)+(3x-2x^2)(4x+5)'$
$=(3-4x)(4x+5)+(3x-2x^2)(4)$
$=-24x^2+4x+15.$

(3) $f'(x)=(2x)'\cos x+2x(\cos x)'-2(\sin x)'$
$=2\cos x+2x(-\sin x)-2(\cos x)$
$=-2x\sin x.$

(4) $f'(x)=(2\sin x\cos x)'=2[(\sin x)'\cos x+\sin x(\cos x)']$
$=2[\cos^2 x-\sin^2 x]=2\cos 2x.$

例 3 利用函数商求导法则求下列函数的导数.

(1) $f(x)=\dfrac{5x-2}{x^2+1}$； (2) $f(x)=\dfrac{\ln x+\cos x}{x}$； (3) $f(x)=\dfrac{\sin x}{1-\cos x}$.

解 (1) $f'(x)=\dfrac{(5x-2)'(x^2+1)-(5x-2)(x^2+1)'}{(x^2+1)^2}=\dfrac{5(x^2+1)-(5x-2)2x}{(x^2+1)^2}$

$$=\frac{-5x^2+4x+5}{(x^2+1)^2}.$$

(2) $f'(x)=\dfrac{(\ln x+\cos x)'x-(\ln x+\cos x)x'}{x^2}=\dfrac{\left(\dfrac{1}{x}-\sin x\right)x-(\ln x+\cos x)}{x^2}$

$$=\frac{1-x\sin x-\ln x-\cos x}{x^2}.$$

(3) $f'(x)=\dfrac{(\sin x)'(1-\cos x)-\sin x(1-\cos x)'}{(1-\cos x)^2}$

$$=\frac{\cos x(1-\cos x)-\sin^2 x}{(1-\cos x)^2}=\frac{\cos x-1}{(1-\cos x)^2}=\frac{1}{\cos x-1}.$$

利用函数和、差、积、商的求导法则，我们可以求得下列函数的导数公式(请读者课后练习)：

$$\boxed{(\tan x)'=\sec^2 x}$$

$$\boxed{(\cot x)'=-\csc^2 x}$$

$$\boxed{(\sec x)'=\sec x\tan x}$$

$$\boxed{(\csc x)'=-\csc x\cot x}$$

习 题 3.3

求下列函数的导数.

(1) $y=-10x+3\cos x$； (2) $y=\dfrac{3}{x}+5\sin x$；

(3) $y=x^2\cos x$； (4) $y=\sqrt{x}\sec x+3$；

(5) $y=\csc x-4\sqrt{x}+7$； (6) $y=x^2\cot x-\dfrac{1}{x^2}$；

(7) $f(x)=\sin x\tan x$； (8) $g(x)=\csc x\cot x$；

(9) $y=(\sec x+\tan x)(\sec x-\tan x)$;

(10) $y=(\sin x+\cos x)\sec x$;

(11) $y=-10x^2+3\sin x$;

(12) $y=\dfrac{\cos x}{1+\sin x}$;

(13) $y=\dfrac{4}{\cos x}+\dfrac{1}{\tan x}$;

(14) $y=\dfrac{\cos x}{x}+\dfrac{x}{\cos x}$;

(15) $y=x^2\sin x+2x\cos x-2\sin x$;

(16) $y=x^2\cos x-2x\sin x-2\cos x$;

(17) $f(x)=x^3\sin x\cos x$;

(18) $g(x)=(2-x)\tan^2 x$.

3.4 复合函数求导法则

设 $y=f[g(x)]$ 是由 $y=f(u)$ 与 $u=g(x)$ 复合而成的函数，函数 $u=g(x)$ 在点 x 可导，$y=f(u)$ 在对应点 $u=g(x)$ 也可导，则复合函数 $y=f[g(x)]$ 的求导法则为

$$\boxed{\frac{\mathrm{d}y}{\mathrm{d}x}=\frac{\mathrm{d}y}{\mathrm{d}u}\cdot\frac{\mathrm{d}u}{\mathrm{d}x}}$$

或

$$\boxed{\frac{\mathrm{d}}{\mathrm{d}x}[f(g(x))]=f'(g(x))\cdot g'(x)}$$

进一步地，我们把复合函数的求导法则推广到多个函数复合的情形. 以三个函数复合为例，设 $y=f(u)$, $u=g(v)$, $v=h(x)$，则复合函数 $y=f(g(h(x)))$ 的导数为

$$\boxed{\frac{\mathrm{d}y}{\mathrm{d}x}=\frac{\mathrm{d}y}{\mathrm{d}u}\cdot\frac{\mathrm{d}u}{\mathrm{d}v}\cdot\frac{\mathrm{d}v}{\mathrm{d}x}}$$

或

$$\boxed{\frac{\mathrm{d}}{\mathrm{d}x}[f(g(h(x)))]=f'(g(h(x)))\cdot g'(h(x))\cdot h'(x)}$$

例 1 求 $y=\sin 2x$ 的导数.

解法 1 令 $y=\sin u$, $u=2x$. 由于 $\dfrac{\mathrm{d}y}{\mathrm{d}u}=\cos u$, $\dfrac{\mathrm{d}u}{\mathrm{d}x}=2$,

所以 $\dfrac{\mathrm{d}y}{\mathrm{d}x}=\cos u\cdot 2=2\cos 2x$.

解法 2 $\dfrac{\mathrm{d}y}{\mathrm{d}x}=\cos 2x\cdot(2x)'=\cos 2x\cdot 2=2\cos 2x$.

由此例可以看出，利用复合函数的求导法则所得结果与例 4(2)是一致的.

例 2 求 $y=\sqrt{x^2+1}$ 的导数.

解法 1 令 $y=\sqrt{u}$, $u=x^2+1$. 由于 $\dfrac{\mathrm{d}y}{\mathrm{d}u}=\dfrac{1}{2\sqrt{u}}$, $\dfrac{\mathrm{d}u}{\mathrm{d}x}=2x$,

所以 $\dfrac{\mathrm{d}y}{\mathrm{d}x}=\dfrac{1}{2\sqrt{u}}\cdot 2x=\dfrac{x}{\sqrt{x^2+1}}$.

解法 2 $\dfrac{\mathrm{d}y}{\mathrm{d}x}=\dfrac{1}{2\sqrt{x^2+1}}\cdot(x^2+1)'=\dfrac{1}{2\sqrt{x^2+1}}\cdot 2x=\dfrac{x}{\sqrt{x^2+1}}$.

例 3 求 $y=\cos(x^2+1)$ 的导数.

解法 1 令 $y=\sqrt{u}$, $u=x^2+1$. 由于 $\frac{\mathrm{d}y}{\mathrm{d}u}=\frac{1}{2\sqrt{u}}$, $\frac{\mathrm{d}u}{\mathrm{d}x}=2x$,

所以 $\frac{\mathrm{d}y}{\mathrm{d}x}=\frac{1}{2\sqrt{u}}\cdot 2x=\frac{x}{\sqrt{x^2+1}}$.

解法 2 $\frac{\mathrm{d}y}{\mathrm{d}x}=\frac{1}{2\sqrt{x^2+1}}\cdot(x^2+1)'=\frac{1}{2\sqrt{x^2+1}}\cdot 2x=\frac{x}{\sqrt{x^2+1}}$.

当我们对复合函数的分解很熟练时,可以不必写出中间变量,逐层求导即可.

例 4 求下列函数的导数.

(1) $y=\ln(\sin x)$;　　(2) $y=\mathrm{e}^{\sin x}$;

(3) $y=\tan^2 x$;　　(4) $y=\ln\sqrt{\frac{1+x}{1-x}}$.

解 (1) $y'=\frac{1}{\sin x}\cdot(\sin x)'=\frac{1}{\sin x}\cdot\cos x=\cot x$.

(2) $y'=\mathrm{e}^{\sin x}\cdot(\sin x)'=\mathrm{e}^{\sin x}\cos x$.

(3) $y'=2\tan x\cdot(\tan x)'=2\tan x\sec^2 x$.

(4) 因为 $y=\frac{1}{2}[\ln(1+x)-\ln(1-x)]$,

所以 $y'=\frac{1}{2}\left(\frac{1}{1+x}+\frac{1}{1-x}\right)=\frac{1}{1-x^2}$.

此例说明,对某些函数求导前先进行适当变形,可以简化求导步骤或过程.

例 5 求下列函数的导数.

(1) $y=\sin^3 4t$;　　(2) $y=\sin(\cos(\tan x))$;

(3) $y=\mathrm{e}^{\sec 3x}$;　　(4) $y=\sec^2\pi t$.

解 (1) $y'=3\sin^2 4t\cdot(\sin 4t)'=3\sin^2 4t\cos 4t\,(4t)'=12\sin^2 4t\cos 4t$.

(2) $y'=\cos(\cos(\tan x))\cdot(\cos(\tan x))'=\cos(\cos(\tan x))(-\sin(\tan x))\cdot(\tan x)'$
$=-\cos(\cos(\tan x))\sin(\tan x)\sec^2 x$.

(3) $y'=\mathrm{e}^{\sec 3x}\cdot(\sec 3x)'=\mathrm{e}^{\sec 3x}\sec 3x\tan 3x\cdot(3x)'=3\mathrm{e}^{\sec 3x}\sec 3x\tan 3x$.

(4) $y'=2\sec\pi t\cdot(\sec\pi t)'=2\sec\pi t\sec\pi t\tan\pi t\cdot(\pi t)'=2\pi\sec^2\pi t\tan\pi t$.

习 题 3.4

1. 将下列复合函数分解并求其导数.

(1) $y=\sqrt[3]{1+4x}$;　　(2) $y=(2x^3+5)^4$;

(3) $y=\tan\pi x$;　　(4) $y=\sin(\cot x)$;

(5) $y=\mathrm{e}^{\sqrt{x}}$;　　(6) $y=\sqrt{2-\mathrm{e}^x}$.

2. 求下列函数导数.

(1) $f(x)=(5x^6+2x^3)^4$;　　(2) $f(x)=(1+x+x^2)^{99}$;

(3) $f(x)=\sqrt{5x+1}$;　　(4) $f(x)=\frac{1}{\sqrt[3]{x^2-1}}$;

(5) $f(\theta)=\cos(\theta^2)$;　　(6) $g(\theta)=\cos^2\theta$;

(7) $y=x^2\mathrm{e}^{-3x}$;　　(8) $f(t)=t\sin\pi t$;

(9) $f(t)=e^{at}\sin bt$；

(10) $g(x)=e^{x^2-x}$；

(11) $y=\sin(\pi x)^2$；

(12) $y=\cos(1-2x)^2$；

(13) $y=\sqrt[3]{1+x^2}$；

(14) $y=\tan^2 5x$；

(15) $y=\cos^2 8x$；

(16) $y=\sqrt{x}+\frac{1}{4}\sin(2x)^2$；

(17) $y=\sin(\tan 2x)$；

(18) $y=\cos\sqrt{\sin(\tan \pi x)}$.

3.5 隐函数、参数方程求导

3.5.1 隐函数的求导

函数的本质是一种特殊的对应关系，而这种对应关系我们一般表示为 $y=f(x)$. 例如

$$y=\cos x-2,\quad y=2x^2-2x-3,\quad y=\frac{\cos x-2}{\cos x+2}\text{等}.$$

我们把形如 $y=f(x)$ 的函数叫做显函数. 但是，有这样一类函数，它的自变量 x 与因变量 y 之间的对应关系是由二元方程 $F(x, y)=0$ 所决定的. 例如，方程

$$\ln y=\cos x+2y$$

也能表示自变量 x 与因变量 y 之间的函数对应关系，所以也能表示一个函数. 我们把形如方程

$$F(x, y)=0$$

所决定的函数叫做隐函数.

通常求隐函数的导数有下面两种方法：

(1) 将方程两边同时对 x 求导，将 y 看作 x 的复合函数，用复合函数的求导法则，就可以求得的隐函数的导数.

(2) 先对二元函数 $F(x, y)$（二元函数的概念可以参考其他微积分教材或本书第 8 章）求偏导数 F_x 和 F_y（偏导数 F_x 的计算方法就是将 $F(x, y)$ 对变量 x 求导，其中变量 y 当作常数处理，同样的方法也可计算偏导数 F_y），然后求出由 $F(x, y)=0$ 所决定的隐函数 $y=f(x)$ 的导数

$$f'(x)=-\frac{F_x}{F_y}.$$

利用隐函数的求导方法，我们可以推导出指数函数和反三角函数的导数公式（请读者自己练习）：

$$(a^x)'=a^x\ln a,$$

$$(e^x)'=e^x,$$

$$(\arcsin x)'=\frac{1}{\sqrt{1-x^2}}\quad(-1<x<1),$$

$$(\arccos x)' = -\frac{1}{\sqrt{1-x^2}} \quad (-1 < x < 1),$$

$$(\arctan x)' = \frac{1}{1+x^2} \quad (-\infty < x < +\infty),$$

$$(\text{arccot}\, x)' = -\frac{1}{1+x^2} \quad (-\infty < x < +\infty).$$

至此,我们已经得到所有基本初等函数的导数公式,请读者熟记.

例 1 求由下列方程所确定的隐函数 $y = f(x)$ 的导数.

(1) $xy^2 - 3x^2 - 6y - 8 = 0$; (2) $e^y - 6y - 8 = xy$; (3) $e^y - 6y - 8 = xy$.

解 (1) 方程的两边同时对 x 求导,注意 y 是 x 的函数, y^2 是 x 的复合函数,从而得

$$y^2 + x \cdot 2yy'_x - 6x - 6y'_x = 0,$$

得
$$y'_x = \frac{6x - y^2}{2xy - 6},$$

即所求隐函数的导数为
$$\frac{\mathrm{d}y}{\mathrm{d}x} = \frac{6x - y^2}{2xy - 6}.$$

(2) 方程的两边同时对 x 求导,得

$$e^y y'_x - 6y'_x = y + xy'_x,$$

解出 y'_x,得
$$y'_x = \frac{y}{e^y - 6 - x},$$

即所求隐函数的导数为
$$\frac{\mathrm{d}y}{\mathrm{d}x} = \frac{y}{e^y - 6 - x}.$$

(3) 令 $F(x, y) = e^y - 6y - 8 - xy$,则有

$$F_x(x, y) = -y, \quad F_y(x, y) = e^y - 6 - x,$$

故 $F(x, y) = 0$ 所决定的隐函数 $y = f(x)$ 的导数为

$$f'(x) = -\frac{F_x}{F_y} = \frac{y}{e^y - 6 - x}.$$

另外,在求显函数的导数时,有时候会有特别烦琐或计算困难的情形,这时候我们可以有意识地将它转化为隐函数,再用隐函数的求导法则去求该函数的导数.

例 2 求 $y = \sqrt{\dfrac{(x+1)(x+2)}{(x+3)(x+4)}}$ 导数.

解 等式两边同时取对数,得

$$\ln y = \frac{1}{2}[\ln(x+1) + \ln(x+2) - \ln(x+3) - \ln(x+4)],$$

两边同时对 x 求导,得

$$\frac{1}{y}y' = \frac{1}{2}\left(\frac{1}{x+1} + \frac{1}{x+2} - \frac{1}{x+3} - \frac{1}{x+4}\right).$$

所以

$$y' = \frac{1}{2}\left(\frac{1}{x+1} + \frac{1}{x+2} - \frac{1}{x+3} - \frac{1}{x+4}\right)\sqrt{\frac{(x+1)(x+2)}{(x+3)(x+4)}}.$$

例 3 求 $y = x^x (x > 0)$ 导数.

解 等式两边取自然对数,得 $\ln y = x\ln x$,

令 $F(x, y) = \ln y - x\ln x$, 则

$$F_x(x, y) = -(\ln x + 1), \quad F_y(x, y) = \frac{1}{y},$$

故 $F(x, y) = 0$ 所决定的隐函数 $y = f(x)$ 的导数为

$$f'(x) = -\frac{F_x}{F_y} = y(\ln x + 1) = x^x(\ln x + 1).$$

3.5.2 由参数方程所确定的函数的求导

函数的表现形式是多种多样的,前面介绍的隐函数是一种函数的表现形式,而参数方程则是函数的另一种表现形式. 下面我们来讨论参数方程所确定的函数的求导问题.

参数方程的一般形式是

$$\begin{cases} x = g(t), \\ y = h(t), \end{cases} \quad \alpha \leqslant t \leqslant \beta.$$

参数方程所确定的函数的求导法则是

$$\text{若} \begin{cases} x = g(t), \\ y = h(t), \end{cases} \quad \alpha \leqslant t \leqslant \beta, \quad \text{则} \quad \frac{\mathrm{d}y}{\mathrm{d}x} = \frac{\frac{\mathrm{d}y}{\mathrm{d}t}}{\frac{\mathrm{d}x}{\mathrm{d}t}}.$$

例 4 求参数方程 $\begin{cases} x = 3\cos t, \\ y = 4\sin t \end{cases}$ $(0 \leqslant t \leqslant 2\pi)$ 在 $t = \frac{\pi}{4}$ 处的导数.

解 因为 $x'_t = -3\sin t$, $y'_t = 4\cos t$,

所以,参数方程 $\begin{cases} x = 3\cos t, \\ y = 4\sin t \end{cases}$ 的导数为

$$\frac{\mathrm{d}y}{\mathrm{d}x} = \frac{4\cos t}{-3\sin t} = -\frac{4}{3}\cot t,$$

$$\left.\frac{\mathrm{d}y}{\mathrm{d}x}\right|_{t=\frac{\pi}{4}} = -\frac{4}{3}\cot\frac{\pi}{4} = -\frac{4}{3}.$$

3.5.3 初等函数的求导问题

通过前面的学习,我们不仅了解了导数的定义,而且知道了函数的和、差、积、商的求导法则和复合函数、隐函数的求导法则或方法,建立了基本初等函数的导数公式,从而解决了初等函数的求导问题. 基本初等函数的导数公式和各种求导法则,是初等函数求导运算的基础. 为了帮助同学们熟练掌握和便于查阅,我们把这些公式集中列入表 3-1.

表 3-1 基本初等函数的导数公式

(1) $(C)'=0$ (C 为常数)	(2) $(x^{\alpha})'=\alpha x^{\alpha-1}$
(3) $(a^x)'=a^x\ln a(a>0, a\neq 1)$	(4) $(e^x)'=e^x$
(5) $(\log_a x)'=\dfrac{1}{x\ln a}(a>0, a\neq 1)$	(6) $(\ln x)'=\dfrac{1}{x}$
(7) $(\sin x)'=\cos x$	(8) $(\cos x)'=-\sin x$
(9) $(\tan x)'=\sec^2 x$	(10) $(\cot x)'=-\csc^2 x$
(11) $(\sec x)'=\sec x\tan x$	(12) $(\csc x)'=-\csc x\cot x$
(13) $(\arcsin x)'=\dfrac{1}{\sqrt{1-x^2}}$	(14) $(\arccos x)'=-\dfrac{1}{\sqrt{1-x^2}}$
(15) $(\arctan x)'=\dfrac{1}{1+x^2}$	(16) $(\text{arccot}\, x)'=-\dfrac{1}{1+x^2}$

例 5 求下列函数的导数.

(1) $f(x)=\sqrt{\sin x+x}+\cos 2x$;　　(2) $f(x)=\text{arccot}\, x-\sec 3x$;

(3) $f(x)=\ln x+\ln(\ln x)$;　　(4) $f(x)=\dfrac{\sin^2 x}{1+\cos x}$.

解 (1) $f'(x)=\dfrac{1}{2}\dfrac{1}{\sqrt{\sin x+x}}(\sin x+x)'-2\sin 2x=\dfrac{\cos x+1}{2\sqrt{\sin x+x}}-2\sin 2x$.

(2) $f'(x)=-\dfrac{1}{1+x^2}-3\sec 3x\tan 3x$.

(3) $f'(x)=\dfrac{1}{x}+\dfrac{1}{\ln x}\cdot(\ln x)'=\dfrac{1}{x}+\dfrac{1}{x\ln x}$.

(4) 解法 1

$$f'(x)=\frac{(\sin^2 x)'(1+\cos x)-\sin^2 x(1+\cos x)'}{(1+\cos x)^2}$$

$$=\frac{2\sin x\cos x(1+\cos x)+\sin^3 x}{(1+\cos x)^2}$$

$$=\frac{2\sin x\cos x+2\sin x\cos^2 x+\sin^3 x}{(1+\cos x)^2}$$

$$=\frac{\sin x(2\cos x+2\cos^2 x+\sin^2 x)}{(\cos x+1)^2}$$

$$=\frac{\sin x(2\cos x+\cos^2 x+1)}{(\cos x+1)^2}$$

$$=\sin x.$$

解法 2 $f(x)=\dfrac{\sin^2 x}{1+\cos x}=\dfrac{1-\cos^2 x}{1+\cos x}=1-\cos x$,

所以 $f'(x)=\sin x$.

习 题 3.5

1. 求由下列方程所确定的隐函数 $y=f(x)$ 的导数.

(1) $x^2y+xy^2=6$;　　(2) $x^3+y^3=18xy$;

(3) $2xy+y^2=x+y$;　　(4) $x^3-xy+y^3=1$;

(5) $x^2(x-y)^2=x^2-y^2$；

(6) $(3xy+7)^2=6y$；

(7) $y^2=\dfrac{x-1}{x+1}$；

(8) $x^3=\dfrac{2x-y}{x+3y}$；

(9) $x=\tan y$；

(10) $xy=\cot(xy)$；

(11) $x+\tan(xy)=0$；

(12) $x^4+\sin y=x^3y^2$；

(13) $y\sin\left(\dfrac{1}{y}\right)=1-xy$；

(14) $x\cos(2x+3y)=y\sin x$.

2. 求下列参数方程的导数.

(1) $\begin{cases}x=t\sin t,\\ y=t\cos t;\end{cases}$

(2) $\begin{cases}x=\sin t,\\ y=\sin(t+\sin t);\end{cases}$

(3) $\begin{cases}x=t^2,\\ y=t^3-3t;\end{cases}$

(4) $\begin{cases}x=r(\theta-\sin\theta),\\ y=r(1-\cos\theta).\end{cases}$

3.6 高阶导数

我们知道，函数 $y=f(x)$ 的导数 $y'=f'(x)$，仍然是 x 的函数，如果导数 $y'=f'(x)$ 继续可导，则我们把 $y'=f'(x)$ 的导数叫做函数 $y=f(x)$ 的二阶导数，记作 y''，$f''(x)$ 或 $\dfrac{\mathrm{d}^2y}{\mathrm{d}x^2}$，即

$$y''=(y')',\ f''(x)=[f'(x)]',\ \frac{\mathrm{d}^2y}{\mathrm{d}x^2}=\frac{\mathrm{d}}{\mathrm{d}x}\left(\frac{\mathrm{d}y}{\mathrm{d}x}\right).$$

相应地，我们把函数 $y=f(x)$ 的导数 $y'=f'(x)$ 叫做函数 $y=f(x)$ 的一阶导数. 类似地，二阶导数的导数，叫做三阶导数，三阶导数的导数叫做四阶导数，……，一般情况，$n-1$ 阶导数的导数叫做函数 $y=f(x)$ 的 n 阶导数，分别记作

$$f'''(x),\ f^{(4)}(x),\ \cdots,\ f^{(n)}(x)$$

或

$$\frac{\mathrm{d}^3y}{\mathrm{d}x^3},\ \frac{\mathrm{d}^4y}{\mathrm{d}x^4},\ \cdots,\ \frac{\mathrm{d}^ny}{\mathrm{d}x^n}.$$

如果函数 $y=f(x)$ 具有 n 阶导数，也常说成函数 $y=f(x)$ 为 n 阶可导. 而函数的二阶以及二阶以上的导数统称高阶导数. 由此可见，求高阶导数就是多次求函数的一阶导数，这样一来，我们仍可应用前面学过的求导方法来计算高阶导数.

例 1 求函数 $y=\sin 2x$ 的二阶导数.

解 $y'=(\sin 2x)'=2\cos 2x$,

$y''=((\sin 2x)')'=(2\cos 2x)'=-4\sin 2x$.

例 2 求指数函数 $y=\mathrm{e}^x$ 的 n 阶导数.

解 $y'=\mathrm{e}^x$,

$y''=\mathrm{e}^x$,

$y'''=\mathrm{e}^x$,

$\vdots$

一般地,可得 $$y^{(n)}=\mathrm{e}^x.$$

例 3 求正弦函数 $y=\sin x$ 与余弦函数 $y=\cos x$ 的 n 阶导数.

解 对于 $y=\sin x$,

$$y'=\cos x=\sin\left(x+\frac{\pi}{2}\right),$$

$$y''=\cos\left(x+\frac{\pi}{2}\right)=\sin\left(x+\frac{\pi}{2}+\frac{\pi}{2}\right)=\sin\left(x+2\cdot\frac{\pi}{2}\right),$$

$$y'''=\cos\left(x+2\cdot\frac{\pi}{2}\right)=\sin\left(x+3\cdot\frac{\pi}{2}\right),$$

$$y^{(4)}=\cos\left(x+3\cdot\frac{\pi}{2}\right)=\sin\left(x+4\cdot\frac{\pi}{2}\right),$$

$$\vdots$$

一般地,可得

$$(\sin x)^{(n)}=\sin\left(x+n\cdot\frac{\pi}{2}\right).$$

同理可得

$$(\cos x)^{(n)}=\cos\left(x+n\cdot\frac{\pi}{2}\right).$$

求函数乘积的 n 阶导数可用莱布尼茨(Leibniz)公式:

$$(uv)^{(n)}=\mathrm{C}_n^0u^{(n)}v+\mathrm{C}_n^1u^{(n-1)}v'+\mathrm{C}_n^2u^{(n-2)}v''+\cdots+\mathrm{C}_n^nuv^{(n)},$$

简记为

$$(uv)^{(n)}=\sum_{k=0}^{n}\mathrm{C}_n^ku^{(n-k)}v^{(k)}.$$

例 4 $y=x^2\mathrm{e}^{2x}$, 求 $y^{(20)}$.

解 设 $u=\mathrm{e}^{2x}$, $v=x^2$,

则 $u^{(n)}=2^n\mathrm{e}^{2x}(n=1,2,\cdots,20)$.

$v'=2x$, $v''=2$, $v^{(k)}=0\ (k=3,4,\cdots,20)$.

代入莱布尼茨公式,得

$$y^{(20)}=(x^2\mathrm{e}^{2x})^{(20)}=2^{20}\mathrm{e}^{2x}\cdot x^2+20\cdot 2^{19}\mathrm{e}^{2x}\cdot 2x+\frac{20\cdot 19}{2!}\cdot 2^{18}\mathrm{e}^{2x}\cdot 2.$$

习题 3.6

求下列函数的二阶导数.

(1) $y=x^4+2x^3-3x^2-x$; (2) $y=4x^5-2x^3+5x^2$;

(3) $y=4x^{\frac{3}{2}}$; (4) $y=x^2+3x^{-3}$;

(5) $y=\dfrac{x}{x-1}$; (6) $y=\dfrac{x^2+3x}{x-4}$;

(7) $y=x\sin x$; (8) $y=\sec x$.

3.7 微　　分

3.7.1 微分的定义

如果函数 $y=f(x)$ 在点 x_0 存在导数 $f'(x_0)$，则 $f'(x_0)\cdot\Delta x$ 叫做函数 $y=f(x)$ 在点 x_0 的微分，记作

$$dy=f'(x_0)\Delta x.$$

一般地，函数 $y=f(x)$ 在点 x 的微分叫做函数的微分，记作

$$dy=f'(x)\Delta x$$

我们把自变量的微分定义为自变量的增量，记作 dx，即 $dx=\Delta x$，于是函数 $y=f(x)$ 的微分又可记作

$$dy=f'(x)dx,$$

从而有
$$\frac{dy}{dx}=f'(x).$$

这说明，函数的微分 dy 与自变量的微分 dx 之商等于该函数的导数，因此导数又叫做微商. 我们也把可导函数叫做可微函数，把函数在某点可导也叫做在某点可微.

3.7.2 微分的几何意义

如图 3-8 所示，函数 $y=f(x)$ 在点 x 处的微分的几何意义，就是曲线 $y=f(x)$ 在点 $M(x, y)$ 处的切线 MT 的纵坐标的增量 TR.

由图还可以看出，当 dx 很小时，可以用 dy 来近似代替 Δy，所产生的误差 $|\Delta y-dy|$ 在图形上就是线段 TN 的长. 另外，需要注意的是，函数的微分 dy 可能小于函数的增量 Δy，也可能大于 Δy.

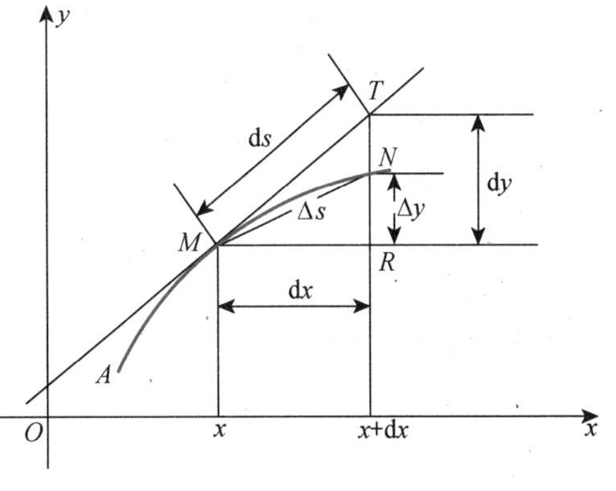

图 3-8

3.7.3 微分的运算

1. 微分的基本公式(表 3-2)

表 3-2

(1) $d(C)=0$	(2) $d(x^{\alpha})=\alpha x^{\alpha-1}dx$
(3) $d(a^x)=a^x\ln a dx(a>0, a\neq 1)$	(4) $d(e^x)=e^x dx$
(5) $d(\log_a x)=\dfrac{1}{x\ln a}dx(a>0, a\neq 1)$	(6) $d(\ln x)=\dfrac{1}{x}dx$

（续表）

(7) $d(\sin x)=\cos x dx$	(8) $d(\cos x)=-\sin x dx$
(9) $d(\tan x)=\sec^2 x dx$	(10) $d(\cot x)'=-\csc^2 x dx$
(11) $d(\sec x)=\sec x\tan x dx$	(12) $d(\csc x)=-\csc x\cot x dx$
(13) $d(\arcsin x)=\frac{1}{\sqrt{1-x^2}}dx$	(14) $d(\arccos x)=-\frac{1}{\sqrt{1-x^2}}dx$
(15) $d(\arctan x)=\frac{1}{1+x^2}dx$	(16) $d(\operatorname{arccot} x)=-\frac{1}{1+x^2}dx$

2. 函数和、差、积、商的微分法则

设 u，v 都是 x 的函数，C 是常数，则有

(1) $d[u\pm v]=du\pm dv$；

(2) $d(uv)=vdu+udv$；

(3) $d(Cu)=Cdu$；

(4) $d\left(\frac{u}{v}\right)=\frac{vdu-udv}{v^2}$.

例 1 求 $y=\sin(2x+1)$ 的微分 dy.

解法 1 $dy=[\sin(2x+1)]'dx=2\cos(2x+1)dx$.

解法 2 $dy=d[\sin(2x+1)]=\cos(2x+1)d(2x+1)=2\cos(2x+1)dx$.

由例 1 可以看出，对函数进行微分运算时，既可以根据微分的定义，先求导，再乘以自变量的微分，也可以利用微分的基本公式和运算法则进行，请同学们注意两种方法的区别.

例 2 求函数的微分 dy.

(1) $y=\operatorname{arccot} e^x$；　　(2) $y=\ln\sin\frac{x}{4}$；

(3) $y=\sec x\cdot\tan x^2$；　　(4) $y=10^x+x^{10}+x^x$.

解 利用微分的定义先求导，则

(1) $y'=-\frac{1}{1+e^{2x}}e^x$，所以 $dy=-\frac{e^x}{1+e^{2x}}dx$.

(2) $y'=\frac{1}{\sin\frac{x}{4}}\cdot\cos\frac{x}{4}\cdot\frac{1}{4}=\frac{1}{4}\cot\frac{x}{4}$，所以 $dy=\frac{1}{4}\cot\frac{x}{4}dx$.

利用微分的基本公式化和运算法则求微分，则

$$
\begin{aligned}
(3)\ dy&=d(\sec x\cdot\tan x^2)\\
&=\tan x^2 d(\sec x)+\sec x d(\tan x^2)\\
&=\tan x^2\cdot\sec x\tan x dx+\sec x\cdot(\sec x^2)^2 d(x^2)\\
&=\tan x^2\cdot\sec x\tan x dx+\sec x\cdot(\sec x^2)^2\cdot 2x dx\\
&=\sec x[\tan x\tan x^2+2x(\sec x^2)^2]dx.
\end{aligned}
$$

(4) $dy=d(10^x+x^{10}+x^x)=d(10^x)+d(x^{10})+d(x^x)$.

由 3.5 节例 3 知，$(x^x)'=x^x(\ln x+1)$，因而得

$$dy=[10^x\ln 10+10x^9+x^x(\ln x+1)]dx.$$

由微分的定义，我们知道，函数 $y=f(u)$ 的微分是 $dy=f'(u)dx$，即函数的微分等于函

数的导数乘以自变量的微分. 若有复合函数 $y=f[\varphi(x)]$, 即 $y=f(u)$, $u=\varphi(x)$, 则根据微分的定义和复合函数的求导法则,该复合函数的微分为

$$dy=f'[\varphi(x)]dx=f'(u)\varphi'(x)dx.$$

而 $\varphi'(x)dx=du$, 故上式又可写成 $dy=f'(u)du$, 这个结果在形式上与前面的函数 $y=f(u)$ 的微分是一样的. 这就表明,无论 u 是中间变量还是自变量,函数 $y=f(u)$ 的微分总保持同一形式,即表现为 $f'(u)$ 与 du 的乘积. 这一性质叫做微分形式的不变性.

因此,在求复合函数的微分时,既可以根据微分的定义,先利用复合函数的求导法则求出复合函数的导数,然后再乘以自变量的微分,也可以利用微分形式的不变性,直接进行运算.

例 3 求由方程 $e^{xy}=a^xb^y$ 所确定的隐函数 y 的导数 $\frac{dy}{dx}$.

解 对方程两边微分,得

$$d(e^{xy})=d(a^xb^y),$$

$$e^{xy}d(xy)=b^yd(a^x)+a^xd(b^y),$$

$$e^{xy}(ydx+xdy)=b^ya^x(\ln a)dx+a^xb^y(\ln b)dy.$$

因为 $e^{xy}=a^xb^y$, 所以两边约分,得

$$ydx+xdy=(\ln a)dx+(\ln b)dy,$$

移项合并,得

$$(x-\ln b)dy=(\ln a-y)dx,$$

于是所求导数为

$$\frac{dy}{dx}=\frac{\ln a-y}{x-\ln b}.$$

从以上例题可以看出,求导数与求微分的方法在本质上没有什么区别,通常把它们统称为微分法.

习 题 3.7

将下列复合函数分解并求其导数.

(1) $y=\sqrt[3]{1+4x}$;　　(2) $y=(2x^3+5)^4$;

(3) $y=\tan \pi x$;　　(4) $y=\sin(\cot x)$;

(5) $y=e^{\sqrt{x}}$;　　(6) $y=\sqrt{2-e^x}$.

3.8 数学实验

3.8.1 求导数的 Matlab 命令

diff(f)	对符号表达式 f 中的默认变量求导数
diff(f, n)	对符号表达式 f 中的默认变量求 n 阶导数
diff(f,'x')	将 x 当作变量,对符号表达式 f 求导数
diff(f,'x',n)	将 x 当作变量,对符号表达式 f 求 n 阶导数

3.8.2 利用 Matlab 软件求导数

例 1 求 $y=x^{\sin x}$ 的导数.

解 在 Matlab 的命令窗口输入如下命令序列：

```
syms  x
diff(x^sin(x))
```

运行结果：

```
ans = x^sin(x) * (cos(x) * log(x) + sin(x) /x)
```

进一步,可以用 pretty 命令来整理一下显示结果,使之更符合一般的书写格式.

在 Matlab 的命令窗口输入如下命令序列：

```
pretty(ans)
```

运行结果：

$$x^{\sin x}\left[\cos(x)\log(x)+\frac{\sin x}{x}\right]$$

例 2 求 $y=e^{ax}$ 的 3 阶和 30 阶导数.

解 在 Matlab 的命令窗口输入如下命令序列：

```
syms a x
diff(exp(a * x), x, 3)
```

运行结果：

```
ans =  a^3 * exp(a * x)
```

在 Matlab 的命令窗口输入如下命令序列：

```
syms  a  x
diff(exp(a * x), x, 30)
```

运行结果：

```
ans = a^30 * exp(a * x)
```

例 3 函数 y 由参数方程 $\begin{cases}x=\sqrt{1+t^2},\\ y=\arctan t\end{cases}$ 确定,求 $\dfrac{dy}{dx}$.

解 在 Matlab 的命令窗口输入如下命令序列：

```
syms  t
x = sqrt(1 + t^2)
y = atan(t)
pretty(diffy) /deff(x))
```

运行结果：

$$\text{ans}=\frac{1}{(1+t^2)^{1/2}t}$$

阅读材料三

我国著名数学家陈景润——“1+2”的选择

在20世纪那个充满狂热的年代，运动迭起，学术废弛、文化荒芜，知识追求被人遗忘. 就在动荡的1973年春天，北京传出了一个惊人的消息：有人取得了一项世界领先的数学研究成果. 这个消息激起了人们心底潜藏已久的知识渴求. 直到1978年，一个新的时代开启之时，一篇名为《哥德巴赫猜想》的报告文学被各大媒体转载，陈景润和他的哥德巴赫猜想，成为百废待兴的科学界的一朵奇葩，在国际数学界引起了强烈“地震”，同时陈景润这个名字也响遍中国，激励人们走向科学和知识的春天.

陈景润，1933年5月生于福建福州，1953年毕业于厦门大学数学系. 1953—1954年在北京四中任教，因口齿不清，被拒绝上讲台授课，只可批改作业. 后被“停职回乡养病”，调回厦门大学任资料员，同时研究数论，对组合数学与现代经济管理、科学实验、尖端技术、人类生活的密切关系等问题也作了研究. 由于他对数论中一系列问题的出色研究，受到华罗庚的重视，被调到中国科学院数学研究所工作. 华罗庚对陈景润有知遇之恩，陈景润视华罗庚更是“一日为师，终生为父”. 师生之间的隆情厚谊在数学界传为美谈.

哥德巴赫猜想是德国数学家哥德巴赫提出的“任何一个大于2的偶数均可表示为两个素数之和”，简称“1+1”. 在这一猜想提出后的200多年中，各国数学家殚精竭虑，但始终没人能够证明，使之成为世界数学界一大悬案.

陈景润早在高中时代，就听老师极富哲理地讲：自然科学的皇后是数学，数学的皇冠是数论，“哥德巴赫猜想”则是皇冠上的明珠. 这一至关重要的启迪之言，成了他一生为之呕心沥血、始终不渝的奋斗目标.

为了证明“哥德巴赫猜想”，摘取这颗世界瞩目的数学明珠，陈景润以惊人的毅力，在数学领域里艰苦卓绝地跋涉. 为了能直接阅读外国资料，掌握最新信息，在继续学习英语的同时，又攻读了俄语、德语、法语、日语、意大利语和西班牙语. 学习这些外语对一个数学家来说已是一个惊人突破，但对陈景润来说只是万里长征迈出的第一步. 为了使自己梦想成真，陈景润不管是酷暑还是严冬，在那不足6平方米的斗室里，食不知味，夜不能眠，潜心钻研，光是计算的稿纸就足足装了几麻袋. 他被称为“痴人”和“怪人”. 1965年5月，他发表了论文《大偶数表示一个素数及一个不超过2个素数的乘积之和》，受到世界数学界和著名数学家的高度重视和称赞. 1973年，陈景润终于找到了一条简明的证明“哥德巴赫猜想”的道路，当《中国科学》杂志全文发表后，立刻轰动世界，他的证明将哥德巴赫猜想推进到了“1+2”，距顶点“1+1”仅有一步之遥. 他的“1+2”被命名为“陈氏定理”，同时被誉为筛法的“光辉的顶点”，是国内外公认的哥德巴赫猜想研究的重要里程碑，有人说，他挑战了解析数论领域250年智力极限的总和，迄今无人能及.

1978 年全国科学大会的召开，迎来了“科学的春天”，一个尊重知识的新时代到来了. 陈景润成为会上最大的亮点，也成为后来青年人的偶像，激励了整整一代人.

此外，陈景润还在组合数学与现代经济管理、尖端技术和人类密切关系等方面进行了深入的研究和探讨. 他先后在国内外报刊上发表了科学论文 70 余篇，并有《数学趣味谈》、《组合数学》等著作，曾获国家自然科学奖一等奖、何梁何利基金奖、华罗庚数学奖等多项奖励. 1980 年他当选中科院物理学数学部委员(现在的院士)，任第四、五、六届全国人民代表大会代表.

世界级的数学大师、美国学者阿·威尔曾这样称赞他：“陈景润的每一项工作，都好像是在喜马拉雅山山巅上行走.”

邓小平曾经这样意味深长地告诉人们：“像陈景润这样的科学家，中国有一千个就了不得.”

陈景润在国内外都享有很高的声誉，然而他毫不自满，他说：“在科学的道路上我只是翻过了一个小山包，真正高峰还没有攀上去，还要继续努力.”

1996 年 3 月，陈景润因病住院，经抢救无效逝世，享年 63 岁. 陈景润去世 8 年后，他在加拿大读大学的儿子陈由伟，从商科转入数学专业攻读. 他说，自己要圆父亲的一个梦. 2009 年 9 月，陈景润被评为 100 位新中国成立以来感动中国人物之一.

一个执著于猜想的民族，一切终将梦想成真.

综合练习三

1. 求曲线 $y=\ln x+1$ 上点 $(1,1)$ 处的切线方程.

2. 求下列函数的导数.

(1) $f(x)=\sqrt{x}+\sin x-3x$;　　(2) $f(x)=\dfrac{2-\ln x}{2+\ln x}$;

(3) $f(x)=\mathrm{e}^{\sqrt{x}}\sin x$;　　(4) $f(x)=\arcsin(x^2-3x)$;

(5) $f(x)=\ln(x+\sqrt{1+x^2})$;　　(6) $f(x)=\ln(\csc x-\cot x)$;

(7) $f(x)=\ln\tan 3x$;　　(8) $f(x)=\mathrm{e}^{\arctan\sqrt{x}}$;

(9) $y=\ln\sin^2\left(\dfrac{1}{x}\right)$;　　(10) $f(x)=\ln(\sin x-3x)$;

(11) $f(x)=\sqrt{x+\sqrt{x}}$;　　(12) $f(x)=(\sin x^3)^2$;

(13) $f(x)=\sin[\sin(\sin x)]$;　　(14) $f(x)=\ln[\ln(\ln x)]$;

(15) $f(x)=\arcsin\dfrac{1}{x}$;　　(16) $f(x)=[\cot 3x+\tan 3x]^2$;

(17) $f(x)=\mathrm{e}^{-x+\sin 2x}$;　　(18) $y=\dfrac{\mathrm{e}^{2x}+\mathrm{e}^{-2x}}{2}$;

(19) $f(x)=\dfrac{\mathrm{e}^{\sqrt{x}}-\sin x}{\cos\mathrm{e}^{x}}$;　　(20) $f(x)=\arcsin 2(x-\sqrt{3x})$.

3. 已知 $f'(3)=2$，求：

(1) $\lim\limits_{h\to0}\dfrac{f(3-h)-f(3)}{2h}$;　　(2) $\lim\limits_{h\to0}\dfrac{f(3+h)-f(3-h)}{2h}$.

4. 求下列方程所确定的隐函数 $y=f(x)$ 的导数.

(1) $y^3=2xy+e^{-x}$； (2) $y^3=2+ye^{-x}$；

(3) $y^3-5=2xy+e^{-x+y}$； (4) $y^3=x^3+3xy$；

(5) $y^2-e^{x+y}=2xy+e^{-x}$； (6) $y=2\sin xy+ye^{-x}$；

(7) $y^3-5\sin^2 x=2x^2y+e^{-2x+y}$； (8) $\sin(x+y)-\ln y=x^3+3xy$.

5. 求下列函数的导数.

(1) $y=x^{2x}(x>0)$； (2) $y=x^{\sin 2x}(x>0)$；

(3) $y=x^{2\sin x}(x>0)$； (4) $y=\sqrt[7]{\dfrac{(1+x)^2(2+x)^3}{(3+x)^4(4+x)^5}}$；

(5) $y=\sqrt[7]{\dfrac{(1+\sin x)^2(2+\sin x)^3}{(3+\sin x)^4(4+\sin x)^5}}$.

6. 求由下列参数方程所确定的函数 $y=f(x)$ 的导数.

(1) $\begin{cases}x=t-\sin t,\\ y=t^2-\sin 2t\end{cases}$ (t 为参数)； (2) $\begin{cases}x=t+\sin t,\\ y=t^2+2t\sin 2t\end{cases}$ (t 为参数)；

(3) $\begin{cases}x=e^t-\sin t,\\ y=t^2-e^{\sin 2t}\end{cases}$ (t 为参数)； (4) $\begin{cases}x=t-e^{\sin t},\\ y=t^2-e^{\sin 2t}\end{cases}$ (t 为参数)；

(5) $\begin{cases}x=2t-\cos t,\\ y=t^2-\ln 2t\end{cases}$ (t 为参数).

7. 设 $f(x)=\sin x\sin 3x\sin 5x$，求 $f'(x)$.

8. 设 $f(x)=\sin x(\sin x-1)(\sin x-2)(\sin x-3)(\sin x-4)(\sin x-5)$，求 $f'(0)$.

9. 求下列函数的二阶导数.

(1) $y=\dfrac{e^x}{x}$； (2) $y=\cos^2 x\ln x$；

(3) $y=\dfrac{x\ln x}{x}$； (4) $y=\dfrac{1}{x^3+2}$.

10. 求下列函数的 n 阶导数.

(1) $y=\sin 3x$； (2) $y=e^{3x}$； (3) $y=\dfrac{1}{x}$； (4) $y=\dfrac{1}{x+1}$.

11. 如果 $y=x^3\sin 2x$，求 $y^{(20)}$.

12. 求下列函数微分.

(1) $f(x)=x\ln(x-\sqrt{1+x^2})$； (2) $f(x)=x\ln 2(\csc x-\cot x)$；

(3) $f(x)=\ln 3\tan x+\arctan e^x$； (4) $f(x)=e^{x\arctan 2\sqrt{x}}$；

(5) $y=x\sin 2x\ln\sin^2\left(\dfrac{1}{x}\right)$； (6) $f(x)=\dfrac{\ln 2(\sin x-3x)}{e^x}$；

(7) $f(x)=\dfrac{\sqrt{x+\sqrt{x}}}{\sin 2x}$； (8) $f(x)=(\sin x+2\ln\cos x-x)^2$.

第 4 章 导数与微分的应用

生活中经常遇到求利润最大、用料最省、效率最高等问题，这些问题通常称为优化问题.

例如，小汽车的汽油消耗量 w(单位:L)与小汽车的速度 v(单位:km/L)之间有着一定的函数关系. 微积分通过分析讨论这种函数关系可以顺利解决下列问题：在速度取多少时，小汽车所消耗汽油的使用效率最高.

优化问题在生活中普遍存在，医生希望在治愈疾病的前提之下寻找药物的最小剂量；生产者在不扩大生产的前提下追求最大利润或最小成本；等等.

解决问题的关键是函数关系. 微积分处理此类问题时，首先的构建函数关系，然后利用导数讨论并分析函数的稳定点，最后利用函数的导数进一步讨论稳定点附近的函数性质得出问题的最优解.

学 习 要 点

- 了解罗尔中值定理和拉格朗日中值定理.
- 理解并掌握洛必达法则，能熟练利用洛必达法则计算极限.
- 理解极值与最值，能利用导数计算函数的极值与最值.
- 理解函数的凹与凸，能利用导数判定函数的凹与凸，能作出函数图形.
- 理解微分在近似计算中作用，会进行近似计算.
- 了解曲率的意义，会求函数的曲率.
- 知道 Matlab 软件最值和作图的命令，能利用 Matlab 软件求函数最值和作图.

微分是个伟大的概念，它不但是分析学而且也是人类认识活动中最具创意的概念，没有它，就没有速度或加速度或动量，也没有密度或电荷或任何其他密度，没有位势函数的梯度，从而没有物理学中的位势概念，没有波动方程，没有力学，没有物理，没有科技，什么都没有.

——博赫纳

博赫纳(S. Bochner，1899—1982)
美国数学家

4.1 中值定理

中值定理是讨论和研究导数与微分应用的理论基础.在本章的学习中,我们将介绍罗尔(Rolle)定理和拉格朗日(Lagrange)中值定理.

米歇尔·罗尔(Michel Rolle,法国数学家,1652—1719)

4.1.1 罗尔定理

如果函数 $f(x)$ 满足:

(1) $f(x)$ 在闭区间 $[a, b]$ 连续;

(2) $f(x)$ 在开区间 (a, b) 可导;

(3) $f(a) = f(b)$,

那么在开区间 (a, b) 内存必在一点 ξ, 使得 $f'(\xi) = 0$.

罗尔定理的几何意义就是:如果在点 $(a, f(a))$ 和点 $(b, f(b))$ (满足 $f(b) = f(a)$) 存在一条连绵不断的而且是光滑的函数曲线,那么在曲线某一点处必定有平行于 x 轴的切线(图 4-1).

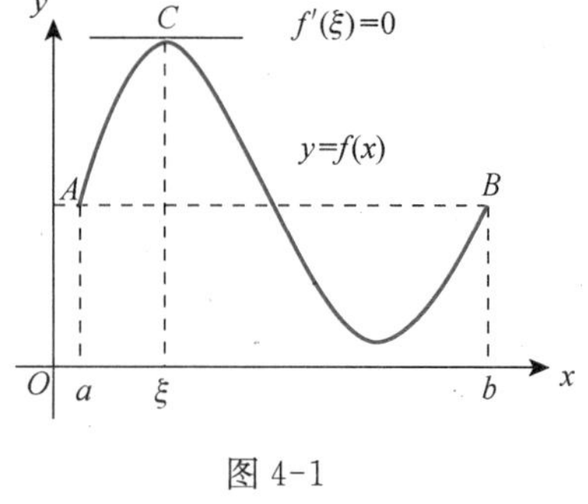

图 4-1

例如,函数 $f(x) = \sin x$ 满足:

(1) $f(x)$ 在闭区间 $[0, \pi]$ 连续;

(2) $f(x)$ 在开区间 $(0, \pi)$ 可导;

(3) $f(0) = f(\pi) = 0$,

那么,开区间 $(0, \pi)$ 内存在一点 $\xi = \frac{\pi}{2}$, 使得 $f'\left(\frac{\pi}{2}\right) = 0$.

例 1 如果方程 $x^3 + ax^2 + bx = 0$ 有正根 x_0, 证明方程 $3x^2 + 2ax + b = 0$ 必在 $(0, x_0)$ 内有根.

证明 令 $f(x) = x^3 + ax^2 + bx$,则 $f(x)$ 在 $[0, x_0]$ 上连续, $f'(x) = 3x^2 + 2ax + b$ 在 $(0, x_0)$ 内存在,且 $f(0) = f(x_0) = 0$, 根据罗尔定理,在 $(0, x_0)$ 内至少存在一点 ξ,使

$$f'(\xi) = 3\xi^2 + 2a\xi + b = 0,$$

即 ξ 为方程 $3x^2 + 2ax + b = 0$ 的根.

适当降低罗尔定理的条件,就可以引出重要的定理——拉格朗日中值定理.约瑟夫·拉格朗日(Joseph-Louis Lagrange, 1736—1813),法国著名数学家、物理学家.他在数学、力学和天文学三个学科领域中都有过历史性的贡献,其中尤以数学方面的成就最为突出.18 世纪后期到 19 世纪初法国数学界的三位数学大师——拉格朗日、拉普拉斯(Laplace)和勒让德(Legendre).因为他们姓氏的第一个字母均为“L”,而且他们又是生活在同一时代,所以他们被数学界称为“三 L”.

4.1.2 拉格朗日中值定理

如果函数 $f(x)$ 满足：

(1) $f(x)$ 在闭区间 $[a, b]$ 连续；

(2) 在开区间 (a, b) 可导，

那么开区间 (a, b) 内存在一点 ξ，使得 $f'(\xi)=\dfrac{f(b)-f(a)}{b-a}$.

拉格朗日中值定理的几何意义就是：如果在点 $(a, f(a))$ 和点 $(b, f(b))$ 存在一条连绵不断的而且是光滑的函数曲线，那么在曲线某一点处必定有切线平行于点 $(a, f(a))$ 和点 $(b, f(b))$ 的连线(图 4-2).

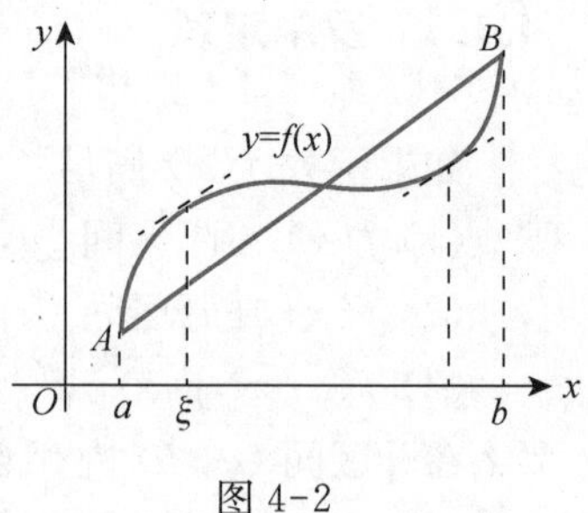

图 4-2

例如，函数 $f(x)=x^3-x^2+x$ 满足：

(1) 在闭区间 $[0, 1]$ 连续；

(2) 在开区间 $(0, 1)$ 可导，

那么开区间 $(0, 1)$ 内存在一点 $\xi=\dfrac{2}{3}$，使得 $f'\left(\dfrac{2}{3}\right)=1$.

4.1.3 拉格朗日中值定理的应用

推论 1 如果函数 $f(x)$ 满足：

(1) 在闭区间 $[a, b]$ 连续；

(2) 在开区间 (a, b) 可导；

(3) $x\in[a, b]$，$x+\Delta x\in[a, b]$，

那么 $\Delta y=f'(x+\theta\Delta x)\Delta x$. 其中 θ 满足 $0<\theta<1$.

推论 2 如果函数 $f(x)$ 在区间 I 上满足 $f'(x)=0$，那么函数 $f(x)$ 在区间 I 上满足 $f(x)=C$.

例 2 如果 $x>0$，那么 $x>\ln(1+x)>\dfrac{x}{1+x}$. 证明之.

证明 设 $f(x)=\ln(1+x)$，那么 $f(x)$ 满足：

(1) 在闭区间 $[0, x]$ 连续；

(2) 在开区间 $(0, x)$ 可导，

根据拉格朗日中值定理，应该有 $(0, x)$ 内存在一点 ξ，使得 $f'(\xi)=\dfrac{f(x)-f(0)}{x-0}$.

所以 $xf'(\xi)=\ln(1+x)$，即 $\dfrac{x}{1+\xi}=\ln(1+x)$.

另一方面，易得 $x>\dfrac{x}{1+\xi}>\dfrac{x}{1+x}$，所以 $x>\ln(1+x)>\dfrac{x}{1+x}$.

习 题 4.1

1. 对函数 $y=\cos x$ 在区间 $[0, 2\pi]$ 上验证罗尔定理.

2. 不求导数，判断 $y=(x-1)(x-2)(x-3)$ 导数零点的个数以及零点的所在区间.
3. 对函数 $y=x^3+3x$ 在区间 $[0,1]$ 上验证拉格朗日中值定理.
4. 证明 $\arctan x+\operatorname{arccot} x=\dfrac{\pi}{2}$.

4.2 洛必达法则

在极限内容的学习中，我们曾遇到如 $\lim\limits_{x\to 1}\dfrac{x^2-1}{x-1}$ 和 $\lim\limits_{x\to\infty}\dfrac{x+1}{2x-1}$ 这样的极限，前者当 $x\to 1$ 时，函数分子和分母都趋近于零，后者当 $x\to\infty$ 时，函数分子分母都趋向于无穷大.

如果当 $x\to\infty$（或 $x\to x_0$）时，函数 $f(x)$ 与 $g(x)$ 都趋近于零，或都趋近于无穷大，则 $\lim\limits_{x\to\infty}\dfrac{f(x)}{g(x)}\left(\text{或}\lim\limits_{x\to x_0}\dfrac{f(x)}{g(x)}\right)$ 可能存在，也可能不存在. 我们通常把这种极限叫做未定式，分别简称为"$\dfrac{0}{0}$"型或"$\dfrac{\infty}{\infty}$"型. 例如，$\lim\limits_{x\to+\infty}\dfrac{\ln x}{x}$，$\lim\limits_{x\to 0}\dfrac{\sin x}{x}$ 都是未定式. 对于这种极限，我们可以利用导数来解决，这就是"洛必达法则".

17 世纪法国贵族数学家洛必达①，利用拉格朗日中值定理给出了未定式的极限计算方法. 这种方法也叫做洛必达法则(Rolle's rule).

洛必达法则一 如果当 $x\to x_0$ 时，函数 $f(x)$ 与 $g(x)$ 满足：

(1) $\lim\limits_{x\to x_0}f(x)=\lim\limits_{x\to x_0}g(x)=0$；

(2) $f(x)$ 和 $g(x)$ 都可导(点 x_0 可以除外)，且 $g'(x)\neq 0$；

(3) $\lim\limits_{x\to x_0}\dfrac{f'(x)}{g'(x)}$ 存在(或为无穷大)，

则有

$$\lim_{x\to x_0}\frac{f(x)}{g(x)}=\lim_{x\to x_0}\frac{f'(x)}{g'(x)}.$$

注意 这个法则对于 $x\to\infty$ 时"$\dfrac{0}{0}$"型未定式也同样适用.

例 1 利用洛必达法则求下列极限.

(1) $\lim\limits_{x\to 0}\dfrac{x^2}{1-\cos x}$； (2) $\lim\limits_{x\to 1}\dfrac{x^{200}-1}{x^{500}-1}$； (3) $\lim\limits_{x\to 0}\dfrac{1-\cos 6x}{1-\cos 3x}$.

解 (1) 原式 $=\lim\limits_{x\to 0}\dfrac{(x^2)'}{(1-\cos x)'}=\lim\limits_{x\to 0}\dfrac{2x}{\sin x}=2$.

(2) 原式 $=\lim\limits_{x\to 1}\dfrac{(x^{200}-1)'}{(x^{500}-1)'}=\lim\limits_{x\to 1}\dfrac{200x^{199}}{500x^{499}}=\dfrac{2}{5}$.

(3) 原式 $=\lim\limits_{x\to 0}\dfrac{(1-\cos 6x)'}{(1-\cos 3x)'}=\lim\limits_{x\to 0}\dfrac{6\sin 6x}{3\sin 3x}$

$$=2\lim_{x\to 0}\frac{\sin 6x}{\sin 3x}=2\lim_{x\to 0}\frac{6\cos 6x}{3\cos 3x}=4.$$

---

① 洛必达(L'Hospital, 1661—1704)，法国数学家，著名数学家约翰·伯努利(John Bernoulli)的学生.

注 1　洛必达法则可以多次使用.

例 2　计算 $\lim\limits_{x\to 1}\dfrac{x^5-3x+2}{x^5-x^4+x^3-x^2+x-1}$.

解　原式 $=\lim\limits_{x\to 1}\dfrac{(x^5-3x+2)'}{(x^5-x^4+x^3-x^2+x-1)'}$

$$=\lim_{x\to 1}\frac{5x^4-3}{5x^4-4x^3+3x^2-2x+1}=\frac{2}{3}.$$

注 2　上面在计算 $\lim\limits_{x\to 1}\dfrac{5x^4-3}{5x^4-4x^3+3x^2-2x+1}$ 时没有使用洛必达法则，因为该极限不是“$\dfrac{0}{0}$”型. 使用洛必达法则求在 $x\to a$ 时的未定式“$\dfrac{0}{0}$”的确是方便快捷，而且洛必达法则也可以求在 $x\to a$ 时的未定式“$\dfrac{\infty}{\infty}$”，进一步地，洛必达法则也可以求在 $x\to\infty$ 时的未定式“$\dfrac{\infty}{\infty}$”和“$\dfrac{0}{0}$”. 比如求在 $x\to\infty$ 时的未定式“$\dfrac{0}{0}$”有下面的定理：

洛必达法则二　如果当 $x\to x_0$ 时，函数 $f(x)$ 与 $g(x)$ 满足：

(1) $\lim\limits_{x\to x_0}f(x)=\lim\limits_{x\to x_0}g(x)=\infty$；

(2) $f(x)$ 和 $g(x)$ 都可导(点 x_0 可以除外)，且 $g'(x)\neq 0$；

(3) $\lim\limits_{x\to x_0}\dfrac{f'(x)}{g'(x)}$ 存在(或为无穷大)，

则有

$$\lim_{x\to x_0}\frac{f(x)}{g(x)}=\lim_{x\to x_0}\frac{f'(x)}{g'(x)}.$$

注意　这个法则对于 $x\to\infty$ 时 $\dfrac{\infty}{\infty}$ 型未定式也同样适用.

例 3　利用洛必达法则求下列极限.

(1) $\lim\limits_{x\to-\infty}\dfrac{\frac{1}{x}}{\arctan x+\frac{\pi}{2}}$；　　　　(2) $\lim\limits_{x\to\infty}\dfrac{x^3}{e^x}$.

解　(1) 原式 $=\lim\limits_{x\to-\infty}\dfrac{\left(\frac{1}{x}\right)'}{\left(\arctan x+\frac{\pi}{2}\right)'}=\lim\limits_{x\to-\infty}\dfrac{-\frac{1}{x^2}}{\frac{1}{1+x^2}}=-\lim\limits_{x\to-\infty}\dfrac{1+x^2}{x^2}=-1.$

(2) 原式 $=\lim\limits_{x\to\infty}\dfrac{(x^3)'}{(e^x)'}=\lim\limits_{x\to\infty}\dfrac{3x^2}{e^x}=\lim\limits_{x\to\infty}\dfrac{(3x^2)'}{(e^x)'}=\lim\limits_{x\to\infty}\dfrac{6x}{e^x}$

$$=\lim_{x\to\infty}\frac{(6x)'}{(e^x)'}=\lim_{x\to\infty}\frac{6}{e^x}=0.$$

例 4　计算 $\lim\limits_{x\to+0}x^2\ln 2x$.

解　原式 $=\lim\limits_{x\to+0}\dfrac{\ln 2x}{\frac{1}{x^2}}=\lim\limits_{x\to+0}\dfrac{(\ln 2x)'}{\left(\frac{1}{x^2}\right)'}=\lim\limits_{x\to+0}\dfrac{\frac{1}{x}}{\frac{-2}{x^3}}=0.$

注 3　“$0\times\infty$”也是一种未定式，该未定式在使用洛必达法则计算极限时，应该先将未定式转化为未定式“$\frac{0}{0}$”或者未定式“$\frac{\infty}{\infty}$”.

习　题　4.2

用洛必达法则计算下列极限.

(1) $\lim\limits_{x\to+0}\frac{\ln(1+2x)}{3x}$;　　(2) $\lim\limits_{x\to+0}\frac{e^{2x}-1}{3x}$;

(3) $\lim\limits_{x\to\frac{\pi}{3}}\frac{\sin x-\sin\frac{\pi}{3}}{\frac{\pi}{3}-x}$;　　(4) $\lim\limits_{x\to+0}\frac{e^{x}-e^{-x}}{\sin 2x}$;

(5) $\lim\limits_{x\to+0}\frac{\ln\tan 2x}{\ln\tan 3x}$;　　(6) $\lim\limits_{x\to 2}\frac{x^4-16}{x^3-8}$;

(7) $\lim\limits_{x\to+\infty}\frac{\frac{1}{x}}{\arctan x-\frac{\pi}{2}}$;　　(8) $\lim\limits_{x\to+0}x^3\ln x$.

4.3　单调性、极值与最值

4.3.1　函数单调性的判定

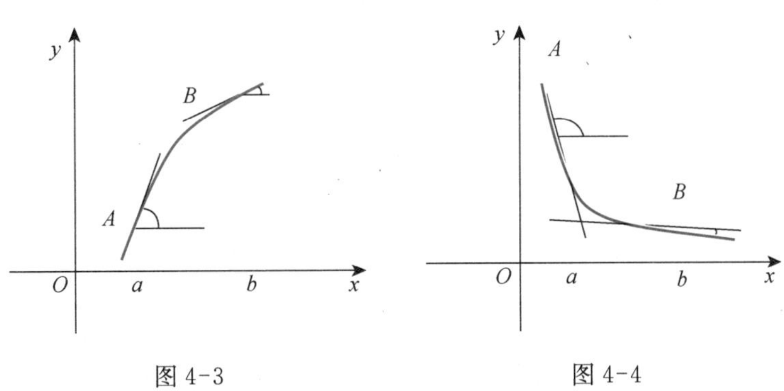

图 4-3　　　　图 4-4

由图 4-3 可以看出，当函数 $y=f(x)$ 在区间 $[a, b]$ 上单调增加时，曲线上各点切线的倾斜角都是锐角，有 $f'(x)>0$．在图 4-4 中，当函数 $y=f(x)$ 在区间 $[a, b]$ 上单调减小时，曲线上各点切线的倾斜角都是钝角，有 $f'(x)<0$. 这说明，函数的单调性与导数的符号有关，因此，我们有：

设函数 $y=f(x)$ 在区间 $[a, b]$ 上连续，在 (a, b) 内可导，若

(1) 在 (a, b) 内 $f'(x)>0$，则函数 $y=f(x)$ 在区间 $[a, b]$ 上单调增加；

(2) 在 (a, b) 内 $f'(x)<0$，则函数 $y=f(x)$ 在区间 $[a, b]$ 上单调减小.

上述中的闭区间改为开区间或无限区间，结论同样成立. 此外，有的函数虽然在个别点处的导数为零，但不影响它在整个区间上的单调性. 例如，函数 $y=x^3$ 在点 $x=0$ 的导数为 $(x^3)'|_{x=0}=3x^2|_{x=0}=0$，但该函数在 $(-\infty, +\infty)$ 内是单调增加的.

例 1　判定函数 $f(x)=e^x-x-1$ 的单调性.

解　函数 $f(x)=\mathrm{e}^x-x-1$ 的定义域为 $(-\infty,+\infty)$，有

$$f'(x)=\mathrm{e}^x-1.$$

令 $f'(x)=0$，即 $\mathrm{e}^x-1=0$，求得 $x=0$.

x	$(-\infty,0)$	0	$(0,+\infty)$
y'	$-$	0	$+$
y	↘		↗

由上表可知，函数 $f(x)=\mathrm{e}^x-x-1$ 在 $(-\infty,0]$ 内单调减小，在 $(0,+\infty)$ 内单调增加.

值得注意的是，使导数为零的点和使导数不存在的点都可能是函数增减区间的分界点. 例如，函数 $y=\sqrt{x^2}$ 在点 $x=0$ 连续不可导，但在区间 $(-\infty,0)$ 内单调减少，在区间 $(0,+\infty)$ 内单调增加，点 $x=0$ 就是函数增减区间的分界点.

4.3.2　函数的极值

如果函数 $y=f(x)$ 在 $x=x_0$ 附近的函数值都大于 $f(x_0)$，则称点 $x=x_0$ 是极小点，函数值 $f(x_0)$ 为极小值. 如果函数 $y=f(x)$ 在 $x=x_0$ 附近的函数值都小于 $f(x_0)$，则称点 $x=x_0$ 为极大点，函数值 $f(x_0)$ 为极大值.

函数的极大点与极小点统称为极值点，函数的极大值与极小值统称为极值.

对于极值与极值点，有以下结论：

1. 极值的必要条件

如果函数 $y=f(x)$ 在点 $x=x_0$ 可导且取得极值，则函数 $y=f(x)$ 在点 $x=x_0$ 处的导数为零，即 $f'(x_0)=0$.

使导数为零的点叫做函数的驻点. 因此，可导函数的极值点必定是它的驻点，而函数的驻点却不一定是它的极值点. 例如，$x=0$ 是函数 $f(x)=x^3$ 的驻点，但不是它的极值点.

应该说，极值点存在于驻点当中，判断一个驻点是不是极值点，那就要看函数在该点的函数值比函数在该点附近的函数值是大还是小，为此，又有下面的结论：

2. 极值的充分条件

设函数 $f(x)$ 在点 x_0 及其附近可导，且 $f'(x_0)=0$，如果

(1) 当 x 取 x_0 左侧附近的值时，$f'(x)$ 恒为正；当 x 取 x_0 右侧附近的值时，$f'(x)$ 恒为负，那么函数 $f(x)$ 在点 x_0 取得极大值.

(2) 当 x 取 x_0 左侧附近的值时，$f'(x)$ 恒为负；当 x 取 x_0 右侧附近的值时，$f'(x)$ 恒为正，那么函数 $f(x)$ 在点 x_0 取得极小值.

函数的极值与函数的最值有什么区别？

我们知道，如果函数 $y=f(x)$ 在闭区间 $[a,b]$ 上连续，那么函数 $y=f(x)$ 在闭区间 $[a,b]$ 上一定有最大值与最小值，最大值与最小值习惯上简称为最值. 最值是整个范围内的概念，极值则是局部概念；最值既可以在区间内部取得，也可以取在区间的端点，而极值则只能取在区间的内部；当最值取在区间内部时，它一定是极值，而极值则未必是最值.

求函数 $f(x)$ 极值点和极值的步骤如下：

(1) 确定函数的定义域；

(2) 求函数的不可导点与驻点；

(3) 用不可导点与驻点将定义域分成若干个开区间；

(4) 判别导数 $f'(x)$ 在每一个开区间上的符号，据此确定函数的增与减；

(5) 根据函数在每一个开区间上的增与减的情况，判定不可导点与驻点是否是极值点.

例 2 讨论下列函数的单调区间与极值.

(1) $y = f(x) = x^3 - 3x$； (2) $f(x) = 2x^3 - 9x^2 + 12x - 3$； (3) $f(x) = \dfrac{1}{1+x^2}$.

解 (1) $y = f(x) = x^3 - 3x$ 的定义域是 $(-\infty, +\infty)$，有

$$y' = 3x^2 - 3.$$

令 $y' = 0$，解得 $x_1 = -1$，$x_2 = 1$. 列表如下：

x	$(-\infty, -1)$	-1	$(-1, 1)$	1	$(1, +\infty)$
y'	$+$	0	$-$	0	$+$
y	↗	极大值 2	↘	极小值 -2	↗

所以，函数在 $(-\infty, -1)$ 和 $(1, +\infty)$ 上单调增加，在 $(-1, 1)$ 上单调减小. 函数在 $x = -1$ 处有极大值 2；函数在 $x = 1$ 处有极小值 -2.

(2) $f(x) = 2x^3 - 9x^2 + 12x - 3$ 的定义域是 $(-\infty, +\infty)$，有

$$f'(x) = 6x^2 - 18x + 12.$$

令 $f'(x) = 0$，解得 $x_1 = 1$，$x_2 = 2$. 列表如下：

x	$(-\infty, 1)$	1	$(1, 2)$	2	$(2, +\infty)$
$f'(x)$	$+$	0	$-$	0	$+$
$f(x)$	↗	极大值 2	↘	极小值 1	↗

所以，函数在 $(-\infty, 1)$ 和 $(2, +\infty)$ 上单调增加，在 $(1, 2)$ 上单调减小. 函数在 $x = 1$ 处有极大值 2；函数在 $x = 2$ 处有极小值 1.

(3) $f(x) = \dfrac{1}{1+x^2}$ 的定义域是 $(-\infty, +\infty)$，有

$$f'(x) = \frac{-2x}{(1+x^2)^2}.$$

令 $f'(x) = 0$，解得 $x = 0$. 列表如下：

x	$(-\infty, 0)$	0	$(0, +\infty)$
$f'(x)$	$+$	0	$-$
$f(x)$	↗	极大值 1	↘

所以函数在 $(-\infty, 0)$ 上单调增加，在 $(0, +\infty)$ 上单调减小. 函数在 $x = 0$ 处有极大值 1.

4.3.3 函数的最值

我们知道，闭区间上的连续函数一定有最大值和最小值. 如果函数 $y = f(x)$ 在闭区间 $[a, b]$ 连续且在开区间 (a, b) 上有稳定点 $x_1, x_2, \cdots, x_n$，那么函数 $y = f(x)$ 在闭区间

$[a, b]$ 的最大值与最小值就在稳定点的函数值 $f(x_1)$，$f(x_2)$，…，$f(x_n)$ 与端点的函数值 $f(a)$，$f(b)$ 当中.

例 3　求函数 $f(x)=\frac{1}{3}x^3+\frac{1}{2}x^2-2x+2$ 在 $[0, 2]$ 上的最大值与最小值.

解　$f'(x)=x^2+x-2=(x-1)(x+2)$.

令 $f'(x)=0$，得到 $x_1=-2$，$x_2=1$.

由 $f(0)=2$，$f(1)=\frac{5}{6}$，$f(2)=\frac{8}{3}$，经过比较，我们有：

$f(x)=\frac{1}{3}x^3+\frac{1}{2}x^2-2x+2$ 在 $x=1$ 处取最小值 $f(1)=\frac{5}{6}$；

$f(x)=\frac{1}{3}x^3+\frac{1}{2}x^2-2x+2$ 在 $x=2$ 处取最大值 $f(2)=\frac{8}{3}$.

由此例我们总结求最值的方法如下：

(1) 求出函数 $y=f(x)$ 在开区间 (a, b) 上的驻点与不可导点；

(2) 求出函数 $y=f(x)$ 在这些驻点、不可导点及端点处的函数值；

(3) 上述函数值中最大的就是最大值，最小的就是最小值.

在许多生产实践活动中，我们常常遇到这样一类问题：在一定条件下，怎样使得“生产成本最低”“时间最短”“用料最省”等优化问题. 这些问题其实就是求函数的最大值与最小值问题.

例 4　如图 4-5 所示，A 乘汽车以 1 000 m/min 的速度在河的北岸向正北方向前进，B 同时乘摩托车以 2 000 m/min的速度在河的南岸向正东方向前进，请问两个人何时距离最近？最近距离多少？

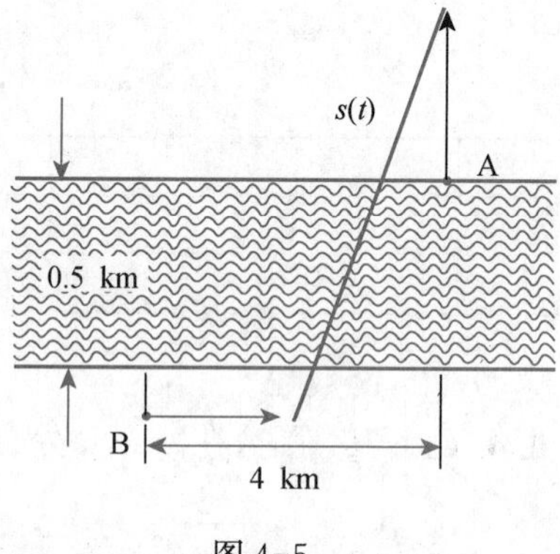

图 4-5

解　假设从开始出发 t min 是两个人相距 $s(t)$ km，则

$$s(t)=\sqrt{(4-2t)^2+(0.5+t)^2}.$$

所以 $s'(t)=\frac{5t-7.5}{\sqrt{(4-2t)^2+(0.5+t)^2}}$.

令 $s'(t)=0$，得 $t=1.5$. 所以 $t=1.5$ 时，$s(t)$ 取最小值，最小值为 $s(1.5)=\sqrt{6}$.

解决这类实际问题时，我们一般可采取以下步骤：

(1) 根据题意建立函数关系式；

(2) 确定函数的定义域；

(3) 利用导数求出函数在定义域内的稳定点；

(4) 计算函数的最大值或最小值.

习　题　4.3

1. 分析确定下列函数的单调区间与极值.

(1) $y=x^2-x$；　　(2) $y=3x^2-2x^3$；

(3) $y=2x^3+3x^2-12x$；　　(4) $y=4x^3+3x^2-18x$；

(5) $y=x^3-3x$；　　(6) $y=\ln(1+x)-x$.

2. 求函数 $y=2x^3+3x^2-12x$ 在 $[-4, 4]$ 上最大值与最小值.

3. 如图 4-6 所示,铁路线上 AB 段的距离为 100 km. 工厂 C 距 A 处为 20 km, AC 垂直于 AB. 为了运输需要,在 AB 线上选定一点 D 向工厂修筑一条公路. 已知铁路每公里货运的运费与公路上每公里货运的运费之比为 3∶5. 为了使货物从供应站 B 运到工厂 C 的运费最省,问 D 点应选在何处?

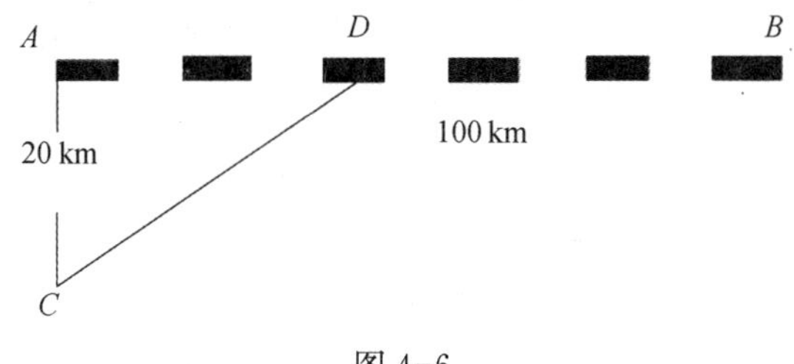

图 4-6

4. 甲、乙两生产队合用一变压器,其位置如图 4-7 所示,问变压器设在输电干线何处时,所需电线最短?

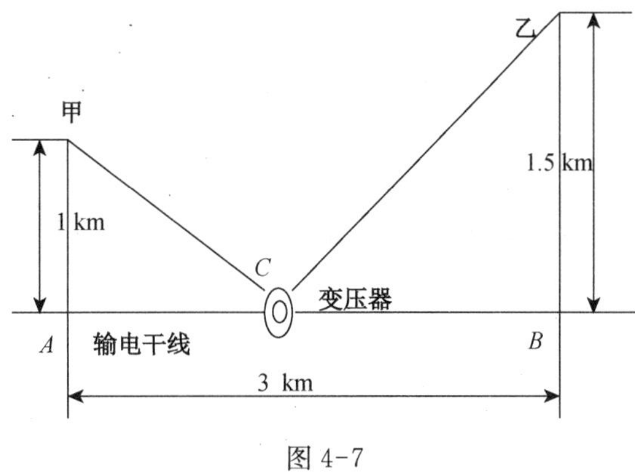

图 4-7

4.4　凹凸性、作图

4.4.1　函数的凹凸性

从前面的讨论,我们知道,函数的一阶导数联系着函数的增与减. 那么函数的二阶导数与函数的什么形态有关呢? 这个答案就是函数曲线的凹与凸.

所谓曲线是凸的,就是函数曲线上任意两点的连线都位于两点的弧段的下方(图4-8). 所谓曲线是凹的,就是函数曲线上任意两点的连线都位于两点的弧段的上方(图4-9).

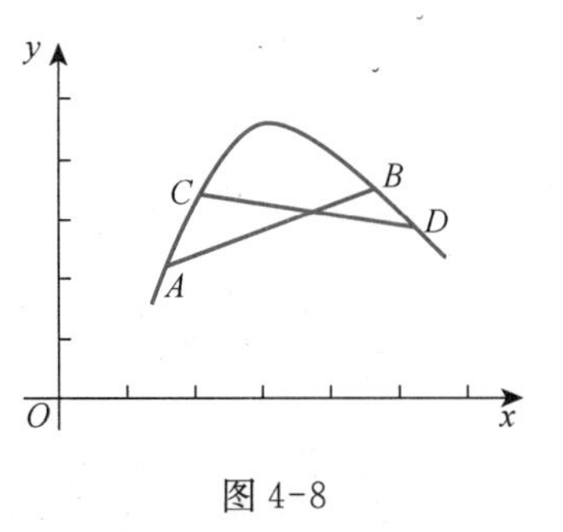

图 4-8

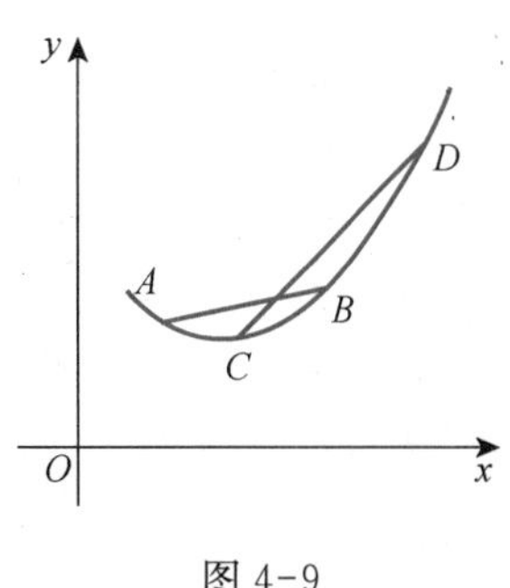

图 4-9

连续曲线上凹的曲线弧与凸的曲线弧的分界点叫做曲线的拐点.

关于曲线凹凸性的判定有以下结论:

设函数 $y=f(x)$ 在某区间上有二阶导数,如果

(1) 在该区间上有 $f''(x)>0$,那么函数 $y=f(x)$ 的曲线在该区间上是凹的;

(2) 在该区间上有 $f''(x)<0$,那么函数 $y=f(x)$ 的曲线在该区间上是凸的.

由上述结论我们知道,如果函数 $f(x)$ 的二阶导数 $f''(x)$ 连续,那么当 $f''(x)$ 的符号由正变负或由负变正时,必定有一点 x_0 使得 $f''(x_0)=0$,由拐点的定义,点 $(x_0, f(x_0))$ 其实就是拐点.例如,点 $(0, 0)$ 是曲线 $y=x^3$ 的拐点.

判定曲线拐点的步骤如下:

(1) 指出函数的定义域;

(2) 求出函数的二阶导数;

(3) 求出令二阶导数为零的实根;

(4) 如果函数在解出的实根左右附件的符号相反,则实根就是拐点;否则就不是拐点.

例 1 讨论下列函数的凹凸性与拐点.

(1) $f(x)=\dfrac{1}{x}$; (2) $f(x)=x^3$; (3) $f(x)=x^4$; (4) $f(x)=\dfrac{1}{1+x^2}$.

解 (1) $f(x)=\dfrac{1}{x}$ 的定义域是 $(-\infty, 0)\cup(0, +\infty)$,有

$$f'(x)=-\frac{1}{x^2}, \quad f''(x)=\frac{2}{x^3}.$$

容易看出,在区间 $(-\infty, 0)$ 内 $f''(x)<0$,所以函数 $f(x)=\dfrac{1}{x}$ 在区间 $(-\infty, 0)$ 内是凸的;在区间 $(0, +\infty)$ 内 $f''(x)>0$,所以函数 $f(x)=\dfrac{1}{x}$ 在区间 $(0, +\infty)$ 内是凹的.

(2) $f(x)=x^3$ 的定义域是 $(-\infty, +\infty)$,有

$$f'(x)=3x^2, \quad f''(x)=6x.$$

令 $f''(x)=0$,解得 $x=0$.列表如下:

x	$(-\infty, 0)$	0	$(0, +\infty)$
$f''(x)$	负	0	正
$f(x)$	凸的	拐点$(0, 0)$	凹的

由上表可知,函数 $f(x)=x^3$ 在区间 $(-\infty, 0)$ 内是凸的;在区间 $(0, +\infty)$ 内是凹的,拐点为$(0, 0)$.

(3) $f(x)=x^4$ 的定义域是 $(-\infty, +\infty)$,有

$$f'(x)=4x^3, \quad f''(x)=12x^2.$$

令 $f''(x)=0$,解得 $x=0$.列表如下:

x	$(-\infty, 0)$	0	$(0, +\infty)$
$f''(x)$	$+$	0	$+$
$f(x)$	凹的	无拐点	凹的

由上表可知，函数 $f(x)=x^4$ 在区间 $(-\infty, 0)$ 和 $(0, +\infty)$ 内是凹的，$(0, 0)$ 不是拐点.

(4) $f(x)=\dfrac{1}{1+x^2}$ 的定义域是 $(-\infty, +\infty)$，有

$$f'(x)=\frac{-2x}{(1+x^2)^2},\quad f''(x)=\frac{6x^2-2}{(1+x^2)^3}.$$

令 $f''(x)=0$，解得 $x_1=\dfrac{\sqrt{3}}{3}$，$x_2=\dfrac{-\sqrt{3}}{3}$. 列表如下：

x	$\left(-\infty, -\frac{\sqrt{3}}{3}\right)$	$-\frac{\sqrt{3}}{3}$	$\left(-\frac{\sqrt{3}}{3}, \frac{\sqrt{3}}{3}\right)$	$\frac{\sqrt{3}}{3}$	$\left(-\frac{\sqrt{3}}{3}, +\infty\right)$
$f''(x)$	+	0	−	0	+
$f(x)$	凹的	拐点 $\left(-\frac{\sqrt{3}}{3}, \frac{3}{4}\right)$	凸的	拐点 $\left(\frac{\sqrt{3}}{3}, \frac{3}{4}\right)$	凹的

由上表可知，函数 $f(x)=\dfrac{1}{1+x^2}$ 在 $\left(-\infty, -\dfrac{\sqrt{3}}{3}\right)$ 和 $\left(\dfrac{\sqrt{3}}{3}, +\infty\right)$ 内是凹的；在 $\left(-\dfrac{\sqrt{3}}{3}, \dfrac{\sqrt{3}}{3}\right)$ 内是凸的，曲线的拐点是 $\left(-\dfrac{\sqrt{3}}{3}, \dfrac{3}{4}\right)$ 和 $\left(\dfrac{\sqrt{3}}{3}, \dfrac{3}{4}\right)$.

由例 1 可知，二阶导数为零的点不一定是拐点.

函数 $y=f(x)$ 在某区间上是凸的，我们把该区间叫做凸区间；函数 $y=f(x)$ 在某区间上是凹的，我们把该区间叫做凹区间.

4.4.2 函数图形的描绘

对于给定的函数 $y=f(x)$，可以按照如下步骤作出图形：

(1) 确定函数 $y=f(x)$ 的定义域，并考察其奇偶性，周期性.

(2) 求函数 $y=f(x)$ 的一阶导数和二阶导数，求出 $f'(x)=0$，$f''(x)=0$ 和 $f'(x)$ 不存在，$f''(x)$ 不存在的点，用这些点将定义区间分成部分区间.

(3) 列表确定 $y=f(x)$ 的单调区间，极值，凹凸区间，拐点.

(4) 讨论函数图形的水平渐近线和垂直渐近线.

(5) 根据需要取函数图像上的若干特殊点.

(6) 描点作图.

例 2 作出函数 $f(x)=\dfrac{1}{3}x^3-x$ 的图像.

解 ⅰ. 函数的定义域为 $(-\infty, +\infty)$.

因为 $f(-x)=-\dfrac{1}{3}x^3+x=-f(x)$，所以函数为奇函数.

ⅱ. $f'(x)=x^2-1=(x+1)(x-1)$，$f''(x)=2x$.

令 $f'(x)=0$，$f''(x)=0$，得 $x_1=-1$，$x_2=0$，$x_3=1$. 这三个点把定义域分成：$(-\infty, -1)$，$(-1, 0)$，$(0, 1)$，$(1, +\infty)$.

ⅲ. 列表如下：

x	$(-\infty, -1)$	-1	$(-1, 0)$	0	$(0, 1)$	1	$(1, +\infty)$
$f'(x)$	$+$	0	$-$		$-$	0	$+$
$f''(x)$	$-$		$-$	0	$+$		$+$
$f(x)$	↗	极大值 $\frac{2}{3}$	↘	拐点 $(0, 0)$	↘	极小值 $-\frac{2}{3}$	↗

ⅳ. 该函数无渐近线.

ⅴ. 取特殊点：$(-\sqrt{3}, 0)$，$(\sqrt{3}, 0)$，$\left(-2, -\frac{2}{3}\right)$，$\left(2, \frac{2}{3}\right)$.

ⅵ. 描绘函数 $f(x) = \frac{1}{3}x^3 - x$ 的图像，如图 4-10 所示.

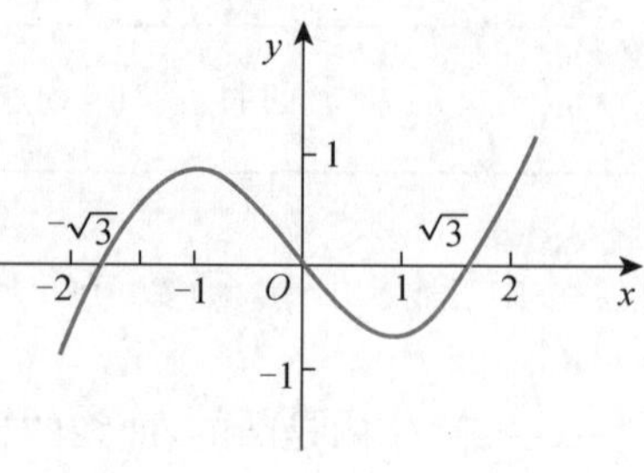

图 4-10

例 3 作函数 $y = 1 + \frac{36x}{(x+3)^2}$ 的图形.

解 ⅰ. 函数的定义域为 $(-\infty, -3) \cup (-3, +\infty)$.

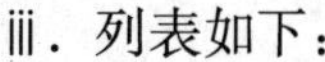

ⅱ. $y' = \frac{-36(x-3)}{(x+3)^3}$，$y'' = \frac{72(x-6)}{(x+3)^4}$.

令 $y' = 0$，$y'' = 0$，得 $x = 3$，$x = 6$. 这两点把定义域分成：$(-\infty, -3)$，$(-3, 3)$，$(3, 6)$，$(6, +\infty)$.

ⅲ. 列表如下：

x	$(-\infty, -3)$	$(-3, 3)$	3	$(3, 6)$	6	$(6, +\infty)$
y'	$-$	$+$	0	$-$		$-$
y''	$-$	$-$		$-$	0	$+$
y			极大值 4		拐点 $\left(6, \frac{11}{3}\right)$	

ⅳ. 因为 $\lim\limits_{x\to\infty} f(x) = 1$，$\lim\limits_{x\to-3} f(x) = -\infty$，所以 $y = 1$ 为水平渐近线，$x = -3$ 为垂直渐近线.

ⅴ. 取特殊点：$(0, 1)$，$\left(1, \frac{13}{4}\right)$，$(-1, -8)$.

ⅵ. 描绘函数 $y = 1 + \frac{36x}{(x+3)^2}$ 的图像，如图 4-11 所示.

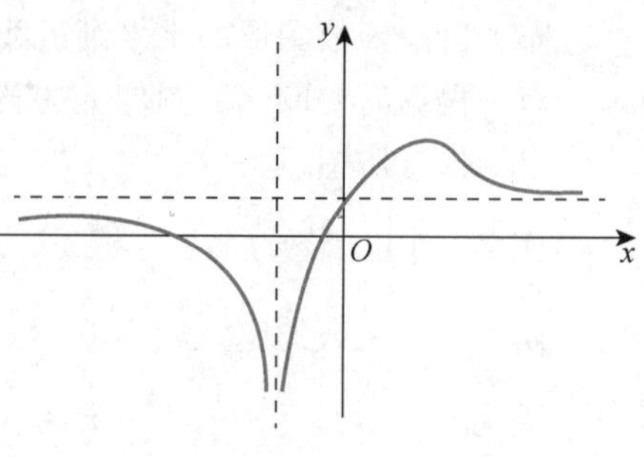

图 4-11

习　题　4.4

1. 求下列函数的凹凸区间与拐点.

(1) $y = x^3 + 3x$；　　(2) $y = 4x^3 - 3x^4$；

(3) $y = x^3 - 5x^2 + 3x$；　　(4) $y = \frac{1-x}{1+x^2}$.

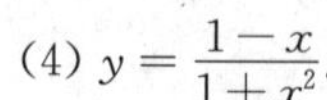

2. 描绘下列函数的图形.

(1) $y=x^3-6x^2+9x+30$; (2) $y=2-x-x^2$;

(3) $y=\frac{1}{4}x^4-\frac{3}{2}x^2$; (4) $y=\ln(x^2+1)$;

(5) $y=\frac{1}{1-x^2}$; (6) $y=e^x-x-1$;

(7) $y=xe^{-x}$; (8) $y=\frac{(x-3)^2}{4(x-1)}$.

3. 已知连续函数 $y=f(x)$ 满足条件: $f(0)=1$, $f'(0)=0$. 当 $|x|>0$ 时. $f'(0)>0$; 当 $x<0$ 时, $f''(x)<0$; 当 $x>0$ 时, $f''(x)>0$. 试作出函数图像的大致形状.

4.5 弧长、曲率

4.5.1 弧长

如图 4-12 所示,在曲线 $y=f(x)$ 上取定点 A 为度量弧长的起点,规定 x 增大的方向为弧的正向, $M(x, y)$ 为曲线上任意点, s 表示曲线弧 $\overset{\frown}{AM}$ 的长度,即 $s=\overset{\frown}{AM}$.

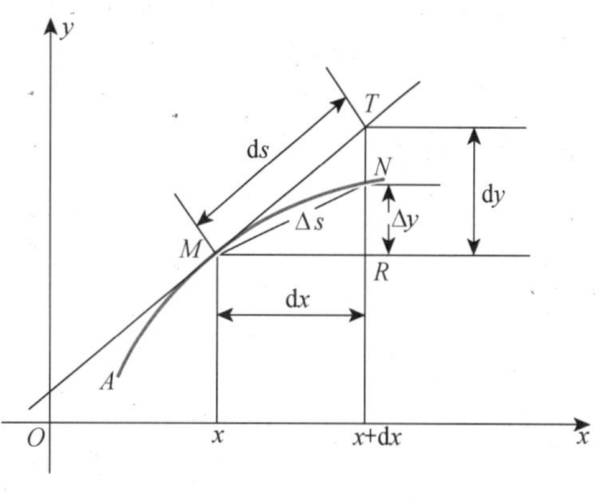

图 4-12

弧长 s 是随点 $M(x, y)$ 的确定而确定,即 s 也是 x 的函数,记作 $s=s(x)$. 为方便起见,我们假定 $s(x)$ 是单调增函数. 如何求出弧长 $s=s(x)$ 的微分 $\mathrm{d}s$ 呢? 一般情况下,我们只知道曲线方程为 $y=f(x)$, 而 $s=s(x)$ 却是未知的. 因此,问题的关键在于,通过适当的方法,用已知函数 $y=f(x)$ 的导数来表示我们要求的 $\mathrm{d}s$.

设 x 产生增量 $\Delta x(\Delta x>0)$, 则函数 y 有相应的增量为 $\Delta y=RN$, s 有增量为 $\Delta s=\overset{\frown}{MN}$. 由导数的定义可知

$$s'=\frac{\mathrm{d}s}{\mathrm{d}x}=\lim_{\Delta x\to 0}\frac{\Delta s}{\Delta x}.$$

由图 4-12 可以看出,当 Δx 很小时,弧的增量 $\Delta s=\overset{\frown}{MN}$ 和弦 $|MN|$ 非常接近,如果我们用弦 $|MN|$ 近似代替弧 $\overset{\frown}{MN}$, 则有 $\frac{\overset{\frown}{MN}}{|MN|}\approx 1$. 也就是说,当 $\Delta x\to 0$ 时,点 N 沿曲线无限接近于点 M, 这时,弧的长度与弦的长度之比的极限等于 1,即 $\lim\limits_{\Delta x\to 0}\frac{\overset{\frown}{MN}}{|MN|}=1$.

由图 4-12 可知,在直角三角形 MRN 中

$$|MN|^2=(\Delta x)^2+(\Delta y)^2,$$

将上式变形为
$$\left(\frac{|MN|}{\Delta s}\right)^2\cdot\left(\frac{\Delta s}{\Delta x}\right)^2=1+\left(\frac{\Delta y}{\Delta x}\right)^2,$$

两边取当 $\Delta x\to 0$ 时的极限,得

$$\lim_{\Delta x\to 0}\left[\left(\frac{|MN|}{\Delta s}\right)^2\cdot\left(\frac{\Delta s}{\Delta x}\right)^2\right]=\lim_{\Delta x\to 0}\left[1+\left(\frac{\Delta y}{\Delta x}\right)^2\right],$$

即

$$\left(\frac{ds}{dx}\right)^2=1+\left(\frac{dy}{dx}\right)^2,$$

两边开方，得

$$\frac{ds}{dx}=\pm\sqrt{1+\left(\frac{dy}{dx}\right)^2}.$$

前面我们已经规定了 $s(x)$ 是单调增函数，因此根号前应取正号，于是得到弧微分的计算公式为

$$\boxed{ds=\sqrt{1+\left(\frac{dy}{dx}\right)^2}dx}$$

或

$$\boxed{ds=\sqrt{(dx)^2+(dy)^2}}$$

由图 4-12 可以看出，弧微分 ds 就是曲线上点 $M(x, y)$ 处的切线段 $|MT|$. 通常，我们把直角三角形 MRT 叫做曲线在点 M 的微分三角形.

例 1 求抛物线 $y=2x^2-3x+4$ 的弧微分.

解 根据公式，有

$$ds=\sqrt{1+\left(\frac{dy}{dx}\right)^2}dx=\sqrt{1+(4x-3)^2}dx.$$

4.5.2 曲率

一般来说，直线是不弯曲的，而曲线是弯曲的. 但是曲线的弯曲程度通常是不一样的. 比如，曲线 $y=x^2$ 在顶点处的弯曲程度就大于其他地方的弯曲程度. 在工程技术中，有时需要研究曲线的弯曲程度. 例如，在机械和土建工程中，各种梁在荷载的作用下会弯曲变形，设计时就必须对它们的弯曲有一定的限制. 又如，设计铁路时，如果轨道的弯曲程度不合适，便容易造成火车出轨. 在数学上我们用曲率来表示曲线的弯曲程度（诸如斜率是表示直线相对坐标轴的倾斜程度等）.

1. 曲率的概念

例如，如图 4-13 所示，假设两曲线弧 $\widehat{MN}$ 与 $\widehat{MN'}$ 的长度相等，且当动点沿曲线弧从 M 移到 N 时，切线的转角为 $\Delta\alpha$（单位为弧度）. 可以看出，转角 $\Delta\alpha'$ 较 $\Delta\alpha$ 小，曲线弧 $\widehat{MN'}$ 的弯曲程度较 $\widehat{MN}$ 也小. 因此我们可得结论：一般地，若两曲线弧的长度相等，则转角越小，曲线弧的弯曲程度就越小；反之，若曲线弧的弯曲程度越小，则转角也越小.

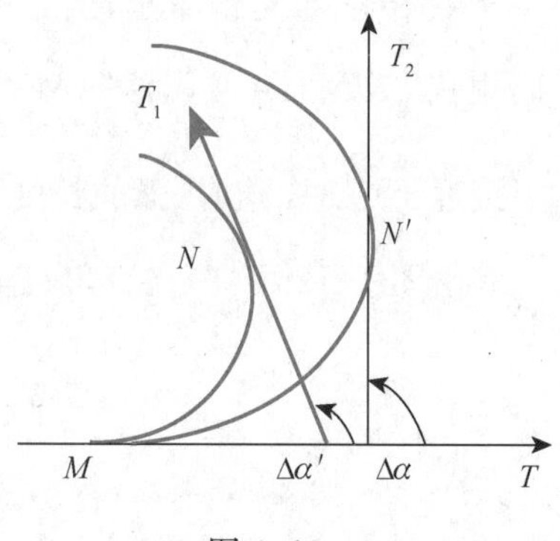

图 4-13

又如，如图 4-14 所示，两段曲线弧 $\widehat{MN}$ 与 $\widehat{M'N'}$ 的长度不等，虽然它们的转角相同为 $\Delta\alpha$，但曲线弧的弯曲程度却不相同，短的曲线弧比长的曲线弧弯曲得厉害些.

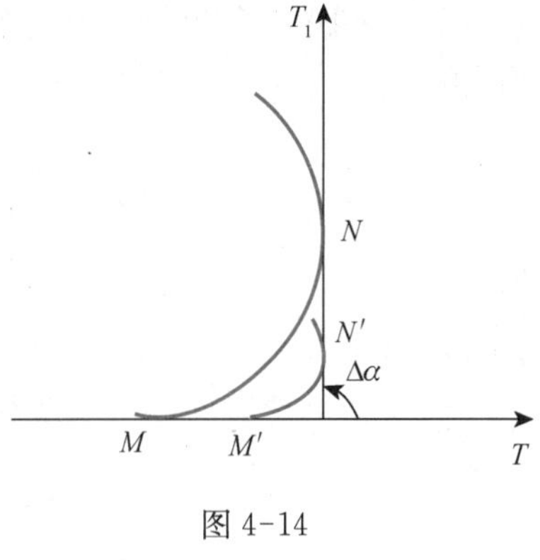

图 4-14

由此可见，曲线弧的弯曲程度与它两端切线的转角大小及其长度有关，因而我们用弧两端切线的转角与弧长之比 $\frac{\Delta\alpha}{\overset{\frown}{AB}}$ 来描述弧的弯曲程度，这个比值越大，弧的弯曲程度就越大；这个比值越小，弧的弯曲程度就越小. 这个比值叫做这段弧的平均曲率，记作

$$\bar{K}=\frac{\Delta\alpha}{\overset{\frown}{AB}}.$$

当点 N 沿曲线趋近于点 M 时，$\overset{\frown}{MN}$ 的平均曲率的极限叫做曲线在点 M 的曲率，记作

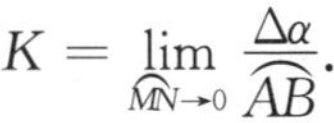

$$K=\lim_{\overset{\frown}{MN}\to 0}\frac{\Delta\alpha}{\overset{\frown}{AB}}.$$

2. 曲率的计算公式

曲线 $y=f(x)$ 上任一点 $M(x,\ y)$ 的曲率为

$$k=\frac{|\,y''\,|}{(1+y'^2)^{\frac{3}{2}}}.$$

其中 y', y'' 分别是函数 $y=f(x)$ 的一阶导数、二阶导数. 由公式可知，直线上每个点处的曲率都是零；曲线上的拐点处的曲率也为零.

3. 曲率圆与曲率半径

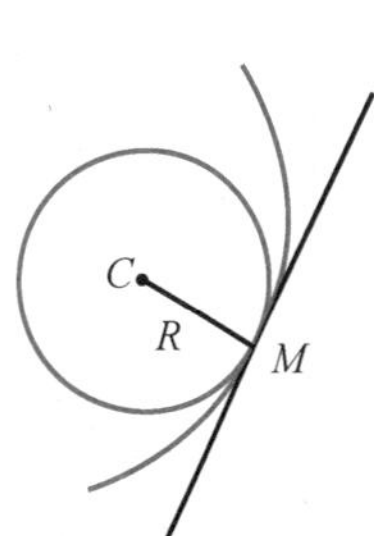

图 4-15

如果一个圆满足条件：

(1) 在点 M 与曲线有公切线；

(2) 与曲线在点 M 附近有相同的凹凸方向；

(3) 与曲线在点 M 有相同的曲率，

那么，这个圆就叫做曲线在点 M 的曲率圆，曲率圆的圆心 C 叫做曲线在点 M 的曲率中心，曲率圆的半径 R 叫做曲线在点 M 的曲率半径.

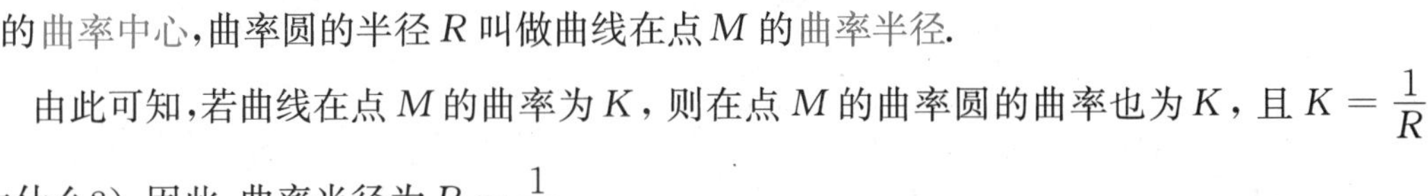

由此可知，若曲线在点 M 的曲率为 K，则在点 M 的曲率圆的曲率也为 K，且 $K=\frac{1}{R}$ (为什么?)，因此，曲率半径为 $R=\frac{1}{K}$.

例 2　当火车由直线行驶转入弯道即曲线行驶时，曲率由零变为 $\frac{1}{R}$，而火车行驶经过曲率不连续的点会产生一个冲动，所以在铺设铁路时应当设法使路线各点处的曲率连续变化，通常是在直道与弯道之间用一条过渡曲线来连接，使曲率连续. 设 $y=\frac{1}{6RL}x^3$ 为缓冲曲线，其中 R 是圆弧弯道 $\overset{\frown}{AM}$ 的半径，L 为缓冲曲线 $\overset{\frown}{OA}$ 的长度.

试验证：当所取 L 比 R 小得多(记为 $L\ll R$，或 $\frac{L}{R}\ll 1$) 时，缓冲曲线 $\overset{\frown}{OA}$ 在端点 O 的曲率为零(即直线的曲率)，在端点 A 的曲率近似于 $\frac{1}{R}$ (即圆弧弯道的曲率).

解　如图 4-16 所示，负 x 轴表示直轨道，$\widehat{AM}$ 是圆弧轨道，由于

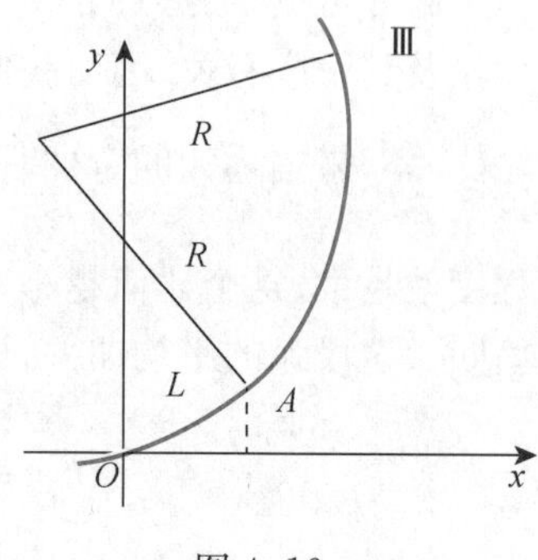

图 4-16

$$y' = \frac{1}{2RL}x^2,\quad y'' = \frac{1}{RL}x,$$

所以
$$y'|_{x=0} = 0,\quad y''|_{x=0} = 0.$$

故缓冲曲线在点 O 处的曲率为　$K_0 = 0$.

设点 A 的横坐标为 x_0，因为 L 与 x_0 比较接近，所以可用 L 近似代替 x_0，于是

$$y'|_{x=x_0} = \frac{1}{2RL}x_0^2 \approx \frac{1}{2RL}L^2 = \frac{L}{2R},$$

$$y''|_{x=x_0} = \frac{1}{RL}x_0 \approx \frac{1}{RL}L = \frac{1}{R},$$

故在点 A 的曲率为

$$K_A \approx \frac{\frac{1}{R}}{\left[1+\left(\frac{L}{2R}\right)^2\right]^{\frac{3}{2}}}.$$

因为已知 $\frac{L}{R} \ll 1$，故可略去 $\left(\frac{L}{2R}\right)^2$ 项，证得

$$K_A \approx \frac{1}{R}.$$

由上述结果可以看出，在直轨道和圆弧轨道中间接上一段缓冲曲线轨道后，可使铁路的曲率 K 从 0 连续地变到 $\frac{1}{R}$，从而使列车在转变时行驶平稳，保证安全.

习　题　4.5

1. 计算.

(1) 曲线 $y = 4x - x^2$ 在顶点的曲率；

(2) 曲线 $y = x\cos x$ 在原点的曲率；

(3) 曲线 $y = e^x$ 在点 (0, 1) 的曲率和曲率半径；

(4) 曲线 $y = \frac{1}{x}(x > 0)$ 上曲率最大的点.

2. 设工件内表面的截线为抛物线 $y = 0.4x^2$（图 4-17），现在要用砂轮磨削其内表面，问用直径多大的砂轮比较合适？（注：为了在磨削时不使砂轮与工件接触处附近的部分工件磨去太多，砂轮的半径应小于或等于抛物线上各点处曲率半径的最小值. 此外，抛物线在其顶点处的曲率最大，同学们可自行证明）

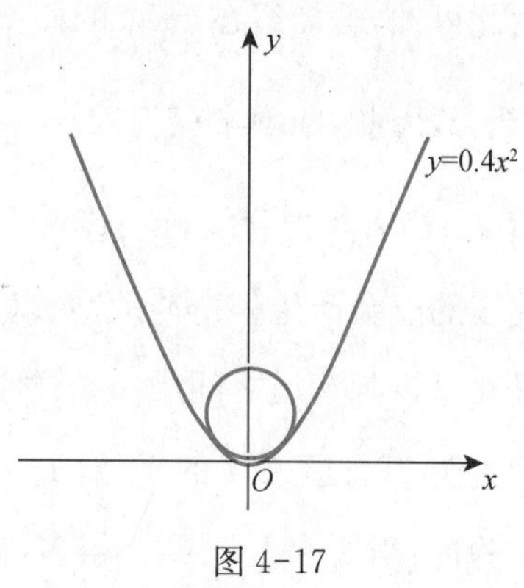

图 4-17

4.6 近似计算、误差估计

4.6.1 近似计算

所谓函数 $y=f(x)$ 在点 $x=x_0$ 处的微分就是 $\mathrm{d}y$，而且函数 $y=f(x)$ 在点 $x=x_0$ 处可微时，$\mathrm{d}y=f'(x_0)\mathrm{d}x=f'(x_0)\Delta x$，就是线段 PQ. 那么线段 PQ 与线段 NQ 有着怎样的关系？

由图 4-18 可以看出，当 $|\Delta x|=|\Delta x|=|x-x_0|$ 很小时，

$$NQ\approx PQ,$$

即
$$\Delta y\approx \mathrm{d}y,$$

所以
$$f(x)-f(x_0)\approx f'(x_0)\Delta x.$$

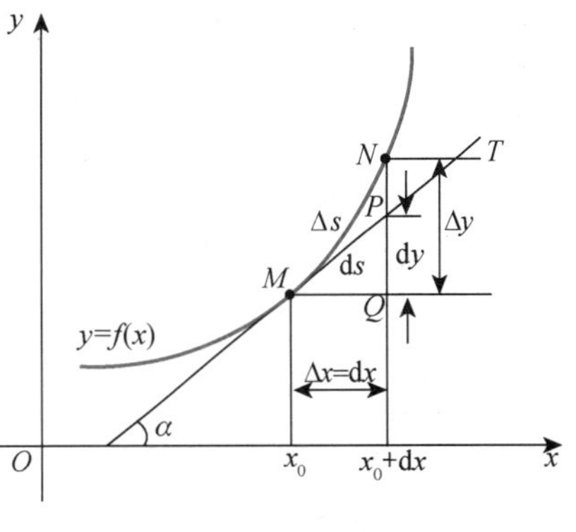

图 4-18

因此有公式

$$\boxed{f(x)\approx f(x_0)+f'(x_0)\Delta x}$$

根据公式，我们可以得到函数值 $f(x)$ 的近似值，而且 $|\Delta x|=|x-x_0|$ 越小，其计算的精确程度就越高.

注 由公式 $f(x)\approx f(x_0)+f'(x_0)\Delta x$ 可知 $f(x)\approx f(x_0)+f'(x_0)(x-x_0)$. 所以任何可导函数在限制自变量的变化较小时就可以近似于一次函数，其几何意义就是任何光滑的函数曲线取非常小的一段曲线就可以近似看作直线的一部分.

例 1 求 $\sin 31^\circ$ 的近似值.

解 设函数 $f(x)=\sin x$，则 $f'(x)=\cos x$.

由已知得

$$x_0=30^\circ=\frac{\pi}{6},\quad \Delta x=1^\circ=\frac{\pi}{180},$$

根据公式 $f(x)\approx f(x_0)+f'(x_0)\Delta x$，得

$$\sin 31^\circ=\sin\left(\frac{\pi}{6}+\frac{\pi}{180}\right)\approx \sin\frac{\pi}{6}+\cos\frac{\pi}{6}\times\frac{\pi}{180}\approx 0.515\ 1.$$

在近似公式 $f(x)\approx f(x_0)+f'(x_0)\Delta x$ 中，我们令 $x_0=0$，且记 Δx 为 x，则得到下面的近似公式：

$$\boxed{f(x)\approx f(0)+f'(0)x}$$

进一步地，我们结合具体的函数就有了下面的结论：当 $|x|$ 非常非常小时

(1) $\sin x\approx x$；

(2) $\tan x \approx x$;

(3) $\frac{1}{1+x} \approx 1-x$;

(4) $e^x \approx 1+x$;

(5) $\ln(1+x) \approx x$;

(6) $\sqrt[n]{1+x} \approx 1+\frac{x}{n}$.

例 2 求下列近似值.

(1) $\sqrt[5]{1.02}$; (2) $\ln 1.04$; (3) $e^{0.05}$; (4) $\frac{1}{0.998}$.

解 (1) 原式 $=\sqrt[5]{1+0.02} \approx 1+\frac{0.02}{5}=1.004$.

(2) 原式 ≈ 0.04.

(3) 原式 $\approx 1+0.05=1.05$.

(4) 原式 $=\frac{1}{1+(-0.002)} \approx 1-(-0.002)=1.002$.

4.6.2 误差估计

利用微分的近似计算公式 $\Delta y \approx \mathrm{d}y$，一方面可以进行近似计算，另一方面也可以进行误差估计.

例 3 某工人师傅测得一个圆柱体的工件的直径为 25 cm，已知在测量中绝对误差不超过 0.2 cm，求以此数据计算圆柱体的工件的截面面积时所产生的误差.

解 因为圆柱体的工件的直径 $D=25$ cm，而测量中绝对误差 $|\Delta D| \leqslant 0.2$ cm. 以此数据计算圆柱体的工件的截面面积

$$S=\pi\left(\frac{D}{2}\right)^2=\frac{625\pi}{4},$$

利用微分的近似计算公式 $\Delta y \approx \mathrm{d}y$，$\mathrm{d}S=\mathrm{d}\left(\frac{\pi D^2}{4}\right)=\frac{\pi}{2}D\mathrm{d}D$，故

绝对误差 $|\Delta S| \approx |\mathrm{d}S|=\left|\frac{\pi}{2}D\right||\Delta D| \leqslant \frac{\pi}{2}\times 25\times 0.2=2.5\pi(\mathrm{cm}^2)$.

相对误差 $\frac{|\Delta S|}{S} \approx \frac{\left|\frac{\pi}{2}D\right||\Delta D|}{S}=\frac{2|\Delta D|}{|D|} \leqslant \frac{2\times 0.2}{25}=1.6\%$.

习题 4.6

求下列近似值.

(1) $\sqrt{1.006}$; (2) $\ln 1.002$; (3) $e^{0.0002}$; (4) $\frac{1}{1.0001}$;

(5) $\sin 60.5°$; (6) $\cos 60.5°$; (7) $2^{2.002}$; (8) $\ln 5.005$.

4.7 数学实验

4.7.1 求极值

例 1 求 $y=\frac{3x^2+4x+4}{x^2+x+1}$ 的极值.

解 在 Matlab 的命令窗口输入如下命令序列：

```
syms s
y = (3 * x^2 + 4 * x + 4) /(x^2 + x + 1);     %建立函数
dy = diff(y);                                 %求导数
xz = solve(dy)                                %求函数的驻点
```

运行结果：

```
ans = 0 - 2
```

在 Matlab 的命令窗口输入如下命令序列：

```
d2y = diff(y, 2);                             %求二阶导数
z1 = limit(d2y, x, 0)
z2 = limit(d2y, x, -2)
z1, z2
```

运行结果：

```
ans = -2   2/9
```

于是知在 $x_1=0$ 处二阶导数的值为 $z_1=-2$，小于 0，函数有极大值；在 $x_2=-2$ 处二阶导数的值为 $z_2=2/9$，大于 0，函数有极小值. 进一步，可求出极值点处的函数值.

在 Matlab 的命令窗口输入如下命令序列：

```
y1 = limit(y, x, 0);
y2 = limit(y, x, -2),
y1, y2
```

运行结果：

```
ans = 4   8/3
```

4.7.2 求最值

求最小值的 Matlab 命令如下：

fminbnd(y, x1, x2)	求函数 y 在区间[x1, x2]上最小值

例 2 求 $y=e^{-x}+(x-1)^2$ 在 $[-3, 3]$ 内最小值.

解　在 Matlab 的命令窗口输入如下命令序列：

```
f='exp(-x)+(x+1)^2';            %定义函数
X=fminbnd(f, -3, 3);
y=exp(-x)+(x+1)^2;
x, y
```

运行结果：

```
ans= -0.3149  1.8395
```

4.7.3　画图

作图的 Matlab 命令如下：

plot(x, y)	x，y 为同维向量，Matlab 以 x 和 y 元素为横、纵坐标绘制曲线

例 3　绘制曲线 $y=e^{-\frac{x}{3}}\sin 3x$ 在 $[0, 4\pi]$ 上的曲线.

解　在 Matlab 的命令窗口输入如下命令序列：

```
x=0:pi/64:4*pi;
y=exp(-x/3).*sin(3*x);
plot(x, y)
```

运行结果如图 4-19 所示.

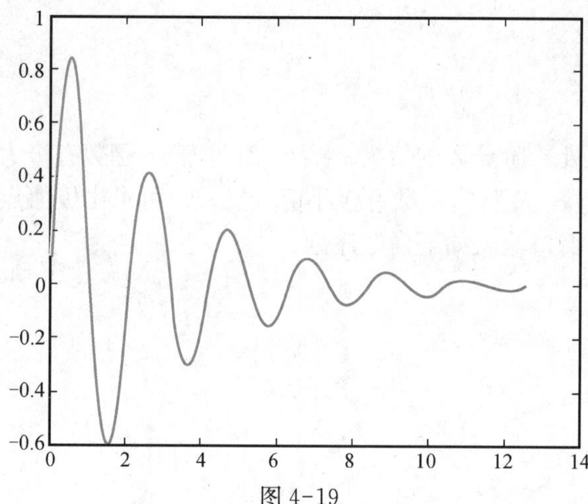

图 4-19

阅读材料四

费马大定理：一场唱了三百多年的好戏

【费马大定理：当 n 大于 2 时，方程 $x^n+y^n=z^n$ 没有任何正整数解】

1993 年 6 月 23 日，英国剑桥大学牛顿研究所里挤满了人. 演讲者是一个内向的英国人

怀尔斯. 怀尔斯是美国普林斯顿大学教授,剑桥大学是其母校. “这家伙以前曾做过出色的工作,后来却‘消失’了七年,想必能力走到了尽头.” 这次怀尔斯突然冒出来,演讲的题目也神秘兮兮——“椭圆曲线、模形式和伽罗瓦表示”,还特意安排了三天. 一开始大家也摸不着头脑,不过随着时间的推移,人人都感觉到后面必有好戏. 确实,是唱了一场好戏,不过不是三天,而是三百五十多年! 这场戏的名字就是——费马大定理.

不愿写证明过程的“懒人” 历史上有许多人,他们在主要从事的工作方面没有取得什么成果,而在平常茶余饭后的闲暇时间里却取得了了不起的成就. 法国人皮埃尔·德·费马(1601—1665)就是这样一个典型. 他是一名律师,后来又在议会议员的职位上终其一生,然而,真正使他名垂青史的却是他的业余爱好——数学. 几何学、概率论、微积分和数论等众多数学领域,都留下了他的足迹.

费马在生前很少公开发表自己的成果. 他只是按照当时流行的风气,以书信的形式向一些有学问的朋友报告自己的研究心得. 他去世后. 很多论述遗留在旧纸堆里,或书面的空白处,或在给朋友的书信中. 幸亏他的儿子对此进行了搜集、整理,最后汇编成书出版,才使他的研究成果能够在他去世后得以流传. 费马特别爱好数论,提出了几十条定理,但奇怪的是,他这人似乎特别“懒”,仅对其中一个定理给出了证明要点,其余的都只写了一个结果. 同样令人感到不可思议的是,这些定理中只有一个被证明是错的,其余的均陆续被后来的数学家所证实.

我们都知道勾股定理:直角三角形两条直角边的平方和等于斜边的平方. 这是几何学的基石,无数宫殿的建造者靠的就是这个. 实际上,可以证明:$x^2+y^2=z^2$ 有无数组正整数解,这一结果被古希腊数学家丢番图记在《算术》一书中. 大约是 1637 年,费马在钻研丢番图的《算术》时注意到了这一结果. 他在书的页边用拉丁文写下了一段注记:“一般来说,任何两个正整数的 n 次方的和不可能等于另一个正整数的 n 次方. 如果 n 是大于 2 的正整数.” 费马还用他的一贯口吻写道:“我已得到一个非常巧妙的证明,但空白处太小,写不下.” 遗憾的是,在此后的三百多年中,多少数学奇才究其一生都未能找到费马老兄这个“非常巧妙的证明”! 于是,这最后一个未被证明是对是错的定理,就被称为费马大定理或费马最后定理. 它成了数学中最著名的难题之一.

无数英雄竞折腰费 费马大定理可以这样表述:当 n 大于 2 时,方程 $x^n+y^n=z^n$ 没有任何正整数解. 在历史上,为了摘取费马大定理这颗数学王冠的明珠,许多数学家为之花费了大量的时间,甚至献出了毕生的精力:1779 年,瑞士数学家欧拉证明了 $n=3, 4$ 时的费马大定理. 1823 年,法国数学家勒让德证明了 $n=5$ 时的费马大定理. 1831 年,法国女数学家索菲娜·热尔曼在假定 x, y, z 与 n 互质时,证明对于 $n<100$ 的所有素数,费马大定理成立. 1839 年,法国数学家拉梅证明了 $n=7$ 时的费马大定理. 1849 年,德国数学家库默尔创立了“理想数理论”,证明了当 n 为小于 100(除 37, 59 和 67)的所有奇素数时,费马大定理成立. 相比以前的鸡刀,库默尔可算是发明了牛刀. 但这把牛刀还是有本质缺陷——不是每只“鸡”

(即素数)都能一起被宰杀. 1850—1853 年,数学家们将 n 推进到 21. 1901—1907 年,德国数学家林德曼先后发表了两篇论文,声称解决了费马大定理,后均被推翻. 1938 年,勒贝格向法国科学院呈上证明费马大定理的论文,也被否定了. 1983 年,德国人法尔廷斯证明,即使费马大定理不对,互素解仍是有限的. 为此,他于三年后获得了数学界最高奖——菲尔兹奖.

另辟蹊径 可恶的费马把数学家们搞得焦头烂额,尽管大数学家希尔伯特曾说"费马大定理是一只会下金蛋的鹅",但它确实也是一只难以伺候的鹅啊.

1984 年秋,弗雷从假定费马大定理为错出发,构造了一条椭圆曲线,用它能否定谷山-志村猜想. 换句话说,如果谁能证明谷山-志村猜想,那么费马大定理就自动成立了.

面壁九年终破壁 怀尔斯似乎就是费马在冥冥中等待了三个多世纪的人. 他于 1953 年出生在英国剑桥. 1963 他第一次知道了世界上居然还有无答案的问题,那正是费马大定理. 1975 年至 1978 年,怀尔斯在剑桥大学攻读博士学位,研究和费马大定理密切相关的椭圆曲线理论. 读完博士后,他又远渡重洋,到美国普林斯顿大学任教. 到 1993 年 5 月,他确信验证了最后一类椭圆曲线,费马大定理这下该被征服了

荣誉 1993 年 6 月 23 日,是怀尔斯作报告的最后一天. 他努力克制自己的激动,手中着粉笔,在黑板上飞快地写着. 闪光灯亮个不停. 最后. 怀尔斯写完费马大定理这一命题,他转向听众,平和地说道:"我想我就在这里结束."顿时会场上爆发出一阵持久的掌声. 第二天,《卫报》《世界报》《纽约时报》等各国报刊竞相报道了此事. 论文最终在 1995 年 5 月发表在《数学年刊》上. 荣誉像雪片一样飞来,包括沃尔夫奖(1996 年)、沃尔夫斯凯尔奖(1997 年)、菲尔兹奖特别奖(1998 年). 连阿拉伯国王也给了怀尔斯一个大奖.

末了还要啰嗦一句:费马猜想绝非只是一道供人激赏的智力题. 正如一位学者所说,"费马猜想起到了类似珠穆朗玛峰对登山者(在成功之前)所起到的作用. 它是一个挑战,试图登上顶峰的愿望刺激了新的技巧和技术的发展与完善."事实上,费马猜想激发了一代又一代数学家们的灵感,近代数论的许多内容都是基于试图证明费马猜想的努力而创建的. 换句话说,试图证明费马大定理的努力得到了一系列意想不到的成果,费马大定理对数学其他部分的意义,已远远超出了定理本身. 难怪当费马大定理最终解决时,许多大数学家遗憾地说:我们杀了一只会下金蛋的鸡!

综合练习四

1. 对函数 $y=\sin x$ 在区间 $[0, 2\pi]$ 上验证罗尔定理.

2. 不求导数,判断 $y=(x-2)(x-3)(x-4)(x-5)$ 导数零点的个数以及零点的所在区间.

3. 对函数 $y=x^3-3x$ 在区间 $[0, 1]$ 上验证拉格朗日中值定理定理.

4. 证明: $\arccos x+\arcsin x=\dfrac{\pi}{2}\quad(x\in[0, 1])$.

5. 用洛必达法则计算下列极限.

(1) $\lim\limits_{x\to+0}\dfrac{\ln(1-2x)}{3x}$; (2) $\lim\limits_{x\to+0}\dfrac{x}{e^{2x}-1}$;

(3) $\lim\limits_{x\to 1}\dfrac{\arctan x-\dfrac{\pi}{4}}{1-x}$; (4) $\lim\limits_{x\to+0}\dfrac{e^{2x}-e^{-x}}{\sin 3x}$;

(5) $\lim\limits_{x\to+0}\dfrac{\ln\tan 6x}{\ln\tan 3x}$；　　(6) $\lim\limits_{x\to1}\dfrac{x^4-1}{x^3-1}$；

(7) $\lim\limits_{x\to-\infty}\dfrac{-\dfrac{1}{x}}{2\arctan x+\pi}$；　　(8) $\lim\limits_{x\to+0}x^4\ln x$.

6. 分析确定下列函数的单调区间与极值.

(1) $y=x^2+x$；　　(2) $y=3x^2+2x^3$；

(3) $y=-2x^3+3x^2+12x$；　　(4) $y=-4x^3+3x^2+18x$；

(5) $y=8x^3-6x$；　　(6) $y=\ln(1+2x)-2x$.

7. 求函数 $y=-2x^3+3x^2+12x$ 在 $[-2, 3]$ 上最大值与最小值.

8. 如图 4-20 所示，有一长 80 cm，宽 60 cm 的矩形不锈钢薄板，用此薄板折成一个长方体无盖容器，要分别过矩形四个顶点处各挖去一个全等的小正方形，按加工要求，长方体的高不小于 10 cm 且不大于 20 cm. 设长方体的高为 x cm，体积为 V cm³. 问 x 为多大时，V 最大？并求这个最大值.

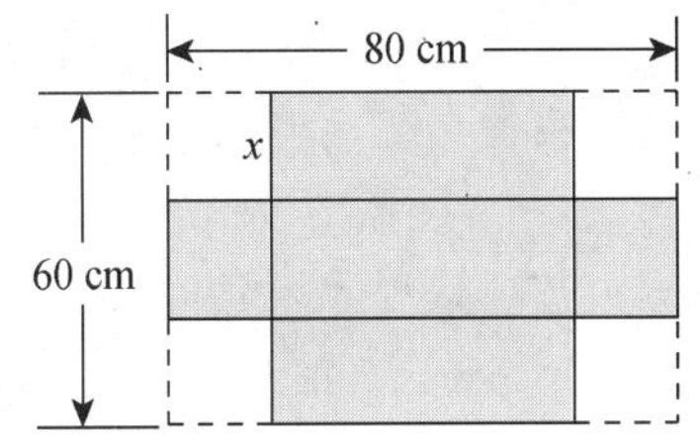

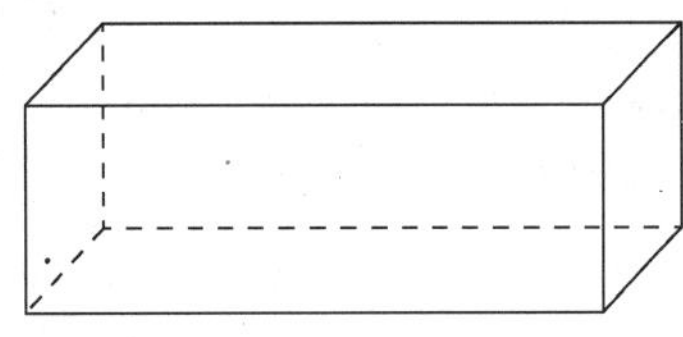

图 4-20

9. 将进货单价 40 元的商品按 50 元一个售出时，能卖出 500 个，若此商品每个涨价 1 元，其销售量减少 10 个，为了赚到最大利润，售价应定为多少？

10. 分析确定下列函数的凹凸区间与拐点.

(1) $y=8x^3+6x$；　　(2) $y=32x^3-48x^4$；

(3) $y=8x^3-20x^2+6x$；　　(4) $y=\dfrac{1-2x}{1+4x^2}$.

11. 求下列近似值.

(1) $\sqrt{1.008}$；　(2) $\ln 1.001$；　(3) $e^{0.0001}$；　(4) $\dfrac{1}{1.0002}$.

12. 求下列近似值.

(1) $\sin 120.5°$；　(2) $\cos 59.5°$；　(3) $2^{3.002}$；　(4) $\arctan 1.002$.

13. 计算.

(1) 曲线 $y=8x-4x^2$ 在顶点的曲率；

(2) 曲线 $y=x\cos 3x$ 在原点的曲率；

(3) 曲线 $y=e^{3x}$ 在点 (0, 1) 的曲率和曲率半径；

(4) 曲线 $y=\dfrac{1}{5x}(x>0)$ 上曲率最大的点.

第5章 积　分

古典几何其中一个最伟大的成就是得到了三角形、球、圆锥体的面积或是体积的计算公式. 在这一章中，我们研究了计算一般几何体的面积和体积的方法，这种方法叫做积分. 积分的运用远不止计算面积和体积问题，在统计学、经济学、科学和工程计算中都有很多应用.

积分让我们能够有效地计算很多物理量，只要将这些物理量分解成小块，然后对所有小块近似求和. 本章用最能揭示积分本质的面积问题来研究积分，将曲边梯形的面积分解成若干小块，每块都用一个矩形来近似，再用矩形面积的和来近似曲边梯形面积，当分割数 $n \to \infty$ 时，矩形面积和的极限就是所求曲边梯形面积.

学习要点

- 了解积分问题的相关背景，掌握定积分的模型思想，树立以直代曲、逐步逼近的辩证观点.
- 理解原函数与不定积分的概念和性质，熟记不定积分的积分基本公式，掌握不定积分运算法则，会用直接积分法计算不定积分.
- 掌握不定积分和定积分的换元积分法和分部积分法.
- 理解定积分的概念和几何意义，掌握定积分的基本性质.
- 熟练运用牛顿-莱布尼茨公式求解定积分，掌握定积分的换元积分法和分部积分法.
- 理解反常积分的概念，掌握反常积分的计算方法.
- 掌握利用 Matlab 软件求积分.

你若想获得知识，你该下苦功；你若想获得食物，你该下苦功；你若想得到快乐，你也该下苦功，因为辛苦是获得一切的定律.

——艾萨克·牛顿

艾萨克·牛顿
(Isaac Newton, 1643—1727)
英国物理学家、数学家

5.1 面积问题

问题的提出 求图 5-1 中由曲线 $y=f(x)$、x 轴、直线 $x=a$、$x=b$ 所围成的图形的面积 S.

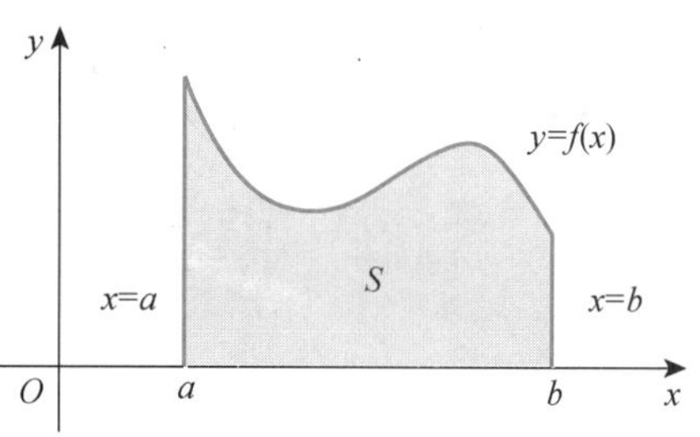

图 5-1 $S=\{(x,\ y)\mid a\leqslant x\leqslant b,\ 0\leqslant y\leqslant f(x)\}$

在试图求解这个面积问题时,人们不仅要问:面积这个词的真正含义是什么?这个问题对于拥有直线边界的区域很好回答.例如,矩形的面积=长×宽,三角形的面积$=\dfrac{1}{2}$×底×高,多边形通过分割将它分解为若干个三角形,再用三角形的面积和表示这个多边形的面积(图 5-2).

然而,如果区域中有一条边为曲边的话,它的面积并不容易求得.

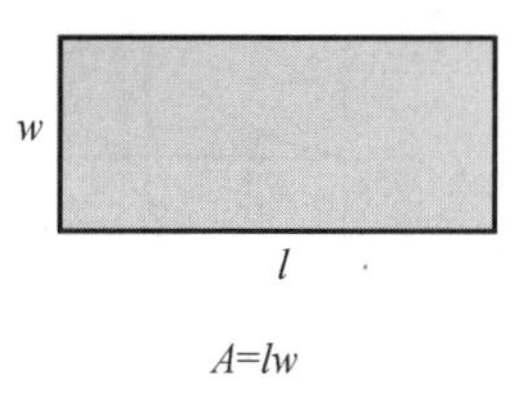

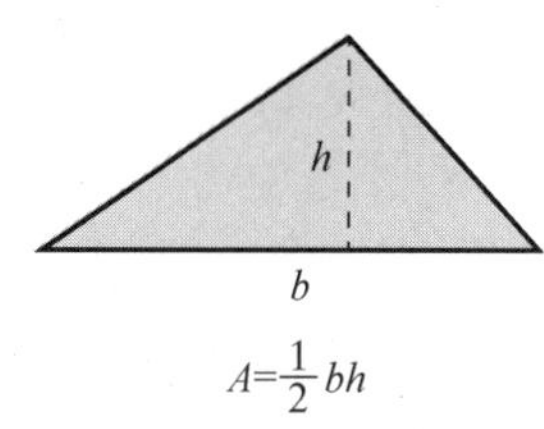

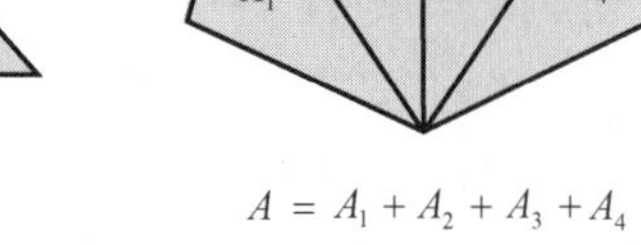

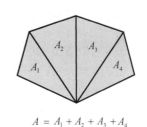

图 5-2

例 1 利用矩形面积来估计抛物线 $y=x^2$ 下方 x 从 0 到 1 的区域面积.

解 由图 5-3 可以看出, S 的面积必定在 0 和 1 之间,因为 S 包含在边长为 1 的正方形中.进一步,用直线 $x=\dfrac{1}{4}$, $x=\dfrac{2}{4}$, $x=\dfrac{3}{4}$ 将 S 分成 S_1, S_2, S_3, S_4 四部分(图 5-4(a)).

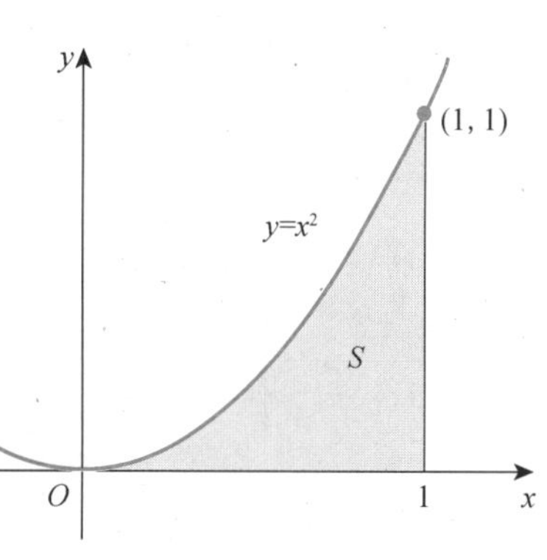

图 5-3

将每个部分用一个以它的底为底,右端长度为高的矩形来近似(图 5-4(b)).则四个矩形的面积和为

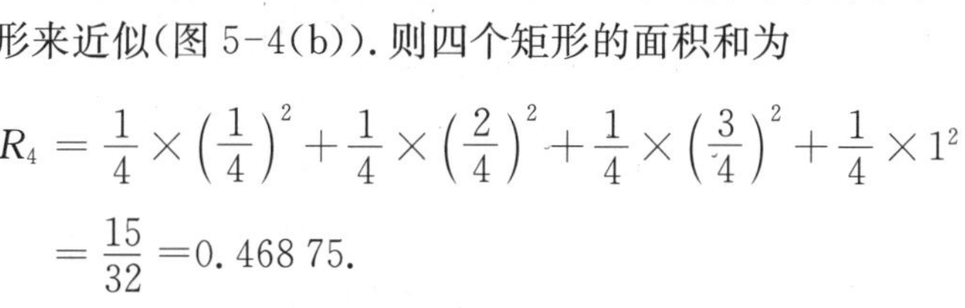

$$R_4=\frac{1}{4}\times\left(\frac{1}{4}\right)^2+\frac{1}{4}\times\left(\frac{2}{4}\right)^2+\frac{1}{4}\times\left(\frac{3}{4}\right)^2+\frac{1}{4}\times 1^2$$

$$=\frac{15}{32}=0.468\,75.$$

从图 5-4(b)可以看出, S 的面积 A 比 R_4 小,即 $A<0.468\,75$.

重新将每个部分用一个以它的底为底,左端长度为高的矩形来近似(图 5-5).则四个矩形的面积和为

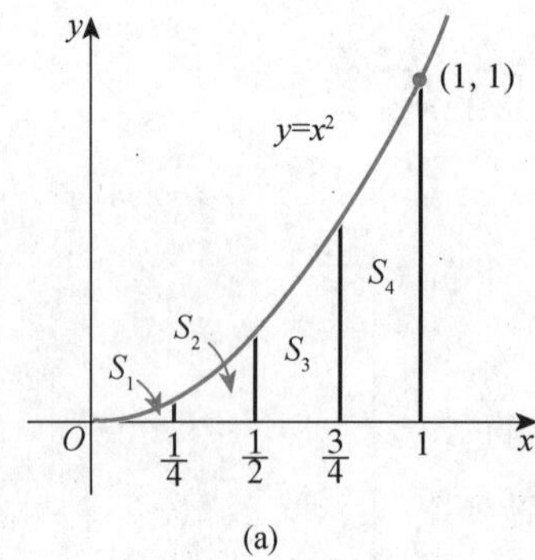

(a)

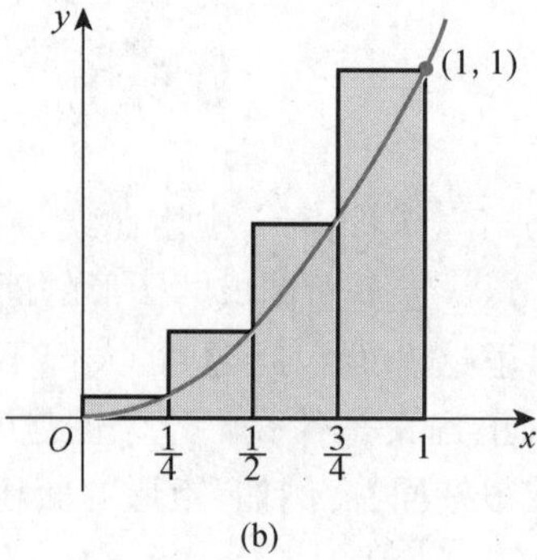

(b)

图 5-4

$$L_4=\frac{1}{4}\times 0^2+\frac{1}{4}\times\left(\frac{1}{4}\right)^2+\frac{1}{4}\times\left(\frac{2}{4}\right)^2+\frac{1}{4}\times\left(\frac{3}{4}\right)^2$$

$$=\frac{7}{32}=0.218\ 75.$$

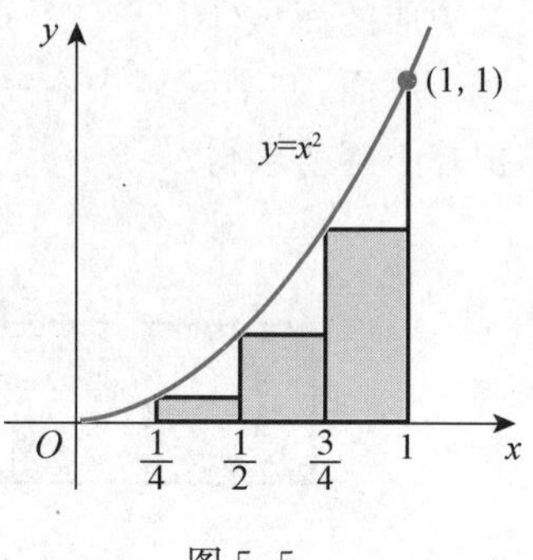

图 5-5

从图 5-5 可以看出，S 的面积 A 比 L_4 大，即 $A>0.218\ 75$.

所以 $0.218\ 75<A<0.468\ 75$.

重复上面的过程，将 S 分成 8 个等宽的部分(图 5-6).

通过计算图 5-6(a)的 8 个小矩形面积的和 L_8 和图 5-6(b)的 8 个大矩形面积的和 R_8，我们得到更好的 A 的范围：

$$0.273\ 437\ 5<A<0.398\ 437\ 5.$$

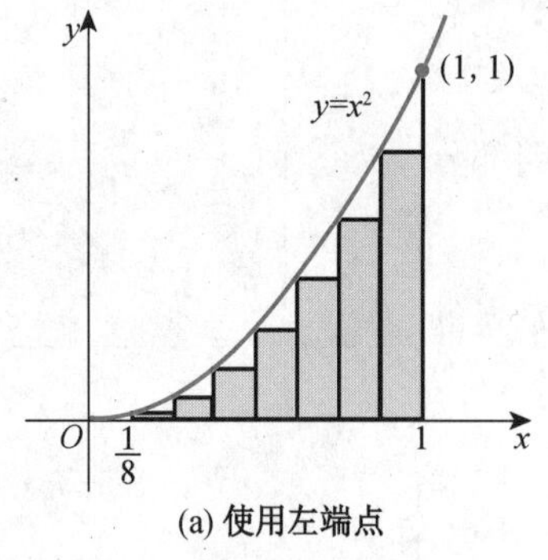

(a) 使用左端点

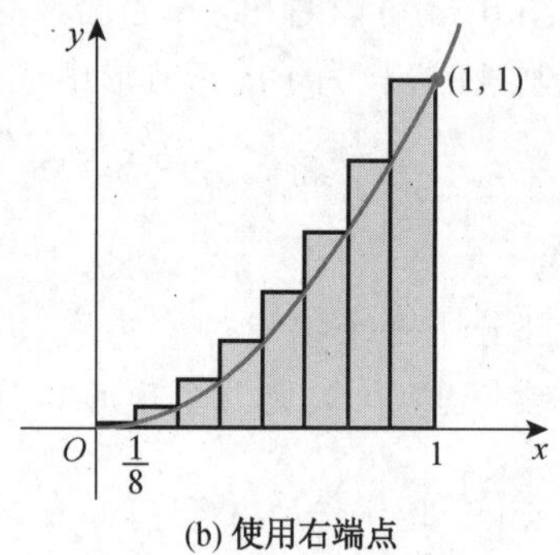

(b) 使用右端点

图 5-6

结果表明：如果增加对 S 的等分分割数量 n，则 n 越大，L_n 和 R_n 对 A 的逼近效果越好(表 5-1). 当 $n=50$ 时，$0.323\ 4<A<0.343\ 4$；当 $n=1\ 000$ 时，$0.332\ 833\ 5<A<0.333\ 833\ 5$，所以 $A\approx\frac{0.332\ 833\ 5+0.333\ 833\ 5}{2}=0.333\ 333\ 5$.

表 5-1

n	L_n	R_n
10	0.285 000 0	0.385 000 0
20	0.308 750 0	0.358 750 0
30	0.316 851 9	0.350 185 2
50	0.323 400 0	0.343 400 0
100	0.328 350 0	0.338 350 0
1 000	0.332 833 5	0.333 833 5

例 2 对于例 1 中区域 S，证明上届逼近的面积和极限为$\frac{1}{3}$，即 $\lim\limits_{n\to\infty} R_n=\frac{1}{3}$.

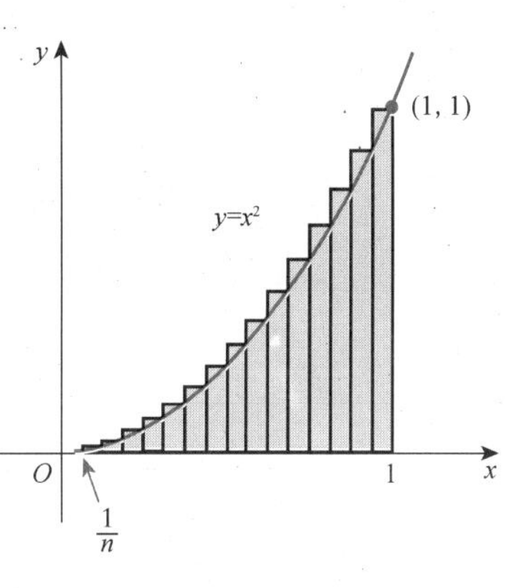

图 5-7

证明 R_n 表示图 5-7 中 n 个矩形的面积和. 每个矩形宽$\frac{1}{n}$，高为函数 $f(x)=x^2$ 在点 $x=\frac{1}{n}, \frac{2}{n}, \frac{3}{n}, \cdots, \frac{n}{n}$ 的函数值，所以

$$
\begin{aligned}
R_n &= \frac{1}{n}\left(\frac{1}{n}\right)^2+\frac{1}{n}\left(\frac{2}{n}\right)^2+\frac{1}{n}\left(\frac{3}{n}\right)^2+\cdots+\frac{1}{n}\left(\frac{n}{n}\right)^2 \\
&= \frac{1}{n}\cdot\frac{1}{n^2}(1^2+2^2+3^2+\cdots+n^2) \\
&= \frac{1}{n^3}(1^2+2^2+3^2+\cdots+n^2).
\end{aligned}
$$

因为
$$1^2+2^2+3^2+\cdots+n^2=\frac{n(n+1)(2n+1)}{6},$$

所以
$$R_n=\frac{1}{n^3}\cdot\frac{n(n+1)(2n+1)}{6}=\frac{n(n+1)(2n+1)}{6n^2},$$

则

$$
\begin{aligned}
\lim_{n\to\infty} R_n &= \lim_{n\to\infty}\frac{(n+1)(2n+1)}{6n^2}=\lim_{n\to\infty}\frac{1}{6}\left(\frac{n+1}{n}\right)\left(\frac{2n+1}{n}\right) \\
&= \lim_{n\to\infty}\frac{1}{6}\left(1+\frac{1}{n}\right)\left(2+\frac{1}{n}\right) \\
&= \frac{1}{6}\times1\times2=\frac{1}{3}.
\end{aligned}
$$

同理可得
$$\lim_{n\to\infty} L_n=\frac{1}{3}.$$

从图 5-8 和图 5-9 可以看出，当 n 增加时，L_n 和 R_n 都越来越接近区域 S 的面积. 因此，可以用近似矩形面积和的极限来定义区域 S 的面积 A.

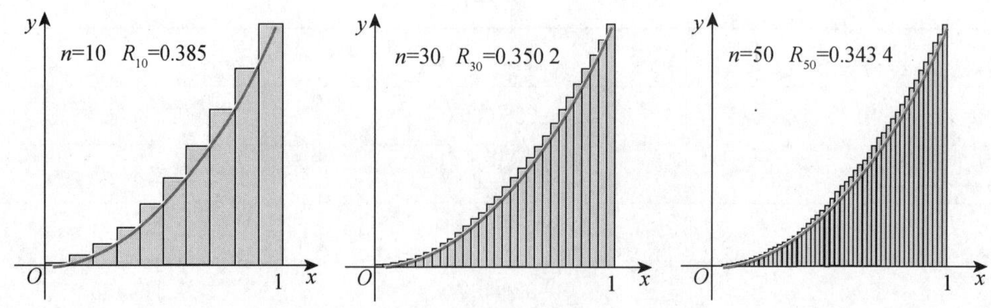

图 5-8　因为 $f(x)=x^2$ 是单调增的，所以右端点产生和的上界

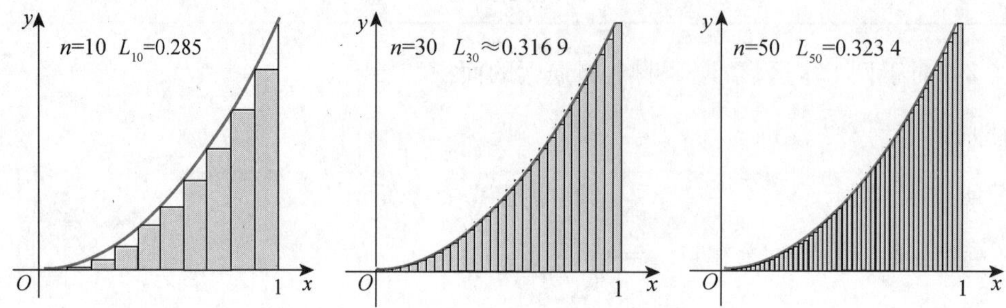

图 5-9　因为 $f(x)=x^2$ 是单调增的，所以左端点产生和的下界

$$A=\lim_{n\to\infty}R_n=\lim_{n\to\infty}L_n=\frac{1}{3}.$$

例 1 和例 2 中求区域 S 的面积的方法可以推广到如图 5-10 所示的任意曲线 $y=f(x)$ 和直线 $x=a$，$x=b$，以及 x 轴所围成的区域面积的求解(这部分内容将在定积分中详细描述).

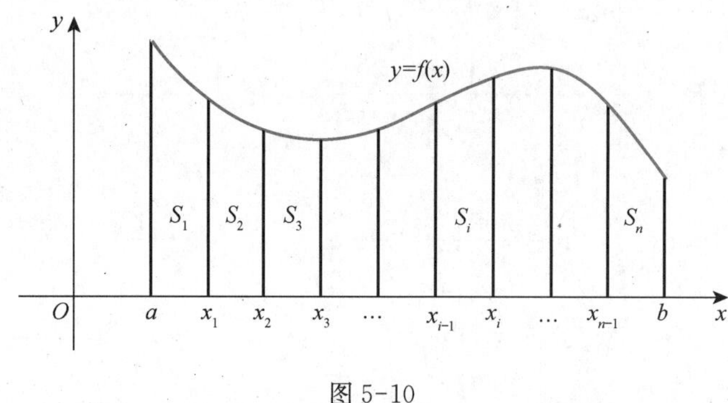

图 5-10

习　题　5.1

求 $y=\dfrac{1}{x}$ 和直线 $x=1$，$x=2$ 以及 x 轴所围成的图形的面积.

5.2 不定积分的概念

5.2.1 原函数的概念

设 $f(x)$ 与 $F(x)$ 是定义在某个区间内的两个函数,并且在该区间内的任一点都有

$$F'(x) = f(x) \quad 或 \quad \mathrm{d}F(x) = f(x)\mathrm{d}x,$$

那么,我们就把 $F(x)$ 叫做 $f(x)$ 的一个原函数.

这里为什么会有"一个"的数量词呢?例如,因为 $\left(\frac{1}{2}x^2\right)' = x$,所以 $y = \frac{1}{2}x^2$ 是 $y = x$ 的一个原函数;因为 $\left(\frac{1}{2}x^2 + 1\right)' = x$,所以 $y = \frac{1}{2}x^2 + 1$ 也是 $y = x$ 的一个原函数. 我们发现,$y = \frac{1}{2}x^2 + C$(C 是任意常数)都是 $y = x$ 的原函数. 关于原函数,我们有以下结论:

(1) 如果函数 $f(x)$ 在闭区间 $[a, b]$ 上连续,那么函数 $f(x)$ 在该区间上一定存在原函数.

(2) 如果函数 $f(x)$ 有原函数,那么函数 $f(x)$ 的原函数就有无数多个,且任意两个原函数相差一个常数 C.

(3) 如果 $F(x)$ 是 $f(x)$ 的一个原函数,那么 $F(x)+C$ 就是 $f(x)$ 的全部原函数,叫做原函数族.

5.2.2 不定积分的定义

如果 $F(x)$ 是 $f(x)$ 的一个原函数,那么函数 $f(x)$ 的全部原函数 $F(x) + C$ 叫做 $f(x)$ 的不定积分,记作

$$\int f(x)\mathrm{d}x = F(x) + C.$$

其中,"$\int$"叫做积分符号①, $f(x)$ 叫做被积函数, x 叫做积分变量, $f(x)\mathrm{d}x$ 叫做被积分表达式. 不定积分也简称积分,求不定积分的运算和方法分别称为积分运算和积分法.

由不定积分定义,我们知道不定积分与微分或导数是互逆的两个运算,进而,我们可得到不定积分的以下性质:

$$\left[\int f(x)\mathrm{d}x\right]' = f(x) \quad 或 \quad \mathrm{d}\left[\int f(x)\mathrm{d}x\right] = f(x)\mathrm{d}x,$$

$$\int F'(x)\mathrm{d}x = F(x) + C \quad 或 \quad \int \mathrm{d}F(x) = F(x) + C.$$

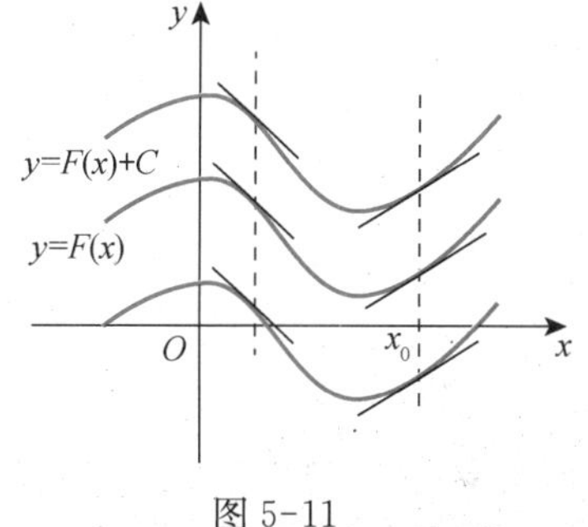

图 5-11

① 积分符号 $\int \cdots \mathrm{d}x$ 由德国数学家莱布尼茨引用,其中 $\int$ 由字母 s 拉长而得.

5.2.3 不定积分的几何意义

若 $F(x)$ 是 $f(x)$ 的一个原函数，则称 $y=F(x)$ 的图像为函数 $y=f(x)$ 的一条积分曲线(图 5-11). 于是，函数 $y=f(x)$ 的不定积分在几何上就表示为函数 $y=f(x)$ 的某一积分曲线沿纵轴方向任意平移，所得一切积分曲线组成的积分曲线族. 显然，若在每一条积分曲线上横坐标相同的点处作切线，则这些切线互相平行.

5.2.4 不定积分的积分基本公式与基本运算法则

由于不定积分是微分的逆运算，因此，我们可以从导数的基本公式得到相应的积分基本公式，如表 5-2 所示.

表 5-2

序号	导数公式	积分公式
1	$F'(x)=f(x)$	$\int f(x)\mathrm{d}x=F(x)+C$
2	$(x)'=1$	$\int \mathrm{d}x=x+C$
3	$\left(\frac{1}{n+1}x^{n+1}\right)'=x^n$	$\int x^n\mathrm{d}x=\frac{1}{n+1}x^{n+1}+C\ (n\neq -1)$
4	$(\ln\|x\|)'=\frac{1}{x}$	$\int \frac{1}{x}\mathrm{d}x=\ln\|x\|+C$
5	$\left(\frac{a^x}{\ln a}\right)'=a^x\quad(a>0,\ a\neq 1)$	$\int a^x\mathrm{d}x=\frac{a^x}{\ln a}+C\ (a>0,\ a\neq 1)$
6	$(\mathrm{e}^x)'=\mathrm{e}^x$	$\int \mathrm{e}^x\mathrm{d}x=\mathrm{e}^x+C$
7	$(-\cos x)'=\sin x$	$\int \sin x\,\mathrm{d}x=-\cos x+C$
8	$(\sin x)'=\cos x$	$\int \cos x\,\mathrm{d}x=\sin x+C$
9	$(\tan x)'=\sec^2 x$	$\int \sec^2 x\mathrm{d}x=\tan x+C$
10	$(-\cot x)'=\csc^2 x$	$\int \csc^2 x\mathrm{d}x=-\cot x+C$
11	$(\sec x)'=\sec x\tan x$	$\int \sec x\tan x\,\mathrm{d}x=\sec x+C$
12	$(-\csc x)'=\csc x\cot x$	$\int \csc x\cot x\,\mathrm{d}x=-\csc x+C$
13	$(\arcsin x)'=\frac{1}{\sqrt{1-x^2}}$	$\int \frac{1}{\sqrt{1-x^2}}\mathrm{d}x=\arcsin x+C$
14	$(\arctan x)'=\frac{1}{1+x^2}$	$\int \frac{1}{1+x^2}\mathrm{d}x=\arctan x+C$

需要说明的是，上述的这一组公式是非常重要的，许多的不定积分的计算最后往往归结于这些公式.

设 k 是一个常数，则积分的基本运算法则有

(1) $\left[\int f(x) \pm g(x)\right]\mathrm{d}x = \int f(x)\mathrm{d}x \pm \int g(x)\mathrm{d}x$;

(2) $\int kf(x)\mathrm{d}x = k\int f(x)\mathrm{d}x$.

对于一些简单的被积函数,利用积分运算法则和积分基本公式直接求出结果,或先将被积函数经过适当恒等变形再利用法则和公式求出结果,我们把这种积分的方法叫做直接积分法.

例 计算下列不定积分.

(1) $\int\left(2\mathrm{e}^x - 3\sin x + \frac{1}{x} - 1\right)\mathrm{d}x$;　　(2) $\int \frac{(1+x)^3}{x^2}\mathrm{d}x$;

(3) $\int\sqrt{x\sqrt{x\sqrt{x}}}\,\mathrm{d}x$;　　(4) $\int \tan^2 x\mathrm{d}x$;

(5) $\int \frac{x^2}{1+x^2}\mathrm{d}x$;　　(6) $\int \frac{x^4}{1+x^2}\mathrm{d}x$.

解 (1) 原式 $= 2\mathrm{e}^x + 3\cos x + \ln|x| - x + C$.

(2) 原式 $= \int \frac{1+x^3+3x+3x^2}{x^2}\mathrm{d}x = \int\left(\frac{1}{x^2} + x + \frac{3}{x} + 3\right)\mathrm{d}x$

$= -\frac{1}{x} + \frac{x^2}{2} + 3\ln|x| + 3x + C$.

(3) 原式 $= \int x^{\frac{7}{8}}\,\mathrm{d}x = \frac{8}{15}x^{\frac{15}{8}} + C$.

(4) 原式 $= \int(\sec^2 x - 1)\mathrm{d}x = \tan x - x + C$.

(5) 原式 $= \int\left(1 - \frac{1}{1+x^2}\right)\mathrm{d}x = x - \arctan x + C$.

(6) 原式 $= \int\left(\frac{x^4-1}{1+x^2} + \frac{1}{1+x^2}\right)\mathrm{d}x = \int\left(x^2 - 1 + \frac{1}{1+x^2}\right)\mathrm{d}x$

$= \frac{1}{3}x^3 - x + \arctan x + C$.

我们在进行积分运算时,要注意公式的灵活运用.既要知道公式可以"从左至右",也要知道"从右到左";既要会"合并",也要会"拆分".因此,要想熟练掌握直接积分法,就必须进行大量的练习,这样才能提高不定积分的计算能力.

习 题 5.2

1. 填空.

(1) $2x - \sin x$ 的一个原函数是________,而________的一个原函数是 $2x - \sin x$.

(2) 已知 $F(x)$ 是 $f(x)$ 的一个原函数,,则 $\int 2f(x)\mathrm{d}x =$ ________.

2. 求下列不定积分.

(1) $\int(2 + x^2 - 5x^3)\mathrm{d}x$;　　(2) $\int(4\mathrm{e}^x - 5\sec^2 x)\mathrm{d}x$;

(3) $\int(1-x)^2\mathrm{d}x$;　　(4) $\int(5\cos x - 2\sin x)\mathrm{d}x$;

(5) $\int \sin^2 \frac{x}{2}\mathrm{d}x$；　　(6) $\int \cos^2 \frac{x}{2}\mathrm{d}x$；

(7) $\int 2^x \mathrm{e}^x \mathrm{d}x$；　　(8) $\int \frac{1}{x^2(1+x^2)}\mathrm{d}x$.

5.3 不定积分的计算

上节介绍的直接积分法可以解决一些简单的不定积分的计算问题，但对于其他的不定积分的计算，还需要介绍一些基本的求法. 本节将利用复合函数的求导方法给出第一类换元积分法(凑微分法)和第二类换元积分法(去根号法)，利用函数乘积的求导方法给出分部积分法.

5.3.1 换元积分法

换元积分法，顾名思义就是通过积分变量的代换而进行积分运算的一种方法. 在积分计算中，常用的换元积分法有第一类换元积分法和第二类换元积分法. 其中，第一类换元积分法主要针对被积函数为复合函数"$f[\varphi(x)]$"的类型，第二类换元积分法则主要针对被积函数中含有"$\sqrt{\quad}$"的情况. 当然，这不是绝对的，有的函数只能用其中一种方法，有的函数却两种方法都适用，选择哪种积分法，需要我们通过一定程度的练习，才能够做到得心应手.

第一类换元积分法

$$\begin{aligned}\int f[\varphi(x)]\varphi'(x)\mathrm{d}x &= \int f[\varphi(x)]\mathrm{d}\varphi(x)\\ &\xlongequal{\text{令 }\varphi(x)=u} \int f(u)\mathrm{d}u\\ &= F(u)+C\ (\text{这里 } F(u) \text{ 是 } f(u) \text{ 的一个原函数})\\ &\xlongequal{\text{回代 } u=\varphi(x)} F[\varphi(x)]+C.\end{aligned}$$

例 1 求不定积分 $\int \sin(4x-5)\mathrm{d}x$.

解 原式 $\xlongequal{\text{令 } 4x-5=u} \frac{1}{4}\int \sin u\mathrm{d}u = -\frac{1}{4}\cos u + C$

$\xlongequal{\text{回代 } u=4x-5} -\frac{1}{4}\cos(4x-5)+C.$

当换元积分法熟练以后，换元过程可以省略不写. 例如：

$$\text{原式} = \frac{1}{4}\int \sin(4x-5)\mathrm{d}(4x-5) = -\frac{1}{4}\cos(4x-5)+C.$$

由例 1 可以看出，应用第一类换元积分法的关键在于找出被积函数中的"$\varphi(x)$"，然后将微分 $\mathrm{d}x$ 凑成有利于计算的 $\varphi(x)$ 的微分 $\mathrm{d}\varphi(x)$. 因此，第一类换元积分法也叫凑微分法. 在凑微分时，我们常常要用到下面的微分性质和微分式子.

常用微分性质：若 $g(x)$ 可导，k 是常数，则

(1) $\mathrm{d}g(x) = \frac{1}{k}\mathrm{d}[kg(x)]$，$k \neq 0$；

(2) $\mathrm{d}g(x)=\mathrm{d}[g(x)+k]$.

常用微分式子：

$k\mathrm{d}x=\mathrm{d}(kx)$；

$\frac{1}{x}\mathrm{d}x=\mathrm{d}(\ln x)$；

$\frac{1}{\sqrt{x}}\mathrm{d}x=2\mathrm{d}(\sqrt{x})$；

$\mathrm{e}^{x}\mathrm{d}x=\mathrm{d}(\mathrm{e}^{x})$；

$\sin x\,\mathrm{d}x=-\mathrm{d}(\cos x)$；

$\cos \mathrm{d}x=d(\sin x)$；

$\frac{1}{1+x^2}\mathrm{d}x=\mathrm{d}(\arctan x)$；

$\frac{1}{\sqrt{1-x^2}}\mathrm{d}x=\mathrm{d}(\arcsin x)$；

$x\mathrm{d}x=\frac{1}{2}\mathrm{d}(x^2)$；

$\sec^2 x\mathrm{d}x=\mathrm{d}(\tan x)$；

$\csc^2 x\mathrm{d}x=-\mathrm{d}(\cot x)$；

$\sec x\tan x\,\mathrm{d}x=\mathrm{d}(\sec x)$.

例 2 求不定积分 $\int\frac{\mathrm{d}x}{a^2+x^2}(a\neq 0)$.

解 对照公式 $\int\frac{\mathrm{d}x}{1+x^2}=\arctan x+C$，关键是将 $\int\frac{\mathrm{d}x}{a^2+x^2}$ 中的"a^2"化为 1，故有

$$原式=\frac{1}{a^2}\int\frac{\mathrm{d}x}{1+\left(\frac{x}{a}\right)^2}=\frac{1}{a}\int\frac{\mathrm{d}\left(\frac{x}{a}\right)}{1+\left(\frac{x}{a}\right)^2}=\frac{1}{a}\arctan\frac{x}{a}+C.$$

类似地，可得

$$\int\frac{\mathrm{d}x}{\sqrt{a^2-x^2}}=\arcsin\frac{x}{a}+C\quad(a>0).$$

例 3 求不定积分 $\int\frac{\mathrm{d}x}{x^2-a^2}\ (a\neq 0)$.

解
$$\begin{aligned}原式&=\int\frac{\mathrm{d}x}{(x+a)(x-a)}=\frac{1}{2a}\int\left(\frac{1}{x-a}-\frac{1}{x+a}\right)\mathrm{d}x\\&=\frac{1}{2a}\left[\int\frac{\mathrm{d}(x-a)}{(x-a)}-\int\frac{\mathrm{d}(x+a)}{(x+a)}\right]\\&=\frac{1}{2a}[\ln|x-a|-\ln|x+a|]+C\\&=\frac{1}{2a}\ln\left|\frac{x-a}{x+a}\right|+C.\end{aligned}$$

例 4 求不定积分 $\int \cos^2 x \mathrm{d}x$.

解 对于次数较高的三角函数一般采用降次的方法,对于 $\cos^2 x$ 或 $\sin^2 x$ 就可用半角公式进行降次,即

$$\begin{aligned}原式 &= \int \frac{1+\cos 2x}{2}\mathrm{d}x = \frac{1}{2}\int \mathrm{d}x + \frac{1}{2}\int \cos 2x\mathrm{d}x = \frac{1}{2}x + \frac{1}{4}\int \cos 2x\mathrm{d}(2x)\\ &= \frac{1}{2}x + \frac{1}{4}\sin 2x + C.\end{aligned}$$

类似地,可得

$$\int \sin^2 x\mathrm{d}x = \frac{1}{2}x - \frac{1}{4}\sin 2x + C.$$

注意 同一积分,可以有几种不同的解法,其结果在形式上也可能会不同,但实际上它们最多只是积分常数有区别.

第二类换元积分法

$$\begin{aligned}\int f(x)\mathrm{d}x &\xlongequal{令 x=\psi(t)} \int f[\psi(t)]\psi'(t)\mathrm{d}t = F(t)+C\\ &\xlongequal{回代 t=\psi^{-1}(x)} F[\psi^{-1}(x)]+C.\end{aligned}$$

例 5 求 $\int \frac{\mathrm{d}x}{1+\sqrt{x}}$

解 令 $\sqrt{x}=t$, 即 $x=t^2(t\geqslant 0)$,于是 $\mathrm{d}x=2t\mathrm{d}t$, 故有

$$\begin{aligned}原式 &= \int \frac{2t}{1+t}\mathrm{d}t = 2\int\left(1-\frac{1}{1+t}\right)\mathrm{d}t = 2\left[\int \mathrm{d}t - \int \frac{1}{1+t}\mathrm{d}t\right]\\ &= 2[t-\ln|1+t|]+C.\end{aligned}$$

回代 $t=\sqrt{x}$, 最后得

$$原式 = 2[\sqrt{x}-\ln|1+\sqrt{x}|]+C = 2[\sqrt{x}-\ln(1+\sqrt{x})]+C.$$

例 6 求 $\int\sqrt{a^2-x^2}\mathrm{d}x(a>0)$.

解 令 $x=a\sin t\left(t\in\left[-\frac{\pi}{2},\frac{\pi}{2}\right]\right)$, 则

$$\sqrt{a^2-x^2}=\sqrt{a^2-a^2\sin^2 t}=\sqrt{a^2\cos^2 t}=a\cos t,\ \mathrm{d}x=a\cos t\,\mathrm{d}t.$$

代入被积表达式,得

$$原式 = \int a\cos t\cdot a\cos t\,\mathrm{d}t = a^2\int\cos^2 t\mathrm{d}t = \frac{a^2}{2}t+\frac{a^2}{2}\sin t\cos t + C.$$

由 $x=a\sin t\left(t\in\left[-\frac{\pi}{2},\frac{\pi}{2}\right]\right)$ 得

$$t = \arcsin\frac{x}{a},$$

$$\cos t = \sqrt{1-\sin^2 t} = \sqrt{1-\left(\frac{x}{a}\right)^2} = \frac{\sqrt{a^2-x^2}}{a}.$$

故所求积分为

$$原式 = \frac{a^2}{2}\arcsin\frac{x}{a} + \frac{1}{2}x\sqrt{a^2-x^2} + C.$$

当被积函数含有根式$\sqrt{a^2-x^2}$或$\sqrt{x^2\pm a^2}$时，可将被积表达式作如下变换：

(1) 含有$\sqrt{a^2-x^2}$时，令 $x = a\sin t$；

(2) 含有$\sqrt{x^2+a^2}$时，令 $x = a\tan t$；

(3) 含有$\sqrt{x^2-a^2}$时，令 $x = a\sec t$.

这三种变换叫做三角代换.

补充积分的基本公式如表 5-3 所示.

表 5-3 积分基本公式(续)

序号	积分公式
15	$\int \tan x\,dx = -\ln\lvert\cos x\rvert + C$
16	$\int \cot x\,dx = \ln\lvert\sin x\rvert + C$
17	$\int \sec x\,dx = \ln\lvert\sec x + \tan x\rvert + C$
18	$\int \csc x\,dx = \ln\lvert\csc x - \cot x\rvert + C$
19	$\int \frac{dx}{a^2+x^2} = \frac{1}{a}\arctan\frac{x}{a} + C \quad (a \neq 0)$
20	$\int \frac{dx}{x^2-a^2} = \frac{1}{2a}\ln\left\lvert\frac{x-a}{x+a}\right\rvert + C \quad (a \neq 0)$
21	$\int \frac{dx}{\sqrt{a^2-x^2}} = \arcsin\frac{x}{a} + C \quad (a > 0)$
22	$\int \frac{dx}{\sqrt{x^2\pm a^2}} = \ln\left\lvert x + \sqrt{x^2\pm a^2}\right\rvert + C \quad (a \neq 0)$

5.3.2 分部积分法

设函数 $u = u(x)$ 及 $v = v(x)$ 具有连续导数，由微分法则知

$$d(uv) = u\,dv + v\,du.$$

两边积分，得

$$uv = \int u\mathrm{d}v + \int v\mathrm{d}u,$$

即

$$\boxed{\int u\mathrm{d}v = uv - \int v\mathrm{d}u}$$

上式叫做分部积分公式. 使用分部积分法一般应注意以下两点：

(1) $\mathrm{d}v$ 要容易求得；

(2) $\int v\mathrm{d}u$ 要比 $\int u\mathrm{d}v$ 容易积分.

分部积分法通常用于被积函数为两个函数乘积的情形. 如：当被积函数是幂函数与指数函数(或者正弦函数、余弦函数)的乘积时，可把幂函数选作 u；当被积函数是幂函数与对数函数(或反三角函数)的乘积时，应把对数函数或反三角函数选作 u.

例 7　求下列不定积分.

(1) $\int x\cos x\,\mathrm{d}x$；　(2) $\int x^2\mathrm{e}^x\mathrm{d}x$；　(3) $\int x\ln x\mathrm{d}x$；　(4) $\int x\arctan x\,\mathrm{d}x$.

解　(1) 取 $u = x$，$\mathrm{d}v = \cos x\,\mathrm{d}x = d\sin x$，则

$$原式 = \int xd\sin x = x\sin x - \int \sin x\,\mathrm{d}x = x\sin x + \cos x + C.$$

(2) 取 $u = x^2$，$\mathrm{d}v = \mathrm{e}^x\mathrm{d}x = \mathrm{d}\mathrm{e}^x$，则

$$\begin{aligned}原式 &= \int x^2\mathrm{d}\mathrm{e}^x = x^2\mathrm{e}^x - \int \mathrm{e}^x\mathrm{d}x^2 = x^2\mathrm{e}^x - \int 2x\mathrm{e}^x\mathrm{d}x = x^2\mathrm{e}^x - 2\int x\mathrm{d}\mathrm{e}^x \\ &= x^2\mathrm{e}^x - 2\left(x\mathrm{e}^x - \int \mathrm{e}^x\mathrm{d}x\right) = x^2\mathrm{e}^x - 2x\mathrm{e}^x + 2\mathrm{e}^x + C.\end{aligned}$$

(3) 取 $u = \ln x$，$\mathrm{d}v = x\mathrm{d}x = \mathrm{d}\,\frac{1}{2}x^2$，则

$$\begin{aligned}原式 &= \int \ln x\mathrm{d}\,\frac{1}{2}x^2 = \frac{1}{2}x^2\ln x - \int \frac{1}{2}x^2\mathrm{d}\ln x = \frac{1}{2}x^2\ln x - \frac{1}{2}\int x\mathrm{d}x \\ &= \frac{1}{2}x^2\ln x - \frac{1}{4}x^2 + C.\end{aligned}$$

(4) 取 $u = \arctan x$，$\mathrm{d}v = x\mathrm{d}x = \mathrm{d}\,\frac{1}{2}x^2$，则

$$\begin{aligned}原式 &= \int \arctan x\mathrm{d}\,\frac{1}{2}x^2 = \frac{1}{2}x^2\arctan x - \int \frac{1}{2}x^2\mathrm{d}\arctan x \\ &= \frac{1}{2}x^2\arctan x - \frac{1}{2}\int \frac{x^2}{1+x^2}\mathrm{d}x = \frac{1}{2}x^2\arctan x - \frac{1}{2}\int \frac{x^2+1-1}{1+x^2}\mathrm{d}x \\ &= \frac{1}{2}x^2\arctan x - \frac{1}{2}\int\left(1 - \frac{1}{1+x^2}\right)\mathrm{d}x \\ &= \frac{1}{2}x^2\arctan x - \frac{1}{2}x + \frac{1}{2}\arctan x + C.\end{aligned}$$

通过以上例题，我们知道，对于有些被积函数，有时需要多次使用分部积分公式，才能求

出结果.

例 8　求$\int e^x\cos x\,dx$

解　原式$=\int \cos x de^x = \cos x e^x - \int e^x d\cos x$

$$= e^x\cos x + \int e^x \sin x\,dx$$

$$= e^x\cos x + \int \sin x de^x$$

$$= e^x\cos x + e^x\sin x - \int e^x d\sin x,$$

移项得

$$\text{原式} = \frac{e^x(\cos x + \sin x)}{2} + C.$$

例 9　求$\int \sec^3 x dx$

解　令 $u = \sec x$, $\sec^2 x dx = dv$, 则 $du = \sec x\tan x\,dx$, $v = \tan x$,

$$\text{原式} = \sec x\tan x - \int \sec x\tan^2 x dx$$

$$= \sec x\tan x - \int \sec x(\sec^2 x - 1)dx$$

$$= \sec x\tan x - \int \sec^3 x dx + \int \sec x\,dx$$

$$= \sec x\tan x - \int \sec^3 x dx + \ln|\sec x + \tan x|,$$

于是,得

$$\text{原式} = \frac{1}{2}\sec x\tan x + \frac{1}{2}\ln|\sec x + \tan x| + C.$$

例 10　已知 $x^2\cos x$ 是 $f(x)$的一个原函数,求$\int xf'(x)dx$.

解　原式$=\int xdf(x) = xf(x) - \int f(x)dx$

$= xf(x) - F(x) + C$　($F(x)$ 为 $f(x)$ 的一个原函数).

因为 $x^2\cos x$ 是 $f(x)$ 的一个原函数,

所以
$$f(x) = (x^2\cos x)' = 2x\cos x - x^2\sin x,$$
故
$$\text{原式} = x(2x\cos x - x^2\sin x) - x^2\cos x + C$$
$$= x^2\cos x - x^3\sin x + C.$$

一般来说,积分运算比微分运算复杂得多,为了方便大家进行不定积分的运算,人们将一些函数的不定积分汇编成表,这种表叫做积分表. 本书后面附录一中列出的"简易积分表"是按积分函数的类型加以编排的,其中包括了最常用的一些积分公式.

习 题 5.3

1. 在下列空格或括号中填上适当的数或函数使等式成立.

(1) $\mathrm{d}x=$ ________ $\mathrm{d}(2x+1)$；　　(2) $x\mathrm{d}x=$ ________ $\mathrm{d}(x^2+1)$；

(3) $\mathrm{e}^{3x}\mathrm{d}x=\mathrm{d}(\quad)$；　　(4) $\dfrac{1}{1+x}\mathrm{d}x=\mathrm{d}(\quad)$；

(5) $\dfrac{\mathrm{d}x}{1+x^2}=\mathrm{d}(\quad)$；　　(6) $\cos 2x\mathrm{d}x=\mathrm{d}(\quad)$.

2. 求下列不定积分.

(1) $\int\cos 4x\mathrm{d}x$；　　(2) $\int(x^2-3x+2)^3(2x-3)\mathrm{d}x$；

(3) $\int(3-2x)^3\mathrm{d}x$；　　(4) $\int\dfrac{x}{\sqrt{x^2-2}}\mathrm{d}x$；

(5) $\int\dfrac{\sin x}{\cos^2 x}\mathrm{d}x$；　　(6) $\int\dfrac{1}{x\ln^2 x}\mathrm{d}x$；

(7) $\int\mathrm{e}^{-x}\mathrm{d}x$；　　(8) $\int\mathrm{e}^{\sin x}\cos x\,\mathrm{d}x$；

(9) $\int\dfrac{\mathrm{d}x}{1+\sqrt[3]{x+1}}$；　　(10) $\int\dfrac{\mathrm{d}x}{x\sqrt{x+1}}$；

(11) $\int\sqrt{1-x^2}\mathrm{d}x$；　　(12) $\int\dfrac{\mathrm{d}x}{\sqrt{1+x^2}}$；

(13) $\int\arccos x\,\mathrm{d}x$；　　(14) $\int x\mathrm{e}^{-x}\mathrm{d}x$；

(15) $\int x\ln x\,\mathrm{d}x$；　　(16) $\int\mathrm{e}^x\sin x\,\mathrm{d}x$.

5.4 定积分的概念

5.4.1 什么是定积分

由连续曲线 $y=f(x)$ 与三条直线 $x=a$，$x=b$，$y=0$ 所围成的图形(图 5-12)叫做曲边梯形. 曲边梯形 AA_1B_1B 在 x 轴上的线段 A_1B_1 叫做曲边梯形的底边,曲线段 $\overset{\frown}{AB}$ 叫做曲边梯形的曲边.

曲线围成的平面图形的面积,在适当选择坐标系后,往往可以化为两个曲边梯形面积的差. 例如,图 5-13 中 $ADBC$ 的面积可以表示为曲边梯形 AA_1B_1B—C 的面积与曲边梯形 AA_1B_1B—D 的面积的差.

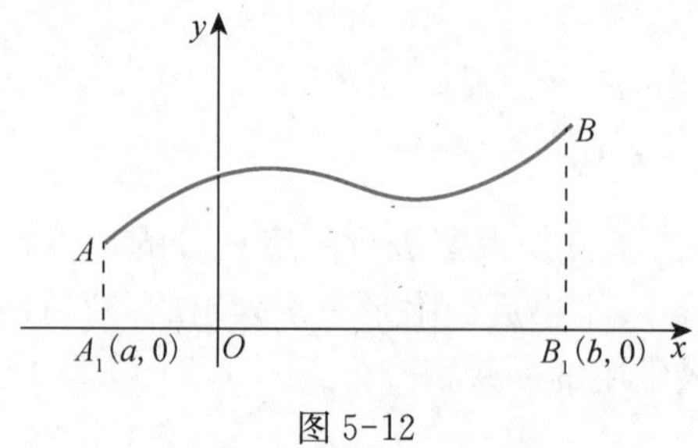

图 5-12

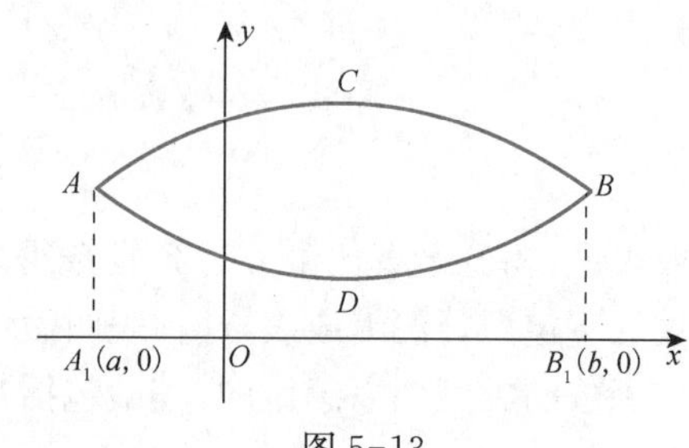

图 5-13

因此,解决平面图形的面积问题,首先是能够求出曲边梯形的面积.

设 $y=f(x)$ 在区间 $[a,b]$ 上连续,且 $f(x)\geqslant 0$,求以曲线 $y=f(x)$ 为曲边,底为 $[a,b]$ 的曲边梯形的面积 A.

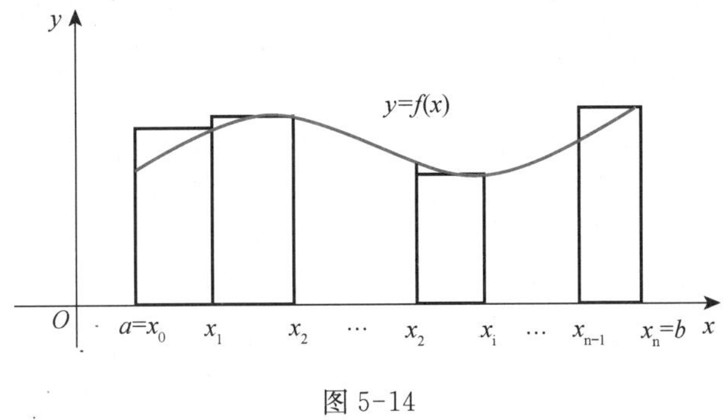

图 5-14

如图 5-14 所示,我们在区间 $[a,b]$ 上等距离地取分点

$$a=x_0<x_1<\cdots<x_n=b.$$

将区间 $[a,b]$ 划分为 n 个的小区间

$$[x_0,x_1],[x_1,x_2],\cdots,[x_{i-1},x_i],\cdots,[x_{n-1},x_n].$$

小区间 $[x_{i-1},x_i]$ 的长度为

$$\Delta x_i=x_i-x_{i-1}\quad(i=1,2,\cdots,n).$$

过各分点作垂直于 x 轴的直线,把整个曲边梯形分成 n 个小曲边梯形,其中第 i 个小曲边梯形的面积记为

$$\Delta A_i\quad(i=1,2,\cdots,n).$$

用宽为 Δx_i、高为 $f(x_i)$ 的小矩形的面积近似代替第 i 个小曲边梯形的面积,即

$$\Delta A_i\approx f(x_i)\Delta x_i.$$

因而 n 个小矩形面积的和就是曲边梯形面积的近似值,即

$$A\approx\sum_{i=1}^{n}f(x_i)\Delta x_i.$$

当曲边梯形分割得越细,$\sum\limits_{i=1}^{n}f(x_i)\Delta x_i$ 就越接近于曲边梯形的实际面积,根据极限原理,即

$$A=\lim_{|\Delta x_i|\to 0}\sum_{i=1}^{n}f(x_i)\Delta x_i\quad(|\Delta x_i|\text{ 表示小区间的长度}).$$

可见,曲边梯形的面积是一个和式的极限,我们将这个结论推广到一般情形,便引入了定积分的概念:

设函数 $y=f(x)$ 在区间 $[a,b]$ 上有定义,在区间 $[a,b]$ 上等距离取分点

$$a=x_0<x_1<\cdots<x_n=b.$$

将区间 $[a, b]$ 成分为 n 个的小区间 $[x_{i-1}, x_i]$，其长度为

$$|\Delta x_i| = x_i - x_{i-1} \quad (i = 1, 2, \cdots, n).$$

若当 $|\Delta x_i| \to 0$ 时，和式极限 $\lim\limits_{|\Delta x_i| \to 0} \sum\limits_{i=1}^{n} f(x_i)\Delta x_i$ 存在，则此极限叫做函数 $y = f(x)$ 在区间 $[a, b]$ 上的定积分，记作 $\int_a^b f(x)\mathrm{d}x$，即

$$\lim_{|\Delta x_i| \to 0} \sum_{i=1}^{n} f(x_i)\Delta x_i = \int_a^b f(x)\mathrm{d}x.$$

其中 $f(x)$ 叫做被积函数，$f(x)\mathrm{d}x$ 叫做被积表达式，x 叫做积分变量，a 与 b 分别叫做积分的下限与上限，$[a, b]$ 叫做积分区间.

注意 (1) 定积分的值只与被积函数和积分区间有关，而与积分变量、区间 $[a, b]$ 的分法无关.

(2) 如果定积分 $\int_a^b f(x)\mathrm{d}x$ 存在，则称 $f(x)$ 在区间 $[a, b]$ 上可积.

(3) 如果函数 $f(x)$ 在区间 $[a, b]$ 上连续，则 $f(x)$ 在区间 $[a, b]$ 上可积.

(4) 在定积分中，a 总是小于 b 的. 对于 $a > b$ 和 $a = b$ 的情形，我们给出以下补充定义：

$$\int_a^b f(x)\mathrm{d}x = -\int_b^a f(x)\mathrm{d}x \quad (a > b),$$

$$\int_a^a f(x)\mathrm{d}x = 0.$$

5.4.2 定积分的几何意义

由定积分的定义，我们已经知道，如果函数 $f(x)$ 在区间 $[a, b]$ 上连续且 $f(x) \geqslant 0$，那么定积分 $\int_a^b f(x)\mathrm{d}x$ 就表示以 $y = f(x)$ 为曲边的曲边梯形的面积.

如果函数 $f(x)$ 在区间 $[a, b]$ 上连续且 $f(x) < 0$，易知 $\int_a^b f(x)\mathrm{d}x < 0$，那么定积分与以 $y = f(x)$ 为曲边的曲边梯形面积 A 之间的关系为(图 5-15)

$$\int_a^b f(x)\mathrm{d}x = -A \quad 或 \quad A = -\int_a^b f(x)\mathrm{d}x.$$

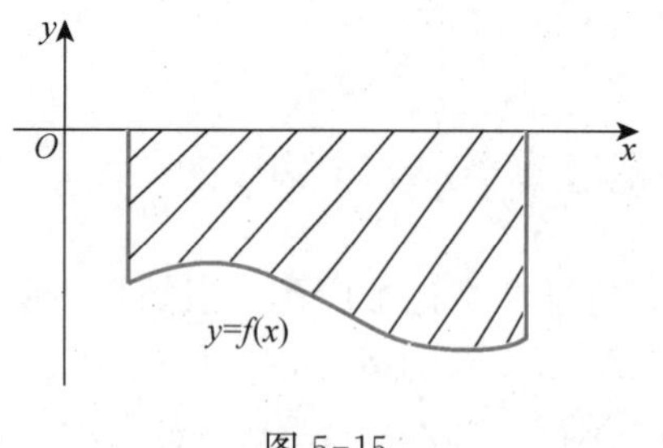

图 5-15

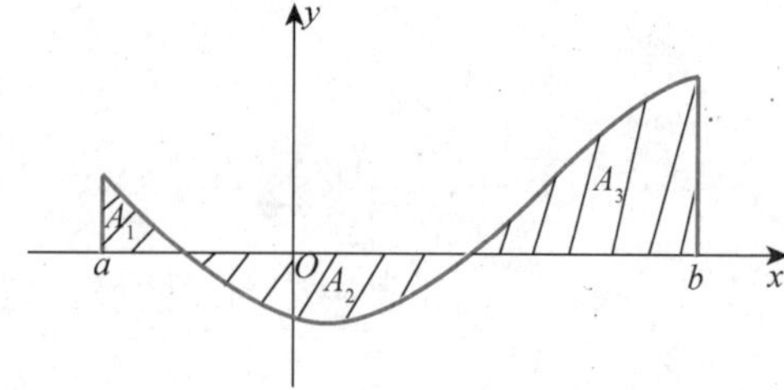

图 5-16

综上，定积分 $\int_a^b f(x)\mathrm{d}x$ 在各种实际问题中所代表的实际意义尽管不同，但它的数值在几何上都可用曲边梯形面积的代数和来表示，这就是定积分的几何意义，如图 5-16 所示.

$$\int_a^b f(x)\mathrm{d}x = A_1 - A_2 + A_3.$$

例 1　用定积分表示图 5-17 中四个图形阴影部分的面积.

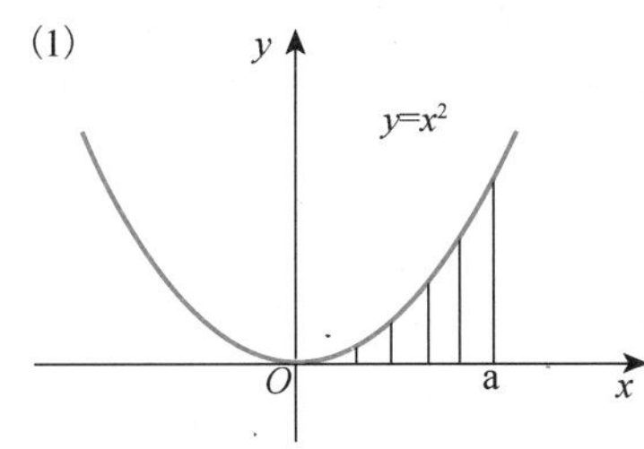

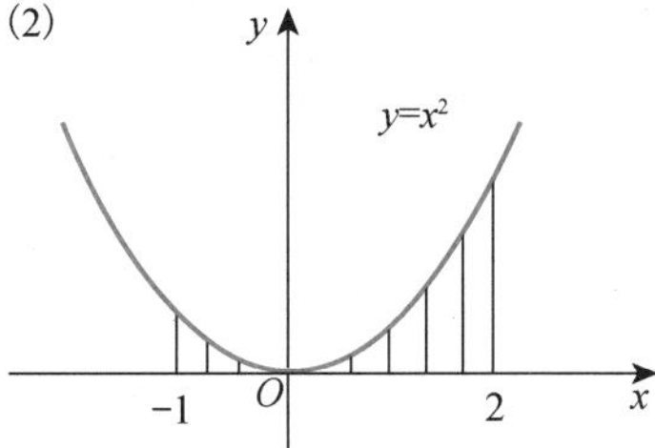

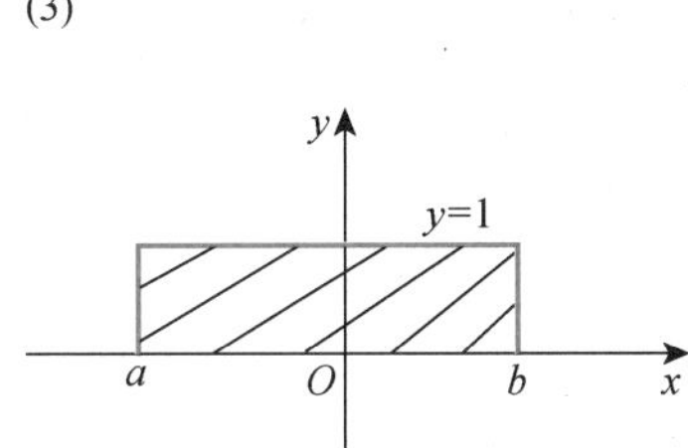

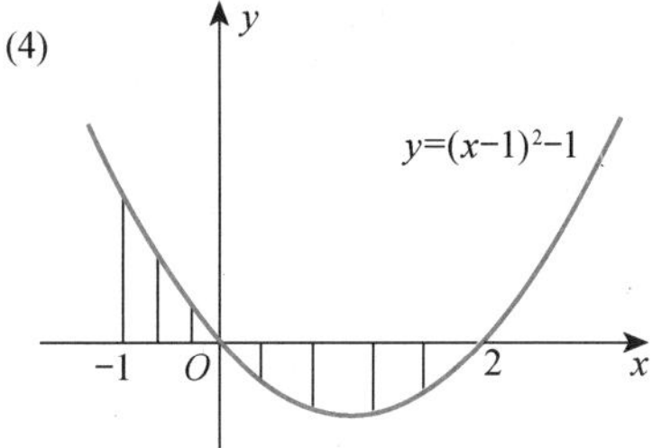

图 5-17

解　(1) $A = \int_0^a x^2\mathrm{d}x$.

(2) $A = \int_{-1}^2 x^2\mathrm{d}x$.

(3) $A = \int_a^b \mathrm{d}x$.

(4) $A = \int_{-1}^0 [(x-1)^2-1]\mathrm{d}x - \int_0^2 [(x-1)^2-1]\mathrm{d}x$.

5.4.3　定积分的性质(运算法则)

设函数 $f(x)$ 和 $g(x)$ 在区间 $[a, b]$ 上都是连续的.

性质 1　$\int_a^b [f(x) \pm g(x)]\mathrm{d}x = \int_a^b f(x)\mathrm{d}x \pm \int_a^b g(x)\mathrm{d}x$.

性质 2　$\int_a^b kf(x)\mathrm{d}x = k\int_a^b f(x)\mathrm{d}x$　(k 为常数).

性质 3　$\int_a^b \mathrm{d}x = b - A$.

性质 4　$\int_a^b f(x)\mathrm{d}x = \int_a^c f(x)\mathrm{d}x + \int_c^b f(x)\mathrm{d}x$.

性质 5　(1) 如果 $f(x)$ 在 $[-a, a]$ 上是奇函数，那么 $\int_{-a}^a f(x)\mathrm{d}x = 0$.

(2) 如果 $f(x)$ 在 $[-a, a]$ 上是偶函数,那么 $\int_{-a}^{a} f(x)\mathrm{d}x = 2\int_{0}^{a} f(x)\mathrm{d}x$.

例 2 如果 $\int_{a}^{b} f(x)\mathrm{d}x = 6$, $\int_{a}^{b} g(x)\mathrm{d}x = 3$, 计算:

(1) $\int_{a}^{b} [2f(x) - 3g(x)]\mathrm{d}x$; (2) $\int_{a}^{b} [4f(x) + g(x)]\mathrm{d}x$; (3) $\int_{b}^{a} f(x)\mathrm{d}x$.

解 (1) $\int_{a}^{b} [2f(x) - 3g(x)]\mathrm{d}x = 2\int_{a}^{b} f(x)\mathrm{d}x - 3\int_{a}^{b} g(x)\mathrm{d}x = 12 - 9 = 3$.

(2) $\int_{a}^{b} [4f(x) + g(x)]\mathrm{d}x = 4\int_{a}^{b} f(x)\mathrm{d}x + \int_{a}^{b} g(x)\mathrm{d}x = 24 + 3 = 27$.

(3) $\int_{b}^{a} f(x)\mathrm{d}x = -\int_{a}^{b} f(x)\mathrm{d}x = -6$.

例 3 如果奇函数 $y = f(x)$ 和偶函数 $y = g(x)$ 在区间 $[-a, a]$ 上都可积,且 $\int_{0}^{a} g(x)\mathrm{d}x = 3$, 计算下列定积分.

(1) $\int_{-a}^{a} [2f(x) + 3g(x)]\mathrm{d}x$; (2) $\int_{-a}^{a} [5f(x) - 8g(x)]\mathrm{d}x$.

解 因为 $y = f(x)$ 是奇函数, $y = g(x)$ 是偶函数,

所以 $\int_{-a}^{a} f(x)\mathrm{d}x = 0$, $\int_{-a}^{a} g(x)\mathrm{d}x = 2\int_{0}^{a} g(x)\mathrm{d}x = 6$, 进而

(1) $\int_{-a}^{a} [2f(x) + 3g(x)]\mathrm{d}x = 2\int_{-a}^{a} f(x)\mathrm{d}x + 3\int_{-a}^{a} g(x)\mathrm{d}x = 0 + 18 = 18$.

(2) $\int_{-a}^{a} [5f(x) - 8g(x)]\mathrm{d}x = 5\int_{-a}^{a} f(x)\mathrm{d}x - 8\int_{-a}^{a} g(x)\mathrm{d}x = 0 - 48 = -48$.

例 4 下列定积分的大小关系正确的是( ).

A. $\int_{0}^{1} x^3\mathrm{d}x \geqslant \int_{0}^{1} x^4\mathrm{d}x$ B. $\int_{0}^{1} x^3\mathrm{d}x \leqslant \int_{0}^{1} x^4\mathrm{d}x$

C. $\int_{1}^{2} x^3\mathrm{d}x \geqslant \int_{1}^{2} x^4\mathrm{d}x$ D. $\int_{0}^{\frac{\pi}{4}} \sin x\,\mathrm{d}x \geqslant \int_{0}^{\frac{\pi}{4}} \cos x\,\mathrm{d}x$

解 由定积分的性质知,当 $x \in [0, 1]$ 时, $x^3 \geqslant x^4$, 所以 $\int_{0}^{1} x^3\mathrm{d}x \geqslant \int_{0}^{1} x^4\mathrm{d}x$, 所以 A 正确,B 不正确;

当 $x \in [1, 2]$ 时, $x^3 \leqslant x^4$, 所以 $\int_{1}^{2} x^3\mathrm{d}x \leqslant \int_{1}^{2} x^4\mathrm{d}x$, 所以 C 不正确;

当 $x \in \left[0, \frac{\pi}{4}\right]$ 时, $\sin x \leqslant \cos x$, 所以 $\int_{0}^{\frac{\pi}{4}} \sin x\,\mathrm{d}x \leqslant \int_{0}^{\frac{\pi}{4}} \cos x\,\mathrm{d}x$, 所以 D 也不正确.

习题 5.4

1. 用定积分的几何意义计算.

(1) $\int_{0}^{2} 2x\mathrm{d}x$; (2) $\int_{-1}^{1} \sqrt{1 - x^2}\,\mathrm{d}x$; (3) $\int_{1}^{2} (1 - x)\mathrm{d}x$; (4) $\int_{-\pi}^{\pi} \sin x\,\mathrm{d}x$.

2. 如果奇函数 $y = f(x)$ 和偶函数 $y = g(x)$ 在区间 $[-a, a]$ 上都可积,且 $\int_{0}^{a} g(x)\mathrm{d}x = -2$, 计算下列定积分.

(1) $\int_{-a}^{a}[8f(x)+3g(x)]\mathrm{d}x$;　　(2) $\int_{-a}^{a}[2f(x)-9g(x)]\mathrm{d}x$.

3. 比较下列定积分的大小关系.

(1) $\int_{1}^{2}x^2\mathrm{d}x$ 与 $\int_{1}^{2}x^3\mathrm{d}x$;　　(2) $\int_{2}^{1}x^2\mathrm{d}x$ 与 $\int_{2}^{1}x^3\mathrm{d}x$;

(3) $\int_{1}^{1}x^2\mathrm{d}x$ 与 $\int_{1}^{1}x^3\mathrm{d}x$;　　(4) $\int_{-\frac{\pi}{4}}^{\frac{\pi}{4}}\sin x\,\mathrm{d}x$ 与 $\int_{-\frac{\pi}{4}}^{\frac{\pi}{4}}\cos x\,\mathrm{d}x$.

4. 利用定积分表示下列各图(图 5-18)中阴影部分的面积.

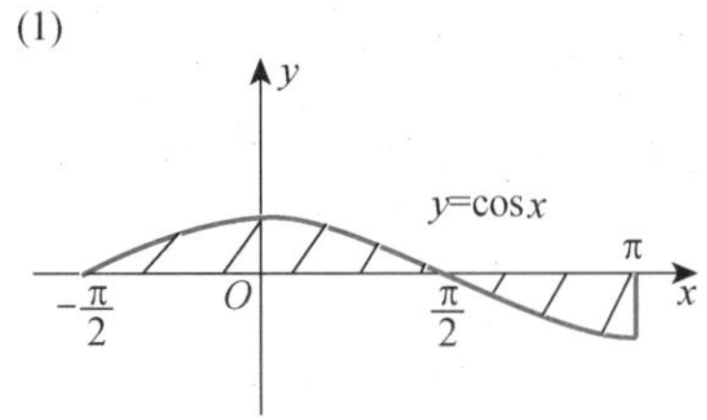

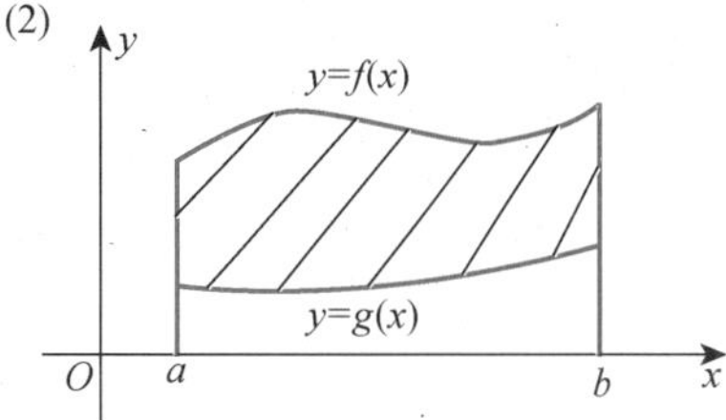

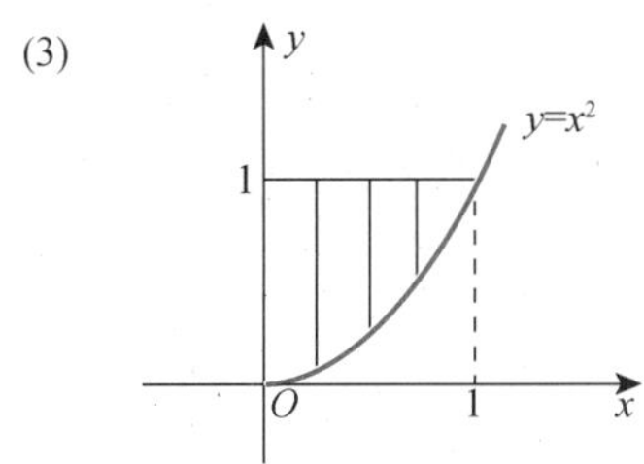

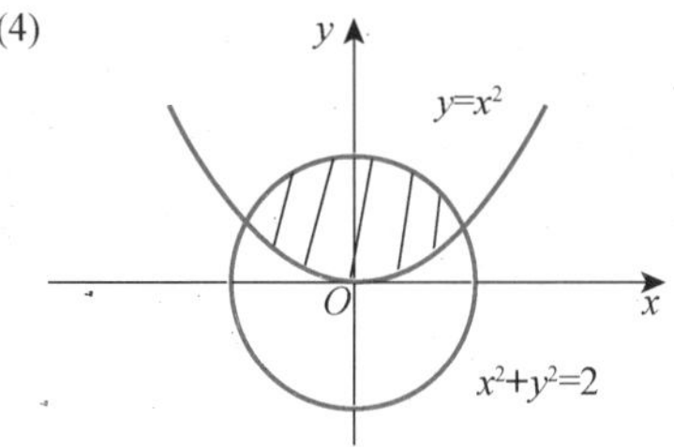

图 5-18

5.5 定积分的计算

5.5.1 牛顿-莱布尼茨公式

在变速直线运动中,如果物体运动的速度为 $v(t)(v(t)>0)$,根据定积分的求曲边梯形面积的原理和方法,那么物体在时间区间 $[a, b]$ 上所经过的路程为

$$s=\int_{a}^{b}v(t)\mathrm{d}t.$$

若路程 s 关于时间 t 的函数为 $s=s(t)$,则物体从时刻 $t=a$ 到 $t=b$ 所经过的路程又可表示为

$$s(b)-s(a).$$

因而有

$$\int_{a}^{b}v(t)\mathrm{d}t=s(b)-s(a).$$

由导数的运动学意义,我们知道 $s'(t)=v(t)$,也就是说,$s(t)$ 是 $v(t)$ 的一个原函数. 因

此，上式表示了：定积分等于被积函数的一个原函数在积分上、下限处的函数值的差. 推广到一般情况：

设函数 $F(x)$ 是连续函数 $f(x)$ 在区间 $[a, b]$ 上的一个原函数，则

$$\int_a^b f(x)\mathrm{d}x = F(b) - F(a).$$

这个公式就叫做牛顿-莱布尼茨(Newton-Leibniz)公式.

牛顿-莱布尼茨公式不仅解决了定积分的简化计算问题，而且建立了定积分与不定积分之间的关系，从而可以将不定积分中的换元积分法、分部积分法引入到定积分的计算当中.

我们看到，源自"曲线上某点切线的斜率问题"的导数与源自"函数微小增量的近似计算问题"的微分、源自"导数逆运算问题"的不定积分与源自"曲边梯形面积问题"的定积分，这些似乎彼此毫不相干的问题所产生的各种理论，最终却形成了一个相互关联的理论体系——微积分学，这也许就是数学的奥妙和数学家的伟大之处.

5.5.2 定积分的换元积分法

如果函数 $f(x)$ 在区间 $[a, b]$ 上连续，函数 $x = \varphi(u)$ 在 $[\alpha, \beta]$ 上是单值的，并具有连续导数 $\varphi'(u)$，又 $\varphi(\alpha) = a$，$\varphi(\beta) = b$，且当 u 在 $[\alpha, \beta]$ 上变化时，相应的 x 的值不越出 $[a, b]$ 的范围，那么

$$\int_a^b f(x)\mathrm{d}x = \int_\alpha^\beta f[\varphi(u)]\varphi'(u)\mathrm{d}u.$$

例 1 计算下列定积分.

(1) $\int_0^1 (x^2+1)^{10}(2x)\mathrm{d}x$；　(2) $\int_0^3 \frac{x}{\sqrt{1+x}}\mathrm{d}x$；　(3) $\int_0^{\frac{\pi}{4}} \sin^3 2x\cos 2x\mathrm{d}x$.

解 (1) 令 $x^2+1 = u$，则 $2x\mathrm{d}x = \mathrm{d}u$.

当 $x = 0$ 时，$u = 1$；当 $x = 1$ 时，$u = 2$，因此

$$原式 = \int_1^2 u^{10}\mathrm{d}u = \frac{1}{11}[u^{11}]_1^2 = \frac{2\,047}{11}.$$

(2) 令 $\sqrt{1+x} = u$，则 $x = u^2 - 1$，$\mathrm{d}x = 2u\mathrm{d}u$.

当 $x = 0$ 时，$u = 1$；当 $x = 3$ 时，$u = 2$，因此

$$原式 = \int_1^2 \frac{u^2-1}{u}2u\mathrm{d}u = 2\int_1^2 (u^2-1)\mathrm{d}u = 2\left[\frac{u^3}{3} - u\right]_1^2 = \frac{8}{3}.$$

(3) 令 $\sin 2x = u$，则 $2\cos 2x\mathrm{d}x = \mathrm{d}u$.

当 $x = 0$ 时，$u = 0$；当 $x = \frac{\pi}{4}$ 时，$u = 1$，因此

$$原式 = \frac{1}{2}\int_0^1 u^3\mathrm{d}u = \left[\frac{u^4}{8}\right]_0^1 = \frac{1}{8}.$$

例 2 求椭圆 $\frac{x^2}{a^2} + \frac{y^2}{b^2} = 1$ 的面积 A (图 5-19).

解　根据椭圆的对称性，得

$$A = 4\int_0^a \frac{b}{a}\sqrt{a^2 - x^2}\,dx = \frac{4b}{a}\int_0^a \sqrt{a^2 - x^2}\,dx.$$

令 $x = a\sin u$，则 $dx = a\cos u du$.

当 $x = 0$ 时，$u = 0$；当 $x = a$ 时，$u = \frac{\pi}{2}$，得

$$\begin{aligned} A &= \frac{4b}{a}\int_0^{\frac{\pi}{2}} a^2\cos^2 u du = 4ab\int_0^{\frac{\pi}{2}}\cos^2 u du \\ &= 2ab\int_0^{\frac{\pi}{2}}(1 + \cos 2u)du \\ &= 2ab\left[u + \frac{\sin 2u}{2}\right]_0^{\frac{\pi}{2}} \\ &= ab\pi. \end{aligned}$$

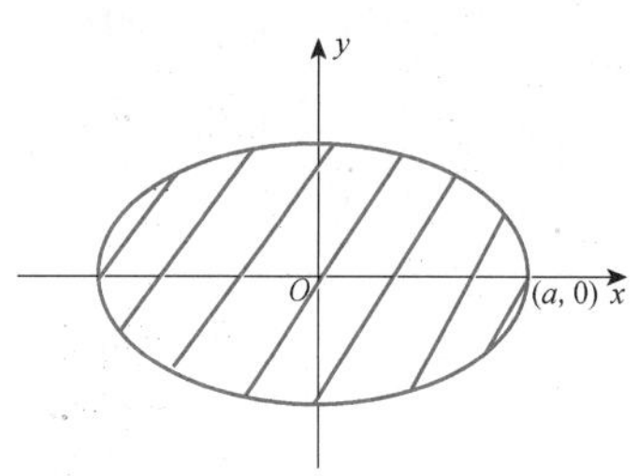

图 5-19

注意　使用定积分换元法计算时，换元后须注意积分区间的相应改变.

5.5.3　定积分的分部积分法

如果函数 $u(x)$ 与 $v(x)$ 在区间 $[a, b]$ 上具有连续的导函数，那么

$$\int_a^b u(x)d[v(x)] = [u(x)v(x)]_a^b - \int_a^b v(x)d[u(x)].$$

上式可简写为

$$\int_a^b u dv = [uv]_a^b - \int_a^b v du.$$

例 3　计算下列定积分.

(1) $\int_1^2 \ln x dx$；　　(2) $\int_1^2 xe^x dx$；　　(3) $\int_0^{\sqrt{3}} \arctan x\, dx$.

解　(1) 原式 $= [x\ln x]_1^2 - \int_1^2 x d(\ln x) = 2\ln 2 - \int_1^2 dx = 2\ln 2 - 1$.

(2) 原式 $= \int_1^2 x d(e^x) = [xe^x]_1^2 - \int_1^2 e^x dx = 2e^2 - e - [e^x]_1^2 = e^2$.

(3) 原式 $= [x\arctan x]_0^{\sqrt{3}} - \int_0^{\sqrt{3}} x d(\arctan x) = \sqrt{3}\times\frac{\pi}{3} - \int_0^{\sqrt{3}}\frac{x}{1 + x^2}dx$.

又 $$\begin{aligned}\int_0^{\sqrt{3}}\frac{x}{1 + x^2}dx &= \frac{1}{2}\int_0^{\sqrt{3}}\frac{1}{1 + x^2}d(1 + x^2) \\ &= \frac{1}{2}[\ln(1 + x^2)]_0^{\sqrt{3}} = \ln 2,\end{aligned}$$

所以，原式 $= \frac{\sqrt{3}}{3}\pi - \ln 2$.

例 4　求由 $y = \ln x$ 与 $x = 1$，$x = e$ 及 $y = 0$ 所围成图形的面积(图 5-20).

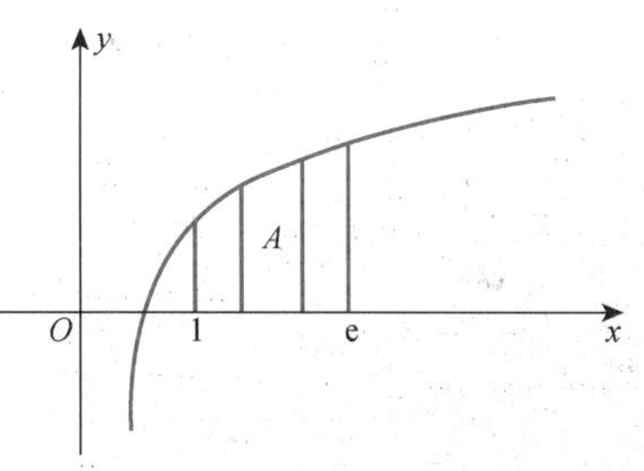

图 5-20

解　所求图形的面积为

$$A=\int_1^{e}\ln x\mathrm{d}x=[x\ln x]_1^{e}-\int_1^{e}x\cdot\frac{1}{x}\mathrm{d}x=e-[x]_1^{e}$$
$$=e-(e-1)=1.$$

5.5.4　广义积分简介

设函数 $f(x)$ 在区间 $[a,+\infty)$ 内连续，b 是区间 $[a,+\infty)$ 内的任意数值，如果极限 $\lim\limits_{b\to\infty}\int_a^b f(x)\mathrm{d}x$ 存在，则称这个极限为函数 $f(x)$ 在无限区间 $[a,+\infty)$ 内的广义积分，记作 $\int_a^{+\infty}f(x)\mathrm{d}x$，即

$$\int_a^{+\infty}f(x)\mathrm{d}x=\lim_{b\to+\infty}\int_a^b f(x)\mathrm{d}x.$$

这时也称广义积分 $\int_a^{+\infty}f(x)\mathrm{d}x$ 收敛；如果极限不存在，则称广义积分 $\int_a^{+\infty}f(x)\mathrm{d}x$ 发散. 同样地，我们可以定义下限为负无穷大或上下限都是无穷大的广义积分：

$$\int_{-\infty}^{b}f(x)\mathrm{d}x=\lim_{a\to-\infty}\int_a^b f(x)\mathrm{d}x;$$
$$\int_{-\infty}^{+\infty}f(x)\mathrm{d}x=\int_{-\infty}^{0}f(x)\mathrm{d}x+\int_0^{+\infty}f(x)\mathrm{d}x=\lim_{a\to-\infty}\int_a^0 f(x)\mathrm{d}x+\lim_{b\to+\infty}\int_0^b f(x)\mathrm{d}x.$$

例 5　计算下列积分.

(1) $\int_0^{+\infty}\frac{1}{1+x^2}\mathrm{d}x$；　　(2) $\int_{-\infty}^{+\infty}\frac{1}{1+x^2}\mathrm{d}x$.

解　(1) 原式 $=\lim\limits_{b\to+\infty}\int_0^b\frac{1}{1+x^2}\mathrm{d}x=\lim\limits_{b\to+\infty}[\arctan x]_0^b$

$$=\lim_{b\to+\infty}\arctan b=\frac{\pi}{2}.$$

(2) 原式 $=\int_{-\infty}^{0}\frac{1}{1+x^2}\mathrm{d}x+\int_0^{+\infty}\frac{1}{1+x^2}\mathrm{d}x$

$$=\lim_{a\to-\infty}\int_a^0\frac{1}{1+x^2}\mathrm{d}x+\lim_{b\to+\infty}\int_0^b\frac{1}{1+x^2}\mathrm{d}x$$
$$=\lim_{a\to-\infty}[\arctan x]_a^0+\lim_{b\to+\infty}[\arctan x]_0^b$$
$$=\lim_{a\to-\infty}(-\arctan a)+\lim_{b\to+\infty}\arctan b$$
$$=-\left(-\frac{\pi}{2}\right)+\frac{\pi}{2}=\pi.$$

习　题　5.5

1. 计算下列定积分.

(1) $\int_0^1(x^2+1)\mathrm{d}x$；　　(2) $\int_0^1(x^2-3)^{10}(2x)\mathrm{d}x$；

(3) $\int_0^1 (-x+x^2)^{12}(2x-1)\mathrm{d}x$;　(4) $\int_{\ln 3}^{\ln 5} \frac{2\mathrm{e}^x}{\mathrm{e}^x-1}\mathrm{d}x$;

(5) $\int_2^5 \ln x\mathrm{d}x$;　(6) $\int_0^{\frac{\sqrt{3}}{2}} \arcsin x\,\mathrm{d}x$;

(7) $\int_{-2}^1 |x+1|\,\mathrm{d}x$;　(8) $\int_0^{\frac{\pi}{3}} \tan^2 x\mathrm{d}x$;

(9) $\int_0^1 \frac{1-x^2}{1+x^2}\mathrm{d}x$;　(10) $\int_{\mathrm{e}}^{\mathrm{e}^2} \frac{2}{x\ln x}\mathrm{d}x$;

(11) $\int_0^{\sqrt{3}} \arctan x\,\mathrm{d}x$;　(12) $\int_0^1 \frac{\mathrm{d}x}{x^2-x-2}$;

(13) $\int_0^1 (2x+3)\mathrm{d}x$;　(14) $\int_0^1 \frac{5-2x^2}{1+x^2}\mathrm{d}x$;

(15) $\int_{\mathrm{e}}^{\mathrm{e}^2} \frac{\mathrm{d}x}{x\ln x}$;　(16) $\int_0^1 \frac{\mathrm{e}^x-\mathrm{e}^{-x}}{2}\mathrm{d}x$;

(17) $\int_0^{\frac{\pi}{3}} \cot^2 x\mathrm{d}x$;　(18) $\int_4^9 \left(\sqrt{x}+\frac{1}{\sqrt{x}}\right)\mathrm{d}x$;

(19) $\int_0^4 \frac{\mathrm{d}x}{1+\sqrt{x}}$;　(20) $\int_{\frac{1}{e}}^{e} \frac{1}{x}(\ln x)^2\mathrm{d}x$;

(21) $\int_1^{+\infty} \frac{1}{1+x^2}\mathrm{d}x$;　(22) $\int_{-\infty}^{\frac{\sqrt{3}}{3}} \frac{1}{1+x^2}\mathrm{d}x$;

(23) $\int_{-\infty}^{+\infty} \frac{1}{1+x^2}\mathrm{d}x$;　(24) $\int_{-\sqrt{3}}^{+\infty} \frac{1}{1+x^2}\mathrm{d}x$.

2. 判断下列广义积分是否收敛,若收敛,算出它的值.

(1) $\int_1^{+\infty} \frac{1}{x^4}\mathrm{d}x$;　(2) $\int_{\frac{1}{e}}^{+\infty} \frac{\ln x}{x}\mathrm{d}x$;

(3) $\int_{-\infty}^0 \frac{2x}{x^2+1}\mathrm{d}x$;　(4) $\int_{-\infty}^{+\infty} x\mathrm{e}^{-\frac{x^2}{2}}\mathrm{d}x$.

5.6 数学实验

5.6.1 求不定积分的 Matlab 命令

int(f)	求函数 f 关于 syms 定义的符号变量的不定积分
int(f, v)	求函数 f 关于变量 v 的不定积分

注:Matlab 在不定积分结果中不自行添加积分常数 C.

例 1　用 Matlab 软件,计算不定积分 $\int x^3\mathrm{e}^{-x^2}\mathrm{d}x$.

在 Matlab 的命令窗口输入如下命令:

```
syms x
int('x^3 * exp( - x^2)', x)
```

执行结果:

```
ans = -1/2*x^2/exp(-x^2)-1/2/exp(-x^2)
```

理论推导：

$$\int x^3 e^{-x^2} dx = \int x^2 e^{-x^2} d\frac{x^2}{2} \xlongequal{u=x^2} \frac{1}{2}\left(\int u e^{-u} du\right)$$

$$\xlongequal{\text{分部积分法}} \frac{1}{2}\left(-ue^{-u} + \int e^{-u} du\right)$$

$$= \frac{1}{2}(-ue^{-u} - e^{-u}) + C$$

$$= \frac{1}{2}(-x^2 e^{-x^2} - e^{-x^2}) + C.$$

5.6.2 求定积分的 Matlab 命令

int(f, a, b)	求函数 f 关于 syms 定义的符号变量从 a 到 b 的定积分
int(f, v, a, b)	求函数 f 关于变量 v 从 a 到 b 的定积分

例 2 用 Matlab 软件求下列定积分.

(1) $\int_1^4 \frac{\ln x}{\sqrt{x}} dx$；　　(2) $\int_0^{+\infty} \frac{dx}{\sqrt{x(1+x)^3}}$.

在 Matlab 的命令窗口输入如下命令序列：

(1)

```
syms x;
y=log(x)*x^(-0.5);
int(y, 1, 4)
```

运行结果：

```
ans = 8*log(2)-4
```

(2)

```
syms x;
y=(x*(1+x)^3)^(-0.5);
int(y, 0, +inf)
```

运行结果：

```
ans =2
```

阅读材料五

多才多艺的莱布尼茨

莱布尼茨(Gottfriend Wilhelm Leibniz, 1646—1716)是 17、18 世纪之交德国最重要的数学家、物理学家和哲学家，一个举世罕见的科学天才. 他博览群书，涉猎百科，对丰富人类的科学知识宝库做出了不可磨灭的贡献.

1. 生平事迹

莱布尼茨出生于德国东部莱比锡的一个书香之家，父亲是莱比锡大学的道德哲学教授，母亲出生在一个教授家庭.他的父亲在莱布尼茨年仅6岁时便去世了，给莱布尼茨却留下了丰富的藏书.莱布尼茨因此得以广泛接触古希腊罗马文化，阅读了许多著名学者的著作，由此而获得了坚实的文化功底和明确的学术目标.15岁时，莱布尼茨进了莱比锡大学学习法律，一进校便跟上了大学二年级标准的人文学科的课程，还广泛阅读了培根、开普勒、伽利略等人的著作，并对他们的著述进行深入的思考和评价.在听了教授讲授欧几里德的《几何原本》的课程后，莱布尼茨对数学产生了浓厚的兴趣.17岁时莱布尼茨完成了论文《论法学之艰难》，获哲学硕士学位.

20岁时，莱布尼茨转入阿尔特道夫大学.这一年，他发表了第一篇数学论文《论组合的艺术》.这是一篇关于数理逻辑的文章，其基本思想是出于想把理论的真理性论证归结于一种计算的结果.这篇论文虽不够成熟，但却闪耀着创新的智慧和数学才华.

莱布尼茨在阿尔特道夫大学获得博士学位后便投身外交界.从1671年开始，他利用外交活动开拓了与外界的广泛联系，尤以通信作为他获取外界信息、与人进行思想交流的一种主要方式.在出访巴黎时，莱布尼茨深受帕斯卡事迹的鼓舞，决心钻研高等数学，并研究了笛卡儿、费尔马、帕斯卡等人的著作.1673年，莱布尼茨被推荐为英国皇家学会会员.此时，他的兴趣已明显地朝向了数学和自然科学，开始了对无穷小算法的研究，独立地创立了微积分的基本概念与算法，和牛顿并蒂双辉共同奠定了微积分学.1676年，他到汉诺威公爵府担任法律顾问兼图书馆馆长.1700年被选为巴黎科学院院士，促成建立了柏林科学院并任首任院长.

1716年11月14日，莱布尼茨在汉诺威逝世，终年70岁.

2. 始创微积分

17世纪下半叶，欧洲科学技术迅猛发展，由于生产力的提高和社会各方面的迫切需要，经各国科学家的努力与历史的积累，建立在函数与极限概念基础上的微积分理论应运而生了.微积分思想，最早可以追溯到希腊由阿基米德等人提出的计算面积和体积的方法.1665年牛顿创始了微积分，莱布尼茨在1673—1676年间也发表了微积分思想的论著.以前，微分和积分作为两种数学运算、两类数学问题，是分别的加以研究的.卡瓦列里、巴罗、沃利斯等人得到了一系列求面积(积分)、求切线斜率(导数)的重要结果，但这些结果都是孤立的、不连贯的.只有莱布尼茨和牛顿将积分和微分真正沟通起来，明确地找到了二者内在的直接联系：微分和积分是互逆的两种运算，而这是微积分建立的关键所在.只有确立了这一基本关系，才能在此基础上构建系统的微积分学，并从对各种函数的微分和求积公式中，总结出共同的算法程序，使微积分方法普遍化，发展成用符号表示的微积分运算法则.因此，微积分“是牛顿和莱布尼茨大体上完成的，但不是由他们发明的”(恩格斯：《自然辩证法》).

然而关于微积分创立的优先权，数学上曾掀起了一场激烈的争论.实际上，牛顿在微积分方面的研究虽早于莱布尼茨，但莱布尼茨成果的发表则早于牛顿.莱布尼茨在1684年10月发表的《教师学报》上的论文“一种求极大极小的奇妙类型的计算”，在数学史上被认为是最早发表的微积分文献.牛顿在1687年出版的《自然哲学的数学原理》的第一版和第二版也写道：“十年前在我和最杰出的几何学家G、W莱布尼茨的通信中，我表明我已经知道确定极大值和极小值的方法、作切线的方法以及类似的方法，但我在交换的信件中隐瞒了这方法，……这位最卓越的科学家在回信中写道，他也发现了一种同样的方法，他并诉述了他的方法，它与我的方法几乎没有什么不同，除了他的措词和符号而外.”(但在第三版及以后再版时，这段话被删掉了.)因此，后来人们公认牛顿和莱布尼茨是各自独立地创建微积分的.牛顿从物理学出发，运用集合方法研究微积分，其应用上更多地结合了运动学，造诣高于莱布尼茨.莱布尼茨则从几何问题出发，运用分析学方法引进微积分概念、得出运算法则，其数学的严密性与系统性是牛顿所不及的.莱布尼茨认识到好的数学符号能节省思维劳动，运用符号的技巧是数学成功的关键之一.因此，他发明了一套适用的符号系统，如，引入 dx 表示 x 的微分，$\int$ 表示积分，$d^n x$ 表示 n 阶微分等等，这些符号进一步促进了微积分学的发展.1713 年，莱布尼茨发表了《微积分的历史和起源》一文，总结了自己创立微积分学的思路，说明了自己成就的独立性.

3. 高等数学上的众多成就

莱布尼茨在数学方面的成就是巨大的，他的研究及成果渗透到高等数学的许多领域，他的一系列重要数学理论的提出，为后来的数学理论奠定了基础.

莱布尼茨曾讨论过负数和复数的性质，得出复数的对数并不存在，共扼复数的和是实数的结论.在后来的研究中，莱布尼茨证明了自己结论是正确的.他还对线性方程组进行研究，对消元法从理论上进行了探讨，并首先引入了行列式的概念，提出行列式的某些理论.此外，莱布尼茨还创立了符号逻辑学的基本概念，发明了能够进行加、减、乘、除及开方运算的计算机和二进制，为现代计算机的发展奠定了坚实的基础.

4. 丰硕的物理学成果

莱布尼茨的物理学成就也是非凡的.他发表了《物理学新假说》，提出了具体运动原理和抽象运动原理，认为运动着的物体，不论多么渺小，他将带着处于完全静止状态的物体的部分一起运动.他还对笛卡儿提出的动量守恒原理进行了认真的探讨，提出了能量守恒原理的雏型，并在《教师学报》上发表了“关于笛卡尔和其他人在自然定律方面的显著错误的简短证明”，提出了运动的量的问题，证明了动量不能作为运动的度量单位，并引入动能概念，第一次认为动能守恒是一个普通的物理原理.他又充分地证明了“永动机是不可能”的观点.他也反对牛顿的绝对时空观，认为“没有物质也就没有空间，空间本身不是绝对的实在性”，“空间和物质的区别就象时间和运动的区别一样，可是这些东西虽有区别，却是不可分离的”.在光学方面，莱布尼茨也有所建树，他利用微积分中的求极值方法，推导出了折射定律，并尝试用求极值的方法解释光学基本定律.可以说莱布尼茨的物理学研究一直是朝着为物理学建立一个类似欧氏几何的公理系统的目标前进的.

5. 中西文化交流之倡导者

莱布尼茨对中国、的科学、文化和哲学思想十分关注，是最早研究中国文化和中国哲学的德国人.他向耶稣会来华传教士格里马尔迪了解到了许多有关中国的情况，包括养蚕纺织、造纸印染、冶金矿产、天文地理、数学文字等等，并将这些资料编辑成册出版.他认为中西相互之间应建立一种交流认识的新型关系.在《中国近况》一书的绪论中，莱布尼茨写道：“全人类最伟大的文化和最发达的文明仿佛今天汇集在我们大陆的两端，即汇集在欧洲和位于地球另一端的东方的欧洲——中国.”“中国这一文明古国与欧洲相比，面积相当，但人口数量则已超过.”“在日常生活以及经验地应付自然的技能方面,我们是不分伯仲的.我们双方各自都具备通过相互交流使对方受益的技能.在思考的缜密和理性的思辨方面,显然我们要略胜一筹”,但“在时间哲学,即在生活与人类实际方面的伦理以及治国学说方面,我们实在是相形见拙了.”在这里,莱布尼茨不仅显示出了不带“欧洲中心论”色彩的虚心好学精神,而且为中西文化双向交流描绘了宏伟的蓝图,极力推动这种交流向纵深发展,使东西方人民相互学习,取长补短,共同繁荣进步.

莱布尼茨为促进中西文化交流做出了毕生的努力,产生了广泛而深远的影响.他的虚心好学、对中国文化平等相待,不含“欧洲中心论”偏见的精神尤为难能可贵,值得后世永远敬仰、效仿.

综合练习五

一、填空题

1. $\left(\int \frac{\sin x}{x}\mathrm{d}x\right)' =$ ______, $\int \mathrm{d}\left(\frac{\sin x}{x}\right) =$ ______, $\mathrm{d}\left(\int \frac{\sin x}{x}\mathrm{d}x\right) =$ ______.

2. 设 $f(x)$ 是函数 $\sin x$ 的一个原函数,则 $\int f(x)\mathrm{d}x =$ ______.

3. $\int f(x)\mathrm{d}x = F(x) + C$, 则 $\int \mathrm{e}^x f(\mathrm{e}^x)\mathrm{d}x =$ ______.

4. 由定积分的几何意义计算积分值:$\int_0^1 \sqrt{1-x^2}\,\mathrm{d}x =$ ______.

5. 比较下列积分的大小:$\int_1^2 x\mathrm{d}x$ ______ $\int_1^2 \sqrt{x}\mathrm{d}x$.

6. $\int_1^1 x^2\mathrm{d}x =$ ______, $\int_0^1 x^2\mathrm{d}x =$ ______.

7. $\int_{-1}^{+\infty} \frac{1}{1+x^2}\mathrm{d}x =$ ______.

二、选择题

1. 函数 $f(x) = \sin 2x$ 的一个原函数是( ).

A. $2\cos 2x$ B. $\frac{1}{2}\cos 2x$ C. $-\cos^2 x$ D. $\frac{1}{2}\sin 2x$

2. 设函数 $f(x)$ 的一个原函数为 $\ln x$, 则 $f'(x) =$ ( ).

A. $\frac{1}{x}$ B. $-\frac{1}{x^2}$ C. $x\ln x$ D. e^x

3. 若 x^2+1 为 $f(x)$ 的原函数,则( )也为 $f(x)$ 的原函数.

A. $(x^2+1)+2$ B. $2(x^2+1)$ C. $(x-1)^2$ D. x^2+2x

4. 若 $f(x) = x+\sqrt{x}$, 则 $\int f'(x)\mathrm{d}x =$ ( ).

A. $1+\frac{1}{2\sqrt{x}}$ B. $1+\frac{1}{2\sqrt{x}}+c$ C. $x+\sqrt{x}$ D. $x+\sqrt{x}+c$

5. 如果 $\int_0^1 (2x+k)\mathrm{d}x = 2$, 那么 $k =$ ( ).

A. 0 B. -1 C. 1 D. $\frac{1}{2}$

6. 下列各式中,计算正确的是( ).

A. $\int \frac{1}{1-x}dx = \int \frac{1}{1-x}d(1-x) = \ln|1-x|+C$

B. $\int \frac{1}{1+e^x}dx = \ln(1+e^x)+C$

C. $\int \sin 2x dx = -\cos 2x + C$

D. $\int 4x dx = \frac{1}{2}x^2 + C$

7. 设函数 $f(x)$ 在闭区间 $[a, b]$ 上连续,则由曲线 $y=f(x)$,直线 $x=a$, $x=b$ 及 x 轴所围成的平面图形的面积等于(　　).

A. $\int_a^b f(x)dx$　　B. $-\int_a^b f(x)dx$　　C. $\left|\int_a^b f(x)dx\right|$　　D. $\int_a^b |f(x)|dx$

8. 下列广义积分中,收敛的是(　　).

A. $\int_1^\infty \frac{dx}{\sqrt{x}}$　　B. $\int_1^\infty \frac{dx}{x^2}$　　C. $\int_1^\infty \sqrt{x}dx$　　D. $\int_1^\infty \frac{dx}{x}$

三、计算下列积分

1. $\int \frac{x^2-9}{x-3}dx$;

2. $\int xe^{x^2}dx$;

3. $\int \cot^2 x dx$;

4. $\int \frac{1}{x\ln x}dx$;

5. $\int \frac{\cos x}{\sqrt{\sin x}}dx$;

6. $\int \frac{x}{\sqrt{x+1}}dx$;

7. $\int x\sin x\, dx$;

8. $\int xe^{-x}dx$;

9. $\int_0^{\frac{\pi}{3}} \sec^2 x dx$;

10. $\int_1^e \frac{dx}{x(1+\ln x)}$;

11. $\int_1^e \ln x dx$;

12. $\int_1^{+\infty} \frac{1}{x^2}dx$.

四、应用题

1. 化学物质流流入一个储藏罐的速度为 $(180+3t)$ L/min($0\leqslant t\leqslant 60$),求在最开始的 20 min 内流入储藏罐的化学品总量.

2. 电路中的震荡电流方程为 $I=2\sin(60\pi t)+\cos(120\pi t)$,其中电流单位为 A,时间单位是 s,求每个时间区间上的平均电流.

(1) $0\leqslant t\leqslant \frac{1}{60}$;

(2) $0\leqslant t\leqslant \frac{1}{240}$;

(3) $0\leqslant t\leqslant \frac{1}{30}$.

第6章 积分的应用

上一章我们讨论了定积分的概念及计算方法，在这个基础上进一步来研究它的应用。定积分是一种实用性很强的数学方法，在科学技术问题中它有着广泛的应用，本章主要介绍它在几何及物理方面的一些应用。定积分应用的微元法就是把一个不是均匀分布在一个区间上的量表示成定积分的简捷办法。本章重点是掌握用微元法将实际问题表示成定积分的分析方法。

学习要点

- 理解微元法思想.
- 能利用定积分求平面图形的面积.
- 能利用定积分求旋转体的体积.
- 能利用定积分求平面曲线的弧长.
- 能利用定积分求变力做功.
- 了解利用定积分求液体压力.
- 了解利用定积分求函数均值.

数学受到高度尊崇的另一个原因在于：恰恰是数学，给精密的自然科学提供了无可置疑的可靠保证，没有数学，它们无法达到这样的可靠程度。

——阿尔伯特 · 爱因斯坦

阿尔伯特·爱因斯坦
(Albert Einstein, 1879—1955)
犹太裔物理学家

6.1 微元法

6.1.1 微元法的原理

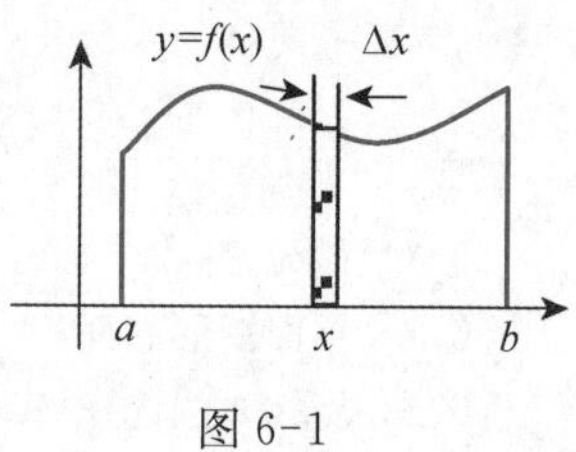

图 6-1

定积分概念的引入，体现了一种思想，它就是：在微观意义下，没有什么“曲、直”之分，曲顶的图形可以看成是平顶的，“不均匀”的可以看成是“均匀”的. 简单地说，就是直观的看，对于图所示图形的面积时，在$[a, b]$上任取一点 x，此处任给一个“宽度”Δx，那么这个微小的“矩形”的面积为

$$dS = f(x)\Delta x = f(x)dx.$$

此时我们把 $dS = f(x)dx$ 称为“面积微元”. 把这些微小的面积全部累加起来，就是整个图形的面积了. 这种累加通过什么来实现呢？当然就是通过积分，它就是

$$S = \int_a^b f(x)dx.$$

这些问题可化为定积分来计算的待求量 $\Delta A = f(x)\Delta x + \varepsilon\Delta x$ 有两个特点：一是对区间的可加性，这一特点是容易看出的；关键在于另一特点，即找任一部分量的表达式：

$$\Delta A = f(x)\Delta x + \varepsilon\Delta x. \tag{6-1}$$

然而，人们往往根据问题的几何或物理特征，自然的将注意力集中于找 $f(x)\Delta x$ 这一项. 但不要忘记，这一项与 ΔA 之差在 $\Delta x \to 0$ 时，应是比 Δx 高阶的无穷小量(即舍弃的部分更微小)，借用微分的记号，将这一项记为

$$dA = f(x)dx. \tag{6-2}$$

这个量 dA 称为待求量 A 的元素或微元. 用定积分解决实际问题的关键就在于求出微元.

设 $f(x)$ 在 $[a, b]$ 上连续，则它的变动上限定积分

$$U(x) = \int_a^x f(t)dt$$

是 $f(x)$ 的一个原函数，即 $dU(x) = f(x)dx$. 于是，

$$\int_a^b f(x)dx = \int_a^b dU = U.$$

这表明连续函数 $f(x)$ 的定积分就是式(6-1)的定积分.

由理论依据式(6-2)可知，所求总量 A 就是其微分 $dU = f(x)dx$ 从 a 到 b 的无限积累(即积分) $U = \int_a^b f(x)dx$，这种取微元 $f(x)dx$ 计算积分或原函数的方法称为微元法.

例如，求变速直线运动的质点的运行路程的时候，我们在 T_0 到 T_1 的时间内，任取一个时间值 t，再任给一个时间增量 Δt，那么在这个非常短暂的时间内(Δt 内)质点作匀速运动，质

点的速度为 $v(t)$，其运行的路程当然就是

$$dS = v(t)\Delta t = v(t)\mathrm{d}t.$$

$dS = v(t)\mathrm{d}t$ 就是“路程微元”，把它们全部累加起来之后就是

$$S = \int_{T_0}^{T_1} v(t)\mathrm{d}t.$$

用这样的思想方法，将来我们还可以得出“弧长微元”“体积微元”“质量微元”和“功微元”等等. 这是一种解决实际问题非常有效、可行的好方法.

6.1.2 微元法的主要步骤

设想有一个函数 $F(x)$，所求量 A 可以表示为 $A = F(b) - F(a)$，然后进行以下三步：

第一步　取 $\mathrm{d}x$，并确定它的变化区间 $[a, b]$.

第二步　设想把 $[a, b]$ 分成许多个小区间，取其中任一个小区间 $[x, x+\mathrm{d}x]$，相应于这个小区间的部分量 ΔA 能近似地表示为 $f(x)$ 与 $\mathrm{d}x$ 的乘积，就把 $f(x)\mathrm{d}x$ 称为量 A 的微元并记作 $\mathrm{d}A$，即

$$\Delta A \approx \mathrm{d}A = f(x)\mathrm{d}x.$$

第三步　在区间 $[a, b]$ 上积分，得到 $A = \int_a^b f(x)\mathrm{d}x = F(b) - F(a)$.

这里的关键和难点是求 $\mathrm{d}A$.

6.1.3 微元法的使用条件

据以上分析，可以用定积分来解决的确实际问题中的所求量 A 应符合条件：

(1) A 是与一个变量的变化区间 $[a, b]$ 有关的量；

(2) A 对于区间 $[a, b]$ 具有可加性；

(3) 局部量 ΔA_i 的近似值可表示为 $f(\xi_i)\Delta x_i$，这里 $f(x)$ 是实际问题选择的函数.

6.2 平面图形的面积

由定积分的几何意义，连续曲线 $y = f(x)(\geqslant 0)$ 与直线 $x = a$, $x = b(b > a)$, x 轴所围成的曲边梯形的面积为

$$A = \int_a^b f(x)\mathrm{d}x.$$

若 $y = f(x)$ 在 $[a, b]$ 上不都是非负的，则所围成的面积为

$$A = \int_a^b |f(x)|\mathrm{d}x.$$

一般地，由两条连续曲线 $y_1 = f_1(x)$, $y_2 = f_2(x)$ 及直线 $x = a$, $x = b(b > a)$ 所围成的平面图形称为 X - 型图形，其面积为

$$A=\int_a^b[f_2(x)-f_1(x)]\mathrm{d}x.$$

而由两条连续曲线 $x_1=g_1(y)$，$x_2=g_2(y)$ 及直线 $y=c$，$y=d(d>c)$ 所围成的平面图形称为 Y-型平面图形其面积为

$$A=\int_c^d[g_2(y)-g_1(y)]\mathrm{d}y.$$

上述结果用微元法分析如下：如图 6-2 所示，可选取积分变量为 x，并可确定 x 的变化区间为 $[a,b]$，在 $[a,b]$ 上任取一小区间 $[x,x+\mathrm{d}x]$，它对应的小条形区域的面积近似等于 $|f(x)-g(x)|\mathrm{d}x$，故面积元素为

$$\mathrm{d}A=|f(x)-g(x)|\mathrm{d}x,$$

所以 $A=\int_a^b|f(x)-g(x)|\mathrm{d}x.$

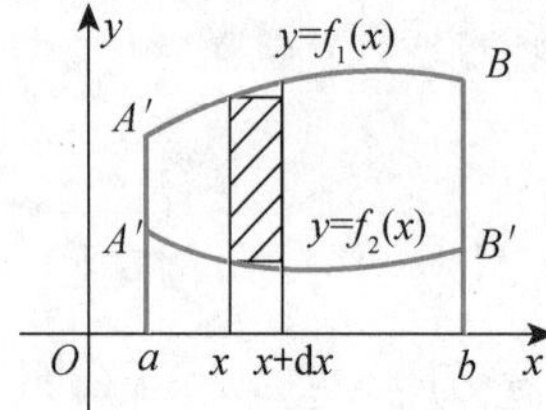

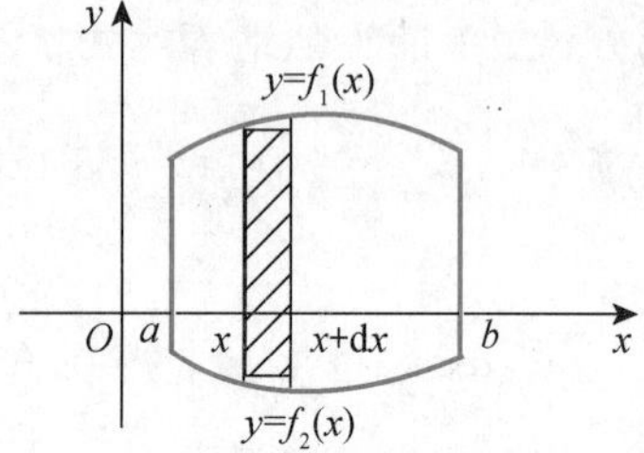

图 6-2

同理，当平面图形是由连续曲线 $x=\varphi(y)$，$x=\psi(y)$ 与直线 $y=c$，$y=d$ 以及 y 轴所围时(图 6-3)，称为 Y-型平面图形，其面积为

$$A=\int_c^d|\varphi(y)-\psi(y)|\mathrm{d}y.$$

特别地，当 $\psi(y)=0$ 时，$A=\int_c^d|\varphi(y)|\mathrm{d}y.$

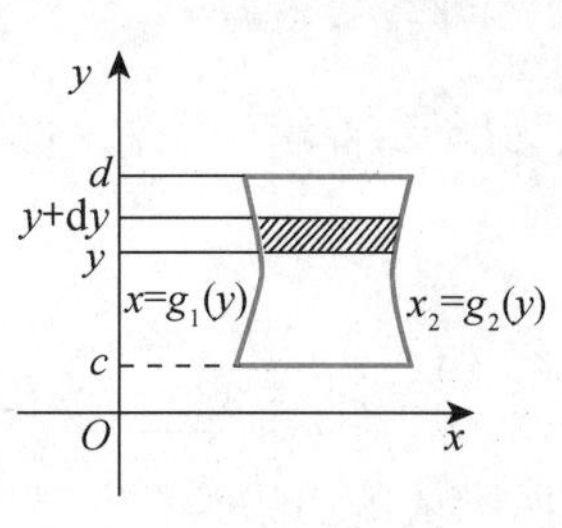

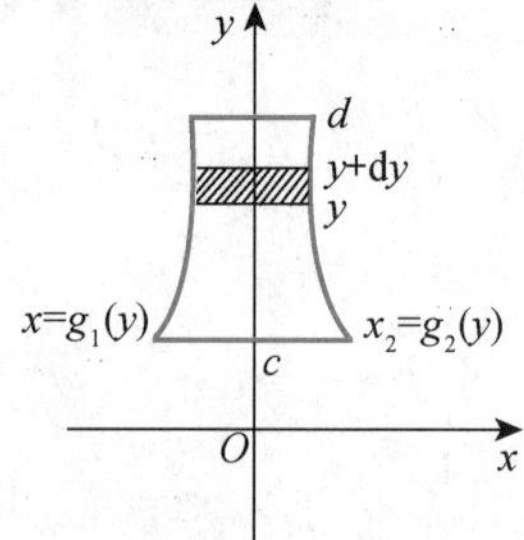

图 6-3

例 1 试求由 $y=\sin x$ 与 x 轴在 $[0,\pi]$ 上所围成的面积.

解 这是一个典型的 X-型平面图形，如图 6-4 所示.

选 x 为积分变量，积分区间为 $[0, \pi]$，则面积微元为 $dA = \sin x\,dx$.

因此，所求的平面图形的面积为

$$S = \int_0^{\pi} \sin x\,dx = (-\cos x)\Big|_0^{\pi} = -(-1-1) = 2.$$

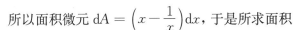

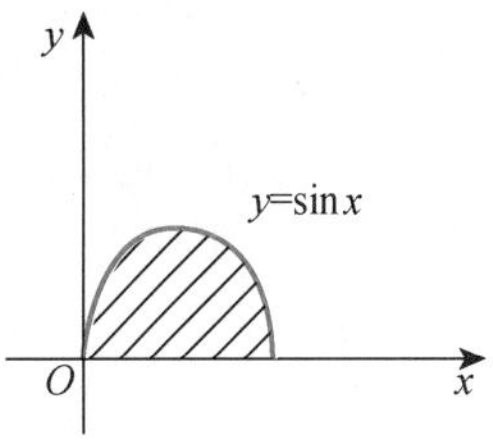

图 6-4

例 2　试求由 $y = \dfrac{1}{x}$，$y = x$，$x = 2$ 所围成的图形的面积.

解　如图 6-5 所示，$x \in [1, 2]$，这是一个典型的 X-型图形，所以面积微元 $dA = \left(x - \dfrac{1}{x}\right)dx$，于是所求面积

$$A = \int_1^2 \left(x - \frac{1}{x}\right)dx = \frac{3}{2} - \ln 2.$$

例 3　试求由 $y = \ln x$，$y = \ln 2$，$y = \ln 7$，$x = 0$，所围成的图形的面积.

解　这是一个典型的 Y-型平面图形，如图 6-6 所示.

选 y 为积分变量，积分区间为 $[\ln 2, \ln 7]$，

则面积微元为 $dA = e^y dy$.

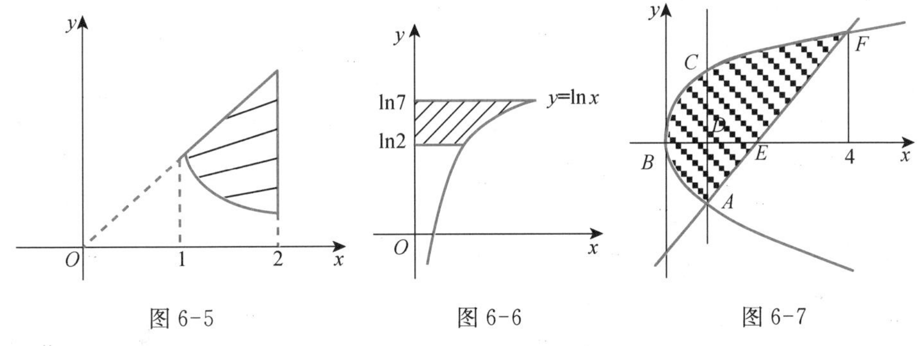

图 6-5　　图 6-6　　图 6-7

因此，所求的平面图形的面积为

$$S = \int_{\ln 2}^{\ln 7} e^y dy = (e^y)\Big|_{\ln 2}^{\ln 7} = 7 - 2 = 5.$$

例 4　求由曲线 $x = y^2$ 以及直线 $y = x - 2$ 所围的平面图形的面积.

解　这是一个典型的 Y-型平面图形，如图 6-7 所示.

由 $\begin{cases} x = y^2, \\ y = x - 2, \end{cases}$ 解得它们的交点坐标是：$(1, -1)$；$(4, 2)$.

选 y 为积分变量，积分区间为 $[-1, 2]$，

则面积微元为　$dA = (y + 2 - y^2)dy$.

因此，所求的平面图形的面积为

$$S = \int_{-1}^{2} [(y+2) - y^2]dy = \left(\frac{1}{2}y^2 + 2y - \frac{1}{3}y^3\right)\Big|_{-1}^{2} = \frac{10}{3} + \frac{7}{6} = \frac{9}{2}.$$

在平面图形的面积计算过程当中，对图形进行适当的分割有时是必要的，例 4 中，如果选 x 为积分变量的话就必须要分块考虑. 我们所求面积的图形就好比一块大蛋糕，必要的时候，我们就得拿起小刀，对这块“蛋糕”进行分割，把它切割成符合我们要求的形状，然后再求出每小块“蛋糕”的面积，最后把它们加起来就是整块“蛋糕”的面积了.

习 题 6.2

1. 求由 $y = e^x$, $x = 2$, $x = 4$, $y = 0$ 所围成的图形的面积.
2. 求由 $y = x^2$, $x = y^2$ 所围成的图形的面积.
3. 求由 $y = x^2$, $y = 1$, $x = 0$ 所围成的图形的面积.
4. 求由 $y^2 = 2x$, $x - y = 4$ 所围成的图形的面积.

6.3 旋转体的体积

设一平面图形以 $x = a$, $x = b$, $y = 0$ 以及 $y = f(x)$ 为边界，求该图形绕 x 轴旋转一周的旋转体体积. 其实这是一个求 X-型平面图形绕 x 轴旋转一周的旋转体体积问题.

我们用“微元法”的思想，来解决这一问题. 在 $[a, b]$ 上任取一点 x，再任给一个自变量的增量 Δx，得到一个细长条，该细长条我们可以把它看成矩形，该矩形的宽为 Δx，高为 $f(x)$，那么这个小“矩形”绕 x 轴旋转一周的旋转体就是一个圆柱体，不过，这个圆柱体非常的薄，其厚度就是 Δx，圆柱体体积是

$$\text{体积} = \text{底面积} \times \text{高}.$$

于是小圆柱体的体积微元是

$$dV = \pi f^2(x)\Delta x = \pi f^2(x)dx.$$

再把这些微小的圆柱体体积累加起来，也就是积分，所以所求的体积为

$$V_x = \pi \int_a^b f^2(x)dx.$$

这样旋转出来的旋转体如图 6-8 所示.

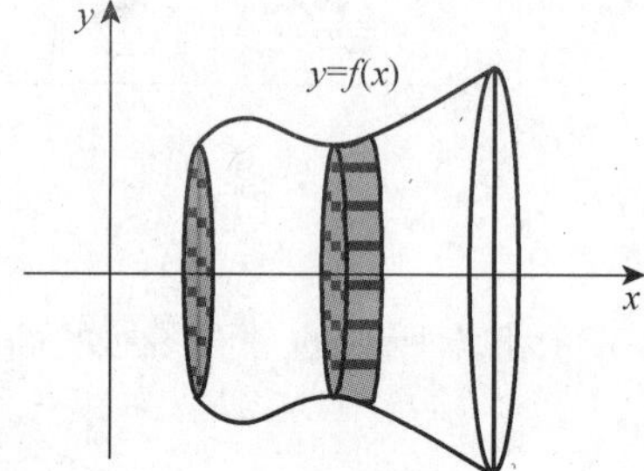

图 6-8 旋转体的体积

同样，由曲线 $x = g(y)$, $y = c$, $y = d$ 及 y 轴所围成的曲边梯形绕 y 轴旋转而形成的旋转体体积为

$$V_y = \pi \int_c^d g^2(y)dy.$$

一般地，(1) 由曲线 $y = f(x)$, $y = g(x)$, $x = a$, $x = b$ 所围成的图形绕 x 轴旋转而形成的旋转体体积为

$$V_x = \pi \int_a^b [f^2(x) - g^2(x)]dx.$$

(2) 由曲线 $x = h(y)$, $x = l(y)$, $y = c$, $y = d$ 所围成的图形绕 y 轴旋转而形成的旋

转体体积为

$$V_y=\pi\int_c^d[h^2(y)-l^2(y)]\mathrm{d}y.$$

例 1　试求由 $y=\sin x$ 与 x 轴在 $[0,\pi]$ 上所围成的图形绕 x 轴旋转一周的旋转体体积(图 6-9).

解　由题意可知,体积微元为 $\mathrm{d}V=\pi\sin^2 x\mathrm{d}x$.

所求体积为

$$V=\int_0^\pi \mathrm{d}V=\int_0^\pi \pi\sin^2 x\mathrm{d}x=\frac{\pi^2}{2}.$$

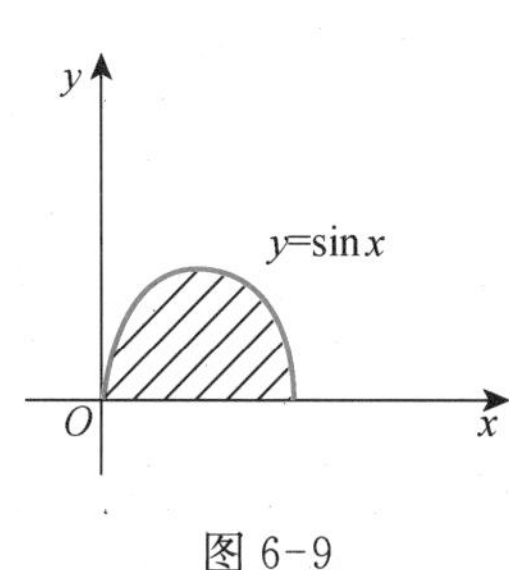

图 6-9

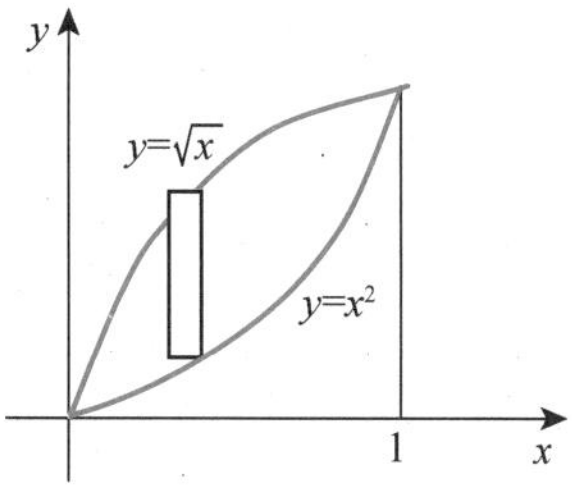

图 6-10

例 2　求由曲线 $y=x^2$ 和 $x=y^2$ 所围的平面图形绕 x 轴旋转一周的旋转体体积(图 6-10).

解　设所求体积为 V, 由于上边界为 $x=y^2$, 下边界为 $y=x^2$, 则所求的体积为"以 $x=0$; $x=1$; $y=0$; 和 $y=\sqrt{x}$ 围成的平面图形绕 x 轴旋转一周的旋转体体积"与"以 $x=0$; $x=1$; $y=0$ 和 $y=x^2$ 围成的平面图形绕 x 轴旋转一周的旋转体体积"之差. 即

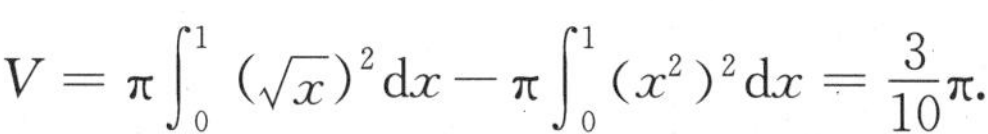

$$V=\pi\int_0^1(\sqrt{x})^2\mathrm{d}x-\pi\int_0^1(x^2)^2\mathrm{d}x=\frac{3}{10}\pi.$$

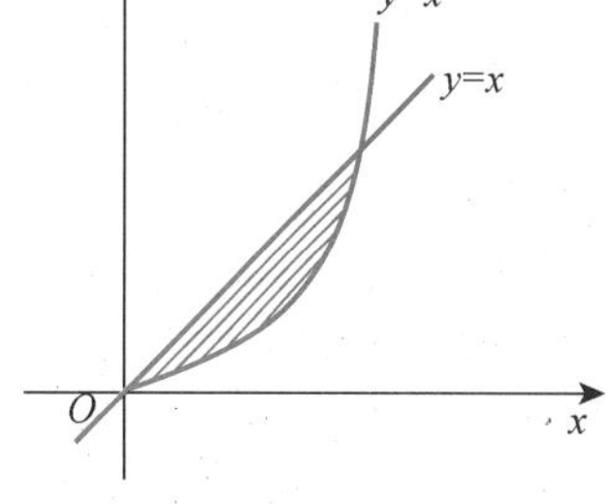

图 6-11

例 3　求由曲线 $y=x^2$ 和 $y=x$ 所围的平面图形绕 y 轴旋转一周的旋转体体积(图 6-11).

解　两函数的交点为 $(0,0)$, $(1,1)$.

由图 6-11 可得

$$V_y=\pi\int_0^1[(\sqrt{y})^2-y^2]\mathrm{d}y=\pi\left(\frac{1}{2}y^2-\frac{1}{3}y^3\right)\Big|_0^1=\frac{1}{6}\pi.$$

例 4　求圆 $(x-b)^2+y^2=a^2$ 绕 x 轴旋转而成的旋转体的体积(图 6-12).

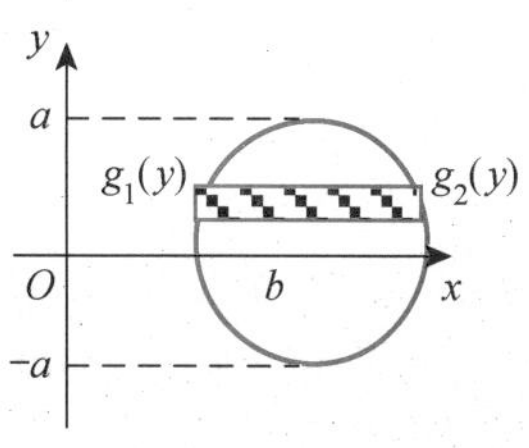

图 6-12

解　此旋转体为一圆环体(图 6-12). 圆的方程可表示为

左半圆　　$x=g_1(y)=b-\sqrt{a^2-y^2}$;

右半圆　　$x=g_2(y)=b+\sqrt{a^2-y^2}$,

所求体积为左半圆，右半圆分别与直线 $y=-a$、$y=a$ 以及 y 轴旋转一周所形成的两个旋转体的体积之差，即

$$V=\pi\int_{-a}^{a}[g_1^2(y)-g_2^2(y)]\mathrm{d}y=\pi\int_{-a}^{a}4b\sqrt{a^2-y^2}\,\mathrm{d}y$$

$$=8\pi b\int_0^{\frac{\pi}{2}}a^2\cos^2 t\mathrm{d}t=4\pi a^2 b\int_0^{\frac{\pi}{2}}(1+\cos 2t)\mathrm{d}t$$

$$=4\pi a^2 b\left[t+\frac{1}{2}\sin 2t\right]_0^{\frac{\pi}{2}}=2\pi^2 a^2 b.$$

习 题 6.3

1. 求由 $y=x^2-4$ 和 $y=0$ 所围成图形绕 x 轴旋转一周所得旋转体的体积.

2. 求由 $y^2=x$ 和 $x^2=y$ 所围成图形绕 y 轴旋转一周所得旋转体的体积.

3. 求 $y=x^3$，$y=0$，$x=2$ 所围图形分别绕 x 轴、y 轴所得旋转体的体积.

4. 设 D 由曲线 $y=\sqrt{x}$ 与其过点 $(-1,0)$ 的切线及 x 轴围成，求 D 饶 x 轴旋转一周所成旋转体的体积.

6.4 平面曲线的弧长

6.4.1 $y=f(x)$ 情形

设曲线弧由直角坐标方程 $y=f(x)$ $(a\leqslant x\leqslant b)$ 给出，其中 $f(x)$ 在 $[a,b]$ 上具有一阶连续导数. 现在用元素法来计算这曲线弧的长度.

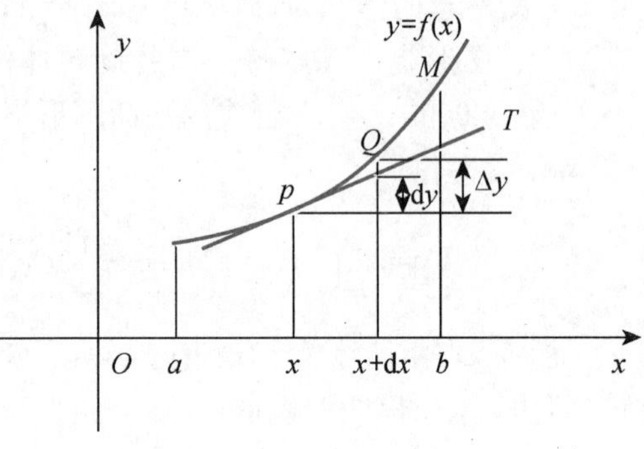

图 6-13

取横坐标 x 为积分变量，它的变化区间为 $[a,b]$. 曲线 $y=f(x)$ 上对应于 $[a,b]$ 上任一小区间 $[x,x+\Delta x]$ 的一段弧的长度 Δx 可以用该曲线点 $(x,f(x))$ 处切线上相应的一小段的长度来近似代替. 而这相应切线段的长度为

$$\sqrt{(\mathrm{d}x)^2+(\mathrm{d}y)^2}=\sqrt{1+y'^2}\,\mathrm{d}x,$$

以此作为弧长元素 $\mathrm{d}s$，即 $\mathrm{d}s=\sqrt{1+y'^2}\,\mathrm{d}x$，以 $\mathrm{d}s=\sqrt{1+y'^2}\,\mathrm{d}x$ 为被积表达式，在区间 $[a,b]$ 上做定积分，积分所求得弧长.

曲线段弧 $y=f(x)$ $(a\leqslant x\leqslant b)$ 的长度为

$$\boxed{s=\int_a^b\sqrt{1+y'^2}\,\mathrm{d}x}$$

例 1 求曲线 $y=\frac{1}{4}x^2-\frac{1}{2}\ln x(1\leqslant x\leqslant \mathrm{e})$ 的弧长.

解 由 $y'=\frac{1}{2}x-\frac{1}{2x}=\frac{1}{2}\left(x-\frac{1}{x}\right)$，得

$$\begin{aligned}\mathrm{d}s&=\sqrt{1+y'^2}\mathrm{d}x=\sqrt{1+\frac{1}{4}\left(x-\frac{1}{x}\right)^2}\mathrm{d}x\\&=\frac{1}{2}\left(x+\frac{1}{x}\right)\mathrm{d}x.\end{aligned}$$

于是所求弧长为

$$\begin{aligned}s&=\int_1^{\mathrm{e}}\sqrt{1+y'^2}\mathrm{d}x=\int_1^{\mathrm{e}}\frac{1}{2}\left(x+\frac{1}{x}\right)\mathrm{d}x=\frac{1}{2}\left[\frac{1}{2}x^2+\ln x\right]\Big|_1^{\mathrm{e}}\\&=\frac{1}{4}(\mathrm{e}^2+1).\end{aligned}$$

例 2 在图 6-14 所示的鱼腹梁中，钢筋呈现为抛物线形状，适当选取坐标系后其方程为 $y=ax^2$，求在 $x=-b$ 至 $x=b$ 之间的弧长.

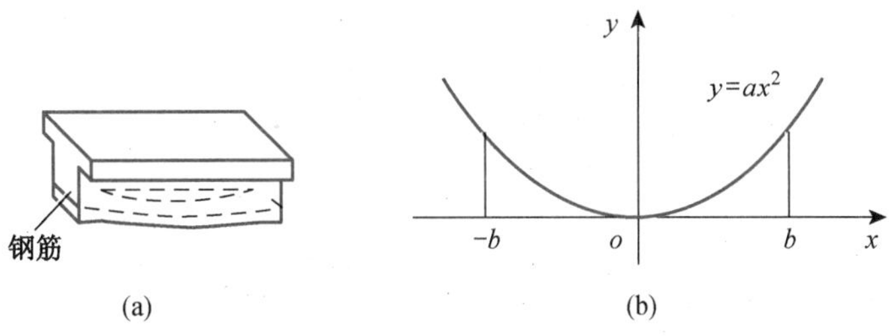

图 6-14

解 取积分变量为 x，积分区间为 $[-b, b]$，根据弧长公式，得

$$\begin{aligned}s&=\int_{-b}^{b}\sqrt{1+(2ax)^2}\mathrm{d}x=2\int_0^b\sqrt{1+(2ax)^2}\mathrm{d}x\\&=\frac{1}{a}\int_a^b\sqrt{1+(2ax)^2}\mathrm{d}(2ax)\\&=\frac{1}{a}\left[\frac{1}{2}(2ax)\sqrt{1+(2ax)^2}+\frac{1}{2}\ln\left(2ax+\sqrt{1+(2ax)^2}\right)\right]_0^b\\&=b\sqrt{1+4a^2b^2}+\frac{1}{2a}\ln\left(2ab+\sqrt{1+4a^2b^2}\right).\end{aligned}$$

6.4.2 参数方程情形

设曲线弧由参数方程

$$\begin{cases}x=\varphi(t),\\y=\psi(t)\end{cases}\quad \alpha\leqslant t\leqslant\beta$$

给出,其中 $\varphi(t)$, $\psi(t)$ 在 $[\alpha, \beta]$ 上具有一阶连续导数. 现在来计算这曲线弧的长度.

取参数 t 为积分变量,它的变化区间为 $[\alpha, \beta]$. 相应 $[\alpha, \beta]$ 上任一小区间 $[t, t+\Delta t]$ 的小弧段的长度的近似值及弧长元素为

$$\begin{aligned} ds &= \sqrt{(dx)^2+(dy)^2} = \sqrt{\varphi'^2(t)(dt)^2+\psi'^2(t)(dt)^2} \\ &= \sqrt{\varphi'^2(t)+\psi'^2(t)}\,dt. \end{aligned}$$

于是,曲线段弧 $x=\varphi(t)$, $y=\psi(t)(\alpha \leqslant t \leqslant \beta)$ 的长度为

$$\boxed{s=\int_{\alpha}^{\beta}\sqrt{\varphi'^2(t)+\psi'^2(t)}\,dt.}$$

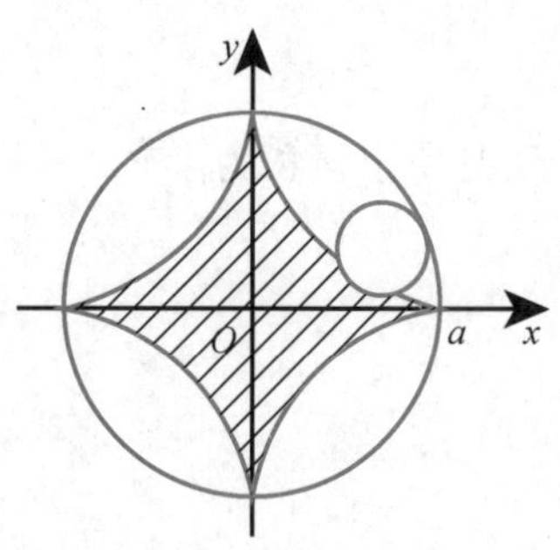

图 6-15

例 3 求星形线 $\begin{cases} x = a\cos^3 t, \\ y = a\sin^3 t \end{cases}$ $(a>0)$ 的全长.

解 由于星形线关于两个坐标轴对称,所以所求曲线的长度是该曲线在第一象限内曲线长的 4 倍,去 t 为积分变量,

$$\begin{cases} \dfrac{dx}{dt} = -3a\cos^2 t\sin t, \\ \dfrac{dy}{dt} = -3a\sin^2 t\cos t. \end{cases}$$

于是弧长微元为

$$\begin{aligned} dt &= \sqrt{(-3a\cos^2 t\sin t)^2+(-3a\sin^2 t\cos t)^2}\,dt \\ &= 3a\sin t\cos t\,dt. \end{aligned}$$

所求弧长为

$$l = 4\int_0^{\frac{\pi}{2}} 3a\sin t\cos t\,dt = 12a\left(\frac{\sin^2 t}{2}\right)\Bigg|_0^{\frac{\pi}{2}} = 6a.$$

习 题 6.4

1. 求下列各曲线上指定两点间的曲线弧的长度.

(1) $y^2=2px$ 上自 $(0, 0)$ 至 $\left(\frac{p}{2}, p\right)$;

(2) $y=\ln(1-x^2)$ 上自 $(0, 0)$ 至 $\left(\frac{1}{2}, \ln\frac{3}{4}\right)$.

2. 求抛物线 $y=\frac{x^2}{2}$ 对应 $0 \leqslant x \leqslant 1$ 的一段弧长 $0 \leqslant x \leqslant 1$.

3. 求曲线 $y=\frac{2}{3}x^{\frac{3}{2}}$ 上相应于 x 从 0 到 3 的一段弧长.

4. 两根电线杆之间的电线,由于自身重量而下垂成曲线,这一曲线称为悬链线. 已知悬链线方程为 $y=\frac{a}{2}(e^{\frac{x}{a}}+e^{-\frac{x}{a}})(a>0)$,求从 $x=-a$ 到 $x=a$ 这一段的弧长.

6.5 变力做功问题

设一物体在力 $F(x)$ 的作用下,沿着力的方向作直线运动,从 $x=a$ 移动到 $x=b$,求 $[a, b]$ 上力对物体所做的功. 由物理学知道,如果物体在做直线运动的过程中有个一个不变的力 F 作用在这个物体上,且该力的方向与物体运动的方向一致,那么,在物体移动距离 S 时,力 F 对物体所做的功是 $W=F\cdot S$.

对于变力做功问题我们采用微元法来讨论.

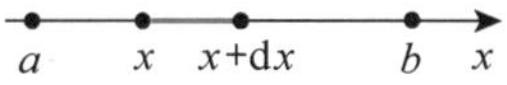

如图 6-16 所示,对区间 $[a, b]$ 进行分割,任取区间 $[x, x+\Delta x]$,在这段距离内物体受力可以近似看作 $F(x)$,物体在变力 $F(x)$ 的作用下从点 x 移动到点 $x+\mathrm{d}x$($\mathrm{d}x$ 很小)所做的功元素为 $\Delta W\approx F(x)\mathrm{d}x$,记 $\mathrm{d}W\approx F(x)\mathrm{d}x$,则物体从点 a 移动到点 b,变力 $F(x)$ 所做的是功为

图 6-16

$$\boxed{W=\int_a^b F(x)\mathrm{d}x}$$

例 1 一物体按规律 $x=5t^2$ 作直线运动,所受的阻力与速度的平方成正比,计算物体从 $x=0$ 运动到 $x=a$ 过程中,物体克服阻力所做的功.

解 位于 x 处时物体运动的速度为

$$v=\frac{\mathrm{d}x}{\mathrm{d}t}=10t=10\cdot\sqrt{\frac{x}{5}}=2\sqrt{5x},$$

故所受的阻力为

$$F=kv^2=20kx\quad(k\text{ 为比例常数}).$$

物体从点 x 移动到点 $x+\mathrm{d}x$ 所做的功元素为

$$\mathrm{d}W=F(x)\mathrm{d}x=20kx\mathrm{d}x.$$

因此,所求物体从 0 运动到 a 时克服力所做的功为

$$W=\int_0^a 20kx\mathrm{d}x=10a^2k.$$

例 2 已知用 1 N 的力能使某弹簧拉长 1 cm,求把弹簧拉长 5 cm 拉力所做的功.

解 去弹簧的平衡点作为原点建立坐标系.

由胡克定律知道,在弹性限度内拉长弹簧所需的力 F 与拉长 x 的长度成正比,即

$$F=kx.$$

其中 k 为比例常数. 当 x=1 cm=0.01 m 时,力 F=1 N,于是得 k=100 N/m.

即
$$F=100x.$$

于是拉力使弹簧拉长 5 cm=0.05 m 所做的功为

$$W=\int_0^{0.05}100x\mathrm{d}x=(50x^2)\Big|_0^{0.05}=0.125\ \mathrm{J}.$$

习 题 6.5

1. 弹簧原长 0.30 m,每压缩 0.01 m 需力 2 N,求把弹簧从 0.25 m压缩到 0.20 m 所做的功(图 6-17).

2. 已知弹簧每拉长 0.02 m 要用 9.8 N 的力,求把弹簧拉长0.1 m 所做的功.

3. 一物体在力 $F(x)=3x+4$ (单位:N)的作用下,沿与力 F 相同的方向,从 $x=0$ 处运动到 $x=4$ 处(单位:cm),求力 F 所做的功.

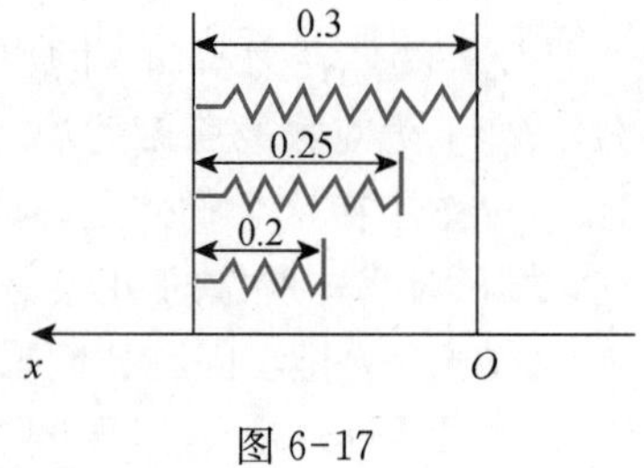

图 6-17

6.6 液体压力问题

由物理学知道,一水平放置在液体中的薄片,若其面积为 A,距离液体表面的深度为 h,则该薄片所受的压力为

$$P=\rho Ah$$

其中 ρ 为液体的比重($\mathrm{N/m^3}$).

但在实际问题中,常常要计算与液面垂直放置的薄片(如闸门、阀门等)一侧所受的压力.由于此时薄片一侧每个位置距液面的深度不一样,因此不能直接利用上面的公式,为此我们用定积分的元素法来分析解决这类问题.

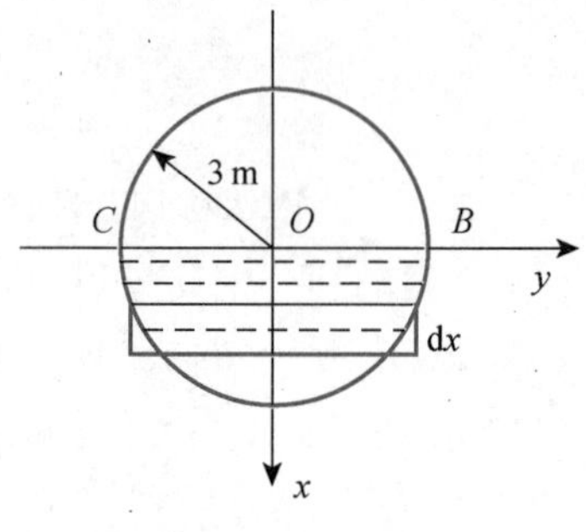

图 6-18

例 有一水平放置的水管,其断面是直径为 6 m 的圆,求当水半满时,水平一端的竖立闸门上所受的压力.

解 建立如图 6-18 所示的坐标系,则圆的方程的为 $x^2+y^2=9$.

(1) 取积分变量为 x,积分区间为 $[0,3]$;

(2) 在 $[0,3]$ 上任取一小区间 $[x,x+\mathrm{d}x]$.

由于 $\rho=9.8\times10^3$, $\mathrm{d}A=2\sqrt{9-x^2}\,\mathrm{d}x$, $h=x$,
所以压力元素为

$$\mathrm{d}P=2\times9.8\times10^3x\sqrt{9-x^2}\,\mathrm{d}x.$$

(3) 所求水压力为

$$\begin{aligned}P&=\int_0^3 19.6\times10^3x\sqrt{9-x^2}\,\mathrm{d}x\\&=19.6\times10^3\int_0^3\left(-\frac{1}{2}\right)\sqrt{9-x^2}\,\mathrm{d}(9-x^2)\\&=-9.8\times10^3\times\frac{2}{3}\left[(9-x^2)^{\frac{3}{2}}\right]_0^3\\&=-9.8\times10^3\times\frac{2}{3}\times(-27)\\&\approx1.76\times10^5\ (\mathrm{N}).\end{aligned}$$

推广到一般情况(图 6-19),得出液体压力的计算公式为

$$\boxed{P=\int_a^b \rho x f(x)\,\mathrm{d}x}$$

其中,ρ 为液体的比重,$f(x)$ 为薄片曲边的函数式.

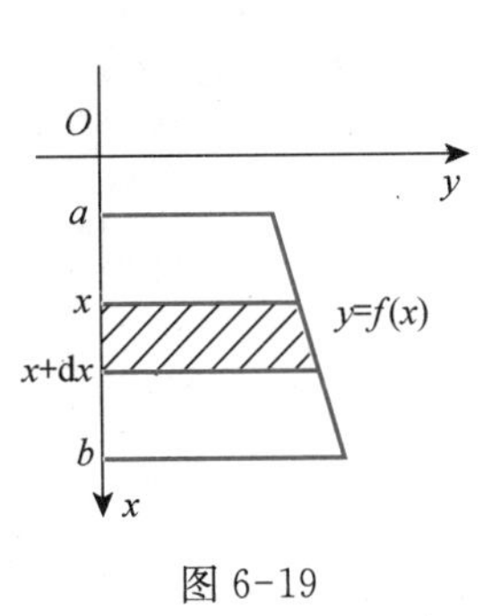

图 6-19

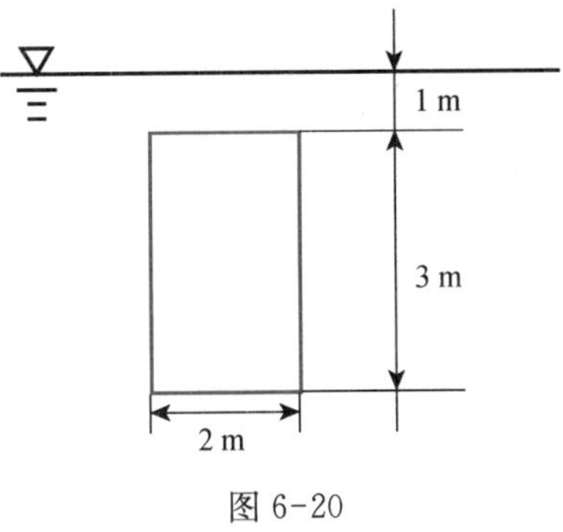

图 6-20

习　题　6.6

1. 有一矩形闸门(图 6-20),求当水面超过门顶 1 m 时,闸门上所受的压力.

2. 水池的一壁为矩形,长为 60 m,高为 5 m,水池中装满了水,在水池壁上画一条水平直线把此壁分成上下两部分,使此两部分所受的压力相等,求水平直线离水面的距离.

6.7　连续函数的均值

连续函数 $y=f(x)$ 在区间 $[a,b]$ 上的平均值等于 $f(x)$ 在 $[a,b]$ 上的定积分除以区间长度 $b-a$. 即

$$\boxed{\bar{y}=\frac{1}{b-a}\int_a^b f(x)\,\mathrm{d}x}$$

例　求函数 $y=\sin x$ 在 $[1,3]$ 上的平均值.

解　$\bar{y}=\dfrac{1}{3-1}\displaystyle\int_1^3 \sin x\,\mathrm{d}x=\dfrac{1}{2}\left[-\cos x\right]_1^3$

$=\dfrac{1}{2}(\cos 1-\cos 3)\approx 0.765\ 1.$

习　题　6.7

1. 求函数 $f(x)=10+2\sin x+3\cos x$ 在区间 $[0,2\pi]$ 上的平均值.

2. 求函数 $f(x)=\sin x$ 在 $[0,\pi]$ 上的平均值.

阅读材料六

拉普拉斯简介

拉普拉斯(Pierre-Simon Laplace，1749—1827)，法国数学家，物理学家，天文学家.法国科学院院士.1749年3月23日生于法国西北部卡尔瓦多斯的博蒙昂诺日，1827年3月5日卒于巴黎.曾任巴黎军事学院落数学教授.1795年任巴黎综合工科学校教授，后又在高等师范学校任教授.1816年被选为法兰西学院院士，1817年任该院院长.

拉普拉斯是天体力学的主要奠基人，是天体演化学的创立者之一，是分析概率论的创始人，是应用数学的先躯.拉普拉斯用数学方法证明了行星的轨道大小只有周期性变化，这就是著名拉普拉斯的定理.他发表的天文学、数学和物理学的论文有270多篇，专著合计有4 006多页.其中最有代表性的专著有《天体力学》《宇宙体系论》和《概率分析理论》.1796年，他发表《宇宙体系论》.因研究太阳系稳定性的动力学问题被誉为法国的牛顿和天体力学之父.

拉普拉斯生于法国诺曼底的博蒙，父亲是一个农场主，他从青年时期就显示出卓越的数学才能，18岁时离家赴巴黎，决定从事数学工作.于是带着一封推荐信去找当时法国著名学者达朗贝尔，但被后者拒绝接见.拉普拉斯就寄去一篇力学方面的论文给达朗贝尔.这篇论文出色至极，以至达朗贝尔忽然高兴得要当他的教父，并使拉普拉斯被推荐到军事学校教书.此后，他同拉瓦锡在一起工作了一个时期，他们测定了许多物质的比热.1780年，他们两人证明了将一种化合物分解为其组成元素所需的热量就等于这些元素形成该化合物时所放出的热量.这可以看作是热化学的开端，而且，它也是继布拉克关于潜热的研究工作之后向能量守恒定律迈进的又一个里程碑，60年后这个定律终于瓜熟蒂落地诞生了.拉普拉斯的主要注意力集中在天体力学的研究上面，尤其是太阳系天体摄动，以及太阳系的普遍稳定性问题.他把牛顿的万有引力定律应用到整个太阳系，1773年解决了一个当时著名的难题：解释木星轨道为什么在不断地收缩，而同时土星的轨道又在不断地膨胀.拉普拉斯用数学方法证明行星平均运动的不变性，并证明为偏心率和倾角的3次幂.这就是著名的拉普拉斯定理，从此开始了太阳系稳定性问题的研究.同年，他成为法国科学院副院士，1784—1785年，他求得天体对其外任一质点的引力分量可以用一个势函数来表示，这个势函数满足一个偏微分方程，即著名的拉普拉斯方程.1785年他被选为科学院院士. 1786年证明行星轨道的偏心率和倾角总保持很小和恒定，能自动调整，即摄动效应是守恒和周期性的，即不会积累也不会消解.1787年发现月球的加速度同地球轨道的偏心率有关，从理论上解决了太阳系动态中观测到的最后一个反常问题.1796年他的著作《宇宙体系论》问世，书中提出了对后来有重大影响的关于行星起源的星云假说.他长期从事大行星运动理论和月球运动理论方面的研究，在总结前人研究的基础上取得大量重要成果，他的这些成果集中在1799—1825年出版的5卷16册巨著《天体力学》之内.在这部著作中第一次提出天体力学这一名词，是经典天体力学的代表作.这一时期中席卷法国的政治变动，包括拿破仑的兴起和衰落，没有显著地打断他的工作，尽管他是个曾染指政治的人.他的威望以及他将数学应用于军事问题的才能保护了他.他还显示出一种并不值得佩服的在政治态度方面见风使舵的能力.

拉普拉斯在数学上也有许多贡献.1812年发表了重要的《概率分析理论》一书.1799年他还担任过法国经度局局长，并在拿破仑政府中任过6个星期的内政部长.

拉普拉斯的著名杰作《天体力学》，集各家之大成，书中第一次提出了“天体力学”的学科名称，是经典天体力学的代表著作.《宇宙系统论》是拉普拉斯另一部名垂千古的杰作.在这部书中，他独立于康德，提出了第一个科学的太阳系起源理论——星云说.康德的星云说是从哲学角度提出的，而拉普拉斯则从数学、力学角度充实了星云说，因此，人们常常把他们两人的星云说称为“康德—拉普拉斯星云说”.

拉普拉斯在1814年提出科学假设称之为“拉普拉斯妖”.

假定：如果有一个智能生物能确定从最大天体到最轻原子的运动的现时状态，就能按照力学规律推算出整个宇宙的过去状态和未来状态.后人把他所假定的智能生物称为拉普拉斯妖

拉普拉斯在数学和物理学方面也有重要贡献，以他的名字命名的拉普拉斯变换和拉普拉斯方程，在科学技术的各个领域有着广泛的应用.

补充说明：一，拉普拉斯曾任拿破仑的老师，所以和拿破仑结下不解之缘.二，拉普拉斯在数学上是个大师，在政治上是个小人物，墙头草，总是效忠于得势的一边，被人看不起，拿破仑曾讥笑他把无穷小量的精神带到内阁里.

综合练习六

一、选择题

1. 曲线 $x=y^2$ 与直线 $y=x$ 所围成的平面图形的面积为(　　).

A. $\frac{1}{2}$　　B. $\frac{1}{3}$　　C. $\frac{1}{6}$　　D. $\frac{2}{3}$

2. 曲线 $y=\cos x\left(-\frac{\pi}{2}\leqslant x\leqslant\frac{\pi}{2}\right)$ 与 x 轴所围成的图形，绕 x 轴旋转一周所围成旋转体的体积为(　　).

A. $\frac{\pi}{2}$　　B. π　　C. $\frac{\pi^2}{2}$　　D. π^2

3. 曲线 $x=y^2+1$，$x=2$ 所围成的平面图形绕 y 轴旋转而成的旋转体的体积为(　　).

A. $\frac{64}{15}\pi$　　B. $\frac{32}{15}\pi$　　C. $\frac{2}{15}\pi$　　D. $\frac{6}{15}\pi$

4. 一物体沿 $x=3t^2$ 作直线运动，所受阻力与速度的平方成正比(比例系数为 k)，物体从 $x=0$ 移到 $x=1$ 时克服阻力所做的功为(　　).

A. $4k$　　B. $2k$　　C. $6k$　　D. $8k$

5. 曲线 $y=f(x)$ 具有一阶连续导数，则曲线上相应于 $x\in[a,b]$ 的一段弧长为(　　).

A. $\int_a^b\sqrt{1+f^2(x)}\,\mathrm{d}x$　　B. $\int_a^b\sqrt{f^2(x)-1}\,\mathrm{d}x$

C. $\int_a^b\sqrt{1+|f'(x)|}\,\mathrm{d}x$　　D. $\int_a^b\sqrt{1+[f'(x)]^2}\,\mathrm{d}x$

二、填空题

1. 由曲线 $y=\cos x$ 和直线 $y=2\pi-x$ 所围图形的面积为________.

2. 由曲线 $y=\dfrac{3}{x}$，$x+y=4$ 围成的平面图形绕 x 轴旋转而成的旋转体的体积为________.

3. 曲线 $y=\ln(1-x^2)$ 相应于区间$\left[0,\dfrac{1}{2}\right]$上的一段弧的长度为________.

4. 曲线 $y=x^3$，$x=2$，$y=0$ 所围成的图形绕 y 轴旋转而成的旋转体的体积为________.

5. 函数 $y=x^2+1$ 在区间$[-2, 4]$上的平均值为________.

三、解答题

1. 求由曲线 $y=x^3$，$y=\sqrt{x}$ 所围图形的面积.

2. 求曲线 $y=\dfrac{1}{x}$ 与直线 $y=x$ 及 $x=2$ 围成的平面图形的面积.

3. 求 c 的值($c>0$),使两曲线 $y=x^2$ 与 $y=cx^3$ 所围图形的面积为$\dfrac{2}{3}$.

4. 设函数 $y=\sin x$，$0\leqslant x\leqslant\dfrac{\pi}{2}$.求：

(1)t 取何值时,图中阴影部分的面积 S_1 与 S_2 之和最大?

(2) t 取何值时,图中阴影部分的面积 S_1 与 S_2 之和最小?

5. 曲线 $y=x-x^2$ 与直线 $y=ax$ 所围图形的面积为 $\dfrac{9}{2}$，求参数 a 的值.

6. 设平面图形式由 $y=x^2$，$y=x$ 及 $y=2x$ 所围成,求：

(1) 此平面图形的面积；

(2) 此平面图形分别绕 x 轴和 y 轴旋转而成的旋转体的体积.

7. 求曲线 $y=x^2$ 与 $y^2=8x$ 所围图形分别绕 x 轴，y 轴旋转一周所得旋转体的体积.

8. 求曲线 $y=\sqrt{x}$ 在 $x=1$ 处的切线与曲线 $y=\sqrt{x}$ 及 $x=2$ 所围平面绕 x 轴旋转一周所得旋转体的体积.

专业模块

第 7 章 向量代数与空间解析几何

在平面解析几何中，通过建立平面直角坐标系，把平面上的点 $M(x, y)$ 与有序数组 (x, y) 一一对应，从而可以通过向量用代数方法来研究几何问题. 空间解析几何中直线与平面的方程，直线、平面间的关系等问题大多是利用向量导出的. 空间解析几何是借助空间直角坐标系，把空间几何图形与代数方程对应起来进行研究的一门几何分支，其实质在于"变换—求解—反演"的特性，即首先把一个几何问题变为一个相应的代数问题，然后求解这个代数问题，最后反演代数解而得到几何解. 本章我们将学习空间直角坐标系、向量及其运算、空间解析几何的基本知识，这对于多元函数微积分的学习也是十分必要的.

学习要点

- 理解空间直角坐标系和空间向量的概念，掌握向量的表示方法，会计算向量的方向角和方向余弦.
- 熟练掌握向量的加、减、数乘、数量积和向量积运算，会判断向量的平行与垂直，了解向量的应用.
- 熟练掌握平面直线的两种方程，能判断空间两平面位置关系.
- 熟练掌握空间直线的三种方程，能判断空间直线与直线、直线与平面位置关系.
- 了解空间二次曲面，知道椭球面、双曲面，抛物面等空间曲面.
- 掌握利用 Matlab 软件求向量的运算.

数学是知识的工具，亦是其它知识工具的泉源. 所有研究顺序和度量的科学均和数学有关.

——勒内 · 笛卡尔

勒内 · 笛卡尔(1596—1650)
法国数学家、物理学家、神学家、解析几何创始人

7.1 空间向量

7.1.1 空间直角坐标系

1. 空间直角坐标系的建立

建立一个空间直角坐标系的具体方法是：在空间任选一点 O，同时过点 O 作三条两两垂直的数轴，且三个数轴都以点 O 作为原点，单位长度也一致. 我们把这三个数轴依次设为 x 轴，y 轴和 z 轴，称它们为空间直角坐标系的坐标轴(图 7-1). 在确定三个坐标轴的正方向时，三个正方向还必须满足右手法则. 即把 x 轴与 y 轴放置在水平面上，这样一来，z 轴就是竖直线，在选择 z 轴的正方向时，我们以右手紧紧握住 z 轴，同时让右手的四指从 x 轴的正方向以 $\frac{\pi}{2}$ 的角度转向 y 轴正方向，这时候，大拇指所指的方向就为 z 轴正方向(图7-2). 这样的三条坐标轴就组成了一个空间直角坐标系.

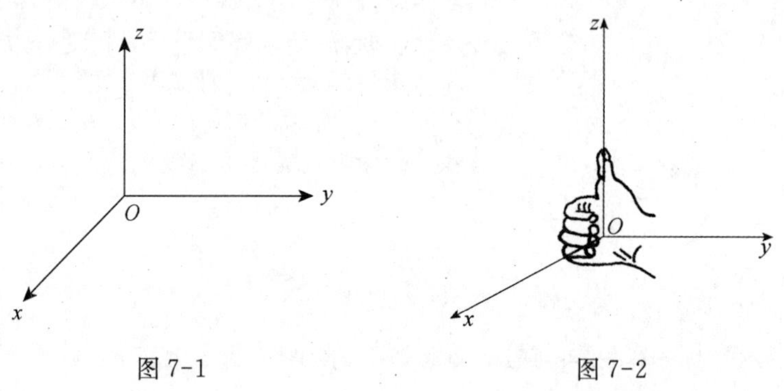

图 7-1　　　　图 7-2

其中点 O 称为坐标系的原点；x 轴，y 轴和 z 轴三个数轴称为空间直角坐标系的三个坐标轴；x 轴和 y 轴所确定平面称为 xOy 面；y 轴和 z 轴所确定平面称为 yOz 面；x 轴和 z 轴所确定平面称为 xOz 面；xOy 面，yOz 面和 xOz 面称为坐标系的三个坐标面；三个坐标面分割整个空间为八个部分，我们把每一部分叫做一个卦限；含有 x 轴，y 轴和 z 轴的正半轴所在的卦限称为第Ⅰ卦限，从第Ⅰ卦限开始按逆时针方向，先后出现的卦限依次称为第Ⅱ、第Ⅲ、第Ⅳ卦限；在第Ⅰ卦限、第Ⅱ、第Ⅲ、第Ⅳ卦限正下方的空间分别称为第Ⅴ、Ⅵ、Ⅶ、Ⅷ卦限(图 7-3).

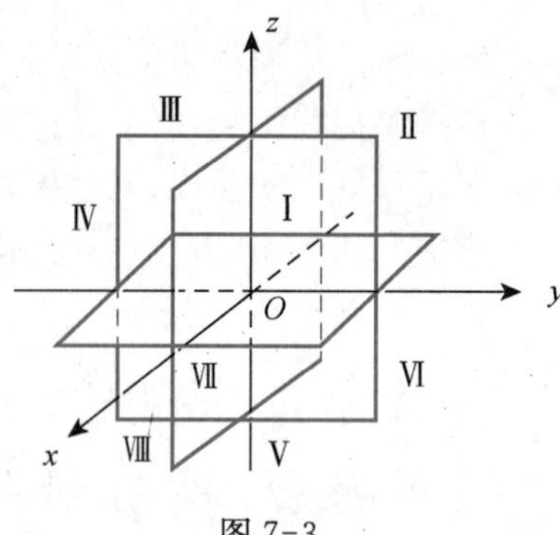

图 7-3

2. 空间点的直角坐标

建立了空间直角坐标系，空间的点就可用含有三个数的有序数组来表示. 设点 P 为空间的一点，过点 P 分别作垂直于 x 轴，y 轴和 z 轴的三个平面，它们与三个坐标轴分别相交于 A，B 和 C 三个点. 若点 A，B 和 C 在三个轴上的坐标分别为 x，y 和 z，则三个数 x，y 和 z 构成的有序数组称为点 P 的坐标，记为 $P(x, y, z)$，其中数

x 称为点 P 的横坐标，数 y 称为点 P 的纵坐标，数 z 称为点 P 的竖坐标(图 7-4).

设 $P(x, y, z)$ 为空间中的一个点，由图容易看出，其关于原点的对称点为 $P_0(-x, -y, -z)$；关于 z 轴的对称点为 $P_1(-x, -y, z)$；关于 xOy 面的对称点为 $P_2(x, y, -z)$. 关于其他坐标轴和坐标面的对称点可以类似得到，就不一一列举了.

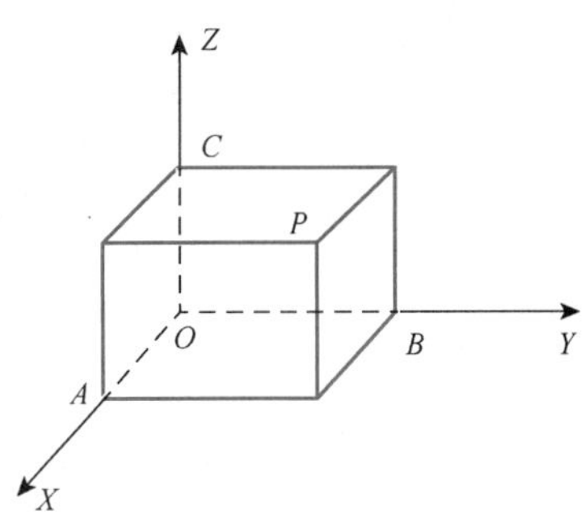

图 7-4

3. 空间两点间的距离

设 $P_1(x_1, y_1, z_1)$ 和 $P_2(x_2, y_2, z_2)$ 是空间两点，则空间两点间的距离公式为

$$\boxed{|P_1P_2|=\sqrt{(x_2-x_1)^2+(y_2-y_1)^2+(z_2-z_1)^2}}$$

特别地，点 $P(x, y, z)$ 与坐标原点 $O(0, 0, 0)$ 间的距离为

$$\boxed{|OP|=\sqrt{x^2+y^2+z^2}}$$

例 1 在 z 轴上求一点，使之与 $A(-4, 1, 7)$ 和 $B(3, 5, -2)$ 两点等距离.

解 设所求点为 $P(0, 0, z)$，

则 $$|PA|=|PB|,$$

即 $$\sqrt{(0+4)^2+(0-1)^2+(z-7)^2}=\sqrt{(3-0)^2+(5-0)^2+(-2-z)^2},$$

解得 $$z=\frac{14}{9},$$

故所求点为 $$P\left(0, 0, \frac{14}{9}\right).$$

特别地，$P(x, y, z)$ 到坐标轴和坐标面的距离也可以得出下表：

$P(x, y, z)$	x 轴	距离为 $d=\sqrt{y^2+z^2}$
	y 轴	距离为 $d=\sqrt{x^2+z^2}$
	z 轴	距离为 $d=\sqrt{y^2+x^2}$
	xOy 面	距离为 $d=\lvert z\rvert$
	xOz 轴	距离为 $d=\lvert y\rvert$
	yOz 轴	距离为 $d=\lvert x\rvert$

7.1.2 向量简介

1. 向量的概念

在许多应用型科学和工程技术中，经常要讨论一种量，它们既有大小，又有方向，我们把这样的量叫做向量. 在几何上，一般用一条有向线段表示向量. 以 A 为起点和 B 为终点的向

量，记为 $\overrightarrow{AB}$（图 7-5）.

向量还常常用一个粗体字母或者用一个上面加有小箭头的字母来表示. 如 $\boldsymbol{b}$, $\boldsymbol{v}$, $\boldsymbol{e}$ 或 $\vec{b}$, $\vec{v}$, $\vec{e}$ 等等.

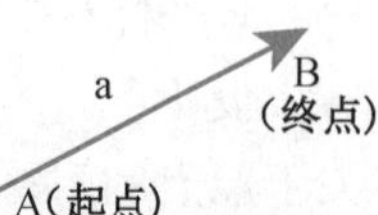

图 7-5

(1) 向量 $\overrightarrow{AB}$ 既有大小，又有方向，它的大小就叫做向量的模，记为 $|\overrightarrow{AB}|$.

(2) 模等于 1 的向量叫做单位向量，而模等于零的向量为零向量，零向量记为 $\mathbf{0}$ 或 $\vec{0}$. 零向量的方向可以看作是任意的.

(3) 如果两个向量的模相等，同时方向也相同，则我们称这两个向量相等. 这样一来，向量就可以平行移动到任意位置，而且与原来的向量是相等的. 具有这样性质的向量我们称为自由向量.

2. 向量的表示

(1) 向量的坐标表示

在空间直角坐标系中，我们可以用坐标表示向量，用来表示向量的坐标就叫做向量的坐标.

设向量的起点为 $M_1(x_1, y_1, z_1)$，终点为 $M_2(x_2, y_2, z_2)$，则向量 $\overrightarrow{M_1M_2}$ 的坐标表示为

$$\overrightarrow{M_1M_2} = \{x_2 - x_1, y_2 - y_1, z_2 - z_1\}.$$

它的模为

$$|\overrightarrow{M_1M_2}| = \sqrt{(x_2 - x_1)^2 + (y_2 - y_1)^2 + (z_2 - z_1)^2}.$$

显然，零向量的坐标是 $\{0, 0, 0\}$.

(2) 向量按基本单位向量的分解式

$\vec{i}$, $\vec{j}$, $\vec{k}$ 或 $\boldsymbol{i}$, $\boldsymbol{j}$, $\boldsymbol{k}$ 分别表示沿 x 轴、y 轴和 z 轴正向的单位向量，其坐标分别为 $\boldsymbol{i} = \{1, 0, 0\}$, $\boldsymbol{j} = \{0, 1, 0\}$, $\boldsymbol{k} = \{0, 0, 1\}$ 我们称为基本单位向量. 若有向量 $\overrightarrow{M_1M_2} = \{x_2 - x_1, y_2 - y_1, z_2 - z_1\}$，则向量 $\overrightarrow{M_1M_2}$ 按基本向量的分解式为

$$\overrightarrow{M_1M_2} = (x_2 - x_1)\boldsymbol{i} + (y_2 - y_1)\boldsymbol{j} + (z_2 - z_1)\boldsymbol{k}.$$

用坐标表示向量，为数与形的结合提供了条件.

例 2 已知三点 $A(-1, 3, -2)$, $B(-5, 2, -1)$, $C(0, 3, -2)$，求

(1) $\overrightarrow{AB}$, $\overrightarrow{CB}$ 和 $\overrightarrow{AC}$ 的坐标；　　(2) $|\overrightarrow{AC}| + |\overrightarrow{AB}|$.

解 (1) $\overrightarrow{AB} = \{-5+1, 2-3, -1+2\} = \{-4, -1, 1\}$,

$\overrightarrow{CB} = \{-5-0, 2-3, -1+2\} = \{-5, -1, 1\}$,

$\overrightarrow{AC} = \{0+1, 3-3, -2+2\} = \{1, 0, 0\}$.

(2) $|\overrightarrow{AC}| = \sqrt{1^2 + 0^2 + 0^2} = 1$,

$|\overrightarrow{AB}| = \sqrt{(-4)^2 + (-1)^2 + 1^2} = 3\sqrt{2}$,

所以 $|\overrightarrow{AC}| + |\overrightarrow{AB}| = 1 + 3\sqrt{2}$.

(3) 向量的方向角与方向余弦

我们知道零向量的方向是任意的，怎样确定非零向量的方向呢？我们用方向角来确定. 对于非零向量 $\overrightarrow{M_1M_2}$，它与 x 轴，y 轴和 z 轴的正方向分别有夹角为 α，β，$\gamma(0\leqslant\alpha, \beta, \gamma\leqslant\pi)$，$\alpha$，$\beta$，$\gamma$ 就叫做向量 $\overrightarrow{M_1M_2}$ 的方向角(图 7-6).

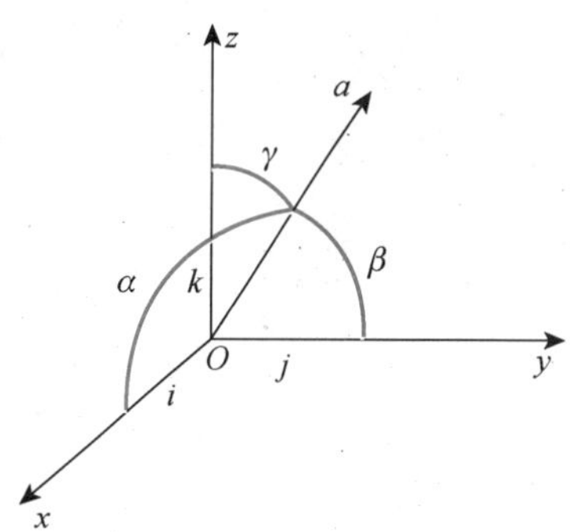

图 7-6

为了更好地确定方向角，我们称 $\cos\alpha$，$\cos\beta$，$\cos\gamma$，为方向余弦. 设向量 $\overrightarrow{M_1M_2}=\{x, y, z\}$，则有

$$\begin{cases}\cos\alpha=\dfrac{x}{|\overrightarrow{M_1M_2}|}=\dfrac{x}{\sqrt{x^2+y^2+z^2}},\\ \cos\beta=\dfrac{y}{|\overrightarrow{M_1M_2}|}=\dfrac{y}{\sqrt{x^2+y^2+z^2}},\\ \cos\gamma=\dfrac{z}{|\overrightarrow{M_1M_2}|}=\dfrac{z}{\sqrt{x^2+y^2+z^2}}.\end{cases}$$

例 3 已知两点 $A(4, 4, 0)$，$B(2, 6, -2\sqrt{2})$，求

(1) $\overrightarrow{AB}$ 的模； (2) $\overrightarrow{AB}$ 的方向余弦和方向角.

解 (1) 因为 $\overrightarrow{AB}=\{2-4, 6-4, -2\sqrt{2}-0\}=\{-2, 2, -2\sqrt{2}\}$，

所以 $|\overrightarrow{AB}|=\sqrt{(-2)^2+2^2+(2\sqrt{2})^2}=4$.

(2) $\overrightarrow{AB}$ 的方向余弦和方向角分别是

$$\cos\alpha=\frac{-2}{4}=-\frac{1}{2},\quad \cos\beta=\frac{2}{4}=\frac{1}{2},$$

$$\cos\gamma=\frac{-2\sqrt{2}}{4}=-\frac{\sqrt{2}}{2},$$

所以 $$\alpha=\frac{2}{3}\pi,\quad \beta=\frac{\pi}{3},\quad \gamma=\frac{3\pi}{4}.$$

习 题 7.1

1. 已知三点 $A(1, 2, -3)$，$B(-1, -6, -2)$，$C(3, -4, -3)$，确定

(1) 这三点所在的卦限；

(2) 这三点与 yOz 面的对称点的坐标；

(3) 这三点与 z 轴的对称点的坐标；

(4) 这三点与原点的对称点的坐标.

2. 在 x 轴上求一点，使它到点 $(-3, 2, -2)$ 的距离为 3.

3. 求点 $P(4, 3, -5)$ 到原点、各坐标轴、各坐标面的距离.

4. 已知三点 $A(-2, 2, -2)$，$B(-6, 1, -1)$，$C(-1, 2, -2)$，求

(1) $\overrightarrow{AB}$，$\overrightarrow{CB}$ 和 $\overrightarrow{AC}$ 的坐标； (2) $|\overrightarrow{AC}|+|\overrightarrow{AB}|$.

5. 已知三点 $A(-5, 0, -1)$，$B(-3, 2, -2)$，$C(-6, 3, -1)$，求

(1) $\overrightarrow{AB}$，$\overrightarrow{CB}$ 和 $\overrightarrow{AC}$ 的长度； (2) $\overrightarrow{AC}+\overrightarrow{AB}$.

6. 已知两点 $M_1(2, 2, \sqrt{2})$ 和 $M_2(1, 3, 0)$，计算向量 $\overrightarrow{M_1M_2}$ 的方向余弦和方向角.

7.2 向量的运算

7.2.1 向量的加减与数乘运算

向量的运算与数的运算是大相径庭的，请读者注意区别. 下面我们主要讨论向量运算的坐标表示.

设向量 $\boldsymbol{\alpha}=\{x_1, y_1, z_1\}$ 和向量 $\boldsymbol{\beta}=\{x_2, y_2, z_2\}$，则向量 $\boldsymbol{\alpha}+\boldsymbol{\beta}$, $\boldsymbol{\alpha}-\boldsymbol{\beta}$, $\lambda\boldsymbol{\alpha}$($\lambda$ 为常数) 分别由下面的式子确定：

$$\boldsymbol{\alpha}+\boldsymbol{\beta}=\{x_1+x_2, y_1+y_2, z_1+z_2\},$$
$$\boldsymbol{\alpha}-\boldsymbol{\beta}=\{x_1-x_2, y_1-y_2, z_1-z_2\},$$
$$\lambda\boldsymbol{\alpha}=\{\lambda x_1, \lambda y_1, \lambda z_1\}.$$

例 1 如果向量 $\boldsymbol{\alpha}=\{1, -2, 5\}$，向量 $\boldsymbol{\beta}=\{6, -7, 2\}$，计算 $2\boldsymbol{\alpha}+\boldsymbol{\beta}$ 和 $\boldsymbol{\alpha}-2\boldsymbol{\beta}$.

解 $2\boldsymbol{\alpha}+\boldsymbol{\beta}=2\{1, -2, 5\}+\{6, -7, 2\}=\{8, -11, 12\}$,

$\boldsymbol{\alpha}-2\boldsymbol{\beta}=\{1, -2, 5\}-2\{6, -7, 2\}=\{-11, 12, 1\}$.

设向量 $\boldsymbol{\alpha}=\{x, y, z\}$，根据向量的加减运算的规则，我们有：

$$\boxed{\boldsymbol{\alpha}=x\boldsymbol{i}+y\boldsymbol{j}+z\boldsymbol{k}=x\{1, 0, 0\}+y\{0, 1, 0\}+z\{0, 0, 1\}=\{x, y, z\}}$$

例 2 已知空间中的两点 $A(1, -2, 5)$ 与 $B(2, -1, 4)$，计算方向与 $\overrightarrow{AB}$ 方向一致的单位向量的坐标.

解 因为
$$\overrightarrow{AB}=\{1, 1-1\},$$
所以
$$|\overrightarrow{AB}|=\sqrt{3}.$$

因此，方向与 $\overrightarrow{AB}$ 一致的单位向量就应该是

$$\frac{\overrightarrow{AB}}{|\overrightarrow{AB}|}=\left\{\frac{1}{\sqrt{3}}, \frac{1}{\sqrt{3}} \quad \frac{-1}{\sqrt{3}}\right\}.$$

7.2.2 向量数量积

1. 定义

设向量 $\boldsymbol{\alpha}=\{x_1, y_1, z_1\}$ 和向量 $\boldsymbol{\beta}=\{x_2, y_2, z_2\}$，则这两个向量的数量积记为 $\boldsymbol{\alpha}\cdot\boldsymbol{\beta}$，则有

$$\boldsymbol{\alpha}\cdot\boldsymbol{\beta}=|\boldsymbol{\alpha}||\boldsymbol{\beta}|\cos(\widehat{\boldsymbol{\alpha}, \boldsymbol{\beta}}).$$

其中 $(\widehat{\boldsymbol{\alpha}\cdot\boldsymbol{\beta}})$ 表示向量 $\boldsymbol{\alpha}$ 和 $\boldsymbol{\beta}$ 的夹角.

将空间中两个向量平移，使它们的起点相同，我们规定此时两个向量相交所成的角中，不超过 π 的那个角表示向量 $\boldsymbol{\alpha}$ 和 $\boldsymbol{\beta}$ 的夹角，记为 $(\widehat{\boldsymbol{\alpha}\cdot\boldsymbol{\beta}})$ 或 $(\widehat{\boldsymbol{\beta}, \boldsymbol{\alpha}})$. 但是假如向量 $\boldsymbol{\alpha}$ 和 $\boldsymbol{\beta}$ 中有零向量时，我们则规定它们夹角可以是 0 与 π 之间的任意值.

2. 常用性质

向量的数量积具有以下性质：

(1) $\boldsymbol{\alpha}\cdot\boldsymbol{\alpha}=|\boldsymbol{\alpha}|^2$；

(2) $\boldsymbol{\alpha}\cdot\boldsymbol{\beta}=\boldsymbol{\beta}\cdot\boldsymbol{\alpha}$；

(3) $\boldsymbol{\alpha}\cdot\boldsymbol{\beta}=0\Leftrightarrow\boldsymbol{\alpha}\perp\boldsymbol{\beta}$.

3. 数量积的坐标表示

设 $\boldsymbol{\alpha}=\{x_1, y_1, z_1\}=x_1\boldsymbol{i}+y_1\boldsymbol{j}+z_1\boldsymbol{k}$，$\boldsymbol{\beta}=\{x_2, y_2, z_2\}=x_2\boldsymbol{i}+y_2\boldsymbol{j}+z_2\boldsymbol{k}$，

则
$$\begin{aligned}\boldsymbol{\alpha}\cdot\boldsymbol{\beta}&=(x_1\boldsymbol{i}+y_1\boldsymbol{j}+z_1\boldsymbol{k})\cdot(x_2\boldsymbol{i}+y_2\boldsymbol{j}+z_2\boldsymbol{k})\\&=x_1x_2+y_1y_2+z_1z_2.\end{aligned}$$

即
$$\boxed{\boldsymbol{\alpha}\cdot\boldsymbol{\beta}=x_1x_2+y_1y_2+z_1z_2}$$

例3 设向量 $\boldsymbol{\alpha}=\{1, -2, 5\}$，向量 $\boldsymbol{\beta}=\{6, -7, 2\}$，求 $\boldsymbol{\alpha}\cdot\boldsymbol{\beta}$.

解
$$\boldsymbol{\alpha}\cdot\boldsymbol{\beta}=1\times6+(-2)\times(-7)+5\times2=30.$$

4. 向量与向量的夹角

由向量的数量积公式 $\boldsymbol{\alpha}\cdot\boldsymbol{\beta}=|\boldsymbol{\alpha}||\boldsymbol{\beta}|\cos(\widehat{\boldsymbol{\alpha},\boldsymbol{\beta}})$，我们可以得到

$$\boxed{(\widehat{\boldsymbol{\alpha},\boldsymbol{\beta}})=\arccos\frac{\boldsymbol{\alpha}\cdot\boldsymbol{\beta}}{|\boldsymbol{\alpha}||\boldsymbol{\beta}|}}$$

例4 已知三点 $A(2, 2, 2)$，$B(3, 3, 2)$，$C(3, 2, 3)$，求 $\angle BAC$.

解 因为 $\overrightarrow{AB}=\{1, 1, 0\}$，$\overrightarrow{AC}=\{1, 0, 1\}$，

$$\overrightarrow{AB}\cdot\overrightarrow{AC}=1,$$

$$|\overrightarrow{AB}|=\sqrt{2},\quad |\overrightarrow{AC}|=\sqrt{2},$$

所以
$$\cos\angle BAC=\frac{\overrightarrow{AB}\cdot\overrightarrow{AC}}{|\overrightarrow{AB}||\overrightarrow{AC}|}=\frac{1}{2},$$

所以
$$\angle BAC=\arccos\frac{1}{2}=\frac{\pi}{3}.$$

7.2.3 向量向量积

1. 定义

设向量 $\boldsymbol{\alpha}=\{x_1, y_1, z_1\}$ 和向量 $\boldsymbol{\beta}=\{x_2, y_2, z_2\}$，则这两个向量的向量积记为 $\boldsymbol{\alpha}\times\boldsymbol{\beta}$，它是一个新的向量.

模：$|\boldsymbol{\alpha}\times\boldsymbol{\beta}|=|\boldsymbol{\alpha}||\boldsymbol{\beta}|\sin(\widehat{\boldsymbol{\alpha},\boldsymbol{\beta}})$，$0\leqslant(\widehat{\boldsymbol{\alpha}\cdot\boldsymbol{\beta}})\leqslant\pi$，即以 $\boldsymbol{\alpha}$，$\boldsymbol{\beta}$ 为邻边的平行四边形的面积.

方向：$\boldsymbol{\alpha}\times\boldsymbol{\beta}$ 同时垂直 $\boldsymbol{\alpha}$，$\boldsymbol{\beta}$，且满足右手法则

2. 常用性质

向量的向量积具有以下性质：

(1) $\boldsymbol{\alpha}\times\boldsymbol{\alpha}=\boldsymbol{0}$；

(2) $\boldsymbol{\alpha}\times\boldsymbol{\beta}=-\boldsymbol{\beta}\times\boldsymbol{\alpha}$；

(3) $\boldsymbol{\alpha}\times\boldsymbol{\beta}=\mathbf{0}\Leftrightarrow\boldsymbol{\alpha}\parallel\boldsymbol{\beta}$.

3. 向量积的坐标表示

$$\begin{aligned}\boldsymbol{\alpha}\times\boldsymbol{\beta}&=(x_1\boldsymbol{i}+y_1\boldsymbol{j}+z_1\boldsymbol{k})\times(x_2\boldsymbol{i}+y_2\boldsymbol{j}+z_2\boldsymbol{k})\\&=\{y_1z_2-y_2z_1,\ z_1x_2-z_2x_1,\ x_1y_2-x_2y_1\}\\&=\begin{vmatrix}\boldsymbol{i}&\boldsymbol{j}&\boldsymbol{k}\\x_1&y_1&z_1\\x_2&y_2&z_2\end{vmatrix}.\end{aligned}$$

例 5 设向量 $\boldsymbol{\alpha}=\{1,-2,5\}$，向量 $\boldsymbol{\beta}=\{6,-7,2\}$，求 $\boldsymbol{\alpha}\times\boldsymbol{\beta}$.

解法 1 $\boldsymbol{\alpha}\times\boldsymbol{\beta}=\{(-2)\times2-(-7)\times5,\ 5\times6-2\times1,\ 1\times(-7)-6\times(-2)\}$
$=\{31,28,5\}$.

解法 2 $\boldsymbol{\alpha}\times\boldsymbol{\beta}=\begin{vmatrix}\boldsymbol{i}&\boldsymbol{j}&\boldsymbol{k}\\1&-2&5\\6&-7&2\end{vmatrix}=31\boldsymbol{i}+28\boldsymbol{j}+5\boldsymbol{k}=\{31,28,5\}$.

7.2.4 向量的关系

如果非零向量 $\boldsymbol{\alpha}$ 和 $\boldsymbol{\beta}$ 的夹角 $(\widehat{\boldsymbol{\alpha},\boldsymbol{\beta}})=\frac{\pi}{2}$ 时，我们称向量 $\boldsymbol{\alpha}$ 和 $\boldsymbol{\beta}$ 相互垂直或正交；向量 $\boldsymbol{\alpha}$ 和 $\boldsymbol{\beta}$ 的夹角 $(\widehat{\boldsymbol{\alpha},\boldsymbol{\beta}})=0$ 或 π 时，我们称向量 $\boldsymbol{\alpha}$ 和 $\boldsymbol{\beta}$ 相互平行.

注意 (1) 非零向量 $\boldsymbol{\alpha}$ 和非零向量 $\boldsymbol{\beta}$ 相互垂直当且仅当 $\boldsymbol{\alpha}\cdot\boldsymbol{\beta}=0$.

(2) 非零向量 $\boldsymbol{\alpha}$ 和非零向量 $\boldsymbol{\beta}$ 相互平行当且仅当 $|\boldsymbol{\alpha}\times\boldsymbol{\beta}|=0$ 或 $|\boldsymbol{\beta}\times\boldsymbol{\alpha}|=0$；或者，非零向量 $\boldsymbol{\alpha}=\{x_1,y_1,z_1\}$ 和非零向量 $\boldsymbol{\beta}=\{x_2,y_2,z_2\}$ 相互平行，当且仅当 $\frac{x_1}{x_2}=\frac{y_1}{y_2}=\frac{z_1}{z_2}$.

例 6 计算.

(1) 向量 $\boldsymbol{\alpha}=\{1,1,-3\}$ 和 $\boldsymbol{\beta}=\{2,2,k\}$ 相互平行，求常数 k；

(2) 向量 $\boldsymbol{\alpha}=\{1,1,-3\}$ 和 $\boldsymbol{\beta}=\{2,2,k\}$ 相互垂直，求常数 k.

解 (1) 因为 向量 $\boldsymbol{\alpha}=\{1,1,-3\}$ 和 $\boldsymbol{\beta}=\{2,2,k\}$ 相互平行，

所以 $\frac{1}{2}=\frac{1}{2}=\frac{-3}{k}$，得出 $k=-6$.

(2) 因为 向量 $\boldsymbol{\alpha}=\{1,1,-3\}$ 和 $\boldsymbol{\beta}=\{2,2,k\}$ 相互垂直，

所以 $1\times2+1\times2-3k=0$，得出 $k=\frac{4}{3}$.

习题 7.2

1. 已知 $|\boldsymbol{\alpha}|=3$，$|\boldsymbol{\beta}|=2$，$(\widehat{\boldsymbol{\alpha},\boldsymbol{\beta}})=\frac{\pi}{3}$，求

(1) $\boldsymbol{\alpha}\cdot\boldsymbol{\beta}$，$|\boldsymbol{\alpha}\times\boldsymbol{\beta}|$；

(2) $(3\boldsymbol{\alpha}+2\boldsymbol{\beta})\cdot(3\boldsymbol{\alpha}-6\boldsymbol{\beta})$.

2. 已知向量 $\boldsymbol{\alpha}=\{1,-1,3\}$，$\boldsymbol{\beta}=\{2,-3,1\}$，求

(1) $\boldsymbol{\alpha}\cdot\boldsymbol{\beta}$;

(2) $\boldsymbol{\alpha}\times\boldsymbol{\beta}$;

(3) 以 $\boldsymbol{\alpha}$, $\boldsymbol{\beta}$ 为边的平行四边形的面积;

(4) $(\widehat{\boldsymbol{\alpha},\boldsymbol{\beta}})$.

3. 求与向量 $\boldsymbol{\alpha}=\{2, 3, 4\}$ 平行且满足 $\boldsymbol{\alpha}\cdot\boldsymbol{\beta}=-18$ 的向量 $\boldsymbol{\beta}$.

4. 求同时垂直于向量 $\boldsymbol{\alpha}=\{2, -1, 1\}$ 和 $\boldsymbol{\beta}=\{1, 2, -1\}$ 的单位向量 $\boldsymbol{\gamma}$.

7.3 空间平面

7.3.1 平面方程的概念

如果某一平面 π 与某一方程 $F(x, y, z)=0$ 满足:

(1) 方程 $F(x, y, z)=0$ 的点在平面 π 上;

(2) 在平面 π 上的点满足方程 $F(x, y, z)=0$,

则我们把方程 $F(x, y, z)=0$ 叫做平面 π 的方程,而平面 π 叫做方程 $F(x, y, z)=0$ 的平面.

例 1　已知平面 π 的方程是 $14x+9y-z=15$,判定下面的点是否在平面 π 上:

(1) $A(2, -1, 4)$;　　(2) $B(-3, -1, 2)$;　　(3) $C(-1, 3, -2)$.

解　(1) $14\times2+9\times(-1)-4=15$,所以点 $A(2, -1, 4)$ 在平面 π 上.

(2) $14\times(-3)+9\times(-1)+2\neq15$,所以点 $B(-3, -1, 2)$ 不在平面 π 上.

(3) $14\times(-1)+9\times3-(-2)=15$,所以点 $C(-1, 3, -2)$ 在平面 π 上.

7.3.2 平面的点法式方程

如果向量 $\overrightarrow{M_1M_2}\neq\mathbf{0}$ 所在的直线与平面 π 相互垂直,我们称向量 $\overrightarrow{M_1M_2}$ 是平面 π 的一个法向量.

若平面 π 经过点 $M(x_0, y_0, z_0)$,而且向量 $\overrightarrow{M_1M_2}=\{A, B, C\}$ 是平面 π 的一个法向量,则平面 π 的方程是

$$\boxed{A(x-x_0)+B(y-y_0)+C(z-z_0)=0}$$

我们称 $A(x-x_0)+B(y-y_0)+C(z-z_0)=0$ 为平面 π 的点法式方程.

例 2　求过点(1, 1, 2),法向量为$\{-3, 4, 8\}$的平面 π 的方程.

解　根据平面的点法式方程,得

$$-3(x-1)+4(y-1)+8(z-2)=0,$$

即

$$-3x+4y+8z-17=0.$$

7.3.3 平面的一般方程

我们把平面 π 的点法式方程展开,可以化简得

$$\boxed{Ax + By + Cz + D = 0}$$

其中，A，B，C 不同时为零. 这时我们称 $Ax+By+Cz+D=0$ 为平面 π 的一般方程.

例 3 求过点(1, 1, −3)，点(2, −1, −6)和点(−1, 3, −1)的平面 π 的方程.

解 设方程为 $Ax+By+Cz+D=0$，

由题意得
$$\begin{cases} A+B-3C+D=0, \\ 2A-B-6C+D=0, \\ -A+3B-C+D=0, \end{cases}$$

进而，我们不妨取 $A=1,\quad B=2,\quad C=-1,\quad D=-6$，

所以，平面 π 的方程为 $x+2y-z-6=0$.

特别地，当一般式方程中的部分系数为零时，表示一些特殊平面，例如：

(1) 过原点的平面方程为 $Ax+By+Cz=0$；

(2) 过 x 轴的平面方程为 $By+Cz=0$；

(3) 平行于 x 轴的平面方程为 $By+Cz+D=0$；

(4) 平行于 xOy 面的平面方程为 $Cz+D=0$.

例 4 求通过点 $A(3,-2,3)$ 和 y 轴的平面方程.

解 设所求平面方程为 $Ax+Cz=0$，

代入 $A(3,-2,3)$，得 $3A+3C=0$，即 $C=-A$，

代入平面方程得 $Ax-Az=0$，

即所求平面方程为 $x-z=0$.

7.3.4 两个平面的夹角

我们把两平面的法向量的夹角(取锐角或直角)称为平面的夹角.

(1) 设平面 $\pi_1: A_1x+B_1y+C_1z+D_1=0$ 和平面 $\pi_2: A_2x+B_2y+C_2z+D_2=0$，即

$$\boldsymbol{n}_1=\{A_1, B_1, C_1\},\quad \boldsymbol{n}_2=\{A_2, B_2, C_2\},$$

则平面 π_1 和 π_2 的夹角 θ 由下式确定：

$$\boxed{\cos\theta=\frac{|\boldsymbol{n}_1\cdot\boldsymbol{n}_2|}{|\boldsymbol{n}_1||\boldsymbol{n}_2|}=\frac{|A_1A_2+B_1B_2+C_1C_2|}{\sqrt{A_1^2+B_1^2+C_1^2}\sqrt{A_2^2+B_2^2+C_2^2}}}$$

例 5 求平面 $2x+y+z=3$ 与平面 $x-y+2z=9$ 的夹角.

解 令平面 $2x+y+z=3$ 与平面 $x-y+2z=9$ 的夹角为 θ，则

$$\cos\theta=\frac{|2\times1+1\times(-1)+1\times2|}{\sqrt{2^2+1^2+1^2}\sqrt{1^2+(-1)^2+2^2}}=\frac{3}{6}=\frac{1}{2},$$

得
$$\theta=\arccos\frac{1}{2}=\frac{\pi}{3},$$

所以平面 $2x+y+z=3$ 与平面 $x-y+2z=9$ 的夹角为 $\frac{\pi}{3}$.

(2) 设平面 $\pi_1: A_1x+B_1y+C_1z+D_1=0$ 和平面 $\pi_2: A_2x+B_2y+C_2z+D_2=0$, 即

$$\boldsymbol{n}_1=\{A_1, B_1, C_1\}, \quad \boldsymbol{n}_2=\{A_2, B_2, C_2\},$$

则有如下结论:

① $\pi_1 \perp \pi_2 \quad \Leftrightarrow \quad \boldsymbol{n}_1 \cdot \boldsymbol{n}_2=0 \quad \Leftrightarrow \quad A_1A_2+B_1B_2+C_1C_2=0$;

② $\pi_1 // \pi_2 \quad \Leftrightarrow \quad \boldsymbol{n}_1 // \boldsymbol{n}_2 \quad \Leftrightarrow \quad \frac{A_1}{A_2}=\frac{B_1}{B_2}=\frac{C_1}{C_2}$.

例 6 已知平面过点 $P(1, 1, 1)$ 且与平面 $x+2z=3$ 和 $x+y+z=3$ 都垂直,求该平面的方程.

解 设所求平面方程为 $Ax+By+Cz+D=0$.

因为 平面过点 $P(1, 1, 1)$,

所以 $A+B+C+D=0$.

因为 平面与平面 $x+2z=3$ 和 $x+y+z=3$ 都垂直,

所以 $A+2C=0, \quad A+B+C=0$,

所以 $\begin{cases} A+B+C+D=0, \\ A+B+C=0, \\ A+2C=0. \end{cases}$

进而,我们不妨取

$$A=-2, \quad B=1, \quad C=1, \quad D=0,$$

所以,所求平面方程为 $-2x+y+z=0$,

即
$$2x-y-z=0.$$

习 题 7.3

1. 求通过已知三点 $A(7, 6, 7)$, $B(5, 10, 5)$, $C(-1, 8, 9)$ 的平面方程.
2. 求过点 $A(1, 2, 3)$ 且平行于平面 $x+2y-z-6=0$ 的平面方程.
3. 求过点 $A(2, 3, 1)$ 且平行于向量 $\boldsymbol{\alpha}=\{2, -1, 3\}$ 和 $\boldsymbol{\beta}=\{3, 0, -1\}$ 的平面方程.
4. 求通过点 $A(4, 2, 3)$和 z 轴的平面方程.
5. 求出平面 $2x-2y+z=10$ 与 $3x+2y-2z+1=0$ 的夹角.

7.4 空间直线

7.4.1 直线的一般式方程

在空间中,若直线 L 是两个平面 $\pi_1: A_1x+B_1y+C_1z+D_1=0$ 与 $\pi_2: A_2x+B_2y+C_2z+D_2=0$ 的交线,则称方程组

$$\begin{cases} A_1x + B_1y + C_1z + D_1 = 0, \\ A_2x + B_2y + C_2z + D_2 = 0 \end{cases}$$

是直线 L 的一般式方程.

值得注意的是，由于通过直线 L 的平面有无数个，这样我们在确定直线 L 的方程时，只要任选两个就可以表示直线 L 的方程.

7.4.2 直线的点向式方程和参数方程

若直线 L 与某一非零向量 $\boldsymbol{s}$ 平行，则我们把该向量 $\boldsymbol{s}$ 称为直线 L 的一个方向向量.

设直线 L 过定点 $M_0(x_0, y_0, z_0)$，直线的方向向量为 $\boldsymbol{s} = \{m, n, p\}$，则直线 L 的方程是

$$\boxed{\frac{x - x_0}{m} = \frac{y - y_0}{n} = \frac{z - z_0}{p}}$$

我们把这个方程叫做直线的点向式方程.

如果我们引入参数 t，即令直线的点向式方程的比值为 t，则

$$\frac{x - x_0}{m} = \frac{y - y_0}{n} = \frac{z - z_0}{p} = t,$$

那么

$$\begin{cases} x = x_0 + mt, \\ y = y_0 + nt, \quad (t \text{ 为参数}). \\ z = z_0 + pt \end{cases}$$

这样我们就得到了直线 L 又一种形式的方程，我们称为直线的参数式方程，其中 t 为参数. 一般情况下求交点的题目用参数式方程比较容易求解.

并且空间直线的几种方程形式是可以互相转化的.

例 1 已知直线 L 过 $M(1, -3, 5)$ 且其方向向量为 $\boldsymbol{s} = \{2, -1, 3\}$，求此直线方程.

解 由点向式方程可得

$$\frac{x-1}{2} = \frac{y+3}{-1} = \frac{z-5}{3}.$$

例 2 化直线 L 的一般式方程

$$\begin{cases} x + 2y + z + 1 = 0, \\ 2x - 2y + 3z + 4 = 0. \end{cases}$$

求直线的点向式、参数式方程.

解 求直线上一个点时，可在三个变量中适当地给定其中一个值，从而求出另外两个值.

令 $z = 0$，得

$$\begin{cases} x+2y+1=0, \\ 2x-2y+4=0. \end{cases}$$

解得
$$x=-\frac{5}{3}, \quad y=\frac{1}{3}.$$

所以直线 L 上的一点是 $A\left(-\frac{5}{3}, \frac{1}{3}, 0\right)$.

设直线 L 的方向向量为 $\boldsymbol{s}$，又两平面的法线向量分别为 $\boldsymbol{n}_1=\{1, 2, 1\}$，$\boldsymbol{n}_2=\{2, -2, 3\}$，因 $\boldsymbol{s}\perp\boldsymbol{n}_1$，$\boldsymbol{s}\perp\boldsymbol{n}_2$，所以 $\boldsymbol{s}=\boldsymbol{n}_1\times\boldsymbol{n}_2$.

即
$$\begin{aligned} \boldsymbol{s} &= \{2\times3-1\times(-2), 1\times2-1\times3, 1\times(-2)-2\times2\} \\ &= \{8, -1, -6\}. \end{aligned}$$

所以，直线 L 的点向式方程为

$$\frac{x+\frac{5}{3}}{8}=\frac{y-\frac{1}{3}}{-1}=\frac{z}{-6}.$$

直线 L 的参数式方程为

$$\begin{cases} x=-\frac{5}{3}+8t, \\ y=\frac{1}{3}-t, \quad (t\text{ 为参数}). \\ z=-6t \end{cases}$$

例3　已知直线过 $M_1(1, 2, 3)$ 和 $M_2(2, 1, 5)$，求此直线方程.

解　构造向量 $\overrightarrow{M_1M_2}=\{1, -1, 2\}$，其在直线上，即可以看作是直线的方向向量，

即
$$\boldsymbol{s}=\overrightarrow{M_1M_2}=\{1, -1, 2\}.$$

又因为直线过 $M_1(1, 2, 3)$，所以所求直线的点向式方程

$$\frac{x-1}{1}=\frac{y-2}{-1}=\frac{z-3}{2}.$$

7.4.3　两直线间的夹角及位置关系

我们把两条直线的方向向量之间的夹角(取锐角或直角)称为两直线间的夹角.

(1)　设直线 L_1 的方程为

$$L_1: \frac{x-x_0}{m_1}=\frac{y-y_0}{n_1}=\frac{z-z_0}{p_1},$$

直线 L_2 的方程为

$$L_2: \frac{x-x_0}{m_2}=\frac{y-y_0}{n_2}=\frac{z-z_0}{p_2},$$

则两条直线的之间的夹角 θ 满足：

$$\boxed{\cos\theta=\frac{|\boldsymbol{s}_1\cdot\boldsymbol{s}_2|}{|\boldsymbol{s}_1||\boldsymbol{s}_2|}=\frac{|m_1m_2+n_1n_2+p_1p_2|}{\sqrt{m_1^2+n_1^2+p_1^2}\sqrt{m_2^2+n_2^2+p_2^2}}}$$

例 4 直线 L_1 的方程和直线 L_2 的方程分别是

$$L_1:\frac{x-2}{1}=\frac{y-1}{-4}=\frac{z+3}{1}\quad 和\quad L_2:\frac{x+2}{2}=\frac{y+1}{-2}=\frac{z-3}{-1},$$

求直线 L_1 和直线 L_2 的夹角.

解 令直线 L_1 和直线 L_2 的夹角为 θ，

所以

$$\cos\theta=\frac{|1\times2+(-4)\times(-2)+1\times(-1)|}{\sqrt{1^2+(-4)^2+1^2}\sqrt{2^2+(-2)^2+(-1)^2}}$$

$$=9=\frac{\sqrt{2}}{2},$$

即

$$\theta=\frac{\pi}{4}.$$

(2) 直线 L_1 的方程和直线 L_2 的方程分别是

$$L_1:\frac{x-x_0}{m_1}=\frac{y-y_0}{n_1}=\frac{z-z_0}{p_1}\quad 和\quad L_2:\frac{x-x_0}{m_2}=\frac{y-y_0}{n_2}=\frac{z-z_0}{p_2},$$

则有如下结论：

① $L_1\perp L_2 \iff \boldsymbol{s}_1\cdot\boldsymbol{s}_2=0 \iff m_1m_2+n_1n_2+p_1p_2=0$；

② $L_1//L_2 \iff \boldsymbol{s}_1//\boldsymbol{s}_2 \iff \frac{m_1}{m_2}=\frac{n_1}{n_2}=\frac{p_1}{p_2}$.

例 5 求过点 $M(1, 2, -5)$ 且与直线 $\frac{x-2}{2}=\frac{y+1}{3}=\frac{z}{4}$ 平行的直线方程.

解 因为所求直线与直线 $\frac{x-2}{2}=\frac{y+1}{3}=\frac{z}{4}$ 平行，

所求直线与直线 $\frac{x-2}{2}=\frac{y+1}{3}=\frac{z}{4}$ 的方向向量是相同的.

考虑到，直线又过点 $M(1, 2, -5)$，进而所求直线方程为

$$\frac{x-1}{2}=\frac{y-2}{3}=\frac{z+5}{4}.$$

例 6 求过点 $M(1, 2, -5)$ 且与直线 $L_1:\frac{x-2}{2}=\frac{y+1}{3}=\frac{z}{4}$ 和直线 $L_2:\frac{x-2}{1}=\frac{y+1}{-2}=\frac{z}{3}$ 都垂直的直线方程.

解 设所求直线方程为 $\frac{x-1}{m}=\frac{y-2}{n}=\frac{z+5}{p}$.

因为所求直线方程与直线 L_1 和直线 L_2 都垂直，

所以 $\begin{cases}2m+3n+4p=0,\\ m-2n+3p=0.\end{cases}$

令 $\begin{cases}m=-17,\\ n=2,\\ p=7,\end{cases}$

所以,所求直线方程为 $\dfrac{x-1}{-17}=\dfrac{y-2}{2}=\dfrac{z+5}{7}$.

习 题 7.4

1. 化直线 L 的方程 $\begin{cases}2x+4y+2z+6=0,\\ x-y+z=0\end{cases}$ 为点向式、参数式.
2. 求过点 $M(1, 2, -5)$ 且与直线 $\dfrac{x-2}{3}=\dfrac{y+1}{-1}=\dfrac{z-3}{5}$ 平行的直线方程.
3. 已知直线过 $M_1(-1, 0, 3)$ 和 $M_2(2, 1, -5)$,求此直线方程.
4. 直线 L_1 的方程和直线 L_2 的方程分别是

$$L_1:\frac{x-3}{1}=\frac{y-2}{-4}=\frac{z+1}{1} \quad 和 \quad L_2:\frac{x-2}{2}=\frac{y-1}{-2}=\frac{z+3}{-1}.$$

求直线 L_1 和直线 L_2 的夹角.

5. 一直线过点 $A(1, 1, 0)$,且与直线 $\dfrac{x-1}{2}=\dfrac{y-2}{1}=\dfrac{z-5}{4}$ 垂直相交,求它的方程.

7.5 空间二次曲面简介

7.5.1 空间曲面的一般概念

正如平面解析几何一样,在空间解析几何中,我们将空间曲面视为空间动点的运动轨迹.如果空间曲面 Σ 与一个三元方程

$$F(x, y, z)=0$$

具有如下的关系:

(1) 曲面 Σ 上任意一点的坐标 (x, y, z) 都满足方程 $F(x, y, z)=0$;

(2) 不在曲面 Σ 上的点的坐标 (x, y, z) 都不满足方程 $F(x, y, z)=0$,

则称方程 $F(x, y, z)=0$ 是曲面 Σ 的方程,而称曲面 Σ 是方程 $F(x, y, z)=0$ 的图形

7.5.2 二次曲面

三元二次方程

$$Ax^2+By^2+Cz^2+Dxy+Eyz+Fzx+Gx+Hy+Iz+J=0 \quad (二次项系数不全为 0)$$

的图形通常为二次曲面.其基本类型有:椭球面、抛物面、双曲面、锥面,适当选取直角坐标

系可得它们的标准方程. 下面仅就几种常见标准型的特点进行介绍.

1. 椭球面

由方程

$$\frac{x^2}{a^2}+\frac{y^2}{b^2}+\frac{z^2}{c^2}=1 \quad (a>0,\ b>0,\ c>0)$$

确定的曲面称为椭球面.

对于曲面Σ的方程$F(x, y, z)=0$, 以$-x$代替x后若方程不变,也即是说,如果点(x, y, z)在曲面上,那么它关于yOz面的对称点$(-x, y, z)$也在曲面上,从而曲面Σ关于yOz面对称. 同理,以$-y$代替y后方程不变,曲面Σ关于zOx面;以$-z$代替z后方程不变,曲面Σ关于xOy面也对称. 以$-x$, $-y$代替x, y后方程不变,曲面Σ关于z轴对称. 同理,以$-x$, $-z$代替x, z后方程不变,曲面Σ关于y轴对称;以$-y$, $-z$代替y, z后方程不变,曲面Σ关于x轴对称. 以$-x$, $-y$, $-z$代替x, y, z后方程不变,曲面Σ关于坐标原点对称. 根据上面的分析,我们有椭球面关于三个坐标面、三条坐标轴、原点都对称,且

$$\frac{x^2}{a^2}\leqslant 1,\quad \frac{y^2}{b^2}\leqslant 1,\quad \frac{z^2}{c^2}\leqslant 1,$$

得

$$|x|\leqslant a,\quad |y|\leqslant b,\quad |z|\leqslant c.$$

由此可见,椭球面位于以平面$x=a$, $y=b$, $z=c$, $x=-a$, $y=-b$, $z=-c$所围成的长方体内.

我们用平行于xOy平面的平面$z=h(|h|\leqslant c)$去截椭球面,截得曲线为

$$\begin{cases}\dfrac{x^2}{a^2}+\dfrac{y^2}{b^2}=1-\dfrac{h^2}{c^2},\\ z=h.\end{cases}$$

当$|h|<c$时, $1-\dfrac{h^2}{c^2}>0$, 截痕为$z=h$平面上的一个椭圆;当$|h|$从0变到c时,椭圆从大到小,最后缩成一点$(0, 0, c)$或$(0, 0, -c)$.

同理,分别用平行于另外两个坐标面的平面去截椭球面所得的截痕也有相类似的结果.

根据以上的讨论,可作出椭球面的大致图形(图7-7).

特别地,当a, b, c中有两个相等时,它是一个旋转椭球面. 如当$a=b\neq c$时,方程$\dfrac{x^2}{a^2}+\dfrac{y^2}{a^2}+\dfrac{z^2}{c^2}=1$是一个旋转椭球面;当$a=b=c$时,方程$\dfrac{x^2}{a^2}+\dfrac{y^2}{a^2}+\dfrac{z^2}{a^2}=1$就是一个球面.

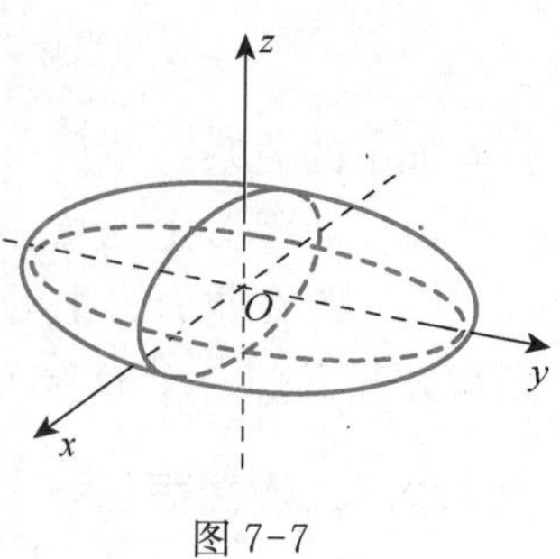

图 7-7

2. 单叶双曲面

由方程

$$\frac{x^2}{a^2}+\frac{y^2}{b^2}-\frac{z^2}{c^2}=1 \quad (a>0,\ b>0,\ c>0)$$

所确定的曲面称为单叶双曲面

单叶双曲面与椭球面一样,也关于三个坐标面,三条坐标轴,原点都对称.

用平面 $z=h$ 截得的曲线为

$$\begin{cases}\dfrac{x^2}{a^2}+\dfrac{y^2}{b^2}=1+\dfrac{z^2}{c^2},\\ z=h.\end{cases}$$

它是 $z=h$ 平面上的一个椭圆.

用 $x=h$ 平面去截单叶双曲面截得的曲线为

$$\begin{cases}\dfrac{y^2}{b^2}-\dfrac{z^2}{c^2}=1-\dfrac{h^2}{a^2},\\ x=h.\end{cases}$$

当 $|h|\neq a$ 时,它是 $x=h$ 平面上的双曲线;当 $|h|=a$ 时,它是两条相交的直线.

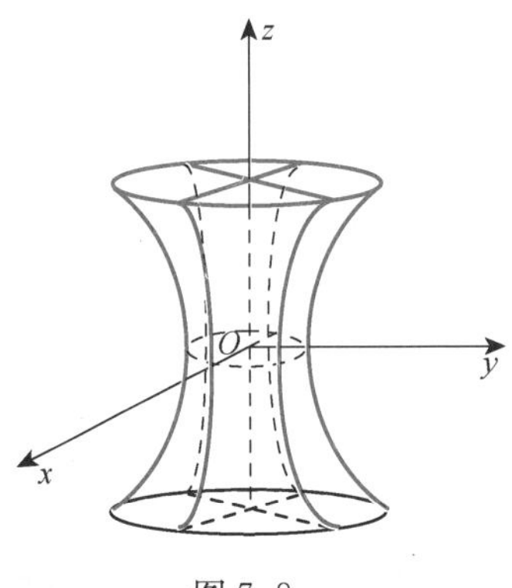

图 7-8

用 $y=h$ 平面去截曲面的情形与此类似.

根据以上讨论,可作出单叶双曲面的图形(图7-8).

3. 双叶双曲面

由方程

$$\frac{x^2}{a^2}+\frac{y^2}{b^2}-\frac{z^2}{c^2}=-1\quad(a>0,\ b>0,\ c>0)$$

或

$$\frac{x^2}{a^2}-\frac{y^2}{b^2}+\frac{z^2}{c^2}=-1\quad(a>0,\ b>0,\ c>0)$$

或

$$-\frac{x^2}{a^2}+\frac{y^2}{b^2}+\frac{z^2}{c^2}=-1\quad(a>0,\ b>0,\ c>0)$$

所确定的曲面称为双叶双曲面.

双叶双曲面 $\dfrac{x^2}{a^2}+\dfrac{y^2}{b^2}-\dfrac{z^2}{c^2}=-1$ 的图形,如图 7-9 所示,讨论过程与前面类似,这里从略.

4. 椭圆抛物面

由方程

$$\frac{x^2}{a^2}+\frac{y^2}{b^2}=z\quad(a>0,\ b>0),$$

$$\frac{x^2}{a^2}+\frac{z^2}{c^2}=y\quad(a>0,\ c>0),$$

$$\frac{y^2}{b^2}+\frac{z^2}{c^2}=x\quad(b>0,\ c>0)$$

所确定的曲面称为椭圆抛物面.

椭圆抛物面 $\dfrac{x^2}{a^2}+\dfrac{y^2}{b^2}=z$ 的图形,如图 7-10 所示.

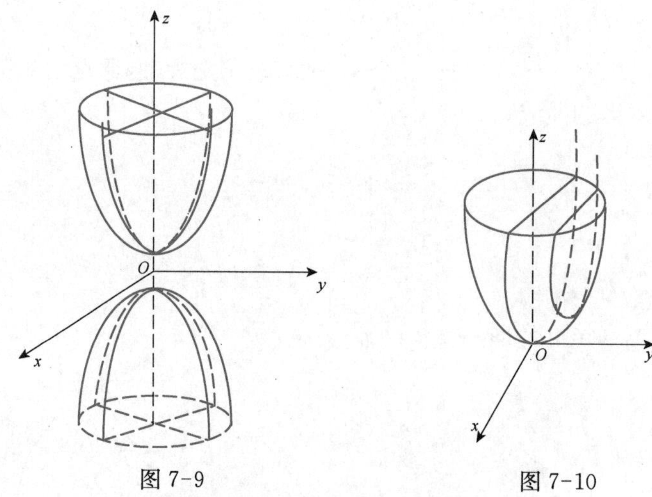

图 7-9　　　　图 7-10

7.6 数学实验

7.6.1 有关向量的生成的 Matlab 命令

1. 直接输入向量

在 Matlab 的命令窗口输入：

```
a=[1 5 6 8 9]
```

2. 冒号生成法

基本形式为：向量=初值：补偿：终值

在 Matlab 的命令窗口输入：

```
a=1:2:12
b=1:5
```

3. 等分生成法

(1) 线性等分

基本形式为：向量=linspace(初值，终值，等分维数)

在 Matlab 的命令窗口输入：

```
a1 = linspace(1, 100, 6)
```

(2) 对数等分

基本形式为：向量=logspace(初值，终值，等分维数)

在 Matlab 的命令窗口输入：

```
a2 = logspace(0, 5, 6)
```

7.6.2 有关向量运算的 Matlab 命令

向量的加法：a+b

向量的减法：a－b

数乘向量：$\lambda*a$

向量的数量积：dot(a, b)

向量的向量积：cross(a, b′)

向量的模：norm(a)

向量的混合积：dot(cross(a, b), c)

例 设 $\boldsymbol{a}=(2, 2, -1)$，$\boldsymbol{b}=(1, -12)$，$\boldsymbol{c}(1, 2, 4)$，计算

(1) $\boldsymbol{a}\cdot\boldsymbol{b}$； (2) $\boldsymbol{a}\times\boldsymbol{b}$； (3) $(\boldsymbol{a}\times\boldsymbol{b})\cdot\boldsymbol{c}$ (4) 以 $\boldsymbol{a}$，$\boldsymbol{b}$ 向量为邻边的平行四边形的面积.

在 Matlab 的命令窗口输入：

```
a=[2, 1, -1];
b=[1, -1, 2];
c=[1, 2, 4];
dot(a, b)                %计算 a·b
cross(a, b)              %计算 a×b
dot(cross(a, b), c)      %计算 (a×b)·c
norm(cros(a, b))         %计算以 a, b 向量为邻边的平行四边形的面积
```

人生几何 几何人生——记著名数学家陈省身

“对酒当歌，人生几何？”

那是古人的名句，表达了对人生短暂的感慨与思索. 著名数学家陈省身先生毕生躬耕于几何的乐园，傲立于20世纪世界数学峰颠，所以陈省身先生的几何人生，更是给这一古老名句赋予了新的内涵.

陈省身，美籍华人，国际数学大师、著名教育家、中国科学院外籍院士，“走进美妙的数学花园”创始人，20世纪世界级的几何学家. 少年时代即显露数学才华，在其数学生涯中，几经抉择，努力攀登，终成辉煌. 他在整体微分几何上的卓越贡献，影响了整个数学的发展，被杨振宁誉为继欧几里德、高斯、黎曼、嘉当之后又一里程碑式的人物. 曾先后主持、创办了三大数学研究所，造就了一批世界知名的数学家.

陈省身1911年10月26日出生于浙江嘉兴的秀水县. 1926年，才15岁的陈省身就考入天津南开大学数学系，当时数学系主任是数学家姜立夫，姜立夫先生对陈省身产生了很大的影响. 大学毕业后陈省身又考进清华大学数学系读研究生，先后受教于当时著名的数学大师孙光远和著名的物理学家杨振宁的父亲杨武之. 在他们引导下，陈省身开始了他毕生的微分几何的研究. 值得一提的是当陈省身与数学系教授郑桐荪先生的女儿郑士宁结婚时，他们的

证婚人就是杨武之先生. 1934 年陈省身远赴德国的汉堡,就学于当时德国的几何学权威 W. J. E. 布拉施克. 他仅用了 1 年零 3 个月便获得了汉堡大学博士学位. 1936 年陈省身赴法国,师从当时世界著名的微分几何学家 E. 嘉当,继续进行深造. 1937 年,陈省身回国,正值抗日战争,他任教长沙临时大学和西南联合大学. 在此期间,他把微分几何理论推广到齐性空间.

1943—1945 年,陈省身在美国普林斯顿高等研究所工作了两年,先后完成了两项具有划时代意义的重要工作. 其一为黎曼流形的高斯-博内一般公式,另一为埃尔米特流形的示性类论. 在这两篇论文中,他首创应用纤维丛概念于微分几何的研究,引进了后来被国际上称为"陈氏示性类",这样就为大范围微分几何提供了不可缺少的数学工具,成为整个现代数学中的重要构成部分. 由于他在微分几何方面的贡献,国际数学界把陈省身先生尊称为"微分几何之父".

陈省身于 1946 年第二次世界大战结束后重返中国,在上海建立了中央研究院数学研究所(后迁南京). 此后两三年中,他培养了一批青年拓扑学家. 1949 年他再去美国,先后在芝加哥大学与伯克利加州大学任终身教授. 1981 年,陈省身在伯克利的以纯粹数学为主的数学科学研究所任第一任所长. 1985 年,陈省身回国,在天津南开大学创办了南开数学研究所,并亲自任所长.

陈省身先生由于对数学的重要贡献而享有多种荣誉,其中有 1984 年获得沃尔夫奖(Wolf Prize),2004 年 9 月获得首届邵逸夫奖. 陈省身先生还是一位杰出的教育家,一生培养了许多学生,吴文俊、杨振宁、廖山涛、丘成桐等著名学者是其中的佼佼者.

2004 年 12 月 3 日,陈省身因病逝世. 2004 年国际天文学联合会下属的小天体命名委员会讨论通过,国际小行星中心正式发布第 52733 号《小行星公报》通知国际社会,将一颗永久编号为 1998CS2 号的小行星命名为"陈省身星",以表彰陈省身先生对人类所做的贡献.

菲尔兹奖得主、著名的华人数学家丘成桐是这样评价他的老师陈省身先生的:"陈省身是世界上领先的数学家……没有什么障碍可以阻止一个中国人成为世界级的数学家."

作为陈省身先生的学生和好友的著名物理学家杨振宁先生是这样称赞陈省身先生:

天衣岂无缝,匠心剪接成;
浑然归一体,广邃妙绝伦.
造化爱几何,四力纤维能;
千古寸心事,欧高黎嘉陈①.

综合练习七

一、填空题

1. 点 $P(-3, 2, -1)$ 关于平面 xOy 的对称点是________,关于平面 yOz 的对称点是________,关于平面 zOx 的对称点是________,关于 x 轴的对称点是________,关于 y 轴的对称点是________,关于 z 轴的对称点是________.
2. 平行于向量 $\boldsymbol{a}=\{6, 7, -6\}$ 的单位向量为________.
3. 已知 $|\boldsymbol{a}|=3$, $|\boldsymbol{b}|=5$,问 $\lambda=$ ________ 时,$\boldsymbol{a}+\lambda\boldsymbol{b}$ 与 $\boldsymbol{a}-\lambda\boldsymbol{b}$ 相互垂直.

① 分别指欧拉,高斯,黎曼,嘉当和陈省五位数学家.

4. 已知 $|\boldsymbol{a}|=2$，$|\boldsymbol{b}|=3$，$|\boldsymbol{a}-\boldsymbol{b}|=\sqrt{7}$，则 $(\widehat{\boldsymbol{a},\boldsymbol{b}})=$ ________.
5. 已知 $\boldsymbol{a}$ 与 $\boldsymbol{b}$ 垂直，且 $|\boldsymbol{a}|=5$，$|\boldsymbol{b}|=12$ 则 $|\boldsymbol{a}+\boldsymbol{b}|=|\boldsymbol{a}-\boldsymbol{b}|=$ ________.
6. 过点 $(3, 0, -1)$ 且与平面 $3x-7y+5z=0$ 平行的平面方程为________.
7. 若平面 $A_1x+B_1y+C_1z+D_1=0$ 与平面 $A_2x+B_2y+C_2z+D_2=0$ 互相垂直，则充要条件是________________，若上两平面互相平行，则充要条件是________.
8. 一平面与 $\pi_1: 2x+y+z=0$ 及 $\pi_2: x-y=1$ 都垂直，则该平面法向量为________.
9. 过点 $(4, -1, 3)$ 且平行于直线 $\frac{x-3}{2}=y=\frac{z-1}{5}$ 的直线方程为________.
10. 过两点 $(3, -2, 1)$ 和 $(-1, 0, 2)(3, 0, -1)$ 的直线方程为________.
11. 过点 $(2, 0, -3)$ 与直线 $\begin{cases} x-2y+4z=7, \\ 3x+5y-2z=-1 \end{cases}$ 垂直的平面方程为________.
12. 直线 $L: \frac{x+2}{3}=\frac{y-2}{1}=\frac{z+1}{2}$ 和平面 $\pi: 2x+3y+3z-8=0$ 的交点是________.

二、计算题

1. 设 $\boldsymbol{a}=3\boldsymbol{i}-\boldsymbol{j}-2\boldsymbol{k}$，$\boldsymbol{b}=\boldsymbol{i}+2\boldsymbol{j}-\boldsymbol{k}$，求
   (1) $\boldsymbol{a}\cdot\boldsymbol{b}$ 及 $\boldsymbol{a}\times\boldsymbol{b}$；(2) $(-2\boldsymbol{a})\cdot 3\boldsymbol{b}$ 及 $\boldsymbol{a}\times 2\boldsymbol{b}$；(3) $\boldsymbol{a}$，$\boldsymbol{b}$ 的夹角的余弦.
2. 已知 $M_1(1, -1, 2)$，$M_2(3, 3, 1)$，$M_3(3, 1, 3)$，求与 $\overrightarrow{M_1M_2}$，$\overrightarrow{M_2M_3}$ 同时垂直的单位向量.
3. 已知 $A(1, -1, 2)$，$B(5, -6, 2)$，$C(1, 3, -1)$，求
   (1) 同时与 $\overrightarrow{AB}$ 及 $\overrightarrow{AC}$ 垂直的单位向量；
   (2) ΔABC 的面积；
   (3) 从顶点 A 到边 BC 的高的长度.
4. 分别按下列条件求平面方程.
   (1) 平行于 xOz 平面且通过点 $(2, -5, 3)$；
   (2) 平行于 x 轴且经过点 $(4, 0, -2)$，$(5, 1, 7)$；
   (3) 过点 $(-3, 1, -2)$ 和 z 轴.
5. 已知平面 $\pi_1: x-2y+2z+21=0$ 与平面 $\pi_2: 7x+24z-5=0$，求 π_1 和 π_2 的夹角.
6. 求通过已知三点 $A(-1, 2, 3)$，$B(-2, 1, 5)$，$C(-1, 0, 1)$ 的平面方程.
7. 求过点 $A(3, 1, 2)$ 且平行于 $\boldsymbol{\alpha}=\{1, -2, 3\}$ 和 $\boldsymbol{\beta}=\{0, 3, -1\}$ 的平面方程.
8. 求过点 $A(1, -2, -3)$ 且平行于平面 $2x+3y-z-6=0$ 的方程.
9. 求满足下列条件的直线方程.
   (1) 过点 $(4, -1, 3)$ 且平行于直线 $\frac{x-3}{2}=\frac{y}{1}=\frac{z-1}{5}$；
   (2) 过点 $(0, 2, 4)$ 且同时平行于平面 $x+2z=1$ 和 $y-3z=2$；
   (3) 过点 $(3, 0, -1)$ 且垂直于平面 $2x+3y+z+1=0$.
10. 求过 $(-1, 0, 4)$ 且平行于平面 $3x-4y+z-10=0$ 又与直线 $\frac{x+1}{1}=\frac{y-3}{1}=\frac{z}{2}$ 相交的直线方程.
11. 求过点 $(1, 1, 1)$ 和点 $(0, 1, -1)$ 且与平面 $x+y+z=0$ 相垂直的平面方程.
12. 求过直线 $\begin{cases} x-2y+z-1=0, \\ 2x+y-z-2=0 \end{cases}$ 且与直线 $l_2: \frac{x}{1}=\frac{y}{-1}=\frac{z}{2}$ 平行的平面方程.
13. 求过点 $A(4, -3, 1)$，且平行于直线 $\frac{x}{6}=\frac{y}{2}=\frac{z}{-3}$ 和 $\begin{cases} x+2y-z+1=0, \\ 2x-z+2=0 \end{cases}$ 的平面方程.
14. 求点 $(1, -4, 5)$ 到平面 $x-2y+4z-1=0$ 的距离.
15. 求点 $(3, -1, 2)$ 到直线 $\begin{cases} 2x-y+z-4=0, \\ x+y-z+1=0 \end{cases}$ 的距离.

第 8 章 多元函数微积分及其应用

前面各章内容所涉及的函数都是一元函数，然而，客观世界是纷繁复杂的，一个变量的变化往往会受到多种因素的影响，反映在数学上，就是一个变量依赖于多个变量的情形，这就产生了多元函数的概念，多元函数的微积分也就应运而生.

多元函数的概念及其微分是一元函数及其微分的推广和发展，他们在很多地方都有着相似之处，但是有的地方也有着很大的差别.

二重积分的概念也是从实践中抽象出来的，其中的数学思想及解决问题的基本方法与定积分是一致的，也是一种“和式的极限”，所不同的是二重积分的被积函数是二元函数，积分范围是平面区域，二重积分的计算最终归结为二次积分的计算.

学习本章时，要善于将一元函数与多元函数的微积分学理论与方法进行比较，从中总结共性找出差异.

学习要点

- 了解多元函数的相关知识与概念，会求二元函数的定义域与极限.
- 理解多元函数偏导数与全微分的概念，会求多元函数的一阶、二阶偏导数和全微分.
- 能利用多元函数的求导法则求多元复合函数、多元隐函数的偏导数.
- 能利用偏导数求多元函数的极值与最值.
- 能利用偏导数求空间曲线的切线与法平面、空间曲面的切平面与法线.
- 理解二重积分的概念，掌握二重积分的性质，会在直角坐标系下计算二重积分.
- 掌握利用 Matlab 软件求偏导数、极值和二重积分.

数学中的一些美丽定理具有这样的特性：它们极易从事实中归纳出来，但证明却隐藏的极深.

——约翰·卡尔费里德里希·高斯

约翰·卡尔费里德里希·高斯(1777—1855)
德国著名数学家、物理学家、天文学家、数学王子

8.1 多元函数

在很多自然现象以及实际问题中，我们经常会遇到一个变量与多个变量相互之间的依赖关系. 例如，长方形的面积为 A 与它的长 x、宽 y 的关系是

$$A(x, y) = xy.$$

又如，空间一点 $P = (x, y, z)$ 到坐标原点的距离 d 可记作

$$d(x, y, z) = \sqrt{x^2 + y^2 + z^2}.$$

例 1 海水密度 ρ 的计算.

ρ 是关于盐度 S 、温度 T 的函数，记作

$$\rho = \rho(S, T).$$

尽管没有简单的公式来直接表示 $\rho(S, T)$，科学家们用试验的方法来确定函数值. 根据表 8-1，当 $S = 32$，$T = 10℃$，则 $\rho(32, 10) = 1.0246\ \mathrm{kg/m^3}$.

表 8-1 海水密度 ρ(kg/m³)是温度和盐度的函数

温度/℃ \ 盐度/ppt	32	32.5	33
5	1.025 3	1.025 7	1.026 1
10	1.024 6	1.025	1.025 4
15	1.023 7	1.024	1.024 4
20	1.022 4	1.022 9	1.023 2

8.1.1 多元函数的概念

如果由每一有序实数对 (x, y) 对应着唯一的一个实数 z，这种特殊的对应关系就叫做二元函数，记为

$$z = f(x, y).$$

其中变量 x，y 都被称为二元函数的自变量，变量 z 被称为二元函数的因变量

例 2 下列函数都是二元函数.

(1) $z = \dfrac{xy}{x + y}$； (2) $z = xy^2 + e^{xy} + \ln(x + y)$； (3) $z = xy + y^2 - 2\ln(x + y)$.

类似于二元函数，如果由每一有序实数组 (x_1, x_2, x_3) 对应着唯一的一个实数 z，这种特殊的对应关系就叫做三元函数，记为

$$z = f(x_1, x_2, x_3).$$

进一步地，如果由每一有序实数组 $(x_1, x_2, x_3, \cdots, x_n)$ 对应唯一的一个实数 z，这种对应关系就叫做 n 元函数，记为

$$z = f(x_1, x_2, x_3, \cdots, x_n).$$

我们把二元函数,三元函数和 n 元函数统称为多元函数. 在本书中,我们主要讨论二元函数,其他的多元函数,读者完全可以类比于二元函数进行学习和讨论,也可以查阅其他的微积分专著.

二元函数 $z = f(x, y)$ 在 (x_0, y_0) 处的函数值是指由 (x_0, y_0) 对应的唯一的一个实数 z_0,我们用

$$z_0 = f(x_0, y_0)$$

表示. 二元函数 $z = f(x, y)$ 的定义域是指有序实数对 (x, y) 的取值范围,它一般是 xOy 面上的某一个区域.

例 3 讨论下列二元函数的定义域.

(1) $z = \dfrac{xy}{\sqrt{x+y}}$; (2) $z = \sqrt{x^2 + y^2 - 1} + \sqrt{4 - x^2 - y^2}$.

解 (1)依题意

$$\begin{cases} \sqrt{x+y} \neq 0, \\ x + y \geqslant 0, \end{cases}$$

故所求定义域为

$$D = \{(x, y) \mid x + y > 0\}.$$

其图像如图 8-1 所示.

(2) 依题意

$$\begin{cases} x^2 + y^2 - 1 \geqslant 0, \\ 4 - x^2 - y^2 \geqslant 0, \end{cases}$$

故所求定义域为

$$D = \{(x, y) \mid 1 \leqslant x^2 + y^2 \leqslant 4\}.$$

其图像如图 8-2 所示.

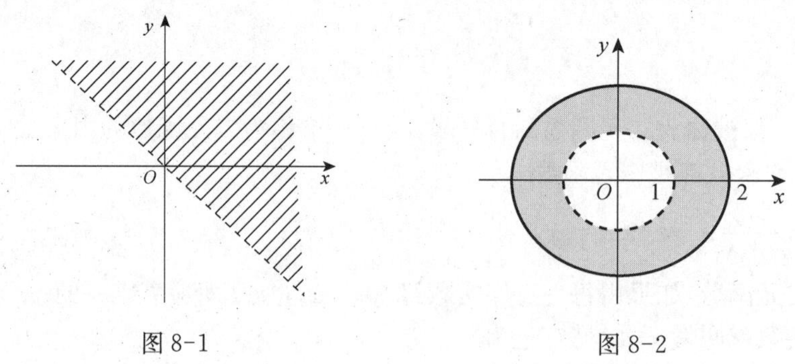

图 8-1 图 8-2

8.1.2 二元函数的图像

设二元函数 $z = f(x, y)$ 的定义域为 xOy 面上的区域 D, 对 D 内的每一点 $P(x,$

y)，把它所对应的函数值 $z=f(x, y)$ 作为竖坐标，就有空间中的一点 $M(x, y, z)$ 与之对应. 当 $P(x, y)$ 在 D 内变动时，点 $M(x, y, z)$ 的轨迹就是二元函数 $z=f(x, y)$ 的图像. 二元函数 $z=f(x, y)$ 的图像在空间上一般表示一个曲面，该曲面在 xOy 面上的投影即为函数的定义域 D (图 8-3).

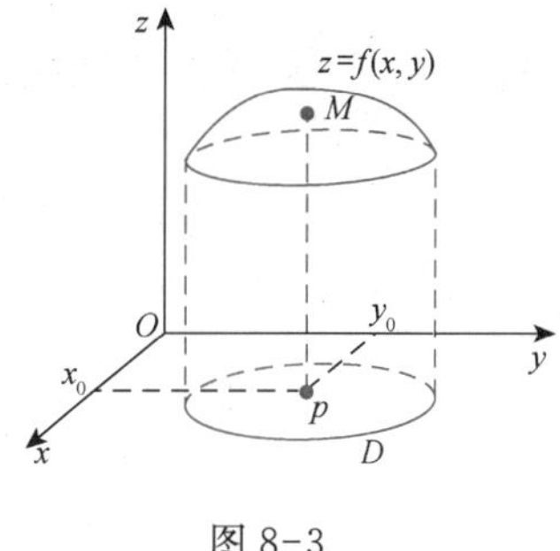

图 8-3

例如，二元函数 $z=1-x-y$ 的图像就表示空间一个平面(图 8-4)，二元函数 $z=\sqrt{1-x^2-y^2}$ 的图形是以中心为原点，半径为 1 的上半球面(图 8-5).

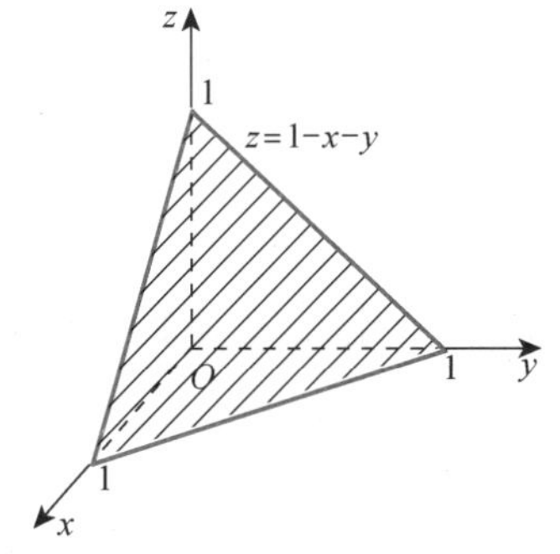

图 8-4

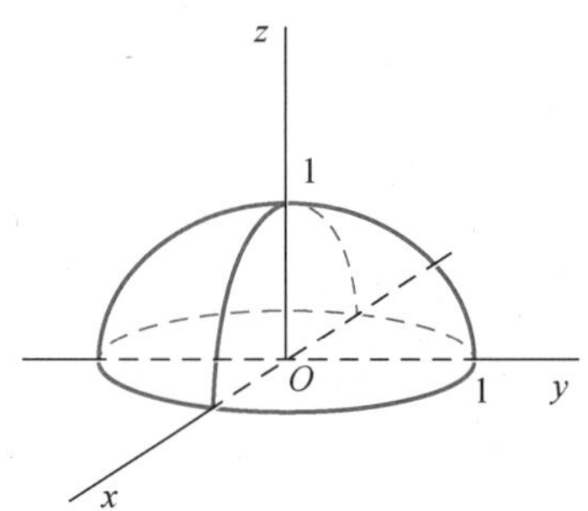

图 8-5

8.1.3 二元函数的极限

在一元函数中，我们讨论过当自变量趋向于有限值时函数的极限. 对于二元函数 $z=f(x, y)$，运用类比法我们也可以讨论当自变量 x 与 y 趋向于有限值时，函数 z 的变化趋势.

设函数 $z=f(x, y)$ 在点 $P_0(x_0, y_0)$ 的某一邻域内有定义(P_0 点可除外)，如果动点 $P(x, y)$ 沿任意路径趋向于定点 $P_0(x_0, y_0)$ 时，对应的函数值 $f(x, y)$ 无限趋近于一个确定的常数 A，则称 A 为函数 $z=f(x, y)$ 当 $P \to P_0$ 时的极限，记作

$$\lim_{\substack{x\to x_0\\y\to y_0}} f(x, y)=A \quad 或 \quad \lim_{(x, y)\to(x_0, y_0)} f(x, y)=A.$$

类似于一元函数极限的四则运算法则，二元函数的极限也有相应的四则运算法则.

例 4 求下列函数的极限.

(1) $\lim\limits_{(x, y)\to(1, 2)}(2x+3y)$； (2) $\lim\limits_{(x, y)\to(0, 0)}\dfrac{\sqrt{xy+9}-3}{xy}$.

解 (1) 原式 $=\lim\limits_{x\to1}2x+\lim\limits_{y\to2}3y=2\times1+3\times2=8$.

(2) 原式$=\lim\limits_{(x, y)\to(0, 0)}\dfrac{(\sqrt{xy+9}-3)(\sqrt{xy+9}+3)}{xy(\sqrt{xy+9}+3)}$

$=\lim\limits_{(x, y)\to(0, 0)}\dfrac{xy}{xy(\sqrt{xy+9}+3)}$

$=\lim\limits_{(x, y)\to(0, 0)}\dfrac{1}{\sqrt{xy+9}+3}=\dfrac{1}{6}$.

8.1.4 二元函数的连续性

类比于一元函数的连续性,我们给出二元函数连续的定义:

设函数 $z = f(x, y)$ 在点 $P_0(x_0, y_0)$ 的某一邻域内有定义,且

$$\lim_{\substack{x \to x_0 \\ y \to y_0}} f(x, y) = f(x_0, y_0),$$

则称函数 $f(x, y)$ 在点 $P_0(x_0, y_0)$ 处连续. 如果 $f(x, y)$ 在区域 D 内的每一点都连续,则称 $f(x, y)$ 在区域 D 上连续.

设自变量 x, y 各取得增量 Δx, Δy, 函数 $z = f(x, y)$ 取得增量

$$\Delta z = f(x_0 + \Delta x, y_0 + \Delta y) - f(x_0, y_0),$$

称 Δz 为函数 $z = f(x, y)$ 在点 $P_0(x_0, y_0)$ 处的全增量

设函数 $z = f(x, y)$ 在点 $P_0(x_0, y_0)$ 的某一邻域内有定义,则函数 $z = f(x, y)$ 在点 P_0 处连续的充分必要的条件是 $\lim\limits_{\substack{x \to x_0 \\ y \to y_0}} \Delta z = 0$.

如果函数 $z = f(x, y)$ 在点 $P_0(x_0, y_0)$ 不连续,则称点 $P_0(x_0, y_0)$ 是 $z = f(x, y)$ 的不连续点或间断点

与一元函数类似,二元初等函数在其定义区域内是连续的.

习 题 8.1

1. 讨论下列二元函数的定义域,并在 xOy 面上画出定义域.

(1) $z = \dfrac{xy}{\sqrt{x^2 + y^2 - 4}}$;　　(2) $z = \sqrt{x^2 + y^2 - 16} + \sqrt{x - y}$.

2. 求下列函数的极限.

(1) $\lim\limits_{\substack{x \to 0 \\ y \to 0}} \dfrac{2 - \sqrt{xy + 4}}{xy}$;　　(2) $\lim\limits_{\substack{x \to 1 \\ y \to 0}} \dfrac{\ln(x + e^y)}{x^2 + y^2}$.

8.2 多元函数的偏导数

8.2.1 多元函数的偏导数

对于二元函数 $z = f(x, y)$, 我们把自变量 y 当作一个常数,对变量 x 进行求导运算,得到的一个新的二元函数就叫做二元函数 $z = f(x, y)$ 关于自变量 x 的偏导数,记为

$$f_x(x, y) \quad 或 \quad \frac{\partial z}{\partial x}.$$

对于二元函数 $z = f(x, y)$, 我们把自变量 x 当作一个常数,对变量 y 进行求导运算,得

到的二元函数就叫做二元函数 $z=f(x, y)$ 关于自变量 y 的偏导数，记为

$$f_y(x, y) \quad 或 \quad \frac{\partial z}{\partial y}.$$

例1　求下列二元函数的偏导数.

(1) $z=x^2+3y^3+2xy$；　　　　(2) $z=x^y$.

解　(1) 将 y 看成常数，对 x 进行求导，得 $\dfrac{\partial z}{\partial x}=2x+2y$.

将 x 看成常数，对 y 进行求导，得 $\dfrac{\partial z}{\partial y}=9y^2+2x$.

(2) 将 y 看成常数，对 x 进行求导，得 $\dfrac{\partial z}{\partial x}=yx^{y-1}$.

将 x 看成常数，对 y 进行求导，得 $\dfrac{\partial z}{\partial y}=x^y\ln x$.

8.2.2　二阶偏导数

二元函数 $z=f(x, y)$ 的偏导数 $f_x(x, y)$ 的关于变量 x 的偏导数，我们称之为二元函数 $z=f(x, y)$ 的二阶偏导数，记为

$$f_{xx}(x, y) \quad 或 \quad \frac{\partial^2 z}{\partial x^2}.$$

类似地，我们有二元函数 $z=f(x, y)$ 的其他二阶偏导数，它们是：

(1) 二元函数 $z=f(x, y)$ 的偏导数 $f_x(x, y)$ 的关于 y 的偏导数

$$f_{xy}(x, y)=\frac{\partial^2 z}{\partial x\partial y}.$$

(2) 二元函数 $z=f(x, y)$ 的偏导数 $f_y(x, y)$ 的关于 x 的偏导数

$$f_{yx}(x, y)=\frac{\partial^2 z}{\partial y\partial x}.$$

(3) 二元函数 $z=f(x, y)$ 的偏导数 $f_y(x, y)$ 的关于 y 的偏导数

$$f_{yy}(x, y)=\frac{\partial^2 z}{\partial y^2}.$$

例2　求下列二元函数的二阶偏导数.

(1) $z=x^2+3y^3+2xy$；　　　　(2) $z=x\cos y+ye^x$.

解　(1)一阶偏导数

$$\frac{\partial z}{\partial x}=2x+2y, \quad \frac{\partial z}{\partial y}=9y^2+2x.$$

二阶偏导数

$$\frac{\partial^2 z}{\partial x^2}=2,\quad \frac{\partial^2 z}{\partial x\partial y}=2,\quad \frac{\partial^2 z}{\partial y^2}=18y,\quad \frac{\partial^2 z}{\partial y\partial x}=2.$$

(2) 一阶偏导数

$$\frac{\partial z}{\partial x}=\cos y+ye^x,\quad \frac{\partial z}{\partial y}=-x\sin y+e^x.$$

二阶偏导数

$$\frac{\partial^2 z}{\partial x^2}=ye^x,\quad \frac{\partial^2 z}{\partial x\partial y}=-\sin y+e^x;$$

$$\frac{\partial^2 z}{\partial y^2}=-x\cos y,\quad \frac{\partial^2 z}{\partial y\partial x}=-\sin y+e^x.$$

习　题　8.2

1. 求下列二元函数的偏导数.

(1) $z=xy^2+x\sin y+e^{xy}$；　　(2) $z=x^{5y}$；

(3) $z=x^3y^2-x^2y$；　　(4) $s=\dfrac{u^3+v^5}{u^2v}$；

(5) $z=\sqrt{\ln(x^2y)}$；　　(6) $z=\sin(x^2y)+\cos^3(x^2y)$；

(7) $z=\ln\tan\dfrac{x^2}{y}$；　　(8) $z=y-e^x-\ln(x^2+x+y)$.

2. 求解下列各题.

(1) 设 $z=\sin(3x-y)+y$，求 $\left.\dfrac{\partial z}{\partial x}\right|_{\substack{x=2\\x=1}}$；

(2) 设 $f(x,y)=\sqrt{x^2+y^2}$，求 $f_y(0,1)$.

3. 已知 $z=5xy^3+3x^3y+2y^2$，求 $\dfrac{\partial^2 z}{\partial x^2}$，$\dfrac{\partial^2 z}{\partial y^2}$，$\dfrac{\partial^2 z}{\partial x\partial y}$，$\dfrac{\partial^2 z}{\partial y\partial x}$.

4. 求下列二元函数的二阶偏导数.

(1) $z=x^3+3y^2+2x^3y^2$；　　(2) $z=e^x\sin y$；

(3) $z=\arctan\dfrac{x}{y^2}$；　　(4) $z=(2y)^{x^2}$.

5. (图 8-6)一个公司生产两种燃烧木材的壁炉：一种是独立式的，一种是嵌入式的. 生产 x 个独立式壁炉和 y 个嵌入式壁炉的成本函数为

$$C=32\sqrt{xy}+175x+205y+1\,050.$$

(1) 求当 $x=80$，$y=20$ 时的边际成本 $\left(\dfrac{\partial C}{\partial x},\dfrac{\partial C}{\partial y}\right)$；

(2) 当需要提高产能时，哪一种炉子能够使得成本的增长速率更快?

图 8-6

8.3 全 微 分

8.3.1 全微分

二元函数的全微分是一元函数微分的推广，而微分总是与增量紧密联系的. 因此，我们首先介绍的二元函数的全增量. 所谓二元函数 $z=f(x, y)$ 的全增量是

$$\Delta z=f(x+\Delta x, y+\Delta y)-f(x, y).$$

其中，Δx 与 Δy 是二元函数 $z=f(x, y)$ 分别关于变量 x 与变量 y 的增量，一般 Δx 与 Δy 被叫做偏增量.

如果二元函数 $z=f(x, y)$ 的全增量 Δz 与 $\dfrac{\partial z}{\partial x}\Delta x+\dfrac{\partial z}{\partial y}\Delta y$ 的差是

$$\rho=\sqrt{(\Delta x)^2+(\Delta y)^2}$$

的高阶无穷小(当 $\Delta x\to 0$ 且 $\Delta y\to 0$ 时)，我们把

$$\mathrm{d}z=\frac{\partial z}{\partial x}\Delta x+\frac{\partial z}{\partial y}\Delta y=\frac{\partial z}{\partial x}\mathrm{d}x+\frac{\partial z}{\partial y}\mathrm{d}y$$

就叫做二元函数 $z=f(x, y)$ 的全微分，同时称二元函数 $z=f(x, y)$ 是可微的[①].

例 1 求下列二元函数的全微分.

(1) $z=x^2+3y^3+2xy$；　　(2) $z=x\cos y+ye^x$.

解 (1)因为 $\dfrac{\partial z}{\partial x}=2x+2y$，$\dfrac{\partial z}{\partial y}=9y^2+2x$，

所以 $$\mathrm{d}z=\frac{\partial z}{\partial x}\mathrm{d}x+\frac{\partial z}{\partial y}\mathrm{d}y=(2x+2y)\mathrm{d}x+(9y^2+2x)\mathrm{d}y.$$

(2) 因为 $$\frac{\partial z}{\partial x}=\cos y+ye^x,\quad \frac{\partial z}{\partial y}=-x\sin y+e^x,$$

所以 $$\mathrm{d}z=\frac{\partial z}{\partial x}\mathrm{d}x+\frac{\partial z}{\partial y}\mathrm{d}y=(\cos y+ye^x)\mathrm{d}x+(-x\sin y+e^x)\mathrm{d}y.$$

8.3.2 全微分在增量近似计算中的应用

设函数 $z=f(x, y)$ 在点 (x, y) 处可微，当 $|\Delta x|$ 与 $|\Delta y|$ 都较小时，全增量可以近似地用全微分代替，即

$$\Delta z\approx \mathrm{d}z=f_x(x, y)\Delta x+f_y(x, y)\Delta y.$$

例 2 一圆柱形的铁罐，内半径为 5 cm，内高为 12 cm，壁厚均为 0.2 cm，估计制作这个铁罐所需材料的体积大约是多少(包括上、下底)？

解 圆柱体体积 $V=\pi r^2 h$，这个铁罐所需材料的体积为

---

① 由二元函数 $z=f(x, y)$ 可微所产生的近似计算，请参考本书一元函数的微分近似计算部分.

$$\Delta V = \pi (r + \Delta r)^2 (h + \Delta h) - \pi r^2 h.$$

因为 $\Delta r = 0.2$, $\Delta h = 0.4$ 都比较小,所以

$$\Delta V \approx \mathrm{d}v = \frac{\partial V}{\partial r}\mathrm{d}r + \frac{\partial V}{\partial h}\mathrm{d}h = 2\pi rh\,\mathrm{d}r + \pi r^2\mathrm{d}h = \pi r(2h\mathrm{d}r + r\mathrm{d}h),$$

$$\Delta V \approx 5\pi(24 \times 0.2 + 5 \times 0.4) = 34\pi \approx 106.8.$$

即,这个铁罐所需材料的体积约为 106.8 cm.

8.3.3 全微分在函数近似计算中的应用

由 $\Delta z = f(x + \Delta x, y + \Delta y) - f(x, y)$,得

$$f(x + \Delta x, y + \Delta y) \approx f(x, y) + f_x(x, y)\Delta x + f_y(x, y)\Delta y.$$

例 3 利用全微分计算 $(0.98)^{2.03}$ 的近似值.

解 设 $z = f(x, y) = x^y$,则要计算的值就是函数在 $x + \Delta x = 0.98$, $y + \Delta y = 2.03$ 时的函数值 $f(0.98, 2.03)$.

取 $x = 1$, $y = 2$, $\Delta x = -0.02$, $\Delta y = 0.03$.

由公式 $f(x + \Delta x, y + \Delta y) \approx f(x, y) + f_x(x, y)\Delta x + f_y(x, y)\Delta y$,得

$(0.98)^{2.03} = f(1 - 0.02, 2 + 0.03) \approx f(1, 2) + f_x(1, 2)(-0.02) + f_y(1, 2)(0.03)$.

又 $f(1, 2)=1$, $f_x(x, y)=yx^{y-1}$, $f_x(1, 2)=2$, $f_y(x, y)=x^y\ln y$, $f_y(1, 2)=0$,

所以 $(0.98)^{2.03} \approx 1 + 2 \times (-0.02) + 0 \times 0.03 = 0.96$.

习 题 8.3

1. 求下列二元函数的全微分.

(1) $z = x^2 - 2y^3 - 2x^2 y$; (2) $z = xy + \frac{x}{y}$;

(3) $z = \ln(x^2 + y^2)$; (4) $z = y - e^x - \ln(x^2 + x + y)$.

2. 求 $z = x^2 y$ 当 $\Delta x = 0.02$, $\Delta y = -0.01$, $x = 2$, $y = -1$ 时的全增量与全微分.

3. 计算 $(2.01)^{0.96}$ 的近似值. ($\ln 2 \approx 0.693$)

4. 已知长为 8 m,宽为 6 m 的矩形,如果长增加 5 cm,宽减少 10 cm,求这个矩形的对角线的近似变化情况.

8.4 复合函数与隐函数的求导

8.4.1 复合函数的偏导数

二元函数复合函数的偏导数计算有点类似于一元函数复合函数导数的计算.

若二元函数 $z = f(x, y)$ 是可微的(参见下面的全微分部分关于可微的解释), x, y 都是变量 t 的可导函数,则

$$\frac{dz}{dt}=\frac{\partial z}{\partial x}\frac{dx}{dt}+\frac{\partial z}{\partial y}\frac{dy}{dt}.$$

在这种情况下，我们称 $\frac{dz}{dt}$ 二元函数 $z=f(x, y)$ 的全导数.

例 1 二元函数 $z=xy$，而 $x=\sin t, y=\cos 2t$，求 $\frac{dz}{dt}$.

解 $\frac{dz}{dt}=\frac{\partial z}{\partial x}\cdot\frac{dx}{dt}+\frac{\partial z}{\partial y}\cdot\frac{dy}{dt}=y\cos t+x(-2\sin 2t)=y\cos t-2x\sin 2t.$

若二元函数 $z=f(x, y)$ 是可微的(参见下面的全微分部分关于可微的解释)，$x=g(r, s), y=h(r, s)$ 也都是可微的，则

$$\frac{\partial z}{\partial r}=\frac{\partial z}{\partial x}\frac{\partial x}{\partial r}+\frac{\partial z}{\partial y}\frac{\partial y}{\partial r},$$

$$\frac{\partial z}{\partial s}=\frac{\partial z}{\partial x}\frac{\partial x}{\partial s}+\frac{\partial z}{\partial y}\frac{\partial y}{\partial s}.$$

例 2 二元函数 $z=e^x\cos y$，而 $x=sr, y=r+s$，求 $\frac{\partial z}{\partial r}$ 和 $\frac{\partial z}{\partial s}$.

解 $\frac{\partial z}{\partial r}=\frac{\partial z}{\partial x}\cdot\frac{\partial x}{\partial r}+\frac{\partial z}{\partial y}\cdot\frac{\partial y}{\partial r}=e^x\cos ys+e^x(-\sin y)=e^x(s\cos y-\sin y),$

$\frac{\partial z}{\partial s}=\frac{\partial z}{\partial x}\cdot\frac{\partial x}{\partial s}+\frac{\partial z}{\partial y}\cdot\frac{\partial y}{\partial s}=e^x\cos yr+e^x(-\sin y)=e^x(r\cos y-\sin y).$

8.4.2 隐函数的偏导数

在一元函数微积分中，已经讨论过求由方程 $F(x, y)=0$ 所确定的隐函数 $y=f(x)$ 的导数 $\frac{dy}{dx}$. 这里，我们还可以用多元复合函数的微分法求由方程 $F(x, y)=0$ 所确定的隐函数 $y=f(x)$ 的导数 $\frac{dy}{dx}$.

若 $\frac{\partial F}{\partial y}\neq 0$，则由 $F[x, f(x)]=0$，得

$$\frac{\partial}{\partial x}F[x. f(x)]=\frac{\partial F}{\partial x}+\frac{\partial F}{\partial y}\cdot\frac{dy}{dx}=0,$$

则有

$$\frac{dy}{dx}=-\frac{\frac{\partial F}{\partial x}}{\frac{\partial F}{\partial y}}.$$

对于由方程 $F(x, y, z)=0$ 所确定的隐函数 $z=f(x, y)$，若 $\frac{\partial F}{\partial z}\neq 0$，则由 $F[x, y, f(x, y)]=0$，得

$$\begin{cases}\frac{\partial F}{\partial x}+\frac{\partial F}{\partial z}\cdot\frac{\partial z}{\partial x}=0,\\ \frac{\partial F}{\partial y}+\frac{\partial F}{\partial z}\cdot\frac{\partial z}{\partial y}=0.\end{cases}$$

解得

$$\begin{cases} \dfrac{\partial z}{\partial x} = -\dfrac{\dfrac{\partial F}{\partial x}}{\dfrac{\partial F}{\partial z}} = -\dfrac{F_x}{F_z}, \\ \dfrac{\partial z}{\partial y} = -\dfrac{\dfrac{\partial F}{\partial y}}{\dfrac{\partial F}{\partial z}} = -\dfrac{F_y}{F_z}. \end{cases}$$

例 3 如果 $x^2+y^2+z^2-3z=0$，求 $\dfrac{\partial z}{\partial x}$ 和 $\dfrac{\partial z}{\partial y}$.

解 令 $F(x, y, z)=x^2+y^2+z^2-3z$.

则 $F_x=2x$, $F_y=2y$, $F_z=2z-3$，有

$$\frac{\partial z}{\partial x}=-\frac{F_x}{F_z}=-\frac{2x}{2z-3},$$

$$\frac{\partial z}{\partial y}=-\frac{F_y}{F_z}=-\frac{2y}{2z-3}.$$

习 题 8.4

1. 已知 $z=\arcsin(x-y)$，其中 $x=3t, y=4t^3$，求全导数 $\dfrac{\mathrm{d}z}{\mathrm{d}t}$.

2. 二元函数 $z=\mathrm{e}^x\sin y$，而 $x=sr^2, y=2r+5s$，求 $\dfrac{\partial z}{\partial r}$ 和 $\dfrac{\partial z}{\partial s}$.

3. 求由下列方程所确定的隐函数的导数.

(1) $\sin y+\mathrm{e}^x-xy^2=0$;　　(2) $\ln\sqrt{x^2+y^2}=\arctan\dfrac{y}{x}$;

(3) $xy+\sin z+y-3z=0$;　　(4) $\mathrm{e}^z-xyz=0$.

8.5 多元函数的极值与最值

8.5.1 多元函数的极值

在生产实际问题中，我们往往会遇到许许多多的多元函数的最大值、最小值问题. 与一元函数相类似，多元函数的最大值、最小值与极大值、极小值有着密切联系. 这里，我们着重讨论二元函数的情形.

如果二元函数 $z=f(x, y)$ 在 (x_0, y_0) 处的函数值比附近的函数值大，那么我们就称二元函数 $z=f(x, y)$ 在 (x_0, y_0) 处取极大值 $z_0=f(x_0, y_0)$，称 (x_0, y_0) 为极大点；如果二元函数 $z=f(x, y)$ 在 (x_0, y_0) 处的函数值比附近的函数值小，我们就称二元函数 $z=f(x, y)$ 在 (x_0, y_0) 处取极小值 $z_0=f(x_0, y_0)$，称 (x_0, y_0) 为极小点.

如果二元函数 $z=f(x, y)$ 在 (x_0, y_0) 处取极值，且在 (x_0, y_0) 处 $f_x(x, y)$ 和 $f_y(x,$

y) 都存在，则

$$f_x(x_0, y_0)=0, \quad f_y(x_0, y_0)=0$$

对于二元函数 $z=f(x, y)$，在 (x_0, y_0) 处有 $f_x(x_0, y_0)=0$ 且 $f_y(x_0, y_0)=0$，我们称点 (x_0, y_0) 为驻点.

如果二元函数 $z=f(x, y)$ 在 (x_0, y_0) 处满足：

(1) $f_x(x_0, y_0)=0, \quad f_y(x_0, y_0)=0$;

(2) 在 (x_0, y_0) 处及其附近 $f(x, y)$，$f_x(x, y)$ 和 $f_y(x, y)$ 都可微，我们记：$A=f_{xx}(x_0, y_0)$，$B=f_{xy}(x_0, y_0)$，$C=f_{yy}(x_0, y_0)$，则有

(1) 当 $B^2-AC<0$ 时，二元函数 $z=f(x, y)$ 在 (x_0, y_0) 处取极值，如果 $A<0$，函数取极大值；如果 $A>0$，函数取极小值；

(2) 当 $B^2-AC>0$ 时，二元函数 $z=f(x, y)$ 在 (x_0, y_0) 处不取极值；

(3) 当 $B^2-AC=0$ 时，二元函数 $z=f(x, y)$ 在 (x_0, y_0) 处可能取极值，也可能不取极值.

据此，我们有二元函数 $z=f(x, y)$ 的极值的求法步骤如下：

第一步　解方程组

$$f_x(x, y)=0, \quad f_y(x, y)=0,$$

求得一切实数解，即可求得所有驻点.

第二步　结合函数的定义域，对于每一个驻点，求出二阶偏导数的值 A，B，C.

第三步　确定 B^2-AC 的符号，根据定理的结论，判定 $f(x_0, y_0)$ 是否是极值、极大值还是极小值.

第四步　算出函数的极值.

例 1　求函数 $z=x^3+y^3-3xy$ 的极值.

解　设 $f(x, y)=x^3+y^3-3xy$，则一阶偏导数为

$$f_x(x, y)=3x^2-3y, \quad f_y(x, y)=3y^2-3x.$$

解方程组

$$\begin{cases} 3x^2-3y=0, \\ 3y^2-3x=0, \end{cases}$$

得到两个驻点为 $(0, 0)$ 和 $(1, 1)$.

二阶偏导数为

$$f_{xx}(x, y)=6x, \quad f_{xy}(x, y)=-3, \quad f_{yy}(x, y)=6y.$$

对于驻点 $(0, 0)$，有

$$A=f_{xx}(0, 0)=0, \quad B=f_{xy}(0, 0)=-3, \quad C=f_{yy}(0, 0)=0.$$

因为

$$B^2-AC=9>0,$$

所以驻点 (0, 0) 不是极值点.

对于驻点 (1, 1)，有

$$A = f_{xx}(1, 1) = 6, \quad B = f_{xy}(1, 1) = -3, \quad C = f_{yy}(1, 1) = 6.$$

因为
$$B^2 - AC = -27 < 0,$$

所以驻点(1, 1)是极值点，又因为 $A = 6 > 0$，所以(1, 1)是极小点，函数在该点处取得极小值 $f(1, 1) = -1$.

例 2 求函数 $z = x^4 + 4y^3 - 8x^2 - 12y$ 的极值.

解 设 $f(x, y) = x^4 + 4y^3 - 8x^2 - 12y$，则一阶偏导数为

$$f_x(x, y) = 4x^3 - 16x, \quad f_y(x, y) = 12y^2 - 12.$$

解方程组
$$\begin{cases} 4x^3 - 16x = 0, \\ 12y^2 - 12 = 0, \end{cases}$$

得到 6 个驻点为

$$(0, 1), (0, -1), (2, 1), (2, -1), (-2, 1), (-2, -1).$$

二阶偏导数为

$$f_{xx}(x, y) = 12x^2 - 16, \quad f_{xy}(x, y) = 0, \quad f_{yy}(x, y) = 24y.$$

6 个驻点的具体情况列表如下：

	$f_{xx}(x, y)$	$f_{xy}(x, y)$	$f_{yy}(x, y)$	$B^2 - AC$	是否极值点	极值
(0, 1)	−16	0	24	>0	否	
(0, −1)	−16	0	−24	<0	极大点	8
(2, 1)	32	0	24	<0	极小点	−24
(2, −1)	32	0	−24	>0	否	
(−2, 1)	32	0	24	<0	极小点	−24
(−2, −1)	32	0	−24	>0	否	

8.5.2 多元函数的最值

若函数 $z = f(x, y)$ 在闭区域 D 上连续，那么它在 D 上一定有最大值和最小值. 最值点可能在 D 的边界上，也可能在 D 内. 如果在 D 内，而 $f(x, y)$ 又存在一阶偏导数，则该点一定是驻点. 因此只要先求出驻点的函数值和边界上的函数值，然后比较大小即可. 如果 D 是开区域，而 (x_0, y_0) 是 D 内唯一的驻点，则 $f(x_0, y_0)$ 即为所求最值.（关于开区域与闭区域的解释可以参考其他微积分专著）

例 3 用一块木板做一个容积为 125 cm³ 的长方体的礼品盒. 要使得用料最省，求长方

体的长,宽和高.

解 设长、宽分别为 x cm, y cm,则此时高为 $\frac{125}{xy}$ cm,于是所用木板的面积为

$$S=2\left(xy+\frac{125}{x}+\frac{125}{y}\right)\quad(x>0,\ y>0).$$

一阶偏导数为

$$S_x=2\left(y-\frac{125}{x^2}\right),\quad S_y=2\left(x-\frac{125}{y^2}\right).$$

解方程组
$$\begin{cases}2\left(y-\frac{125}{x^2}\right)=0,\\2\left(x-\frac{125}{y^2}\right)=0,\end{cases}$$

得驻点 $(5,\ 5)$.

由于驻点是唯一的,根据问题的实际意义,我们说在这个驻点处面积 S 取得最小值,此时长、宽和高都为 5 cm.

例4 设 Q_1, Q_2 分别是商品 X_1, X_2 的需求量,它们的需求函数为 $Q_1=8-P_1+2P_2$, $Q_2=10+2P_1-5P_2$,总成本函数为 $C=3Q_1+2Q_2$,其中 P_1, P_2 为商品 X_1, X_2 的价格,试求商品 X_1, X_2 的价格定为多少时所获利润最大?

解 $L=R-C=P_1Q_1+P_2Q_2-C$

$$\begin{aligned}&=P_1(8-P_1+2P_2)+P_2(10+2P_1-5P_2)-3Q_1-2Q_2\\&=P_1(8-P_1+2P_2)+P_2(10+2P_1-5P_2)-3(8-P_1+2P_2)-2(10+2P_1-5P_2)\\&=-5P_2^2-P_1^2+4P_1P_2+7P_1+14P_2-44.\end{aligned}$$

一阶偏导为
$$\frac{\partial L}{\partial P_1}=7-2P_1+4P_2=0,$$

$$\frac{\partial L}{\partial P_2}=14+4P_1-10P_2=0.$$

解得 $P_1=\frac{63}{2}, P_2=14.$

由于驻点唯一,根据实际意义,在此点处函数取得最大,即最大利润为 $L\left(\frac{63}{2},\ 14\right)=164.25$.

习 题 8.5

1. 求下列函数的极值.

(1) $z=8x^3+y^3-6xy$; (2) $z=16x^4+\frac{1}{2}y^3-32x^2-6y$.

2. 某化工厂需造表面涂以贵重材料的桶,桶的形状为无盖长方体,容积为 256 m^3,问:桶的长、宽、高各为多少米时,能使所用的涂料最省?

3. 将一长为 l 的线段分为三段,分别围成圆、正方形和三角形,问怎样分才能使它们面积之和最小?

8.6 偏导数的几何应用

8.6.1 空间曲线的切线与法平面

设空间曲线Γ的参数方程为$\begin{cases}x=\varphi(t),\\ y=\psi(t),\\ z=\omega(t)\end{cases}$ (t 为参数)，而参数方程中的三个函数均可导.

设曲线上定点 $M(x_0, y_0, z_0)$，动点 $M'(x_0+\Delta x, y_0+\Delta y, z_0+\Delta z)$，割线 MM' 的方程为

$$\frac{x-x_0}{\Delta x}=\frac{y-y_0}{\Delta y}=\frac{z-z_0}{\Delta z},$$

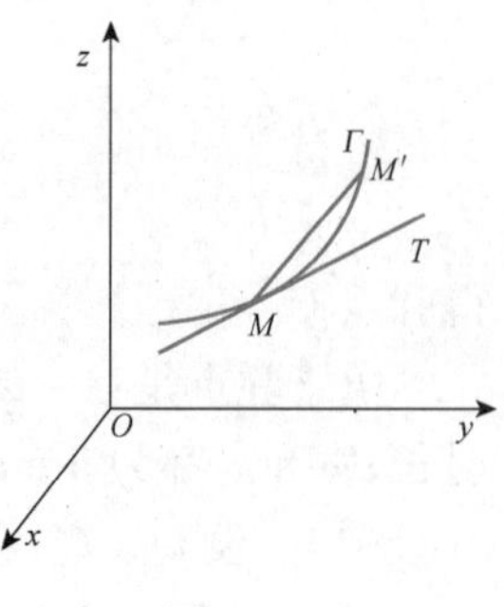

图 8-7

考察割线趋近于极限位置——切线的过程.上式分母同除以 Δt，得

$$\frac{x-x_0}{\frac{\Delta x}{\Delta t}}=\frac{y-y_0}{\frac{\Delta y}{\Delta t}}=\frac{z-z_0}{\frac{\Delta z}{\Delta t}}.$$

当 $M'\to M$ 时，即 $\Delta t\to 0$ 时，曲线在 M 处的切线方程为

$$\frac{x-x_0}{\varphi'(t_0)}=\frac{y-y_0}{\psi'(t_0)}=\frac{z-z_0}{\omega'(t_0)}.$$

切向量：切线的方向向量称为曲线的切向量，即

$$\boldsymbol{T}=\{\varphi'(t_0), \psi'(t_0), \omega'(t_0)\}.$$

法平面：过 M 点且与切线垂直的平面，即

$$\varphi'(t_0)(x-x_0)+\psi'(t_0)(y-y_0)+\omega'(t_0)(z-z_0)=0.$$

例 1 求曲线$\begin{cases}x=t,\\ y=t^2,\\ z=t^3\end{cases}$ (t 为参数)在点(1, 1, 1)处的切线与法平面方程.

解 因为 $x_t=1$, $y_t=2t$, $z_t=3t^2$，而点 (1, 1, 1) 对应的参数 $t=1$，所以 $\boldsymbol{T}=\{1, 2, 3\}$

于是，切线方程为 $\frac{x-1}{1}=\frac{y-1}{2}=\frac{z-1}{3}$，法平面方程为 $x+2y+3z=6$.

8.6.2 空间曲面的切平面与法线

设空间曲面方程为 $F(x, y, z)=0$，则

如果在曲面上过点 M 的任何曲线在点 M 处的切线均在同一个平面内，则称该平面为曲

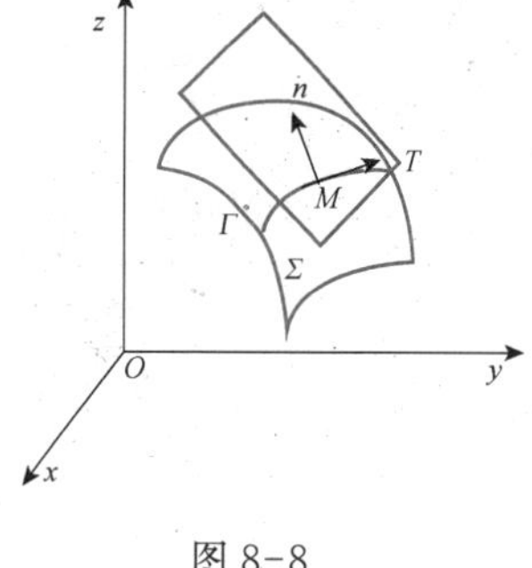

图 8-8

面在点 M 处的切平面(图 8-8). 切平面方程为

$$F_x(x_0, y_0, z_0)(x-x_0)+F_y(x_0, y_0, z_0)(y-y_0)+F_z(x_0, y_0, z_0)(z-z_0)=0.$$

通过点 $M(x_0, y_0, z_0)$ 而垂直于切平面的直线,称为曲面在该点的法线. 法线方程为

$$\frac{x-x_0}{F_x(x_0, y_0, z_0)}=\frac{y-y_0}{F_y(x_0, y_0, z_0)}=\frac{z-z_0}{F_z(x_0, y_0, z_0)}.$$

垂直于曲面上切平面的向量称为曲面的法向量. 曲面在 M 处的法向量为

$$\boldsymbol{n}=\{F_x(x_0, y_0, z_0), F_y(x_0, y_0, z_0), F_z(x_0, y_0, z_0)\}.$$

特殊地,空间曲面方程形为 $z=f(x, y)$, 令 $F(x, y, z)=f(x, y)-z$, 曲面在 M 处的切平面方程为

$$f_x(x_0, y_0)(x-x_0)+f_y(x_0, y_0)(y-y_0)=z-z_0.$$

曲面在 M 处的法线方程为

$$\frac{x-x_0}{f_x(x_0, y_0)}=\frac{y-y_0}{f_y(x_0, y_0)}=\frac{z-z_0}{-1}.$$

例 2　求旋转抛物面 $z=x^2+y^2-1$ 在点 $(2, 1, 4)$ 处的切平面及法线方程.

解　令 $f(x, y)=x^2+y^2-1$, 则

$$\boldsymbol{n}\big|_{(2,1,4)}=\{2x, 2y, -1\}\big|_{(2,1,4)}=\{4, 2, -1\}.$$

所以,所求切平面方程为　$4(x-2)+2(y-1)-(z-4)=0$,

即
$$4x+2y-z-6=0,$$

所求法线方程为
$$\frac{x-2}{4}=\frac{y-1}{2}=\frac{z-4}{-1}.$$

习　题　8.6

1. 求曲线 $x=t-\sin t$, $y=1-\cos t$, $z=4\sin\frac{t}{2}$ (t 为参数)在点 $\left(\frac{\pi}{2}-1, 1, 2\sqrt{2}\right)$ 处的切线与法平面方程.

2. 求曲线 $x=3\cos\theta$, $y=3\sin\theta$, $z=4\theta$ 在点 $\left(\frac{3}{\sqrt{2}}, \frac{3}{\sqrt{2}}, \pi\right)$ 处的切线与法平面方程.

3. 求曲面 $z=3x^2-5y^2$ 在点 $P(-1, -1, -2)$ 处的切平面和法线方程.

4. 求曲面 $x^2+2y^2+z^2=1$ 在点 $(1, 2, -1)$ 处的切平面和法线方程.

8.7 二重积分

8.7.1 二重积分的概念

二元函数的二重积分是一元函数的定积分的推广，我们用

$$\iint_D f(x, y)\mathrm{d}\sigma$$

来表示二元函数 $z = f(x, y)$ 在区域 D 上的二重积分.

就像定积分一样，只有特定的函数和特定区域的二重积分方能存在. 如果二重积分存在，我们称之为可积. 至于二元函数在什么情况下可积此处略过，读者可以查阅其他的微积分教材.

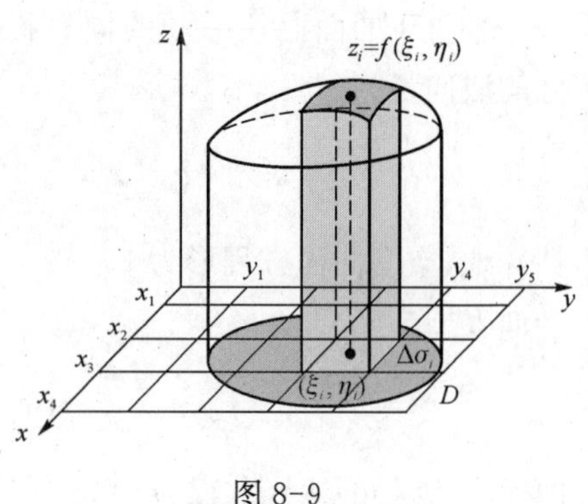

图 8-9

设 $f(x, y)$ 在 D 上可积. 将区域 D 任意分成 n 个小区域 $\Delta\sigma_1$，$\Delta\sigma_2$，…，$\Delta\sigma_n$，且以 $\Delta\sigma_i$ 表示第 i 个小区域的面积，在每个小区域 $\Delta\sigma_i(i=1, 2, \cdots, n)$上任意取一点 (ξ_i, η_i)（图 8-9），作乘积 $f(\xi_i, \eta_i)\Delta\sigma_i$ $(i=1, 2, \cdots, n)$，并作和式

$$\sum_{i=1}^{n} f(\xi_i, \eta_i)\Delta\sigma_i.$$

记 $\lambda = \max\{\Delta\sigma_i\}(i = 1, 2, \cdots, n)$，则 $f(x, y)$ 在区域 D 上的二重积分，记作

$$\iint_D f(x, y)\mathrm{d}\sigma.$$

取和式 $\sum\limits_{i=1}^{n} f(x_i, y_i)\Delta\sigma_i$ 的极限，即

$$\iint_D f(x, y)\mathrm{d}\sigma = \lim_{\lambda\to 0}\sum_{i=1}^{n} f(\xi_i, \eta_i)\Delta\sigma_i.$$

其中 $f(x, y)$ 叫做被积函数，$f(x, y)\mathrm{d}\sigma$ 叫做被积表达式，x 与 y 叫做积分变量，D 叫做积分区域.

有时候，$\mathrm{d}\sigma$ 也记为 $\mathrm{d}x\mathrm{d}y$，这样二重积分就可以表示为 $\iint\limits_D f(x, y)\mathrm{d}x\mathrm{d}y$.

8.7.2 二重积分的性质

二重积分与定积分有相类似的性质

性质 1　线性性质. 被积函数的常数因子可以提到二重积分的记号外，即

$$\iint\limits_D[\alpha f(x, y)+\beta g(x, y)]\mathrm{d}\sigma=\alpha\iint\limits_D f(x, y)\mathrm{d}\sigma+\beta\iint\limits_D g(x, y)\mathrm{d}\sigma.$$

其中，α，β是常数.

性质 2 对区域的可加性. 若区域 D 分为两个部分区域 D_1，D_2，则

$$\iint\limits_D f(x, y)\mathrm{d}\sigma=\iint\limits_{D_1} f(x, y)\mathrm{d}\sigma+\iint\limits_{D_2} f(x, y)\mathrm{d}\sigma.$$

性质 3 若在 D 上，$f(x, y)\equiv 1$，σ 表示区域 D 的面积，则

$$\iint\limits_D f(x, y)\mathrm{d}\sigma=\iint\limits_D 1\cdot\mathrm{d}\sigma=\iint\limits_D \mathrm{d}\sigma=\sigma.$$

性质 4 若在 D 上，$f(x, y)\leqslant\phi(x, y)$，则有不等式

$$\iint\limits_D f(x, y)\mathrm{d}\sigma\leqslant\iint\limits_D \phi(x, y)\mathrm{d}\sigma.$$

特别地，由于 $-|f(x, y)|\leqslant f(x, y)\leqslant|f(x, y)|$，有

$$\left|\iint\limits_D f(x, y)\mathrm{d}\sigma\right|\leqslant\iint\limits_D |f(x, y)|\mathrm{d}\sigma.$$

性质 5 估值不等式

设 M 与 m 分别是 $f(x, y)$ 在闭区域 D 上最大值和最小值，σ 是区域 D 的面积，则

$$m\sigma\leqslant\iint\limits_D f(x, y)\mathrm{d}\sigma\leqslant M\sigma.$$

性质 6 二重积分的中值定理. 设函数 $f(x, y)$ 在闭区域 D 上连续，σ 是 D 的面积，则在 D 上至少存在一点 (ξ, η)，使得

$$\iint\limits_D f(x, y)\mathrm{d}\sigma=f(\xi, \eta)\sigma.$$

8.7.3 二重积分的计算

二重积分的计算，我们分四种情况进行讨论：

1. 积分区域是矩形(图 8-10)

也就是说，积分区域是由直线 $y=c$，$y=d$ 和 $x=a$，$x=b$ 所围成的矩形区域，那么 $z=f(x, y)$ 在这个区域上的二重积分为

$$\iint\limits_D f(x, y)\mathrm{d}\sigma=\int_a^b\mathrm{d}x\int_c^d f(x, y)\mathrm{d}y=\int_a^b\left[\int_c^d f(x, y)\mathrm{d}y\right]\mathrm{d}x$$

$$=\int_c^d\mathrm{d}y\int_a^b f(x, y)\mathrm{d}x=\int_c^d\left[\int_a^b f(x, y)\mathrm{d}x\right]\mathrm{d}y.$$

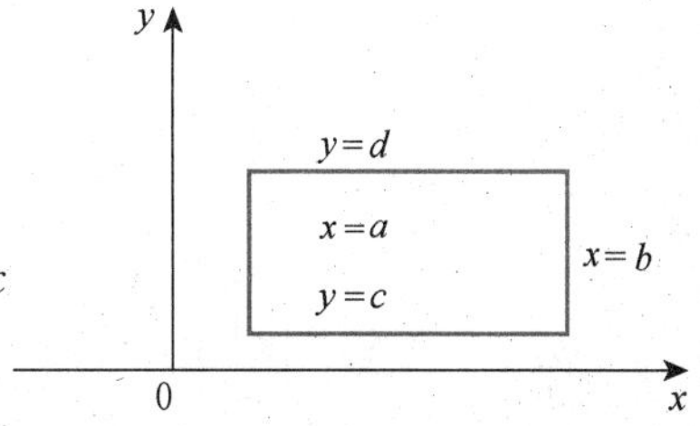

图 8-10

例 1　求二重积分 $\iint\limits_{D} xy\mathrm{d}\sigma$，其中 D 是由直线 $y=3$，$y=4$ 和 $x=1$，$x=2$ 所围成的矩形区域.

解　由于积分区域是矩形区域，我们有

$$\iint\limits_{D} xy\mathrm{d}\sigma=\int_1^2\mathrm{d}x\int_3^4 xy\mathrm{d}y=\int_1^2\left(\int_3^4 xy\mathrm{d}y\right)\mathrm{d}x=\int_1^2\left(\frac{x}{2}y^2\right)\Big|_3^4\mathrm{d}x$$
$$=\int_1^2\frac{7x}{2}\mathrm{d}x=\frac{21}{4}.$$

2. 积分区域是 x-型(图 8-11)

也就是说，积分区域是由曲线 $y=f(x)$，$y=g(x)$ 和直线 $x=a$，$x=b$ 所围成的区域，那么 $z=f(x, y)$ 在这个区域上的二重积分为

$$\iint\limits_{D} f(x, y)\mathrm{d}\sigma=\int_a^b\mathrm{d}x\int_{f(x)}^{g(x)} f(x, y)\mathrm{d}y=\int_a^b\left[\int_{f(x)}^{g(x)} f(x, y)\mathrm{d}y\right]\mathrm{d}x.$$

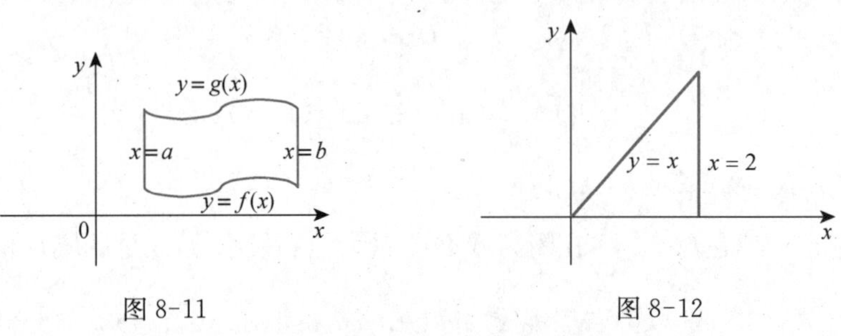

图 8-11　　　　图 8-12

在计算积分 $\int_{f(x)}^{g(x)} f(x, y)\mathrm{d}y$ 时，我们把自变量 x 看成是一个常数，这样是做单变量函数的定积分，得到一个包含自变量 x 的表达式，再对自变量 x 求定积分，这样就得到了二重积分的值.

例 2　求重积分 $\iint\limits_{D} xy\mathrm{d}\sigma$，其中 D 是由直线 $y=x$，$y=0$ 和 $x=2$ 所围成的区域(图 8-12).

解　我们把积分区域看成是 x-型，有

$$\iint\limits_{D} xy\mathrm{d}\sigma=\int_0^2\mathrm{d}x\int_0^x xy\mathrm{d}y=\int_0^2\left(\int_0^x xy\mathrm{d}y\right)\mathrm{d}x=\int_0^2\left(\frac{x}{2}y^2\right)\Big|_0^x\mathrm{d}x$$
$$=\int_0^2\left(\frac{x}{2}y^2\right)\Big|_0^x\mathrm{d}x=\int_0^2\frac{x^3}{2}\mathrm{d}x$$
$$=\frac{x^4}{8}\Big|_0^2=2.$$

例 3　求重积分 $\iint\limits_{D} xy\mathrm{d}\sigma$，其中 D 是由直线 $y=x$，$y=0$ 和 $y=2-x$ 所围成的区域(图 8-13).

解　首先我们求出直线 $y=x$ 和 $y=2-x$ 的交点 $(1, 1)$.

把积分区域看成是由两个 x - 型区域合并而成，从而我们有

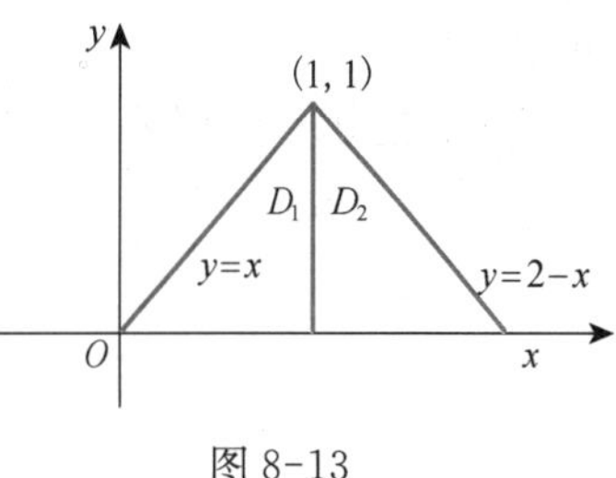

图 8-13

$$\iint\limits_{D_1} xy\,\mathrm{d}\sigma = \int_0^1 \mathrm{d}x \int_0^x xy\,\mathrm{d}y = \int_0^1 \left(\int_0^x xy\,\mathrm{d}y\right)\mathrm{d}x = \int_0^1 \left(\frac{x}{2}y^2\right)\Big|_0^x \mathrm{d}x$$

$$= \int_0^1 \frac{x^3}{2}\mathrm{d}x = \frac{x^4}{8}\Big|_0^1 = \frac{1}{8}.$$

$$\iint\limits_{D_2} xy\,\mathrm{d}\sigma = \int_1^2 \mathrm{d}x \int_0^{2-x} xy\,\mathrm{d}y = \int_1^2 \left(\int_0^{2-x} xy\,\mathrm{d}y\right)\mathrm{d}x = \int_1^2 \left(\frac{x}{2}y^2\right)\Big|_0^{2-x} \mathrm{d}x$$

$$= \int_1^2 \frac{x}{2}(2-x)^2\mathrm{d}x = \frac{5}{24}.$$

所以 $\iint\limits_{D} xy\,\mathrm{d}\sigma = \iint\limits_{D_1} xy\,\mathrm{d}\sigma + \iint\limits_{D_2} xy\,\mathrm{d}\sigma = \frac{1}{3}.$

3. 积分区域是 y-型(图 8-14)

图 8-14

也就是说，积分区域是由曲线 $x=f(y)$，$x=g(y)$ 和直线 $y=c$，$y=d$ 所围成的区域，那么 $z=f(x, y)$ 在这个区域上的二重积分为

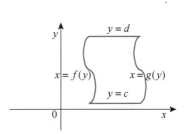

$$\iint\limits_{D} f(x, y)\mathrm{d}\sigma = \int_c^d \mathrm{d}y \int_{f(y)}^{g(y)} f(x, y)\mathrm{d}x$$

$$= \int_c^d \left[\int_{f(y)}^{g(y)} f(x, y)\mathrm{d}x\right]\mathrm{d}y.$$

在计算积分 $\int_{f(y)}^{g(y)} f(x, y)\mathrm{d}x$ 时，我们把自变量 y 看成是一个常数，做单变量函数的定积分，得到一个包含自变量 y 的表达式，再对自变量 y 求定积分，这样就得到了二重积分的值.

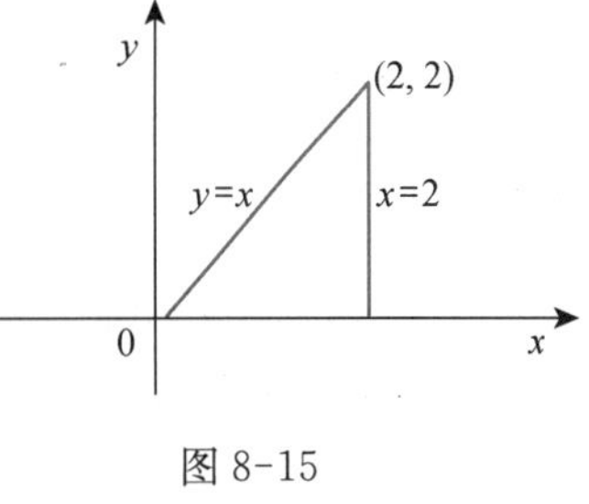

图 8-15

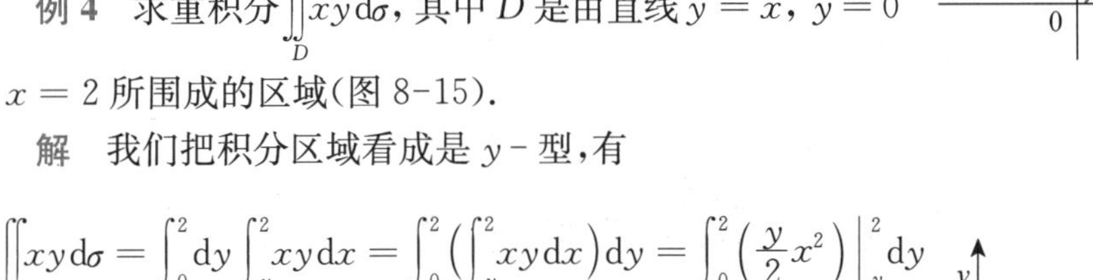

例 4 求重积分 $\iint\limits_{D} xy\,\mathrm{d}\sigma$，其中 D 是由直线 $y=x$，$y=0$ 和 $x=2$ 所围成的区域(图 8-15).

解 我们把积分区域看成是 y - 型，有

$$\iint\limits_{D} xy\,\mathrm{d}\sigma = \int_0^2 \mathrm{d}y \int_y^2 xy\,\mathrm{d}x = \int_0^2 \left(\int_y^2 xy\,\mathrm{d}x\right)\mathrm{d}y = \int_0^2 \left(\frac{y}{2}x^2\right)\Big|_y^2 \mathrm{d}y$$

$$= \int_0^2 \frac{y}{2}(2^2-y^2)\mathrm{d}y = 2.$$

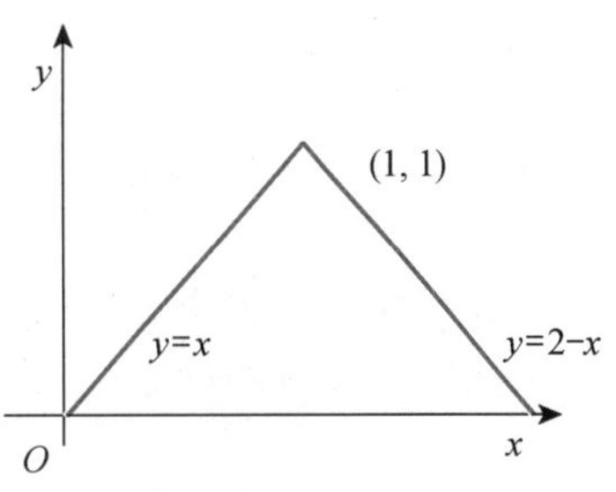

图 8-16

例 5 求重积分 $\iint\limits_{D} xy\,\mathrm{d}\sigma$，其中 D 是由直线 $y=x$，$y=0$ 和 $y=2-x$ 所围成的区域(图 8-16).

解 首先我们解出直线 $y=x$ 和 $y=2-x$ 的交点

(1, 1).

我们把积分区域看 y - 型区域,从而有

$$\iint_D xy\,d\sigma = \int_0^1 dy\int_y^{2-y} xy\,dx = \int_0^1\left(\int_y^{2-y} xy\,dx\right)dy$$

$$= \int_0^1\left(\frac{y}{2}x^2\right)\Big|_y^{2-y} dy = \int_0^1 \frac{y}{2}[(2-y)^2 - y^2]dy$$

$$= \frac{1}{3}.$$

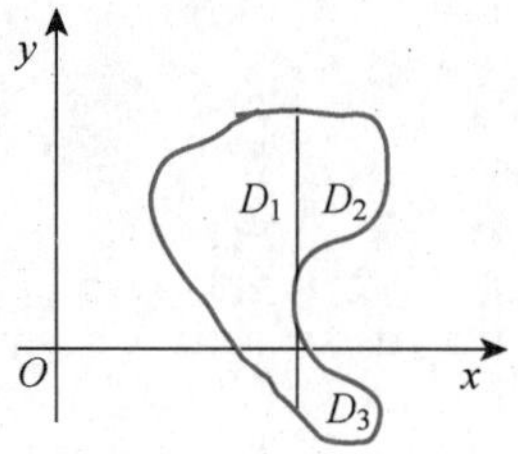

图 8-17

4. 积分区域的其他类型(图 8-17)

我们可以将积分区域 D 分割成若干个 x - 型区域或 y - 型区域的和,也就是说可以转化为情况 2 和情况 3,从而可以解决重积分的计算问题.

习 题 8.7

计算下列二重积分.

(1) $\iint_D (x+y^2)d\sigma$, 其中 D 是由直线 $y=3$, $y=4$ 和 $x=1$, $x=2$ 所围成的矩形区域;

(2) $\iint_D \frac{x^2}{y^2}d\sigma$, 其中 D 是由直线 $y=x$, $x=2$, $xy=1$ 和所围成的矩形区域;

(3) $\iint_D (x-y^2)d\sigma$, 其中 D 是由直线 $y=x$, $y=0$ 和 $x=2$ 所围成的矩形区域;

(4) $\iint_D (x+2y^2)d\sigma$, 其中 D 是由直线 $y=x$, $y=0$ 和 $y=2-x$ 所围成的矩形区域;

(5) 计算二重积分 $\iint_D xy\,d\sigma$, 其中 D 是由直线 $y=1$, $x=2$ 及 $y=x$ 所围成的闭区域;

(6) 计算二重积分 $\iint_D xy\,d\sigma$, 其中 D 是有抛物线 $y^2=x$ 及 $y=x-2$ 所围成的有界闭区域;

(7) 计算 $\iint_D x^2y^2\,d\sigma$, 其中 $D=\{(x, y)\mid 0\leqslant x\leqslant 1, -1\leqslant y\leqslant 1\}$;

(8) 画出积分区域并计算积分 $\iint_D x\sqrt{y}\,d\sigma$, 其中 D 是由两条抛物线 $y=x^2$, $y=\sqrt{x}$ 所围成闭区域.

8.8 二重积分的应用

8.8.1 平面图形的面积

xOy 平面上的有界区域 D 的面积:

由二重积分的性质,若 A 为 D 的面积,则

$$A = \iint_D 1d\sigma = \iint_D d\sigma.$$

例 1 求由抛物线 $y=x^2-2$ 与直线 $y=x$ 所围成的平面图形的面积(图 8-18).

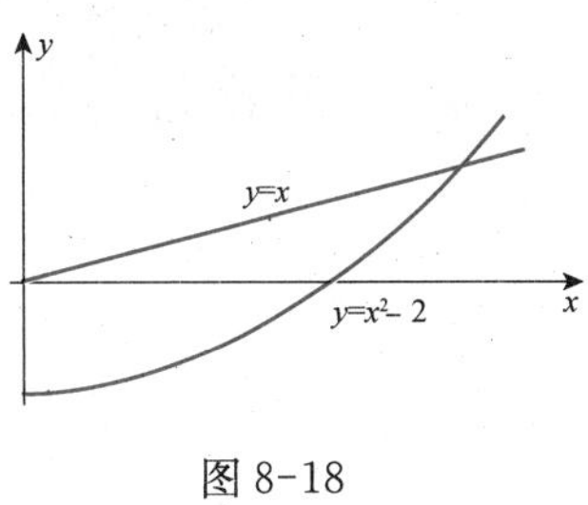

图 8-18

解 设所求的平面图形面积为 A, 则

$$A=\iint_D d\sigma=\int_{-1}^{2}dx\int_{x^2-2}^{x}dy=\int_{-1}^{2}(x-x^2+2)dx$$
$$=\left[\frac{1}{2}x^2-\frac{1}{3}x^3+2x\right]_{-1}^{2}=\frac{9}{2}.$$

例 2 区域 D 由 $y=\sin x$, $y=\cos x$, $x=\frac{\pi}{4}$, $x=\pi$ 围成,求区域 D 的面积.

解 $A=\iint_D d\sigma=\int_{\frac{\pi}{4}}^{\pi}dx\int_{\sin x}^{\cos x}dy=\int_{\frac{\pi}{4}}^{\pi}(\cos x-\sin x)dx=1+\sqrt{2}.$

8.8.2 空间立体图形的体积

由二重积分的几何意义计算立体(曲顶柱体)的体积:

$$V=\iint_D f(x, y)d\sigma.$$

例 3 求由曲面 $x^2+y^2=R^2$ 及 $x^2+z^2=R^2$ 所围立体的体积(图 8-19).

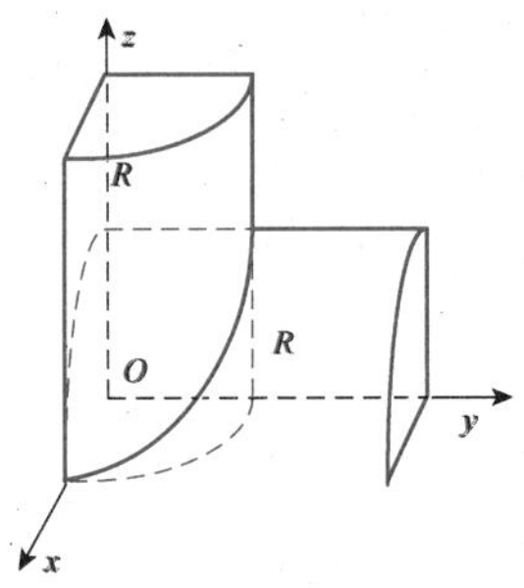

图 8-19

解 由对称性

$$V=8V_1=8\iint_D\sqrt{R^2-x^2}dxdy$$
$$=8\int_0^R dx\int_0^{\sqrt{R^2-x^2}}\sqrt{R^2-x^2}dy$$
$$=8\int_0^R(R^2-x^2)dx=8\left(R^3-\frac{R^3}{3}\right)$$
$$=\frac{16R^3}{3}.$$

8.8.3 空间曲面的面积

设曲面 S 由方程 $z=f(x, y)$ 给出, D 为曲面 S 在 xOy 面上的投影区域,函数 $f(x, y)$ 在 D 上具有连续偏导数 $f_x(x, y)$ 和 $f_y(x, y)$ (图 8-20). 我们要计算曲面 S 的面积 A. 在闭区域 D 上任取一直径很小的闭区域 $d\sigma$ (这小闭区域的面积也记作 $d\sigma$),在 $d\sigma$ 上取一点 $P(x, y)$, 对应地曲面 S 上有一点 $M(x, y, f(x, y))$, 点 M 在 xOy 面上的投影即点 P. 点 M 处曲面 S 的切平面设为 T. 以小闭区域 $\Delta\sigma$ 的边界为准线作母线平行于 z 轴的柱面,这柱面在曲面 S 上截下一小片曲面,在切平面 T 上截下一小片平面. 由于 $\Delta\sigma$ 的直径很小,切平面 T 上的那一小片平面的

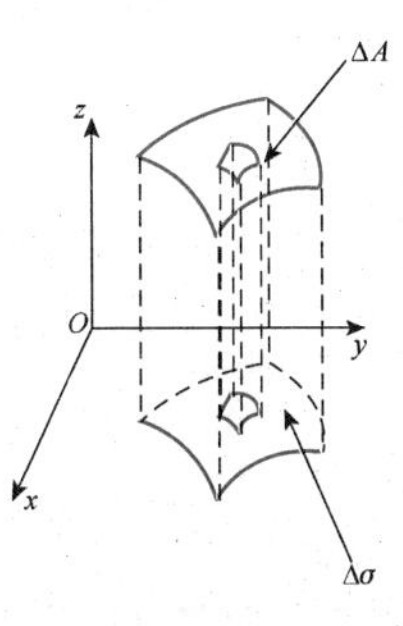

图 8-20

面积 ΔA 可以近似代替相应的那一小片面积的面积. 设点 M 处曲面 S 上的法线(指向朝上)于 z 轴所成的角为 γ, 则

$$\Delta A=\frac{\Delta\sigma}{\cos\gamma}.$$

因为 $\cos\gamma=\dfrac{1}{\sqrt{1+f_x^2(x,y)+f_y^2(x,y)}}$,

所以 $\Delta A=\sqrt{1+f_x^2(x,y)+f_y^2(x,y)}\Delta\sigma$,

记为 $\mathrm{d}A=\sqrt{1+f_x^2(x,y)+f_y^2(x,y)}\mathrm{d}\sigma$.

这就是曲面 S 的面积元素, 以它为被积表达式在闭区域 D 上积分, 得

$$A=\iint_D\sqrt{1+f_x^2(x,y)+f_y^2(x,y)}\mathrm{d}\sigma.$$

这就是计算曲面面积的公式.

例 4 求由曲面 $x^2+y^2=R^2$ 及 $x^2+z^2=R^2$ 所围立体的表面积.

解 取曲面 $z=\sqrt{R^2-x^2}$, 则 $\dfrac{\partial z}{\partial x}=\dfrac{-x}{\sqrt{R^2-x^2}}$, $\dfrac{\partial z}{\partial y}=0$.

根据对称性, 有

$$\begin{aligned}A=16A_1&=16\iint_D\sqrt{1+\left(\frac{\partial z}{\partial x}\right)^2+\left(\frac{\partial z}{\partial y}\right)^2}\mathrm{d}x\mathrm{d}y=16\iint_D\frac{R}{\sqrt{R^2-x^2}}\mathrm{d}x\mathrm{d}y\\&=16\int_0^R\mathrm{d}x\int_0^{\sqrt{R^2-x^2}}\frac{R}{\sqrt{R^2-x^2}}\mathrm{d}y=16R\int_0^R\mathrm{d}x=16R^2.\end{aligned}$$

习 题 8.8

1. 利用二重积分计算由抛物线 $y^2=2x$ 和直线 $y=x-4$ 所围成的平面图形的面积.
2. 利用二重积分计算半径为 a 的球的体积和表面积.
3. 利用二重积分计算由平面 $3x+3y+z=6$ 和三个坐标平面所围成的四面体的体积.
4. 利用二重积分计算椭球 $\dfrac{x^2}{a^2}+\dfrac{y^2}{b^2}+\dfrac{z^2}{c^2}=1$ $(a>0, b>0, c>0)$ 的体积和表面积.

8.9 数学实验

8.9.1 有关计算多元函数偏导数的 Matlab 命令

diff(F, x)	表示表达式 F 对符号变量 x 求一阶导数,允许表达式 F 含有其他符号变量
diff(F, x, n)	表示表达式 F 对符号变量 x 求 n 阶导数

例 1 已知 $z=x^2\sin 2y$，求 $\frac{\partial z}{\partial x}, \frac{\partial^2 z}{\partial x^2}, \frac{\partial^2 z}{\partial x\partial y}$.

解 在 Matlab 的命令窗口输入如下命令：

```
syms  x y z
z = x^2 * sin(2 * y);
diff(z, x)
```

运行结果：

```
ans  = 2 * x * sin(2 * y)
diff(z, x, 2)
```

运行结果：

```
ans  = 2 * sin(2 * y)
diff(diff(z, x), y)
```

运行结果：

```
ans  = 4 * x * cos(2 * y)
```

例 2 已知 $u=(x-y)^z$, $z=x^2+y^2$，求 $\frac{\partial u}{\partial x}, \frac{\partial^2 u}{\partial y^2}, \frac{\partial^2 u}{\partial x\partial y}$. （复合函数求偏导数）

解 在 Matlab 的命令窗口输入如下命令序列：

```
syms  x y z u
z = x^2 + y^2;
u = (x - y)^z;
diff(u, x)
```

运行结果：

```
ans =  (x - y)^(x^2 + y^2) * (2 * x * log(x - y) + (x^2 + y^2) /(x - y))
diff(u, y, 2)
```

运行结果：

```
ans = (x - y)^(x^2 + y^2) * (2 * y * log(x - y) - (x^2 + y^2) /(x - y))^2 +
      (x - y)^(x^2 + y^2) * (2 * log(x - y) - 4 * y/(x - y) - (x^2 + y^2) /(x - y)^2)
diff(diff(u, x), y)
```

运行结果：

```
ans =  (x - y)^(x^2 + y^2) * (2 * y * log(x - y) - (x^2 + y^2) /(x - y)) * (2 * x * log(x - y)
       + (x^2 + y^2) /(x - y)) + (x - y)^(x^2 + y^2) * ( - 2 * x/(x - y) + 2 * y/(x - y)
       + (x^2 + y^2) /(x - y)^2)
```

8.9.2 有关计算多元函数极值的 Matlab 命令

fmins('f', [x1, x2])	求二元函数在点(x1, x2)附近的极值点

例 3 求函数 $f(x_1, x_2)=(x_1^2-4x_2)^2+120(1-2x_2)^2$ 在 $x_1=-2$, $x_2=2$ 附近的极小值.

解 具体操作步骤：

(1) 打开 Matlab 软件，单击菜单 file, new, m-file，进入 M 文件编辑窗口.

(2) 在编辑窗口输入

```
function   y = f1(x)
y = (x(1) * x(1) - 4 * x(2))^2 + 120 * (1 - 2 * x(2))^2;
```

(3) 单击菜单 file, save 存盘，命名为 f1. m.

(4) 回到 Matlab 命令窗口，输入

```
d1 = fmins('f1', [-2, 2])
```
计算函数的极小值点.

执行结果：

```
d1  = -1.4142     0.5000
```

再输入 f1(d1) 计算极小值.

执行结果：

```
ans  =   9.7459e-009
```

8.9.3 有关计算二重积分的 Matlab 命令

例 4 计算 $\iint_D (x^2+y^2)\mathrm{d}x\mathrm{d}y$，其中 D 由 $y=0$, $x=1$ 及 $y=x$ 围成的平面区域.

解 在 Matlab 的命令窗口输入如下命令序列：

```
syms x y z
z = x^2 + y^2;
dx = int(z, y, 0, x);
j = int(dx, 0, 1)
```

运行结果：

```
ans = 1/3
```

阅读材料八

数学天才——伽罗华

伽罗华(Galois，1811—1832)，法国一位伟大的天才数学家. 他的短暂一生为函数论、方程和数论作出了重要贡献，更是为群论奠定了基础.

1811 年，伽罗华出生于法国巴黎郊区的小镇上. 伽罗瓦的父母都受过良好的教育. 在父母的熏陶下，童年时代的伽罗瓦就表现出有非凡的才能与个性. 中学结束后，伽罗瓦报考巴黎一所高校，第一次落榜是由于考试题太简单而拒绝回答，第二次落榜是由于主考官嘲笑他的第一次考试，年轻气盛的伽罗瓦居然把擦黑板的布扔到主考官的头上. 直到 1829 年伽罗华

被巴黎高等师范作为一名预备生而录取入学.

在19世纪初期,如何求解高次方程是一直困扰着当时的数学家的一个大问题.一元一次和一元二次方程的求解方法,人们很早就解决了.对于三次方程,在十六世纪初的文艺复兴时期,意大利的数学家卡尔丹完成.他发表了一元三次方程求解的公式——卡尔丹公式.一元三次方程被解决以后,一元四次方程又被意大利的数学家费拉里解决.许多数学家继续奋斗,努力寻找五次以及五次以上的高次方程的求解公式.遗憾的是这个问题又持续了长达三百多年,一直没有能够解决.

1829年,伽罗华把关于高次方程的求解初步研究结果呈交给法国科学院.但是科学院居然把他的论文给丢了!1830年,伽罗华又将他的研究成果呈给了当时法国科学院秘书傅里叶.令人遗憾的是大数学家傅里叶没有多久就去世了,论文又被遗失了.

1831年,伽罗华又呈交给法国科学院一篇题为"关于用根式解方程的可解性条件"的论文,因为他在寻求确定方程的可解性这个问题上,又得到一个很好的结论.这篇论文给了当时的大数学家泊松,泊松不能够理解,最后结论居然是"不知所云!"

虽然伽罗华的论文被丢失,但是伽罗华并没有因此而灰心,而且进一步向更精深的领域探索.

然而命运就是这么作弄这位天才数学家,在1832年,年轻的伽罗华为了一个舞女,卷入了一场决斗,而对方是一名军官.伽罗华非常清楚对手的枪法,知道这场决斗对他来说就意味着死亡.于是伽罗华在决斗的前一天的晚上,彻夜未眠,把自己的最新的数学研究结果写给他的朋友.整个晚上他的情绪都非常激动,在纸边空白处多次写下"我没有时间,我没有时间!"然而,就是他在那最后几个小时写出的东西,为以后的数学的发展开创了一片新的天地,同时也解决一个悬了几个世纪的数学问题.

有人认为,伽罗华参加的决斗是人家有预谋的.史学家也曾争论过这场决斗究竟是一场悲惨的爱情事件,还是出于某种政治因素(伽罗华的思想倾向于共和主义,支持资产阶级革命).但是无论是哪一种结论是正确的,法国一位非常优秀的天才数学家就这样被无情杀死了.

这一年,伽罗华才只有二十一岁!

综合练习八

一、填空题

1. 设函数 $f(x, y)=\ln[(x^2+y^2-1)(4-x^2-y^2)]$,则定义域为________.

2. 设二元函数 $z=e^{x^2y}$,则 $\dfrac{\partial z}{\partial x}=$ ________.

3. 设二元函数 $z=\ln(xy^2+\ln y)$,则 $\dfrac{\partial z}{\partial y}=$ ________.

4. 设函数 $z=f(x, y)$ 关于 x 和 y 的一阶导数都存在,且在点 (x_0, y_0) 达到极值,则必有________.

5. 若 $f(x, y, z)=\ln(xy+z)$,则 $f'_x(1, 2, 0)=$,$f'_y(1, 2, 0)=$,$f'_z(1, 2, 0)=$ ________.

6. $\lim\limits_{\substack{x\to 0\\ y\to 1}}\dfrac{1-xy}{x^2+y^2}=$ ________.

7. 函数 $z=f(x, y)$ 在驻点 (x_0, y_0) 的某邻域内有直至二阶连续偏导数,记 $f''_{xx}(x_0, y_0)=A$,$f''_{xy}(x_0, y_0)=B$,$f''_{yy}(x_0, y_0)=C$,则

当________时,函数 $z=f(x, y)$ 在 (x_0, y_0) 处取得极大值;

当________时，函数 $z=f(x, y)$ 在 (x_0, y_0) 处取得极小值；

当________时，函数 $z=f(x, y)$ 在 (x_0, y_0) 处无极值.

二、选择题

1. 函数 $z=\sqrt{1-x^2}+\dfrac{1}{\sqrt{y^2-1}}$ 的定义域是(　　).

A. $\{(x, y) \mid x\leqslant 1 且 y\geqslant 1\}$　　B. $\{(x, y) \mid |x|\leqslant 1 且 |y|>1\}$

C. $\{(x, y) \mid |x|\leqslant 1 且 |y|\geqslant 1\}$　　D. $\{(x, y) \mid |x|<1 且 |y|\geqslant 1\}$

2. 设 $f(x, y)=xy-\dfrac{y}{x}$，则 $f(x, x^2)=$(　　).

A. x^3-x　　B. $x-x^3$　　C. $xy^2-\dfrac{y^2}{x}$　　D. $x^2y-\dfrac{y}{x^2}$

3. 如果 $f(x, y)$ 在 (x_0, y_0) 的某邻域内有连续的二阶偏导数，且 $B^2-AC<0$，则 $f(x_0, y_0)$(　　).

A. 必为 $f(x, y)$ 的极小值　　B. 必为 $f(x, y)$ 的极大值

C. 必为 $f(x, y)$ 的极值　　D. 不一定是 $f(x, y)$ 的极小值

4. 函数 $z=f(x, y)$ 在点 $P(x_0, y_0)$ 满足 $f'_x(x_0, y_0)=f'_y(x_0, y_0)=0$，则(　　).

A. 点 P 是函数 $z=f(x, y)$ 的极值点　　B. 点 P 可能是函数 $z=f(x, y)$ 的极值点

C. 点 P 是函数 $z=f(x, y)$ 的最大值点　　D. 点 P 是函数 $z=f(x, y)$ 的最小值点

5. 设区域 D 是由曲线 $x^2+y^2\leqslant 1$ 所确定的区域，则 $\iint\limits_D \mathrm{d}x\mathrm{d}y=$(　　).

A. 2　　B. π　　C. 4π　　D. 8π

6. 二次积分 $\int_1^3 \mathrm{d}x\int_1^2 2xy\,\mathrm{d}y=$(　　).

A. 4　　B. 6　　C. 8　　D. 12

7. 设 $z=\ln(xy)$，则 $\mathrm{d}z=$(　　).

A. $\dfrac{1}{y}\mathrm{d}x+\dfrac{1}{x}\mathrm{d}y$　　B. $\dfrac{1}{xy}\mathrm{d}x+\dfrac{1}{xy}\mathrm{d}y$

C. $\dfrac{1}{x}\mathrm{d}x+\dfrac{1}{y}\mathrm{d}y$　　D. $x\mathrm{d}x+y\mathrm{d}y$

8. 设 $f(x, y)=\ln\left(x+\dfrac{y}{2x}\right)$，则 $f'_y(1, 0)=$(　　).

A. 1　　B. $\dfrac{1}{2}$　　C. 2　　D. 0

三、解答题

1. 已知 $f\left(x+y, \dfrac{y}{x}\right)=x^2-y^2$，求 $f(x, y)$.

2. $\lim\limits_{\substack{x\to 0\\ y\to 0}}\dfrac{\sqrt{x^2+y^2+1}-1}{x^2+y^2}$.

3. 设二元函数 $z=\arctan(xy)$，求 $\dfrac{\partial z}{\partial x}, \dfrac{\partial z}{\partial y}$.

4. 设 $z=x\ln(x+y)$，求 z''_{xy}.

5. 设 $z=4(x-y)-x^2-y^2$，求函数的极值.

6. 求由 $x^3+y^3+z^3-3xyz=0$ 所确定的隐函数 $z=z(x, y)$ 的导数 $\dfrac{\partial z}{\partial x}, \dfrac{\partial z}{\partial y}$.

7. 求球面 $x^2+y^2+z^2=14$ 在点 $(1, 2, 3)$ 处的切平面方程.

8. 计算 $\iint\limits_D \mathrm{e}^{x+y}\mathrm{d}x\mathrm{d}y$，其中 $D=\{(x, y) \mid 0\leqslant x\leqslant 1, 0\leqslant y\leqslant 1\}$.

9. 计算 $\iint\limits_{D}\frac{x^2}{y^2}\mathrm{d}x\mathrm{d}y$，其中积分区域 D 是由曲线 $y=\frac{1}{x}$ 与直线 $y=x$，$x=2$ 围成的闭区域.

四、应用题

1. 欲围一个面积为 60 m^2 的矩形场地，正面所用材料每米造价 10 元，其余三面每米造价 5 元，求场地的长、宽各为多少时，所用材料最少？

2. 设生产某种产品的数量与所用两种原料 A、B 的数量 x、y 之间有关系式 $p(x, y)=0.005x^2y$（单位：kg）. 欲用 150 元购料，已知 A、B 原料的单价分别为 1 元、2 元，问购进两种原料各为多少时，可使生产的数量最多？

3. （图 8-21）汽车制造商的柯布—道格拉斯生产函数 $f(x, y)=100x^{0.6}y^{0.4}$，其中 x 表示投入的劳动力数，y 表示投入的资本. 当 x 在 200 到 250 之间变换，y 在 300 到 325 之间变换，试估计制造商的平均生产水平.

图 8-21

第 9 章 无穷级数及其应用

用解析函数的形式来逼近一般函数，这就是无穷级数的思想出发点. 具体的说，一般函数可以用幂级数逼近；周期函数可以用傅里叶级数逼近. 无穷级数的思想是数学上非常重要的思想方法. 莱布尼茨、欧拉、约翰·伯努利等著名数学家在无穷级数理论等方面皆有重大贡献. 无穷级数更是高等数学的一个重要组成部分，无穷级数是表示函数、研究函数的性质、求解微分方程和积分近似值等数值计算的一种工具，也被常常用来研究和分析诸如光学、相对论、电磁学等不同领域的不同现象. 本章我们将重点学习常数项级数和函数项级数中的幂级数、傅里叶级数等基本知识.

学 习 要 点

- 理解数项级数及其一般项、部分和、收敛与发散以及收敛级数的和等基本概念.
- 掌握级数收敛的必要条件，以及收敛级数的基本性质，熟练掌握几何级数的敛散条件.
- 掌握正项级数的比较判别法和比值判别法，熟练掌握 p-级数的敛散条件，掌握交错级数的莱布尼茨判别法.
- 了解任意项级数绝对收敛与条件收敛的概念并判定级数绝对收敛与条件收敛.
- 理解函数项级数的收敛域及和函数的概念，掌握幂级数收敛半径、收敛区间的求法，掌握幂级数的基本性质.
- 了解 e^x, $\sin x$, $\cos x$, $\ln(1+x)$，和$\dfrac{1}{1+x}$的麦克劳林级数展开式，了解利用它们将函数展开为幂级数的方法.
- 了解傅里叶级数.

任何科学成果都是由很多人的努力组成的，就像起高楼一样，你走一步，我走一步，大家一起添砖加瓦.

——朱熹平

朱熹平(1962—　)
我国青年数学家

9.1 常数项级数

9.1.1 常数项级数的概念

1. 什么是常数项级数

设有无穷数列 $\{a_n\}$，则它的所有项的和

$$\sum_{n=1}^{+\infty} a_n = a_1 + a_2 + a_3 + \cdots + a_n + \cdots$$

叫做(常数项)无穷级数，简称(常数项)级数，记作 $\sum_{n=1}^{+\infty} a_n$. 其中第 n 项 a_n 叫做级数的一般项. 例如，无穷数列 $\left\{\frac{1}{n}\right\}$ 的所有项的和 $\sum_{n=1}^{+\infty} \frac{1}{n} = \frac{1}{1} + \frac{1}{2} + \frac{1}{3} + \cdots$ 就是一个常数项级数.

一般地，常数项级数

$$\sum_{n=1}^{+\infty} a_n = a_1 + a_2 + a_3 + \cdots + a_n + \cdots$$

的前 n 项的和，我们一般记为 S_n，即 $S_n = a_1 + a_2 + a_3 + \cdots + a_n$.

2. 常数项级的收敛与发散

我们规定：

$$\sum_{n=1}^{+\infty} a_n = a_1 + a_2 + a_3 + \cdots = \lim_{n\to+\infty} S_n.$$

如果 $\lim\limits_{n\to+\infty} S_n$ 收敛，称常数项级数 $\sum_{n=1}^{+\infty} a_n = a_1 + a_2 + a_3 + \cdots$ 收敛；如果 $\lim\limits_{n\to+\infty} S_n$ 发散，称常数项级数 $\sum_{n=1}^{+\infty} a_n = a_1 + a_2 + a_3 + \cdots$ 发散.

例 1 讨论

(1) 无穷级数 $\sum_{n=1}^{+\infty} \frac{1}{n(n+1)}$ 是否收敛？如果收敛，求其值；

(2) 无穷级数 $\sum_{n=0}^{+\infty} q^n$ (几何级数)是否收敛？如果收敛，求其值.

解 (1) 因为 $a_n = \frac{1}{n(n+1)} = \frac{1}{n} - \frac{1}{n+1}$,

所以
$$\begin{aligned} S_n &= \frac{1}{1\times 2} + \frac{1}{2\times 3} + \cdots + \frac{1}{n(n+1)} \\ &= \left(1 - \frac{1}{2}\right) + \left(\frac{1}{2} - \frac{1}{3}\right) + \cdots + \left(\frac{1}{n-1} - \frac{1}{n}\right) + \left(\frac{1}{n} - \frac{1}{n+1}\right) \\ &= 1 - \frac{1}{n+1}. \end{aligned}$$

而 $\lim\limits_{n\to+\infty} S_n = \lim\limits_{n\to+\infty}\left(1-\dfrac{1}{n+1}\right)=1$,

所以 $\sum\limits_{n=1}^{+\infty}\dfrac{1}{n(n+1)}$ 收敛,且 $\sum\limits_{n=1}^{+\infty}\dfrac{1}{n(n+1)}=1$.

(2) 如果 $q\neq 1$,

则 $S_n = 1+q+\cdots+q^{n-1}=\dfrac{1-q^n}{1-q}=\dfrac{1}{1-q}-\dfrac{q^n}{1-q}$.

当 $|q|<1$ 时,因为 $\lim\limits_{n\to+\infty} q^n=0\Rightarrow \lim\limits_{n\to+\infty} S_n=\dfrac{1}{1-q}$,

所以 $\sum\limits_{n=0}^{+\infty} q^n$ 收敛,且 $\sum\limits_{n=0}^{+\infty} q^n=\dfrac{1}{1-q}$.

当 $|q|\geqslant 1$ 时,因为 $\lim\limits_{n\to+\infty} q^n$ 不存在 $\Rightarrow \lim\limits_{n\to+\infty} S_n$ 也不存在,

所以 $\sum\limits_{n=0}^{+\infty} q^n$ 发散.

例 2 证明级数 $\dfrac{1}{1\times 6}+\dfrac{1}{6\times 11}+\dfrac{1}{11\times 16}+\cdots+\dfrac{1}{(5n-4)(5n+1)}+\cdots$ 收敛,并求其和.

证明 该级数的通项为

$$x_n=\frac{1}{(5n-4)(5n+1)}=\frac{1}{5}\left(\frac{1}{5n-4}-\frac{1}{5n+1}\right),$$

$$\begin{aligned}S_n&=\frac{1}{1\times 6}+\frac{1}{6\times 11}+\cdots+\frac{1}{(5n-4)(5n+1)}\\&=\frac{1}{5}\left[\left(1-\frac{1}{6}\right)+\left(\frac{1}{6}-\frac{1}{11}\right)+\left(\frac{1}{11}-\frac{1}{16}\right)+\cdots+\left(\frac{1}{5n-4}-\frac{1}{5n+1}\right)\right]\\&=\frac{1}{5}\left(1-\frac{1}{5n+1}\right),\end{aligned}$$

于是 $\lim\limits_{n\to\infty} S_n=\lim\limits_{n\to\infty}\dfrac{1}{5}\left(1-\dfrac{1}{5n+1}\right)=\dfrac{1}{5}$.

3. 无穷级数的性质

性质 1 设级数 $\sum\limits_{n=1}^{+\infty} a_n = A$, k 是一个常数,则

$$\sum_{n=1}^{+\infty} ka_n = kA.$$

这个性质说明,级数的每一项同乘以一个不为零的常数后,它的敛散性总是不变的.

性质 2 设级数 $\sum\limits_{n=1}^{+\infty} a_n = A$, 级数 $\sum\limits_{n=1}^{+\infty} b_n = B$, 则

$$\sum_{n=1}^{+\infty}(a_n\pm b_n)=A\pm B.$$

性质 3 在级数的前面部分去掉或加上有限项,不会影响级数的敛散性,但在收敛时,一般来说级数的收敛的值是要改变的.

性质 4 收敛级数加括号后所成的级数仍然收敛于原来的和.

这个性质说明,原来级数收敛,则加括号后的级数就收敛;若加括号后所成的级数发散,则原来的级数也发散.但要注意,收敛级数支括号后所成的级数不一定收敛.

4. 级数收敛的必要条件

若级数 $\sum_{n=1}^{+\infty} a_n = a_1 + a_2 + a_3 + \cdots$ 收敛,则 $\lim_{n\to+\infty} a_n = 0$.

事实上,若级数 $\sum_{n=1}^{+\infty} a_n$ 收敛于 s,则有 $\lim_{n\to+\infty} a_n = \lim_{n\to+\infty} (s_n - s_{n-1}) = \lim_{n\to+\infty} s_n - \lim_{n\to+\infty} s_{n-1} = s - s = 0$;反之,若 $\lim_{n\to+\infty} a_n \neq 0$,则级数 $\sum_{n=1}^{+\infty} a_n$ 发散.

例如,无穷级数 $\sum_{n=1}^{+\infty} \frac{n}{n+1}$,因为 $\lim_{n\to+\infty} \frac{n}{n+1} = 1$,所以这个级数是发散的.

注意 $\lim_{n\to+\infty} a_n = 0$ 仅是级数 $\sum_{n=1}^{+\infty} a_n = a_1 + a_2 + a_3 + \cdots$ 收敛的必要条件,而不是充分条件,有些级数虽然有 $\lim_{n\to+\infty} a_n = 0$,但仍然是发散的.例如,级数 $\sum_{n=1}^{+\infty} \frac{1}{n}$,虽然 $\lim_{n\to\infty} \frac{1}{n} = 0$,但这个级数是发散的.

9.1.2 常数项级数的审敛法

1. 正项级数及其审敛法

若常数项级数 $\sum_{n=1}^{+\infty} a_n$ 中的各项都是正数或零,即 $a_n \geqslant 0$,则称 $\sum_{n=1}^{+\infty} a_n$ 为正项级数.例如,级数 $\sum_{n=1}^{+\infty} \frac{1}{n^p}$ (p 是常数)和级数 $\sum_{n=1}^{+\infty} \frac{n}{10^n}$ 都是正项级数.

这种级数非常重要,许多级数的敛散性问题会归结为正项级数的敛散性问题.

正项级数 $\sum_{n=1}^{+\infty} a_n$ ($a_n \geqslant 0$)收敛的充分必要条件:$\sum_{n=1}^{+\infty} a_n$ 的部分和数列 $\{s_n\}$ 为有界.

2. 比较审敛法

设有正项级数 $\sum_{n=1}^{+\infty} a_n$ 和 $\sum_{n=1}^{+\infty} b_n$,$a_n \leqslant b_n$ ($n = 1, 2, \cdots$),若级数 $\sum_{n=1}^{+\infty} b_n$ 收敛,则级数 $\sum_{n=1}^{+\infty} a_n$ 也收敛;若级数 $\sum_{n=1}^{+\infty} a_n$ 发散,则级数 $\sum_{n=1}^{+\infty} b_n$ 也发散.

3. 比较审敛法的极限形式

设有正项级数 $\sum_{n=1}^{+\infty} a_n$ 和 $\sum_{n=1}^{+\infty} b_n$,若 $\lim_{n\to\infty} \frac{a_n}{b_n} = k$ ($0 < k < +\infty$),则级数 $\sum_{n=1}^{+\infty} a_n$ 和 $\sum_{n=1}^{+\infty} b_n$ 同时收敛或同时发散.

例如,级数 $\sum_{n=1}^{+\infty} \sin\frac{1}{n}$,因为 $\lim_{n\to\infty} \frac{\sin\frac{1}{n}}{\frac{1}{n}} = 1$,而级数 $\sum_{n=1}^{+\infty} \frac{1}{n}$ 是发散的,所以由比较审敛法

的极限形式知,级数 $\sum_{n=1}^{+\infty}\sin\frac{1}{n}$ 也是发散的.

4. 比值审敛法

设正项级数 $\sum_{n=1}^{+\infty}a_n$ 的后项与前项之比的极限为 $\lim_{n\to\infty}\frac{a_{n+1}}{a_n}=l$,则

(1) 当 $l<1$ 时,级数收敛;

(2) 当 $l>1$ 时,级数发散;

(3) 当 $l=1$ 时,级数可能收敛也可能发散.

例如,级数 $\frac{1}{10}+\frac{1\times 2}{10^2}+\frac{1\times 2\times 3}{10^3}+\cdots$,第 n 项为 $a_n=\frac{n!}{10^n}$,因为

$$\lim_{n\to\infty}\frac{a_{n+1}}{a_n}=\lim_{n\to\infty}\left[\frac{(n+1!)}{10^{n+1}}\cdot\frac{10^n}{n!}\right]=\lim_{n\to\infty}\frac{n+1}{10}=\infty,$$

所以,根据比值审敛法知该级数发散.

5. p-级数及其审敛法

p-级数是一类常见的数项级数,它的一般形式是

$$\sum_{n=1}^{+\infty}\frac{1}{n^p}=1+\frac{1}{2^p}+\frac{1}{3^p}+\cdots\quad(p\text{ 为常数}).$$

当 $p>1$ 时,p-级数收敛;当 $p\leqslant 1$ 时,p-级数发散.

例如,级数 $\sum_{n=1}^{+\infty}\frac{1}{n}=1+\frac{1}{2}+\frac{1}{3}+\cdots$ 就是一个 p-级数,而且 $p=1$. 我们把该级数叫做调和级数. 显然,调和级数是发散的.

6. 交错级数及其审敛法

交错级数是一种各项正负交错的数项级数,它的一般形式是

$$\sum_{n=1}^{+\infty}(-1)^{n-1}a_n=a_1-a_2+a_3-a_4+\cdots\quad(a_n>0)$$

定理 1(莱布尼茨准则) 交错级数 $\sum_{n=1}^{+\infty}(-1)^{n-1}a_n$ ($a_n>0$)收敛,须满足下列条件:

(1) $a_n\geqslant a_{n+1}$; (2) $\lim_{n\to+\infty}a_n=0$.

例如,无穷数列 $\sum_{n=1}^{+\infty}(-1)^{n-1}\frac{1}{n}$ 满足:(1) $\frac{1}{n}>\frac{1}{n+1}$;(2) $\lim_{n\to\infty}\frac{1}{n}=0$,所以它是收敛的.

7. 绝对收敛与条件收敛

设级数 $\sum_{n=1}^{+\infty}a_n$,其中 a_n 为任意实数,其各项的绝对值组成正项级数为 $\sum_{n=1}^{+\infty}|a_n|$,若级数 $\sum_{n=1}^{+\infty}|a_n|$ 收敛,则级数 $\sum_{n=1}^{+\infty}a_n$ 也收敛,称级数 $\sum_{n=1}^{+\infty}a_n$ 为绝对收敛级数. 若级数 $\sum_{n=1}^{+\infty}a_n$ 收敛,而相应级数 $\sum_{n=1}^{+\infty}|a_n|$ 发散,则称级数 $\sum_{n=1}^{+\infty}a_n$ 为条件收敛级数.

例如,级数 $\sum_{n=1}^{+\infty}\frac{\sin n\alpha}{n^2}$,因为 $\left|\frac{\sin n\alpha}{n^2}\right|\leqslant\frac{1}{n^2}$,且级数 $\sum_{n=1}^{+\infty}\frac{1}{n^2}$ 是收敛,所以级数 $\sum_{n=1}^{+\infty}\frac{\sin n\alpha}{n^2}$

也收敛. 而级数 $\sum_{n=1}^{+\infty}(-1)^{n-1}\frac{1}{n}$ 是交错级数且收敛,但由于 $\sum_{n=1}^{+\infty}\left|(-1)^{n-1}\frac{1}{n}\right|=\sum_{n=1}^{+\infty}\frac{1}{n}$, 且级数 $\sum_{n=1}^{+\infty}\frac{1}{n}$ 发散,所以 $\sum_{n=1}^{+\infty}(-1)^{n-1}\frac{1}{n}$ 是条件收敛的.

应该注意的是,每个绝对收敛的级数都是收敛的,但并不是每个收敛的级数都是绝对收敛的. 另外,绝对收敛级数不因改变项的位置而改变它的和,即绝对收敛级数具有可交换性.

习 题 9.1

1. 无穷级数 $\sum_{n=1}^{+\infty}\frac{3}{n(n+1)}$ 是否收敛? 如果收敛,求其值.

2. 无穷级数 $\sum_{n=1}^{+\infty}\frac{1}{(2n-1)(2n+1)}$ 所是否收敛? 如果收敛,求其值.

3. 无穷级数 $\sum_{n=1}^{+\infty}(\sqrt{n+1}-\sqrt{n})$ 所是否收敛? 如果收敛,求其值;如果不收敛,说明理由.

4. 无穷级数 $\sum_{n=1}^{+\infty}(-1)^{n}\frac{1}{n+1}$ 是否收敛? 为什么?

5. 级数 $\sum_{n=1}^{\infty}\left(\frac{1}{2^{n}}+\frac{3}{n(n+1)}\right)$ 是否收敛? 为什么?

6. 级数 $\sum_{n=1}^{+\infty}a_{n}=2$,级数 $\sum_{n=1}^{+\infty}b_{n}=4$, 求

(1) 级数 $\sum_{n=1}^{+\infty}5a_{n}$;　　(2) 级数 $\sum_{n=1}^{+\infty}(2a_{n}-3b_{n})$;

(3) 级数 $\sum_{n=1}^{+\infty}(5a_{n}-b_{n})$;　　(4) 级数 $\sum_{n=1}^{+\infty}(3a_{n}+5b_{n})$.

7. 无穷级数 $\sum_{n=1}^{+\infty}\frac{1}{n(n+2)}$ 是否收敛? 如果收敛,求其值.

8. 无穷级数 $\sum_{n=1}^{+\infty}\frac{1}{(5n-1)(5n+1)}$ 是否收敛?

9. 证明 $\sum_{n=1}^{\infty}\frac{3+(-1)^{n}}{2^{n}}$ 收敛.

10. 证明 $\sum_{n=1}^{\infty}\frac{2\times5\times8\cdot\cdots\cdot[2+3(n-1)]}{1\times5\times9\cdot\cdots\cdot[1+4n-1)]}$ 收敛.

9.2 幂 级 数

9.2.1 幂级数的概念

1. 函数项级数

前面我们讨论的是常数项无穷级数,如果无穷级数的各项是函数,即

$$\sum_{n=1}^{+\infty}f_{n}(x)=f_{1}(x)+f_{2}(x)+\cdots,$$

那么级数就叫做函数项级数. 其中 $f_n(x)$ 是定义在某个区间 D 上的函数列.

易见,对于 D 上的每一个值 x_0,函数项级数 $\sum\limits_{n=1}^{+\infty} f_n(x)$ 就变成了常数项级数 $\sum\limits_{n=1}^{+\infty} f_n(x_0)$. 如果 $\sum\limits_{n=1}^{+\infty} f_n(x_0)$ 收敛,我们称点 x_0 是函数项级数的收敛点;如果 $\sum\limits_{n=1}^{+\infty} f_n(x_0)$ 发散,我们称点 x_0 是函数项级数的发散点. 函数项级数的所有收敛点集合叫做它的收敛域,所有发散点的集合叫做它的发散域. 在收敛域上,函数项级数的和 $s_n(x)$ 叫做函数项级数的和函数.

例如,函数项级数 $\sum\limits_{n=0}^{+\infty} x^n$, $S_n = 1 + x + \cdots x^n = \dfrac{1-x^n}{1-x}$,当 $|x| < 1$ 时,$\lim\limits_{n\to+\infty} S_n = \dfrac{1}{1-x}$, 所以数项级数 $\sum\limits_{n=0}^{+\infty} x^n$ 在 $(-1, 1)$ 内收敛于 $\dfrac{1}{1-x}$;当 $|x| \geqslant 1$ 时,$\sum\limits_{n=0}^{+\infty} x^n$ 是发散的.

对于函数项级数,有下面两个问题我们是极为关心的:

(1) 函数项级数 $\sum\limits_{n=1}^{+\infty} f_n(x)$ 在区间 D 上的哪些点是收敛的?

(2) 函数项级数 $\sum\limits_{n=1}^{+\infty} f_n(x)$ 在收敛时,怎样求和函数?

下面我们将通过函数项级数中一类简单而常见的幂级数来讨论这两个问题.

2. 幂级数

形如

$$\sum_{n=0}^{+\infty} a_n x^n = a_0 + a_1 x + a_2 x^2 + \cdots + a_n x^n + \cdots$$

的函数项级数叫做幂级数,其中 a_0, a_1, a_2, …, a_n, …都是常数,叫做幂级数的系数. 例如,

$$1 + x + x^2 + \cdots + x^n + \cdots,$$

$$1 + x + \frac{1}{2!}x^2 + \cdots + \frac{1}{n!}x^n + \cdots$$

都是幂级数.

9.2.2 幂级数的敛散性

定理 1(阿贝尔(Abel)定理) 若幂级数 $\sum\limits_{n=0}^{+\infty} a_n x^n$ 当 $x = x_0$ ($x_0 \neq 0$)时收敛,则适合不等式 $|x| < |x_0|$ 的一切 x 使幂级数 $\sum\limits_{n=0}^{+\infty} a_n x^n$ 绝对收敛;反之,若当 $x = x_0$ 时发散,则适合不等式 $|x| > |x_0|$ 的一切 x 使幂级数 $\sum\limits_{n=0}^{+\infty} a_n x^n$ 发散.

如果幂级数 $\sum\limits_{n=0}^{+\infty} a_n x^n$ 不是仅在 $x = 0$ 一点收敛,也不是在整个数轴上都收敛,则必存在一个完全确定的正数 r, 使得

当 $|x| < r$ 时,幂级数 $\sum\limits_{n=0}^{+\infty} a_n x^n$ 绝对收敛;

当 $|x|>r$ 时，幂级数 $\sum_{n=0}^{+\infty} a_n x^n$ 发散；

当 $x=-r$ 与 $x=r$ 时，幂级数 $\sum_{n=0}^{+\infty} a_n x^n$ 可能收敛也可能发散.

正数 r 叫做幂级数 $\sum_{n=0}^{+\infty} a_n x^n$ 的收敛半径. 幂级数 $\sum_{n=0}^{+\infty} a_n x^n$ 的收敛区域叫做收敛区间，收敛区间是否包括端点，由幂级数在 $x=\pm r$ 处的敛散性决定. 特别地，如果幂级数只在 $x=0$ 处收敛，则规定收敛半径为 $r=0$，收敛区间只有一点 $x=0$；如果幂级数对一切实数都收敛，则规定收敛半径为 $r=+\infty$，收敛区间为 $(-\infty, +\infty)$.

定理 2 幂级数 $\sum_{n=0}^{+\infty} a_n x^n$，如果

$$\lim_{n\to+\infty}\left|\frac{a_{n+1}}{a_n}\right| = l,$$

则幂级数 $\sum_{n=0}^{+\infty} a_n x^n$ 的收敛半径为

$$r=\begin{cases}\dfrac{1}{l}, & l\neq 0,\\ +\infty, & l=0,\\ 0, & l=+\infty.\end{cases}$$

(证明略.)

例 1 求幂级数 $\sum_{n=1}^{+\infty}\frac{2^n}{n}x^n$ 的收敛半径和收敛区间.

解 因为 $$\lim_{n\to+\infty}\left|\frac{a_{n+1}}{a_n}\right| = \lim_{n\to+\infty}\frac{\dfrac{2^{n+1}}{n+1}}{\dfrac{2^n}{n}} = \lim_{n\to+\infty}\frac{2n}{n+1}=2,$$

所以 收敛半径 $r=\frac{1}{2}$.

当 $x=\frac{1}{2}$ 时，$\sum_{n=1}^{+\infty}\frac{2^n}{n}x^n=\sum_{n=1}^{+\infty}\frac{1}{n}$，为调和级数，发散；

当 $x=-\frac{1}{2}$ 时，$\sum_{n=1}^{+\infty}\frac{2^n}{n}x^n=\sum_{n=1}^{+\infty}(-1)^n\frac{1}{n}$，为交错级数，根据莱布尼茨定理，级数收敛.

所以 $\sum_{n=1}^{+\infty}\frac{2^n}{n}x^n$ 的收敛域为 $\left[-\frac{1}{2}, \frac{1}{2}\right)$.

例 2 求幂级数 $x-\frac{x^2}{2}+\frac{x^3}{3}-\cdots+(-1)^{n-1}\frac{x^n}{n}+\cdots$ 的收敛半径与收敛区间.

解 因为 $$l=\lim_{n\to\infty}\left|\frac{a_{n+1}}{a_n}\right|=\lim_{n\to\infty}\left|\frac{(-1)^n}{n+1}\cdot\frac{n}{(-1)^{n-1}}\right|=\lim_{n\to\infty}\frac{n}{n+1}=1,$$

所以 $r=1$.

当 $x=-1$ 时，幂级数成为 $-1-\frac{1}{2}-\frac{1}{3}-\frac{1}{4}-\cdots-\frac{1}{n}-\cdots$，它是发散的；

当 $x=1$ 时,幂级数成为 $-1-\frac{1}{2}+\frac{1}{3}-\frac{1}{4}+\cdots+(-1)^{n-1}\frac{1}{n}+\cdots$,它是收敛的.

所以,所求幂级数的收敛区间为 $(-1,1]$.

9.2.3 幂级数的运算

设幂级数 $\sum_{n=0}^{+\infty}a_nx^n$ 和 $\sum_{n=0}^{+\infty}b_nx^n$ 的收敛区间分别为 $(-r,r)$ 和 $(-r',r')$,其中 $r>0$,$r'>0$.则有:

(1) 加法 $$\sum_{n=0}^{+\infty}a_nx^n+\sum_{n=0}^{+\infty}b_nx^n=\sum_{n=0}^{+\infty}(a_n+b_n)x^n.$$

(2) 减法 $$\sum_{n=0}^{+\infty}a_nx^n-\sum_{n=0}^{+\infty}b_nx^n=\sum_{n=0}^{+\infty}(a_n-b_n)x^n.$$

(3) 乘法 $$\sum_{n=0}^{+\infty}a_nx^n\cdot\sum_{n=0}^{+\infty}b_nx^n=a_0b_0+(a_0b_1+a_1b_0)x+(a_0b_2+a_1b_1+a_2b_0)x^2+\cdots+(a_0b_n+a_1b_{n-1}+\cdots+a_nb_0)x^n+\cdots.$$

(4) 除法 $$\frac{\sum_{n=0}^{+\infty}a_nx^n}{\sum_{n=0}^{+\infty}b_nx^n}=c_0+c_1x+c_2x^2+\cdots+c_nx^n+\cdots.$$

其中系数 c_n 的确定,可根据幂级数乘法的方法,这里不再详细介绍.

9.2.4 幂级数的展开

所谓幂级数的展开,就是将函数展开成幂级数.设函数 $f(x)$ 在 $x=a$ 处有任意阶导数,则有

$$f(x)=f(a)+\frac{f'(a)}{1!}(x-a)+\frac{f''(a)}{2!}(x-a)^2+\cdots+\frac{f^{(n)}(a)}{n!}(x-a)^n+r_n(x)$$

成立,其中 $r_n(x)$ 叫做拉格朗日型余项:$r_n(x)=\frac{f^{(n+1)}(\xi)}{(n+1)!}(x-a)^{n+1}$.

级数

$$f(a)+\frac{f'(a)}{1!}(x-a)+\frac{f''(a)}{2!}(x-a)^2+\cdots+\frac{f^{(n)}(a)}{n!}(x-a)^n+\cdots$$

叫做函数 $f(x)$ 在 $x=a$ 处的泰勒级数.当 $a=0$ 时,级数

$$f(a)+\frac{f'(a)}{1!}x+\frac{f''(a)}{2!}x^2+\cdots+\frac{f^{(n)}(a)}{n!}x^n+\cdots$$

叫做麦克劳林级数.

在一定条件下，如当 $r_n(x) \to 0$ 时，函数 $f(x)$ 的泰勒级数就是函数精确表达式，即

$$f(x) = f(a) + \frac{f'(a)}{1!}(x-a) + \frac{f''(a)}{2!}(x-a)^2 + \cdots + \frac{f^{(n)}(a)}{n!}(x-a)^n + \cdots$$

将函数展开成泰勒级数，就是用幂级数表示函数，这种展开式是唯一的.

将函数展开成幂级数的步骤如下：

(1) 求出 $f(x)$ 的各阶导数，如果 $x=0$ 处某阶导数不存在，就停止进行；

(2) 求函数及其各阶导数在 $x=0$ 处的值；

(3) 求出幂函数的收敛半径 r；

(4) 考察 $\lim\limits_{n\to\infty} r_n(x)$，如果为零，则第三步求出的幂级数即为函数的展开式.

下面是几个基本初等函数展开成幂级数，请读者能够熟记：

(1) $\sin x = \sum\limits_{n=0}^{+\infty} (-1)^n \dfrac{x^{2n+1}}{(2n+1)!} = x - \dfrac{x^3}{3!} + \dfrac{x^5}{5!} - \dfrac{x^7}{7!} + \cdots,\ -\infty < x < +\infty.$

(2) $\cos x = \sum\limits_{n=0}^{+\infty} (-1)^n \dfrac{x^{2n}}{(2n)!} = 1 - \dfrac{x^2}{2!} + \dfrac{x^4}{4!} - \dfrac{x^6}{6!} + \cdots,\ -\infty < x < +\infty.$

(3) $e^x = \sum\limits_{n=0}^{+\infty} \dfrac{x^n}{n!} = 1 + \dfrac{x}{1!} + \dfrac{x^2}{2!} + \dfrac{x^3}{3!} + \cdots,\ -\infty < x < +\infty.$

(4) $\arctan x = \sum\limits_{n=0}^{+\infty} (-1)^n \dfrac{x^{2n+1}}{(2n+1)} = x - \dfrac{x^3}{3} + \dfrac{x^5}{5} - \dfrac{x^7}{7} + \cdots,\ -1 < x \leqslant 1.$

(5) $\dfrac{1}{1+x} = \sum\limits_{n=0}^{+\infty} (-1)^n x^n = 1 - x + x^2 - x^3 + \cdots,\ -1 < x < 1.$

例 3　将函数 $\dfrac{1}{1+x^2}$ 展开成 x 的幂级数.

解　因为

$$\frac{1}{1+x} = 1 - x + x^2 - x^3 + \cdots \quad (-1 < x < 1),$$

将 x 换成 x^2，得

$$\frac{1}{1+x^2} = 1 - x^2 + x^4 - x^6 + \cdots + (-1)^n x^{2n} + \cdots \quad (-1 < x < 1).$$

例 4　将函数 $f(x) = \ln(1+x)$ 展开成 x 的幂级数.

解　因为

$$f'(x) = \frac{1}{1+x} = 1 - x + x^2 - x^3 + \cdots + (-1)^n x^n + \cdots \quad (-1 < x < 1),$$

对左右两边积分，得

$$\ln(1+x) = x - \frac{x^2}{2} + \frac{x^3}{3} - \frac{x^4}{4} + \cdots + (-1)^n \frac{x^{n+1}}{n+1} + \cdots \quad (-1 < x < 1).$$

习 题 9.2

1. 论下列函数项级数的收敛域.

(1) $\sum_{n=1}^{+\infty}\frac{3^n}{n}x^n$;　　(2) $\sum_{n=1}^{+\infty}(-1)^{n-1}\frac{x^n}{n}$;

(3) $\sum_{n=1}^{+\infty}nx^n$;　　(4) $\sum_{n=1}^{+\infty}\frac{x^n}{n\cdot 3^n}$;

(5) $\sum_{n=1}^{+\infty}n!x^n$;　　(6) $\sum_{n=1}^{+\infty}\frac{x^n}{n!}$.

2. 求函数项级数 $\sum_{n=1}^{+\infty}nx^{n-1}$ 的收敛域,并在收敛域上讨论和函数.

3. 求幂级数 $\sum_{n=0}^{\infty}(-1)^{n-1}\frac{x^n}{n}$ 的收敛半径与收敛区间.

9.3 傅里叶级数

9.3.1 傅里叶级数的概念

在许许多多科学实验和工程技术的某些现象中,我们常常会遇到一些周期性的运动,如单摆的摆动、弹簧振子的振动、交流电的电压和电流强度等. 这些周期性运动在数学上可用周期函数来描述,最简单的周期运动(简谐运动)可表示为正弦函数

$$f(t)=A\sin(\omega t+\varphi).$$

在实际问题中,除了正弦函数外,还常常会遇到非正弦周期函数,它们反映了较为复杂的周期运动. 如在电子技术中常用的矩形波(图 9-1),就是一个非正弦周期函数的例子. 在描述简单的周期现象时,我们经常使用正弦函数或者余弦函数. 但是在描述非正弦周期现象时,我们经常用的是傅里叶级数.

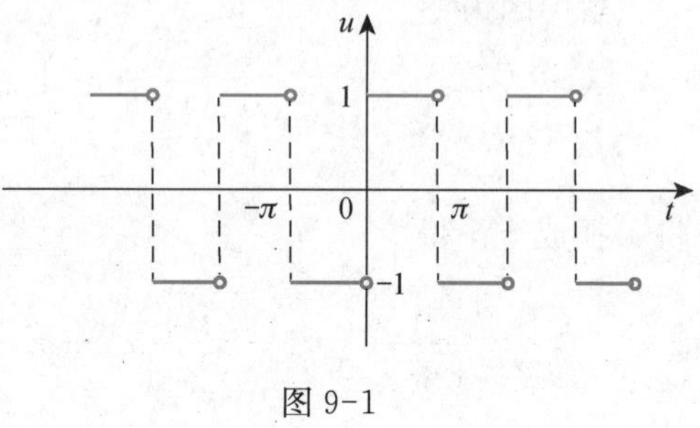

图 9-1

形如

$$\frac{a_0}{2}+\sum_{n=1}^{\infty}(a_n\cos nx+b_n\sin nx)$$

的级数,叫做三角级数,其中 a_0, a_n, b_n ($n=1,2,3,\cdots$)都是常数.

设 $f(x)$ 是周期为 2π 的周期函数,且能展开成三角级数

$$f(x)=\frac{a_0}{2}+\sum_{n=1}^{\infty}(a_n\cos nx+b_n\sin nx).$$

如果

$$\left.\begin{aligned} a_n &= \frac{1}{\pi}\int_{-\pi}^{\pi} f(x)\cos nx\,\mathrm{d}x \quad (n=0,\ 1,\ 2,\ \cdots), \\ b_n &= \frac{1}{\pi}\int_{-\pi}^{\pi} f(x)\sin nx\,\mathrm{d}x \quad (n=0,\ 1,\ 2,\ \cdots). \end{aligned}\right\}$$

中的积分都存在,那么

$$\frac{a_0}{2}+\sum_{n=1}^{\infty}(a_n\cos nx+b_n\sin nx)$$

叫做函数 $f(x)$ 的傅里叶(Fourier)级数,系数 a_0, a_1, b_1, …叫做傅里叶系数.

我们关心的是,什么条件下函数 $f(x)$ 的傅里叶级数收敛于 $f(x)$? 或者说,函数 $f(x)$ 满足什么条件可以展开成傅里叶级数.

9.3.2 傅里叶级数的展开

狄利克雷(Dirichlet)充分条件 设函数 $f(x)$ 是周期为 2π 的周期函数. 若它在一个周期内连续或只有有限个第一类间断点,并且至多只有有限个极值点,则 $f(x)$ 的傅里叶级数收敛,并且

(1) 当 x 是 $f(x)$ 的连续点时,级数收敛于 $f(x)$;

(2) 当 x 是 $f(x)$ 的间断点时,级数收敛于 $\frac{1}{2}[f(x-0)+f(x+0)]$.

注意 如果 $f(x)$ 只在区间 $[-\pi,\ \pi]$ 上有定义,并且满足上述条件,那么我们可以在 $[-\pi,\ \pi)$ 或 $(-\pi,\ \pi]$ 外补充函数 $f(x)$ 的定义,将它拓广成周期为 2π 的周期函数 $F(x)$. 按这种方式拓广函数定义域的过程叫做周期延拓(图 9-2). 再将 $F(x)$ 展开成傅里叶级数,最后限制 x 在 $(-\pi,\ \pi)$ 内,此时 $F(x)\equiv f(x)$, 这样便得到 $f(x)$ 的傅里叶级数展开式. 根据上述结论,这个级数在区间端点处收敛于 $\frac{1}{2}[f(x-0)+f(x+0)]$.

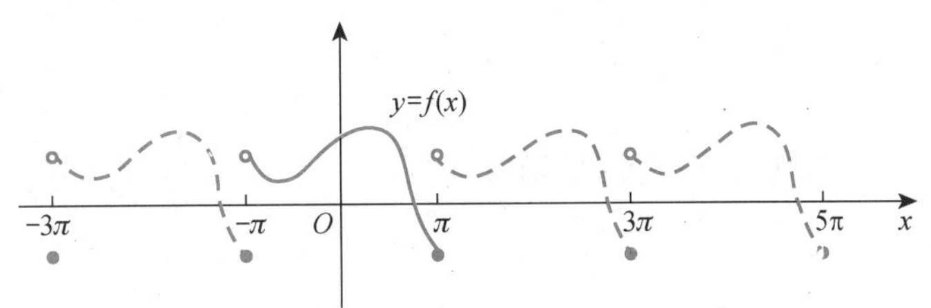

图 9-2

例 1 设 $f(x)$ 是以 2π 为周期的周期函数,它在 $[-\pi,\ \pi]$ 上的表达式为

$$f(x)=\begin{cases}-1, & -\pi\leqslant x<0,\\ 1, & 0\leqslant x<\pi,\end{cases}$$

将 $f(x)$ 展开成傅里叶级数.

解 函数 $f(x)$ 的图像如图 9-3 所示.

函数 $f(x)$ 仅在 $x=k\pi(k=0,\ \pm1,\ \pm2,\ \cdots)$ 处是跳跃间断,满足收敛定理的条件,由

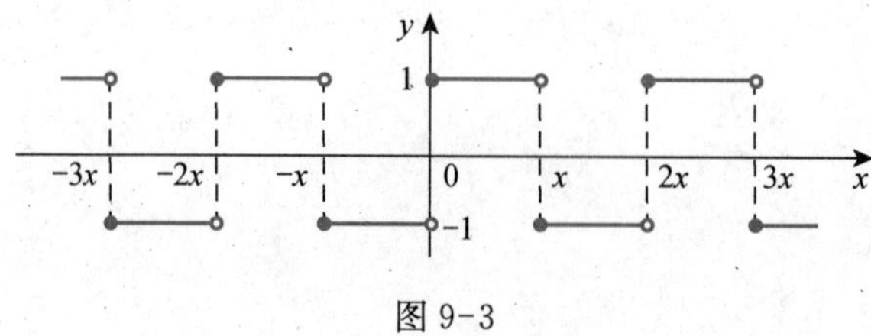

图 9-3

敛定理可知，$f(x)$ 的傅里叶级数收敛，并且当 $x=k\pi$ 时，级数收敛于 $\frac{-1+1}{2}=0$；当 $x\neq k\pi$ 时，级数收敛于 $f(x)$. 计算傅里叶系数如下：

$$\begin{aligned}a_n&=\frac{1}{\pi}\int_{-\pi}^{\pi}f(x)\cos nx\,\mathrm{d}x=\frac{1}{\pi}\int_{-\pi}^{0}(-1)\cos nx\,\mathrm{d}x+\frac{1}{\pi}\int_{0}^{\pi}1\cdot\cos nx\,\mathrm{d}x\\&=0,\end{aligned}$$

$$\begin{aligned}b_n&=\frac{1}{\pi}\int_{-\pi}^{\pi}f(x)\sin nx\,\mathrm{d}x=\frac{1}{\pi}\int_{-\pi}^{0}(-1)\sin nx\,\mathrm{d}x+\frac{1}{\pi}\int_{0}^{\pi}1\cdot\sin nx\,\mathrm{d}x\\&=\frac{1}{\pi}\left[\frac{\cos nx}{n}\right]_{-\pi}^{0}+\frac{1}{\pi}\left[-\frac{\cos nx}{n}\right]_{0}^{\pi}\\&=\frac{1}{n\pi}[1-\cos n\pi-\cos n\pi+1]\\&=\frac{2}{n\pi}[1-(-1)^n].\end{aligned}$$

所以 $f(x)$ 的傅里叶级数展开式为

$$\begin{aligned}f(x)&=\sum_{n=1}^{\infty}\frac{2}{n\pi}[1-(-1)^n]\cdot\sin nx\\&=\frac{4}{\pi}\left[\sin x+\frac{1}{3}\sin 3x+\cdots+\frac{1}{2k-1}\sin(2k-1)x+\cdots\right]\\&\quad(-\infty<x<+\infty;\ x\neq 0,\ \pm\pi,\ \pm 2\pi,\ \cdots).\end{aligned}$$

例 2 设 $f(x)$ 是周期为 2π 的周期函数，它在 $[-\pi,\ \pi]$ 上的表达式为

$$f(x)=\begin{cases}x, & -\pi\leqslant x<0,\\0, & 0\leqslant x<\pi,\end{cases}$$

将 $f(x)$ 展开成傅里叶级数.

解 函数 $f(x)$ 的图像如图 9-4 所示.

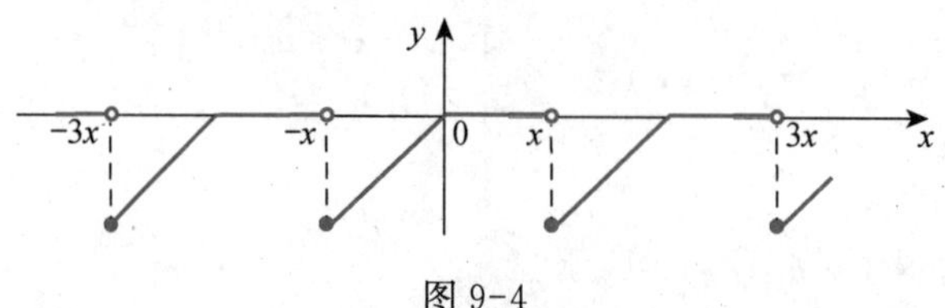

图 9-4

由图像可知，$f(x)$ 满足收敛定理条件，在间断点 $x=(2k+1)\pi(k=0, \pm 1, \cdots)$ 处，$f(x)$ 的傅里叶级数收敛于

$$\frac{f(\pi-0)+f(-\pi+0)}{2}=\frac{0-\pi}{2}=-\frac{\pi}{2}.$$

在连续点 $x(x\neq(2k+1)\pi)$ 处收敛于 $f(x)$. 计算傅里叶系数如下：

$$\begin{aligned} a_n &= \frac{1}{\pi}\int_{-\pi}^{\pi} f(x)\cos nx\,\mathrm{d}x=\frac{1}{\pi}\int_{-\pi}^{0} x\cos nx\,\mathrm{d}x \\ &= \frac{1}{\pi}\left[\frac{x\sin nx}{n}+\frac{\cos nx}{n^2}\right]_{-\pi}^{0}=\frac{1}{n^2\pi}(1-\cos n\pi) \\ &= \frac{1}{n^2\pi}\cdot[1-(-1)^n], \end{aligned}$$

$$a_0=\frac{1}{\pi}\int_{-\pi}^{\pi} f(x)\mathrm{d}x=\frac{1}{\pi}\int_{-\pi}^{0} x\mathrm{d}x=\frac{1}{\pi}\left[\frac{x^2}{2}\right]_{-\pi}^{0}=-\frac{\pi}{2},$$

$$\begin{aligned} b_n &= \frac{1}{\pi}\int_{-\pi}^{\pi} f(x)\sin nx\,\mathrm{d}x=\frac{1}{\pi}\int_{-\pi}^{0} x\sin nx\,\mathrm{d}x \\ &= \frac{1}{\pi}\left[-\frac{x\cos nx}{n}+\frac{\sin nx}{n^2}\right]_{-\pi}^{0}=-\frac{\cos n\pi}{n}=\frac{(-1)^{n+1}}{n}. \end{aligned}$$

所以 $f(x)$ 的傅里叶级数展开式为

$$f(x)=-\frac{\pi}{4}+\sum_{n=1}^{\infty}\frac{1-(-1)}{n^2\pi}\cdot\cos nx+\frac{(-1)^{n+1}}{n}\cdot\sin nx$$
$$(-\infty<x<\infty,\ x\neq\pm\pi, \pm 3\pi, \cdots).$$

习　题　9.3

1. 设 $f(x)$ 是以 2π 为周期的周期函数，它在 $[-\pi, \pi]$ 上的表达式是 $f(x)=x^2$，将 $f(x)$ 展开成傅里叶级数.

2. $f(x)$ 是周期为 2π 的周期函数，它在 $[-\pi, \pi]$ 上的表达式为

$$f(x)=\begin{cases}0, & -\pi\leqslant x\leqslant 0,\\ x, & 0<x\leqslant\pi,\end{cases}$$

将 $f(x)$ 开成傅里叶级数.

9.4　级数的应用

【应用 1】　函数的近似计算

例 1　计算 ln 2 的近似值，要求误差不超过 0.000 1.

解　由前面的例题 $\ln(1+x)=x-\frac{x^2}{2}+\frac{x^3}{3}-\frac{x^4}{4}+\cdots+(-1)^n\frac{x^{n+1}}{n+1}+\cdots$,

易知 $\ln 2=1-\frac{1}{2}+\frac{1}{3}-\cdots+(-1)^{n-1}\frac{1}{n}+\cdots$.

若取级数的前 n 项和作为 $\ln 2$ 的近似值，其误差为 $|r_n|\leqslant\frac{1}{n+1}$.

为保证误差不超过 10^{-4}，就需要取级数的前 10 000 项进行计算，为避免计算量过大，我们用收敛较快的级数来代替.

由

$$\ln(1+x)=x-\frac{x^2}{2}+\frac{x^3}{3}-\frac{x^4}{4}+\cdots\quad(-1<x\leqslant 1),$$

$$\ln(1-x)=-x-\frac{x^2}{2}-\frac{x^3}{3}-\frac{x^4}{4}-\cdots\quad(-1\leqslant x<1),$$

得

$$\ln\frac{1+x}{1-x}=\ln(1+x)-\ln(1-x)$$

$$=2\left(x+\frac{1}{3}x^3+\frac{1}{5}x^5+\cdots\right)\quad(-1<x<1).$$

令 $\frac{1+x}{1-x}=2$，解得 $x=\frac{1}{3}$，

代入上式，得

$$\ln 2=2\left(\frac{1}{3}+\frac{1}{3}\times\frac{1}{3^3}+\frac{1}{5}\times\frac{1}{3^5}+\frac{1}{7}\times\frac{1}{3^7}+\cdots\right).$$

如果取前四项作为 $\ln 2$ 的近似值，其误差为

$$|r_4|=2\left(\frac{1}{9}\times\frac{1}{3^9}+\frac{1}{11}\times\frac{1}{3^{11}}+\frac{1}{13}\times\frac{1}{3^{13}}+\cdots\right)$$

$$<\frac{2}{3^{11}}\left[1+\frac{1}{9}+\left(\frac{1}{9}\right)^2+\cdots\right]$$

$$=\frac{2}{3^{11}}\times\frac{1}{1-\frac{1}{9}}=\frac{1}{4\times 3^9}<\frac{1}{70\,000}.$$

取

$$\ln 2\approx 2\left(\frac{1}{3}+\frac{1}{3}\times\frac{1}{3^3}+\frac{1}{5}\times\frac{1}{3^5}+\frac{1}{7}\times\frac{1}{3^7}\right)\approx 0.693\,1.$$

【应用 2】 定积分的近似计算

例 2 计算积分 $\int_0^1\frac{\sin x}{x}\mathrm{d}x$ 的近似值，精确到 0.000 1.

解 展开被积函数，有

$$\frac{\sin x}{x}=1-\frac{x^2}{3!}+\frac{x^4}{5!}-\frac{x^6}{7!}+\cdots\quad(-\infty<x<+\infty),$$

在区间 $[0,1]$ 上逐项积分，得

$$\int_0^1\frac{\sin x}{x}\mathrm{d}x=1-\frac{1}{3\times 3!}+\frac{1}{5\times 5!}-\frac{1}{7\times 7!}+\cdots,$$

因为第四项

$$\frac{1}{7\times 7!}<\frac{1}{30\,000},$$

所以取前三项的和作为积分的近似值

$$\int_0^1 \frac{\sin x}{x}dx\approx 1-\frac{1}{3\times 3!}+\frac{1}{5\times 5!}\approx 0.946\,1.$$

习 题 9.4

1. 利用泰勒级数求 π 的近似值.
2. 利用傅里叶级数计算 π 的近似值.
3. 利用 $\sin x\approx x-\frac{x^3}{3!}$ 求 $\sin 9°$ 的近似值,并估计误差.
4. 利用函数的幂级数展开式求下列各数的近似值.

(1) $\ln 3$ (精确到 0.000 1); (2) $\sqrt{e}$(精确到 0.001);

(3) $\sqrt[9]{522}$ (精确到 0.000 01); (4) $\cos 2^0$ (精确到 0.001).

5. 利用被积函数的幂级数展开式求下列定积分的近似值.

(1) $\int_0^{0.5}\frac{1}{1+x^4}dx$ 的近似值(精确到 0.000 1);

(2) $\frac{2}{\sqrt{\pi}}\int_0^{\frac{1}{2}}e^{-x^2}dx$ 的近似值(精确到 0.000 1,取 $\frac{1}{\sqrt{\pi}}\approx 0.564\,19$).

9.5 数学实验

9.5.1 常数项级数的求和与审敛

1. 级数求和的 Matlab 命令

symsum (comiterm, v, a, b)	comiterm 为级数的通项表达式,v 是通项中的求和变量,a 和 b 分别为求和变量的起点和终点. 如果 a,b 缺省,则 v 从 0 变到 v—1,如果 v 也缺省,则系统对 comiterm 中的默认变量求和

2. 利用 Matlab 求下列级数的和

例 1 $\sum_{n=1}^{\infty}\frac{2n-1}{2^n}$.

解 在 Matlab 的命令窗口输入如下命令序列:

```
syms n
f1 = (2 * n - 1) /2^n;
I1 = symsum(f1,n,1,inf)
```

运行结果:

```
I1 = 3
```

例 2 $\sum_{n=1}^{\infty} \frac{1}{n(2n+1)}$.

解 在 Matlab 的命令窗口输入如下命令序列:

```
syms n
f2 = 1/(n * (2 * n + 1));
I2 = symsum(f2,n,1,inf)
```

运行结果:

```
I2 = 2 - 2 * log(2)
```

注 例题中级数是收敛的情况,如果发散,则求得的和为 inf,因此,本方法就可以同时用来解决求和问题和收敛性问题.

例 3 $\sum_{n=1}^{\infty} (-1)^{n-1} \frac{x^n}{n}$.

解 在 Matlab 的命令窗口输入如下命令序列:

```
syms n x
f3 = ( - 1)^(n - 1) * x^n/n;
I3 = symsum(f4,n,1,inf)
```

运行结果:

```
I3 = log(1 + x)
```

注 从这个例子可以看出,symsum()这个函数不但可以处理常数项级数,也可以处理函数项级数.

9.5.2 函数的泰勒展开

1. 函数泰勒展开的 Matlab 命令

taylor (function, n, x, a)	function 是待展开的函数表达式,n 为展开项数,缺省是展开至 5 次幂,即 6 项,x 是 function 中的变量,a 为函数的展开点,缺省为 0,即麦克劳林展开

2. 利用 Matlab 求下列函数的泰勒展式

例 4 将 $f(x) = \sin x$ 分别展开为 5 次和 20 次.

解 在 Matlab 的命令窗口输入如下命令序列:

```
syms x
f = sin(x);
taylor(f)
taylor(f,20)
```

运行结果：

```
x-1/6*x^3+1/120*x^5
x-1/6*x^3+1/120*x^5-1/5040*x^7+1/362880*x^9-1/39916800*x^11+1/6227020800*x^13-1/1307674368000*x^15+1/355687428096000*x^17-1/121645100408832000*x^19
```

例 5 $f(x)=(1+x)^m$

解 在 Matlab 的命令窗口输入如下命令序列：

```
syms x m
f=(1+x)^m;
taylor(f,5)
```

运行结果：

```
1+m*x+1/2*m*(m-1)*x^2+1/6*m*(m-1)*(m-2)*x^3+1/24*m*(m-1)*(m-2)*(m-3)*x^4
```

9.5.3 函数的傅里叶展开

例 6 求函数在上的傅里叶级数.

解 先求出傅里叶系数，我们可以编制函数，专门用来计算函数的傅里叶系数

```
function an=fourieran(f,n) % fourieran.m
syms x
an=int(f*cos(n*x),x,-pi,pi)/pi;
function bn=fourierbn(f,n) % fourierbn.m
syms x
bn=int(f*sin(n*x),x,-pi,pi)/pi;
```

接着，再编写程序如下：

```
clear
syms x n
f=x^2
a0=fourieran(f,0);
a=zeros(1,10)
b=zeros(1,10)
for n=1:10
  a(n)=fourieran(f,n);
end
for n=1:10
  b(n)=fourierbn(f,n);
end
```

即可完成前 21 个傅里叶系数的计算.

阅读材料九

朱熹平——为庞加莱猜想“封顶”的人

朱熹平，男，1962 年 6 月出生，广东省始兴县人. 1982 年本科毕业于中山大学数学系，1984 年在中山大学数学系取得硕士学位，1989 年在中国科学院武汉数学物理研究所取得博士学位.

朱熹平(左)与曹怀东

1991 年获中国科学院自然科学二等奖，1997 年入选教育部“跨世纪人才培养计划”，1998 年获国家杰出青年基金，2001 年被聘为教育部“长江学者奖励计划”特聘教授，2004 年获得全球华人数学家大会颁发的晨兴数学银奖. 现任中山大学数学系教授、博士生导师、数学与计算科学学院院长，兼任广东省数学学会理事长、中国科学院晨兴数学研究中心学术委员会委员、浙江大学数学科学研究中心顾问，《数学物理学报》《偏微分方程杂志》《数学研究》编委.

任何一个封闭的三维空间，只要它里面所有的封闭曲线都可以收缩成一点，这个空间就一定是一个三维圆球——这就是法国数学家庞加莱于 1904 年提出的猜想. 庞加莱猜想和 P(多项式算法)问题对 NP(非多项式算法)问题、霍奇猜想、黎曼假设、杨-米尔斯存在性和质量缺口、纳维叶—斯托克斯方程的存在性与光滑性、贝赫和斯维讷通—戴尔猜想，被并列为七大数学世纪难题. 2000 年 5 月，美国的克莱数学研究所为每道题悬赏百万美元求解.

2006 年 6 月 3 日，哈佛大学教授、著名数学家丘成桐 3 日在中国科学院晨兴数学研究中心宣布，在美、俄等国科学家的工作基础上，中山大学朱熹平教授和旅美数学家、清华大学兼职教授曹怀东已经彻底证明了庞加莱猜想.

次日国内各大媒体纷纷以“朱熹平曹怀东破解数学世纪难题”等标题进行报道，消息传出让许多中国人感到非常振奋. 身在中国的朱熹平马上就遭到了媒体的围追堵截，对此，他选择了低调和尽量回避.

但很快就有国外媒体报道说，俄罗斯的佩雷尔曼对证明这个猜想做的贡献最大，中国的数学家只是填补了细节的证明. 国内外媒体的一冷一热形成鲜明对比.

8 月 22 日上午，第 25 届国际数学家大会在西班牙首都马德里开幕. 让很多中国人感到失望的是，有世界数学界“诺贝尔奖”之称的菲尔茨奖被授予俄罗斯数学怪才佩雷尔曼.他因拿到破解庞加莱猜想的钥匙而获奖.

“这就像盖大楼，前人打好了基础，但最后一步——也就是‘封顶’工作是由中国人来完成的.”丘成桐原话这样说.美国、俄罗斯科学家为破解庞加莱猜想这个数学世纪难题打好地基，搭建起万丈高楼，而中国人朱熹平举起最后一块砖，为庞加莱猜想封顶.

外界喧闹过后归于平静，现在的朱熹平却已经开始悄然寻找下一个目标.事实证明，朱熹平当初再三强调自己只是完成临门一脚，并不是出于礼貌上的谦虚，而是科学家应有的实事求是.

桃李无言，下自成蹊.大家风范，自在其中.

在许多人眼中，数学研究很枯燥，但朱熹平却非常享受这个过程.“数学研究一点都不艰苦.不断探索，不断有新发现的感觉是‘很好玩’，是非常兴奋的.现在的数学家都不是‘孤独的思考者’了，我们的团队有四五个人，每个人都非常出色，研究气氛很好，很‘enjoy’(享受)这个过程.”朱熹平说.

“有时工作到深夜，因为数学研究是停不下来的.”朱熹平说.为了专心做研究，朱熹平很少其它爱好，包括运动.

对于证明了庞加莱猜想，朱熹平说：“任何猜想的解决，都是很多人一连串的努力贡献完成的，我们只是在这个基础上推进了一点点.而且现在还不能说成功，我们的证明还需要历史的承认，需要经过很多人的检验、推敲.”“对这个猜想最大贡献的是俄罗斯数学家佩雷尔曼和美国数学家汉密尔顿，包括这笔奖金应该发给前面那些做了很多工作的学者，我们只是走了最后一步而已.”

综合练习九

1. 级数 $\sum_{n=1}^{+\infty} a_n = m$, 级数 $\sum_{n=1}^{+\infty} b_n = n$, 求

(1) 级数 $\sum_{n=1}^{+\infty} 5a_n$；(2) 级数 $\sum_{n=1}^{+\infty}(2a_n - 3b_n)$；(3) 级数 $\sum_{n=1}^{+\infty}(5a_n - b_n)$；(4) 级数 $\sum_{n=1}^{+\infty}(3a_n + 5b_n)$.

2. 无穷级数 $\sum_{n=1}^{+\infty} \frac{3}{n(n+3)}$ 是否收敛？如果收敛，求其值.

3. 论下列函数项级数的收敛域.

(1) $\sum_{n=1}^{+\infty} \frac{5^n}{n} x^n$；(2) $\sum_{n=1}^{+\infty} (-1)^{n-1} \frac{x^n}{n+1}$；(3) $\sum_{n=1}^{+\infty} 2nx^n$；

(4) $\sum_{n=1}^{+\infty} \frac{x^n}{n \cdot 4^n}$；(5) $\sum_{n=1}^{+\infty} (n+1)!x^n$；(6) $\sum_{n=1}^{+\infty} \frac{x^n}{(n+1)!}$.

4. 求函数项级数 $\sum_{n=1}^{+\infty} 2nx^{n-1}$ 的收敛域，并在收敛域上讨论和函数.

5. 函数 $f(x)$ 是以 2π 为周期的周期函数，$f(x) = -2x$, $x \in [-\pi, \pi]$. 将函数 $f(x)$ 在 $(-\pi, \pi)$ 上展开为傅里叶级数.

第 10 章　常微分方程及其应用

常微分方程是由人类生产实践的需要而产生的. 历史上,它的雏形的出现甚至比微积分的发明还早. 纳泊尔发明对数、伽利略研究自由落体运动、笛卡尔在光学问题中的切线性质定出镜面的形状等,实际上都需要建立和求解微分方程. 现在,常微分方程在很多学科领域内有着重要的应用,自动控制、各种电子学装置的设计、弹道的计算、飞机和导弹飞行的稳定性的研究、化学反应过程稳定性的研究等. 这些问题都可以化为求常微分方程的解,或者化为研究解的性质的问题. 应该说,应用常微分方程理论已经取得了很大的成就,但是,它的现有理论也还远远不能满足需要,还有待于进一步的发展.

学 习 要 点

- 理解微分方程和微分方程的阶、解、通解以及满足初始条件的特解等概念.
- 掌握可分离变量的微分方程和可降阶的高阶微分方程的解法.
- 掌握一阶线性微分方程及其解法.
- 了解二阶线性微分方程解的结构.
- 掌握二阶常系数线性微分方程及其解法.
- 了解常微分方程的基本应用.
- 掌握利用 Matlab 软件求解微分方程.

数学的有机的统一,是这门科学固有的特点,因为它是一切精确自然科学知识的基础.

——大卫·希尔伯特

大卫·希尔伯特(1862—1943)
德国数学家

10.1 微分方程的数学模型

数学模型是对现实世界中某种现象的数学描述(通常借助函数或方程),如种群的规模、产品的需求、坠落物体的速度、化学反应生成物的浓度、人的预期寿命、减排的成本等,数学模型建立的目的是为了解释现实世界某种现象,并对未来作出预测.数学模型的推导可借助于直观的推理或基于实验的物理定律,通常具有微分方程的形式,即包含未知函数及其导数.让我们首先通过几个例子来了解微分方程是如何产生的.

10.1.1 种群增长

种群增长模型是基于种群的增长率与种群规模成正比的假设,该假设在理想条件下(无环境约束、无捕食者、充足的营养、无疾病入侵)对细菌及动物种群来说是合理的.用 t 表示时间,$P=P(t)$ 表示种群数量,则种群在 t 时刻的增长率为导数 $\dfrac{dP}{dt}$,根据假设可得方程

$$\frac{dP}{dt}=kP,$$

其中 k 为比例常数.该方程含有未知函数 P 及其导数 $\dfrac{dP}{dt}$,我们称之为微分方程.

接下来,我们看看由上述方程可得到哪些结论?假设 $P(t)$ 始终大于 0,如果 $k>0$,则 $\dfrac{dP}{dt}>0$,这说明种群 P 总是增长的.实际上,随着 P 的增加,$\dfrac{dP}{dt}$ 也随之增加,换言之,种群 P 的增长率随着 P 的增加而增加.

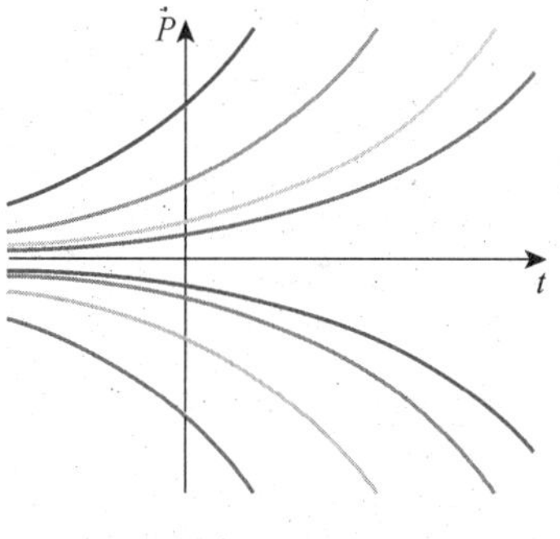

图 10-1

让我们来想想上述方程的解可能是什么样的函数.由方程可知函数 P 的导数为一常数与自身的乘积,我们很容易想到指数函数具有这样的性质.实际上,令 $P(t)=ce^{kt}$,则

$$\frac{dP}{dt}=cke^{kt}=k(ce^{kt})=kP.$$

因此,$P(t)=ce^{kt}$ 是方程的一个解,如果 c 取任意实数,则得到一簇解,其图像如图 10-1 所示.

10.1.2 简谐运动

首先,回顾物理学中的两个定律:牛顿第二定律和胡克(Hook)定律.

牛顿第二定律:物体的加速度 a 跟物体所受的合外力 F 成正比,跟物体的质量 m 成反比,加速度的方向跟合外力的方向相同,即 $F=ma$.

胡克定律:在弹性限度内,弹簧的弹力 f 和弹簧的长度变化量 x 成正比,即 $f=-kx$ (k 称为胡克系数).

接下来，考虑在竖直弹簧末端质量为 m 的物体的简谐振动，如图 10-2 所示.

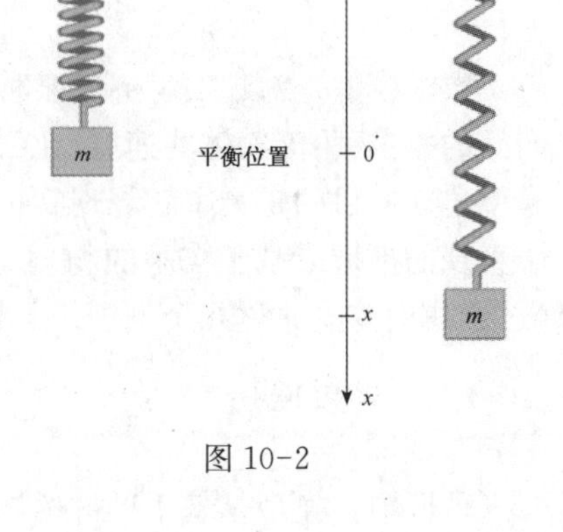

图 10-2

用 t 表示时间，$x=x(t)$ 表示物体的位移，根据导数的物理意义，物体的速度为 $v=x'(t)$，物体的加速度为 $a=x''(t)$. 忽略任何其他抵抗力（空气阻力、摩檫力等）的作用，假设物体仅受弹簧牵引力 f 的作用，由牛顿第二定律得

$$f=mx''(t),$$

由胡克定律得

$$f=-kx(t),$$

因此，物体的简谐运动满足方程

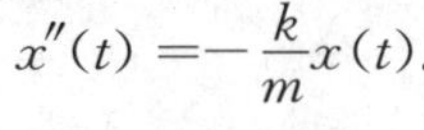

$$x''(t)=-\frac{k}{m}x(t).$$

由于方程中含有未知函数及其二阶导数，我们称之为二阶微分方程.

10.2 微分方程的概念

含有自变量、未知函数以及未知函数的导数（或微分）的方程，叫做微分方程. 如果其中的未知函数只与一个自变量有关，则称为常微分方程；如果未知函数是两个或两个以上自变量的函数，并且在方程中出现偏导数，则称为偏微分方程. 本章所介绍的都是常微分方程，有时就简称微分方程. 对于偏微分方程，读者可以查阅相关的专著.

例 1 如果一曲线通过点 $(1, 3)$，且在该曲线上任一点 $M(x, y)$ 处的切线的斜率为 $4x$，求这曲线的方程.

解 我们知道，根据导数的几何意义，曲线上某一点切线的斜率，就是函数在该点的导数，因此，我们设所求曲线的方程为 $y=y(x)$，则有

$$y'=4x.$$

又因为，不定积分是导数的逆运算，因而有

$$y=\int 4x\mathrm{d}x,$$

解得

$$y=2x^2+C.$$

已知曲线通过点 $(1, 3)$，即当 $x=1$ 时，$y=3$，代入上式求得

$$C=1.$$

故所求的曲线的方程为

$$y = 2x^2 + 1.$$

此例中含有未知函数 y 的等式 $\frac{dy}{dx} = 4x$ 就是常微分方程. 在微分方程中, x 表示的是自变量,而 y 表示的是自变量 x 的未知函数,在这一点上读者要注意与普通方程的区别.

微分方程中未知函数的导数(或微分)的最高阶数叫做微分方程的阶;若将一个函数代入微分方程后,能使该方程变成恒等式,则这样的函数叫做微分方程的解;求微分方程解的过程叫做解微分方程;当自变量取某值时,未知函数及其导数取给定值的条件叫做初始条件;若微分方程的解中含有任意常数,且独立的任意常数的个数与微分方程的阶数相同,则这样的解叫做微分方程的通解;在通解中若使任意常数取某定值,或利用初始条件求出任意常数应取的值,所得的解叫做微分方程的特解.

例如,在例 1 中, $\frac{dy}{dx} = 4x$ 是微分方程, $y = 2x^2 + C$ 是该方程的通解,"曲线通过点(1, 3)"为初始条件, $y = 2x^2 + 1$ 则是满足初始条件的特解.

例 2 验证函数 $y = 3e^{-x} - xe^{-x}$ 是方程 $y'' + 2y' + y = 0$ 的解.

解 对 $y = 3e^{-x} - xe^{-x}$ 求导,得

$$y' = -4e^{-x} + xe^{-x}, \quad y'' = 5e^{-x} - xe^{-x}.$$

将 y, y' 和 y'' 代入原方程的左边,有

$$(5e^{-x} - xe^{-x}) + 2(-4e^{-x} + xe^{-x}) + 3e^{-x} - xe^{-x} = 0.$$

即函数 $y = 3e^{-x} - xe^{-x}$ 满足原方程,所以该函数是所给二阶微分方程的解.

习 题 10.2

1. 下列各等式中,哪些是微分方程? 哪些不是微分方程?

(1) $y'' - 3y' + 2y = 0$; (2) $y^2 - 3y + 2 = 0$; (3) $y' = 2x + 1$;

(4) $y = 2x + 1$; (5) $dy = (4x - 1)dx$; (6) $\frac{d^2y}{dx^2} = \cos x$.

2. 指出下列微分方程的阶数.

(1) $\frac{dy}{dx} = y^2 + x^2$; (2) $x^2y'' - xy' + y = 0$; (3) $xy''' + 2y'' + x^2y = 0$;

(4) $\frac{d^2y}{dx^2} = x + \sin x$; (5) $\left(\frac{dx}{dy}\right)^2 = 4$; (6) $L\frac{d^2Q}{dt^2} + R\frac{dQ}{dt} + \frac{Q}{C} = 0$.

3. 验证下列所给函数是否为相应微分方程的解.

(1) $xy' = 2y$, $y = 5x^2$;

(2) $\frac{dy}{dx} = P(x)y$, $P(x)$ 连续, $y = Ce^{\int P(x)dx}$;

(3) $y'' = x^2 + y^2$, $y = \frac{1}{x}$;

(4) $y'' + y = 0$, $y = 3\sin x - 4\cos x$;

(5) $y'' - (\lambda_1 + \lambda_2)y' + \lambda_1\lambda_2 y = 0$, $y = C_1e^{\lambda_1 x} + C_2e^{\lambda_2 x}$.

4. 从下列各曲线族中找出满足所给初始条件的曲线.

(1) $x^2 - y^2 = C$, $y|_{x=0} = 5$;

(2) $y=(C_1+C_2x)e^{2x}$, $y|_{x=0}=0$, $y'|_{x=0}=1$.

5. 写出由下列条件确定的曲线所能满足的微分方程.

(1) 曲线在点 (x, y) 处的切线的斜率等于该点横坐标的平方；

(2) 曲线上点 $P(x, y)$ 处的法线与 x 轴的交点为 Q，且线段 PQ 被 y 轴平分.

10.3 分离变量法、降阶法

在微分方程中，可分离变量的微分方程可谓是一种最简单、最基本的微分方程，我们把形如

$$\frac{dy}{dx}=f(x)g(y)$$

的微分方程，叫做可分离变量的微分方程. 可分离变量的微分方程的求解步骤如下：

第一步　分离变量　$\dfrac{dy}{g(y)}=f(x)dx$.

第二步　两边积分　$\displaystyle\int\frac{dy}{g(y)}=\int f(x)dx$.

第三步　求积分，得通解　$G(y)=F(x)+C$.

其中，$G(y)$，$F(x)$ 分别是 $\dfrac{1}{g(y)}$，$f(x)$ 的原函数. 此外，上式左边的积分结果本应也包含积分常数，但由于左右两边常数运算的结果依然是常数. 所以，为简便起见，左边积分时只写出被积函数的一个原函数，只保留右边的一个常数即可.

第四步　若方程给出初始条件，则根据根据初始条件确定常数 C，得方程的特解.

例 1　求方程 $\dfrac{dy}{dx}=\dfrac{y}{x}$ 的通解.

解　当 $y\neq 0$ 时，分离变量得　$\dfrac{dy}{y}=\dfrac{dx}{x}$.

两边积分

$$\int\frac{1}{y}dy=\int\frac{1}{x}dx,$$

解得

$$\ln|y|=\ln|x|+C_1,$$

整理得

$$y=\pm e^{C_1}x \quad (令 \pm e^{C_1}=C).$$

因为 $\pm e^{C_1}$ 依然是不等于零的常数，故可令 $C=\pm e^{C_1}$，从而得方程的通解为

$$y=Cx \quad (C\neq 0).$$

另外，容易验得 $y=0$ 也是方程的解，所以原方程的通解最终为

$$y=Cx \quad (C 可以取任意常数).$$

例 2　求方程 $y'-e^{x-3y}=0$ 的通解.

解　方程变形为 $$\frac{\mathrm{d}y}{\mathrm{d}x}=\frac{\mathrm{e}^x}{\mathrm{e}^{3y}0}.$$

分离变量 $$\mathrm{e}^{3y}\mathrm{d}y=\mathrm{e}^x\mathrm{d}x,$$

两边积分 $$\int \mathrm{e}^{3y}\mathrm{d}y=\int \mathrm{e}^x\mathrm{d}x,$$

解得 $$\frac{1}{3}\mathrm{e}^{3y}=\mathrm{e}^x+C_1.$$

故所求方程的通解为 $$y=\frac{1}{3}\ln(3\mathrm{e}^x+C)\quad (C=3C_1).$$

例 3　求方程 $\frac{\mathrm{d}y}{\mathrm{d}x}=\frac{y^2-1}{2}$ 满足初始条件 $y(0)=0$ 的特解.

解　当 $y\neq\pm 1$ 时,分离变量,得 $\frac{2\mathrm{d}y}{y^2-1}=\mathrm{d}x.$

两边积分得 $$\int\frac{2\mathrm{d}y}{y^2-1}=\int\mathrm{d}x,$$

解得 $$\ln\left|\frac{y-1}{y+1}\right|=x+C_1,$$

即 $$\frac{y-1}{y+1}=C\mathrm{e}^x\quad (令\pm\mathrm{e}^{C_1}=C\neq 0).$$

所求方程的通解为 $$y=\frac{1+C\mathrm{e}^x}{1-C\mathrm{e}^x}.$$

将 $y(0)=0$ 代入通解,得 $$C=-1,$$

故,所求方程的特解为 $$y=\frac{1-\mathrm{e}^x}{1+\mathrm{e}^x}.$$

我们把形如

$$y^{(n)}=f(x)$$

的微分方程,叫做可降阶的高阶微分方程.对此类微分方程的求解就是采用连续积分方法.

例 4　求方程 $y^{(4)}-\cos x=0$ 的通解.

解　由 $$y^{(4)}=\cos x,$$

积分得 $$y^{(3)}=\sin x+C_1,$$

再积分得 $$y^{(2)}=-\cos x+C_1x+C_2,$$

第三次积分得 $$y'=-\sin x+\frac{C_1}{2}x^2+C_2x+C_3,$$

第四次积分得通解为 $$y=\cos x+\frac{C_1}{6}x^3+\frac{1}{2}C_2x^2+C_3x+C_4.$$

习 题 10.3

1. 求下列微分方程的通解.

(1) $\frac{dy}{dx}=3x^2y^2$；　(2) $\frac{dy}{dx}=x\sqrt{y}$；

(3) $xyy'=x^2+1$；　(4) $y'+xe^y=0$；

(5) $(e^y-1)y'=2+\cos x$；　(6) $\frac{dz}{dt}+e^{t+z}=0$.

2. 求下列微分方程的特解.

(1) $\frac{dy}{dx}=xe^y$, $y(0)=0$；　(2) $\frac{dy}{dx}=\frac{x\cos x}{y}$, $y(0)=-1$；

(3) $\frac{du}{dt}=\frac{2t+\sec^2 t}{2u}$, $u(0)=-5$；　(4) $x+3y^2\sqrt{x^2+1}\frac{dy}{dx}=0$, $y(0)=1$；

(5) $\frac{dP}{dt}-\sqrt{Pt}=0, P(1)=2$.

3. 求过点 (0, 2) 且在任意点 (x, y) 处切线为 $\frac{x}{y}$ 的曲线.

4. 求下列解下列微分方程的通解.

(1) $y'''=x$；　(2) $y^{(4)}-\sin x=0$；

(3) $y'''=e^{2x}$；　(4) $y^{(4)}=\sin 2x$.

10.4 一阶线性微分方程

10.4.1 一阶线性微分方程的概念

形如

$$y'+P(x)y=Q(x)$$

的方程叫做一阶线性微分方程,其中 $P(x)$ 和 $Q(x)$ 是 x 的连续函数. 因为该方程只含有 y' 与 y 的一次项,因而称之为线性方程.

对于一阶线性微分方程,如果 $Q(x)\equiv 0$, 则方程成为

$$y'+P(x)y=0,$$

这样的方程叫做一阶齐次线性微分方程.

如果 $Q(x)\equiv 0$, 则称方程成为

$$y'+P(x)y=Q(x),$$

这样的方程叫做一阶非齐次线性微分方程.

例如,微分方程 $3y'+2y=x^2$, $y'+\frac{1}{x}y=\frac{\sin x}{x}$, $y'+(\sin x)y=0$ 所含的 y' 和 y 都是一次的,所以它们都是线性微分方程. 三个方程中,前两个是非齐次的,最后一个是齐次的.

试判断微分方程 $y'-y^2=0$，$yy'+y=x$，$y'-\sin y=0$ 是不是一阶线性微分方程，为什么?

10.4.2 一阶齐次线性微分方程的解法

一阶齐次线性微分方程的一般形式是

$$y'+P(x)y=0 \quad 或 \quad \frac{\mathrm{d}y}{\mathrm{d}x}+P(x)y=0.$$

我们可以明显看出，它实际是可分离变量的微分方程. 分离变量后，得

$$\frac{\mathrm{d}y}{y}=-P(x)\mathrm{d}x,$$

两边积分，得

$$\int\frac{\mathrm{d}y}{y}=\int-P(x)\mathrm{d}x,$$

$$\ln|y|=-\int P(x)\mathrm{d}x+C_1,$$

$$y=\pm \mathrm{e}^{C_1}\cdot \mathrm{e}^{-\int P(x)\mathrm{d}x}.$$

令 $C=\pm \mathrm{e}^{C_1}$，从而得到一阶齐次线性微分方程的通解为

$$\boxed{y=C\mathrm{e}^{-\int P(x)\mathrm{d}x}}$$

注意　上面的计算结果实际上给出了一阶齐次线性微分方程的通解公式. 但应注意的是，计算积分 $-\int P(x)\mathrm{d}x$ 时，不要再重复出现积分常数 C. 此外，公式中的常数 C 取任意实数时，y 均为一阶齐次线性微分方程的解，因此，以后运算时，可把求解过程中的 $\ln|y|$ 写成 $\ln y$.

例 1　求方程 $(y-2xy)\mathrm{d}x+x^2\mathrm{d}y=0$ 的通解.

解　对照一阶齐次线性微分方程的形式，原方程可化为

$$\frac{\mathrm{d}y}{\mathrm{d}x}+\frac{1-2x}{x^2}y=0,$$

其中 $P(x)=\dfrac{1-2x}{x^2}$，代入通解公式，可得

$$y=C\mathrm{e}^{-\int P(x)\mathrm{d}x}=C\mathrm{e}^{-\int\left(\frac{1-2x}{x^2}\right)\mathrm{d}x}=C\mathrm{e}^{\ln x^2+\frac{1}{x}}=Cx^2\mathrm{e}^{\frac{1}{x}}.$$

故所求方程的通解为

$$y=Cx^2\mathrm{e}^{\frac{1}{x}}.$$

10.4.3 一阶非齐次线性微分方程的解法

一阶非齐次线性微分方程的一般形式是

$$y'+P(x)y=Q(x).$$

对于非齐次线性微分方程，我们假如依然按齐次线性微分方程的解法来求解，则有

$$\frac{\mathrm{d}y}{y}=\left[\frac{Q(x)}{y}-P(x)\right]\mathrm{d}x,$$

两边积分，得

$$\ln y=\int\frac{Q(x)}{y}\mathrm{d}x-\int P(x)\mathrm{d}x,$$

$$y=\mathrm{e}^{\int\frac{Q(x)}{y}\mathrm{d}x}\cdot\mathrm{e}^{-\int P(x)\mathrm{d}x},$$

令 $C(x)=\mathrm{e}^{\int\frac{Q(x)}{y}\mathrm{d}x}$，于是

$$y=C(x)\mathrm{e}^{-\int P(x)\mathrm{d}x},$$

将上式代入一阶非齐次线性微分方程，可求得(感兴趣的读者可自行推导验证)

$$C(x)=\int Q(x)\mathrm{e}^{\int p(x)\mathrm{d}x}\mathrm{d}x+C.$$

故，得到一阶非齐次线性微分方程的通解为

$$\boxed{y=\mathrm{e}^{-\int p(x)\mathrm{d}x}\left[\int Q(x)\mathrm{e}^{\int p(x)\mathrm{d}x}\mathrm{d}x+C\right]}$$

其中各个不定积分只表示对应的被积函数的一个原函数.

这个通解还可以写成下面的形式：

$$y=\mathrm{e}^{-\int p(x)\mathrm{d}x}\int Q(x)\mathrm{e}^{\int p(x)\mathrm{d}x}\mathrm{d}x+C\mathrm{e}^{-\int p(x)\mathrm{d}x}.$$

从中我们发现，上式右边第二项恰好是一阶线性微分方程 $y'+P(x)y=Q(x)$ 所对应的一阶齐次线性微分方程 $y'+P(x)y=0$ 的通解，而第一项可以看作是对应的非齐次线性微分方程的通解中取 $C=0$ 得到的一个特解. 由此可见：一阶非齐次线性微分方程的通解 y 等于它的一个特解 $\bar{y}$ 与对应的齐次线性微分方程的通解 Y 之和，即 $y=\bar{y}+Y$.

例 2 求方程 $3y'-y=\mathrm{e}^x$ 的通解.

解 对照一阶非齐次线性方程的形式，将原方程化为

$$y'-\frac{1}{3}y=\frac{1}{3}\mathrm{e}^x.$$

其中 $P(x)=-\frac{1}{3}$，$Q(x)=\frac{1}{3}\mathrm{e}^x$. 根据通解公式，得原方程的通解为

$$y=e^{\int\frac{1}{3}dx}\left(\int\frac{1}{3}e^{x}e^{-\int\frac{1}{3}dx}dx+C\right)=e^{\frac{1}{3}x}\left(\frac{1}{2}e^{\frac{2}{3}x}+C\right).$$

例 3 求满足 $y|_{x=0}=-4$ 的方程 $\frac{dy}{dx}+5y+4e^{-3x}=0$ 的特解.

解 将原方程化为

$$y'+5y=-4e^{-3x}.$$

其中 $P(x)=5$, $Q(x)=-4e^{-3x}$. 由通解公式得

$$y=e^{-\int 5dx}\left(\int -4e^{-3x}e^{\int 5dx}dx+C\right)=e^{-5x}\left[-\frac{1}{2}\int 4e^{2x}d(2x)+C\right]=e^{-5x}(-2e^{2x}+C),$$

由初始条件 $y|_{x=0}=-4$, 得 $C=-2$, 所求方程的特解为

$$y=e^{-5x}(-2e^{2x}-2).$$

10.4.4 伯努利(Bernoulli)方程及其解法

形如

$$\frac{dy}{dx}+p(x)y=f(x)y^{n}\quad(n\neq 0,\ 1)$$

的方程,叫做伯努利方程.伯努利方程是一种非线性的一阶微分方程,但是经过适当的变量代换之后,它可以化成一阶线性微分方程.

例如,方程两边除以 y^{n}, 得

$$y^{-n}\frac{dy}{dx}+p(x)y^{1-n}=f(x).$$

为了化成线性方程,令 $z=y^{1-n}$, 则有

$$\frac{dz}{dx}=(1-n)y^{-n}\frac{dy}{dx},$$

代入得

$$\frac{1}{1-n}\frac{dz}{dx}+p(x)z=f(x),$$

即

$$\frac{dz}{dx}+(1-n)p(x)z=(1-n)f(x).$$

这样,就把伯努利方程化成以 z 为未知函数的一阶线性微分方程.

例 4 求解方程 $\frac{dy}{dx}=\frac{y}{2x}+\frac{x^{2}}{2y}$.

解 这是一个伯努利方程,因此两端同乘以 $2y$, 得

$$2y\frac{dy}{dx}=\frac{y^2}{x}+x^2,$$

令 $y^2=z$，则有 $$\frac{dz}{dx}=2y\frac{dy}{dx},$$

代入上式有 $$\frac{dz}{dx}=\frac{z}{x}+x^2,$$

这已经是线性方程，可求得通解为 $$z=Cx+\frac{1}{2}x^3.$$

于是，再由 $y^2=z$ 得原方程的通解为 $y=\pm\sqrt{Cx+\frac{1}{2}x^3}$.

习 题 10.4

1. 求下列微分方程的通解.

(1) $y'+y=1$；

(2) $y'-y=e^x$；

(3) $y'=x-y$；

(4) $xy'+y=\sqrt{x}$；

(5) $2xy'+y=2\sqrt{x}$；

(6) $xy'-2y=x^2$，$x>0$；

(7) $y'+2xy=0$；

(8) $dy-y\sin^2 x dx=0$.

2. 求下列微分方程满足给定初始条件的特解.

(1) $x^2y'+2xy=\ln x$，$y(1)=2$；

(2) $t^3\frac{dy}{dt}+3t^2y=\cos t$，$y(\pi)=0$；

(3) $t\frac{du}{dt}=t^2+3u$，$t>0$，$u(2)=4$；

(4) $xy'+y=x\ln x$，$y|_{x=1}=0$.

3. 求下列伯努利方程的通解.

(1) $\frac{dy}{dx}+y=y^2(\cos x-\sin x)$；

(2) $\frac{dy}{dx}-3xy=xy^2$；

(3) $\frac{dy}{dx}+\frac{1}{3}y=\frac{1}{3}(1-2x)y^4$；

(4) $\frac{dy}{dx}-y=xy^5$.

10.5 二阶线性微分方程

10.5.1 二阶线性微分方程的概念

我们把形如

$$y''+p(x)y'+q(x)y=f(x)$$

的微分方程叫做二阶线性微分方程. 当 $f(x)\equiv 0$ 时，方程叫做二阶齐次线性微分方程，否则叫做二阶非齐次线性微分方程.

在讨论二阶线性微分方程的解法之前，我们先来了解二阶线性微分方程解的结构：

1. 二阶齐次线性微分方程解的叠加性

若函数 y_1 与 y_2 是二阶齐次线性微分方程 $y''+p(x)y'+q(x)y=0$ 的两个解,则

$$y=C_1y_1+C_2y_2$$

也是该方程的解,其中 C_1 与 C_2 是任意常数(证明略).

齐次线性微分方程叠加后的解从形式上看含有 C_1 与 C_2 两个任意常数,但它却不一定是方程的通解.例如,$y_1=\sin 2x$ 和 $y_2=2\sin 2x$ 都是方程 $y''+4y=0$ 的解,将 y_1,y_2 叠加后得

$$y=C_1y_1+C_2y_2=C_1\sin 2x+2C_2\sin 2x=(C_1+2C_2)\sin 2x=C\sin 2x.$$

其中 $C=C_1+2C_2$. 由于只有一个独立的任意常数,所以它不是方程 $y''+4y=0$ 的通解.

对于 $y=C_1y_1+C_2y_2$ 我们不禁要问,若要成为齐次线性微分方程的通解,y_1 和 y_2 需满足什么样的条件呢?

2. 函数的线性相关与线性无关

对于两个都不恒等于零的函数 y_1 与 y_2,若 $\frac{y_1}{y_2}=k$(k 为常数),则称函数 y_1 与 y_2 线性相关;否则,就称线性无关.例如,函数 $y_1=\sin 2x$ 与 $y_2=2\sin 2x$,因为当 $x\neq\frac{n\pi}{2}$ 时,$\frac{y_1}{y_2}=2$,所以 y_1 与 y_2 是线性相关的.又如,函数 $y_1=\sin 2x$ 与 $y_2=\cos 2x$,因为当 $x\neq\frac{n\pi}{2}$ 时,$\frac{y_1}{y_2}=\tan 2x\neq$ 常数,所以 y_1 与 y_2 是线性无关的.

因此,对于一个二阶齐次线性微分方程,它的两个解 y_1 与 y_2 能否叠加为方程的通解,关键在于函数 y_1 与 y_2 是否线性相关,即能否使 C_1 与 C_2 成为两个独立的任意常数.为此,我们有下面的结论.

3. 二阶齐次线性微分方程的通解

若函数 y_1 与 y_2 是二阶齐次线性微分方程 $y''+p(x)y'+q(x)y=0$ 的两个线性无关的特解,则

$$y=C_1y_1+C_2y_2$$

就是该方程的通解,其中 C_1 与 C_2 是任意常数(证明略).

4. 二阶非齐次线性微分方程的通解结构

设 $\overline{y}$ 是二阶非齐次线性微分方程 $y''+p(x)y'+q(x)y=f(x)$ 的一个特解,Y 是该方程所对应的二阶齐次线性微分方程 $y''+p(x)y'+q(x)y=0$ 的通解,则

$$y=\overline{y}+Y$$

是二阶非齐次线性微分方程的通解(证明略).

5. 二阶非齐次线性微分方程解的叠加性

若 $\overline{y}_1$ 与 $\overline{y}_2$ 分别是微分方程

$$y''+p(x)y'+q(x)y=f_1(x)$$

和

$$y'' + p(x)y' + q(x)y = f_2(x)$$

的解，则 $y = C_1\overline{y}_1 + C_2\overline{y}_2$ 是微分方程

$$y'' + p(x)y' + q(x)y = C_1 f_1(x) + C_2 f_2(x)$$

的解，其中 C_1 与 C_2 是任意常数(证明略).

10.5.2　二阶常系数齐次线性微分方程

在二阶齐次线性微分方程

$$y'' + P(x)y' + Q(x)y = 0$$

中，若 y' 和 y 的系数均为常数，即上式成为

$$y'' + py' + qy = 0.$$

其中 p，q 是常数，则方程称为二阶常系数齐次线性微分方程.

由二阶线性微分方程解的结构可知，二阶齐次线性微分方程的通解是由它的两个线性无关的特解分别乘以任意常数相加得到的，因此求二阶常系数齐次线性微分方程的通解，关键在于求出方程的两个线性无关的特解 y_1 和 y_2. 我们知道，一阶常系数齐次线性微分方程 $y' + py = 0$ 的通解可求得为 $y = Ce^{-px}$，它的特点是 y 和 y' 都是指数函数. 因此，我们可以设想二阶常系数齐次线性微分方程的解也是一个指数函数 $y = e^{rx}$（r 为常数)，它与其一阶导数 y' 与二阶导数 y'' 之间仅相差一常数因子，只要选择适当的 r 的值，就可得到满足方程的解. 为此，将 $y = e^{rx}$ 和 $y' = re^{rx}$，$y'' = r^2e^{rx}$ 代入方程，得

$$e^{rx}(r^2 + pr + q) = 0.$$

因为 $e^{rx} \neq 0$，所以必有

$$r^2 + pr + q = 0.$$

这是一个关于 r 的一元二次方程. 显然，如果 r 满足方程 $r^2 + pr + q = 0$，则 $y = e^{rx}$ 就是二阶常系数齐次线性微分方程的解；反之，若 $y = e^{rx}$ 是二阶常系数齐次线性微分方程的解，则 r 一定是 $r^2 + pr + q = 0$ 的根. 我们把方程 $r^2 + pr + q = 0$ 叫做方程 $y'' + py' + qy = 0$ 的特征方程，它的根称为特征根. 于是，方程 $y'' + py' + qy = 0$ 的求解问题，就转化为求代数方程 $r^2 + pr + q = 0$ 的根的问题. 根据一元二次方程根的判别式，特征根有下列三种不同情形(推导过程略)：

(1) 特征方程有两个不相等的实根：$r_1 \neq r_2$，则微分方程 $y'' + py' + qy = 0$ 的通解是

$$y = C_1e^{r_1x} + C_2e^{r_2x}.$$

(2) 特征方程有两个相等的实根：$r_1 = r_2 = r$，则微分方程 $y'' + py' + qy = 0$ 的通解是

$$y = (C_1 + C_2x)e^{rx}.$$

(3) 特征方程有一对共轭复数根：$r_1 = \alpha + i\beta$ 和 $r_2 = \alpha - i\beta$，则微分方程 $y'' + py' +$

$qy=0$ 的通解是

$$y=e^{\alpha x}(C_1\cos\beta x+C_2\sin\beta x).$$

例 1 求微分方程 $y''+2y'-8y=0$ 的通解.

解 所给微分方程的特征方程为 $r^2+2r-8=0$,

其特征根求得为 $r_1=-4,\quad r_2=2.$

因此,所求微分方程的通解为 $y=C_1e^{-4x}+C_2e^{2x}$.

例 2 求微分方程 $y''-6y'+9y=0$ 的通解.

解 所给微分方程的特征方程为 $r^2-6r+9=0$,

其特征根为 $r_1=r_2=3.$

因此,所求微分方程的通解为 $y=(C_1+C_2x)e^{3x}$.

例 3 求方程 $\dfrac{d^2s}{dt^2}+2\dfrac{ds}{dt}+s=0$ 满足初始条件 $s|_{t=0}=4$, $s'|_{t=0}=-2$ 的特解.

解 该微分方程的特征方程为 $r^2+2r+1=0$,

特征根为 $r_1=r_2=-1.$

于是方程的通解为 $s=(C_1+C_2t)e^{-t}$,

并有 $s'=(C_2-C_2t-C_1)e^{-t}.$

将初始条件代入以上两式,得 $C_1=4,\quad C_2=2.$

于是所求方程的特解为 $s=(4+2t)e^{-t}.$

例 4 求方程 $y''-6y'+13y=0$ 的通解.

解 所给微分方程的特征方程为 $r^2-6r+13=0$,

特征根为 $r_1=3+2i,\quad r_2=3-2i,$

于是所求方程的通解为 $y=e^{3x}(C_1\cos 2x+C_2\sin 2x).$

10.5.3 二阶常系数非齐次线性微分方程

形如

$$y''+py'+qy=f(x)\quad (p, q\text{ 都是常数})$$

的方程,叫做二阶常系数非齐次线性微分方程,其中 p, q 是常数.

根据前面的讨论可知,求二阶非齐次线性微分方程的通解,可先求出与它对应的齐次方程

$$y''+py'+qy=0$$

的通解 Y 和二阶非齐次线性微分方程的一个特解 $\bar{y}$,即可得到它的通解 $y=\bar{y}+Y$. 因此,这

里只需讨论如何求非齐次方程的一个特解.对于这个问题,我们只对 $f(x)$ 取以下三种常见形式进行讨论:

1. $f(x)=P_n(x)$

其中 $P_n(x)$ 是 x 的一个 n 次多项式,此时方程成为

$$y''+py'+qy=P_n(x).$$

因为一个多项式的导数仍是多项式,而且次数比原来降低一次.因此:

(1) 当 $q\neq 0$ 时,方程的特解仍是一个 n 次多项式,记作 $\bar{y}=Q_n(x)$;

(2) 当 $q=0$ 而 $p\neq 0$ 时,方程的特解是一个 $n+1$ 次多项式,记作 $\bar{y}=Q_{n+1}(x)$;

(3) 当 $p=q=0$ 时,方程的特解是一个 $n+2$ 次多项式,记作 $\bar{y}=Q_{n+2}(x)$.

例 5 求方程 $y''+4y'+3y=x-2$ 的一个特解并求其通解.

解 对应的齐次方程的特征方程为 $r^2+4r+3=0$,

特征根为 $$r_1=-3,\quad r_2=-1,$$

则对应的齐次方程的通解为 $$Y=C_1\mathrm{e}^{-3x}+C_2\mathrm{e}^{-x}.$$

设原方程的一个特解为 $$\bar{y}=Ax+B,$$

则有 $$\bar{y}'=A,\quad \bar{y}''=0.$$

将 $\bar{y}$, $\bar{y}'$ 和 $\bar{y}''$ 代入原方程,得 $4A+3(Ax+B)=x-2$,

求得 $$A=\frac{1}{3},\quad B=-\frac{10}{9}.$$

于是所求方程的特解为 $$\bar{y}=\frac{1}{3}x-\frac{10}{9}.$$

所求方程通解为 $$y=C_1\mathrm{e}^{-3x}+C_2\mathrm{e}^{-x}+\frac{1}{3}x-\frac{10}{9}.$$

2. $\boldsymbol{f(x)=P_n(x)\mathrm{e}^{\lambda x}}$

其中 $p_n(x)$ 是 x 的一个 n 次多项式,λ 为常数,此时方程成为

$$y''+py'+qy=P_n(x)\mathrm{e}^{\lambda x},$$

设方程的特解形式为 $$\bar{y}=x^kQ_n(x)\mathrm{e}^{\lambda x},$$

其中 $Q_n(x)$ 是一个与 $P_n(x)$ 有相同次数的多项式,k 是一个整数并由下列情形决定:

(1) 当 λ 不是对应的齐次方程的特征根时,$k=0$;

(2) 当 λ 是对应的齐次方程的特征方程的单根时,取 $k=1$;

(3) 当 λ 是对应的齐次方程的特征方程的重根时,取 $k=2$.

例 6 求方程 $y''-5y'+6y=x\mathrm{e}^{2x}$ 的通解.

解 对应的齐次方程的特征方程为 $r^2-5r+6=0$,

特征根为 $$r_1=2,\quad r_2=3,$$

从而对应的齐次方程的通解为 $Y = C_1 e^{2x} + C_2 e^{3x}$.

因为 $\lambda = 2$ 是特征方程的单根,故设其特解为 $\bar{y} = x(Ax + B)e^{2x}$,

则有

$$\bar{y}' = [2Ax^2 + 2(A+B)x + B]e^{2x},$$
$$\bar{y}'' = [4Ax^2 + 4(2A+B)x + 2(A+2B)]e^{2x}.$$

代入方程,解得 $A = -\dfrac{1}{2}$, $B = -1$.

因此得原方程的一个特解为 $\bar{y} = x\left(-\dfrac{1}{2}x - 1\right)e^{2x}$,

于是所求方程的通解为 $y = C_1 e^{2x} + C_2 e^{3x} + x\left(-\dfrac{x}{2} - 1\right)e^{2x}$.

3. $f(x) = a\cos \omega x + b\sin \omega x$

其中 a, b, ω 是常数,此时方程成为 $y'' + py' + qy = a\cos \omega x + b\sin \omega x$.

设方程的特解形式为 $\bar{y} = x^k(A\cos \omega x + B\sin \omega x)$.

其中 A 和 B 是待定常数,k 是一个整数,k 的取值由下列两种情形确定:

(1) 当 $\pm\omega i$ 不是对应齐次方程的特征根时,$k = 0$;

(2) 当 $\pm\omega i$ 是对应齐次方程的特征根时,$k = 1$.

例 7 求微分方程 $y'' + 2y' - 3y = 4\sin x$ 的一个特解.

解 对应齐次方程的特征方程为 $r^2 + 2r - 3 = 0$,

求得特征根为 $r_1 = -3$, $r_2 = 1$.

因为 $\omega = 1$,而 $\omega i = i$ 不是特征方程的特征根,所以 $k = 0$,因此设方程的特解为

$$\bar{y} = A\cos x + B\sin x.$$

求导,得

$$\bar{y}' = -A\sin x + B\cos x,$$
$$\bar{y}'' = -A\cos x - B\sin x,$$

代入原方程,求得 $A = -\dfrac{2}{5}$, $B = -\dfrac{4}{5}$.

于是所求方程的一个特解为 $\bar{y} = -\dfrac{2}{5}\cos x - \dfrac{4}{5}\sin x$.

习 题 10.5

1. 求下列微分方程的通解.

(1) $y'' + y' - 2y =$;

(2) $y'' - 4y' = 0$;

(3) $y'' + 6y' + 13y = 0$;

(4) $y'' - 2y' + (1 - a^2)y = 0$ $(a \neq 0)$.

2. 求下列微分方程的特解.

(1) $4y''+4y'+y=0$，$y|_{x=0}=2$，$y'|_{x=0}=0$；

(2) $y''+4y'+29y=0$，$y|_{x=0}=0$，$y'|_{x=0}=15$.

3. 求下列微分方程的一个特解.

(1) $y''+2y'+5y=5x+2$；
(2) $2y''+y'-y=2e^x$；

(3) $y''+3y=2\sin x$；
(4) $y''-5y'+6y=7$.

4. 求下列微分方程的通解.

(1) $y''-2y'-3y=3x+1$；
(2) $y''+2y'=2x^2+1$；

(3) $y''+3y'+2y=2x^2+1$；
(4) $y''-y'+\frac{1}{4}y=5e^{\frac{x}{2}}$；

(5) $y''-4y'=4xe^x$；
(6) $y''+4y'+4y=(2x^2+1)e^{-2x}$；

(7) $\frac{d^2y}{dx^2}=4\sin 2x$；
(8) $y''=x+3\cos x$.

5. 求下列微分方程的特解.

(1) $4y''+16y'+15y=4e^{-\frac{3}{2}x}$，$y|_{x=0}=3$，$y'|_{x=0}=-5.5$；

(2) $2y''+y'+y=2$，$y|_{x=0}=1$，$y'|_{x=0}=0$；

(3) $y''+2y=\sin x$，$y(0)=0$，$y'(0)=1$.

10.6 常微分方程的应用

常微分方程在几何学(如求曲线的方程、探照灯反光镜的设计等)、物理学(如运动轨迹方程、衰变问题、物体的冷却问题、落体问题、发射问题、自由振动问题等)以及生物、医学、生态、经济、保险、战争、人口控制与预测等领域有着广泛的应用.

运用常微分方程解决实际问题的一般步骤如下：

(1) 建立微分方程，并确定初始条件；

(2) 求出微分方程的解；

(3) 对所得结果进行分析，解释它的实际意义. 如果它与实际情况相差甚远，则应修改模型，并重新求解.

下面我们通过几个实际案例，帮助大家了解和掌握常微分方程的基本应用.

【应用 1】 运动轨迹问题

例 1 我舰艇发射导弹攻击航母，设航母沿 y 轴正方向以速度 v 匀速行驶，导弹方向始终指向航母且速度为 $5v$，当导弹由点 $(a, 0)$ 发射时(图 10-3)，航母位于原点，求导弹的运动轨迹.

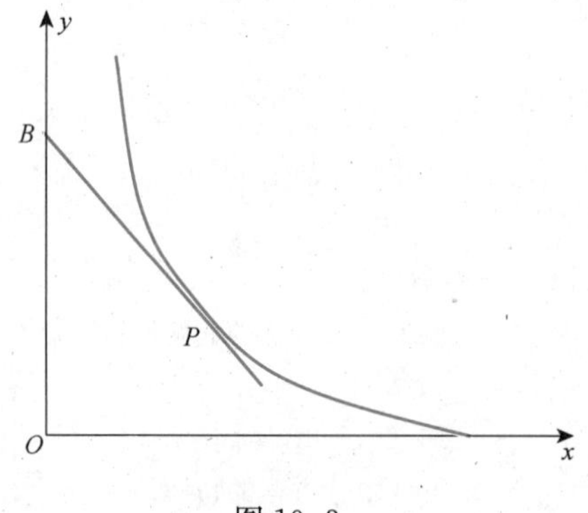

图 10-3

解 设导弹运动轨迹为 $y=f(x)$.

若当导弹发射至 $P(x, y)$ 点时，航母位于点 $B(0, vt)$ 则有

$$\frac{dy}{dx}=\frac{vt-y}{-x}.$$

又曲线段 PA 的长度为

$$\int_x^a \sqrt{1+\left(\frac{\mathrm{d}y}{\mathrm{d}x}\right)^2}\,\mathrm{d}x = 5vt.$$

由上面两式消去 t，得

$$\int_x^a \sqrt{1+\left(\frac{\mathrm{d}y}{\mathrm{d}x}\right)^2}\,\mathrm{d}x = 5\left(y - x\frac{\mathrm{d}y}{\mathrm{d}x}\right),$$

上式两边对 x 求导，得

$$5x\frac{\mathrm{d}^2 y}{\mathrm{d}x^2} = \sqrt{1+\left(\frac{\mathrm{d}y}{\mathrm{d}x}\right)^2},\quad y(a)=0,\quad y'(a)=0.$$

令 $\frac{\mathrm{d}y}{\mathrm{d}x} = p(x)$，则上式降阶化为

$$5xp'(x) = \sqrt{1+p^2(x)}.$$

这是一个一阶微分方程，解方程求出 $p(x)$，进而由 $\frac{\mathrm{d}y}{\mathrm{d}x} = p(x)$ 即可求得 $y = f(x)$.（以下过程略. 感兴趣的读者可以自己试试）

【应用 2】 化学反应过程

例 2 物质 A 与物质 B 化合生成新物质 C. 设反应过程不可逆，在反应初始时刻，A，B，C 的量分别为 a，b，0，在反应过程中，A，B 失去的量为 C 生成的量，并且在 C 中所含 A 与 B 的比例为 $\alpha : \beta$，已知 C 的量 x 的增长率与 A，B 剩余量的乘积成正比，比例系数为 $k>0$. 求反应过程开始后，t 时刻生成物 C 的量 x 与时间 t 的关系.（设 $b\alpha - a\beta \neq 0$）

解 t 时刻生成物 C 中 A，B 的量分别为

$$\frac{\alpha}{\alpha+\beta}x,\quad \frac{\beta}{\alpha+\beta}x.$$

于是，A，B 的剩余量为

$$a - \frac{\alpha}{\alpha+\beta}x,\quad b - \frac{\beta}{\alpha+\beta}x.$$

又因为生成物 C 的量 x 的增长率为 $\frac{\mathrm{d}x}{\mathrm{d}t}$，从而

$$\frac{\mathrm{d}x}{\mathrm{d}t} = k\left(a - \frac{\alpha}{\alpha+\beta}x\right)\left(b - \frac{\beta}{\alpha+\beta}x\right),\quad x(0)=0.$$

【应用 3】 生产成本问题

例 3 已知某商品的生产成本 $C = C(x)$ 随生产量 x 的增加而增加，其增长率为 $C'(x) = 1 + \frac{a}{1+x}$. 当生产量为零时，固定成本 $C(0) = C_0 \geqslant 0$，求该商品的生产成本

函数 $C(x)$.

解　分离变量,得
$$\mathrm{d}C(x)=\left(1+\frac{a}{1+x}\right)\mathrm{d}x,$$
两边积分得
$$C(x)=x+a\ln(1+x)+C,$$
代入初始条件 $C(0)=C_0$,则成本函数为
$$C(x)=x+a\ln(1+x)+C_0.$$

【应用 4】 动力学问题

例 4　设质量为 m 的物体,在时间 $t=0$ 时,在距地面高度为 H 处以初始速度 $v(0)=v_0$ 垂直地面下落,求此物体下落时距离与时间的关系.

解　设 $x=x(t)$ 为 t 时刻物体的位置坐标,则物体下落的速度为
$$v=\frac{\mathrm{d}x}{\mathrm{d}t},$$
加速度为
$$a=\frac{\mathrm{d}^2x}{\mathrm{d}t^2}.$$

质量为 m 的物体,在下落的任一时刻所受到的外力有重力 mg 和空气阻力,当速度不太大时,空气阻力可取为与速度成正比. 于是根据牛顿第二定律 $F=ma$ (力=质量×加速度)可以列出方程
$$ma=kv-mg,$$
即
$$m\frac{\mathrm{d}^2x}{\mathrm{d}t^2}=k\frac{\mathrm{d}x}{\mathrm{d}t}-mg.$$
其中 $k>0$ 为阻尼系数, g 是重力加速度.

【应用 5】 电振荡问题

在很多无线电设备(如收音机和电视机)中,我们经常见到如图 10-4 所示的回路. 它由四个元件所组成,即电源(设其电动势为 E),电阻 R,电感 L 以及电容器 C.

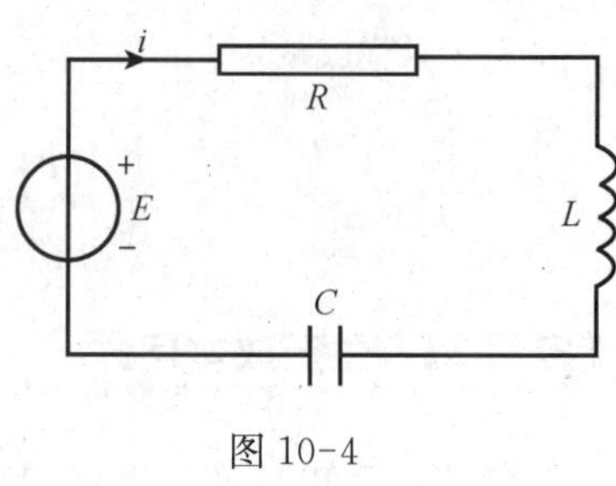

图 10-4

为了简单起见,电容器的电容量我们也用 C 表示,它所储藏的电荷量为 q,这时电容器的两个极板分别带着等量但符号相反的电荷,极板间的电位差等于
$$E_c=\frac{1}{C}q.$$

此外，当电路中流过交流电时，电容器极板上的电量以及它们的正负符号均随时间发生变化. 根据电流定义，这时有

$$i = \frac{\mathrm{d}q}{\mathrm{d}t}.$$

根据基尔霍夫第二定律，在闭合回路中全部元件的电压的代数和等于零，即

$$E - Ri - L\frac{\mathrm{d}i}{\mathrm{d}t} - \frac{q}{C} = 0.$$

整理后可得

$$L\frac{\mathrm{d}i}{\mathrm{d}t} + Ri + \frac{q}{C} = E,$$

考虑到 $\frac{\mathrm{d}q}{\mathrm{d}t} = i$，上式可写成

$$L\frac{\mathrm{d}^2q}{\mathrm{d}t^2} + R\frac{\mathrm{d}q}{\mathrm{d}t} + \frac{q}{C} = E,$$

即为关于电荷量 q 的方程.

如果在 $L\frac{\mathrm{d}i}{\mathrm{d}t} + Ri + \frac{q}{C} = E$ 两端对 t 求导数，并假设 E 是常量(直流电压)，则可得关于电流的方程

$$L\frac{\mathrm{d}^2i}{\mathrm{d}t^2} + R\frac{\mathrm{d}i}{\mathrm{d}t} + \frac{i}{C} = 0.$$

实验表明，在一定条件下，上述回路中的电流会产生周期振荡，因此我们把上述回路称为电振荡回路.

习 题 10.6

1. 如果一曲线通过原点，且在该曲线上任一点 $M(x, y)$ 处的切线的斜率为 $2x + y$，求这曲线的方程.

2. 一个月产 200 桶原油的油井，将在 3 年后将枯竭，预计从现在起 t 个月后，原油价格将是每桶 $P(t) = 8 + 0.3\sqrt{t}$ (美元)，如果假定原油即产即销，那么从这口井可得多少收入?

3. 已知某产品的净利润与广告支出有如下的关系：$P' = b - a(x + P)$. 其中 a，b 为正的已知常数，且 $P(0) = P_0 \geqslant 0$，求 $P = P(x)$.

4. 设某种轿车出厂价为 10 万元，其贬值率(即价值的降低率)与当时的价值 $P(t)$ 成正比，以 $-a(a > 0)$ 为比例系数. 求轿车在 t 年末的价值，如果此轿车在 5 年末的价值为 6 万元，求 10 年末的价值.

5. 火车沿水平轨道运动，火车的重量是 P，机车牵引力为 f_1，运动阻力为 $f_2 = a + bv$，其中 a，b 都是常数，v 为火车的速度，假设 $s(0) = s'(0) = 0$，求火车运动的规律.

6. 物体的初始温度为 T_0，环境温度是 T_e，在温差不大时，冷却速度与温差 $T - T_e$ 成正比. 求 t 时刻物体的温度 T.

7. 已知曲线上每一点的切线斜率为该点横坐标的两倍，且经过点 $P(3, 4)$，求该曲线.

8. 一曲线经过点(2, 3)，它在两坐标轴间的任意切线线段被切点所平分，求该曲线.

9. 人工繁殖细菌，其增长速度和当时的细菌数成正比.

(1) 如果过 4 h 的细菌数即为原细菌数的 2 倍，那么经过 12 h 应有多少?

(2) 如在 3 h 的时候，有细菌 10^4 个，在 5 h 的时候有 4×10^4 个，那么在开始时有多少个细菌?

10. 镭的衰变有如下规律：镭的衰变速度与它的现存量 R 成正比. 由经验材料得知，镭经过 1600 年后，只余原始量 R_0 的一半. 试求镭的量 R 与时间 t 的函数关系.

11. 质量为 1 g 的质点受外力作用作直线运动，这个外力与时间成正比，与质点运动的速度成反比. 在 $t=10$ s 时，速度等于 50 cm/s，外力为 4 dyn(注：使质量是 1 g 的物体产生 1cm/s² 的加速度的力，叫做 1 dyn. 1 dyn=10^{-5} N). 问从运动开始经过 1 min 后的速度是多少？

10.7 数学实验

10.7.1 解微分方程的 Matlab 命令

dsolve('eq1,eq2,…','cond1,cond2,…','v')	求由 eq1，eq2,…指定的常微分方程的符号解，常微分方程以 v 为自变量，参数 cond1,cond2，…用来指定方程的初始条件
dsolve('eq1,eq2,…','cond1,cond2,…','v')	

10.7.2 利用 Matlab 软件求解列微分方程(组)

例 1 求 $\frac{\mathrm{d}x}{\mathrm{d}t}=-ax$ 通解，并求其在初始条件 $x(0)=1$ 的数值解

解 在 Matlab 的命令窗口输入如下命令序列：

```
syms  x a
s1 = dsolve('Dx = - a * x');
s2 = dsolve('Dx = - a * x','x(0) = 1');
solution = [s1;s2];
solution
```

运行结果：

```
solution =  C1 *  exp( - a * t)
            exp( - a * t)
```

例 2 求 $\begin{cases} y''=\cos(2x)-y, \\ y(0)=1,\ y'(0)=0 \end{cases}$ 的解.

解 在 Matlab 的命令窗口输入如下命令序列：

```
syms  x y
s = dsolve('D2y = cos(2 * x) - y','y(0)' = 1,','Dy(0) = 0','x');
s
```

运行结果：

```
s = 4/3 * cos(x) - 1/3 * cos(2 * x)
```

注 在常微分方程中，大写字母 D 表示一阶微分，D2，D3 分别表示二阶、三阶微分运算.

例 3 求常微分方程组

$$\begin{cases}\dfrac{\mathrm{d}f}{\mathrm{d}t}=3f(t)+4g(t),\\\dfrac{\mathrm{d}g}{\mathrm{d}t}=-4f(t)+3g(t),\\f(0)=0,\ g(0)=1\end{cases}$$

的通解.

解 在 Matlab 的命令窗口输入如下命令序列:

```
syms  fg
[f,g] = dsolve('Df = 3 * f + 4 * g,Dg = - 4 * f + 3g','f(0) = 0,g(0) = 1');
disp('f = ');disp('g = ');
disp(f)
disp(g)
```

运行结果:

```
f =  exp(3 * t) * sin(4 * t)
g =  exp(3 * t) * cos(4 * t)
```

阅读材料十

常微分方程的起源与发展

方程对于学过中学数学的人来说是比较熟悉的;在初等数学中就有各种各样的方程,比如线性方程、二次方程、高次方程、指数方程、对数方程、三角方程和方程组等等. 这些方程都是要把研究的问题中的已知数和未知数之间的关系找出来,列出包含一个未知数或几个未知数的一个或者多个方程式,然后取求方程的解.

但是在实际工作中,常常出现一些特点和以上方程完全不同的问题. 比如:物质在一定条件下的运动变化,要寻求它的运动、变化的规律;某个物体在重力作用下自由下落,要寻求下落距离随时间变化的规律;火箭在发动机推动下在空间飞行,要寻求它飞行的轨道,等等.

物质运动和它的变化规律在数学上是用函数关系来描述的,因此,这类问题就是要去寻求满足某些条件的一个或者几个未知函数. 也就是说,凡是这类问题都不是简单地去求一个或者几个固定不变的数值,而是要求一个或者几个未知的函数. 解这类问题的基本思想和初等数学解方程的基本思想很相似,也是要把研究的问题中已知函数和未知函数之间的关系找出来,从列出的包含未知函数的一个或几个方程中去求得未知函数的表达式. 但是无论在方程的形式、求解的具体方法、求出解的性质等方面,都和初等数学中的解方程有许多不同的地方.

在数学上,解这类方程,要用到微分和导数的知识. 因此,凡是表示未知函数的导数以及自变量之间的关系的方程,就叫做微分方程. 微分方程差不多是和微积分同时先后产生的,苏格兰数学家耐普尔创立对数的时候,就讨论过微分方程的近似解. 牛顿在建立微积分的同时,对简单的微分方程用级数来求解. 后来瑞士数学家雅各布・伯努利、欧拉、法国数学家克雷洛、达朗贝尔、拉格朗日等人又不断地研究和丰富了微分方程的理论.

常微分方程的形成与发展是和力学、天文学、物理学，以及其他科学技术的发展密切相关的.数学的其他分支的新发展，如复变函数、李群、组合拓扑学等，都对常微分方程的发展产生了深刻的影响，当前计算机的发展更是为常微分方程的应用及理论研究提供了非常有力的工具.

牛顿研究天体力学和机械力学的时候，利用了微分方程这个工具，从理论上得到了行星运动规律.后来，法国天文学家勒维烈和英国天文学家亚当斯使用微分方程各自计算出那时尚未发现的海王星的位置.这些都使数学家更加深信微分方程在认识自然、改造自然方面的巨大力量.微分方程的理论逐步完善的时候，利用它就可以精确地表述事物变化所遵循的基本规律，只要列出相应的微分方程，有了解方程的方法，微分方程也就成了最有生命力的数学分支.

求通解在历史上曾作为微分方程的主要目标，一旦求出通解的表达式，就容易从中得到问题所需要的特解.也可以由通解的表达式，了解对某些参数的依赖情况，便于参数取值适宜，使它对应的解具有所需要的性能，还有助于进行关于解的其他研究.

后来的发展表明，能够求出通解的情况不多，在实际应用中所需要的多是求满足某种指定条件的特解.当然，通解是有助于研究解的属性的，但是人们已把研究重点转移到定解问题上来.一个常微分方程是不是有特解呢？如果有，又有几个呢？这是微分方程论中一个基本的问题，数学家把它归纳成基本定理，叫做存在和唯一性定理.因为如果没有解，而我们要去求解，那是没有意义的；如果有解而又不是唯一的，那又不好确定.因此，存在和唯一性定理对于微分方程的求解是十分重要的.

大部分的常微分方程求不出十分精确的解，而只能得到近似解.当然，这个近似解的精确程度是比较高的.另外还应该指出，用来描述物理过程的微分方程，以及由试验测定的初始条件也是近似的，这种近似之间的影响和变化还必须在理论上加以解决.

现在，常微分方程在很多学科领域内有着重要的应用，自动控制、各种电子学装置的设计、弹道的计算、飞机和导弹飞行的稳定性的研究、化学反应过程稳定性的研究等.这些问题都可以化为求常微分方程的解，或者化为研究解的性质的问题.应该说，应用常微分方程理论已经取得了很大的成就，但是，它的现有理论也还远远不能满足需要，还有待于进一步的发展，使这门学科的理论更加完善.

综合练习十

一、选择题

1. 微分方程 $y'+2y=e^x$ 是(　　)方程.

A. 一阶线性非齐次　　B. 可分离变量

C. 齐次　　D. 二阶微分

2. 微分方程 $x\mathrm{d}y-y\mathrm{d}x=0$ 是(　　)方程.

A. 一阶线性　　B. 可分离变量　　C. 齐次　　D. 常系数线性

3. 下列方程中为可分离变量方程的是(　　).

A. $y\dfrac{\mathrm{d}y}{\mathrm{d}x}=x(1-y^2)$　　B. $\dfrac{\mathrm{d}y}{\mathrm{d}x}=x+y$　　C. $\dfrac{\mathrm{d}y}{\mathrm{d}x}=e^{2x+2y}$　　D. $xy'-y\ln y=0$

4. 下列方程中为二阶微分方程的是(　　).

A. $x(y')^2+2yy'+x=0$　　B. $x^2y''-xy'+y=0$

C. $(y'')^3+y=0$　　D. $\sqrt{y'}-y'=0$

5. 方程 $y'-y=0$ 满足初始条件 $y|_{x=0}=2$ 的特解为(　　).

A. $y=2e^{-x}$　　B. $y=2e^{x}$　　C. $y=e^{x}$　　D. $y=e^{-x}+1$

6. 微分方程 $\sin x\mathrm{d}x=\cos y\mathrm{d}y$ 的通解为(　　).

A. $\cos x+\sin y=C$　　B. $\cos x-\sin y=C$

C. $\sin x+\cos y=C$　　D. $\sin x-\cos y=C$

7. 微分方程 $2y\mathrm{d}y-\mathrm{d}x=0$ 的通解为(　　).

A. $y^2-x=C$　　B. $y-\sqrt{x}=C$　　C. $y=x+C$　　D. $y=-x+C$

8. 微分方程 $y''+4y'+3y=0$ 的通解为(　　).

A. $y=C_1e^{-x}+C_2e^{-3x}$　　B. $y=C_1e^{x}+C_2e^{-3x}$

C. $y=C_1e^{-x}+C_2e^{3x}$　　D. $y=C_1e^{x}+C_2e^{3x}$

9. 微分方程 $y''+y'-2y=x$ 的解有(　　).

A. $y=C_1e^{x}+C_2e^{-2x}-\frac{1}{2}\left(x+\frac{1}{2}\right)$　　B. $y=C_1e^{x}+C_2e^{-2x}$

C. $y=e^{x}-\frac{1}{2}\left(x+\frac{1}{2}\right)$　　D. $y=e^{-2x}-\frac{1}{2}\left(x+\frac{1}{2}\right)$

二、填空题

1. 已知曲线上任一点 (x, y) 处的切线斜率为 e^{-x}，且此曲线过点 $(0, 2)$，则此曲线方程为________.

2. 一阶线性方程 $y'+p(x)y=q(x)$ 的通解为________.

3. 方程 $y'=-2y$ 满足初始条件 $y|_{x=0}=2$ 的特解为________.

4. 方程 $y''-5y'+6y=7$ 满足初始条件 $y|_{x=0}=\frac{7}{6}$，$y'|_{x=0}=-1$ 的特解为________.

5. 方程 $y''+y=0$ 的通解为________.

6. 方程 $y''+2y'=0$ 的通解为________.

7. 方程 $y''+2y'-3y=0$ 的特征方程为________.

8. 方程 $y''-4y'-y=xe^{-x}$ 的特解形式如________.

三、解下列方程

1. $\frac{\mathrm{d}y}{\mathrm{d}x}+y=e^{-x}$.　　2. $x\frac{\mathrm{d}y}{\mathrm{d}x}+y=x^3$.

3. $y'=y\tan x+\cos x$.　　4. $\frac{\mathrm{d}y}{\mathrm{d}x}-3xy=2x$.

5. $y''+2y'+10y=0$，$y|_{x=0}=1$，$y'|_{x=0}=1$.　　6. $y''-2y'-3y=3x+1$.

7. $y''+2y'=2x^2+1$.　　8. $y''+3y'+2y=2x^2+1$.

四、应用题

快艇以匀速 $v_0=5\,\mathrm{m/s}$ 在静水中前进，当停止发动机后 5 s，速度减至 3 m/s，已知阻力与运动速度成正比. 试求艇速随时间变化的规律.

第 11 章　线性代数及其应用

在公元 820 年左右，被冠以“代数学之父”的称号的阿拉伯数学家花拉子米编著了《代数学》一书，尝试用代数方法处理线性方程组与二次方程，同时引进了移项、合并同类项等代数运算. 16 世纪，法国科学家韦达首先有意识地、系统地使用数学符号，引入了符号体系，这种思想不仅带来了代数学领域的一次突破，而且为以后整个数学的发展奠定了基础. 18 世纪，代数学的主题仍是代数方程，莱布尼茨的行列式、克拉默的“克拉默法则”、范德蒙行列式、拉普拉斯展开等重要结果被相继提出.

18—19 世纪由欧拉开启了数论的新领域“代数数论”. 线性代数作为代数学一个独立的分支，是在 20 世纪才形成的，而最古老的线性问题是线性方程组的解法，在中国古代的数学著作《九章算术》方程章中已经作了比较完整的叙述.

学 习 要 点

- 了解线性代数的相关背景.
- 理解 n 阶行列式的展开定义和基本性质，掌握行列式的性质，会计算行列式的值.
- 会用克拉默法则求线性方程组的解.
- 理解矩阵的概念，掌握矩阵加法、减法、数乘、乘法的运算方法.
- 掌握逆矩阵的概念、性质，会求已知矩阵的逆矩阵.
- 理解线性方程组的概念，会求解线性方程组.
- 掌握利用 Matlab 软件求行列式的值、矩阵的基本运算、逆矩阵，求解线性方程组.

置身于数学领域中不断地探索和追求，能把人类的思维活动升华到纯净而和谐的境界.

——詹姆斯・约瑟夫・西尔维斯特

詹姆斯・约瑟夫・西尔维斯特
(1814—1897)
英国数学家

11.1 《九章算术》方程

《九章算术》方程章中所谓"方程"是专指多元一次方程组而言，与现在"方程"的含义并不相同.《九章算术》方程章中多元一次方程组的解法，是将它们的系数和常数项用算筹摆成"方阵"(所以称之谓"方程").

方程章第一题："今有上禾(指上等稻子)三秉(指捆)中禾二秉，下禾一秉，实(指谷子)三十九斗；上禾二秉，中禾三秉，下禾一秉，实三十四斗；上禾一秉，中禾二秉，下禾三秉，实二十六斗. 问上、中、下禾实一秉各几何". 这一题若按现代的记法，设 x，y，z 依次为上、中、下禾各一秉的谷子数，则上述问题是求解三元一次方程组：

$$\begin{cases} 3x+2y+z=39 & (1) \\ 2x+3y+z=34 & (2) \\ x+2y+3z=26 & (3) \end{cases}$$

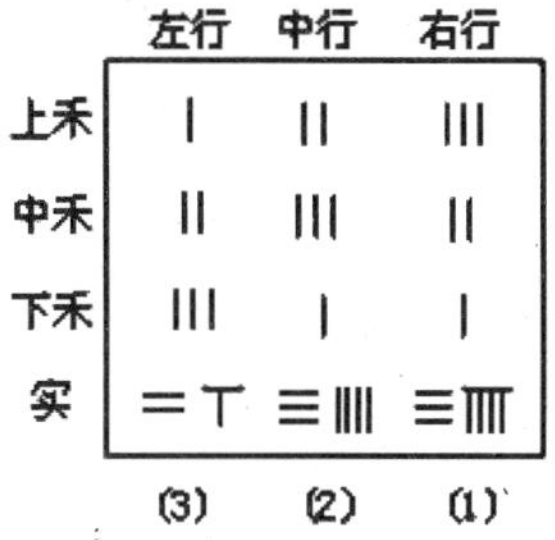

	左行	中行	右行
上禾	1	2	3
中禾	2	3	2
下禾	3	1	1
实	26	34	39
	(3)	(2)	(1)

图 11-1

《九章算术》用算筹演算："方程术曰，置上禾三秉，中禾二秉，下禾一秉，实三十九斗，于右方. 中、左行列如图 11-1 所示，以右行上禾偏乘(即遍乘)中行而以直除(这里"除"是减，"直除"即连续相减.)……(引文下略)".

现将遍乘直除法解方程组的过程，按算筹演算如图 11-2 所示.

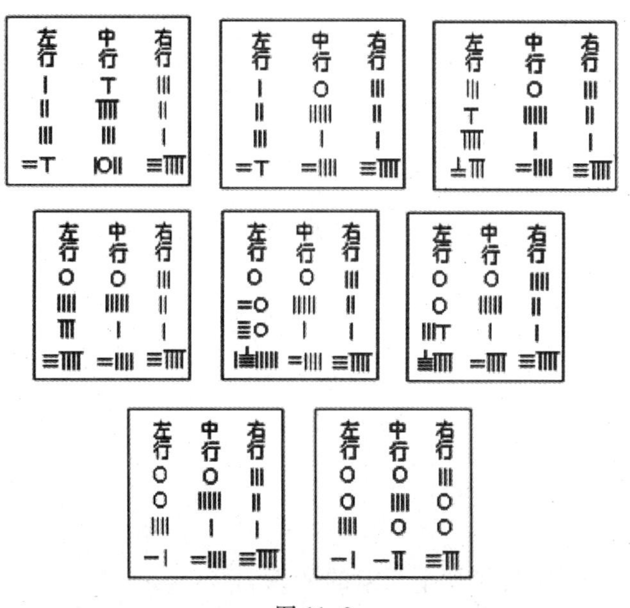

图 11-2

这题的答案《九章算术》方程章第一题“答曰：上禾一秉，九斗四分斗之一；中禾一秉，四斗四分斗之一；下禾一秉，二斗四分斗之三”

11.2 行列式

11.2.1 行列式的概念

1. 排列和逆序

由 n 个数 1, 2, … n 组成的一个有序数组称为一个 n 级排列，如 41352 是一个 5 级排列，25431 为一个 3 级排列. n 级排列共有 $n!$ 个. 在一个 n 级排列 $i_1 i_2 \cdots i_s \cdots i_t \cdots i_n$ 中，若 $i_s > i_t$，且 i_s 排在 i_t 前面，则称这两个数构成一个逆序. 一个排列中，逆序的总数成为该排列的逆序数，记作 $\tau(i_1 i_2 \cdots i_n)$，如 $\tau(231546) = 3$，$\tau(32451) = 5$.

2. n 阶行列式

(1) 二、三阶行列式

二阶行列式 $\begin{vmatrix} a_{11} & a_{12} \\ a_{21} & a_{22} \end{vmatrix} \equiv a_{11}a_{22} - a_{12}a_{21}$.

三阶行列式
$$\begin{vmatrix} a_{11} & a_{12} & a_{13} \\ a_{21} & a_{22} & a_{23} \\ a_{31} & a_{32} & a_{33} \end{vmatrix} = a_{11}a_{22}a_{33} + a_{12}a_{23}a_{31} + a_{21}a_{32}a_{13} - (a_{13}a_{22}a_{31} + a_{12}a_{21}a_{33} + a_{23}a_{32}a_{11}).$$

例 1 计算下列行列式.

(1) $\begin{vmatrix} \sin x & \cos x \\ \cos x & -\sin x \end{vmatrix}$；　　(2) $\begin{vmatrix} -2 & -1 & -1 \\ 0 & 3 & 1 \\ 3 & -1 & -2 \end{vmatrix}$.

解 (1) 原式 $= -\sin^2 x - \cos^2 x = -1$.

(2) 原式 $= (-2) \times 3 \times (-2) + (-1) \times 1 \times 3 + 0 - [3 \times 3 \times (-1) + 0 + (-2) \times (-1) \times 1] = 16$.

(2) n 阶行列式的定义

n 阶行列式由 n 行和 n 列共 n^2 个元素构成的，形如

$$\begin{vmatrix} a_{11} & a_{12} & \cdots & a_{1n} \\ a_{21} & a_{22} & \cdots & a_{2n} \\ \vdots & \vdots & & \vdots \\ a_{n1} & a_{n2} & \cdots & a_{nn} \end{vmatrix},$$

等于所有取自不同行不同列的 n 个元素的乘积 $a_{1j_1} \cdot a_{2j_2} \cdot \cdots \cdot a_{2j_n}$ 的代数和，其中 j_1，j_2，…，j_n 是 1, 2, …, n 的一个排列. 即有

$$\begin{vmatrix} a_{11} & a_{12} & \cdots & a_{1n} \\ a_{21} & a_{22} & \cdots & a_{2n} \\ \vdots & \vdots & & \vdots \\ a_{n1} & a_{n2} & \cdots & a_{nn} \end{vmatrix} = \sum_{j_1 j_2 \cdots j_n} (-1)^{\tau(j_1 j_2 \cdots j_n)} a_{1j_1} a_{1j_2} \cdots a_{1j_n}.$$

行列式可用大写字母 A, B, C, D, … 等表示. 其中 a_{ij} 是 n 阶行列式中第 i 行、第 j 列上的一个元素. n 阶行列式的值简记为 $\det(a_{ij})$.

(3) n 阶行列式的展开

设 D 是一个 n 阶行列式,即

$$D = \begin{vmatrix} a_{11} & a_{12} & \cdots & a_{1n} \\ a_{21} & a_{22} & \cdots & a_{2n} \\ \vdots & \vdots & & \vdots \\ a_{n1} & a_{n2} & \cdots & a_{nn} \end{vmatrix}.$$

将 a_{ij} 所在行与列上的元素"划去"后所得到的一个 $n-1$ 阶行列式,叫做 a_{ij} 的余子式,记作 M_{ij}. 而 $(-1)^{i+j}M_{ij}$ 叫做 a_{ij} 的代数余子式,记作 A_{ij}. 即

$$A_{ij} = (-1)^{i+j}M_{ij} = (-1)^{i+j} \begin{vmatrix} a_{11} & \cdots & a_{1,j-1} & a_{1,j+1} & \cdots & a_{1n} \\ \vdots & & \vdots & \vdots & & \vdots \\ a_{i-1,1} & \cdots & a_{i-1,j-1} & a_{i-1,j+1} & \cdots & a_{i-1,n} \\ a_{i+1,1} & \cdots & a_{i+1,j-1} & a_{i+1,j+1} & \cdots & a_{i-1,n} \\ \vdots & & \vdots & \vdots & & \vdots \\ a_{n1} & \cdots & a_{n,j-1} & a_{n,j+1} & \cdots & a_{nn} \end{vmatrix}.$$

n 阶行列式等于它的任一行(列)的各元素与其对应的代数余子式乘积之和. 即

$$\begin{vmatrix} a_{11} & a_{12} & \cdots & a_{1n} \\ a_{21} & a_{22} & \cdots & a_{2n} \\ \vdots & \vdots & & \vdots \\ a_{n1} & a_{n2} & \cdots & a_{nn} \end{vmatrix} = a_{i1}A_{i1} + a_{i2}A_{i2} + \cdots + a_{in}A_{in}.$$

而行列式的一行(列)元素分别与另一行(列)对应的代数余子式的乘积之和则等于零.

由此,可以看出,n 阶行列式的计算可以转化为 n 个 $n-1$ 阶行列式,而每一个 $n-1$ 阶行列式当然又可以转化为 $n-1$ 个 $n-2$ 阶行列式,……,依此类推,最终就都可以化成若干个三阶行列式,从而计算出 n 阶行列式的值.

例 2　计算行列式

$$\begin{vmatrix} 1 & 2 & 2 & 2 \\ 2 & 2 & 2 & 2 \\ 2 & 2 & 3 & 2 \\ 2 & 2 & 2 & 4 \end{vmatrix}.$$

解　这是一个四阶行列式，我们按第1行展开，则有

$$\text{原式} = 1\times\begin{vmatrix}2&2&2\\2&3&2\\2&2&4\end{vmatrix}+2\times(-1)^{1+2}\begin{vmatrix}2&2&2\\2&3&2\\2&2&4\end{vmatrix}+2\times(-1)^{1+3}\begin{vmatrix}2&2&2\\2&2&2\\2&2&4\end{vmatrix}+$$

$$2\times(-1)^{1+4}\begin{vmatrix}2&2&2\\2&2&3\\2&2&2\end{vmatrix}=4-8+0-0=-4.$$

例3　计算 n 阶行列式

$$\begin{vmatrix}a_{11}&0&\cdots&0\\a_{21}&a_{22}&\cdots&0\\\vdots&\vdots&&\vdots\\a_{n1}&a_{n2}&\cdots&a_{nn}\end{vmatrix}.$$

解　该行列式第一行除第一个元素外，其余都是零，我们按第一行展开，则有

$$\begin{aligned}\text{原式} &= a_{11}\begin{vmatrix}a_{22}&0&\cdots&0\\a_{32}&a_{33}&\cdots&0\\\vdots&\vdots&&\vdots\\a_{n1}&a_{n2}&\cdots&a_{nn}\end{vmatrix}+0+\cdots+0\\&=a_{11}a_{22}\begin{vmatrix}a_{33}&0&\cdots&0\\a_{43}&a_{44}&\cdots&0\\\vdots&\vdots&&\vdots\\a_{n3}&a_{n4}&\cdots&a_{nn}\end{vmatrix}+0+\cdots+0\\&\ \ \vdots\\&=a_{11}a_{22}\cdots a_{nn}.\end{aligned}$$

11.2.2　行列式的性质

通过行列式的展开来计算一个 n 阶行列式的值，显然是很麻烦的事，而行列式性质则可以帮助我们简化行列式的计算.

性质1　设 D 是一个 n 阶行列式

$$D=\begin{vmatrix}a_{11}&a_{12}&\cdots&a_{1n}\\a_{21}&a_{22}&\cdots&a_{2n}\\\vdots&\vdots&&\vdots\\a_{n1}&a_{n2}&\cdots&a_{nn}\end{vmatrix}.$$

将 D 中的行变为相应的列或列变为相应的行，所得到的新行列式，叫做 D 的转置行列式，记作 D^{T}. 即

$$D^{\mathrm{T}}=\begin{vmatrix} a_{11} & a_{21} & \cdots & a_{n1} \\ a_{12} & a_{22} & \cdots & a_{n2} \\ \vdots & \vdots & & \vdots \\ a_{1n} & a_{2n} & \cdots & a_{nn} \end{vmatrix},$$

则有

$$D^{\mathrm{T}}=D.$$

性质 2 如果行列式的某一行(列)的每一个元素都是二项式,则此行列式等于把这些二项式各取一项作成相应的行(列),而其余的行(列)不变的两个行列式的和.

例如,$\begin{vmatrix} a_{11}+b_{11} & a_{12}+b_{12} \\ a_{21} & a_{22} \end{vmatrix}=\begin{vmatrix} a_{11} & a_{12} \\ a_{21} & a_{22} \end{vmatrix}+\begin{vmatrix} b_{11} & b_{12} \\ a_{21} & a_{22} \end{vmatrix}$.

性质 3 如果把 n 阶行列式的两行(两列)互换,则行列式的值变成原来的相反数.

例如,$\begin{vmatrix} a_{11} & a_{12} \\ a_{21} & a_{22} \end{vmatrix}=-\begin{vmatrix} a_{21} & a_{22} \\ a_{11} & a_{12} \end{vmatrix}$.

性质 4 如果把行列式 D 的某一行(列)的所有元素同乘以常数 k,则此行列式的值就等于 kD.

例如,$\begin{vmatrix} ka_{11} & ka_{12} \\ a_{21} & a_{22} \end{vmatrix}=k\begin{vmatrix} a_{11} & a_{12} \\ a_{21} & a_{22} \end{vmatrix}$.

性质 5 如果行列式的某两行(或两列)的对应元素成比例,则此行列式的值等于零.

特别地,如果行列式中有两行(列)相同,那么行列式为零.

性质 6 如果把行列式的某一行(列)的所有元素同乘以常数 k 加到另一行(列)对应的元素上,则所得行列式的值不变.

例如,$\begin{vmatrix} a_{11} & a_{12} \\ a_{21} & a_{22} \end{vmatrix}=\begin{vmatrix} a_{11} & a_{12} \\ ka_{11}+a_{21} & ka_{12}+a_{22} \end{vmatrix}$.

利用行列式的性质,可以简化行列式的计算.

例 4 计算 n 阶行列式

$$\begin{vmatrix} a_{11} & a_{12} & \cdots & a_{1n} \\ 0 & a_{22} & \cdots & a_{2n} \\ \vdots & \vdots & & \vdots \\ 0 & 0 & \cdots & a_{nn} \end{vmatrix}.$$

解 设原行列式为 D,其转置行列式为

$$D^{\mathrm{T}}=\begin{vmatrix} a_{11} & 0 & \cdots & 0 \\ a_{12} & a_{22} & \cdots & 0 \\ \vdots & \vdots & & \vdots \\ a_{1n} & a_{2n} & \cdots & a_{nn} \end{vmatrix}.$$

由例 3 知，$D^{\mathrm{T}}=a_{11}a_{22}\cdots a_{nn}$，根据行列式的性质 1，可得

$$\begin{vmatrix} a_{11} & a_{12} & \cdots & a_{1n} \\ 0 & a_{22} & \cdots & a_{2n} \\ \vdots & \vdots & & \vdots \\ 0 & 0 & \cdots & a_{nn} \end{vmatrix}=a_{11}a_{22}\cdots a_{nn}.$$

由例 3 和例 4 可知，这种主对角线（从行列式左上角到右下角这条对角线）上方或下方元素均为零的行列式，它的值就等于主对角线上元素的乘积. 作为以上两例的特殊情形，主对角线以外的元素全为零的行列式称为对角形行列式，并有

$$\begin{vmatrix} m_1 & 0 & \cdots & 0 \\ 0 & m_2 & \cdots & 0 \\ \vdots & \vdots & & \vdots \\ 0 & 0 & \cdots & m_n \end{vmatrix}=m_1m_2\cdots m_n.$$

类似地，读者可以考虑下面这个行列式的结果是什么？

$$\begin{vmatrix} 0 & \cdots & 0 & m_1 \\ 0 & \cdots & m_2 & 0 \\ \vdots & & \vdots & \vdots \\ m_n & \cdots & 0 & 0 \end{vmatrix}.$$

11.2.3 行列式的计算

下面我们将利用行列式的性质学习和讨论行列式的计算方法.

例 5 计算

$$\begin{vmatrix} 1 & 2 & 3 & 4 \\ 2 & 3 & 4 & 1 \\ 3 & 4 & 1 & 2 \\ 4 & 1 & 2 & 3 \end{vmatrix}.$$

解 仔细观察这个四阶行列式，我们发现，其每一行或每一列均由 1，2，3，4 四个数字组成，因此，根据这个特点，则有

$$\text{原式}=\begin{vmatrix} 10 & 2 & 3 & 4 \\ 10 & 3 & 4 & 1 \\ 10 & 4 & 1 & 2 \\ 10 & 1 & 2 & 3 \end{vmatrix}\quad\text{（第 2、3、4 列均加到第 1 列）}$$

$$=10\begin{vmatrix} 1 & 2 & 3 & 4 \\ 1 & 3 & 4 & 1 \\ 1 & 4 & 1 & 2 \\ 1 & 1 & 2 & 3 \end{vmatrix}\quad\text{（根据性质 4 从第 1 列中提取公因数 10）}$$

$$=10\begin{vmatrix}1 & 2 & 3 & 4\\0 & 1 & 1 & -3\\0 & 2 & -2 & -2\\0 & -1 & -1 & -1\end{vmatrix}\quad \text{（第 1 行乘以}-1\text{，分别加到第 2、3、4 行）}$$

$$=10\begin{vmatrix}1 & 2 & 3 & 4\\0 & 1 & 1 & -3\\0 & 0 & -4 & 4\\0 & 0 & 0 & -4\end{vmatrix}\quad \text{（第 2 行乘以}-2\text{ 加到第 3 行，第 2 行加到第 4 行）}$$

$$=160.$$

从例 5 可以看出，利用行列式的性质，将一个行列式转化成为主对角线上方或下方元素均为零的行列式，显然是一种简便而有效的计算方法.

例 6 计算

$$\begin{vmatrix}-2 & 5 & -1 & 3\\1 & -9 & 13 & 7\\3 & -1 & 5 & -5\\2 & 8 & -7 & -10\end{vmatrix}.$$

解 这个四阶行列式似乎没有什么明显规律或特点，在依据例 6 的计算方法时，简化过程中应尽量避免分数运算，因此有

$$\text{原式}=-\begin{vmatrix}1 & -9 & 13 & 7\\-2 & 5 & -1 & 3\\3 & -1 & 5 & -5\\2 & 8 & -7 & -10\end{vmatrix}\quad \text{（将第 1 行与第 2 行互换）}$$

$$=-\begin{vmatrix}1 & -9 & 13 & 7\\0 & -13 & 25 & 17\\0 & 26 & -34 & -26\\0 & 26 & -33 & -24\end{vmatrix}=-\begin{vmatrix}1 & -9 & 13 & 7\\0 & -13 & 25 & 17\\0 & 0 & 16 & 8\\0 & 0 & 17 & 10\end{vmatrix}$$

$$=-\begin{vmatrix}1 & -9 & 13 & 7\\0 & -13 & 25 & 17\\0 & 0 & 16 & 8\\0 & 0 & 0 & \frac{3}{2}\end{vmatrix}=-(-13)\times 16\times\frac{3}{2}=312.$$

例 5、例 6 算法相似，对于阶数很高的行列式，这种机械而有规律的算法则可以通过计算机来实现，算法的优越性也就体现出来了.

例 7 计算

$$\begin{vmatrix}1 & 1 & 1\\a & b & c\\a^2 & b^2 & c^2\end{vmatrix}.$$

解 原式 $=\begin{vmatrix}1 & 0 & 0\\ a & b-a & c-a\\ a^2 & b^2-a^2 & c^2-a^2\end{vmatrix}$ （第 1 列乘以 −1 分别加到第 2、3 列）

$=(b-a)(c-a)\begin{vmatrix}1 & 0 & 0\\ a & 1 & 1\\ a^2 & b+a & c+a\end{vmatrix}$ （从第 2、3 列中分别提取公因式）

$=(b-a)(c-a)\begin{vmatrix}1 & 0 & 0\\ a & 1 & 0\\ a^2 & b+a & c-b\end{vmatrix}$ （第 2 列乘以 −1 加到第 3 列）

$=(b-a)(c-a)(c-b).$

推广到一般情形，形如

$$\begin{vmatrix}1 & 1 & \cdots & 1\\ a_1 & a_2 & \cdots & a_n\\ a_1^2 & a_2^2 & \cdots & a_n^2\\ \vdots & \vdots & & \vdots\\ a_1^{n-1} & a_2^{n-1} & \cdots & a_n^{n-1}\end{vmatrix}$$

的行列式，叫做范德蒙(Vandermonde)[①]行列式. 依据例 8 的方法，不难证明，对任意的 n 阶范德蒙行列式，它等于 $a_1, a_2, \cdots, a_n$ 这 n 个数的所有可能的差 $a_i-a_j\ (1\leqslant j<i\leqslant n)$ 的乘积，简记作

$$\begin{vmatrix}1 & 1 & \cdots & 1\\ a_1 & a_2 & \cdots & a_n\\ a_1^2 & a_2^2 & \cdots & a_n^2\\ \vdots & \vdots & & \vdots\\ a_1^{n-1} & a_2^{n-1} & \cdots & a_n^{n-1}\end{vmatrix}=\prod_{1\leqslant j<i\leqslant n}(a_i-a_j).$$

例 8 计算行列式

$$\begin{vmatrix}1 & x_1 & x_1^2 & x_1^3\\ 1 & x_2 & x_2^2 & x_2^3\\ 1 & x_3 & x_3^2 & x_3^3\\ 1 & x_4 & x_4^2 & x_4^3\end{vmatrix}.$$

解 这个行列式实际是一个四阶范德蒙行列式的转置行列式，因此有

原式 $=(x_4-x_3)(x_4-x_2)(x_4-x_1)(x_3-x_2)(x_3-x_1)(x_2-x_1).$

---

① 范德蒙(Vandermonde)：法国数学家(1735—1796)，对高等代数作出重要贡献. 他不仅把行列式应用于解线性方程组，而且对行列式理论本身进行了开创研究，是行列式的奠基者.

11.2.4　克拉默法则

设由 n 个未知数、n 个方程组成的 n 元线性方程组为

$$\begin{cases} a_{11}x_1 + a_{12}x_2 + \cdots + a_{1n}x_n = b_1, \\ a_{21}x_1 + a_{22}x_2 + \cdots + a_{2n}x_n = b_2, \\ \qquad\qquad\qquad\qquad \vdots \\ a_{n1}x_1 + a_{n2}x_2 + \cdots + a_{nn}x_n = b_n. \end{cases}$$

其系数行列式为

$$D = \begin{vmatrix} a_{11} & a_{12} & \cdots & a_{1n} \\ a_{21} & a_{22} & \cdots & a_{2n} \\ \vdots & \vdots & & \vdots \\ a_{n1} & a_{n2} & \cdots & a_{nn} \end{vmatrix}.$$

将系数行列式 D 中第 j 列的元素依次改换为 b_1, b_2, $\cdots$, b_n，得到的行列式为

$$D_j = \begin{vmatrix} a_{11} & \cdots & a_{1,j-1} & b_1 & a_{1,j+1} & \cdots & a_{1n} \\ a_{21} & \cdots & a_{2,j-1} & b_2 & a_{1,j+1} & \cdots & a_{2n} \\ \vdots & & \vdots & \vdots & \vdots & & \vdots \\ a_{n1} & \cdots & a_{n,j-1} & b_n & a_{1,j+1} & \cdots & a_{nn} \end{vmatrix}.$$

当线性方程组的系数行列式 $D \neq 0$ 时，该方程组有且唯有唯一解：

$$x_j = \frac{D_j}{D} \quad (j = 1, 2, \cdots, n).$$

这就是著名的克拉默(Cramer)①法则.

例 9　利用克拉默法则解方程组

$$\begin{cases} 2x_1 + x_2 - 5x_3 + x_4 = 8, \\ x_1 - 3x_2 \qquad\quad - 6x_4 = 9, \\ \qquad 2x_2 - x_3 + 2x_4 = -5, \\ x_1 + 4x_2 - 7x_3 + 6x_4 = 0. \end{cases}$$

解　方程组的系数行列式为

$$D = \begin{vmatrix} 2 & 1 & -5 & 1 \\ 1 & -3 & 0 & -6 \\ 0 & 2 & -1 & 2 \\ 1 & 4 & -7 & 6 \end{vmatrix} = 27 \neq 0.$$

---

① 克拉默(Cramer)：瑞士数学家(1704—1752)，主要著作是《代数曲线的分析引论》.

因为

$$D_1=\begin{vmatrix}8&1&-5&1\\9&-3&0&-6\\-5&2&-1&2\\0&4&-7&6\end{vmatrix}=81,\quad D_2=\begin{vmatrix}2&8&-5&1\\1&9&0&-6\\0&-5&-1&2\\1&0&-7&6\end{vmatrix}=-108,$$

$$D_3=\begin{vmatrix}2&1&8&1\\1&-3&9&-6\\0&2&-5&2\\1&4&0&6\end{vmatrix}=-27,\quad D_4=\begin{vmatrix}2&1&-5&8\\1&-3&0&9\\0&2&-1&-5\\1&4&-7&0\end{vmatrix}=27,$$

所以，根据克拉默法则，方程组的唯一解为

$$\begin{cases}x_1=3,\\x_2=-4,\\x_3=-1,\\x_4=1.\end{cases}$$

对于二元一次方程组$\begin{cases}a_{11}x_1+a_{12}x_2=b_1,\\a_{21}x_1+a_{22}x_2=b_2,\end{cases}$有

$$D=\begin{vmatrix}a_{11}&a_{12}\\a_{21}&a_{22}\end{vmatrix},\quad D_1=\begin{vmatrix}b_1&a_{12}\\b_2&a_{22}\end{vmatrix},\quad D_2=\begin{vmatrix}a_{11}&b_1\\a_{21}&b_2\end{vmatrix}.$$

方程组的解有以下情形：

(1) 如果系数行列式 $D\neq0$，方程组有唯一的一组解：$\begin{cases}x_1=\dfrac{D_1}{D},\\x_2=\dfrac{D_2}{D};\end{cases}$

(2) 如果系数行列式 $D=0$ 且 $D_1^2+D_2^2=0$，方程组有无数多组解；

(3) 如果系数行列式 $D=0$ 且 $D_1^2+D_2^2\neq0$，方程组无解.

例 10 讨论二元一次方程组$\begin{cases}(m+1)x_1-(2m-1)x_2=3m,\\(3m+1)x_1-(4m-1)x_2=5m+4\end{cases}$的解.

解 因为 $D=\begin{vmatrix}m+1&-2m+1\\3m+1&-4m+1\end{vmatrix}=2m(m-2)$,

$$D_1=\begin{vmatrix}3m&-2m+1\\5m+4&-4m+1\end{vmatrix}=-2(m-1)(m-2),$$

$$D_2=\begin{vmatrix}m+1&3m\\3m+1&5m+4\end{vmatrix}=-2(m-2)(2m+1),$$

所以，当 $D\neq0$ 时，也就是 $m\neq0$ 且 $m\neq2$ 时，原方程组有唯一解：

$$\begin{cases} x_1 = \dfrac{1-m}{m}, \\ x_2 = \dfrac{-1-2m}{m}. \end{cases}$$

当 $m=2$ 时，$D_1 = D_2 = 0$，原方程组有无数多组解；

当 $m=0$ 时，$D_1 = -4 \neq 0$，原方程组无解.

克拉默法则是以行列式为工具求解线性方程组，但对于解一个 n 个未知数、n 个程的线性方程组，就要计算 $n+1$ 个 n 阶行列式，计算量很大，显然是不方便的. 此外，对于方程个数与未知数个数不等的线性方程组，克拉默法则就无能为力了. 这些问题，我们将在后面通过矩阵的学习逐步解决.

习 题 11.2

1. 计算下列行列式.

(1) $\begin{vmatrix} 1 & 1 & 1 \\ a & b & c \\ b+c & c+a & a+b \end{vmatrix}$； (2) $\begin{vmatrix} x+y & x \\ x & x-y \end{vmatrix}$；

(3) $\begin{vmatrix} 103 & 100 & 204 \\ 199 & 200 & 395 \\ 301 & 300 & 600 \end{vmatrix}$； (4) $\begin{vmatrix} -1 & 1 & 1 \\ 1 & -1 & 1 \\ 1 & 1 & -1 \end{vmatrix}$；

(5) $\begin{vmatrix} x & y & x+y \\ y & x+y & x \\ x+y & x & y \end{vmatrix}$； (6) $\begin{vmatrix} 3 & 1 & 1 & 1 \\ 1 & 3 & 1 & 1 \\ 1 & 1 & 3 & 1 \\ 1 & 1 & 1 & 3 \end{vmatrix}$.

2. 证明：

$$\begin{vmatrix} b+c & c+a & a+b \\ b_1+c_1 & c_1+a_1 & a_1+b_1 \\ b_2+c_2 & c_2+a_2 & a_2+b_2 \end{vmatrix} = 2\begin{vmatrix} a & b & c \\ a_1 & b_1 & c_1 \\ a_2 & b_2 & c_2 \end{vmatrix}.$$

3. 已知 $\begin{vmatrix} 1 & 1 & 1 \\ 2 & 3 & x \\ 4 & 9 & x^2 \end{vmatrix} = 0$，求 x 的值.

4. 计算

$$\begin{vmatrix} a^2 & (a+1)^2 & (a+2)^2 & (a+3)^2 \\ b^2 & (b+1)^2 & (b+2)^2 & (b+3)^2 \\ c^2 & (c+1)^2 & (c+2)^2 & (c+3)^2 \\ d^2 & (d+1)^2 & (d+2)^2 & (d+3)^2 \end{vmatrix}.$$

5. 利用克拉默法则解下列方程组.

(1) $\begin{cases} 2x_1 - 3x_2 = 5, \\ 3x_1 - 4x_2 = 7; \end{cases}$ (2) $\begin{cases} 4x_1 + 5x_2 + 4x_3 = 16, \\ 3x_1 + 2x_2 + 14x_3 = 14, \\ x_1 - x_2 + 4x_3 = 1; \end{cases}$

(3) $\begin{cases}3x_1+4x_2+4x_3-x_4=6,\\5x_1+2x_2-x_3+2x_4=9,\\4x_1-8x_2+3x_3-5x_4=-9,\\2x_1+6x_2-7x_3+3x_4=11;\end{cases}$ (4) $\begin{cases}2x_1+3x_2-x_3+3x_4=7,\\x_1-3x_2+3x_3-2x_4=-1,\\2x_1+5x_2+2x_3-4x_4=5,\\4x_1-x_2-4x_3+4x_4=3;\end{cases}$

11.3 矩 阵

11.3.1 矩阵的概念

例如,汽车生产厂家一般会根据其分布在全国各地的4S店需求订单来安排下一个生产周期(月度、季度或年度)的生产计划.假设有 m 个4S店 A_1, A_2, …, A_m,需求的不同车型有 n 种款型 B_1, B_2, …, B_n,那么,每种车型需求的数量为 a_{ij},那么,生产计划就可用表11-1来表示.

表 11-1

4S店 \ 数量 \ 车型	B_1	B_2	…	B_n
A_1	a_{11}	a_{12}	…	a_{1n}
A_2	a_{21}	a_{22}	…	a_{2n}
⋮	⋮	⋮	⋮	⋮
A_m	a_{m1}	a_{m2}	…	a_{mn}

其中 a_{ij} 所组成的数表就是"矩阵".

1. 矩阵的定义

由 $m\times n$ 个数组成的一个形如

$$\begin{pmatrix}a_{11} & a_{12} & \cdots & a_{1n}\\a_{21} & a_{22} & \cdots & a_{2n}\\\vdots & \vdots & & \vdots\\a_{m1} & a_{m2} & \cdots & a_{mn}\end{pmatrix}$$

的数表,叫做 m 行 n 列矩阵.其中 a_{ij} ($i=1, 2, \cdots, m$; $j=1, 2, \cdots, n$)表示矩阵第 i 行、第 j 列上元素.矩阵通常用大写字母 $\boldsymbol{A}$, $\boldsymbol{B}$, $\boldsymbol{C}$, …等来表示,如

$$\boldsymbol{A}=\begin{pmatrix}a_{11} & a_{12} & \cdots & a_{1n}\\a_{21} & a_{22} & \cdots & a_{2n}\\\vdots & \vdots & & \vdots\\a_{m1} & a_{m2} & \cdots & a_{mn}\end{pmatrix},$$

或简写为

$$\boldsymbol{A}=(a_{ij})_{m\times n}.$$

矩阵与行列式的区别主要在于:行列式的行数与列数相同,而矩阵的行数与列数不一定相同;行列式实际是一个数值,而矩阵实质是数字构成的数表.

2. 特殊矩阵

以下是几种常见的特殊矩阵:

(1) 行矩阵　只有一行元素的矩阵叫做行矩阵,即

$$\boldsymbol{A}=(a_{11}\quad a_{12}\quad \cdots \quad a_{1n}).$$

(2) 列矩阵　只有一列元素的矩阵叫做列矩阵,即

$$\boldsymbol{A}=\begin{pmatrix} a_{11} \\ a_{21} \\ \vdots \\ a_{n1} \end{pmatrix}.$$

(3) 方阵　行数 m 与列数 n 相等的矩阵叫做 n 阶方阵. 一个 n 阶方阵从左上角到右下角的对角线叫做主对角线,主对角线上的元素叫做主对角元,一个 n 阶方阵如果除主对角元外,其余元素均为 0,则这样的方阵叫做 n 阶对角方阵

(4) 单位矩阵　主对角线上的元素都是 1 的 n 阶对角方阵叫做单位矩阵,记作

$$\boldsymbol{I}=\begin{pmatrix} 1 & 0 & \cdots & 0 \\ 0 & 1 & \cdots & 0 \\ \vdots & \vdots & & \vdots \\ 0 & 0 & \cdots & 1 \end{pmatrix}.$$

(5) 零矩阵　所有元素都为零的矩阵叫做零矩阵,记作 $\boldsymbol{O}$.

(6) 转置矩阵　把矩阵 $\boldsymbol{A}$ 的行与列依次互换,得到的矩阵 $\boldsymbol{A}^{\mathrm{T}}$ 叫做矩阵 $\boldsymbol{A}$ 的转置矩阵 如果 $\boldsymbol{A}$ 是一个 m 行 n 列矩阵,则 $\boldsymbol{A}^{\mathrm{T}}$ 就是一个 n 行 m 列矩阵.

例如,设 $\boldsymbol{A}=\begin{pmatrix} 1 & 2 & 3 \\ 4 & 5 & 6 \end{pmatrix}$, 则矩阵 $\boldsymbol{A}$ 的转置行列式为 $\boldsymbol{A}^{\mathrm{T}}=\begin{pmatrix} 1 & 4 \\ 2 & 5 \\ 3 & 6 \end{pmatrix}$.

(7) 相等矩阵　如果两个矩阵 $\boldsymbol{A}=(a_{ij})_{m\times n}$ 和 $\boldsymbol{B}=(b_{ij})_{m\times n}$ 的对应元素都相等,则称两个矩阵相等,即 $\boldsymbol{A}=\boldsymbol{B}$.

11.3.2 矩阵的运算

设有两个矩阵 $\boldsymbol{A}=(a_{ij})_{m\times n}$ 和 $\boldsymbol{B}=(b_{ij})_{m\times n}$, 满足以下法则:

法则 1　$\boldsymbol{A}\pm\boldsymbol{B}=(a_{ij}\pm b_{ij})$.

注意　只有当两个矩阵的行数与列数分别相同时,它们才可以作加和减的运算. 且矩阵的加法运算满足交换律: $\boldsymbol{A}+\boldsymbol{B}=\boldsymbol{B}+\boldsymbol{A}$; 结合律: $(\boldsymbol{A}+\boldsymbol{B})+\boldsymbol{C}=\boldsymbol{A}+(\boldsymbol{B}+\boldsymbol{C})$.

法则 2 $k\boldsymbol{A}=(ka_{ij})_{m\times n}$.

数与矩阵相乘满足分配律：$(k_1+k_2)\boldsymbol{A}=k_1\boldsymbol{A}+k_2\boldsymbol{A}$ 和 $k(\boldsymbol{A}+\boldsymbol{B})=k\boldsymbol{A}+k\boldsymbol{B}$；结合律：$k_1(k_2\boldsymbol{A})=(k_1k_2)\boldsymbol{A}$.

法则 3 设 $\boldsymbol{A}=(a_{ij})_{m\times l}$，$\boldsymbol{B}=(b_{ij})_{l\times n}$，则 $\boldsymbol{A}$ 与 $\boldsymbol{B}$ 的乘积是一个矩阵 $\boldsymbol{C}=(c_{ij})_{m\times n}$，记作 $\boldsymbol{C}=\boldsymbol{AB}$. 且

$$c_{ij}=\sum_{k=1}^{l}a_{ik}b_{kj}\quad(i=1,2,\cdots,m,\ j=1,2,\cdots,n).$$

注 (1) 只有当前一个矩阵的列数与后一个矩阵的行数相等时，才能作矩阵乘法运算.

(2) 矩阵的乘法满足结合律：$(\boldsymbol{AB})\boldsymbol{C}=\boldsymbol{A}(\boldsymbol{BC})$ 和 $k(\boldsymbol{AB})=(k\boldsymbol{A})\boldsymbol{B}=\boldsymbol{A}(k\boldsymbol{B})$.

(3) 矩阵的乘法满足分配律：$\boldsymbol{A}(\boldsymbol{B}+\boldsymbol{C})=\boldsymbol{AB}+\boldsymbol{AC}$.

(4) 矩阵的乘法不满足交换律，即在一般情况下，$\boldsymbol{AB}\neq\boldsymbol{BA}$.

例 1 求 x,y,z，使得 $\boldsymbol{A}=\boldsymbol{B}$，其中 $\boldsymbol{A}=\begin{pmatrix}x-2&3&2z\\6y&x&2y\end{pmatrix}$，$\boldsymbol{B}=\begin{pmatrix}y&z&6\\18z&y+2&6z\end{pmatrix}$.

解 因为矩阵相等，所以有下式成立：

$$x-2=y,\quad z=3,\quad 2z=6,$$
$$6y=18z,\quad x=y+2,\quad 2y=6z.$$

解得 $x=11,y=9,z=3$.

例 2 已知 $\boldsymbol{A}=\begin{pmatrix}2&4&6&6\\3&5&2&8\\5&5&2&0\end{pmatrix}$ 和 $\boldsymbol{B}=\begin{pmatrix}2&-3&-1&4\\2&5&2&8\\8&-5&2&0\end{pmatrix}$，求

(1) $\boldsymbol{A}+2\boldsymbol{B}$；(2) $3\boldsymbol{A}^{\mathrm{T}}-\boldsymbol{B}^{\mathrm{T}}$.

解 (1) $\boldsymbol{A}+2\boldsymbol{B}=\begin{pmatrix}2&4&6&6\\3&5&2&8\\5&5&2&0\end{pmatrix}+2\begin{pmatrix}2&-3&-1&4\\2&5&2&8\\8&-5&2&0\end{pmatrix}=\begin{pmatrix}6&-2&4&14\\7&15&6&24\\21&-5&6&0\end{pmatrix}$.

(2) $3\boldsymbol{A}^{\mathrm{T}}-\boldsymbol{B}^{\mathrm{T}}=3\begin{pmatrix}2&4&6&6\\3&5&2&8\\5&5&2&0\end{pmatrix}^{\mathrm{T}}-\begin{pmatrix}2&-3&-1&4\\2&5&2&8\\8&-5&2&0\end{pmatrix}^{T}=\begin{pmatrix}4&7&7\\15&10&20\\19&4&4\\14&16&0\end{pmatrix}$.

例 3 已知 $\boldsymbol{A}=\begin{pmatrix}3&2&-1\\2&-3&5\end{pmatrix}$，$\boldsymbol{B}=\begin{pmatrix}1&3\\-5&4\\3&6\end{pmatrix}$，求 $\boldsymbol{AB}$ 和 $\boldsymbol{BA}$.

解 $\boldsymbol{AB}=\begin{pmatrix}3&2&-1\\2&-3&5\end{pmatrix}\begin{pmatrix}1&3\\-5&4\\3&6\end{pmatrix}$

$=\begin{pmatrix}3\times1+2\times(-5)+(-1)\times3&3\times3+2\times4+(-1)\times6\\2\times1+(-3)\times(-5)+5\times3&2\times3+(-3)\times4+5\times6\end{pmatrix}$

$=\begin{pmatrix}-10&11\\32&24\end{pmatrix}$.

类似可得 $BA = \begin{pmatrix} 9 & -7 & 14 \\ -7 & -22 & 25 \\ 21 & -12 & 27 \end{pmatrix}$.

矩阵的运算不同于以往的实数运算，应注意以下五点：

(1) 若 $\boldsymbol{A}$ 是一个 n 阶方阵，则乘积 $\boldsymbol{AA}$ 记作 $\boldsymbol{A}^2$，k 个方阵 $\boldsymbol{A}$ 相乘记作 $\boldsymbol{A}^k$；

(2) 若 $\boldsymbol{A}$ 是一个 n 阶方阵，$\boldsymbol{I}$ 是一个 n 阶单位矩阵，则有 $\boldsymbol{AI} = \boldsymbol{IA} = \boldsymbol{A}$；

(3) 若 $\boldsymbol{O}$ 是一个 n 阶零矩阵，$\boldsymbol{A}$ 是一个 n 阶方阵，则有 $\boldsymbol{OA} = \boldsymbol{AO} = \boldsymbol{O}$；

(4) 两个元素不全为零的矩阵的乘积可能是零矩阵；

(5) 若 $\boldsymbol{AB} = \boldsymbol{AC}$，则一般不能由此推出 $\boldsymbol{B} = \boldsymbol{C}$.

11.3.3 矩阵的秩与矩阵的初等变换

1. 矩阵的秩

设 $\boldsymbol{A}$ 是一个 m 行 n 列矩阵，即 $\boldsymbol{A} = (a_{ij})_{m\times n}$. 在 $\boldsymbol{A}$ 中任取 k 行和 k 列元素所构成的一个 k 阶行列式（$1 \leqslant k \leqslant \min\{m, n\}$），叫做矩阵 $\boldsymbol{A}$ 的 k 阶子式(简称子式). 矩阵 $\boldsymbol{A}$ 中不为零的子式的最高阶数 r 叫做矩阵 $\boldsymbol{A}$ 的秩，记作 $R(\boldsymbol{A}) = r$.

例 4 求矩阵的秩

$$\boldsymbol{A} = \begin{pmatrix} 1 & -4 & -2 & 4 \\ 3 & 6 & 3 & 8 \\ 4 & 2 & 1 & 12 \end{pmatrix}.$$

解 这是一个三行四列矩阵，求矩阵的秩应按照阶数由高到底的顺序，一旦发现某个子式不等于零，则该子式的阶数就是矩阵的秩.

先看该矩阵的三阶子式：

$$\begin{vmatrix} 1 & -4 & -2 \\ 3 & 6 & 3 \\ 4 & 2 & 1 \end{vmatrix} = 0, \quad \begin{vmatrix} 1 & -4 & 4 \\ 3 & 6 & 8 \\ 4 & 2 & 12 \end{vmatrix} = 0, \quad \begin{vmatrix} 1 & -2 & 4 \\ 3 & 3 & 8 \\ 4 & 1 & 12 \end{vmatrix} = 0, \quad \begin{vmatrix} -4 & -2 & 4 \\ 6 & 3 & 8 \\ 2 & 1 & 12 \end{vmatrix} = 0;$$

二阶子式：

$$\begin{vmatrix} 1 & -4 \\ 3 & 6 \end{vmatrix} = 18 \neq 0,$$

故该矩阵的秩等于 2，即 $R(\boldsymbol{A}) = 2$.

很显然，当 $\min\{m, n\}$ 较大时，用上述"定义法"求矩阵的秩，计算量也较大，而矩阵的初等将为我们提供简便方法.

2. 矩阵的初等变换

我们把矩阵的下列三种变换叫做矩阵的初等行变换：

(1) 交换矩阵的两行；

(2) 把矩阵的某一行的所有元素同乘以一个非零常数 k；

(3) 把矩阵的某一行的所有元素同乘以常数 k 加到另一行对应的元素上.

上述变换对于矩阵的列也同样适用,矩阵的初等行变换与初等列变换统称为矩阵的初等变换. 矩阵初等变换的意义就在于:初等变换不改变矩阵的秩. 即若矩阵 $\boldsymbol{A}$ 经过初等变换后得到矩阵 $\boldsymbol{B}$, 则 $R(\boldsymbol{B})=R(\boldsymbol{A})$. 为此,对于矩阵

$$\boldsymbol{A}=\begin{pmatrix} a_{11} & a_{12} & \cdots & a_{1n} \\ a_{21} & a_{22} & \cdots & a_{2n} \\ \vdots & \vdots & & \vdots \\ a_{m1} & a_{m2} & \cdots & a_{mn} \end{pmatrix},$$

我们总通过适当的初等变换,将矩阵 $\boldsymbol{A}$ 变为

$$\boldsymbol{B}=\begin{pmatrix} b_{11} & b_{12} & \cdots & b_{1r} & b_{1,r+1} & \cdots & b_{1n} \\ 0 & b_{22} & \cdots & b_{2r} & b_{2,r+1} & \cdots & b_{2n} \\ 0 & 0 & \cdots & b_{3r} & b_{3,r+1} & \cdots & b_{3n} \\ \vdots & \vdots & & \vdots & \vdots & & \vdots \\ 0 & 0 & \cdots & b_{rr} & b_{r,r+1} & \cdots & b_{rn} \\ 0 & 0 & \cdots & 0 & 0 & \cdots & 0 \\ \vdots & \vdots & & \vdots & \vdots & & \vdots \\ 0 & 0 & \cdots & 0 & 0 & \cdots & 0 \end{pmatrix}.$$

若 $R(\boldsymbol{B})=r$, 则可得 $R(\boldsymbol{A})=r$.

例 5 求矩阵的秩

$$\boldsymbol{A}=\begin{pmatrix} 2 & 6 & -14 & -16 \\ 2 & 5 & 4 & 4 \\ 3 & 7 & 2 & 3 \end{pmatrix}.$$

解 由 $\boldsymbol{A}=\begin{pmatrix} 2 & 6 & -14 & -16 \\ 2 & 5 & 4 & 4 \\ 3 & 7 & 2 & 3 \end{pmatrix}\xrightarrow[r_3-r_2]{r_1-r_2}\begin{pmatrix} 0 & 1 & -18 & -20 \\ 2 & 5 & 4 & 4 \\ 1 & 2 & -2 & -1 \end{pmatrix}$

$$\xrightarrow{r_3\leftrightarrow r_1}\begin{pmatrix} 1 & 2 & -2 & -1 \\ 2 & 5 & 4 & 4 \\ 0 & 1 & -18 & -20 \end{pmatrix}$$

$$\xrightarrow[r_3-r_2]{r_2-2r_1}\begin{pmatrix} 1 & 2 & -2 & -1 \\ 0 & 1 & 8 & 6 \\ 0 & 0 & -26 & -26 \end{pmatrix},$$

知 $R(\boldsymbol{A})=3$.

例 6 设三阶矩阵 $\boldsymbol{A}=\begin{pmatrix} a & 1 & 1 \\ 1 & a & 1 \\ 1 & 1 & a \end{pmatrix}$, 试求 $R(\boldsymbol{A})$.

解 $\boldsymbol{A}=\begin{pmatrix} a & 1 & 1 \\ 1 & a & 1 \\ 1 & 1 & a \end{pmatrix} \xrightarrow{r_1 \leftrightarrow r_3} \begin{pmatrix} 1 & 1 & a \\ 1 & a & 1 \\ a & 1 & 1 \end{pmatrix} \xrightarrow[r_3-ar_1]{r_2-r_1} \begin{pmatrix} 1 & 1 & a \\ 0 & a-1 & -(a-1) \\ 0 & -(a-1) & (1-a)^2 \end{pmatrix}$

$$\xrightarrow{r_3+r_2} \begin{pmatrix} 1 & 1 & a \\ 0 & a-1 & -(a-1) \\ 0 & 0 & -(a+2)(a-1) \end{pmatrix}.$$

由初等变换不改变矩阵的秩知：

(1) 当 $a \neq 1$ 且 $a \neq -2$ 时，$R(\boldsymbol{A}) = 3$；

(2) 当 $a = 1$ 时，$R(\boldsymbol{A}) = 1$；

(3) 当 $a = -2$ 时，$R(\boldsymbol{A}) = 2$.

11.3.4 矩阵的逆

1. 概念

设 $\boldsymbol{A}$ 是一个 n 阶方阵，$\boldsymbol{I}$ 是 n 阶单位矩阵，若存在一个 n 阶方阵 $\boldsymbol{C}$，使得 $\boldsymbol{CA} = \boldsymbol{AC} = \boldsymbol{I}$，则称 n 阶方阵 $\boldsymbol{A}$ 是可逆的，矩阵 $\boldsymbol{C}$ 叫做矩阵 $\boldsymbol{A}$ 的逆矩阵，记作 $\boldsymbol{A}^{-1}$，即 $\boldsymbol{C} = \boldsymbol{A}^{-1}$.

注意 如果 $\boldsymbol{A}$，$\boldsymbol{B}$ 都可逆，那么 $(\boldsymbol{A}^{-1})^{-1} = \boldsymbol{A}$，$(\boldsymbol{AB})^{-1} = \boldsymbol{B}^{-1}\boldsymbol{A}^{-1}$.

对于方阵 $\boldsymbol{A} = (a_{ij})$，我们把它对应的行列式记为 $|\boldsymbol{A}|$，行列式 $|\boldsymbol{A}|$ 中元素 a_{ij} 的代数余子式也叫做矩阵 $\boldsymbol{A}$ 中元素 a_{ij} 的代数余子式，记作 A_{ij}. 若行列式 $|\boldsymbol{A}| = 0$，则称方阵 $\boldsymbol{A}$ 是奇异的，否则称方阵 $\boldsymbol{A}$ 是非奇异的. 一个 n 阶方阵 $\boldsymbol{A}$ 可逆的充分必要条件是 $\boldsymbol{A}$ 为一个非奇异方阵，即 $\boldsymbol{A}$ 可逆 $\Leftrightarrow |\boldsymbol{A}| \neq 0$.

2. 逆矩阵的求法

如果 $\boldsymbol{A} = (a_{ij})$ 是一个 n 阶方阵，A_{ij} 是元素 a_{ij} 的代数余子式，则矩阵

$$\boldsymbol{A}^* = \begin{pmatrix} A_{11} & A_{21} & \cdots & A_{n1} \\ A_{12} & A_{22} & \cdots & A_{n2} \\ \vdots & \vdots & & \vdots \\ A_{1n} & A_{2n} & \cdots & A_{nn} \end{pmatrix}$$

叫做矩阵 $\boldsymbol{A}$ 的伴随矩阵

如果方阵 $\boldsymbol{A}$ 可逆，那么求逆矩阵 $\boldsymbol{A}^{-1}$ 通常有以下两种方法：

(1) 公式法

$$\boldsymbol{A}^{-1} = \frac{\boldsymbol{A}^*}{|\boldsymbol{A}|}.$$

例 7 已知 $\boldsymbol{A} = \begin{pmatrix} 3 & 7 & -3 \\ -2 & -5 & 2 \\ -4 & -10 & 3 \end{pmatrix}$，求 $\boldsymbol{A}^{-1}$.

解 由 $|\boldsymbol{A}| = \begin{vmatrix} 3 & 7 & -3 \\ -2 & -5 & 2 \\ -4 & -10 & 3 \end{vmatrix} = 1 \neq 0$，知 $\boldsymbol{A}^{-1}$ 存在.

又 $A_{11}=(-1)^2\begin{vmatrix}-5 & 2\\-10 & 3\end{vmatrix}=5,\quad A_{12}=(-1)^3\begin{vmatrix}-2 & 2\\-4 & 3\end{vmatrix}=-2,$

$$A_{13}=(-1)^4\begin{vmatrix}-2 & -5\\-4 & -10\end{vmatrix}=0,$$

$$A_{21}=(-1)^3\begin{vmatrix}7 & -3\\-10 & 3\end{vmatrix}=9,\quad A_{22}=(-1)^4\begin{vmatrix}3 & -3\\-4 & 3\end{vmatrix}=-3,$$

$$A_{23}=(-1)^5\begin{vmatrix}3 & 7\\-4 & -10\end{vmatrix}=2,$$

$$A_{31}=(-1)^4\begin{vmatrix}7 & -3\\-5 & 2\end{vmatrix}=-1,\quad A_{32}=(-1)^5\begin{vmatrix}3 & -3\\-2 & 2\end{vmatrix}=0,$$

$$A_{33}=(-1)^6\begin{vmatrix}3 & 7\\-2 & -5\end{vmatrix}=-1,$$

得 $\boldsymbol{A}^*=\begin{pmatrix}5 & 9 & -1\\-2 & -3 & 0\\0 & 2 & -1\end{pmatrix}$.

故 $\boldsymbol{A}^{-1}=\dfrac{\boldsymbol{A}^*}{|\boldsymbol{A}|}=\begin{pmatrix}5 & 9 & -1\\-2 & -3 & 0\\0 & 2 & -1\end{pmatrix}$.

(2) 初等变换法

将方阵 $\boldsymbol{A}$ 和 $\boldsymbol{A}$ 的同阶单位矩阵 $\boldsymbol{I}$，合在一起写成

$$(\boldsymbol{A}\vdots\boldsymbol{I})=\begin{pmatrix}a_{11} & a_{12} & \cdots & a_{1n} & 1 & 0 & \cdots & 0\\a_{21} & a_{22} & \cdots & a_{2n} & 0 & 1 & \cdots & 0\\\vdots & \vdots & & \vdots & \vdots & \vdots & & \vdots\\a_{n1} & a_{n2} & \cdots & a_{nn} & 0 & 0 & \cdots & 1\end{pmatrix},$$

然后对这个矩阵进行初等变换，当左边的 n 阶方阵 $\boldsymbol{A}$ 变成单位矩阵 $\boldsymbol{I}$ 后，右边的原单位矩阵 $\boldsymbol{I}$ 就变成了矩阵 $\boldsymbol{A}$ 的逆矩阵 $\boldsymbol{A}^{-1}$.

例 8 求矩阵 $\boldsymbol{A}=\begin{pmatrix}2 & 2 & 3\\1 & -1 & 0\\-1 & 2 & 1\end{pmatrix}$ 的逆矩阵.

解 由 $(\boldsymbol{A}\vdots\boldsymbol{I})=\begin{pmatrix}2 & 2 & 3 & 1 & 0 & 0\\1 & -1 & 0 & 0 & 1 & 0\\-1 & 2 & 1 & 0 & 0 & 1\end{pmatrix}\xrightarrow{r_1\leftrightarrow r_2}\begin{pmatrix}1 & -1 & 0 & 0 & 1 & 0\\2 & 2 & 3 & 1 & 0 & 0\\-1 & 2 & 1 & 0 & 0 & 1\end{pmatrix}$

$$\xrightarrow[r_3+r_1]{r_2-2r_1}\begin{pmatrix}1 & -1 & 0 & 0 & 1 & 0\\0 & 4 & 3 & 1 & -2 & 0\\0 & 1 & 1 & 0 & 1 & 1\end{pmatrix}$$

$$\xrightarrow{r_2-3r_3}\begin{pmatrix}1 & -1 & 0 & 0 & 1 & 0\\0 & 1 & 0 & 1 & -5 & -3\\0 & 1 & 1 & 0 & 1 & 1\end{pmatrix}$$

$$\xrightarrow[r_3-r_2]{r_1+r_2}\begin{pmatrix}1&0&0&1&-4&-3\\0&1&0&1&-5&-3\\0&0&1&-1&6&4\end{pmatrix},$$

得 $A^{-1}=\begin{pmatrix}1&-4&-3\\1&-5&-3\\-1&6&4\end{pmatrix}$.

由此例可以看出,用初等变换求某个方阵的逆矩阵时,不必先判别这个方阵是否可逆.如果在变换过程中发现某一行(列)所有元素全变成零,则说明这个方阵是不可逆的.

例 9　已知 $Ap=pB$,其中 $B=\begin{pmatrix}1&0&0\\0&0&0\\0&0&-1\end{pmatrix}$, $p=\begin{pmatrix}1&0&0\\2&-1&0\\-2&1&1\end{pmatrix}$,求 A, A^5.

解　由已知 $p=\begin{pmatrix}1&0&0\\2&-1&0\\-2&1&1\end{pmatrix}$,可求得 $p^{-1}=\begin{pmatrix}1&0&0\\2&-1&0\\-4&1&1\end{pmatrix}$,

$$Ap=pB\Rightarrow A=pBp^{-1},$$

所以 $A=\begin{pmatrix}1&0&0\\2&-1&0\\-2&1&1\end{pmatrix}\begin{pmatrix}1&0&0\\0&0&0\\0&0&-1\end{pmatrix}\begin{pmatrix}1&0&0\\2&-1&0\\-4&1&1\end{pmatrix}$.

$$=\begin{pmatrix}1&0&0\\2&0&0\\6&-1&-1\end{pmatrix},$$

$$\begin{aligned}A^5&=(pBp^{-1})(pBp^{-1})(pBp^{-1})(pBp^{-1})(pBp^{-1})\\&=pB^5p^{-1}=pBp^{-1}\\&=A=\begin{pmatrix}1&0&0\\2&0&0\\6&-1&-1\end{pmatrix}.\end{aligned}$$

习　题　11.3

1. 已知 $A=\begin{pmatrix}3&4\\1&2\end{pmatrix}$, $B=\begin{pmatrix}-2&1\\0&-3\end{pmatrix}$,求 $2\left(A+\frac{1}{2}B\right)$, AB, BA, $3A^T-B^T$.

2. 已知 $A=\begin{pmatrix}2&2&3\\2&-1&-2\\2&-3&-1\end{pmatrix}$, $B=\begin{pmatrix}1&3&-1\\0&-3&4\\-2&-1&1\end{pmatrix}$,求矩阵 X,使 $3X+2A=B$.

3. 求下列矩阵的秩.

(1) $A=\begin{pmatrix}1&2&3\\2&3&-5\\4&7&1\end{pmatrix}$;　　(2) $B=\begin{pmatrix}2&6&-14&-16\\4&11&-10&-12\\3&7&2&3\end{pmatrix}$;

(3) $\boldsymbol{C}=\begin{pmatrix}1&2&3&4\\-1&-1&-4&-2\\3&4&11&8\end{pmatrix}$；　　(4) $\boldsymbol{D}=\begin{pmatrix}1&0&0&1\\1&2&0&-1\\3&-1&0&4\\1&4&5&1\end{pmatrix}$.

4. 已知 $\boldsymbol{AP}=\boldsymbol{PB}$，其中 $\boldsymbol{B}=\begin{pmatrix}1&0&0\\0&0&0\\0&0&-1\end{pmatrix}$，$\boldsymbol{P}=\begin{pmatrix}1&0&0\\2&-1&0\\2&1&1\end{pmatrix}$，求 $\boldsymbol{A}$.

5. 求下列矩阵的逆矩阵.

(1) $\begin{pmatrix}1&2&3\\2&2&1\\3&4&3\end{pmatrix}$；　　(2) $\begin{pmatrix}2&2&3\\1&-1&0\\-1&2&1\end{pmatrix}$；

(3) $\begin{pmatrix}1&3&-5&7\\0&1&2&-3\\0&0&1&2\\0&0&0&1\end{pmatrix}$；　　(4) $\begin{pmatrix}1&1&1&1\\1&1&-1&-1\\1&-1&1&-1\\1&-1&-1&1\end{pmatrix}$.

6. 已知 $\begin{pmatrix}2&5\\1&3\end{pmatrix}\boldsymbol{X}=\begin{pmatrix}4&-6\\2&1\end{pmatrix}$，求矩阵 $\boldsymbol{X}$.

7. 设 $\boldsymbol{A}=\begin{pmatrix}1&2&3\\2&2&1\\3&4&3\end{pmatrix}$，$\boldsymbol{B}=\begin{pmatrix}2&1\\5&3\end{pmatrix}$，$\boldsymbol{C}=\begin{pmatrix}1&3\\2&0\\3&1\end{pmatrix}$，求满足 $\boldsymbol{AXB}=\boldsymbol{C}$ 的矩阵 $\boldsymbol{X}$.

11.4　线性方程组

11.4.1　线性方程组的概念

1. n 元线性方程组

形如

$$\begin{cases}a_{11}x_1+a_{12}x_2+\cdots+a_{1n}x_n=b_1,\\a_{21}x_1+a_{22}x_2+\cdots+a_{2n}x_n=b_2,\\\qquad\qquad\vdots\\a_{m1}x_1+a_{m2}x_2+\cdots+a_{mn}x_n=b_m.\end{cases}$$

的方程组，叫做 n 元线性方程组或一般线性方程组. 它含有 m 个方程，n 个未知数，m 与 n 可以相等，也可以不等. 其中 x_1，x_2，…，x_n 是未知数，a_{11}，a_{12}，…，a_{21}，a_{22}，…是方程组中未知数的系数，b_1，b_2，…，b_m 是常数. 一般地，把方程组中第 i 个方程的未知数 x_j 的系数记作 a_{ij}（$i=1, 2, \cdots, m$；$j=1, 2, \cdots, n$）.

由前面我们知道，当方程的个数 m 与未知数的个数 n 相等时，可以用行列式的方法（克拉默法则）求解方程组. 但当 $m\neq n$ 时，这种方法就无能为力了. 因此，下面我们将讨论这样几个问题：如何用矩阵表示线性方程组？如何判定线性方程组解的情况？如何求解线性方程组？

2. 线性方程组的矩阵表示

对于一般线性方程组

$$\begin{cases} a_{11}x_1 + a_{12}x_2 + \cdots + a_{1n}x_n = b_1, \\ a_{21}x_1 + a_{22}x_2 + \cdots + a_{2n}x_n = b_2, \\ \qquad\qquad\qquad\qquad \vdots \\ a_{m1}x_1 + a_{m2}x_2 + \cdots + a_{mn}x_n = b_m, \end{cases}$$

设

$$\boldsymbol{A} = \begin{pmatrix} a_{11} & a_{12} & \cdots & a_{1n} \\ a_{21} & a_{22} & \cdots & a_{2n} \\ \vdots & \vdots & & \vdots \\ a_{m1} & a_{m2} & \cdots & a_{mn} \end{pmatrix}, \quad \boldsymbol{x} = \begin{pmatrix} x_1 \\ x_2 \\ \vdots \\ x_n \end{pmatrix}, \quad \boldsymbol{b} = \begin{pmatrix} b_1 \\ b_2 \\ \vdots \\ b_m \end{pmatrix},$$

根据矩阵的乘法和矩阵的相等,线性方程组可用矩阵表示为

$$\boldsymbol{Ax} = \boldsymbol{b},$$

即

$$\begin{pmatrix} a_{11} & a_{12} & \cdots & a_{1n} \\ a_{21} & a_{22} & \cdots & a_{2n} \\ \vdots & \vdots & & \vdots \\ a_{m1} & a_{m2} & \cdots & a_{mn} \end{pmatrix} \begin{pmatrix} x_1 \\ x_2 \\ \vdots \\ x_n \end{pmatrix} = \begin{pmatrix} b_1 \\ b_2 \\ \vdots \\ b_m \end{pmatrix}.$$

若矩阵 $\boldsymbol{A}$ 是方阵且可逆,对方程 $\boldsymbol{Ax} = \boldsymbol{b}$ 两边左乘矩阵 $\boldsymbol{A}$ 的逆矩阵 $\boldsymbol{A}^{-1}$,即 $\boldsymbol{A}^{-1}\boldsymbol{Ax} = \boldsymbol{A}^{-1}\boldsymbol{b}$,则可得

$$\boldsymbol{x} = \boldsymbol{A}^{-1}\boldsymbol{b}.$$

11.4.2 线性方程组的解

对于一般线性方程组

$$\begin{cases} a_{11}x_1 + a_{12}x_2 + \cdots + a_{1n}x_n = b_1, \\ a_{21}x_1 + a_{22}x_2 + \cdots + a_{2n}x_n = b_2, \\ \qquad\qquad\qquad\qquad \vdots \\ a_{m1}x_1 + a_{m2}x_2 + \cdots + a_{mn}x_n = b_m, \end{cases}$$

由线性方程组的系数组成的矩阵

$$\boldsymbol{A} = \begin{pmatrix} a_{11} & a_{12} & \cdots & a_{1n} \\ a_{21} & a_{22} & \cdots & a_{2n} \\ \vdots & \vdots & & \vdots \\ a_{m1} & a_{m2} & \cdots & a_{mn} \end{pmatrix}$$

叫做线性方程组的系数矩阵，而由系数与常数组成的矩阵叫做线性方程组的增广矩阵，增广矩阵记作

$$\widetilde{\boldsymbol{A}}=\begin{pmatrix} a_{11} & a_{12} & \cdots & a_{1n} & b_1 \\ a_{21} & a_{22} & \cdots & a_{2n} & b_2 \\ \vdots & \vdots & & \vdots & \vdots \\ a_{m1} & a_{m2} & \cdots & a_{mn} & b_m \end{pmatrix}.$$

我们在中学曾经学过用加减消元法和代入消元法求解二元、三元线性方程组，下面我们通过一个例题将中学解法与矩阵的初等行变换进行对比.

例 1 解线性方程组

$$\begin{cases} 4x_1+5x_2+4x_3=16, \\ 3x_1+2x_2+14x_3=14, \\ x_1-x_2+4x_3=1. \end{cases}$$

解 两种方法列表如下：

中学方法	初等行变换
①−②,得 $\begin{cases} x_1+3x_2-10x_3=2, \\ 3x_1+2x_2+14x_3=14, \\ x_1-x_2+4x_3=1. \end{cases}$	$\widetilde{\boldsymbol{A}}=\begin{pmatrix} 4 & 5 & 4 & 16 \\ 3 & 2 & 14 & 14 \\ 1 & -1 & 4 & 1 \end{pmatrix}\xrightarrow{r_1-r_2}\begin{pmatrix} 1 & 3 & -10 & 2 \\ 3 & 2 & 14 & 14 \\ 1 & -1 & 4 & 1 \end{pmatrix}$
①×(−3)+②, ③−①,得 $\begin{cases} x_1+3x_2-10x_3=2, \\ -7x_2+44x_3=8, \\ -4x_2+14x_3=-1. \end{cases}$	$\xrightarrow[r_3-r_1]{r_1\times(-3)+r_2}\begin{pmatrix} 1 & 3 & -10 & 2 \\ 0 & -7 & 44 & 8 \\ 0 & -4 & 14 & -1 \end{pmatrix}$
②÷(−7), ③÷(−4), 得 $\begin{cases} x_1+3x_2-10x_3=2, \\ x_2-\frac{44}{7}x_3=-\frac{8}{7}, \\ x_2-\frac{7}{2}x_3=\frac{1}{4}. \end{cases}$	$\xrightarrow[r_3\times\left(-\frac{1}{4}\right)]{r_2\times\left(-\frac{1}{7}\right)}\begin{pmatrix} 1 & 3 & -10 & 2 \\ 0 & 1 & -\frac{44}{7} & -\frac{8}{7} \\ 0 & 1 & -\frac{7}{2} & \frac{1}{4} \end{pmatrix}$
③−②,得 $\begin{cases} x_1+3x_2-10x_3=2, \\ x_2-\frac{44}{7}x_3=-\frac{8}{7}, \\ \frac{39}{14}x_3=\frac{39}{28}. \end{cases}$	$\xrightarrow{r_3-r_2}\begin{pmatrix} 1 & 3 & -10 & 2 \\ 0 & 1 & -\frac{44}{7} & -\frac{8}{7} \\ 0 & 0 & \frac{39}{14} & \frac{39}{28} \end{pmatrix}$
	$\xrightarrow[\substack{r_3\times10+r_1 \\ r_3\times(-3)+r_1}]{\substack{r_3\times\frac{14}{39} \\ r_3\times\frac{44}{7}+r_2}}\begin{pmatrix} 1 & 0 & 0 & 1 \\ 0 & 1 & 0 & 2 \\ 0 & 0 & 1 & \frac{1}{2} \end{pmatrix}$
得方程组的解为 $\begin{cases} x_1=1, \\ x_2=2, \\ x_3=\frac{1}{2} \end{cases}$	得方程组的解为 $\begin{cases} x_1=1, \\ x_2=2, \\ x_3=\frac{1}{2} \end{cases}$

从中我们不难看出，利用矩阵的初等行变换解线性方程组，与中学方法几乎如出一辙.

初等行变换不仅可以求解线性方程组,更重要的是它可以帮助我们判断线性方程组解的情况.

一般线性方程组的增广矩阵经过适当的矩阵初等行变换后,总可以化成如下形式:

$$\begin{pmatrix} c_{11} & c_{12} & \cdots & c_{1r} & \cdots & c_{1n} & d_1 \\ 0 & c_{22} & \cdots & c_{2r} & \cdots & c_{2n} & d_2 \\ \vdots & \vdots & & \vdots & & \vdots & \vdots \\ 0 & 0 & \cdots & c_{rr} & \cdots & c_{rn} & d_r \\ 0 & 0 & \cdots & 0 & \cdots & 0 & d_{r+1} \\ 0 & 0 & \cdots & 0 & \cdots & 0 & 0 \\ \vdots & \vdots & & \vdots & & \vdots & \vdots \\ 0 & 0 & \cdots & 0 & \cdots & 0 & 0 \end{pmatrix}.$$

其中 $r \leqslant n$, $c_{ii} \neq 0\ (i = 1, 2, \cdots, r)$. 由例 1 我们知道,这个矩阵的每一行实际代表一个等式,除那些"$0 = 0$"等式外,线性方程组的解关键取决于等式"$0 = d_{r+1}$",显然,

当 $d_{r+1} \neq 0$ 时,等式"$0 = d_{r+1}$"不能成立,说明方程组无解.

当 $d_{r+1} = 0$ 时,等式"$0 = d_{r+1}$"恒成立,方程组一定有解,且此时线性方程组系数矩阵的秩与增广矩阵的秩相等,即 $R(\widetilde{A}) = R(A) = r$. 在此情形下,若 $r = n$,则方程组有唯一的一组解;若 $r < n$,则方程组有无穷多组解.

因此,关于一般线性方程组的解,我们有以下结论:

(1) 线性方程组有解的充分必要条件是它的系数矩阵的秩与增广矩阵的秩相等;

(2) 若线性方程组有解,则当系数矩阵的秩 $r = n$ 时,方程组有唯一的一组解;当系数矩阵的秩 $r < n$ 时,方程组有无穷多组解.

例 2 当 a 取何值时,方程组

$$\begin{cases} x_1 + x_2 + x_3 + x_4 = 1, \\ 3x_1 + 2x_2 + x_3 - 3x_4 = a, \\ x_2 + 2x_3 + 6x_4 = 3 \end{cases}$$

有解,并求出它的解.

解 因为 $\widetilde{\mathbf{A}} = \begin{pmatrix} 1 & 1 & 1 & 1 & 1 \\ 3 & 2 & 1 & -3 & a \\ 0 & 1 & 2 & 6 & 3 \end{pmatrix} \to \begin{pmatrix} 1 & 1 & 1 & 1 & 1 \\ 0 & -1 & -2 & -6 & a-3 \\ 0 & 1 & 2 & 6 & 3 \end{pmatrix}$

$$\to \begin{pmatrix} 1 & 1 & 1 & 1 & 1 \\ 0 & 1 & 2 & 6 & 3 \\ 0 & -1 & -2 & -6 & a-3 \end{pmatrix} \to \begin{pmatrix} 1 & 1 & 1 & 1 & 1 \\ 0 & 1 & 2 & 6 & 3 \\ 0 & 0 & 0 & 0 & a \end{pmatrix}$$

$$\to \begin{pmatrix} 1 & 0 & -1 & -5 & -2 \\ 0 & 1 & 2 & 6 & 3 \\ 0 & 0 & 0 & 0 & a \end{pmatrix}.$$

所以当 $a \neq 0$ 时, $R(\mathbf{A}) = 2$, $R(\widetilde{\mathbf{A}}) = 3$, 方程组无解;

当 $a = 0$ 时, $R(\mathbf{A}) = R(\widetilde{\mathbf{A}}) = 2$, 方程组有解,此时方程组为

$$\begin{cases} x_1 - x_3 - 5x_4 = -2, \\ x_2 + 2x_3 + 6x_4 = 3, \end{cases}$$

即
$$\begin{cases} x_1 = -2 + x_3 + 5x_4, \\ x_2 = 3 - 2x_3 - 6x_4. \end{cases}$$

其中 x_3 与 x_4 可以任意取值,令 $x_3 = c_1$, $x_4 = c_2$,故得方程组的解为

$$\begin{cases} x_1 = -2 + c_1 + 5c_2, \\ x_2 = 3 - 2c_1 - 6c_2, \\ x_3 = c_1, \\ x_4 = c_2. \end{cases}$$

11.4.3 线性方程组的求解

1. 齐次线性方程组

形如

$$\begin{cases} a_{11}x_1 + a_{12}x_2 + \cdots + a_{1n}x_n = 0, \\ a_{21}x_1 + a_{22}x_2 + \cdots + a_{2n}x_n = 0, \\ \qquad \vdots \\ a_{m1}x_1 + a_{m2}x_2 + \cdots + a_{mn}x_n = 0 \end{cases}$$

的方程组叫做齐次线性方程组.由于它的增广矩阵的秩与系数矩阵的秩是相等的,所以齐次线性方程组总是有解的.

设齐次线性方程组的系数矩阵 $\mathbf{A}$ 的秩为 $R(\mathbf{A}) = r$,有

(1) 若 $r = n$,则齐次线性方程组只有零解;

(2) 若 $r < n$,则齐次线性方程组有无穷多组非零解.

例 3 解齐次线性方程组

$$\begin{cases} x_1 - 3x_2 + 4x_3 - 5x_4 = 0, \\ x_1 - x_2 - x_3 + 2x_4 = 0, \\ x_1 + x_2 + 5x_4 = 0, \\ 2x_1 - x_2 + 3x_3 - 2x_4 = 0. \end{cases}$$

解 由于方程组的系数行列式

$$D = \begin{vmatrix} 1 & -3 & 4 & -5 \\ 1 & -1 & -1 & 2 \\ 1 & 1 & 0 & 5 \\ 2 & -1 & 3 & -2 \end{vmatrix} = -54 \neq 0,$$

所以方程组有唯一的一组零解,即

$$\begin{cases} x_1 = 0, \\ x_2 = 0, \\ x_3 = 0, \\ x_4 = 0. \end{cases}$$

2. 非齐次线性方程组

形如

$$\begin{cases} a_{11}x_1 + a_{12}x_2 + \cdots + a_{1n}x_n = b_1, \\ a_{21}x_1 + a_{22}x_2 + \cdots + a_{2n}x_n = b_2, \\ \qquad\qquad \vdots \\ a_{m1}x_1 + a_{m2}x_2 + \cdots + a_{mn}x_n = b_m \end{cases}$$

的方程组叫做非齐次线性方程组，其中 $b_1, b_2, \cdots, b_m$ 不全为零.

对于 n 个未知数、n 个方程的线性方程组，当它的系数行列式不等于零时，可以有以下三种求解方法：

（1）克拉默法则

例 4　解线性方程组

$$\begin{cases} 3x_1 + 2x_2 + 4x_3 - x_4 = 13, \\ 5x_1 + x_2 - x_3 + 2x_4 = 9, \\ 4x_1 - 4x_2 + 3x_3 - 5x_4 = 4, \\ 2x_1 + 3x_2 - 7x_3 + 3x_4 = 14. \end{cases}$$

解　因为系数行列式

$$D = \begin{vmatrix} 3 & 2 & 4 & -1 \\ 5 & 1 & -1 & 2 \\ 4 & -4 & 3 & -5 \\ 2 & 3 & -7 & 3 \end{vmatrix} = 638 \neq 0,$$

所以方程组有唯一的一组解：

$$D_1 = \begin{vmatrix} 13 & 2 & 4 & -1 \\ 9 & 1 & -1 & 2 \\ 4 & -4 & 3 & -5 \\ 14 & 3 & -7 & 3 \end{vmatrix} = 1\,276, \qquad D_2 = \begin{vmatrix} 3 & 13 & 4 & -1 \\ 5 & 9 & -1 & 2 \\ 4 & 4 & 3 & -5 \\ 2 & 14 & -7 & 3 \end{vmatrix} = 2\,552,$$

$$D_3 = \begin{vmatrix} 3 & 2 & 13 & -1 \\ 5 & 1 & 9 & 2 \\ 4 & -4 & 4 & -5 \\ 2 & 3 & 14 & 3 \end{vmatrix} = -638, \qquad D_4 = \begin{vmatrix} 3 & 2 & 4 & 13 \\ 5 & 1 & -1 & 9 \\ 4 & -4 & 3 & 4 \\ 2 & 3 & -7 & 14 \end{vmatrix} = -1\,914.$$

根据克拉默法则，方程组的解为

$$\begin{cases} x_1 = 2, \\ x_2 = 4, \\ x_3 = -1, \\ x_4 = -3. \end{cases}$$

(2) 求逆矩阵的方法

例 5 解线性方程组

$$\begin{cases} 2x_1 + 2x_2 + 3x_3 = 2, \\ x_1 - x_2 \quad\quad = 2, \\ -x_1 + 2x_2 + x_3 = 4. \end{cases}$$

解 线性方程组的矩阵表示为

$$\begin{pmatrix} 2 & 2 & 3 \\ 1 & -1 & 0 \\ -1 & 2 & 1 \end{pmatrix}\begin{pmatrix} x_1 \\ x_2 \\ x_3 \end{pmatrix} = \begin{pmatrix} 2 \\ 2 \\ 4 \end{pmatrix}.$$

因为系数行列式

$$|\boldsymbol{A}| = \begin{vmatrix} 2 & 2 & 3 \\ 1 & -1 & 0 \\ -1 & 2 & 1 \end{vmatrix} = -1 \neq 0,$$

所以系数矩阵 **A** 可逆,求得

$$\boldsymbol{A}^{-1} = \begin{pmatrix} 1 & -4 & -3 \\ 1 & -5 & -3 \\ -1 & 6 & 4 \end{pmatrix}.$$

则有 $\begin{pmatrix} x_1 \\ x_2 \\ x_3 \end{pmatrix} = \begin{pmatrix} 2 & 2 & 3 \\ 1 & -1 & 0 \\ -1 & 2 & 1 \end{pmatrix}^{-1}\begin{pmatrix} 2 \\ 2 \\ 4 \end{pmatrix} = \begin{pmatrix} 1 & -4 & -3 \\ 1 & -5 & -3 \\ -1 & 6 & 4 \end{pmatrix}\begin{pmatrix} 2 \\ 2 \\ 4 \end{pmatrix} = \begin{pmatrix} -18 \\ -20 \\ 26 \end{pmatrix}.$

故方程组的解为

$$\begin{cases} x_1 = -18, \\ x_2 = -20, \\ x_3 = 26. \end{cases}$$

(3) 高斯(Gauss)消元法

对一个 n 元线性方程组,当它的系数行列式不等于零时,通过行初等变换,将方程组的增广矩阵变为形式

$$\begin{pmatrix} 1 & 0 & \cdots & 0 & c_1 \\ 0 & 1 & \cdots & 0 & c_2 \\ \vdots & \vdots & & \vdots & \vdots \\ 0 & 0 & \cdots & 1 & c_n \end{pmatrix},$$

则矩阵的最后一列元素就是方程组的解，这种消元法叫做高斯消元法.

例 6　解线性方程组

$$\begin{cases} 2x_1-3x_2+x_3-x_4=3, \\ 3x_1+x_2+x_3+x_4=0, \\ 4x_1-x_2-x_3-x_4=7, \\ -2x_1-x_2+x_3+x_4=-5. \end{cases}$$

解　$$\widetilde{\boldsymbol{A}}=\begin{pmatrix} 2 & -3 & 1 & -1 & 3 \\ 3 & 1 & 1 & 1 & 0 \\ 4 & -1 & -1 & -1 & 7 \\ -2 & -1 & 1 & 1 & -5 \end{pmatrix}$$

$$\xrightarrow{\text{初等行变换}}\begin{pmatrix} 1 & 0 & 0 & 0 & 1 \\ 0 & 1 & 0 & 0 & 0 \\ 0 & 0 & 1 & 0 & -1 \\ 0 & 0 & 0 & 1 & -2 \end{pmatrix}.$$（读者可自行完成变换过程）

因此方程组的解为

$$\begin{cases} x_1=1, \\ x_2=0, \\ x_3=-1, \\ x_4=-2. \end{cases}$$

高斯消元法还能用来求解未知数个数与方程个数不相等的线性方程组，这在线性方程组的解中已讨论过.

习　题　11.4

1. 设矩阵 $\boldsymbol{A}$ 为三阶矩阵，且 $|\boldsymbol{A}|=3$，则 $|2\boldsymbol{A}|=$ ________.

2. 已知方程组 $\begin{pmatrix} 1 & 2 & 1 \\ 2 & 3 & a+2 \\ 1 & a & -2 \end{pmatrix}\begin{pmatrix} x_1 \\ x_2 \\ x_3 \end{pmatrix}=\begin{pmatrix} 1 \\ 3 \\ 0 \end{pmatrix}$ 无解，则 $a=$ ________.

3. 判定下列线性方程组解的情况.

(1) $\begin{cases} x_1+4x_2-2x_3+3x_4=0, \\ x_1+2x_2-3x_3+4x_4=0, \\ 2x_1-2x_2+3x_3+2x_4=0, \\ x_1+2x_2+x_3+5x_4=0; \end{cases}$

(2) $\begin{cases} 2x_1-x_2+x_3+5x_4=5, \\ 2x_1-x_2+x_3-x_4=-1, \\ 2x_1-x_2+x_3+x_4=1. \end{cases}$

4. 用高斯消元法解下列线性方程组.

(1) $\begin{cases} 2x_1+7x_2-4x_3+11x_4=5, \\ 2x_1+2x_2-x_3+4x_4=2, \\ 4x_1-x_2+x_3+x_4=1; \end{cases}$

(2) $\begin{cases} 2x_1+x_2-4x_3+3x_4=2, \\ 2x_1+x_2-x_3+x_4=2, \\ x_1-3x_2+x_3+x_4=1; \end{cases}$

(3) $\begin{cases} x_1+2x_2+3x_3+4x_4=0, \\ x_1+x_2+2x_3+3x_4=0, \\ x_1+5x_2+x_3+2x_4=0, \\ x_1+5x_2+5x_3+2x_4=0; \end{cases}$　(4) $\begin{cases} 3x_1+4x_2-4x_3+2x_4=-3, \\ 6x_1+5x_2-2x_3+3x_4=-1, \\ 9x_1+3x_2+8x_3+5x_4=9, \\ -3x_1-7x_2-10x_3+x_4=2. \end{cases}$

5. 已知线性方程组 $\begin{cases} 2x_1-7x_2+kx_3-x_4=0, \\ 3x_1-2x_2-x_3+x_4=0, \\ 5x_1+x_2-x_3+2x_4=0, \\ 2x_1-x_2+2x_3-x_4=0, \end{cases}$ 只有非零解，求 k.

6. 当 λ 为何值时，方程组 $\begin{cases} \lambda x+y+z=1, \\ x+\lambda y+z=\lambda, \\ x+y+\lambda z=\lambda^2, \end{cases}$ 无解、有解、有唯一解、无穷多解？并求其值.

11.5　线性代数的应用

【应用 1】　招投标问题

例 1　某高职院校准备在暑假期间对教学楼、实训楼和图书馆共三幢大楼进行维修，学院后勤处为此向社会公开招标，有三家建筑公司应标并在学院召开的评标会上公开了具体维修工程报价如下：

工程报价　　单位：万元

	教学楼	实训楼	图书馆
一公司	13	24	10
二公司	17	19	15
三公司	20	22	21

由于暑假时间较短，每个建筑公司只能承担一幢建筑，因此该学院必须把各幢建筑的维修安排给不同的建筑公司，同时还要考虑总的维修价格最少，即报价的总和要最小，那么该如何根据报价确定每幢建筑的承包单位呢？

解　由报价表可得到这个问题的"效率矩阵"为

$$\begin{pmatrix} 13 & 24 & 10 \\ 17 & 19 & 15 \\ 20 & 22 & 21 \end{pmatrix}.$$

考虑各种可能的承包方案所产生的费用，应该分别在不同行与不同列取三个数计算它们的和，共有 3! =6 种可能方案，我们来计算每种方案的费用.

方案一：$13+19+21=53$.

方案二：$13+22+15=50$.

方案三：$17+24+21=52$.

方案四：$17+22+10=49$.

方案五：$20+24+15=59$.

方案六：$20+19+10=49$.

由上面分析可见报价数的范围是从最小值 49 万元到最大值 62 万元. 由于方案四与方案六得到的报价总数 49 万元为最小，因此，该学院应在下列两种方案中选定一种为建筑公司承包的项目：

建筑二公司包教学楼，建筑三公司包实训楼，建筑一公司包图书馆.

或者

建筑三公司包教学楼，建筑二公司包实训楼，建筑一公司包图书馆.

【应用 2】 生产计划问题

例 2 北方某城市有三个非常重要的企业：一个煤矿，一个发电厂和一条地方铁路. 已知开采一元钱的煤，煤矿必须支付地方铁路人民币 0.25 元的运输费；生产一元钱的电力，发电厂需支付煤矿人民币 0.65 元的煤的燃料费，同时支付自己 0.05 元的电费来作为设备的折旧及支付铁路 0.05 元的运输费；而得到一元钱的运输费，铁路需支付煤矿 0.55 元的煤的燃料费，0.10 元的电费. 在今年的某个星期内，煤矿从外面接到 50 000 元煤的定货，发电厂从外面接到 25 000 元钱电力的定货，外界对地方铁路没有要求.

问这三个企业在这一个星期内该如何安排生产计划，即每个企业总生产总值多少时才能精确地满足它们本身要求和外界需求？

解 设一个星期内三家企业的生产总值分别为 x_1，x_2 和 x_3. 根据题意，我们有

$$\begin{cases} x_1-0.65x_2-0.55x_3=50\,000, \\ 0.95x_2-0.1x_3=25\,000, \\ -0.25x_1-0.05x_2+x_3=0, \end{cases}$$

相应的矩阵表示为

$$\begin{pmatrix} 1 & -0.65 & -0.55 \\ 0 & 0.95 & -0.1 \\ -0.25 & -0.05 & 1 \end{pmatrix}\begin{pmatrix} x_1 \\ x_2 \\ x_3 \end{pmatrix}=\begin{pmatrix} 50\,000 \\ 25\,000 \\ 0 \end{pmatrix}.$$

此方程组有唯一解，其解为

$$\begin{cases} x_1=80\,423, \\ x_2=28\,583, \\ x_3=21\,535. \end{cases}$$

所以，在这一个星期内煤矿总产值为 80 423 元，发电厂总产值为 28 583 元，铁路总产值

为 21 535 元.

【应用 3】 建筑工程计算

例 3 求解某连续梁采用位移法时所列的典型方程组

$$\begin{cases} 36v_2 + 6l\theta_2 + 12l\theta_3 = -\dfrac{3Pl^3}{EI}, \\ 6lv_2 + 12l^2\theta_2 + 4l^2\theta_3 = \dfrac{Pl^4}{EI}, \\ 12lv_2 + 4l^2\theta_2 + 12l^2\theta_3 = -\dfrac{Pl^4}{12EI}. \end{cases}$$

式中, v_2, θ_2, θ_3 是未知的线位移和角位移, P, l, E, I 均为已知常量.

解 该方程组的系数行列式为

$$D = \begin{vmatrix} 36 & 6l & 12l \\ 6l & 12l^2 & 4l^2 \\ 12l & 4l^2 & 12l^2 \end{vmatrix} = (5\,184 + 288 + 288 - 576 - 432 - 1\,728)l^4 = 3\,024l^4,$$

$$D_1 = \begin{vmatrix} 6l & 12l \\ 12l^2 & 4l^2 \\ 4l^2 & 12l^2 \end{vmatrix} = -398\frac{Pl^7}{EI}, \quad D_2 = 366\frac{Pl^6}{EI}, \quad D_3 = 255\frac{Pl^6}{EI}.$$

由克拉默法则求得方程组的解为

$$\begin{cases} v_2 = \dfrac{D_1}{D} = -\dfrac{398Pl^3}{3\,024EI}, \\ \theta_2 = \dfrac{D_2}{D} = -\dfrac{366Pl^2}{3\,024EI}, \\ \theta_3 = \dfrac{D_3}{D} = -\dfrac{255Pl^2}{3\,024EI}. \end{cases}$$

【应用 4】 化工应用之浓度确定

例 4 假设物系服从 Beer 定律,试确定下列混合物中四种组分的浓度. 设光程长度为 1 cm,观测数据如下:

摩尔吸收率

单位:L/mol · cm

波长	对二甲苯	间二甲苯	邻二甲苯	乙苯	总吸收率
12.5	1.502 0	0.051 4	0	0.040 8	0.101 3
13.0	0.026 1	1.151 6	0	0.082 0	0.099 43
13.4	0.034 3	0.035 5	2.532	0.293 3	0.219 4
14.3	0.034 0	0.068 4	0	0.347 0	0.033 9

解　因为服从 Beer 定律,则有

$$A=\sum_{j=1}^{4}\varepsilon_{ij}C_j.$$

其中　A ——波长为 λ_i 时观测到的总吸收率;

ε_{ij} ——波长为 λ_i 时第 j 个组分的摩尔吸收率;

C_j ——混合物中第 j 个组分的摩尔浓度.

根据题意建立线性方程组,其矩阵形式如下:

$$\begin{pmatrix}1.502 & 0.0514 & 0 & 0.0408\\ 0.0261 & 1.1516 & 0 & 0.0820\\ 0.0342 & 0.0355 & 2.532 & 0.2933\\ 0.0340 & 0.0684 & 0 & 0.3470\end{pmatrix}\begin{pmatrix}c_1\\ c_2\\ c_3\\ c_4\end{pmatrix}=\begin{pmatrix}0.1013\\ 0.09943\\ 0.2194\\ 0.03396\end{pmatrix},$$

利用高斯消元法,得

$$\begin{pmatrix}1.502 & 0.0514 & 0 & 0.0408\\ 0 & 1.1507 & 0 & 0.0813\\ 0 & 0 & 2.532 & 0.2899\\ 0 & 0 & 0 & 0.3413\end{pmatrix}\begin{pmatrix}c_1\\ c_2\\ c_3\\ c_4\end{pmatrix}=\begin{pmatrix}0.1013\\ 0.0977\\ 0.2142\\ 0.0260\end{pmatrix},$$

解得

$$\begin{cases}c_4=0.0762(\text{mol/L}),\\ c_3=0.0759(\text{mol/L}),\\ c_2=0.0795(\text{mol/L}),\\ c_1=0.0627(\text{mol/L}).\end{cases}$$

【应用 5】 利润最大问题

例 5　某工厂生产甲、乙两种产品,已知生产一个单位甲种产品耗煤 5 t,耗电 1 000 度,原材料 6 t;生产一个单位乙种产品耗煤 6 t,耗电 800 度,原材料 4 t. 又一个单位的甲种产品可获利润 500 元,一个单位的乙种产品可获利润 800 元. 而有关部门或企业能够提供给该厂的煤是 400 t,电力 50 000 度,原材料 600 t. 问生产甲、乙两种产品多少单位才能获得最大利润?

解　设 x_1, x_2 分别表示生产甲、乙两种产品的单位数. 根据题意, x_1, x_2 应满足

$$\begin{cases}5x_1+6x_2\leqslant 400,\\ 1\,000x_1+800x_2\leqslant 50\,000,\\ 6x_1+4x_2\leqslant 600,\\ x_1,\ x_2\geqslant 0,\end{cases}\qquad ①$$

且使得

$$y=\max\{500x_1+800x_2\}.\qquad ②$$

式①和式②实际就是我们为解决问题所建立的数学模型，其中式①叫做问题的约束条件，式②叫做问题的目标函数，满足约束条件的解叫做该问题的可行解，可行解中使得目标函数的值最大，即满足 $y=\max\{500x_1+800x_2\}$ 的解叫做最优解.

对于该案例的具体解法，这里不再赘述，感兴趣的同学可以阅读、参考线性代数与线性规划等方面的相关书籍.

习 题 11.5

1. 自然界的生物种群成长受到许多种因素影响，比如出生率、死亡率、资源的可利用性与竞争、捕食者的猎杀乃至自然灾害等等. 因此，生物种群和周边环境是一种既相生又相克的生存关系. 但是，如果没有任何限制，种群也会泛滥成灾. 现假设两个互相影响的种群 X、Y 随时间段变化的数量分别为 $\{a_n\}$，$\{b_n\}$，有关系式 $\begin{cases} a_{n+1}=a_n+2b_n, \\ b_{n+1}=3a_n+2b_n, \end{cases}$ 其中 $a_1=6$，$b_1=4$. 试分析 20 个时段后，这两个种群的数量变化趋势.

2. 某运动服销售店经销 A，B，C，D 四种品牌的运动服，而每种品牌分别有 S(小号)、M(中号)、L(大号)、XL(特大号)四个类型，一天内，该店的销售情况如下表所示(单位：件)：

	A	B	C	D
S	3	2	0	1
M	5	3	4	3
L	2	4	5	5
XL	1	0	1	1

假设不同品牌的运动服的平均利润是 A 为 20 元 / 件，B 为 15 元 / 件，C 为 30 元 / 件，D 为 25 元 / 件，请问：四个类型的运动服在这天获得的利润分别是多少？

11.6 数学实验

11.6.1 矩阵的输入方法

对于一般矩阵，利用 Matlab 可以直接按行输入每个元素：同一行中的元素用逗号(,)或者用空格符来分隔，且空格个数不限；不同的行用分号(;)分隔. 所有元素处于一方括号([ ])内；当矩阵是多维(三维以上)，且方括号内的元素是维数较低的矩阵时，会有多重的方括号. 如：

```
>>A = [1  2  3; 2  3  4; 3  4  5]
   A = 1  2  3
       2  3  4
       3  4  5
>>B = [1  2  3  4  5]
   B =
        1  2  3  4  5
```

对于大型矩阵，一般创建 M 文件，以便于修改：
如用 M 文件创建大矩阵，文件名为 data. m

```
data = [ 6    8   7   1  9   108   7
         1   67   5   8  8    13  5
         6   67   8   9  8    21  5
         6    6   9  65  5    9  87
         8  100   9   6  1    33   77]
```

在 Matlab 窗口输入：

```
>>data;
>>size(data)   %显示 data 矩阵的大小
ans =
  5   7          %表示 data 有 5 行 7 列.
```

11.6.2 用 Matlab 进行矩阵运算

矩阵运算指令	指令含义
A′	矩阵转置
A+B	矩阵相加
A−B	矩阵相减
A∗B	矩阵相乘
A^n	矩阵的 n 次幂
inv(A)	逆矩阵
det(A)	方阵的行列式
rank(A)	矩阵的秩

例 1 已知 $\boldsymbol{A}=\begin{pmatrix}1&2&3\\1&1&1\\2&3&5\end{pmatrix}$ 和 $\boldsymbol{B}=\begin{pmatrix}0&2&1\\-1&3&5\\4&1&2\end{pmatrix}$，求 $\boldsymbol{A}+\boldsymbol{B}$，$\boldsymbol{A}-\boldsymbol{B}$，$\boldsymbol{AB}$ 和 $|\boldsymbol{A}|$.

解 在 Matlab 窗口输入：

```
>>A = [1 2 3; 1 1 1; 2 3 5]
>>B = [0 2 1; -1 3, 5; 4  1 2]
>>X = A + B
>>Y = A - B
>>Z = A * B
>> D = det(A)
```

结果显示：

X=

```
        1   4   4
        0   4   6
        6   4   7
Y=
        1    0    2
        2   -2   -4
       -2    2    3
Z=
        10  11  17
         3   6   8
        17  18  27
D=
           -1
           -1
```

例 2 求 $\boldsymbol{A}=\begin{pmatrix}1&2&3\\2&2&1\\3&4&3\end{pmatrix}$ 的逆矩阵.

解 在 Matlab 窗口输入：

```
>>A=[1  2  3; 2  2  1; 3  4  3];
>>X=inv(A)
```

结果显示：

```
X =
     1.0000    3.0000   -2.0000
    -1.5000   -3.0000    2.5000
     1.0000    1.0000   -1.0000
```

11.6.3 用 Matlab 求解线性方程组

1. 求线性方程组的特解(或一个解)

对于方程：$\boldsymbol{Ax}=\boldsymbol{b}$，解法：X=A\b

例 3 求方程组

$$\begin{cases}5x_1+6x_2=1,\\x_1+5x_2+6x_3=0,\\x_2+5x_3+6x_4=0,\\x_3+5x_4+6x_5=0,\\x_4+5x_5=1\end{cases}$$

的解.

解 在 Matlab 窗口输入:

```
>>A=[5  6  0  0  0
     1  5  6  0  0
     0  1  5  6  0
     0  0  1  5  6
     0  0  0  1  5];
  B=[1  0  0  0  1]';
R=rank(A)     %求秩
X=A\B         %求解
```

运行后结果如下:

```
R =
  5
X =
    2.2662
  -1.7218
    1.0571
  -0.5940
    0.3188    %这就是方程组的解.
```

2. 求线性齐次方程组的通解

在 Matlab 中,函数 null 用来求解零空间,即满足 $\boldsymbol{Ax}=\boldsymbol{0}$ 的解空间,实际上是求出解空间的一组基(基础解系).

格式 z=null(A,'r')	z 的列向量是方程 $\boldsymbol{Ax}=\boldsymbol{0}$ 的一组基

例4 求解方程组

$$\begin{cases} x_1+2x_2+2x_3+x_4=0, \\ 2x_1+x_2-2x_3-2x_4=0, \\ x_1-x_2-4x_3-3x_4=0 \end{cases}$$

的通解.

解

```
>>A=[1  2  2  1;2  1  -2  -2;1  -1  -4  -3];
>>format  rat              %指定有理式格式输出
>>Z=null(A,'r')            %求解空间的一组基
```

运行后显示结果如下:

```
Z =
```

```
2      5/3
-2    -4/3
1      0
0      1
```

3. 求非齐次线性方程组的通解

非齐次线性方程组需要先判断方程组是否有解,若有解,再去求通解.步骤如下:

第一步　判断 $\boldsymbol{Ax}=\boldsymbol{b}$ 是否有解,若有解则进行第二步.

第二步　求 $\boldsymbol{Ax}=\boldsymbol{b}$ 的一个特解.

第三步　求 $\boldsymbol{Ax}=\boldsymbol{0}$ 的通解.

第四步　$\boldsymbol{Ax}=\boldsymbol{b}$ 的通解 $=$ $\boldsymbol{Ax}=\boldsymbol{0}$ 的通解 $+\boldsymbol{Ax}=\boldsymbol{b}$ 的一个特解.

例 5　求解方程组

$$\begin{cases} x_1-2x_2+3x_3-x_4=1, \\ 3x_1-x_2+5x_3-3x_4=2, \\ 2x_1+x_2+2x_3-2x_4=3. \end{cases}$$

解　在 Matlab 中建立 M 文件如下:

```
A=[1  -2  3  -1; 3  -1  5  -3; 2  1  2  -2];
b=[1  2  3]';
B=[A b];
n=4;
R_A=rank(A)
R_B=rank(B)
format rat
if R_A==R_B&R_A==n            %判断有唯一解
   X=A\b
elseif R_A==R_B&R_A<n         %判断有无穷解
   X=A\b                      %求特解
   C=null(A,'r')              %求 Ax = 0 的基础解系
else X='equition no solve'    %判断无解
end
```

运行后结果显示:

```
R_A =
      2
R_B =
      3
X =
      equition no solve
```

说明该方程组无解.

阅读材料十一

一代数学宗师——欧拉(Euler)

从古到今,四个最伟大的数学家分别是:阿基米德(Archimedes),欧拉(Euler),牛顿(Newton)和高斯(Gauss).

法国大数学家拉普拉斯说过:“读读欧拉,他是我们一切人的老师.”被誉为数学王子的德国大数学家高斯也说过:“研究欧拉著作永远是学习数学的最好方法.”

瑞士数学家欧拉(1707—1783),从小就受到父亲在数学方面的熏陶,非常热爱数学.在 1720 年,13 岁的欧拉就成了巴塞尔大学的学生,得到了当时著名数学家约翰·伯努利(Johann Bernoulli, 1667—1748)的精心培育,每个周六下午单独给他辅导、答题和授课.聪明伶俐的欧拉在 17 岁的时候,就成为巴塞尔有史以来的第一个年轻的硕士.1726 年,19 岁的欧拉撰写的论文《论船舶的桅杆配置问题》获得了巴黎科学院的奖金.

欧拉是当时世界上一流的数学家,然而他也非常乐于培育新人,后来成为大数学家的拉格朗日(J. L. Lagrange, 1736—1813)在 19 岁时就与欧拉通信,讨论等圆问题,从而诞生了变分法.

欧拉还热衷于数学的普及工作.他编写的《无穷小分析引论》《微分法》和《积分法》都产生了很深远的影响.他的著作文字轻松易懂,描绘有声有色.为了使自己的文章通俗易懂,欧拉创立了许多新的符号.如用 sin、cos 等表示三角函数(1748 年),用 e 表示自然对数的底(1748 年),用 $f(x)$ 表示函数(1734 年),用 $\sum$ 表示求和(1755 年),用 i 表示虚数单位(1777 年)等.欧拉在研究无穷级数时引入欧拉常数 C, 即

$$C=\lim_{x\to\infty}\left(1+\frac{1}{2}+\frac{1}{3}+\cdots+\frac{1}{n}-\ln n\right)=0.577\,2\cdots$$

这是一个非常重要的常数.

1727 年,俄国的圣彼得堡科院刚建立,大数学家伯努利由于深知欧拉的才能,竭力聘请欧拉去俄罗斯工作.在这种情况下,欧拉离开了自己的祖国,应邀到俄国的圣彼得堡科学院.在圣彼得堡科学院,欧拉勤奋地工作,发表了大量的优秀的数学论文以及其他方面的论文和著作.例如:1736 年,欧拉出版了《力学,或解析地叙述运动的理论》,在这里他最早明确地提出质点或粒子的概念,最早研究质点沿任意一曲线运动时的速度,并应用了矢量的这个概念.1738 年,法国科学院设立了热本质问题征文,欧拉的《论火》一文获奖.在这篇文章中,欧拉把热本质看成是分子的振动.1739 年,他还出版了一部音乐理论的著作.在这期间,他创立了分析力学、刚体力学,研究和发展了弹性理论、振动理论以及材料力学,并且把振动理论应用到音乐的理论中去.

1741 年欧拉离开了圣彼得堡科学院,来到了柏林科学院,任数学物理所所长.他在柏林工作期间,成功地将数学应用于其他科学技术领域,写出了几百篇论文.在欧拉的那个时代

还没有什么纯粹数学和应用数学.对欧拉来说,物理世界就正是他的用武之地.欧拉研究了流体的运动性质,建立了理想流体运动的基本微分方程,发表了《流体运动原理》和《流体运动的一般原理》等论文,成为流体力学的创始人.欧拉把自己所建立的理想流体运动的基本方程用于人体血液的流动,为生物学上也作出了他的贡献.欧拉以流体力学、潮汐理论为基础,丰富和发展了船舶设计制造及航海理论,出版了《航海科学》一书.

1766年,年已花甲的欧拉又回到彼得堡,可不久他就双目失明了,从此欧拉陷入伸手不见五指的黑暗之中.但是欧拉坚持用口授与别人记录的方法进行数学研究.1771年,圣彼得堡一场大火,又殃及欧拉的住宅,一位仆人冒死把欧拉背了出来.欧拉虽然幸免于难,可他的藏书及大量的研究成果都化为灰烬.大火以后,欧拉立即投入到新的创作之中.资料被焚,双目失明,在这种情况下,他完全凭着坚强的意志和惊人的毅力,回忆所作过的研究.欧拉的记忆力也确实罕见,能够完整地背诵出几十年前的笔记内容.他通过口授,由长子记录这种方法又发表了400多篇论文以及多部专著.欧拉从19岁开始,直到逝世,共写下了886篇论文与著作,甚至在他死后,圣彼得堡科学院为了整理欧拉留下的手稿忙碌了整整47年.

欧拉旺盛的精力和钻研精神一直保持到生命的最后一刻.1783年9月18日下午,欧拉一边和小孙女逗着玩,一边思考着计算天王星的轨迹,突然,欧拉从椅子上滑下来,嘴里喃喃地说:"我死了",一代宗师就这样停止了生命.

欧拉的一生,是为了数学而奋斗的一生,他的过人智慧,顽强的毅力,高尚的科学道德,是永远值得我们去学习的.

综合练习十一

一、选择题

1. 设 $f(x)=\begin{vmatrix}1 & 1 & 2\\1 & 1 & x-2\\2 & x+1 & 1\end{vmatrix}$,若 $f(x)=0$,则 $x=$(　　).

A. $x=1$ 或 $x=4$　　B. $x=2$ 或 $x=1$

C. $x=4$ 或 $x=2$　　D. $x=0$ 或 $x=3$

2. 若齐次线性方程组 $\begin{cases}3x_1+kx_2-x_3=0,\\4x_2+x_3=0,\\x_1-5x_2-x_3=0\end{cases}$ 仅有零解,则 k 可以是(　　).

A. 0　　B. -7

C. -3　　D. -1 或 -3

3. 设 $\boldsymbol{A}$ 为 $m\times n$ 矩阵,且 $r(\boldsymbol{A})<n$,则方程组 $\boldsymbol{A}_{m\times n}\boldsymbol{x}=\boldsymbol{b}$(　　).

A. 有无穷多组解　　B. 有唯一解

C. 无解　　D. 可无解也可有无穷多解

4. 设 $\boldsymbol{A}$ 为 $m\times n$ 矩阵,$r(\boldsymbol{A})=r$,且 $r<m$,$r<n$,则(　　).

A. $\boldsymbol{A}$ 中任一 r 阶子式不等于零　　B. $\boldsymbol{A}$ 中任一 $r-1$ 阶子式不等于零

C. $\boldsymbol{A}$ 中任一 $r+1$ 阶子式等于零　　D. $\boldsymbol{A}$ 中任一 $r-1$ 阶子式等于零

5. $\boldsymbol{A}$, $\boldsymbol{B}$ 为 n 阶方阵,且 $\boldsymbol{AB}=0$,则(　　).

A. $\boldsymbol{A}=0$ 或 $\boldsymbol{B}=0$　　B. $\boldsymbol{A}+\boldsymbol{B}=0$

C. $|\boldsymbol{A}|=0$ 或 $|\boldsymbol{B}|=0$　　D. $|\boldsymbol{A}|+|\boldsymbol{B}|=0$

二、填空题

1. 已知 $\boldsymbol{A}=\begin{pmatrix}1&2\\1&3\end{pmatrix}$，则 $\boldsymbol{A}^{\mathrm{T}}=(\quad)$，$\boldsymbol{A}^2=(\quad)$.

2. 若 $\begin{cases}x_1+x_2+x_3=0\\2x_1-x_2+ax_3=0\\x_1-2x_2+3x_3=0\end{cases}$ 有非零解，则 a 的取值为(　　).

3. 若矩阵 $\boldsymbol{A}=\begin{pmatrix}1&2&4\\1&1&0\\2&1&\lambda\end{pmatrix}$ 的秩为 2，则 $\lambda=(\quad)$.

4. 设 $\boldsymbol{A},\boldsymbol{B}$ 均为 3×3 矩阵，且 $|\boldsymbol{A}|=2$，则 $|\boldsymbol{A}^*|=(\quad)$，$|\boldsymbol{A}^{-1}|=(\quad)$.

5. 已知 $D=\begin{vmatrix}a_{11}&a_{12}&a_{13}\\a_{21}&a_{22}&a_{23}\\a_{31}&a_{32}&a_{33}\end{vmatrix}=2$，则 $\begin{vmatrix}2a_{13}-a_{11}&a_{12}&a_{13}\\2a_{23}-a_{21}&a_{22}&a_{23}\\2a_{33}-a_{31}&a_{32}&a_{33}\end{vmatrix}=(\quad)$.

6. 若 n 阶行列式 A 中的某行元素之和为 0，则 $|A|=(\quad)$.

三、计算题

1. 已知 $D=\begin{vmatrix}2&-1&3\\1&2&3\\1&4&9\end{vmatrix}$，求 $A_{11}+A_{12}+A_{13}$.

2. 计算行列式 $D=\begin{vmatrix}a_1+x&a_2&a_3&a_4\\a_1&a_2+x&a_3&a_4\\a_1&a_2&a_3+x&a_4\\a_1&a_2&a_3&a_4+x\end{vmatrix}$.

3. 已知矩阵 $\boldsymbol{A}=\begin{pmatrix}2&0&0\\0&1&1\\0&8&9\end{pmatrix}$，计算(1) $\boldsymbol{A}^{-1}$；　(2) $|2\boldsymbol{A}^{-1}-3\boldsymbol{A}^*|$.

四、解答题

1. 已知矩阵 $\boldsymbol{A}=\begin{pmatrix}1&0&0\\0&-1&1\\0&-1&2\end{pmatrix}$，$\boldsymbol{B}=\begin{pmatrix}1&-1\\2&0\\5&-3\end{pmatrix}$ 且满足 $\boldsymbol{AX}=\boldsymbol{B}$，求矩阵 $\boldsymbol{X}$.

2. 已知线性方程组 $\begin{cases}x_1+x_2+2x_3+3x_4=1,\\x_1+3x_2+6x_3+x_4=3,\\x_1-5x_2-10x_3+9x_4=a.\end{cases}$

(1) a 为何值时方程组有解？(2) 当方程组有解时求出它的通解.

第 12 章　概率统计及其应用

概率论是对随机现象统计规律演绎的研究，数理统计是对随机现象统计规律归纳的研究，概率与统计是近代数学的一个重要组成部分，在工农业生产和科学技术研究等方面有着广泛的应用．本章将对概率与统计的一些基本概念、基本方法和应用做初步介绍．

学习要点

- 了解随机试验和随机事件的概念，掌握随机事件之间的关系和基本运算．
- 理解概率的定义和实际意义，掌握概率的计算方法，会求随机事件的概率．
- 理解与掌握随机变量的概念及分布，掌握随机变量概率分布的性质，会求分布列、分布函数、密度函数等．
- 掌握集中常见的典型分布．
- 理解数学期望和方差的概念，掌握数学期望和方差的性质与计算方法，会求随机变量的数学期望和方差．
- 了解总体、样本、统计量、样本均值、样本方差的概念，理解与掌握点估计与区间估计的思想，能用估计解决一些简单实际问题．
- 掌握利用 Matlab 软件进行简单代数运算．

生活中最重要的问题，其中绝大多数在实质上只是概率的问题．

——拉普拉斯

拉普拉斯(Laplace，1749－1827)
法国数学家、物理学家

12.1 概率及其应用

12.1.1 随机事件

1. 随机事件的概念

自然界中存在着两类现象，一类是在一定条件下，事先可以判断必然会发生某种结果，这种现象叫做确定性现象. 另一类是在一定条件下，事先不能断言会出现哪种结果，这种现象叫做随机现象. 随机现象具有偶然性和规律性两个显著特点.

例如，在标准大气压下，水加热到100℃，必然后沸腾，这是必然现象；往桌子上掷一枚硬币，要么正面朝上，要么反面朝上，这是随机现象.

对随机现象的一次观察叫做一次随机试验(简称试验). 试验一般满足下述条件：

(1) 试验可以在相同的条件下重复进行；

(2) 试验的所有可能结果是明确可知道的，并且不止一个；

(3) 每次试验总是出现这些可能结果中的一个，但在试验之前却不能肯定会出现哪一个结果.

在一定条件下，对随机现象进行试验的每一种可能的结果叫做随机事件(简称事件)，通常用大写字母 $A, B, C, \cdots$ 来表示. 每次试验中必然发生的事件叫做必然事件，记作 Ω；每次试验中不可能发生的事件叫做不可能事件，记作 $\varnothing$；在随机试验中，不能分解的事件叫做基本事件，由若干基本事件组成的事件叫做复合事件.

例如，掷一颗骰子，可能出现点数为 1 点、2 点、3 点、4 点、5 点、6 点，可分别记为 e_1，e_2，e_3，e_4，e_5，e_6，设出现偶数点的结果为 B，则每次试验中只要 e_2，e_4，e_6 有一个发生，那么事件 B 就发生，即事件 B 由事件 e_2，e_4，e_6 组成，记作 $B=\{e_2, e_4, e_6\}$. 在这个试验中，事件 B 是可以分解的，所以叫做复合事件，而 e_1，e_2，e_3，e_4，e_5，e_6 不可再分解，所以叫做基本事件. (思考：一次掷两颗可辨骰子的基本事件总数是多少?)

我们可以把基本事件作为集合的一个元素，则全体基本事件的集合叫做全集 Ω，其他事件均可看作是 Ω 的子集. 在试验中，如果出现事件 A 中所包含的某一个基本事件 e，则称作 A 发生，记作 $e \in A$.

例 1 写出“连续三次掷一枚硬币”试验的基本事件全集 Ω.

解 根据排列组合的知识，我们知道基本事件的总数为 $2^3=8$，则有

$\Omega=\{$(正正正)，(正正反)，(正反正)，(反正正)，(正反反)，(反正反)，(反反正)，(反反反)$\}$.

2. 随机事件之间的关系

如果没有特别说明，以下我们总认为全集 Ω 已经给定.

(1) 事件的包含关系

如果事件 A 发生必然导致事件 B 发生，则称 B 包含 A，记作 $A \subset B$ 或 $B \supset A$(图 12-1).

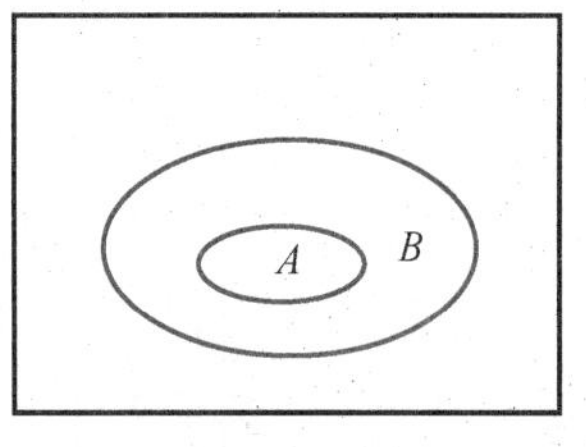

图 12-1

因为不可能事件 $\varnothing$ 不含任何基本事件 e，所以对任一事件 A，我们规定：$\varnothing \subset A$.

例 2 掷一颗骰子，观察出现的点数，指出下列各事件之间的

包含关系：

$A=\{$出现点数大于 4$\}$，$B=\{$出现点数小于 6$\}$，$C=\{$出现点数恰好为 1$\}$，

$D=\{$出现点数不小于 2，也不大于 5$\}$.

解　因为 $\Omega=\{1, 2, 3, 4, 5, 6\}$，$A=\{5, 6\}$，$B=\{1, 2, 3, 4, 5\}$，$C=\{1\}$，$D=\{2, 3, 4, 5\}$，

所以 $C\subset B$，$D\subset B$.

(2) 事件的相等

若 $A\subset B$ 且 $B\subset A$，则称事件 A 与事件 B 相等，记作 $A=B$.

(3) 事件的并

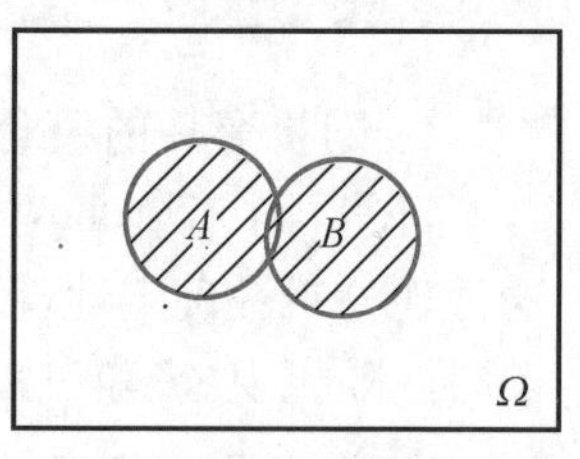

图 12-2

事件 A 与事件 B 至少有一个发生的事件称为事件 A 与事件 B 的并(或和)，记作 $A\cup B$(图 12-2).

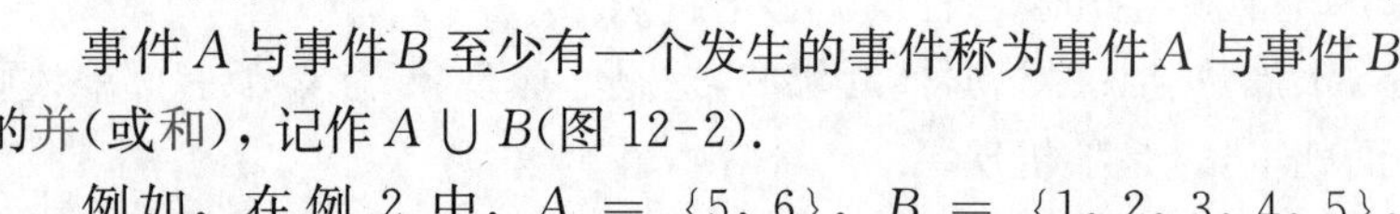

例如，在例 2 中，$A=\{5, 6\}$，$B=\{1, 2, 3, 4, 5\}$，则 $A\cup B=\{1, 2, 3, 4, 5, 6\}$.

(4) 事件的交

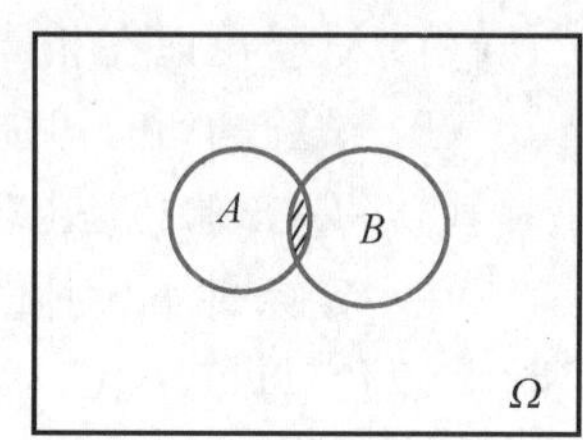

图 12-3

事件 A 与事件 B 同时发生的事件称为事件 A 与事件 B 的交(或积)，记作 $A\cap B$ 或 AB(图 12-3).

例如，在例 2 中，$A=\{5, 6\}$，$B=\{1, 2, 3, 4, 5\}$，则 $A\cap B=\{5\}$.

(5) 事件的差

事件 A 发生而事件 B 不发生的事件称为事件 A 与事件 B 的差，记作 $A-B$(图 12-4).

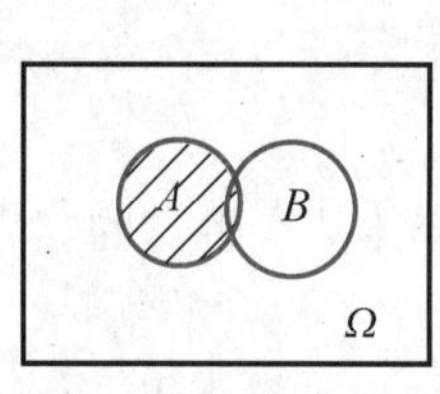

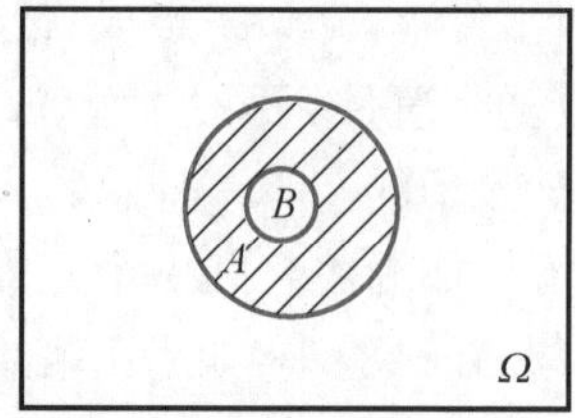

图 12-4

例如，在例 2 中，$A=\{5, 6\}$，$B=\{1, 2, 3, 4, 5\}$，则 $A-B=\{6\}$.

(6) 事件的互不相容

事件 A 与事件 B 不能同时发生的事件称为事件 A 与事件 B 互不相容，记作 $AB=\varnothing$(图 12-5).

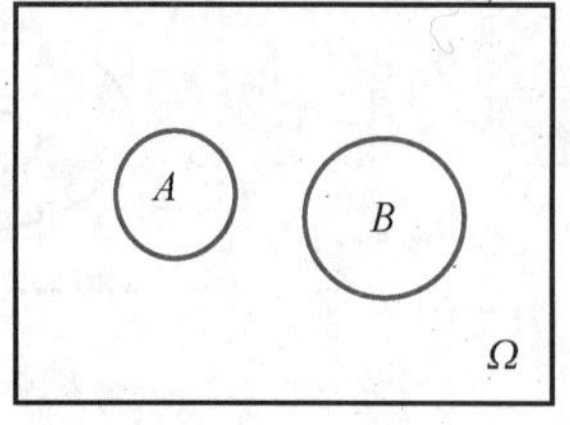

图 12-5

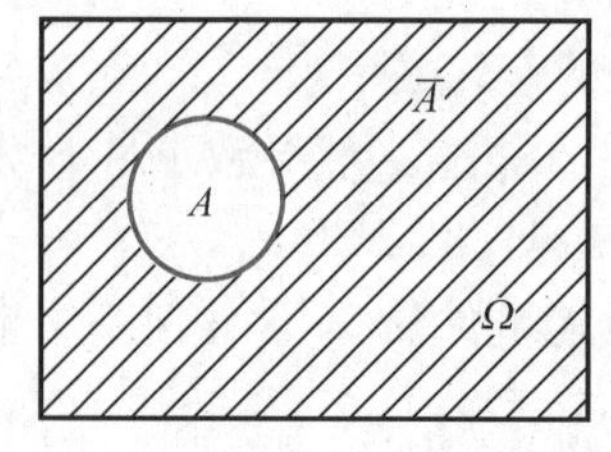

图 12-6

例如，在例 2 中，$C=\{1\}$，$D=\{2, 3, 4, 5\}$，则 $CD=\varnothing$.

(7) 逆事件

若 $AB=\varnothing$ 且 $A\cup B=\Omega$，则称事件 A 与事件 B 为互逆事件(简称互逆). 事件 A 的逆事件也叫对立事件，记作 $\bar{A}$(图 12-6).

例如，在例 2 中，$A=\{5, 6\}$，则 $\bar{A}=\Omega-A=\{1, 2, 3, 4\}$.

3. 事件的运算律

事件的运算满足以下规律：

(1) 交换律　$A\cup B=B\cup A$，$AB=BA$.

(2) 结合律　$(A\cup B)\cup C=A\cup(B\cup C)$，$(AB)C=A(BC)$.

(3) 分配律　$(A\cup B)C=(AC)\cup(BC)$，$(AB)\cup C=(A\cup C)(B\cup C)$.

(4) 反演律　$\overline{A\cup B}=\bar{A}\bar{B}$，$\overline{AB}=\bar{A}\cup\bar{B}$.

我们一定会发现，事件之间的关系及运算与代数中的集合间的关系及运算相类似，因此，可以借助集合论的表达方式来“理解”事件之间的关系及运算.

12.1.2 概率

1. 频率

n 次重复试验中，事件 A 发生的次数 n_A 与试验总次数 n 的比值，叫做事件 A 发生的频率，记作 $f_n(A)$，即

$$f_n(A)=\frac{n_A}{n}.$$

频率具有以下性质：

(1) $0\leqslant f_n(A)\leqslant 1$；

(2) $f_n(\Omega)=1$，$f_n(\varnothing)=0$；

(3) 若事件 A 与事件 B 互不相容，则 $f_n(A\cup B)=f_n(A)+f_n(B)$(对有限个事件同样适用).

在同一条件下重复作同一个试验，当重复的次数越来越大时，事件 A 发生的频率会逐渐稳定于某一个常数，这个常数就是事件 A 发生的概率.

2. 概率的定义

随机事件 A 发生的可能性大小的度量(数值)，叫做事件 A 发生的概率，记作 $P(A)$. 对于一个随机事件来说，它发生可能性大小的度量是由它自身决定的，并且是客观存在的. 概率是可以通过频率来“测量”的，或者说频率是概率的一个近似.

概率具有以下性质：

(1) 非负性　$0\leqslant P(A)\leqslant 1$；

(2) 规范性　$P(\Omega)=1$，$P(\varnothing)=0$；

(3) 可加性　若 $AB=\varnothing$，则 $P(A\cup B)=P(A)+P(B)$(对有限个事件同样适用).

由概率的性质(3)，我们还可以得到逆事件的概率计算公式为

$$P(\bar{A})=1-P(A).$$

若随机试验具有如下特征：

(1) 基本事件的全集是由有限个基本事件组成；

(2) 每一个基本事件在一次试验中发生的可能性是相等的，则这类随机试验叫做古典概型. 古典概型在概率论中有很重要的地位，一方面，它比较简单，许多概念既直观而又容易理解；另一方面，它概括了许多实际问题，有着广泛的应用.

在古典概型中，若基本事件的总数为 n，其中有利于事件 A 发生的基本事件个数为 n_A，则事件 A 的概率为

$$P(A)=\frac{n_A}{n}.$$

例 3 从 0，1，2，…，9 十个数码中任取一个，取后放回，如果连续取 5 次，每次取一个，求下列事件的概率.

(1) $A_1=\{5$ 个数码全不相同$\}$；

(2) $A_2=\{$不含 0 和 1$\}$；

(3) $A_3=\{$0 恰好出现两次$\}$；

(4) $A_4=\{$0 至少出现一次$\}$.

解 基本事件总数为 $n=10^5$，根据题意：

(1) 有利于事件 A_1 发生的基本事件个数为 $n_{A_1}=P_{10}^5$，所以

$$P(A_1)=\frac{n_{A_1}}{n}=\frac{P_{10}^5}{10^5}=0.302\,4.$$

(2) 有利于事件 A_2 发生的基本事件个数为 $n_{A_2}=8^5$，所以

$$P(A_2)=\frac{n_{A_2}}{n}=\frac{8^5}{10^5}=0.328.$$

(3) 有利于事件 A_3 发生的基本事件个数为 $n_{A_3}=C_5^2\cdot 9^3$，所以

$$P(A_3)=\frac{n_{A_3}}{n}=\frac{C_5^2\cdot 9^3}{10^5}=0.072\,9.$$

(4) 事件 A_4 的逆事件为 $\overline{A}_4=\{$不出现 0$\}$，有利于事件 $\overline{A}_4$ 发生的基本事件个数为 $n_{\overline{A}_4}=9^5$，所以

$$P(A_4)=1-P(\overline{A}_4)=1-\frac{9^5}{10^5}=0.409\,6.$$

3. 概率的计算

(1) 概率的加法公式

设事件 A 和 B 的概率分别为 $P(A)$ 和 $P(B)$，则有

$$P(A\cup B)=P(A)+P(B)-P(AB).$$

概率加法公式可以推广到有限个事件的并的情形. 例如，对于三个事件的并的概率加法公式为

$$P(A \cup B \cup C)=P(A)+P(B)+P(C)-P(AB)-P(AC)-P(BC)+P(ABC).$$

例 4 甲、乙两射手进行射击，甲击中目标的概率为 0.8，乙击中目标的概率为 0.85，甲、乙二人同时击中目标的概率为 0.68，求至少有一人击中目标的概率，以及都不命中目标的概率.

解 设 $A=\{$甲击中目标$\}$，$B=\{$乙击中目标$\}$，

则 $AB=\{$甲乙二人同时击中目标$\}$，

$A \cup B=\{$至少有一人击中目标$\}$，$\overline{A \cup B}=\{$都不击中目标$\}$.

故 $P(A \cup B)=P(A)+P(B)-P(AB)=0.8+0.85-0.68=0.97$.

(2) 条件概率

事件 B 已发生的条件下，事件 A 发生的概率，叫做 B 发生的条件下，A 发生的条件概率，记作 $P(A \mid B)$.

例如，在掷一颗骰子中，设事件 $A=\{$出现 2 点$\}$，则 $P(A)=\frac{1}{6}$. 如果已知出现偶数点，即事件 $B=\{$出现偶数点$\}$已发生，则事件 A 的概率为 $P(A \mid B)=\frac{1}{3}$.

(3) 概率的乘法公式

$$P(AB)=P(A) \cdot P(B \mid A)=P(B) \cdot P(A \mid B).$$

概率的乘法公式可以推广到有限个事件积的情形，如三个事件积的概率公式为

$$P(ABC)=P(A)P(B \mid C)P(C \mid AB).$$

例 5 某种动物活到 20 岁的概率为 0.8，活到 25 岁的概率为 0.4，问现龄为 20 岁的这种动物活到 25 岁的概率是多少?

解 设 $A=\{$活到 20 岁$\}$，$B=\{$活到 25 岁$\}$，

则 $B \mid A=\{$现龄 20 岁的动物活到 25 岁$\}$.

因为“活到 25 岁”一定“活到 20 岁”，所以 $B \subset A$，$P(AB)=P(B)$.

根据概率的乘法公式，有

$$P(B \mid A)=\frac{P(AB)}{P(A)}=\frac{P(B)}{P(A)}=\frac{0.4}{0.8}=\frac{1}{2}.$$

(4) 全概率公式

设 $B_i(i=1, 2, \cdots, n)$ 是一列互不相容的事件，且有 $\bigcup_{i=1}^{n} B_i=\Omega$，则对任一事件 A，有

$$P(A)=\sum_{i=1}^{n} P(B_i) P(A \mid B_i).$$

这就是全概率公式，它是概率论中最基本的公式之一.

例 6 某工厂有四条流水线生产同一种产品，该四条流水线的产量分别占总产量的 15%，20%，30% 和 35%，又这四条流水线的不合格率依次为 0.05，0.04，0.03 及 0.02. 现在从出厂产品中任取一件，问恰好抽到不合格品的概率为多少?

解 设 $A=\{$恰好抽到一件不合格品$\}$，

$B_i =$ {恰好抽到第 i 条流水线的产品} $(i = 1, 2, 3, 4)$.

根据全概率公式可得

$$\begin{aligned}P(A) &= \sum_{i=1}^{4} P(B_i)P(A \mid B_i) \\ &= 0.15 \times 0.05 + 0.20 \times 0.04 + 0.30 \times 0.03 + 0.35 \times 0.02 \\ &= 0.0325 = 3.25\%.\end{aligned}$$

(5) 事件的独立性

对任意的两个事件 A,B，若

$$P(AB) = P(A) \cdot P(B)$$

成立，则称事件 A,B 是相互独立的.

事件的独立性定义说明，在某一随机试验中，如果两个事件 A,B 相互独立，那么事件 A 的发生与否不影响事件 B 的发生，即 $P(B \mid A) = P(B)$，或者 $P(A \mid B) = P(A)$.

伯努利(Bernoulli)[①]概型　如果试验中只有两个可能的结果(如抛掷一枚硬币)：A 和 $\bar{A}$，并且 $P(A) = p$，$P(\bar{A}) = 1 - p = q$，这样的试验重复 n 次构成的试验叫做 n 重伯努利试验，简称伯努利试验或伯努利概型，n 次试验中结果 A 发生 k 次的概率为

$$P_n(A) = C_n^k p^k q^{n-k}.$$

12.1.3　概率的应用

【应用 1】　生日问题

例 7　某班级有 40 名学生，问至少有两个人的生日在同一天的概率是多大?

解　假定一年按 365 天计算，令 $A =$ {班级中至少有两人生日相同}，则 $\bar{A} =$ {班级中没有人生日相同}.

由 $P(A) + P(\bar{A}) = 1$，

得 $P(A) = 1 - P(\bar{A}) = 1 - \dfrac{365!}{365^{40} \times (365 - 40)!} \approx 0.89$.

对于班级不同人数相应的概率进行计算的结果，见下表：

班级人数	10	20	30	40	50
相应概率	0.12	0.41	0.71	0.89	0.97

上表结果表明，“一个班级中至少有两个人的生日相同”这个事件的发生的概率，并不是多数人凭直觉所想象的那样小，而是相当大. 显然，“直觉”并不可靠.

【应用 2】　会面问题

例 8　甲、乙两人约定在下午 6 时到 7 时之间在某处会面，并约定先到者等候另一个人 15 分钟，过时即可离去. 求两人会面的概率.

---

① 雅各布·伯努利(Jacob Bernoulli，1654—1705)，瑞士数学家，伯努利家族是一个数学家辈出的家族.

解 以 x 和 y 分别表示甲、乙两人到达约会地点的时间，则两人能够会面的充分条件是

$$|x-y|\leqslant 15$$

在平面上建立直角坐标系(图 12-7).

则$(x,\ y)$所有可能的结果是边长为 60 的正方形，而可能会面的时间由图中的阴影部分所表示，故

$$P(A)=\frac{S_A}{S_\Omega}=\frac{60^2-45^2}{60^2}=\frac{7}{16}$$

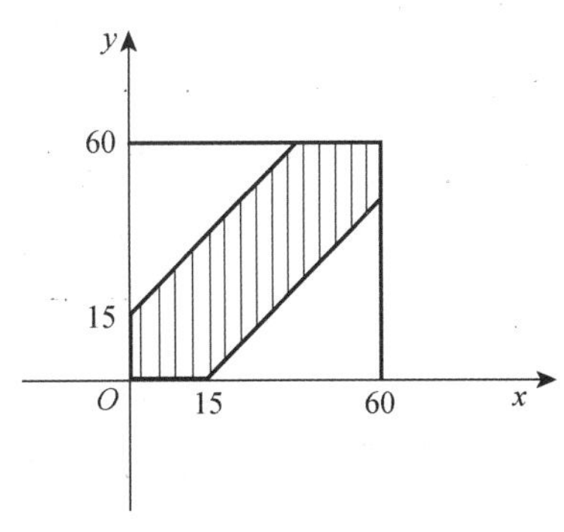

图 12-7

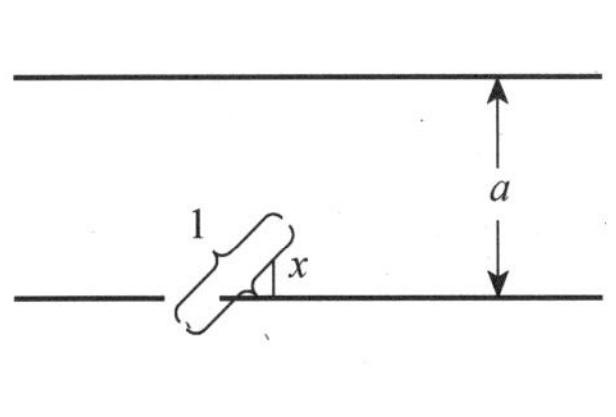

图 12-8

【应用 3】 蒲丰(Buffon)①投针问题

例 9 平面上画有等距离的平行线，平行线间的距离为 $a(a>0)$，向平面任意投掷一枚长为 $l(l<a)$的针，试求针与平行线相交的概率.

解 以 x 表示针的中点与最近一条平行线间的距离，以 φ 表示针与此直线间的交角(图12-8).

易知 $0\leqslant x\leqslant\frac{a}{2}$，$0\leqslant\varphi\leqslant\pi$，这两式确定了平面上的一个矩形区域.

针与平行线相交的充要条件是 $x\leqslant\frac{l}{2}\sin\varphi$，它表示的区域 A 是图 12-9 中的阴影部分，故

$$P(A)=\frac{S_A}{S_\Omega}=\frac{\int_0^\pi\frac{1}{2}\sin\varphi\mathrm{d}\varphi}{\pi\cdot\frac{a}{2}}=\frac{2l}{\pi a}.$$

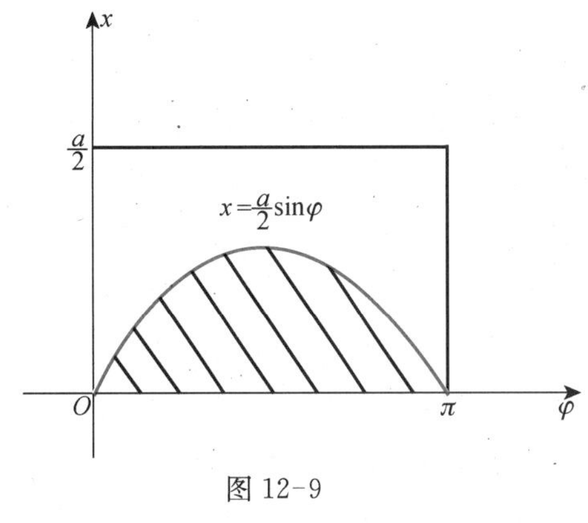

图 12-9

在蒲丰投针试验中，当把平行线间的距离设计为针的长度的 2 倍时，即 $a=2l$，利用上述方法可求得圆周率 π 的近似值.

【应用 4】 责任追究问题

例 10 在例 6 中，若该厂规定，出了不合格产品要追究有关流水线的经济责任. 现在在

---

① 蒲丰(Buffon，1707—1788)，法国博物学家，爱好自然科学，26 岁入法国科学院，法兰西学院院士.

出厂产品中任取一件，结果为不合格，但该件产品是哪一条流水线生产的标志已经脱落，问厂方如何处理才比较合理？

解　从概率论的角度，这个问题应是 A 已经发生的条件下 B_i 发生的条件概率 $P(B_i|A)$.

因为由例 6 已知 $P(A)=0.0325$，由概率的乘法公式有

$$P(AB_i)=P(A)P(B_i|A)=P(B_i)P(A|B_i),$$

所以

$$P(B_i|A)=\frac{P(B_i)P(A|B_i)}{P(A)}.$$

由此可求出

$$P(B_1|A)=\frac{0.15\times0.05}{0.0325}\approx0.23,$$

$$P(B_2|A)=\frac{0.20\times0.04}{0.0325}\approx0.25,$$

$$P(B_3|A)=\frac{0.30\times0.03}{0.0325}\approx0.28,$$

$$P(B_4|A)=\frac{0.35\times0.02}{0.0325}\approx0.22.$$

由计算结果，四条流水线应承担的责任是显而易见的，也是容易理解的.

【应用 5】　可靠性问题

例 11　如图 12-10 所示，三个元件 a,b,c 安置在线路中，各个元件发生故障是相互独立的，且概率分别是 0.3，0.2，0.1，求该线路由于元件发生故障而中断的概率.

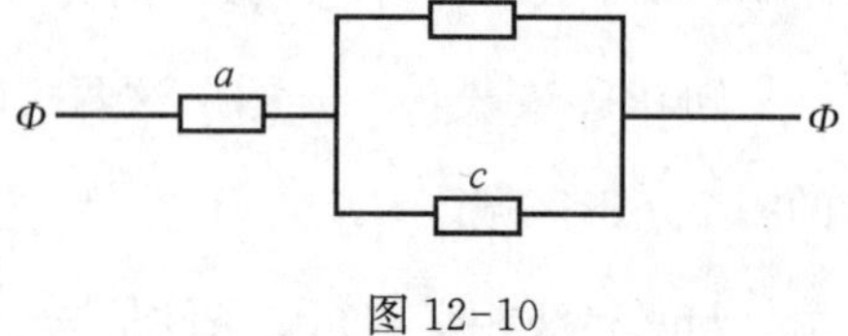

图 12-10

解　设 A={元件 a 发生故障}；B={元件 b 发生故障}；C={元件 c 发生故障}；D={线路中断}，则 $D=A\cup(BC)$.

得
$$\begin{aligned}P(D)&=P(A)+P(BC)-P(ABC)\\&=P(A)+P(B)P(C)-P(A)P(B)P(C)\\&=0.3+0.2\times0.1-0.3\times0.2\times0.1=0.314.\end{aligned}$$

这个例子颇具启发性. 当我们用相同的元件组成一个系统，完成相同的功能时，由于设计的联结方式不同，可以使得系统的可靠度不同.

习　题　12.1

1. 设 A 为任一事件，试写出下列各题的结果.

(1) $A\cup A=$__________；　　(2) $A\cap A=$__________；

(3) $A\cup\varnothing=$__________；　　(4) $A\cap\varnothing=$__________；

(5) $A\cup\Omega=$__________；　　(6) $A\cap\Omega=$__________；

(7) $A\cup\bar{A}=$__________；　　(8) $A\cap\bar{A}=$__________.

2. 指出下列各组事件之间的包含关系.

(1) $A=\{$击中飞机$\}$, $B=\{$击落飞机$\}$;

(2) $C=\{$天晴$\}$, $D=\{$不下雨$\}$;

(3) $E=\{$某产品的长度合格$\}$, $F=\{$某产品合格$\}$;

(4) $G=\{$抽三件产品中至少有一件废品$\}$,

$H=\{$抽三件产品中恰好两件废品$\}$,

$I=\{$抽三件产品中废品数$\geqslant 2\}$.

3. 一批产品中有正品也有次品，从中抽取三件. 设 $A=\{$抽出的第一件是正品$\}$, $B=\{$抽出的第二件是正品$\}$, $C=\{$抽出的第三件是正品$\}$, 试用事件的并、交、逆表示下列事件.

(1) {只有第一件是正品};

(2) {第一件和第二件是正品，第三件是次品};

(3) {三件都是正品};

(4) {至少有一件是正品};

(5) {至少有两件是正品};

(6) {恰好有一件是正品};

(7) {恰好有两件是正品};

(8) {没有一件正品};

(9) {正品不多于两件}.

4. 有五条线段，长度分别为 1, 3, 5, 7, 9. 从这 5 条线段中任取 3 条，求所取三条线段能构成一个三角形的概率.

5. 一批产品共计 1 000 件，其中 900 件为正品，其余为次品. 从中一次抽 15 件，求下列事件的概率.

(1) 抽出的 15 件产品全为正品;

(2) 抽出的 15 件产品全为次品;

(3) 抽出的 15 件产品恰有一件为次品;

(4) 抽出的 15 件产品恰有两件为次品;

(5) 抽出的 15 件产品至少有一件为次品;

(6) 抽出的 15 件产品至多有一件为次品;

(7) 抽出的 15 件产品至多有四件为次品.

6. 设某地有甲、乙、丙三种报纸，据统计该地区成年人中，有 20%读甲报、16%读乙报、14%读丙报，其中有 8%兼读甲、乙报，5%兼读甲、丙报，4%兼读乙、丙报，又有 2%兼读所有报，求该地区成年人至少读一种报纸的概率.

7. 某工厂的车床、钻床、磨床、刨床的台数之比为 9∶3∶2∶1，它们在一定时间内需要修理的概率之比为 1∶2∶3∶1. 当有一台机床需要修理时，求这台机床是车床的概率.

8. 一个养鱼专业户为了估计池塘里有多少条鱼，先捕上 100 条做上标记，然后放回湖里，过一段时间，待带标记的鱼完全混合于鱼群后，捕捞了 5 次，记录如下：

第一次捕上 90 条鱼，其中带有标记的鱼有 11 条；

第二次捕上 100 条鱼，其中带有标记的鱼有 9 条；

第三次捕上 120 条鱼，其中带标记的鱼有 12 条；

第四次捕上 100 条鱼，其中带标记的鱼有 9 条；

第五次捕上 80 条鱼，其中带标记的鱼有 8 条.

问：池塘大约有多少条鱼?

12.2 随机变量及其分布

12.2.1 随机变量的概念

为了可以用统一的形式表示随机事件，并通过微积分等高等数学工具，能够更加深入地研究随机现象，我们引入随机变量的概念. 随机变量是研究随机现象的重要工具之一，它建立了连接随机现象和实数空间的一座桥梁，使得我们可以借助于有关的数学工具来研究随机现象的本质，从而建立起概率模型，如二项分布模型、正态分布模型等.

1. 随机变量的定义

若随机试验的各种结果都能用一个变量的取值(或范围)来表示，则称这个变量为随机变量，通常用大写字母 X, Y, Z, …或希腊字母 ξ, η, ζ, …来表示. 例如：

(1) 抛一枚硬币，试验的结果有两个：事件 $A=\{$出现正面$\}$，事件 $\bar{A}=\{$出现反面$\}$. 我们用变量 Z 表示一次试验正面出现的次数，则变量 Z 就有两个值：1 和 0. 显然$\{Z=1\}$表示事件 A 发生；$\{Z=0\}$表示事件 $\bar{A}$ 发生. 于是，在这个试验中，变量 Z 的取值 1 和 0 就完整地描述了这个试验.

(2) 某个手机在一天内收到的短信的条数可以用变量 Z 表示. $\{Z=1\}$表示收到一条短信；$\{Z=2\}$表示收到两条短信；…… 依此类推. 在这个试验中，变量 Z 的取值也完整地描述了这个试验.

(3) 某同学参加一次考试，整个考试时间为 120 min，考生在考试进行 30 min 后就可以交卷. 用变量 Z 表示该同学实际参加的时间. $\{Z=50\}$表示该同学只考了 50 min；$\{Z=100\}$表示该同学只考了 100 min；…… 依此类推.

在上述的三例中，我们用变量 Z 的取值就表示了试验的结果，像这样的变量就是随机变量.

2. 随机变量的特征

随机变量具有以下特征：

(1) 随机性：变量的取值在试验前是不能预先确定的；

(2) 统计规律性：大量重复试验，变量在各个取值上，有一定的统计规律；

(3) 唯一性：在每次试验中，变量的取值有且只有一个.

3. 随机变量与随机事件的关系

随机变量与随机事件都是与随机现象相关的两个概念，我们从以下三个方面介绍它们的关系：

(1) 随机变量的取值一般事先约定

例如，抛一枚硬币，我们用变量 Z 表示正面出现的次数，则有$\{Z=1\}$表示出现正面；$\{Z=0\}$表示出现反面.

(2) 随机变量的不同取值表示不同事件，不同事件可用随机变量的不同取值表示；随机变量的某个关系式也可以表示事件，也就是说某些事件可以用随机变量的某个关系式表示.

例如，某同学参加一次考试，整个考试时间为 120 min，考生在考试进行 30 min 后就可以交卷. 用变量 Z 表示该同学实际参加的时间，则有$\{Z=50\}$表示该同学只考了 50 min；$\{Z\geqslant 100\}$表示该同学只考了不少于 100 min.

(3) 同一个试验，可以用不同的随机变量表示

例如，抛一枚硬币，$\{Z=1\}$表示出现正面；$\{Z=0\}$表示出现反面. 也可以用$\{Y=1\}$表示出现反面；$\{Y=0\}$表示出现正面.

4. 随机变量的分类

在实际问题中，随机变量主要有离散型随机变量和连续型随机变量，它们在性质上和

研究方法上有着很大的差别.

离散型随机变量的基本特征是随机变量的所有可能取值的数目是有限个的，或是可数个的(与自然数一样多). 连续型随机变量的基本特征是随机变量的所有可能取值可以充满某个区间. 在本书中，我们不讨论既不是离散型也不是连续型的随机变量.

例 1 分析下列随机变量的类型.

(1) 一射手对一射击目标连续射击 100 次，则他命中目标的次数 ξ 为随机变量，ξ 的可能取值为 0，1，2，….

(2) 某一公交车站每隔 5 min 有一辆汽车停靠，一位乘客不知道汽车到达的时间，则侯车时间为随机变量 ξ，ξ 的可能取值为 $0\leqslant\xi\leqslant 5$.

(3) 考察扬州地区全年的温度的变化情况，则扬州地区的温度 ξ 为随机变量，ξ 的可能取值为 $a\leqslant\xi\leqslant b$，其中 a 表示全年的温度的最低点，b 表示全年的温度的最高点.

(4) 一批产品共有 10 件，其中 3 件次品，从中随机地抽取产品，每次抽一件，一直到取得次品为止，所需抽取次数用随机变量 X 表示.

解 (1)离散型;(2)连续型;(3)连续型;(4)离散型.

12.2.2 离散性随机变量

若随机变量的可取值可以一一列举(有限个或无限个)，则称这类随机变量为离散型随机变量. 掌握随机变量的变化规律，关键是了解随机变量可取值的范围及各种可能值的概率.

1. 离散型随机变量的概率分布

如果离散型随机变量 Z 的所有可能的取值是 x_1，x_2，…，它的每一个值都是随机事件，并且每一个值所代表的随机事件的概率为

$$P\{Z=x_i\}=p_i \quad (i=1,\ 2,\ \cdots).$$

那么，我们把这一系列的概率叫做离散型随机变量的概率分布. 为了更加清晰反映随机变量 Z 的取值的概率分布，可以用表 12-1 来表示.

表 12-1

Z	x_1	x_2	…
P	p_1	p_2	…

离散型随机变量的概率分布的特征:

(1) $p_i\geqslant 0 \quad (i=1,\ 2,\ \cdots)$;

(2) $\sum\limits_i p_i=1 \quad (i=1,\ 2,\ \cdots)$.

例如，若离散型随机变量 X 的概率分布:

X	x_1	x_2	x_3	x_4
P	0.3	0.3	a	0.3

易见 $a=0.1$.

2. 常见的离散型随机变量分布

(1) 两点分布

随机变量 Z 的取值为 0 和 1，而且对应的概率为 $1-p$ 和 p，这时候，我们称随机变量 Z 服从两点分布. 两点分布的概率分布见表 12-2.

表 12-2

Z	0	1
P	$1-p$	p

例如，一批产品，共 100 件，其中有合格品 90 件，次品 10 件. 从中随机抽一件，用随机变量 Z 取值为 0 表示抽到合格品，随机变量 Z 取值为 1 表示抽到次品，随机变量 Z 的概率分布见下表：

Z	0	1
P	0.9	0.1

(2) 二项分布

进行 n 次独立的试验，在每一次试验中，事件 A 发生的概率都是 p，不发生的概率都是 $1-p$. 引入随机变量 Z，随机变量 Z 的取值表示 n 次试验中事件 A 发生的次数，即随机变量 Z 取 1 表示在 n 次试验中事件 A 发生了 1 次，随机变量 Z 取 2 表示在 n 次试验中事件 A 发生了 2 次，……，依此类推. 这时候，我们说随机变量 Z 服从二项分布. 随机变量 Z 的概率分布为

$$P\{Z=i\}=C_n^i p^i (1-p)^{n-i} \quad (i=0,1,2,\cdots,n).$$

二项分布因随机变量 Z 在每一点的概率 $P\{Z=i\}=C_n^i p^i (1-p)^{n-i}$ 类似于二项式展开式中的项而得名. 显然

$$C_n^0 p^0 (1-p)^n + C_n^1 p^1 (1-p)^{n-1} + \cdots + C_n^n p^n (1-p)^0 = (p+1-p)^n = 1.$$

二项分布是一种比较重要的离散型随机变量分布. 在二项分布中，独立试验的次数 n 与事件 A 发生的概率 p 都是比较重要的参数，因而这样的二项分布也可以记为 $B(n,p)$，随机变量 Z 服从二项分布 $B(n,p)$，我们就记为

$$Z \sim B(n,p).$$

易见，当 $n=1$ 时，二项分布就是两点分布.

例 2 一批产品，共 100 件，其中有合格品 90 件，次品 10 件. 从中随机抽取一件，取后放回，连着抽取 10 件，随机变量 Z 表示在这 10 次中抽到的合格品数，求下列事件的概率.

(1) $P\{Z=2\}$； (2) $P\{Z<2\}$； (3) $P\{Z\geqslant 2\}$； (4) $P\{2\leqslant Z\leqslant 5\}$.

解 (1) $P\{Z=2\}=C_{10}^2\left(\frac{9}{10}\right)^2\left(\frac{1}{10}\right)^8$.

(2) $P\{Z<2\}=P\{Z=0\}+P\{Z=1\}=C_{10}^0\left(\frac{9}{10}\right)^0\left(\frac{1}{10}\right)^{10}+C_{10}^1\left(\frac{9}{10}\right)^1\left(\frac{1}{10}\right)^9$.

(3) $P\{Z\geqslant 2\}=1-P\{Z<2\}$.

(4) $P\{2\leqslant Z\leqslant 5\}=P\{Z=2\}+P\{Z=3\}+P\{Z=4\}+P\{Z=5\}$

$$=C_{10}^{2}\left(\frac{9}{10}\right)^{2}\left(\frac{1}{10}\right)^{8}+C_{10}^{3}\left(\frac{9}{10}\right)^{3}\left(\frac{1}{10}\right)^{7}+C_{10}^{4}\left(\frac{9}{10}\right)^{4}\left(\frac{1}{10}\right)^{6}.$$

(3) 泊松(Poisson)① 分布

某学生的手机在一天内收到的短信的条数可以用变量 Z 表示. $\{Z=1\}$表示收到一条短信，$\{Z=2\}$表示收到两条短信，……，依此类推. 这时候，随机变量 Z 服从的是泊松分布. 这也是一类非常重要的离散型随机变量的分布. 像十字路口处一小时内通过的汽车数量、铸件上的砂眼数、电信局在单位时间内收到用户的呼唤次数、绿地上单位面积内杂草的数目等都是服从泊松分布.

泊松分布的概率分布为

$$P\{Z=i\}=\frac{\lambda^{i}}{i\,!}e^{-\lambda}\quad (i=0,\ 1,\ 2,\ \cdots).$$

泊松分布中随机变量 Z 的取值是 0，1，2，…，同时还具有参数 $\lambda(\lambda>0)$. 所以我们可以记为

$$Z\sim P(\lambda).$$

例 3 某学生的手机在一天内收到短信的条数 Z 服从参数 $\lambda=5$ 的泊松分布，求下列事件的概率.

(1) $P\{Z=0\}$； (2) $P\{Z<5\}$； (3) $P\{2\leqslant Z<5\}$.

解 查泊松分布表可得所求概率为

(1) $P\{Z=0\}=e^{-5}\approx 0.006\,74$.

(2) $P\{Z<5\}=P\{Z=0\}+P\{Z=1\}+P\{Z=2\}+P\{Z=3\}+P\{Z=4\}$

$$\approx 0.006\,74+0.033\,69+0.084\,22+0.140\,37+0.175\,48=0.440\,50.$$

(3) $P\{2\leqslant Z<5\}=P\{Z<5\}-P\{Z<2\}=P\{Z=2\}+P\{Z=3\}+P\{Z=4\}$

$$\approx 0.084\,22+0.140\,37+0.175\,48=0.400\,07.$$

例 4 如果在时间 t(min)内，通过某交叉路口的汽车数量服从参数与时间 t 成正比的泊松分布. 已知在 1 min 内没有汽车通过的概率为 0.2，求在 2 min 内有多于一辆汽车通过的概率.

解 设 ξ 为时间 t 内通过交叉路口的汽车数，则

$$P(\xi=k)=\frac{(\lambda t)^{k}}{k\,!}e^{-\lambda t}(\lambda>0)\quad (k=0,\ 1,\ 2,\ \cdots).$$

当 $t=1$ 时， $P(\xi=0)=e^{-\lambda}=0.2$,

所以 $\lambda=\ln 5$；$t=2$ 时，$\lambda t=2\ln 5$.

因而 $P(\xi>1)=1-P(\xi=0)-P(\xi=1)=(24-\ln 25)/25\approx 0.83$.

例 5 一家商店商采用科学管理，每一个月的月底要制订出下一个月的商品进货计划. 为了不使商店的流动资金积压，月底进货不宜过多，但是为了保证顾客的消费需求和完成

① 泊松(Poisson，1781－1840)，法国数学家、物理学家.

每月的营业额，进货又不能太少. 由过去的销售记录知道，某种商品每月的销售数可以用参数 $\lambda=10$ 的泊松分布来描述，为了以 95%以上的把握保证不脱销，问商店在月底至少应进该种商品多少件?

解 设该商店每月销售某种商品 ξ 件，月底的进货为 a 件，则当 $\xi\leqslant a$时就不会脱销，因而有

$$P(\xi\leqslant a)\geqslant 0.95.$$

已知 ξ 服从 $\lambda=10$ 的泊松分布，则

$$\sum_{k=0}^{a}\frac{10^k}{k!}\mathrm{e}^{-10}\geqslant 0.95.$$

由泊松分布表(附表 B) 知

$$\sum_{k=0}^{14}\frac{10^k}{k!}\mathrm{e}^{-10}\approx 0.9166<0.95,$$

$$\sum_{k=0}^{15}\frac{10^k}{k!}\mathrm{e}^{-10}\approx 0.9513>0.95.$$

所以，这家商店只要在月底进货某种商品 15 件(假定上个月没有存货)，就可以 95%以上的把握保证这种商品在下个月内不会脱销.

12.2.3 连续性随机变量及其分布

1. 连续性随机变量的概率分布

对于随机变量 Z，若存在一个非负函数 $f(x)$，使 Z 在某区间$[a, b)$内取值的概率为

$$P(a\leqslant Z<b)=\int_a^b f(x)\mathrm{d}x,$$

则 Z 就称为连续型随机变量，$f(x)$ 叫做 Z 的概率分布密度(简称分布密度或密度函数).

连续型随机变量的基本特征就是随机变量的一切取值一般可以充满某个区间. 例如：

(1) 某同学参加一次考试，考试时间为 120 min，考生在考试进行 30 min 后就可以交卷. 用变量 Z 表示该同学实际参加考试的时间，这时候变量 Z 的一切取值就充满区间$[30, 120]$，也就是说变量 Z 是一个连续型随机变量.

(2) 某公交汽车每隔 10 min一班，乘客到站是随机的. 用变量 Z 表示乘客到站后的等待时间，这时候变量 Z 的一切取值就充满区间$[0, 10]$(假定公交汽车不滞留乘客)，也就是说变量 Z 是一个连续型随机变量.

连续型随机变量取某一个特定的值时，其概率为零. 在这一点上，连续型随机变量与离散型随机变量是截然不同的. 由此，我们有

$$P\{a\leqslant Z\leqslant b\}=P\{a<Z\leqslant b\}=P\{a\leqslant Z<b\}=P\{a<Z<b\}=\int_a^b f(x)\mathrm{d}x.$$

密度函数是一种特殊的函数，它具有以下特点：

(1) $f(x)\geqslant 0$;

(2) $\int_{-\infty}^{+\infty} f(x)\mathrm{d}x = 1$.

一般地，满足上述两个条件的函数就可以作为某一个连续型随机变量的密度函数.

例 6　函数 $f(x)=\dfrac{k}{1+x^2}$ 是某一个连续型随机变量的密度函数，求

(1) k；　(2) $P\{1\leqslant Z\leqslant\sqrt{3}\}$；　(3) $P\{Z\leqslant 1\}$；　(4) $P\{Z\leqslant\sqrt{3}\}$.

解　(1) 因为 $\int_{-\infty}^{+\infty} f(x)\mathrm{d}x = 1$，

所以 $$\int_{-\infty}^{+\infty}\frac{k}{1+x^2}\mathrm{d}x = k\cdot\arctan x\Big|_{-\infty}^{+\infty} = k\pi = 1,$$

故 $k=\dfrac{1}{\pi}$.

(2) $P\{1\leqslant Z\leqslant\sqrt{3}\}=\int_{1}^{\sqrt{3}} f(x)\mathrm{d}x=\dfrac{1}{\pi}\arctan x\Big|_{1}^{\sqrt{3}}=\dfrac{1}{12}$.

(3) $P\{Z\leqslant 1\}=\int_{-\infty}^{1} f(x)\mathrm{d}x=\dfrac{1}{\pi}\arctan x\Big|_{-\infty}^{1}=\dfrac{3}{4}$.

(4) $P\{Z\leqslant\sqrt{3}\}=\int_{-\infty}^{\sqrt{3}} f(x)\mathrm{d}x=\dfrac{1}{\pi}\arctan x\Big|_{-\infty}^{\sqrt{3}}=\dfrac{5}{6}$.

例 7　设随机变量 Z 的密度函数为

$$\begin{cases} 0, & x<0 \text{ 或 } x\geqslant 1, \\ 2x, & 0\leqslant x<\dfrac{1}{2}, \\ 6(1-x), & \dfrac{1}{2}\leqslant x<1, \end{cases}$$

求(1) $P\{Z\leqslant -2\}$；　(2) $P\left\{Z\leqslant\dfrac{1}{4}\right\}$；　(3) $P\left\{Z\leqslant\dfrac{3}{4}\right\}$；　(4) $P\{Z\leqslant\sqrt{3}\}$.

解　(1) $P\{Z\leqslant -2\}=\int_{-\infty}^{-2} 0\mathrm{d}t=0$.

(2) $P\left\{Z\leqslant\dfrac{1}{4}\right\}=\int_{-\infty}^{0} 0\mathrm{d}t+\int_{0}^{\frac{1}{4}} 2t\mathrm{d}t=\dfrac{1}{16}$.

(3) $P\left\{Z\leqslant\dfrac{3}{4}\right\}=\int_{-\infty}^{0} 0\mathrm{d}t+\int_{0}^{\frac{1}{2}} 2t\mathrm{d}t+\int_{\frac{1}{2}}^{\frac{3}{4}}(6-6t)\mathrm{d}t=\dfrac{13}{16}$.

(4) $P\{Z\leqslant\sqrt{3}\}=\int_{-\infty}^{0} 0\mathrm{d}t+\int_{0}^{\frac{1}{2}} 2t\mathrm{d}t+\int_{\frac{1}{2}}^{1}(6-6t)\mathrm{d}t+\int_{1}^{\sqrt{3}} 0\mathrm{d}t=1$.

2. 几种常见的连续型随机变量的概率分布

(1) 均匀分布

如果随机变量 Z 的概率密度为

$$f(x)=\begin{cases}\dfrac{1}{b-a}, & a\leqslant x\leqslant b, \\ 0, & \text{其他}, \end{cases}$$

那么我们称随机变量服从均匀分布.

例如，某公交汽车每隔10 min一班，乘客到站是随机的. 用变量Z表示乘客到站后的等待时间，则随机变量Z是一个连续型随机变量. 随机变量Z的的概率密度为

$$f(x)=\begin{cases}\dfrac{1}{10}, & 0\leqslant x\leqslant 10,\\ 0, & 其他.\end{cases}$$

(2) 正态分布

如果随机变量Z的概率密度为

$$f(x)=\frac{1}{\sqrt{2\pi}\sigma}e^{-\frac{(x-\mu)^2}{2\sigma^2}},\quad -\infty<x<+\infty,$$

那么我们称随机变量Z服从正态分布. 正态分布首先由德国大数学家高斯(C. F. Gauss) 提出，故而有时候也称之为高斯分布. 正态分布可谓是最重要的连续型随机分布，每一个正态分布都具有两个参数，一个是σ，另一个是μ，它们决定着不同的正态分布. 我们把随机变量Z服从正态分布记为$Z\sim N(\mu,\sigma^2)$. 密度曲线的形状，它具有“两头低，中间高，左右对称”的特征，具有这种特征的总体密度曲线一般可用下面函数的图像来表示(图 12-11).

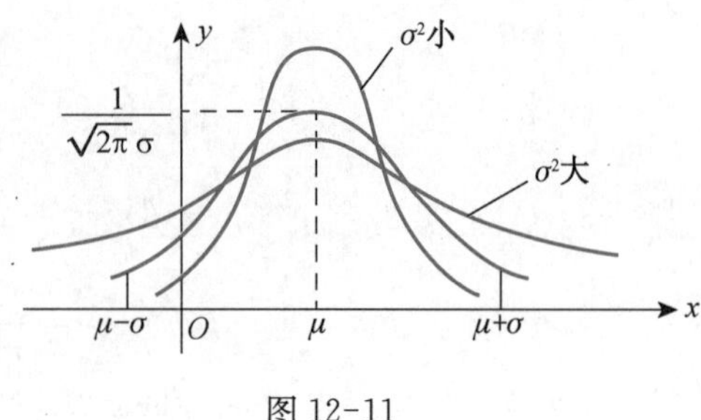

图 12-11

密度曲线的性质：

① 曲线在x轴的上方，与x轴不相交.

② 曲线关于直线$x=\mu$对称.

③ 当$x=\mu$时，曲线位于最高点.

④ 当$x<\mu$时，曲线上升(增函数)；当$x>\mu$时，曲线下降(减函数)，并且当曲线向左、右两边无限延伸时，以x轴为渐近线，向它无限靠近.

⑤ μ一定时，曲线的形状由σ确定：

σ越大，曲线越“矮胖”，总体分布越分散；

σ越小，曲线越“瘦高”，总体分布越集中.

正态分布当$\mu=0$，$\sigma=1$时，叫做标准正态分布，记为$Z\sim N(0,1)$. 它的概率密度为

$$\varphi(x)=\frac{1}{\sqrt{2\pi}}e^{-\frac{x^2}{2}},\quad -\infty<x<+\infty.$$

12.2.4 随机变量的分布函数

1. 分布函数

我们在讨论随机变量的时候，经常讨论随机变量的分布函数. 所谓随机变量的分布函数是一个以实数集为定义域的函数. 具体说，随机变量Z的分布函数描述如下：

$$F(x)=P\{Z\leqslant x\}.$$

分布函数的函数值表示的是随机变量 Z 的取值不超过 x 的可能性. 每一随机变量都有分布函数，而且所有的分布函数 $F(x)$ 都满足：

(1) $0 \leqslant F(x) \leqslant 1$；

(2) $F(x)$ 是单调递增的；

(3) $F(+\infty) = 1, \quad F(-\infty) = 0$.

2. 离散型随机变量的分布函数

例 8 离散型随机变量 Z 的概率分布如下表：

Z	1	2	3
P	0.3	0.3	a

求(1) a；(2) 随机变量 Z 的分布函数.

解 (1) 因为 $\quad p_1 + p_2 + p_3 = 1$,

所以 $\quad a = 0.4$.

(2) 当 $x < 1$ 时，$F(x) = P\{Z \leqslant x\} = 0$；

当 $1 \leqslant x < 2$ 时，$F(x) = P\{Z \leqslant x\} = P\{Z = 1\} = 0.3$；

当 $2 \leqslant x < 3$ 时，$F(x) = P\{Z \leqslant x\} = P\{Z = 1\} + P\{Z = 2\} = 0.6$；

当 $x \geqslant 3$ 时，$F(x) = P\{Z \leqslant x\} = P\{Z = 1\} + P\{Z = 2\} + P\{Z = 3\} = 1$.

所以 $\quad F(x) = \begin{cases} 0, & x < 1, \\ 0.3, & 1 \leqslant x < 2, \\ 0.6, & 2 \leqslant x < 3, \\ 1, & x \geqslant 3. \end{cases}$

3. 连续型随机变量的分布函数

设连续型随机变量的密度函数是 $f(x)$，则该随机变量的分布函数为

$$F(x) = \int_{-\infty}^{x} f(t)\,\mathrm{d}t.$$

反之，$F(x)$是连续型随机变量的分布函数，则该随机变量的密度函数是

$$f(x)=F'(x).$$

例 9 设随机变量 Z 的分布函数是 $F(x)=k_1+k_2\arctan x$，求

(1) k_1，k_2； (2) 密度函数 $f(x)$.

解 (1) 因为 $\quad F(+\infty)=1, \quad F(-\infty)=0$,

即 $\quad F(+\infty)=\lim\limits_{x\to+\infty}(k_1+k_2\arctan x)=k_1+k_2\dfrac{\pi}{2}=1$,

$\quad F(-\infty)=\lim\limits_{x\to-\infty}(k_1+k_2\arctan x)=k_1-k_2\dfrac{\pi}{2}=0$,

解得 $\quad k_1=\dfrac{1}{2}$，$k_2=\dfrac{1}{\pi}$.

(2) $f(x)=F'(x)=\dfrac{1}{\pi(1+x^2)}$.

例 10 如果随机变量 Z 的概率密度为

$$f(x)=\begin{cases}\dfrac{1}{b-a}, & a\leqslant x\leqslant b,\\ 0, & 其他,\end{cases}$$

求随机变量的分布函数.

解 当 $x<a$ 时，$F(x)=\int_{-\infty}^{x}f(t)\mathrm{d}t=\int_{-\infty}^{x}0\mathrm{d}t=0$；

当 $a\leqslant x\leqslant b$ 时，$F(x)=\int_{-\infty}^{x}f(t)\mathrm{d}t=\int_{-\infty}^{a}0\mathrm{d}t+\int_{a}^{x}\dfrac{1}{b-a}\mathrm{d}t=\dfrac{x-a}{b-a}$；

当 $x>b$ 时，$F(x)=\int_{-\infty}^{x}f(t)\mathrm{d}t=\int_{-\infty}^{a}0\mathrm{d}t+\int_{a}^{b}\dfrac{1}{b-a}\mathrm{d}t+\int_{b}^{x}0\mathrm{d}t=1.$

所以 $F(x)=\begin{cases}0, & x<a,\\ \dfrac{x-a}{b-a}, & a\leqslant x<b,\\ 1, & x\geqslant b.\end{cases}$

4. 正态分布

正态分布是最重要的连续型随机分布，如果 $Z\sim N(\mu,\sigma^2)$，也就是说它的概率密度为

$$f(x)=\frac{1}{\sqrt{2\pi}\sigma}\mathrm{e}^{-\frac{(x-\mu)^2}{2\sigma^2}},\quad -\infty<x<+\infty.$$

进一步地，它的分布函数是

$$F(x)=\int_{-\infty}^{x}\frac{1}{\sqrt{2\pi}\sigma}\mathrm{e}^{-\frac{(t-\mu)^2}{2\sigma^2}}\mathrm{d}t.$$

特别的，如果 $Z\sim N(0,1)$，也就是说它服从标准正态分布，它的概率密度为

$$\varphi(x)=\frac{1}{\sqrt{2\pi}}\mathrm{e}^{-\frac{x^2}{2\sigma^2}},\quad -\infty<x<+\infty.$$

进一步地，它的分布函数是

$$\Phi(x)=\int_{-\infty}^{x}\frac{1}{\sqrt{2\pi}\sigma}\mathrm{e}^{-\frac{t^2}{2}}\mathrm{d}t.$$

若 $Z\sim N(0,1)$，则标准正态分布具有以下性质：

(1) $\Phi(-x)=1-\Phi(x)$；

(2) $\Phi(-\infty)=0$，$\Phi(0)=\dfrac{1}{2}$，$\Phi(+\infty)=1$；

(3) $P\{a\leqslant Z\leqslant b\}=\Phi(b)-\Phi(a)$.

例 11 设随机变量 Z 服从标准正态分布，求

(1) $P\{1\leqslant Z\leqslant 2\}$； (2) $P\{Z\leqslant 2\}$； (3) $P\{-1\leqslant Z\leqslant 2\}$.

解 查标准正态分布表，得

(1) $P\{1\leqslant Z\leqslant 2\}=\Phi(2)-\Phi(1)\approx 0.977\,2-0.841\,3=0.135\,9$.

(2) $P\{Z \leqslant 2\} = \Phi(2) \approx 0.977\,2$.

(3) $P\{-1 \leqslant Z \leqslant 2\} = \Phi(2) - \Phi(-1) = \Phi(2) - [1 - \Phi(1)]$

$$\approx 0.977\,2 - (1 - 0.841\,3) = 0.818\,5.$$

一般正态分布的性质 若 $Z \sim N(\mu, \sigma^2)$，则它的分布函数满足

$$F(x) = \Phi\left(\frac{x-\mu}{\sigma}\right).$$

例 12 设随机变量 $Z \sim N(1, 5^2)$，求

(1) $P\{1 \leqslant Z \leqslant 11\}$； (2) $P\{Z \leqslant 12\}$； (3) $P\{-1 \leqslant Z \leqslant 12\}$.

解 (1) $P\{1 \leqslant Z \leqslant 11\} = \Phi\left(\frac{11-1}{5}\right) - \Phi\left(\frac{1-1}{5}\right) = \Phi(2) - \Phi(0)$

$$\approx 0.977\,2 - 0.5 = 0.477\,2.$$

(2) $P\{Z \leqslant 12\} = \Phi\left(\frac{12-1}{5}\right) = \Phi(2.2) \approx 0.986\,1$.

(3) $P\{-1 \leqslant Z \leqslant 12\} = \Phi\left(\frac{12-1}{5}\right) - \Phi\left(\frac{-1-1}{5}\right) = \Phi(2.2) - \Phi(-0.4)$

$$= \Phi(2.2) - [1 - \Phi(0.4)] \approx 0.986\,1 - (1 - 0.655\,4)$$
$$= 0.641\,5.$$

12.2.5 随机变量的数字特征

表示随机变量某些概率特征的数字称为随机变量的数字特征. 最常见的数字特征是数学期望与方差.

1. 数学期望

例如，甲和乙两个射击选手，甲射中 10 环的概率为 0.85，射中 0 环的概率为 0.15；乙射中 10 环的概率为 0.70，射中 8 环的概率为 0.30.

为了考察谁更加优秀，我们计算 $10 \times 0.85 + 0 \times 0.15 = 8.5$ 和 $10 \times 0.70 + 8 \times 0.30 = 8.4$. 由于 $8.5 > 8.4$，我们有理由说甲稍优于乙. 在这里，8.5 和 8.4 相当于选手中靶的平均环数，这个平均环数就是数学期望. 对于随机变量 Z 的数学期望，我们用 $E(Z)$ 表示.

(1) 离散型随机变量的数学期望

若离散型随机变量 Z 的所有可能的取值是 $x_1, x_2, \cdots, x_n$，它们的概率分布为 $P\{Z = x_i\} = p_i (i = 1, 2, \cdots)$，则 $x_1p_1 + x_2p_2 + \cdots + x_np_n = \sum_{i=1}^{n} x_ip_i$ 叫做随机变量 Z 的数学期望(或均值)，记作 $E(Z)$，即

$$E(Z) = \sum_{i=1}^{n} x_ip_i.$$

例如，若离散型随机变量 Z 的概率分布如下表：

Z	1	2	3
P	0.3	0.3	0.4

则随机变量 Z 的数学期望为

$$E(Z)=1\times 0.3+2\times 0.3+3\times 0.4=2.1.$$

(2) 连续型随机变量的数学期望

若连续型随机变量 Z 具有密度函数 $f(x)$，则称 $\int_{-\infty}^{+\infty} xf(x)\mathrm{d}x$ 为随机变量 Z 的数学期望，记作 $E(Z)$，即

$$E(Z)=\int_{-\infty}^{+\infty} xf(x)\mathrm{d}x.$$

例 13 如果连续随机变量 Z 的概率密度为

$$f(x)=\begin{cases} k\cos x, & |x|\leqslant \dfrac{\pi}{2}, \\ 0, & \text{其他}. \end{cases}$$

求(1) 常数 k；(2) 数学期望 $E(Z)$.

解 (1) 因为 $\int_{-\infty}^{+\infty} f(x)\mathrm{d}x=\int_{-\frac{\pi}{2}}^{\frac{\pi}{2}} k\cos x\mathrm{d}x=1,$

所以 $k=\dfrac{1}{2}$.

(2) $E(Z)=\int_{-\infty}^{+\infty} xf(x)\mathrm{d}x=\int_{-\frac{\pi}{2}}^{\frac{\pi}{2}} x\dfrac{1}{2}\cos x\mathrm{d}x=0.$

(3) 数学期望的性质

设 C 为常数.

① $E(C)=C$；

② $E(CZ)=CE(Z)$；

③ $E(Z_1+Z_2+\cdots+Z_n)=E(Z_1)+E(Z_2)+\cdots+E(Z_n)$.

例 14 有 10 只小球，分别等可能地放入 20 个小盒子中. 随机变量 Z 表示有球的盒子数，求数学期望 $E(Z)$.

解 设 $Z_i=\begin{cases} 1, & \text{第 } i \text{ 个盒中有球}, \\ 0, & \text{第 } i \text{ 个盒中无球}, \end{cases}$ $i=1, 2, \cdots, 20,$

显然有

$$\sum_{i=1}^{20} Z_i=Z.$$

某小球不落入第 i 个盒中的概率为 $1-\dfrac{1}{20}$，所以 10 个球都不落入第 i 个盒中，即事件 $\{Z_i=0\}$ 的概率为

$$P\{Z_i=0\}=\left(1-\frac{1}{20}\right)^{10}.$$

从而 $P\{Z_i=1\}=1-P\{Z_i=0\}=1-\left(1-\dfrac{1}{20}\right)^{10}$.

即 Z_i 的分布列为

Z_i	0	1
P	$\left(1-\frac{1}{20}\right)^{10}$	$1-\left(1-\frac{1}{20}\right)^{10}$

所以 $E(Z_i)=1-\left(1-\frac{1}{20}\right)^{10}$,

$$E(Z)=\sum_{i=1}^{20}E(Z_i)=20\left[1-\left(1-\frac{1}{20}\right)^{10}\right].$$

(4) 常见的一些随机变量概率分布的数学期望(表 12-3)

表 12-3

分布类型	数学期望
两点分布 $P\{Z=1\}=p$, $P\{Z=0\}=1-p$	p
二项分布 $B(n, p)$	np
泊松分布 $P(\lambda)$	λ
均匀分布	$\frac{a+b}{2}$
正态分布 $N(\mu, \sigma^2)$	μ

2. 随机变量的方差与均方差

随机变量的数学期望提供了对两个不同随机变量平均状态进行比较的标准. 但是当两个随机变量的数学期望值相同时，能否说这两个随机变量一样“好”呢?换句话说，随机变量的数学期望给出了随机变量的变化的“中心”. 如何表示随机变量的变化与这个“中心”偏离程度?

为此，我们引入又一个反映这种偏离程度的数字特征，这就是方差或均方差

(1) 方差的概念

若离散型随机变量 Z 的分布列是 $P(Z=x_i)=p_i(i=1, 2, \cdots)$，则 $E[Z-E(Z)]^2=\sum_{i=1}^{n}[x_i-E(Z)]^2p_i$ 叫做随机变量 Z 的方差，记作 $D(Z)$，即

$$D(Z)=\sum_{i=1}^{n}[x_i-E(Z)]^2p_i.$$

若连续型随机变量 Z 的密度函数为 $f(x)$，则 $E[Z-E(Z)]^2=\int_{-\infty}^{+\infty}[x-E(Z)]^2f(x)\mathrm{d}x$ 叫做随机变量 Z 的方差，记作 $D(Z)$，即

$$D(Z)=\int_{-\infty}^{+\infty}[x-E(Z)]^2f(x)\mathrm{d}x.$$

根据定义，随机变量 Z 的方差 $D(Z)$ 的计算公式为

$$D(Z)=E[Z-E(Z)]^2=E(Z^2)-[E(Z)]^2.$$

随机变量 Z 的方差 $D(Z)$ 的算术平方根 $\sqrt{D(Z)}$ 叫做随机变量 Z 的标准差(或均方差).

方差是描述随机变量取值集中或分散程度的一个数字特征. 方差小，则取值集中；方差大，则取值分散. 随机变量的方差具有以下性质：

① $D(C)=0$(C 是常数)；

② $D(CZ)=C^2D(Z)$(C 是常数)；

③ 如果 Z_1，Z_2 是相互独立的两个随机变量，那么 $D(Z_1+Z_2)=D(Z_1)+D(Z_2)$.

例 15 掷一颗骰子，随机变量 Z 表示出现的点数，求随机变量 Z 的方差与均方差.

解 Z 的概率分布为

$P\{Z=i\}=\frac{1}{6}$，$i=1, 2, \cdots, 6$，

$E(Z)=1\times\frac{1}{6}+2\times\frac{1}{6}+3\times\frac{1}{6}+4\times\frac{1}{6}+5\times\frac{1}{6}+6\times\frac{1}{6}=\frac{21}{6}$，

$E(Z^2)=1^2\times\frac{1}{6}+2^2\times\frac{1}{6}+3^2\times\frac{1}{6}+4^2\times\frac{1}{6}+5^2\times\frac{1}{6}+6^2\times\frac{1}{6}=\frac{91}{6}$，

$D(Z)=E(Z^2)-[E(Z)]^2=\frac{91}{6}-\left(\frac{21}{6}\right)^2=\frac{35}{12}$，

$\sqrt{D(Z)}=\sqrt{\frac{35}{12}}$.

例 16 掷两颗骰子，随机变量 Z 表示出现的点数和，求随机变量 Z 的方差与均方差.

解 Z 的概率分布如下表：

Z	2	3	4	5	6	7	8	9	10	11	12
P	$\frac{1}{36}$	$\frac{2}{36}$	$\frac{3}{36}$	$\frac{4}{36}$	$\frac{5}{36}$	$\frac{6}{36}$	$\frac{5}{36}$	$\frac{4}{36}$	$\frac{3}{36}$	$\frac{2}{36}$	$\frac{1}{36}$

$E(Z)=7$，

$E(Z^2)=\frac{329}{6}$，

所以 $D(Z)=E(Z^2)-[E(Z)]^2=\frac{329}{6}-7^2=\frac{35}{6}$，

$\sqrt{D(Z)}=\sqrt{\frac{35}{6}}$.

例 17 如果随机变量 Z 的概率密度为

$$f(x)=\begin{cases}\frac{1}{b-a}, & a\leqslant x\leqslant b,\\ 0, & \text{其他},\end{cases}$$

求随机变量的方差与均方差.

解 $E(Z)=\int_{-\infty}^{+\infty}xf(x)\mathrm{d}x=\int_a^b x\frac{1}{b-a}\mathrm{d}x=\frac{a+b}{2}$,

$E(Z^2)=\int_{-\infty}^{+\infty}x^2f(x)\mathrm{d}x=\int_a^b x^2\frac{1}{b-a}\mathrm{d}x=\frac{1}{3}(a^2+ab+b^2)$,

所以 $D(Z)=E(Z^2)-[E(Z)]^2=\frac{1}{12}(b-a)^2$,

$$\sqrt{D(Z)}=\sqrt{\frac{(b-a)^2}{12}}=\frac{\sqrt{3}(b-a)}{6}.$$

例 18 如果随机变量 Z_1, Z_2 是独立的两个随机变量，已知 $E(Z_1)=2$, $E(Z_2)=5$, $E(Z_1^2)=5$, $E(Z_2^2)=26$, 求

(1) $D(Z_1)$ 和 $D(Z_2)$； (2) $D(3Z_1)$； (3) $D(3Z_1+2)$； (4) $D(Z_1+Z_2)$.

解 (1) $D(Z_1)=E(Z_1^2)-[E(Z_1)]^2=5-4=1$,

$D(Z_2)=E(Z_2^2)-[E(Z_2)]^2=26-25=1$.

(2) $D(3Z_1)=9D(Z_1)=9$.

(3) $D(3Z_1+2)=9D(Z_1)=9$.

(4) $D(Z_1+Z_2)=D(Z_1)+D(Z_2)=2$.

(2) 常见的一些随机变量概率分布的方差与均方差(表 12-4)

表 12-4

分布类型	方差
两点分布 $P\{Z=1\}=p$, $P\{Z=0\}=1-p$	$p-p^2$
二项分布 $B(n, p)$	$np-np^2$
泊松分布 $P(\lambda)$	λ
均匀分布	$\frac{(a-b)^2}{12}$
正态分布 $N(\mu, \sigma^2)$	σ^2

习 题 12.2

1. 分析下列随机变量的类型.

(1) 在测试灯泡寿命的试验中，每一个灯泡的实际使用寿命可能是$[0, +\infty)$中任何一个实数，用 X 表示灯泡的寿命(h)；

(2) 将一枚硬币抛掷 3 次，观察正面出现的总次数为随机变量 X；

(3) 袋中有 5 个球(3 白 2 黑) 从中任取 3 球，则取到的黑球数用随机变量 X 表示；

(4) 一批产品共有10件正品，3件次品，从中随机地抽取产品，每次抽一件，一直到取得正品为止，所需抽取次数用随机变量 X 表示.

2. 离散型随机变量 X 的概率分布如下表：

X	1	2	3	4
P	0.2	0.2	a	0.3

求(1) a；　(2) $P\{x>2\}$；　(3) $P\{x\geqslant 2\}$.

3. 一批产品，共 200 件，其中有合格品 190 件，次品 10 件. 从中随机抽取一件，取后放回，连着抽取十件，用随机变量 Z 表示在这十次中抽到的合格品数. 求下列事件的概率.

(1) $P\{Z=2\}$；　(2) $P\{Z<2\}$；　(3) $P\{Z\geqslant 2\}$；　(4) $P\{2\leqslant Z\leqslant 5\}$.

4. 设某批电子产品的合格品率为 $\frac{3}{4}$，不合格品率为 $\frac{1}{4}$，现在对该批电子产品进行测试，设第 ξ 次为首次测到合格品，求 ξ 的分布列.

5. 函数 $f(x)=\dfrac{1}{1+(kx)^2}$ 是某一个连续型随机变量的密度函数，求

(1) k；　(2) $P\left\{1\leqslant Z\leqslant\frac{\sqrt{3}}{3}\right\}$；　(3) $P\{Z\leqslant 1\}$；　(4) $P\left\{Z\leqslant\frac{\sqrt{3}}{3}\right\}$.

6. 给出下列三个正态分布的密度函数表达式，请找出其均值 μ 和标准差 σ.

(1) $f(x)=\dfrac{1}{\sqrt{2\pi}}e^{-\frac{x^2}{2}}$，$x\in(-\infty,+\infty)$；　(2) $f(x)=\dfrac{1}{2\sqrt{2\pi}}e^{-\frac{(x-1)^2}{8}}$，$x\in(-\infty,+\infty)$；

(3) $f(x)=\dfrac{2}{\sqrt{2\pi}}e^{-2(x+1)^2}$，$x\in(-\infty,+\infty)$.

7. 如果连续随机变量 Z 的概率密度为

$$f(x)=\begin{cases}k\sin x, & 0\leqslant x\leqslant\pi,\\ 0, & \text{其他},\end{cases}$$

求(1) 常数 k；　(2) 数学期望 $E(Z)$.

8. 设随机变量 Z 服从标准正态分布，求

(1) $P\{-1<Z<2\}$；　(2) $P\{Z\leqslant 0\}$；　(3) $P\{-2\leqslant Z\leqslant 5\}$.

9. 某种电池的寿命 ξ 服从正态 $N(\mu,\sigma^2)$ 分布，其中 $\mu=300(\mathrm{h})$，$\sigma=35(\mathrm{h})$，求电池寿命在 250 小时以上的概率.

10. 掷三颗骰子，随机变量 Z 表示出现的点数，求随机变量 Z 的方差与均方差.

11. 如果随机变量 Z 的概率密度为

$$f(x)=\begin{cases}\frac{1}{10}, & 0\leqslant x\leqslant 10,\\ 0, & \text{其他},\end{cases}$$

求随机变量的方差与均方差.

12.3　统计及其应用

12.3.1　总体、个体、样本及样本统计量

一般地，在数理统计学中把所要研究的对象的全体称为总体(或母体)，同时把组成总体的每个单元称为一个个体.

例如我们要研究某工厂生产的一批某种规格的轴承的内径，那么这批这种规格轴承的内径就是总体，而每个这种规格的轴承的内径就是研究的个体.

在总体中，所含个体的数量称为总体容量.

如果要了解总体的一些性质，我们就必须对个体进行观测与统计. 常见的统计方法有两类：第一类是全面观测，第二类是抽样统计. 抽样统计是一种常用的统计方法，它的具体做法是：按一定的抽样原则，从总体中随机抽取的一部分个体组成的子集(该子集叫做样本)，对这部分个体进行观测与统计，然后根据样本的性质来推断总体的性质.

在实际的研究过程中，我们关心的是总体中个体的数字指标，而不是总体本身. 例如一批灯泡的寿命，它就是一个随机变量，所以我们用随机变量 X 表示总体. 我们抽取的 n 个个体，实际上得到了 n 个个体的数字指标. 所以我们用 n 个数字$(x_1, x_2, \cdots, x_n)$表示一个样本.

我们知道，可以利用样本来推测总体的一些性质，但样本所包含的信息必须进行加工，在统计中就是构造一个样本函数，即样本统计量，简称统计量.

假设用随机变量 X 表示总体，用$(x_1, x_2, \cdots, x_n)$表示来自总体 X 的一个容量为 n 的样本，常用的样本统计量有：

样本均值 $\bar{X}=\dfrac{1}{n}(x_1+x_2+\cdots+x_n)$,

样本方差 $S_n^2=\dfrac{1}{n}[(x_1-\bar{X})^2+(x_2-\bar{X})^2+\cdots+(x_n-\bar{X})^2)]$,

修正样本方差 $S_n^2=\dfrac{1}{n-1}[(x_1-\bar{X})^2+(x_2-\bar{X})^2+\cdots+(x_n-\bar{X})^2)]$.

如果 X 表示总体，而且服从正态分布 $N(\mu, \sigma^2)$，$(x_1, x_2, \cdots, x_n)$是来自总体的一个样本，则有

(1) 样本的均值 $\bar{X}\sim N\left(\mu, \dfrac{\sigma^2}{n}\right)$;

(2) 统计量 $\dfrac{\bar{X}-\mu}{\sigma}\sqrt{n}\sim N(0, 1)$.

例 1 从某班级男生中随机抽取 10 人，测得身高与体重如下表：

身高 /cm	160.5	157	153.5	158	157
体重 /kg	53	55	54	55	54
身高 /cm	154	155.5	162	166	157
体重 /kg	53	55	54	55	54

求样本均值和样本方差.

解　样本均值　$\bar{X}_{身高}=\frac{1}{n}(x_1+x_2+\cdots+x_n)=158.05$，

$$\bar{X}_{体重}=\frac{1}{n}(x_1+x_2+\cdots+x_n)=54.2.$$

样本方差　$S_{n\ 身高}^2=\frac{1}{n}[(x_1-\bar{X}_{身高})^2+(x_2-\bar{X}_{身高})^2+\cdots+(x_n-\bar{X}_{身高})^2)]$
$=13.375$，

$$S_{n\ 体重}^2=\frac{1}{n}[(x_1-\bar{X}_{体重})^2+(x_2-\bar{X}_{体重})^2+\cdots+(x_n-\bar{X}_{体重})^2)]$$
$=0.56.$

例2　如果X表示总体，而且服从正态分布$N(\mu,2^2)$，$(x_1,x_2,\cdots,x_n)$是来自总体的一个样本，求n使得$P\{|\bar{X}-\mu|\leqslant 0.1\}\geqslant 0.95$.

解　由　$P\{|\bar{X}-\mu|\leqslant 0.1\}\geqslant 0.95$，

得　$P\left\{\frac{|\bar{X}-\mu|}{2}\sqrt{n}\leqslant 0.1\frac{\sqrt{n}}{2}\right\}\geqslant 0.95$，

$$\Phi\left(0.1\frac{\sqrt{n}}{2}\right)-\Phi\left(-0.1\frac{\sqrt{n}}{2}\right)\geqslant 0.95,$$

$$\Phi\left(0.1\frac{\sqrt{n}}{2}\right)\geqslant 0.975,$$

查表得　$\Phi(1.96)\approx 0.975$.

依题意　$\frac{0.1}{2}\sqrt{n}\geqslant 1.96$，得　$n\geqslant 1\,537$.

12.3.2　参数估计

我们知道，许多样本函数也就是样本统计量是用来推测或估计总体的一些参数的(如总体的数学期望与方差等). 一般地，我们对总体的参数估计分成点估计和区间估计两种.

1. 点估计

在很多情况下，我们需要估计总体的某一个参数. 这时候，我们就可以构造一个适当的样本的统计量，通过该样本的统计量的计算，从而进行总体的参数的估计. 一般地，我们把这种估计叫做参数的点估计.

常用总体参数的点估计见表 12-5.

表 12-5

需要估计的总体参数	样本的统计量
总体的数学期望	样本均值
总体的方差	样本修正方差

假设我们用随机变量X表示总体，而用$(x_1,x_2,\cdots,x_n)$表示来自总体X的一个容量为n的样本，其中样本均值为

$$\bar{X}=\frac{1}{n}(x_1+x_2+\cdots+x_n).$$

修正样本方差为

$$S_n^2=\frac{1}{n-1}[(x_1-\bar{X})^2+(x_2-\bar{X})^2+\cdots+(x_n-\bar{X})^2)].$$

一般来说，我们把这种用样本参数来估计总体的参数的方法称为数字特征法.

2. 区间估计

我们知道，点估计给出的总体的参数的一个具体的值. 能不能给出总体的参数的一个的合理范围?基于这样的想法，我们介绍总体参数的区间估计法：一般地，对于某个总体的需要估计的总体的参数 θ(比如，正态分布的 μ，σ^2 等)，通过样本 $(x_1,x_2,\cdots,x_n)$ 的计算，进而给出一个区间 $[\hat{\theta}_1,\hat{\theta}_2]$，且使参数 θ 以一个较大的概率落在这个区间内. 一般地，我们记

$$P(\hat{\theta}_1\leqslant\theta\leqslant\hat{\theta}_2)=1-\alpha\quad(0<\alpha<1).$$

进一步的，我们称 $[\hat{\theta}_1,\hat{\theta}_2]$ 为参数 θ 的一个置信区间，而概率 $1-\alpha$ 称为置信概率或置信水平，α 称为显著性水平，α 一般只取一个很小很小的数，比如 $\alpha=0.05$ 或 0.01.

参数的区间估计给出了需要估计的参数 θ 一个置信区间. 在这里有一对矛盾：估计的精度和估计的可信程度. 一般来说，置信区间的大小说明了估计的精度：置信区间的大说明了估计的精度低，而置信区间的小说明了估计的精度高. 另一方面，置信水平 $1-\alpha$ 又给出了估计的可信程度. 置信水平 $1-\alpha$ 如果接近于1，说明估计的可信程度就高. 说它们是一对矛盾，是因为置信水平 $1-\alpha$ 如果接近于 1，置信区间给出了估计的可信程度低；反之亦然. 通常的做法是在一定的置信水平下，我们要选取尽量小的置信区间. 具体情况我们分类讨论如下：

(1) 已知总体服从正态分布的参数的区间估计

如果已知总体服从正态分布，同时我们还要求总体方差已知.(总体方差未知的情况我们没有讨论，有兴趣的同学可以查阅其他文献) 这时候总体的均值的区间估计方法如下：

如果 X 表示总体，而且服从正态分布 $N(\mu,\sigma^2)$(σ^2 已知)，$(x_1,x_2,\cdots,x_n)$ 是来自总体的一个样本，则总体参数 μ 的 $1-\alpha$ 置信区间为

$$\left[\bar{x}-u_{\frac{\alpha}{2}}\frac{\sigma}{\sqrt{n}},\quad \bar{x}+u_{\frac{\alpha}{2}}\frac{\sigma}{\sqrt{n}}\right].$$

其中；$u_{\frac{\alpha}{2}}$ 满足 $\Phi(u_{1-\frac{\alpha}{2}})=1-\frac{\alpha}{2}$.

例 3　扬州市某单位生产的某产品的重量服从正态分布 $N(\mu,2.93^2)$. 现在该产品16 546 件，为了估计这批产品的平均重量，遂从中抽取的 100 件，构成一个随机样本. 经过检验，得出样本重量平均值为 $\bar{m}=67.45$ kg，分别求总体平均值 m 的 95% 和 99% 的置信区间.

解　已知总体服从正态分布，所以样本平均值也服从正态分布.

已知 $\bar{m}=67.45$ kg，查标准正态分布表，与置信水平 95% 和 99% 相对应的值分别为

$$\Phi(1.96) \approx 0.975, \quad \Phi(2.576) \approx 0.995.$$

因此，总体平均数为 95% 和 99% 的置信区间分别为

$$\left(67.45 - 1.96 \times \frac{2.93}{\sqrt{100}}, \quad 67.45 + 1.96 \times \frac{2.93}{\sqrt{100}}\right) \approx (66.88, 68.02),$$

$$\left(67.45 - 2.576 \times \frac{2.93}{\sqrt{100}}, \quad 67.45 + 2.576 \times \frac{2.93}{\sqrt{100}}\right) \approx (66.69, 68.21).$$

对于置信水平 95% 和 99% 而言，就是说我们有 95% 的把握断定总体均值(或真实均值)在 66.88 kg 和 68.02 kg 之间，我们有 99% 的把握断定总体均值(或真实均值)在 66.69 kg 和 68.21 kg 之间. 值得一提的是，在一般的统计应用中置信水平 95% 和 99% 是最为常见的. 所以 $\Phi(1.96) \approx 0.975$，$\Phi(2.576) \approx 0.995$ 也是常常会遇见的两个常数，希望多加留心.

如果 X 表示总体，而且服从正态分布 $N(\mu, \sigma^2)$(σ^2 已知)，$(x_1, x_2, \cdots, x_n)$是来自总体的一个样本，则总体参数 μ 的置信区间

$$\left(\bar{X} - \frac{\sigma}{\sqrt{n}}, \bar{X} + \frac{\sigma}{\sqrt{n}}\right), \left(\bar{X} - \frac{2\sigma}{\sqrt{n}}, \bar{X} + \frac{2\sigma}{\sqrt{n}}\right) \text{和} \left(\bar{X} - \frac{3\sigma}{\sqrt{n}}, \bar{X} + \frac{3\sigma}{\sqrt{n}}\right)$$

它们的置信水平分别是 68.3%，95.5% 和 99.7%.

(2) 已知总体不服从正态分布的参数的区间估计

当总体不服从正态分布，而服从其它分布的参数的区间估计时，子样的大小就是问题的关键了. 一般来说，小子样($n < 50$) 问题没有一般性的结论. 而对于大子样($n \geqslant 50$)，下面的结论对我们是有帮助的：

如果 X 表示总体，而且服从非正态分布，且总体的数学期望为 μ，方差为 σ^2(已知 $\sigma^2 \neq 0$)，$(x_1, x_2, \cdots, x_n)$($n \geqslant 50$) 是来自总体的一个大样本，则样本的均值 $\bar{X} \overset{\text{近似}}{\sim} N\left(\mu, \frac{\sigma^2}{n}\right)$.

这个结论告诉我们总体服从非正态分布，只要样本容量足够大，我们就可以近似地认为样本的均值正态分布. 这样我们就把问题转化为总体服从正态的情形，进而得到参数的近似的估计区间. 在这里我们就不一一赘述，有兴趣的同学可以参考其他文献.

12.3.3 假设检验

1. 假设检验的基本思想

假设检验的基本思想与区间估计是类似的. 首先，我们对总体 X 作出某种假设(以后我们用字母 H 来表示)，比如：

H:总体 X 服从某分布；

H:总体 X 的数学期望是某个数值.

然后我们根据样本构造一个统计量，运用数理统计的分析方法，检验我们的假设是否可信，从而决定接受或拒绝假设. 这样的统计推断过程就是假设检验.

在决定接受或拒绝假设的时候，我们主要是根据小概率事件的实际不可能性原理来进行推断的. 在原假设 H 成立时，若小概率事件竟然发生，我们就有理由怀疑前提假设 H，从而作出拒绝原假设 H 的判断.

2. U-检验法

U-检验法也是利用正态分布进行假设检验的. 一般来说，U-检验法适用于大子样.

(1) 根据实际问题提出假设 H，即说明要检验的假设的内容；

(2) 根据样本构造一个统计量 u，且当假设 H 成立时，统计量 u 服从正态分布；

(3) 根据问题的需要，适当选取检验的显著性水平 α(一般较小)，从而确定拒绝域 或接受域；

(4) 根据样本观测值计算检验统计量 u 的值，从而对是否拒绝假设 H 作出明确的判断.

下面我们举例说明 U-检验法的具体做法.

例 4 某日光灯生产企业在正常情况下生产的日光灯的使用寿命(单位:h) 服从正态分布 $N(1600, 80^2)$. 某天从该企业生产的一批日光灯中随机抽取 100 支，测得它们的寿命均值 $\bar{x} = 1\ 568$ h. 如果日光灯寿命的标准差不变，能否认为该天生产的日光灯寿命均值为 1 600 h?(显著性水平 $\alpha = 5\%$)

解 设该天生产的日光灯寿命均值为 μ,则

$$H: \mu = 1\ 600.$$

由于日光灯寿命的标准差不变，所以样本的均值 $\bar{X} \sim N\left(\mu, \frac{80^2}{100}\right)$.

进而统计量 $$u = \frac{\bar{X}-\mu}{80}\sqrt{100} \sim N(0, 1).$$

如果 $H: \mu = 1\ 600$ 成立，则 $$u = \frac{\bar{X}-1\ 600}{80}\sqrt{100} \sim N(0, 1).$$

由正态分布表，有 $P\{|u| > 1.96\} = 5\%$，把 $\bar{x} = 1\ 568$ h 代入上面的式子，$|u| = \left|\frac{\bar{X}-1\ 600}{80}\sqrt{100}\right| = 4 > 1.96$，故否定 $H: \mu = 1\ 600$. 也就是说，否定该天生产的日光灯寿命均值为 1 600 h.

例 5 某生产企业在正常情况下生产的一种产品的重量(单位:kg) 服从正态分布 $N(26, 5.2^2)$. 某天从该企业生产的产品中随机抽取 100 个，测得它们的重量的均值 $\bar{x} = 26.56$ kg. 如果产品重量的标准差不变，能否认为该天生产正常?(显著性水平 $\alpha = 5\%$)

解 设该天生产产品的重量的均值为 μ,则

$$H: \mu = 26.$$

由于产品重量的标准差不变，所以样本的均值 $\bar{X} \sim N\left(\mu, \frac{5.2^2}{100}\right)$.

进而统计量 $$u = \frac{\bar{X}-\mu}{5.2}\sqrt{100} \sim N(0, 1).$$

如果 $H: \mu = 26$ 成立，则 $$u = \frac{\bar{X}-26}{5.2}\sqrt{100} \sim N(0, 1).$$

由正态分布表，有 $P\{|u|>1.96\}=5\%$，把 $\bar{x}=26.56$ h 代入上面的式子，$|u|=\left|\frac{\bar{X}-26}{5.2}\sqrt{100}\right|=1.08<1.95$，故接受 $H:\mu=26$. 也就是说，该天生产是正常的.

需要说明的是，常见的假设检验除了 U-检验法以外，还有 T 检验法，F 检验法，以及 χ^2 检验法等. 由于篇幅的限制，我们不再一一介绍，读者可以查阅其他文献.

习　题　12.3

1. 从某班级男生中随机抽取 10 人，测的身高与体重如下：

身高 /cm	160.5	158	154.5	157	157
体重 /kg	53	55	54	55	54
身高 /cm	154	155.5	162	166	157
体重 /kg	53	56	54	55	54

求样本均值和样本方差.

2. 如果 $\bar{X}$ 表示总体，而且服从正态分布 $N(\mu, 0.1^2)$，$(x_1, x_2, \cdots, x_n)$ 是来自总体的一个样本，求 n 使得 $P\{|\bar{X}-\mu|\leqslant 0.1\}\geqslant 0.95$.

3. 某企业在正常情况下生产的一种产品的重量(单位:kg) 服从正态分布 $N(20, 5^2)$. 某一天从该企业生产的产品中随机抽取 100 个，测得它们的重量的均值 $\bar{x}=20.5$ kg. 如果产品重量的标准差不变，能否认为该天生产正常?(显著性水平 $\alpha=5\%$)

12.4 数学实验

12.4.1 有关数据分析的 Matlab 命令

max(x)	求最大值
min(x)	求最小值
median(x)	求中值
geomean(x)	求几何平均值
harmmean(x)	求调和平均值
mean(x)	求算数平均值
std(x)	求样本标准差
var(x)	求样本方差
corrcoef(x)	求相关系数
[P, S] = polyfit(x, y, n)	多项式拟合，P 为多项式的系数矩阵，S 为预测误差估计值的矩阵，n 为拟合的阶数，当 n = 1 时为一元线性函数

例 1　某作物研究所为了研究水稻亩产量与某化肥施用量之间的关系，进行了 7 次试

验，所得数据如下标所示(单位:kg)

化肥施用量 x	15	20	25	30	35	40	45
水稻亩产量 y	330	345	365	405	445	490	455

试求 y 关于 x 的回归方程，并分析其线性关系的显著性.

解 在命令窗口键入：

```
x = [15 20 25 30 35 40 45]
y = [330 345 365 405 445 490 455]
p = polyfit(xy, 1)   % 线性拟合
corrcoef(x, y)   % 计算相关系数
```

12.4.2 有关概率分布的 Matlab 命令

normcdf(x, mu, sigma)	求参数为 mu，sigma 的正态分布函数值 F(x) = P(X ⩽ x)
x = norminv(1 − α, mu, sigma)	求参数为 mu，sigma 的正态分布上侧 α 分位数

例 2 设 $X \sim N(3, 2^2)$.

(1) 求 $P\{2 < X < 5\}$，$P\{X > 3\}$；(2) 确定 c，使得 $P\{X > c\} = P\{X < c\}$.

解 (1) 在命令窗口键入：

```
p1 = normcdf(5, 3, 2) - normcdf(2, 3, 2)
p2 = 1 - normcdf(3, 3, 2)
```

(2) 在命令窗口键入：

```
X = norminv(05, 3, 2 )   % 由 P{X > c} = P{X < c} 可得 P{X > c} = P{X < c} = 0.5
```

例 3 公共汽车门的高度是按成年男子与车门顶碰头的机会不超过1%设计的. 设男子身高 X(单位:cm) 服从正态分布 $N(175, 36)$，求车门份最低高度.

解 设 h 为车门高度，X 为身高，求满足条件 $P\{X > h\} \leqslant 0.01$ 的 h，即 $P\{X < h\} \geqslant 0.99$，在命令窗口键入：

```
h = norminv(0.99, 175, 36)
```

阅读材料十二

居高声自远

众所周知，我们中华民族是一个具有灿烂文化和悠久历史的民族. 就是在数学世界中，我们灿烂的文化瑰宝中也同样具有许多耀眼的光环. 正如三国时代刘徽的“割圆术”一样，我国古代数学的许多研究成果里面的思想方法，早已孕育了后来的西方数学. 所以我们说，中华民族文化的博大精深，我们的民族是一个聪明与智慧的民族.

我们知道，有不少中国数学家的数学研究成果在世界领先.我们应该不仅引以为荣，更应该发扬和光大他们的治学精神，热爱数学，学好数学，用好数学."二十一世纪中国必将成为数学大国!"这是我国著名数学家陈省身提出的"陈氏定理".我们希望能看到更多的中国数学家诞生！希望有更多的以中国数学家命名的研究成果载入世界数学史册，扬我中华民族之威！

下面是收集到的以华人数学家命名的研究成果.

数学家李善兰(1811—1882，清代著名数学家)在级数求和方面的研究成果，在国际上被命名为"李氏恒等式".

数学家华罗庚(1911—1985，当代著名数学家)关于完整三角和的研究成果被国际数学界称为"华氏定理"；另外他与数学家王元提出多重积分近似计算的方法被国际上誉为"华-王方法".

数学家苏步青(1902—2003，当代著名数学家)在仿射微分几何学方面的研究成果在国际上被命名为"苏氏锥面".

数学家熊庆来(1893—1969，当代著名数学家)关于整函数与无穷级的亚纯函数的研究成果被国际数学界誉为"熊氏无穷级".

数学家陈省身(1911—2004，当代著名数学家)关于示性类的研究成果被国际上称为"陈示性类".

数学家周炜良(1911—1995，当代著名数学家)在代数几何学方面的研究成果被国际数学界称为"周氏坐标"；另外还有以他命名的"周氏定理"和"周氏环"以及与日本著名数学家小平邦彦合作的研究成果"周一小平(Chow-Kodaira)定理".

数学家吴文俊(1919— ，当代著名数学家)关于几何定理机器证明的方法被国际上誉为"吴氏方法"；另外还有以他命名的"吴氏公式".

数学家王浩(1921—1995，当代著名数理逻辑家)关于数理逻辑的一个命题被国际上定为"王氏悖论".

数学家柯召(1910—2003，当代著名数学家)关于卡特兰问题的研究成果被国际数学界称为"柯氏定理"；另外他与数学家孙琦在数论方面的研究成果被国际上称为"柯—孙猜想".

数学家陈景润(1933—1996，当代著名数学家)在哥德巴赫猜想研究中提出的命题被国际数学界誉为"陈氏定理".

数学家杨乐(1939— ，当代著名数学家)和张广厚(1937—1987，当代著名数学家)在函数论方面的研究成果被国际上称为"杨—张定理".

数学家陆启铿(1927— ，当代著名数学家)关于常曲率流形的研究成果被国际上称为"陆氏猜想".

数学家夏道行(1930— ，当代著名数学家)在泛函积分和不变测度论方面的研究成果被国际数学界称为"夏氏不等式".

数学家姜伯驹(1937— ，当代著名数学家)关于尼尔森数计算的研究成果被国际上命名为"姜氏空间"；另外还有以他命名的"姜氏子群".

数学家侯振挺(1936— ，当代著名数学家)关于马尔可夫过程的研究成果被国际上命名为"侯氏定理".

数学家周海中(1955— ，数学家)关于梅森素数分布的研究成果被国际上命名为"周氏猜测".

数学家王戌堂(1933— ，当代数学家)关于点集拓扑学的研究成果被国际数学界誉为“王氏定理”.

数学家袁亚湘(1960— ，当代著名数学家)在非线性规划方面的研究成果被国际上命名为“袁氏引理”.

数学家景乃桓(1962— ，当代著名数学家)在对称函数方面的研究成果被国际上命名为“景氏算子”.

数学家陈永川(1964— ，当代著名数学家)在组合数学方面的研究成果被国际上命名为“陈氏文法”.

综合练习十二

1. 在分别写有 2，4，6，7，8，11，12，13 的 8 张卡片中任取 2 张，把卡片上的两个数字组成一个分数，求所得分数为既约分数的概率.
2. 连续掷硬币 8 次，问下列事件的概率.

   (1) 8 次全为正面向上；(2) 8 次全为反面向上；

   (3) 8 次中恰有一次正面向上；(4) 8 次中恰有两次正面向上；

   (5) 8 次中至少有一次正面向上；(6) 8 次中至多有一次正面向上.
3. 60 只热水瓶作处理品出售，其中 48 只是二等品，其余是三等品. 现从这批热水瓶中任取两只，求：

   (1) 这两只热水瓶都是二等品的概率；(2) 这两只热水瓶中，二等品、三等品各有一只的概率.
4. 老师提出一个问题，由甲先回答，答对的概率是 0.4；如果甲答错，再由乙回答，答对的概率是 0.5. 求问题由乙答对的概率.
5. 某产品可能有两类缺陷 A 和 B 的一个或两个，缺陷 A 和 B 的发生是独立的，$P(A)=0.05$，$P(B)=0.03$，求产品有下述各种情况时的概率.

   (1) A 和 B 都有；(2) 有 A 没有 B；(3) A,B 中至少有一个.
6. 某班级有 50 位同学，问至少有两位同学在同一天过生日的概率是多少？
7. 某学生的手机在一天内收到的短信的条数 Z 服从参数 $\lambda=4$ 的泊松分布. 求下列事件的概率.

   (1) $P\{Z=0\}$； (2) $P\{Z<4\}$； (3) $P\{2\leqslant Z<4\}$.
8. 设随机变量 ξ 服从泊松分布，且 $P(\xi=1)=P(\xi=2)$，求 $P(\xi=4)$.
9. 设随机变量 X 具有概率密度

$$f(x)=\begin{cases} kx, & 0\leqslant x<3, \\ 2-\dfrac{x}{2}, & 3\leqslant x\leqslant 4, \\ 0, & \text{其他,} \end{cases}$$

   求(1) 常数 k； (2) $P\{X\leqslant 2\}$； (3) $P\{1<X\leqslant 3.5\}$.
10. 离散型随机变量 Z 的概率分布如下表：

Z	3	2	1
P	0.3	0.3	0.4

   求随机变量 Z 的数学期望 $E(Z)$.
11. 离散型随机变量 Z 的概率分布如下表：

Z	1	2	3
P	0.3	0.4	a

求(1)a； (2) 随机变量 Z 的分布函数.

12. 设随机变量 $Z \sim N(2, 5^2)$，求

(1)$P\{2 \leqslant Z \leqslant 12\}$； (2)$P\{Z \leqslant 18\}$； (3)$P\{-1 \leqslant Z \leqslant 8\}$.

13. 设在同一条件下，独立地对某物体的长度进行了几次测量，第 k 次测量的结果为 X_k，它是随机变量. 设 $X_k(k=1, 2, \cdots, n)$ 都服从正态分布 $N(\mu, \sigma^2)$，试计算几次测量结果的平均长度 $\frac{1}{n}\sum_{k=1}^{n} X_k$ 的数学期望和方差.

14. 某人的一串钥匙有 n 把钥匙，其中只有一把能打开自己的家门，当他随意地试用这串钥匙时，求：打开门时已被试用过的钥匙数的数学期望与方差. 假定：

(1) 把每次试用过的钥匙分开；

(2) 把每次试用过的钥匙再混杂在这串钥匙中.

15. 某城市每天用电量不超过100万度，以 ξ 表示每天的耗电率(即用电量也除以100万度)，它具有分布密度为

$$p(x)=\begin{cases}12x(1-x)^2, & 0<x<1. \\ 0, & \text{其他}.\end{cases}$$

若该城市每天的供电量仅有 80 万度，求供电量不够需要的概率是多少?如每天供电量 90 万度又如何?

拓展模块

第 13 章　数学建模

数学是研究现实世界数量关系和空间形式的科学，在它产生和发展的历史长河中，一直是和各种各样的应用问题紧密相关.当需要从定量的角度分析和研究一个实际问题时，人们用数学的符号和语言将相关信息表述为数学式子，这就是数学模型，然后用通过计算得到的模型结果来解释实际问题，并接受实际的检验.这个建立数学模型的全过程就称为数学建模.数学实验就是借助计算机技术和数学软件、运用数学知识解决实际问题的一门课程.

学习要点

- 了解数学模型的概念和意义.
- 掌握四个简单的数学建模案例.
- 了解全国大学生数学建模竞赛.

高等学校的学习，是打基础的时期，应该强调学好基础课程.

——钱学森

钱学森(1911—2009)
中国当代杰出科学家、
中国航天事业的奠基人

13.1　数学建模简介

随着社会的发展，数学的应用不仅在工程技术、自然科学等领域发挥着越来越重要的作用，而且以空前的广度和深度向经济、金融、生物、医学、环境、地质、人口、交通、社会科学等领域渗透. 数学技术已经成为当代高新技术的重要组成部分.

社会对数学的需求并不只是需要数学家和专门从事数学研究的人才，更大量的是需要在各部门中从事实际工作的人，善于运用数学知识及数学的思维方法来解决他们每天面临的大量的实际问题，取得经济效益和社会效益. 要对复杂的实际问题进行分析，发现其中的可以用数学语言来描述的关系或规律，把这个实际问题化成一个数学问题，然后对这个问题进行分析和计算，最后将所求得的解答回归实际，看能不能有效地回答原先的实际问题. 这个全过程，特别是其中的第一步，就称为数学建模，即为所考察的实际问题建立数学模型. 建立数学模型的这个过程就称为数学建模(图 13-1).

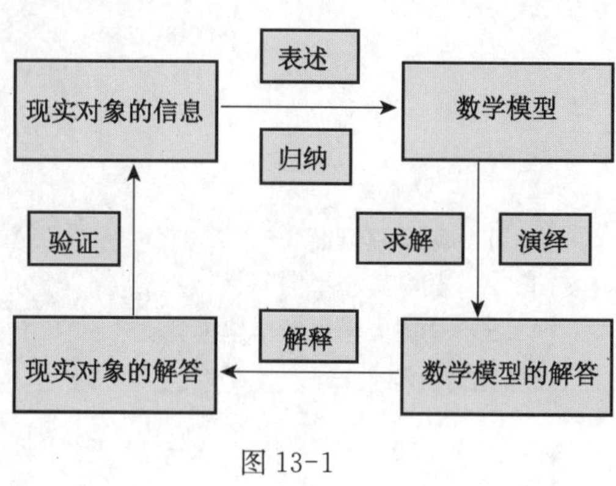

图 13-1

13.2　数学建模举例

【建模实例 1】　人、狗、鸡、米过河

问题提出

人、狗、鸡、米均要过河，船上除 1 人划船外，最多还能运载一物，而人不在场时，狗要吃鸡，鸡要吃米，问人，狗、鸡、米应如和过河？

模型分析

假设人、狗、鸡、米要从河的南岸到河的北岸，由题意，在过河的过程中，两岸的状态要满足一定条件，所以该问题为有条件的状态转移问题.

模型建立

我们用(w, x, y, z)，$w, x, y, z=0$或1，表示南岸的状态，例如$(1, 1, 1, 1)$表示它们都在南岸，$(0, 1, 1, 0)$表示狗、鸡在南岸，人、米在北岸；很显然有些状态是允许的，有些状态是不允许的，用穷举法可列出全部 10 个允许状态向量：

$$(1, 1, 1, 1),\quad (1, 1, 1, 0),\quad (1, 1, 0, 1),\quad (1, 0, 1, 1),\quad (1, 0, 1, 0),$$
$$(0, 0, 0, 0),\quad (0, 0, 0, 1),\quad (0, 0, 1, 0),\quad (0, 1, 0, 0),\quad (0, 1, 0, 1).$$

我们将上述10个可取状态向量组成的集合记为S，称S为允许状态集合，第二行的5个状态正好是第一行 5 个的相反状态.

将船的一次运载也用向量表示，当一物在船上时相应分量记为 1，否则记为 0，如$(1, 1, 0, 0)$表示人和狗在船上，即人带狗过河.

本系统的运算向量共有四个：

$$(1,\ 0,\ 1,\ 0),\ (1,\ 1,\ 0,\ 0),\ (1,\ 0,\ 0,\ 1),\ (1,\ 0,\ 0,\ 0).$$

一次过河就是一状态向量和一运算向量的加法，在加法运算中，对每一分量采用二进制(如：$0+0=1$，$1+0=0+1=1$，$1+1=0$).

模型求解

由于问题的要求，可取状态经过加法运算后仍是可取状态，这样的运算称为可取运算.

根据以上假定，人、狗、鸡、米过河问题转换为：找出从状态$(1,\ 1,\ 1,\ 1)$经过奇数次运算变为状态$(0,\ 0,\ 0,\ 0)$的系统状态转移过程.

作法如下：

$$(1)\ (1,1,1,1)+\left\{\begin{array}{l}(1,0,1,0)\\(1,1,0,0)\\(1,0,0,1)\\(1,0,0,0)\end{array}\right.\to\left\{\begin{array}{ll}(0,1,0,1) & \text{可取}\\(0,0,1,1) & \text{不可取}\\(0,1,1,0) & \text{不可取}\\(0,1,1,1) & \text{不可取}\end{array}\right.$$

$$(2)\ (0,1,0,1)+\left\{\begin{array}{l}(1,0,1,0)\\(1,1,0,0)\\(1,0,0,1)\\(1,0,0,0)\end{array}\right.\to\left\{\begin{array}{ll}(1,1,1,1) & \text{重复，不可取}\\(1,0,0,1) & \text{不可取}\\(1,1,0,0) & \text{不可取}\\(1,1,0,1) & \text{可取}\end{array}\right.$$

$$(3)\ (1,1,0,1)+\left\{\begin{array}{l}(1,0,1,0)\\(1,1,0,0)\\(1,0,0,1)\\(1,0,0,0)\end{array}\right.\to\left\{\begin{array}{ll}(0,1,1,1) & \text{不可取}\\(0,0,0,1) & \text{可取}\\(0,1,0,0) & \text{可取}\\(0,1,0,1) & \text{重复，不可取}\end{array}\right.$$

$$(4)\ (0,0,0,1)+\left\{\begin{array}{l}(1,0,1,0)\\(1,1,0,0)\\(1,0,0,1)\\(1,0,0,0)\end{array}\right.\to\left\{\begin{array}{ll}(1,0,1,1) & \text{可取}\\(1,1,0,1) & \text{重复，不可取}\\(1,0,0,0) & \text{不可取}\\(1,0,0,1) & \text{不可取}\end{array}\right.$$

$$(4)'\ (0,1,0,0)+\left\{\begin{array}{l}(1,0,1,0)\\(1,1,0,0)\\(1,0,0,1)\\(1,0,0,0)\end{array}\right.\to\left\{\begin{array}{ll}(1,1,1,0) & \text{可取}\\(1,0,0,0) & \text{不可取}\\(1,1,0,1) & \text{重复，不可取}\\(1,1,0,1) & \text{不可取}\end{array}\right.$$

$$(5)\ (1,0,1,1)+\left\{\begin{array}{l}(1,0,1,0)\\(1,1,0,0)\\(1,0,0,1)\\(1,0,0,0)\end{array}\right.\to\left\{\begin{array}{ll}(0,0,0,1) & \text{重复，不可取}\\(0,1,1,1) & \text{不可取}\\(0,0,1,0) & \text{可取}\\(0,0,1,1) & \text{不可取}\end{array}\right.$$

$$(5)'\ (1,1,1,0)+\left\{\begin{array}{l}(1,0,1,0)\\(1,1,0,0)\\(1,0,0,1)\\(1,0,0,0)\end{array}\right.\to\left\{\begin{array}{ll}(0,1,0,0) & \text{重复，不可取}\\(0,0,1,0) & \text{可取}\\(0,1,1,1) & \text{不可取}\\(0,1,1,0) & \text{不可取}\end{array}\right.$$

$$(6)\ (0,0,1,0)+\begin{cases}(1,0,1,0)\\(1,1,0,0)\\(1,0,0,1)\\(1,0,0,0)\end{cases}\rightarrow\begin{cases}(1,0,0,0) & \text{不可取}\\(1,1,1,0) & \text{重复，不可取}\\(1,0,1,1) & \text{重复，不可取}\\(1,0,1,0) & \text{可取}\end{cases}$$

$$(7)\ (1,0,1,0)+\begin{cases}(1,0,1,0)\\(1,1,0,0)\\(1,0,0,1)\\(1,0,0,0)\end{cases}\rightarrow\begin{cases}(0,0,0,0)\\(0,0,0,0)\\(0,0,0,0)\\(0,0,0,0)\end{cases}$$

第(7)步已出现状态(0，0，0，0)，说明经过7次运算从状态(1，1，1，1)即变为(0，0，0，0)，即人、狗、鸡、米已安全过河.

【建模实例2】 放射性废料的处理问题

问题提出

美国原子能委员会以往处理浓缩的放射性废料时，一直采用把它们装入密封的圆桶里扔到水深约为91 m海底的方法. 对此，科学家们表示担心，怕圆桶下沉到海底时与海底碰撞发生破裂而造成核污染. 原子能委员会分辩说不会发生这种情况. 为此，工程师们进行了碰撞试验，发现当圆桶下沉速度超过12.2 m/s与海底碰撞时，圆桶就可能发生破裂. 这样，为避免圆桶碰裂，需要计算一下圆桶下沉到海底时速度是多少. 已知圆桶重量为239.456 N，体积为0.208 m^3，海水密度为1 035.71 kg/m^3. 于是，如果圆桶下沉速度小于12.2 m/s，说明原处理放射性废料的方法是安全可靠的，否则，应该禁用原方法处理放射性废料. 大量试验表明圆桶下沉时的阻力与圆桶的方位大致无关，而与下沉的速度成正比，比例系数为0.6. 你能判断美国原子能委员会以往处理浓缩的放射性废料方法是否合理吗?

模型的建立与求解

首先要找出圆桶的运动规律，由于圆桶在运动过程中受到本身的重力以及水的浮力 H 和水的阻力 f 的作用，所以根据牛顿运动定律，得到圆筒受到的合力 F 满足

$$F=G-H-f. \tag{1}$$

又因为 $F=ma=m\frac{\mathrm{d}v}{\mathrm{d}t}=m\frac{\mathrm{d}^2s}{\mathrm{d}t^2}$，$G=mg$，$H=\rho gV$ 以及 $f=kv=k\frac{\mathrm{d}s}{\mathrm{d}t}$，可以得到圆桶的位移和速度分别满足下面的微分方程：

$$m\frac{\mathrm{d}^2s}{\mathrm{d}t^2}=mg-\rho gV-k\frac{\mathrm{d}s}{\mathrm{d}t}, \tag{2}$$

$$m\frac{\mathrm{d}v}{\mathrm{d}t}=mg-\rho gV-kv. \tag{3}$$

方程(2)加上初始条件 $\left.\frac{\mathrm{d}s}{\mathrm{d}t}\right|_{t=0}=s\big|_{t=0}=0$，求得位移函数为

$$s(t)=-171\,510.992\,4+429.744\,4\,t+171\,510.992\,4\,\mathrm{e}^{-0.0025056\,t}. \tag{4}$$

方程(3)加上初始条件$v|_{t=0}=0$，求得速度函数为

$$v(t)=429.7444-429.7444\,\mathrm{e}^{-0.0025056\,t}. \tag{5}$$

由$s(t)=90$ m，求得圆桶到达水深90 m的海底需要时间$t=12.9994$ s，再把它代入方程(5)，求出圆桶到达海底的速度为$v=13.7720$ m/s.

显然此圆桶的速度已超过12.2 m/s，可以得出这种处理废料的方法不合理. 因此，美国原子能委员会已经禁止用这种方法来处理放射性废料.

计算的Matlab程序如下：

```
syms  m V rho g k
s=dsolve('m*D2s-m*g+rho*g*V+k*Ds','s(0)=0,Ds(0)=0');  %求解方程(2)
s=subs(s,{m,V,rho,g,k},{239.46,0.2058,1035.71,9.8,0.6});
s=vpa(s,10)  %求位移函数
v=dsolve('m*Dv-m*g+rho*g*V+k*v','v(0)=0');   %求解方程(3)
v=subs(v,{m,V,rho,g,k},{239.46,0.2058,1035.71,9.8,0.6});
v=vpa(v,7)  %求速度函数
y=s-90;
tt=solve(y);  %求到达海底90 m处的时间
vpa(tt)
vv=subs(v,tt)  %求到底海底90 m处的速度
vpa(vv)
```

结果分析

由于在实际中k与v的关系很难确定，所以上面的模型有它的局限性，而且对不同的介质，比如在水中与在空气中k与v的关系也不同. 如果假设k为常数的话，那么水中的这个k就比在空气中对应的k要大一些. 在一般情况下，k应是v的函数，即$k=k(v)$，至于是什么样的函数，这个问题至今还没有解决.

这个模型还可以推广到其它方面，比如说一个物体从高空落向地面的道理也是一样的. 尽管物体越高，落到地面的速度越大，但决不会无限大.

【建模实例3】 项目投资

问题提出

某部门在今后五年内考虑给下列项目投资，已知如下条件：

项目A，从第一年到第四年每年年初均需投资，并于次年末回收本利115%；

项目B，第三年初需要投资，到第五年末回收本利125%，但规定最大投资额不超过4万元；

项目C，第二年初需要投资，到第五年末回收本利140%，但规定最大投资额不超过3万元；

项目D，五年内每年初可购买公债，于当年末归还，可获利息6%.

该部门现有资金10万元，问它应如何确定给这些项目每年的投资额，使到第五年末部门所拥有的资金的本利总额最大.

假设与分析

这是一个连续投资问题，能否定义好决策变量，并使之满足线性关系，是能否用线性

规划方法求最优解的关键. 我们用 x_{jA}, x_{jB}, x_{jC}, x_{jD} $(j=1, 2, 3, 4, 5)$表示第 j 年初分别用于项目 A, B, C, D 的投资额(即决策变量), 根据题设条件, 可列出表 13-1(表中空格部分表示该项目当年的投资为 0).

表 13-1 投资分配

年份 项目	1	2	3	4	5
A	x_{1A}	x_{2A}	x_{3A}	x_{4A}	
B			x_{3B}		
C		x_{2C}			
D	x_{1D}	x_{2D}	x_{3D}	x_{4D}	x_{5D}

下面我们讨论这些决策变量 x_{jA}, x_{jB}, x_{jC}, x_{jD} $(j=1, 2, 3, 4, 5)$应满足的线性约束条件.

从上表知:第一年年初仅对项目 A、D 进行投资, 因年初拥有资金 10 万元, 设项目 A, D 的投资额分别为 x_{1A}, x_{1D}, 则有

$$x_{1A}+x_{1D}=100\,000.$$

同理, 第二年对项目 A, C, D 的投资额应满足方程:

$$x_{2A}+x_{2C}+x_{2D}=1.06\,x_{1D}.$$

而第三年、第四年、第五年对项目 A, B, D; 项目 A, D; 项目 D 的投资额应分别满足方程:

$$x_{3A}+x_{3B}+x_{3D}=1.15x_{2A}+1.06x_{2D},$$

$$x_{4A}+x_{4D}=1.15x_{2A}+1.06x_{3D},$$

$$x_{5D}=1.15x_{3A}+1.06x_{4D}.$$

另外, 项目 B, C 的投资额度应受如下条件的约束:

$$x_{3B}\leqslant 40\,000,$$

$$x_{2C}\leqslant 30\,000.$$

由于"连续投资问题"要求第五年末部门所拥有的资金的本利总额最大, 故其目标函数为

$$\text{Max}\, z=1.15x_{4A}+1.40x_{2C}+1.25x_{3B}+1.06x_{5D}.$$

模型的建立与求解

有了如上的分析, 我们可给出该"连续投资问题"的线性规划模型为

$\text{Max}\, z=1.15x_{4A}+1.40x_{2C}+1.25x_{3B}+1.06x_{5D}.$

$$\begin{cases} x_{1A}+x_{1D} & =10\,000, \\ -1.06x_{1D}+x_{2A}+x_{2C}+x_{2D} & =0, \\ -1.15x_{1A}-1.06x_{2D}+x_{3A}+x_{3B}+x_{3D} & =0, \\ -1.15x_{2A}-1.06x_{3D}+x_{4A}+x_{4D} & =0, \\ -1.15x_{3A}-1.06x_{4D}+x_{5D} & =0, \\ x_{2C}\leqslant 30\,000, \\ x_{3B}\leqslant 40\,000. \end{cases}$$

求解得

第一年：$x_{1A}=34\,783$ 元，$x_{1D}=62\,157$ 元，

第二年：$x_{2A}=34\,130$ 元，$x_{2C}=30\,000$ 元，$x_{2D}=0$ 元，

第三年：$x_{3A}=0$ 元，$x_{3B}=40\,000$ 元，$x_{3D}=0$ 元，

第四年：$x_{4A}=45\,000$ 元，$x_{4D}=0$ 元，

第五年：$x_{5D}=0$ 元.

由此求出第五年末该部门所拥有的资金的本利总额为：143 750 元，即部门赢利 43.75%.

【建模实例 4】 黄河小浪底调水调沙问题

问题提出

2004 年 6 月至 7 月黄河进行了第三次调水调沙试验，特别是首次由小浪底、三门峡和万家寨三大水库联合调度，采用接力式防洪预泄放水，形成人造洪峰进行调沙试验获得成功. 整个试验期为 20 多天，小浪底从 6 月 19 日开始预泄放水，直到 7 月 13 日恢复正常供水结束. 小浪底水利工程按设计拦沙量为 75.5 亿 m^3. 在这之前，小浪底共积泥沙达 14.15 亿 吨. 这次调水调沙试验一个重要目的就是由小浪底上游的三门峡和万家寨水库泄洪，在小浪底形成人造洪峰，冲刷小浪底库区沉积的泥沙，在小浪底水库开闸泄洪以后，从 6 月 27 日开始三门峡水库和万家寨水库陆续开闸放水，人造洪峰于 29 日先后到达小浪底，7 月 3 日达到最大流量 2 700 m^3/s，使小浪底水库的排沙量也不断地增加. 表 13-2 是由小浪底观测站从 6 月 29 日到 7 月 10 检测到的试验数据.

现在，根据试验数据建立数学模型研究下面的问题：

(1) 给出估计任意时刻的排沙量及总排沙量的方法；

(2) 确定排沙量与水流量的关系.

表 13-2　观测数据

日期	6 月 29 日		6 月 30 日		7 月 1 日		7 月 2 日		7 月 3 日		7 月 4 日	
时间	8:00	20:00	8:00	20:00	8:00	20:00	8:00	20:00	8:00	20:00	8:00	20:00
水流量	1 800	1 900	2 100	2 200	2 300	2 400	2 500	2 600	2 650	2 700	2 720	2 650
含沙量	32	60	75	85	90	98	100	102	108	112	115	116
时间	8:00	20:00	8:00	20:00	8:00	20:00	8:00	20:00	8:00	20:00	0:00	20:00

（续表）

日期	7月5日		7月6日		7月7日		7月8日		7月9日		7月10日	
水流量	2 600	2 500	2 300	2 200	2 000	1 850	1 820	1 800	1 750	1 500	1 000	900
含沙量	118	120	118	105	80	60	50	30	26	20	8	5

模型的建立与求解

已知给定的观测时刻是等间距的，以 6 月 29 日零时刻开始计时，则各次观测时刻（离开始时刻 6 月 29 日零时刻的时间）分别为

$$t_i=3\,600(12i-4),\quad i=1,2,\cdots,24.$$

其中计时单位为 s. 第 1 次观测的时刻 $t_1=28\,800$，最后一次观测的时刻 $t_{24}=1\,022\,400$.

记第 $i(i=1,2,\cdots,24)$次观测时水流量为 v_i，含沙量为 c_i，则第 i 次观测时的排沙量为 $y_i=c_iv_i$. 有关的数据见表 13-3.

表 13-3 观测时刻的排沙量

时刻/s	28 800	72 000	115 200	158 400	201 600	244 800	288 000	331 200
排沙量	57 600	114 000	157 500	187 000	207 000	235 200	250 000	265 200
时刻/s	374 400	417 600	460 800	504 000	547 200	590 400	633 600	676 800
排沙量	286 200	302 400	312 800	307 400	306 800	300 000	271 400	231 000
时刻/s	720 000	763 200	806 400	849 600	892 800	936 000	979 200	1 022 400
排沙量	160 000	111 000	91 000	54 000	45 500	30 000	8 000	4 500

对于问题(1)，根据所给问题的试验数据，要计算任意时刻的排沙量，就要确定出排沙量随时间变化的规律，可以通过插值来实现. 考虑到实际中的排沙量应该是时间的连续函数，为了提高模型的精度，我们采用三次样条函数进行插值.

利用 Matlab 函数，求出三次样条函数，得到排沙量 $y=y(t)$与时间的关系，然后进行积分 $z=\int_{t_1}^{t_{24}} y(t)\mathrm{d}t$，就可以得到总的排沙量.

最后求得总的排沙量为 1.844×10^{11} t，计算的 Matlab 程序如下：

```
clc, clear
load data.txt   % data.txt 将表 13-3 的水流量和含沙量数据排成 4 行 12 列
liu = data([1, 3], :);  %提出水流量数据
liu = liu';liu = liu(:);
sha = data([2, 4], :);  %提出含沙量数据
sha = sha';sha = sha(:);
y = sha. * liu; y = y';  %计算排沙量
i = 1:24;
t = (12 * i-4) * 3 600;
t1 = t(1);t2 = t(end);
pp = csape(t, y);  %三次样条插值
xsh = pp. coefs  %求得插值多项式的系数矩阵，每一行是一个区间上多项式的系数.
```

TL = quadl(@(tt)ppval(pp, tt), t_1, t_2) %对插值函数 pp 从 t_1 到 t_2 进行积分得到总排沙量

对于问题(2)，研究排沙量与水量的关系，从试验数据可以看出，开始排沙量是随着水流量的增加而增长，而后是随着水流量的减少而减少. 显然，变化规律并非是线性的关系，为此，把问题分为两部分，从开始水流量增加到最大值 2 720 m^3/s(即增长的过程)为第一阶段，从水流量的最大值到结束为第二阶段，分别来研究水流量与排沙量的关系.

画出排沙量与水流量的散点图(图 13-2).

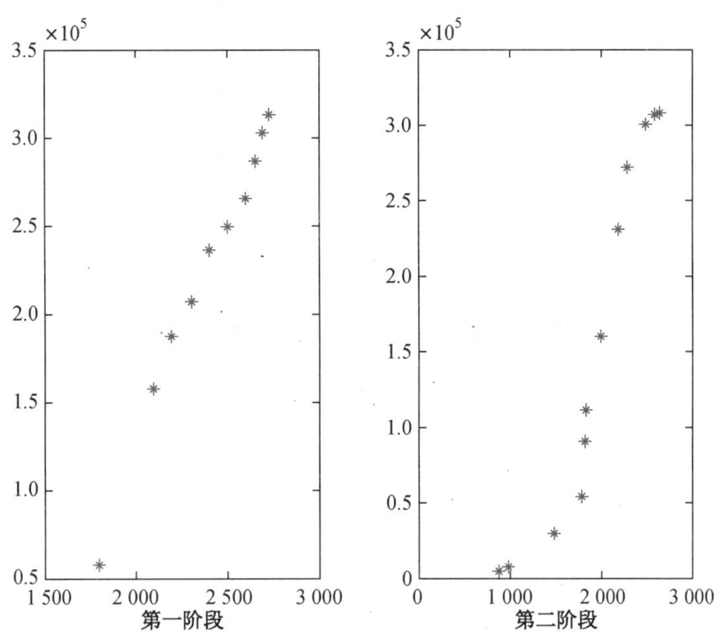

图 13-2　水流量与排沙量的关系散点图

画散点图的程序如下：

```
load data.txt
liu = data([1, 3], :);
liu = liu'; liu = liu(:);
sha = data([2, 4], :);
sha = sha'; sha = sha(:);
y = sha.*liu;
subplot(1, 2, 1), plot(liu(1:11), y(1:11), '*')  % 第一阶段排沙量与水流量的散点图
subplot(1, 2, 2), plot(liu(12:24), y(12:24), '*')  % 第二阶段排沙量与水流量的散点图
```

从散点图可以看出，第一阶段基本上是线性关系，第二阶段准备依次用二次、三次、四次曲线来拟合，看哪一个模型的剩余标准差小就选取哪一个模型. 最后求得第一阶段排沙量 y 与水流量 v 之间的预测模型为

$$y = 250.565\,5v - 373\,384.466\,1.$$

第二阶段的预测模型为一个四次多项式，即

$$y = -2.769\,3\times10^{-7}v^4 + 0.001\,8v^3 - 4.092\,v^2 + 3\,891.044\,1v - 1.322\,627\,496\,68\times10^6.$$

计算的 Matlab 程序如下：

```
clc, clear
load data.txt       % data.txt 将表 13-3 的数据排成 4 行 12 列
liu = data([1, 3], :); liu = liu'; liu = liu(:);
sha = data([2, 4], :); sha = sha'; sha = sha(:);
y = sha. * liu;
% 以下是第一阶段的拟合
nihe1_1 = polyfit(liu(1:11), y(1:11), 1) % 拟合一次多项式
yhat1_1 = polyval(nihe1_1, liu(1:11)); % 求预测值
% 以下求误差平方和与剩余标准差
cha1_1 = sum((y(1:11) - yhat1_1).^2); rmse1_1 = sqrt(cha1_1/9)
% 以下是第二阶段的拟合
nihe2_2 = polyfit(liu(12:24), y(12:24), 2)  % 拟合二次多项式
nihe2_3 = polyfit(liu(12:24), y(12:24), 3)  % 拟合三次多项式
nihe2_4 = polyfit(liu(12:24), y(12:24), 4)  % 拟合四次多项式
yhat2_2 = polyval(nihe2_2, liu(12:24));   % 求预测值
yhat2_3 = polyval(nihe2_3, liu(12:24));
yhat2_4 = polyval(nihe2_4, liu(12:24));
% 以下求误差平方和与剩余标准差
cha2_2 = sum((y(12:24) - yhat2_2).^2); rmse2_2 = sqrt(cha2_2/9)
cha2_3 = sum((y(12:24) - yhat2_3).^2); rmse2_3 = sqrt(cha2_3/9)
cha2_4 = sum((y(12:24) - yhat2_4).^2); rmse2_3 = sqrt(cha2_3/9)
```

13.3 全国大学生数学建模竞赛

13.3.1 竞赛介绍

从 1992 年起由教育部高教司和中国工业与应用数学学会共同主办全国大学生数学建模竞赛，每年 9 月上中旬举行，目的在于鼓励大学生运用所学知识，参与解决实际问题. 十几年来这项竞赛的规模以平均年增长 25% 以上的速度发展，目前数学建模竞赛是全国最大的大学生课外科技活动. 值得一提的是，随着近几年来高等职业教育的快速发展，这项赛事也越来越受到以培养高素质技能型人才的高等职业院校的重视.

数学建模涉及的数学知识非常广泛，有计算方法、运筹学、微分方程、概率论与数理统计、计算机编程、数学软件的应用等. 这些知识我们以前或多或少的接触过一些，但现在要把他们适当的运用到实际问题的解决中来. 至于数学软件我们重点介绍 Mathematica 这一数学软件的使用，另外还有 Matlab 和 Lindo/Lingo(运筹学) 软件.

竞赛以通讯形式进行，三名学生组成一队，在三天时间内可以自由地收集资料、调查研究，使用计算机、软件和互联网，但不得与队外任何人(包括指导教师) 讨论. 每个队要完成

一篇包括模型的假设、建立和求解，计算方法的设计和计算机实现，结果的分析和检验，模型的改进等方面的论文. 竞赛评奖以假设的合理性、建模的创造性、结果的正确性和文字表述的清晰程度为主要标准.

13.3.2 数学建模竞赛活动的意义

数学建模及其竞赛活动打破了原有数学课程自成体系、自我封闭的局面，为数学和外部世界的联系在教学过程中打开了一条通道，提供了一种有效的方式. 同学们通过参加数学建模的实践，亲自参加了将数学应用于实际的尝试，亲自参加发现和创造的过程，取得了在课堂里和书本上所无法获得的宝贵经验和亲身感受，从而启迪数学心灵，能更好地应用数学、品味数学、理解数学和热爱数学，在知识、能力及素质三方面迅速地成长. 数学建模的教育及数学建模竞赛活动是对大学生素质教育的重要贡献.

13.3.3 全国大学生数学建模竞赛章程(2008年)

第一条 总 则

全国大学生数学建模竞赛(以下简称竞赛)是教育部高等教育司和中国工业与应用数学学会共同主办的面向全国大学生的群众性科技活动，目的在于激励学生学习数学的积极性，提高学生建立数学模型和运用计算机技术解决实际问题的综合能力，鼓励广大学生踊跃参加课外科技活动，开拓知识面，培养创造精神及合作意识，推动大学数学教学体系、教学内容和方法的改革.

第二条 竞赛内容

竞赛题目一般来源于工程技术和管理科学等方面经过适当简化加工的实际问题，不要求参赛者预先掌握深入的专门知识，只需要学过高等学校的数学课程. 题目有较大的灵活性供参赛者发挥其创造能力. 参赛者应根据题目要求，完成一篇包括模型的假设、建立和求解、计算方法的设计和计算机实现、结果的分析和检验、模型的改进等方面的论文(即答卷). 竞赛评奖以假设的合理性、建模的创造性、结果的正确性和文字表述的清晰程度为主要标准.

第三条 竞赛形式、规则和纪律

1. 全国统一竞赛题目，采取通讯竞赛方式，以相对集中的形式进行.

2. 竞赛每年举办一次，一般在某个周末前后的三天内举行.

3. 大学生以队为单位参赛，每队3人(须属于同一所学校)，专业不限. 竞赛分本科、专科两组进行，本科生参加本科组竞赛，专科生参加专科组竞赛(也可参加本科组竞赛)，研究生不得参加. 每队可设一名指导教师(或教师组)，从事赛前辅导和参赛的组织工作，但在竞赛期间必须回避参赛队员，不得进行指导或参与讨论，否则按违反纪律处理.

4. 竞赛期间参赛队员可以使用各种图书资料、计算机和软件，在国际互联网上浏览，但不得与队外任何人(包括在网上)讨论.

5. 竞赛开始后，赛题将公布在指定的网址供参赛队下载，参赛队在规定时间内完成答卷，并准时交卷.

6. 参赛院校应责成有关职能部门负责竞赛的组织和纪律监督工作，保证本校竞赛的规范性和公正性.

第四条　组织形式

1. 竞赛由全国大学生数学建模竞赛组织委员会(以下简称全国组委会)主持，负责每年发动报名、拟定赛题、组织全国优秀答卷的复审和评奖、印制获奖证书、举办全国颁奖仪式等.

2. 竞赛分赛区组织进行. 原则上一个省(自治区、直辖市)为一个赛区，每个赛区应至少有6所院校的20个队参加. 邻近的省可以合并成立一个赛区. 每个赛区建立组织委员会(以下简称赛区组委会)，负责本赛区的宣传发动及报名、监督竞赛纪律和组织评阅答卷等工作. 未成立赛区的各省院校的参赛队可直接向全国组委会报名参赛.

3. 设立组织工作优秀奖，表彰在竞赛组织工作中成绩优异或进步突出的赛区组委会，以参赛校数和队数、征题的数量和质量、无违纪现象、评阅工作的质量、结合本赛区具体情况创造性地开展工作以及与全国组委会的配合等为主要标准.

第五条　评奖办法

1. 各赛区组委会聘请专家组成评阅委员会，评选本赛区的一等、二等奖(也可增设三等奖)，获奖比例一般不超过三分之一，其余凡完成合格答卷者可获得成功参赛证书.

2. 各赛区组委会按全国组委会规定的数量将本赛区的优秀答卷送全国组委会. 全国组委会聘请专家组成全国评阅委员会，按统一标准从各赛区送交的优秀答卷中评选出全国一等、二等奖.

3. 全国与各赛区的一、二等奖均颁发获奖证书.

4. 对违反竞赛规则的参赛队，一经发现，取消参赛资格，成绩无效. 对所在院校要予以警告、通报，直至取消该校下一年度参赛资格. 对违反评奖工作规定的赛区，全国组委会不承认其评奖结果.

第六条　异议期制度

1. 全国(或各赛区)获奖名单公布之日起的两个星期内，任何个人和单位可以提出异议，由全国组委会(或各赛区组委会)负责受理.

2. 受理异议的重点是违反竞赛章程的行为，包括竞赛期间教师参与、队员与他人讨论，不公正的评阅等. 对于要求将答卷复评以提高获奖等级的申诉，原则上不予受理，特殊情况可先经各赛区组委会审核后，由各赛区组委会报全国组委会核查.

3. 异议须以书面形式提出. 个人提出的异议，须写明本人的真实姓名、工作单位、通信地址(包括联系电话或电子邮件地址等)，并有本人的亲笔签名；单位提出的异议，须写明联系人的姓名、通信地址(包括联系电话或电子邮件地址等)，并加盖公章. 全国组委会及各赛区组委会对提出异议的个人或单位给予保密.

4. 与受理异议有关的学校管理部门，有责任协助全国组委会及各赛区组委会对异议进行调查，并提出处理意见. 全国组委会或各赛区组委会应在异议期结束后两个月内向申诉人答复处理结果.

第七条　经　费

1. 参赛队所在学校向所在赛区组委会交纳参赛费.

2. 赛区组委会向全国组委会交纳一定数额的经费.

3. 各级教育管理部门的资助.

4. 社会各界的资助.

第八条　解释与修改

本章程从2008年开始执行，其解释和修改权属于全国组委会.

阅读材料十三

钱学森与“钱学森之问”

“为什么我们的学校总是培养不出杰出人才?”这就是著名的“钱学森之问”.

钱学森，人类航天科技的重要开创者和主要奠基人之一，航空领域的世界级权威、空气动力学学科的第三代掌旗人，是工程控制论的创始人，是20世纪应用数学和应用力学领域的领袖人物——堪称20世纪应用科学领域最为杰出的科学家，他在20世纪40年代就已经成为和其恩师冯·卡门并驾齐驱的航空航天领域内最为杰出的代表人物，成为20世纪众多学科领域的科学群星中，极少数的巨星之一;也是为新中国的成长做出无可估量贡献的老一辈科学家团体之中，影响最大、功勋最为卓著的杰出代表人物，是新中国爱国留学归国人员中最具代表性的国家建设者，是新中国历史上伟大的人民科学家:被誉为“中国航天之父”“中国导弹之父”“火箭之王”“中国自动化控制之父”. 中国国务院、中央军委授予“国家杰出贡献科学家”荣誉称号，获中共中央、国务院中央军委颁发的“两弹一星”功勋奖章.

钱学森，1911年12月出生于上海，祖籍浙江杭州. 1923年9月进入北京师范大学附属中学学习，1929年9月考入国立交通大学机械工程系铁道门，1934年6月考取公费留学生，次年9月进入美国麻省理工学院航空系学习，1936年9月转入美国加州理工学院航空系，师从世界著名空气动力学教授冯·卡门，先后获航空工程硕士学位和航空、数学博士学位. 1938年7月至1955年8月，钱学森在美国从事空气动力学、固体力学和火箭、导弹等领域研究，并与导师共同完成高速空气动力学问题研究课题和建立“卡门—钱近似”公式，在28岁时就成为世界知名的空气动力学家.

1950年，钱学森争取回归祖国，而当时美国海军次长金布尔声称:“钱学森无论走到哪里，都抵得上5个师的兵力，我宁可把他击毙在美国，也不能让他离开.”钱学森由此受到美国政府迫害，遭到软禁，失去自由.

1955年10月，经过周恩来总理在与美国外交谈判上的不断努力——甚至不惜释放15名在朝鲜战争中俘获的美军高级将领作为交换，钱学森同志终于冲破种种阻力回到了祖国. 自1958年4月起，他长期担任火箭导弹和航天器研制的技术领导职务，为中国火箭和导弹技术的发展提出了极为重要的实施方案——为中国火箭、导弹和航天事业的发展作出了不可磨灭的巨大贡献.

1956年初，他向中共中央、国务院提出《建立我国国防航空工业的意见书》;同年，国务院、中央军委根据他的建议，成立了导弹、航空科学研究的领导机构——航空工业委员会，并任命他为委员.

1956年参加中国第一次5年科学规划的确定，钱学森受命组建中国第一个火箭、导弹研究所——国防部第五研究院并担任首任院长. 他主持完成了“喷气和火箭技术的建立”规划，参与了近程导弹、中近程导弹和中国第一颗人造地球卫星的研制，直接领导了用中近程导弹运载原子弹"两弹结合"试验，参与制定了中国近程导弹运载原子弹"两弹结合"试验，参与制定了中国第一个星际航空的发展规划，发展建立了工程控制论和系统学等.

在控制科学领域，1954 年，钱学森发表《工程控制论》，引起了控制领域的轰动，并形成了控制科学在 20 世纪 50 年代和 60 年代的研究高潮. 1957 年，《工程控制论》获得中国科学院自然科学奖一等奖. 同年 9 月，国际自动控制联合会(IFAC) 成立大会推举钱学森为第一届 IFAC 理事会常务理事，他成为了该组织第一届理事会中唯一的中国人.

1958 年 4 月起，他长期担任火箭导弹和航天器研制的技术领导职务，对中国火箭导弹和航天事业的发展作出了重大贡献. 钱学森曾是全国政协副主席、中国科学院数理化学部委员、中国宇航学会名誉理事长、中国科技协会主席. 1991 年 10 月，国务院、中央军委授予钱学森"国家杰出贡献科学家"荣誉称号和一级英雄模范奖章.

在应用力学领域，钱学森在空气动力学及固体力学方面做了开拓性研究，揭示了可压缩边界层的一些温度变化情况，并最早在跨声速流动问题中引入上下临界马赫数的概念. 1953 年，钱学森正式提出物理力学概念，主张从物质的微观规律确定其宏观力学特性，开拓了高温高压的新领域.

在系统工程和系统科学领域，钱学森在 20 世纪 80 年代初期提出国民经济建设总体设计部的概念，坚持致力于将航天系统工程概念推广应用到整个国家和国民经济建设，并从社会形态和开放复杂巨系统的高度，论述了社会系统. 他发展了系统学和开放的复杂巨系统的方法论.

在喷气推进与航天技术领域，钱学森在 20 世纪 40 年代提出并实现了火箭助推起飞装置，使飞机跑道距离缩短；1949 年，他提出火箭旅客飞机概念和关于核火箭的设想；1962 年，他提出了用一架装有喷气发动机的大飞机作为第一级运载工具，用一架装有火箭发动机的飞机作为第二级运载工具的天地往返运输系统概念.

在思维科学领域，钱学森在 20 世纪 80 年代初提出创建思维科学技术部门，认为思维科学是处理意识与大脑、精神与物质、主观与客观的科学，推动思维科学研究是计算机技术革命的需要. 他主张发展思维科学要同人工智能、智能计算机的工作结合起来，并将系统科学方法应用到思维科学的研究中，提出思维的系统观；此外，在人体科学、科学技术体系等方面，钱学森也作出了重要贡献. 是人体生命科学的开创者和奠基人之一.

钱学森于 1959 年加入中国共产党，先后担任了中国科学院力学研究所所长、第七机械工业部副部长、国防科工委副主任、中国科技协会名誉主席、中国人民政治协商会议第六、七、八届全国委员会副主席、中国科学院数理化学部委员、中国宇航学会名誉理事长、中国人民解放军总装备部科技委高级顾问等重要职务；他还兼任中国自动化学会第一、二届理事长；1991 年 10 月，国务院、中央军委授予钱学森"国家杰出贡献科学家"荣誉称号和一级英雄模范奖章.

2005 年温家宝总理在看望著名物理学家钱学森时，钱老曾发出这样的感慨：回过头来看，这么多年培养的学生，还没有哪一个的学术成就能跟民国时期培养的大师相比！钱学森认为："现在中国没有完全发展起来，一个重要原因是没有一所大学能够按照培养科学技术发明创造人才的模式去办学，没有自己独特的创新的东西，老是'冒'不出杰出人才."

举例说国家最高科学技术奖自 2000 年设立以来，共有 18 位科学家获奖，其中就有 14 个是 1951 年前大学毕业的.

在钱学森心里"国为重，家为轻，科学最重，名利最轻. 五年归国路，十年两弹成."钱老是知识的宝藏，是科学的旗帜，是中华民族知识分子的典范，是伟大的人民科学家. 发展中国家如发掘与发挥创造性人才的社会功能与价值，也就是如何从知识型、技能型人才教育模式向创造型、发明型人才培养方法的转型. 另外，为何我国没有诺贝尔那样的发明家型企业家，为何没有企业家设立科学研究基金会与科学奖?重钱不重人是社会风气问题所在，以人为本重的才是人，人是才之本也是财之源，一个人本身的品德修养与才学能力是知识与技能之根本，教育如果不放在品学才能的培养上，只是放在一些背书知识与技术细节上的话，怎么能造就社会尽职尽业的各类专门人才呢，其中，也包括具备道德良知与专业才能的商人或称之为商业人才.

“钱学森之问”是关于中国教育事业发展的一道艰深命题，需要整个教育界乃至社会各界的共同破解.

附表A 简易积分表

(一) 含有 $ax+b(a\neq 0)$ 的积分

1. $\int \frac{1}{ax+b}\mathrm{d}x=\frac{1}{a}\ln|ax+b|+C$

2. $\int (ax+b)^m\mathrm{d}x=\frac{1}{a(m+1)}(ax+b)^{m+1}+C \quad (m\neq -1)$

3. $\int \frac{x}{ax+b}\mathrm{d}x=\frac{1}{a^2}(ax+b-b\ln|ax+b|)+C$

4. $\int \frac{x^2}{ax+b}\mathrm{d}x=\frac{1}{a^3}\left[\frac{1}{2}(ax+b)^2-2b(ax+b)+b^2\ln|ax+b|\right]+C$

5. $\int \frac{1}{x(ax+b)}\mathrm{d}x=-\frac{1}{b}\ln\left|\frac{ax+b}{x}\right|+C$

6. $\int \frac{1}{x^2(ax+b)}\mathrm{d}x=-\frac{1}{bx}+\frac{a}{b^2}\ln\left|\frac{ax+b}{x}\right|+C$

7. $\int \frac{x}{(ax+b)^2}\mathrm{d}x=\frac{1}{a^2}\left(\ln|ax+b|+\frac{b}{ax+b}\right)+C$

8. $\int \frac{x^2}{(ax+b)^2}\mathrm{d}x=\frac{1}{a^3}\left(ax+b-2b\ln|ax+b|-\frac{b^2}{ax+b}\right)+C$

9. $\int \frac{1}{x(ax+b)^2}\mathrm{d}x=\frac{1}{b(ax+b)}-\frac{1}{b^2}\ln\left|\frac{ax+b}{x}\right|+C$

(二) 含有 $\sqrt{ax+b}(a\neq 0)$ 的积分

10. $\int \sqrt{ax+b}\,\mathrm{d}x=\frac{2}{3a}\sqrt{(ax+b)^3}+C$

11. $\int x\sqrt{ax+b}\,\mathrm{d}x=\frac{2}{15a^2}(3ax-2b)\sqrt{(ax+b)^3}+C$

12. $\int x^2\sqrt{ax+b}\,\mathrm{d}x=\frac{2}{105a^3}(15a^2x^2-12abx+8b^2)\sqrt{(ax+b)^3}+C$

13. $\int \frac{x}{\sqrt{ax+b}}\mathrm{d}x=\frac{2}{3a^2}(ax-2b)\sqrt{ax+b}+C$

14. $\int \frac{x^2}{\sqrt{ax+b}}\mathrm{d}x=\frac{2}{15a^3}(3a^2x^2-4abx+8b^2)\sqrt{ax+b}+C$

15. $\int \frac{1}{x\sqrt{ax+b}}\mathrm{d}x=\begin{cases}\frac{1}{\sqrt{b}}\ln\left|\frac{\sqrt{ax+b}-b}{\sqrt{ax+b}+b}\right|+C & (b>0)\\ \frac{2}{\sqrt{-b}}\arctan\sqrt{\frac{ax+b}{-b}}+C & (b<0)\end{cases}$

16. $\int \frac{1}{x^2\sqrt{ax+b}}\mathrm{d}x = -\frac{\sqrt{ax+b}}{bx} - \frac{a}{2b}\int \frac{\mathrm{d}x}{x\sqrt{ax+b}}$

17. $\int \frac{\sqrt{ax+b}}{x}\mathrm{d}x = 2\sqrt{ax+b} + b\int \frac{\mathrm{d}x}{x\sqrt{ax+b}}$

18. $\int \frac{\sqrt{ax+b}}{x^2}\mathrm{d}x = -\frac{\sqrt{ax+b}}{x} + \frac{a}{2}\int \frac{\mathrm{d}x}{x\sqrt{ax+b}}$

(三) 含有 $x^2 \pm a^2 (a \neq 0)$ 的积分

19. $\int \frac{1}{x^2+a^2}\mathrm{d}x = \frac{1}{a}\arctan\frac{x}{a} + C$

20. $\int \frac{1}{(x^2+a^2)^n}\mathrm{d}x = \frac{x}{2(n-1)a^2(x^2+a^2)^{n-1}} + \frac{2n-3}{2(n-1)a^2}\int \frac{1}{(x^2+a^2)^{n-1}}\mathrm{d}x$

21. $\int \frac{1}{x^2-a^2}\mathrm{d}x = \frac{1}{2a}\ln\left|\frac{x-a}{x+a}\right| + C$

(四) 含有 $ax^2+b \quad (a>0)$ 的积分

22. $\int \frac{1}{ax^2+b}\mathrm{d}x = \begin{cases} \frac{1}{\sqrt{ab}}\arctan\sqrt{\frac{a}{b}}x + C & (b>0) \\ \frac{1}{2\sqrt{-ab}}\ln\left|\frac{\sqrt{a}x-\sqrt{-b}}{\sqrt{a}x+\sqrt{-b}}\right| + C & (b>0) \end{cases}$

23. $\int \frac{x}{ax^2+b}\mathrm{d}x = \frac{1}{2a}\ln|ax^2+b| + C$

24. $\int \frac{x^2}{ax^2+b}\mathrm{d}x = \frac{x}{a} - \frac{b}{a}\int \frac{1}{ax^2+b}\mathrm{d}x$

25. $\int \frac{1}{x(ax^2+b)}\mathrm{d}x = \frac{1}{2b}\ln\left|\frac{x^2}{ax^2+b}\right| + C$

26. $\int \frac{1}{x^2(ax^2+b)}\mathrm{d}x = -\frac{1}{bx} - \frac{a}{b}\int \frac{1}{ax^2+b}\mathrm{d}x$

27. $\int \frac{1}{x^3(ax^2+b)}\mathrm{d}x = \frac{a}{2b^2}\ln\left|\frac{ax^2+b}{x^2}\right| - \frac{1}{2bx^2} + C$

28. $\int \frac{1}{(ax^2+b)^2}\mathrm{d}x = \frac{x}{2b(ax^2+b)} + \frac{1}{2b}\int \frac{1}{ax^2+b}\mathrm{d}x$

(五) 含有 $ax^2+bx+c \quad (a>0)$ 的积分

29. $\int \frac{1}{ax^2+bx+c}\mathrm{d}x = \begin{cases} \frac{2}{\sqrt{4ac-b^2}}\arctan\frac{2ax+b}{\sqrt{4ac-b^2}} + C & (4ac-b^2>0) \\ \frac{1}{\sqrt{b^2-4ac}}\ln\left|\frac{2ax+b-\sqrt{b^2-4ac}}{2ax+b+\sqrt{b^2-4ac}}\right| + C & (4ac-b^2<0) \end{cases}$

30. $\int \frac{x}{ax^2+bx+c}\mathrm{d}x = \frac{1}{2a}\ln|ax^2+bx+c| - \frac{b}{2a}\int \frac{1}{ax^2+bx+c}\mathrm{d}x$

(六) 含有 $\sqrt{x^2+a^2} \quad (a>0)$ 的积分

31. $\int \frac{1}{\sqrt{x^2+a^2}}dx = \ln\left|x+\sqrt{x^2+a^2}\right|+C$

32. $\int \frac{1}{\sqrt{(x^2+a^2)^3}}dx = \frac{x}{a^2\sqrt{x^2+a^2}}+C$

33. $\int \frac{x}{\sqrt{x^2+a^2}}dx = \sqrt{x^2+a^2}+C$

34. $\int \frac{x}{\sqrt{(x^2+a^2)^3}}dx = -\frac{1}{\sqrt{x^2+a^2}}+C$

35. $\int \frac{x^2}{\sqrt{x^2+a^2}}dx = \frac{x}{2}\sqrt{x^2+a^2}-\frac{a^2}{2}\ln(x+\sqrt{x^2+a^2})+C$

36. $\int \frac{x^2}{\sqrt{(x^2+a^2)^3}}dx = -\frac{x}{\sqrt{x^2+a^2}}+\ln(x+\sqrt{x^2+a^2})+C$

37. $\int \frac{1}{x\sqrt{x^2+a^2}}dx = \frac{1}{a}\ln\left|\frac{\sqrt{x^2+a^2}-a}{x}\right|+C$

38. $\int \frac{1}{x^2\sqrt{x^2+a^2}}dx = -\frac{\sqrt{x^2+a^2}}{a^2x}+C$

39. $\int \sqrt{x^2+a^2}dx = \frac{x}{2}\sqrt{x^2+a^2}+\frac{a^2}{2}\ln\left|x+\sqrt{x^2+a^2}\right|+C$

40. $\int \sqrt{(x^2+a^2)^3}dx = \frac{x}{8}(2x^2+5a^2)\sqrt{x^2+a^2}+\frac{3}{8}a^4\ln\left|x+\sqrt{x^2+a^2}\right|+C$

41. $\int x\sqrt{x^2+a^2}dx = \frac{1}{3}\sqrt{(x^2+a^2)^3}+C$

42. $\int x^2\sqrt{x^2+a^2}dx = \frac{x}{8}(2x^2+a^2)\sqrt{x^2+a^2}-\frac{a^4}{8}\ln\left|x+\sqrt{x^2+a^2}\right|+C$

43. $\int \frac{\sqrt{x^2+a^2}}{x}dx = \sqrt{x^2+a^2}+a\ln\left|\frac{x+\sqrt{x^2+a^2}}{x}\right|+C$

44. $\int \frac{\sqrt{x^2+a^2}}{x^2}dx = -\frac{\sqrt{x^2+a^2}}{x}+\ln\left|x+\sqrt{x^2+a^2}\right|+C$

(七) 含有$\sqrt{x^2-a^2}$ $(a>0)$ 的积分

45. $\int \frac{1}{\sqrt{x^2-a^2}}dx = \ln\left|x+\sqrt{x^2-a^2}\right|+C$

46. $\int \frac{1}{\sqrt{(x^2-a^2)^3}}dx = -\frac{x}{a^2\sqrt{x^2-a^2}}+C$

47. $\int \frac{x}{\sqrt{x^2-a^2}}dx = \sqrt{x^2-a^2}+C$

48. $\int \frac{x}{\sqrt{(x^2-a^2)^3}}dx = -\frac{1}{\sqrt{x^2-a^2}}+C$

49. $\int \frac{x^2}{\sqrt{x^2-a^2}}dx = \frac{x}{2}\sqrt{x^2-a^2}+\frac{a^2}{2}\ln\left|x+\sqrt{x^2-a^2}\right|+C$

50. $\int \frac{x^2}{\sqrt{(x^2-a^2)^3}}dx = \frac{-x}{\sqrt{x^2-a^2}}+\ln\left|x+\sqrt{x^2-a^2}\right|+C$

51. $\int \frac{1}{x\sqrt{x^2-a^2}}\mathrm{d}x = \frac{1}{a}\arccos\left|\frac{a}{x}\right| + C$

52. $\int \frac{1}{x^2\sqrt{x^2-a^2}}\mathrm{d}x = \frac{\sqrt{x^2-a^2}}{a^2x} + C$

53. $\int \sqrt{x^2-a^2}\,\mathrm{d}x = \frac{x}{2}\sqrt{x^2-a^2} - \frac{a^2}{2}\ln\left|x+\sqrt{x^2-a^2}\right| + C$

54. $\int \sqrt{(x^2-a^2)^3}\,\mathrm{d}x = \frac{x}{8}(2x^2-5a^2)\sqrt{x^2-a^2} + \frac{3a^4}{8}\ln\left|x+\sqrt{x^2-a^2}\right| + C$

55. $\int x\sqrt{x^2-a^2}\,\mathrm{d}x = \frac{1}{3}\sqrt{(x^2-a^2)^3} + C$

56. $\int x^2\sqrt{x^2-a^2}\,\mathrm{d}x = \frac{x}{8}(2x^2-a^2)\sqrt{x^2-a^2} - \frac{a^4}{8}\ln\left|x+\sqrt{x^2-a^2}\right| + C$

57. $\int \frac{\sqrt{x^2-a^2}}{x}\mathrm{d}x = \sqrt{x^2-a^2} - a\arccos\left|\frac{a}{x}\right| + C$

58. $\int \frac{\sqrt{x^2-a^2}}{x^2}\mathrm{d}x = -\frac{\sqrt{x^2-a^2}}{x} + \ln\left|x+\sqrt{x^2-a^2}\right| + C$

（八）含有$\sqrt{a^2-x^2}$ $(a>0)$的积分

59. $\int \frac{1}{\sqrt{a^2-x^2}}\mathrm{d}x = \arcsin\frac{x}{a} + C$

60. $\int \frac{1}{\sqrt{(a^2-x^2)^3}}\mathrm{d}x = \frac{x}{a^2\sqrt{a^2-x^2}} + C$

61. $\int \frac{x}{\sqrt{a^2-x^2}}\mathrm{d}x = -\sqrt{a^2-x^2} + C$

62. $\int \frac{x}{\sqrt{(a^2-x^2)^3}}\mathrm{d}x = \frac{1}{\sqrt{a^2-x^2}} + C$

63. $\int \frac{x^2}{\sqrt{a^2-x^2}}\mathrm{d}x = -\frac{x}{2}\sqrt{a^2-x^2} + \frac{a^2}{2}\arcsin\frac{x}{a} + C$

64. $\int \frac{x^2}{\sqrt{(a^2-x^2)^3}}\mathrm{d}x = \frac{x}{\sqrt{a^2-x^2}} - \arcsin\frac{x}{a} + C$

65. $\int \frac{1}{x\sqrt{a^2-x^2}}\mathrm{d}x = \frac{1}{a}\ln\left|\frac{\sqrt{a^2-x^2}-a}{x}\right| + C$

66. $\int \frac{1}{x^2\sqrt{a^2-x^2}}\mathrm{d}x = -\frac{\sqrt{a^2-x^2}}{a^2x} + C$

67. $\int \sqrt{a^2-x^2}\,\mathrm{d}x = \frac{x}{2}\sqrt{a^2-x^2} + \frac{a^2}{2}\arcsin\frac{x}{a} + C$

68. $\int \sqrt{(a^2-x^2)^3}\,\mathrm{d}x = \frac{x}{8}(5a^2-2x^2)\sqrt{a^2-x^2} + \frac{3}{8}a^4\arcsin\frac{x}{a} + C$

69. $\int x\sqrt{a^2-x^2}\,\mathrm{d}x = -\frac{1}{3}\sqrt{(a^2-x^2)^3} + C$

70. $\int x^2\sqrt{a^2-x^2}\,\mathrm{d}x = \frac{x}{8}(2x^2-a^2)\sqrt{a^2-x^2} + \frac{a^4}{8}\arcsin\frac{x}{a} + C$

71. $\int \frac{\sqrt{a^2-x^2}}{x}\mathrm{d}x = \sqrt{a^2-x^2} + a\ln\left|\frac{\sqrt{a^2-x^2}-a}{x}\right| + C$

72. $\int \frac{\sqrt{a^2-x^2}}{x^2}\mathrm{d}x = -\frac{\sqrt{a^2-x^2}}{a} - \arcsin\frac{x}{a} + C$

(九) 含有$\sqrt{\pm ax^2+bx+c}$ $(a>0)$ 的积分

73. $\int \frac{1}{\sqrt{ax^2+bx+c}}\mathrm{d}x = \frac{1}{\sqrt{a}}\ln\left|2ax+b+2\sqrt{a}\sqrt{ax^2+bx+c}\right| + C$

74. $\int \sqrt{ax^2+bx+c}\,\mathrm{d}x = \frac{2ax+b}{4a}\sqrt{ax^2+bx+c}$

$\qquad - \frac{b^2-4ac}{8\sqrt{a^3}}\ln\left|2ax+b+2\sqrt{a}\sqrt{ax^2+bx+c}\right| + C$

75. $\int \frac{x}{\sqrt{ax^2+bx+c}}\mathrm{d}x = \frac{1}{a}\sqrt{ax^2+bx+c} - \frac{b}{2\sqrt{a^3}}\ln\left|2ax+b+2\sqrt{a}\sqrt{ax^2+bx+c}\right| + C$

76. $\int \frac{1}{\sqrt{-ax^2+bx+c}}\mathrm{d}x = -\frac{1}{\sqrt{a}}\arcsin\frac{2ax-b}{\sqrt{b^2+4ac}} + C$

77. $\int \sqrt{-ax^2+bx+c}\,\mathrm{d}x = \frac{2ax-b}{4a}\sqrt{ax^2+bx+c}$

$\qquad + \frac{b^2+4ac}{8\sqrt{a^3}}\arcsin\frac{2ax-b}{\sqrt{b^2+4ac}} + C$

78. $\int \frac{x}{\sqrt{-ax^2+bx+c}}\mathrm{d}x = -\frac{1}{a}\sqrt{-ax^2+bx+c} + \frac{b}{2\sqrt{a^3}}\arcsin\frac{2ax-b}{\sqrt{b^2+4ac}} + C$

(十) 含有$\sqrt{\pm\frac{x-a}{x-b}}$ 或$\sqrt{(x-a)(x-b)}$ 的积分

79. $\int \sqrt{\frac{x-a}{x-b}}\mathrm{d}x = (x-b)\sqrt{\frac{x-a}{x-b}} + (b-a)\ln\left(\sqrt{|x-a|} + \sqrt{|x-b|}\right) + C$

80. $\int \sqrt{\frac{x-a}{b-x}}\mathrm{d}x = (x-b)\sqrt{\frac{x-a}{b-x}} + (b-a)\arcsin\sqrt{\frac{x-a}{b-x}} + C$

81. $\int \frac{1}{\sqrt{(x-a)(b-x)}}\mathrm{d}x = 2\arcsin\sqrt{\frac{x-a}{b-x}} + C \quad (a<b)$

82. $\int \sqrt{(x-a)(b-x)}\,\mathrm{d}x = \frac{2x-a-b}{4}\sqrt{(x-a)(b-x)}\ \frac{(b-a)^2}{4}\arcsin\sqrt{\frac{x-a}{b-x}}$

$\qquad + C\ (a>b)$

(十一) 含有三角函数的积分

83. $\int \sin x\mathrm{d}x = -\cos x + C$

84. $\int \cos x\mathrm{d}x = \sin x + C$

85. $\int \tan x\mathrm{d}x = -\ln|\cos x| + C$

86. $\int \cot x\mathrm{d}x = \ln|\sin x| + C$

87. $\int \sec x \mathrm{d}x = \ln|\sec x + \tan x| + C$

88. $\int \csc x \mathrm{d}x = \ln|\csc x - \cot x| + C$

89. $\int \sec^2 x \mathrm{d}x = \tan x + C$

90. $\int \csc^2 x \mathrm{d}x = -\cot x + C$

91. $\int \sec x \tan x \mathrm{d}x = \sec x + C$

92. $\int \csc x \cot x \mathrm{d}x = -\csc x + C$

93. $\int \sin^2 x \mathrm{d}x = \frac{x}{2} - \frac{1}{4}\sin 2x + C$

94. $\int \cos^2 x \mathrm{d}x = \frac{x}{2} + \frac{1}{4}\sin 2x + C$

95. $\int \sin^n x \mathrm{d}x = -\frac{\sin^{n-1} x \cos x}{n} + \frac{n-1}{n}\int \sin^{n-2} x \mathrm{d}x$

96. $\int \cos^n x \mathrm{d}x = \frac{\cos^{n-1} x \sin x}{n} + \frac{n-1}{n}\int \cos^{n-2} x \mathrm{d}x$

97. $\int \frac{1}{\sin^n x}\mathrm{d}x = -\frac{\cos x}{(n-1)\sin^{n-1} x} + \frac{n-2}{n-1}\int \frac{1}{\sin^{n-2}} x \mathrm{d}x$

98. $\int \frac{1}{\cos^n x}\mathrm{d}x = \frac{\sin x}{(n-1)\cos^{n-1} x} + \frac{n-2}{n-1}\int \frac{1}{\cos^{n-2}} x \mathrm{d}x$

99. $\int \cos^m x \sin^n x \mathrm{d}x = \frac{\sin^{n+1} x \cos^{m-1} s\, x}{m+n} + \frac{m-1}{m+n}\int \cos^{m-2} x \sin^n x \mathrm{d}x$

100. $\int \sin ax \cos bx \mathrm{d}x = -\frac{\cos(a+b)x}{2(a+b)} - \frac{1}{2(a-b)}\cos(a-b)x + C$

101. $\int \sin ax \sin bx \mathrm{d}x = -\frac{\sin(a+b)x}{2(a+b)} + \frac{1}{2(a-b)}\sin(a-b)x + C$

102. $\int \cos ax \cos bx \mathrm{d}x = \frac{\sin(a+b)x}{2(a+b)} + \frac{1}{2(a-b)}\sin(a-b)x + C$

103. $\int \frac{1}{a+b\sin x}\mathrm{d}x = \frac{1}{\sqrt{a^2-b^2}}\arctan\frac{a\tan\frac{x}{2}+b}{\sqrt{a^2-b^2}} + C \quad (a^2 > b^2)$

104. $\int \frac{1}{a+b\sin x}\mathrm{d}x = \frac{1}{\sqrt{b^2-a^2}}\ln\left|\frac{a\tan\frac{x}{2}+b-\sqrt{b^2-a^2}}{a\tan\frac{x}{2}+b+\sqrt{b^2-a^2}}\right| + C \quad (a^2 < b^2)$

105. $\int \frac{1}{a+b\cos x}\mathrm{d}x = \frac{2}{a+b}\sqrt{\frac{a+b}{a-b}}\arctan\left(\sqrt{\frac{a-b}{a+b}}\tan\frac{x}{2}\right) + C \quad (a^2 > b^2)$

106. $\int \frac{1}{a+b\cos x}\mathrm{d}x = \frac{1}{a+b}\sqrt{\frac{a+b}{a-b}}\ln\left|\frac{\tan\frac{x}{2}+\sqrt{\frac{a+b}{a-b}}}{\tan\frac{x}{2}-\sqrt{\frac{a+b}{a-b}}}\right| + C \quad (a^2 < b^2)$

107. $\int \frac{1}{a^2\cos^2 x + b^2\sin^2 x}\mathrm{d}x = \frac{1}{ab}\arctan\left(\frac{b}{a}\tan x\right) + C$

108. $\int \frac{1}{a^2\cos^2 x - b^2\sin^2 x}\mathrm{d}x = \frac{1}{2ab}\ln\left|\frac{b\tan x + a}{b\tan x - a}\right| + C$

109. $\int x\sin ax\,\mathrm{d}x = \frac{1}{a^2}\sin ax - \frac{1}{a}x\cos ax + C$

110. $\int x^2\sin ax\,\mathrm{d}x = -\frac{1}{a}x^2\cos ax + \frac{2}{a^2}x\sin ax + \frac{2}{a^3}\cos ax + C$

111. $\int x\cos ax\,\mathrm{d}x = \frac{1}{a^2}\cos ax + \frac{1}{a}x\sin ax + C$

112. $\int x^2\cos ax\,\mathrm{d}x = \frac{1}{a}x^2\sin ax + \frac{2}{a^2}x\cos ax - \frac{2}{a^3}\sin ax + C$

(十二) 含有反三角函数($a > 0$) 的积分

113. $\int \arcsin\frac{x}{a}\mathrm{d}x = x\arcsin\frac{x}{a} + \sqrt{a^2 - x^2} + C$

114. $\int x\arcsin\frac{x}{a}\mathrm{d}x = \left(\frac{x^2}{2} - \frac{a^2}{4}\right)\arcsin\frac{x}{a} + \frac{x}{4}\sqrt{a^2 - x^2} + C$

115. $\int x^2\arcsin\frac{x}{a}\mathrm{d}x = \frac{x^3}{3}\arcsin\frac{x}{a} + \frac{1}{9}(x^2 + 2a^2)\sqrt{a^2 - x^2} + C$

116. $\int \arccos\frac{x}{a}\mathrm{d}x = x\arccos\frac{x}{a} - \sqrt{a^2 - x^2} + C$

117. $\int x\arccos\frac{x}{a}\mathrm{d}x = \left(\frac{x^2}{2} - \frac{a^2}{4}\right)\arccos\frac{x}{a} - \frac{x}{4}\sqrt{a^2 - x^2} + C$

118. $\int x^2\arccos\frac{x}{a}\mathrm{d}x = \frac{x^3}{3}\arccos\frac{x}{a} - \frac{1}{9}(x^2 + 2a^2)\sqrt{a^2 - x^2} + C$

119. $\int \arctan\frac{x}{a}\mathrm{d}x = x\arctan\frac{x}{a} - \frac{a}{2}\ln(a^2 + x^2) + C$

120. $\int x\arctan\frac{x}{a}\mathrm{d}x = \frac{x^2 + a^2}{2}\arctan\frac{x}{a} - \frac{a}{2}x + C$

121. $\int x^2\arctan\frac{x}{a}\mathrm{d}x = \frac{x^3}{3}\arctan\frac{x}{a} - \frac{a}{6}x^2 + \frac{a^3}{6}\ln(a^2 + x^2) + C$

(十三) 含有指数函数的积分

122. $\int a^x\mathrm{d}x = \frac{1}{\ln a}a^x + C$

123. $\int \mathrm{e}^{ax}\mathrm{d}x = \frac{1}{a}\mathrm{e}^{ax} + C$

124. $\int x\mathrm{e}^{ax}\mathrm{d}x = \frac{1}{a^2}(ax - 1)\mathrm{e}^{ax} + C$

125. $\int x^n\mathrm{e}^{ax}\mathrm{d}x = \frac{1}{a}x^n\mathrm{e}^{ax} - \frac{n}{a}\int x^{n-1}\mathrm{e}^{ax}\mathrm{d}x$

126. $\int xa^x\mathrm{d}x = \frac{xa^x}{\ln a} - \frac{a^x}{(\ln a)^2} + C$

127. $\int x^n a^x\mathrm{d}x = \frac{x^n a^x}{\ln a} - \frac{n}{\ln a}\int x^{n-1}a^x$

128. $\int \mathrm{e}^{ax}\sin bx\,\mathrm{d}x = \frac{1}{a^2 + b^2}\mathrm{e}^{ax}(a\sin bx - b\cos bx) + C$

129. $\int e^{ax}\cos bx\,dx=\frac{1}{a^2+b^2}e^{ax}(b\sin bx+a\cos bx)+C$

130. $\int e^{ax}\sin^n bx\,dx=\frac{1}{a^2+b^2n^2}e^{ax}\sin^{n-1}bx(a\sin bx-nb\cos bx)$

$+\frac{n(n-1)b^2}{a^2+b^2n^2}\int e^{ax}\sin^{n-2}bx\,dx$

131. $\int e^{ax}\cos^n bx\,dx=\frac{1}{a^2+b^2n^2}e^{ax}\cos^{n-1}bx(a\cos bx+nb\sin bx)$

$+\frac{n(n-1)b^2}{a^2+b^2n^2}\int e^{ax}\cos^{n-2}bx\,dx$

(十四) 含有对数函数的积分

132. $\int \ln x\,dx=x\ln x-x+C$

133. $\int \frac{1}{x\ln x}dx=\ln|\ln x|+C$

134. $\int x^n\ln x\,dx=\frac{x^{n+1}}{n+1}x^{n+1}\left(\ln x-\frac{1}{1+n}\right)+C$

135. $\int (\ln x)^n dx=x(\ln x)^n-n\int(\ln x)^{n-1}dx$

136. $\int x^m(\ln x)^n dx=\frac{1}{m+1}x^{m+1}(\ln x)^n-\frac{n}{m+1}\int x^m(\ln x)^{n-1}dx$

(十五) 定积分

137. $\int_{-\pi}^{\pi}\cos nx\,dx=\int_{-\pi}^{\pi}\sin nx\,dx=0$

138. $\int_{-\pi}^{\pi}\cos mx\sin nx\,dx=0$

139. $\int_{-\pi}^{\pi}\cos mx\cos nx\,dx=\begin{cases}0, & m\neq n\\ \pi, & m=n\end{cases}$

140. $\int_{-\pi}^{\pi}\sin mx\sin nx\,dx=\begin{cases}0, & m\neq n\\ \pi, & m=n\end{cases}$

141. $\int_{0}^{\pi}\cos mx\cos nx\,dx=\int_{0}^{\pi}\sin mx\sin nx\,dx=\begin{cases}0, & m\neq n\\ \frac{\pi}{2}, & m=n\end{cases}$

142. $I_n=\int_0^{\frac{\pi}{2}}\sin^n x\,dx=\int_0^{\frac{\pi}{2}}\cos^n x\,dx$

$I_n=\frac{n-1}{n}I_{n-2}$

$I_1=1, I_0=\frac{\pi}{2}$

143. $\int_{-\infty}^{+\infty}\frac{1}{1+x^2}dx=\pi$

144. $\int_{-\infty}^{+\infty}e^{-x^2}dx=\sqrt{2\pi}$

附表 B　分布表

(1) 泊松分布

$$P\{Z=i\}=\frac{\lambda^i}{i\,!}e^{-\lambda}$$

i \ λ	0.1	0.2	0.3	0.4	0.5	0.6	0.7	0.8
0	0.904 84	0.818 73	0.740 82	0.670 32	0.606 53	0.548 81	0.496 59	0.449 33
1	0.090 48	0.163 74	0.222 25	0.268 13	0.303 27	0.329 29	0.347 61	0.359 46
2	0.004 52	0.016 38	0.033 34	0.053 63	0.075 82	0.098 79	0.121 66	0.143 79
3	0.000 15	0.001 09	0.003 33	0.007 15	0.012 64	0.019 76	0.028 39	0.038 34
4	—	0.000 06	0.000 25	0.000 72	0.001 58	0.002 96	0.004 97	0.000 77
5	—	—	0.000 02	0.000 06	0.000 16	0.000 36	0.000 70	0.001 23
6	—	—	—	—	0.000 01	0.000 04	0.000 08	0.000 16
7	—	—	—	—	—	—	0.000 01	0.000 02
8	—	—	—	—	—	—	—	—

i \ λ	0.9	1.0	1.5	2.0	2.5	3.0	3.5	4.0
0	0.406 57	0.367 88	0.223 13	0.135 34	0.082 09	0.049 79	0.030 20	0.018 32
1	0.365 91	0.367 88	0.334 70	0.270 67	0.205 21	0.149 36	0.150 10	0.073 26
2	0.164 66	0.183 94	0.251 02	0.270 67	0.256 52	0.224 04	0.184 96	0.146 53
3	0.049 40	0.061 31	0.125 51	0.180 45	0.213 76	0.224 04	0.215 79	0.195 37
4	0.011 12	0.015 33	0.047 07	0.090 22	0.133 60	0.168 03	0.188 81	0.195 37
5	0.002 00	0.000 51	0.014 12	0.036 09	0.066 80	0.100 82	0.132 17	0.104 20
6	0.000 30	0.000 07	0.003 53	0.012 03	0.027 83	0.050 41	0.077 10	0.059 54
7	0.000 04	0.000 01	0.000 76	0.003 44	0.099 44	0.021 60	0.038 55	0.029 77

(续表)

i \ λ	0.9	1.0	1.5	2.0	2.5	3.0	3.5	4.0
8	—	—	0.000 14	0.000 86	0.003 10	0.008 10	0.016 87	0.013 23
9	—	—	0.000 02	0.000 19	0.000 86	0.002 70	0.006 56	0.005 29
10	—	—	—	—	0.000 22	0.000 81	0.002 30	0.001 93
11	—	—	—	—	0.000 05	0.000 22	0.000 73	0.000 64
12	—	—	—	—	0.000 01	0.000 06	0.000 21	0.000 20
13	—	—	—	—	—	0.000 01	0.000 06	0.000 06
14	—	—	—	—	—	—	0.000 01	0.000 02
15	—	—	—	—	—	—	—	—
16	—	—	—	—	—	—	—	—

i \ λ	4.5	5.0	6.0	7.0	8.0	9.0	10.0	
0	0.011 11	0.006 74	0.002 48	0.000 91	0.000 34	0.000 12	0.000 05	
1	0.049 99	0.033 69	0.014 87	0.006 38	0.002 68	0.001 11	0.000 45	
2	0.112 48	0.084 22	0.044 62	0.022 34	0.010 74	0.005 00	0.002 27	
3	0.168 72	0.140 37	0.089 24	0.052 13	0.028 63	0.014 99	0.007 57	
4	0.189 81	0.175 47	0.133 85	0.091 23	0.057 25	0.033 74	0.018 92	
5	0.170 83	0.175 47	0.160 62	0.127 72	0.091 60	0.060 73	0.037 83	
6	0.128 12	0.146 22	0.160 62	0.149 00	0.122 14	0.091 10	0.063 06	
7	0.082 36	0.104 45	0.137 68	0.149 00	0.139 59	0.117 12	0.090 08	
8	0.046 33	0.065 28	0.103 26	0.130 38	0.139 59	0.131 77	0.112 60	
9	0.023 17	0.036 27	0.068 84	0.101 41	0.124 08	0.131 77	0.125 11	
10	0.010 42	0.018 13	0.041 30	0.070 98	0.099 26	0.118 58	0.125 11	
11	0.004 26	0.008 24	0.022 53	0.045 17	0.072 19	0.097 02	0.113 74	
12	0.001 60	0.003 43	0.011 26	0.026 35	0.048 13	0.072 77	0.094 78	
13	0.000 55	0.001 32	0.005 20	0.003 44	0.029 62	0.050 38	0.072 91	
14	0.000 18	0.000 47	0.002 23	0.003 44	0.016 92	0.032 84	0.052 08	

（2）正态分布

$$\Phi(x)=\frac{1}{\sqrt{2\pi}}\int_{-\infty}^{x}\mathrm{e}^{-\frac{t^2}{2}}\mathrm{d}t$$

x	$\Phi(x)$	x	$\Phi(x)$	x	$\Phi(x)$	x	$\Phi(x)$	x	$\Phi(x)$	x	$\Phi(x)$
0.00	0.500 0	0.50	0.691 5	1.00	0.841 3	1.50	0.933 2	2.00	0.977 3	2.50	0.993 8
0.05	0.519 9	0.55	0.708 8	1.05	0.853 1	1.55	0.939 4	2.05	0.979 8	2.55	0.994 6
0.10	0.539 8	0.60	0.725 7	1.10	0.864 3	1.60	0.945 2	2.10	0.982 1	2.60	0.995 3
0.15	0.559 6	0.65	0.742 2	1.15	0.874 9	1.65	0.950 5	2.15	0.984 2	2.65	0.996 0
0.20	0.579 3	0.70	0.758 0	1.20	0.884 9	1.70	0.955 4	2.20	0.986 1	2.70	0.996 5
0.25	0.598 7	0.75	0.773 4	1.25	0.894 4	1.75	0.959 9	2.25	0.987 8	2.75	0.997 0
0.30	0.617 9	0.80	0.788 1	1.30	0.903 2	1.80	0.964 1	2.30	0.990 3	2.80	0.997 4
0.35	0.636 8	0.85	0.802 3	1.35	0.911 5	1.85	0.967 8	2.35	0.990 6	2.85	0.997 8
0.40	0.655 4	0.90	0.815 9	1.40	0.919 2	1.90	0.971 3	2.40	0.991 8	2.90	0.998 1
0.45	0.673 6	0.95	0.828 9	1.45	0.926 5	1.95	0.974 4	2.45	0.992 9	2.95	0.998 4
										3.00	0.998 7

参考答案

习 题 1.1

1. (1) $\left(-\frac{4}{3}, +\infty\right)$； (2) $(-\infty, 1)\cup(1, 4)\cup(4, +\infty)$； (3) $(-2, 2)$； (4) $(-1, 0)\cup(0, 1)$；

(5) $(-1, 1)$； (6) $\left[0, \frac{1}{2}\right]$； (7) $[-1, 1]$； (8) $\left\{x \middle| x\neq\frac{\pi}{2}+k\pi, k\in\mathbf{Z}\right\}$.

2. (1) 不相同； (2) 相同； (3) 不相同； (4) 相同.

3. 图像略；$f\left(-\frac{1}{2}\right)=0$，$f\left(\frac{1}{3}\right)=\frac{2}{3}$，$f\left(\frac{3}{4}\right)=\frac{1}{2}$，$f(2)=0$.

4. $f(x)=x^2-2$.

5. (1) 偶； (2)偶； (3) 奇； (4)奇.

6. (1) 单调增； (2)单调增.

7. (1) $T=\frac{7}{4}\pi$； (2) $T=\pi$.

8. (1) 有界； (2) 有界.

9. (1) $y=e^u$，$u=x^2$； (2) $y=u^2$，$u=\cos v$，$v=1-2x$；

(3) $y=\sin u$，$u=2\ln v$，$v=2x$； (4) $y=\arcsin u$，$u=\lg v$，$v=2x+1$；

(5) $y=e^u$，$u=\cos v$，$v=x^2$； (6) $y=\sin u$，$u=v^2$，$v=\ln x$；

(7) $y=u^3$，$u=\ln v$，$v=\sin w$，$w=2x$； (8) $y=\arctan u$，$u=\ln v$，$v=2x+1$.

习 题 1.2

1. 设新开营业点为 x，则每天总收入 $y=(20\,000-200x)(60+x)$.

2. $y=\begin{cases}0.15x, & x\leqslant 50,\\ 7.5+0.25(x-50), & x\geqslant 50.\end{cases}$

3. (1) $y=574.8(1+27\%)^5$. (2) $574.8(1+x)^5=2\,000$. (3) $574.8(1+27\%)^n=3\,000$.

4. 1 210.08. **5.** 2 425.06，87 302.34. **6.** $y=1\,000(1+6\%)^{20}$.

综合练习一

一、**1.** C. **2.** A. **3.** C. **4.** C. **5.** D. **6.** B. **7.** D. **8.** B. **9.** D. **10.** C. **11.** D. **12.** A.

二、**1.** $[-5, 5]$. **2.** $[-2, 2]$. **3.** $g(f(x))=3^x\sin 3^x$. **4.** $\left(-\frac{\pi}{2}, \frac{\pi}{2}\right)$.

5. $[-1, 1]$. **6.** $[-1, 1]$. **7.** $y=u^2$，$u=\sin v$，$v=3x+1$.

三、**1.** $f(x)=2-2x^2$. **2.** $f(g(x))=\ln\frac{x+2}{x-2}$.

3. 奇函数. **4.** $f(x)=\frac{1}{x^2-1}$，$g(x)=\frac{x}{x^2-1}$.

四、$V=\frac{R^3\varphi^2}{12\pi}$.

五、提示:用奇偶性的定义用 $-x$ 代入.

习 题 2.2

1. 无极限. 2. 无极限. 3. $k=1$，$\lim\limits_{x\to 0}f(x)=1$. 4. $k=-3$，$\lim\limits_{x\to -1}f(x)=-4$.

5. C. 6. (1) 水平渐近线 $y=0$，垂直渐近线 $x=-2$；(2) 水平渐近线 $y=3$，垂直渐近线 $x=-2$，$x=-1$.

习 题 2.3

1. $m=\frac{9}{2}$，$n=2$. 2. B. 3. D.

4. (1) $x\to\frac{1}{2}$； (2) $x\to 1$；(3) $x\to 1$； (4) $x\to-\infty$.

5. x^2-x^3.

6. (1) $\frac{1}{2}$； (2) 3； (3) 0； (4) 2； (5) 0； (6) 0； (7) $\frac{3}{2}$；(8) $\frac{1}{3}$.

习 题 2.4

1. $a=0$，$b=6$. 2. $a=-2$，$b=0$.

3. (1) $\frac{23}{16}$； (2) $\frac{5}{3}$； (3) $\frac{1}{2}$； (4) ∞； (5) $\frac{1}{2}$； (6) $\frac{1}{4}$； (7) $-\frac{19}{2}$；

(8) -1； (9) 12； (10) $\frac{1}{2}$； (11) 0； (12) -1； (13) 1； (14) $\frac{1}{2}$.

习 题 2.5

1. 1，$\frac{2}{\pi}$，0，0，1.

2. (1) 2； (2) 0； (3) $\frac{3}{2}$； (4) 1； (5) 3； (6) $\frac{1}{2}$； (7) e^2； (8) e^2； (9) e； (10) 1.

习 题 2.6

1. (1) $x=-1$ 第二类间断点；(2) $x=0$ 第一类间断点；(3) $x=1$ 第一类间断点.
2. (1) 存在 $\lim\limits_{x\to 1}f(x)=1$；(2) 不连续第一类间断点.
3. 提示：令 $f(x)=x^5-3x-1$ 利用介值定理证明.
4. $a=1$. 5. $a=\frac{1}{3}$.

综合练习二

一、1. B. 2. D. 3. D. 4. A. 5. C.

二、1. $k=-3$. 2. 2. 3. 1. 4. $\frac{1}{2}$ 5. 1，2；$x=1$；$x=2$. 6. $y=-2$.

三、(1) -9； (2) 0； (3) 2； (4) 0； (5) $\frac{2}{5}$； (6) e^{-1}； (7) e^2； (8) e^{-1}； (9) $\frac{3}{2}$.

四、$\lim\limits_{x\to 0}f(x)=-1$；$\lim\limits_{x\to 1}f(x)$ 不存在，不连续.

五、提示：令 $f(x)=x^5-2x-1$ 利用介值定理证明.

习 题 3.1

1. (1) 4，$4x-y-7=0$； (2) -2，$2x+y-6=0$； (3) 2，$2x-y-7=0$；(4) -2，$2x+y+1=0$；
(5) 4，$4x-y=0$； (6) 3，$3x+y-4=0$.
2. 略.

习 题 3.2

1. (1) 2； (2) 3； (3) $-\frac{5}{16}$； (4) -3.

2. (1) 2； (2) α； (3) $6x$； (4) $2x+1$； (5) $4x^3$； (6) $-\dfrac{2}{x^2}$.

3. (1) $y=2x^3$, $x=5$； (2) $y=\cos x$, $x=x_0$； (3) $y=\tan x$, $x=x_0$； (4) $y=x^3$, $x=t$.

4. 4.

5. 切线方程：$y=12x-4$，即 $12x-y-4=0$；

法线方程：$y=-\dfrac{1}{12}x+\dfrac{97}{12}$，即 $x+12y-97=0$.

习　题　3.3

(1) $y'=-10-3\sin x$； (2) $y'=-\dfrac{3}{x^2}+5\cos x$； (3) $y'=2x\cos x-x^2\sin x$；

(4) $y'=\dfrac{1}{2\sqrt{x}}\sec x+\sqrt{x}\sec x\tan x$； (5) $y'=-\csc x\cot x-\dfrac{2}{\sqrt{x}}$；

(6) $y'=2x\cot x-x^2\csc^2 x+\dfrac{2}{x^3}$； (7) $f'(x)=\cos x\tan x+\sin x\sec^2 x$；

(8) $g'(x)=-\csc x\cot^2 x-\csc^3 x$； (9) $y'=0$；

(10) $y'=(\cos x-\sin x)\sec x+(\sin x+\cos x)\sec x\tan x$； (11) $y'=-20x+3\cos x$；

(12) $y'=-\dfrac{1}{1+\sin x}$；(13) $y'=4\sec x\tan x-\csc^2 x$；

(14) $y'=-\dfrac{x\sin x+\cos x}{x^2}+\dfrac{\cos x-x\sin x}{\cos^2 x}$； (15) $y'=x^2\cos x$； (16) $y'=-x^2\sin x$；

(17) $f'(x)=\dfrac{3}{2}x^2\sin 2x+x^3\cos 2x$；(18) $g'(x)=-\tan^2 x+2(2-x)\tan x\sec^2 x$.

习　题　3.4

1. (1) 由 $y=\sqrt[3]{u}$，$u=1+4x$ 复合而成，$y'=\dfrac{4}{3}(1+4x)^{-\frac{2}{3}}$；

(2) 由 $y=u^4$，$u=2x^3+5$ 复合而成，$y'=24x^2(2x^3+5)^3$；

(3) 由 $y=\tan u$，$u=\pi x$ 复合而成，$y'=\pi\sec^2\pi x$；

(4) 由 $y=\sin u$，$u=\cot x$ 复合而成，$y'=-\cos(\cot x)\csc^2 x$；

(5) 由 $y=e^u$，$u=\sqrt{x}$ 复合而成，$y'=e^{\sqrt{x}}\dfrac{1}{2\sqrt{x}}$；

(6) 由 $y=\sqrt{u}$，$u=2-e^x$ 复合而成，$y'=\dfrac{-e^x}{2\sqrt{2-e^x}}$.

2. (1) $f'(x)=4(5x^6+2x^3)^3(30x^5+6x^2)$； (2) $f'(x)=99(1+x+x^2)^{98}(1+2x)$；

(3) $f'(x)=\dfrac{5}{2\sqrt{5x+1}}$； (4) $f'(x)=-\dfrac{2}{3}x(x^2-1)^{-\frac{4}{3}}$； (5) $f'(\theta)=-2\theta\sin(\theta^2)$；

(6) $g'(\theta)=-2\cos\theta\sin\theta=-\sin 2\theta$； (7) $y'=(2x-3x^2)e^{-3x}$； (8) $f'(t)=\sin\pi t+\pi t\cos\pi t$；

(9) $f'(t)=e^{at}(a\sin bt+b\cos bt)$； (10) $g'(x)=e^{x^2-x}(2x-1)$； (11) $y'=2\pi^2x\cos(\pi x)^2$；

(12) $y'=4(1-2x)\sin(1-2x)^2$； (13) $y'=\dfrac{2}{3}x(1+x^2)^{-\frac{2}{3}}$

(14) $y'=10\tan 5x\sec^2 5x$； (15) $y'=-16\cos 8x\sin 8x=-8\sin 16x$；

(16) $y'=\dfrac{1}{2\sqrt{x}}+2x\cos(2x)^2$； (17) $y'=2\cos(\tan 2x)\sec^2(2x)$；

(18) $y'=-\pi\sin\sqrt{\sin(\tan\pi x)}\cdot\dfrac{1}{2\sqrt{\sin(\tan\pi x)}}\cdot\cos(\tan\pi x)\cdot\sec^2\pi x$.

习　题　3.5

1. (1) $y'=-\dfrac{2xy+y^2}{x^2+2xy}$； (2) $y'=-\dfrac{3x^2-18y}{3y^2-18x}$； (3) $y'=-\dfrac{2y-1}{2x+2y-1}$； (4) $y'=-\dfrac{3x^2-y}{3y^2-x}$；

(5) $y'=-\dfrac{3x^2-2xy-1}{x^2+1}$； (6) $y'=-\dfrac{6y(3xy+7)}{6x(3xy+7)-6}$； (7) $y'=-\dfrac{1}{y(x+1)^2}$；

(8) $y'=-\dfrac{4x^3+9x^2y-2}{3x^3+1}$； (9) $y'=\cos^2 y$； (10) $y'=-\dfrac{y}{x}$； (11) $y'=-\dfrac{1+y\sec^2(xy)}{x\sec^2(xy)}$；

(12) $y'=-\dfrac{4x^3-3x^2y^2}{\cos y-2x^3y}$； (13) $y'=-\dfrac{y}{\sin\dfrac{1}{y}-\dfrac{1}{y}\cos\dfrac{1}{y}+x}$；

(14) $y'=\dfrac{\cos(2x+3y)-2x\sin(2x+3y)-y\cos x}{3x\sin(2x+3y)+\sin x}$.

2. (1) $y'=\dfrac{\cos t-t\sin t}{\sin t+t\cos t}$；(2) $y'=\dfrac{\cos(t+\sin t)(1+\cos t)}{\cos t}$；(3) $y'=\dfrac{3t^2-3}{2t}$； (4) $y'=\dfrac{\sin\theta}{1-\cos\theta}$.

习 题 3.6

(1) $y''=12x^2+12x-6$； (2) $y''=80x^3-12x+10$； (3) $y''=\dfrac{3}{\sqrt{x}}$； (4) $y''=2+36x^{-5}$；

(5) $y''=\dfrac{2}{(x-1)^3}$； (6) $y''=\dfrac{56}{(x-4)^3}$； (7) $y''=2\cos x-x\sin x$； (8) $y''=\sec x(\tan^2 x+\sec^2 x)$.

习 题 3.7

(1)由 $y=\sqrt[3]{u}$, $u=1+4x$ 复合而成, $\mathrm{d}y=\dfrac{4}{3}(1+4x)^{-\frac{2}{3}}\mathrm{d}x$；

(2) 由 $y=u^4$, $u=2x^3+5$ 复合而成, $\mathrm{d}y=24x^2(2x^3+5)^3\mathrm{d}x$；

(3) 由 $y=\tan u$, $u=\pi x$ 复合而成, $\mathrm{d}y=\pi\sec^2\pi x\mathrm{d}x$；

(4) 由 $y=\sin u$, $u=\cot x$ 复合而成, $\mathrm{d}y=-\cos(\cot x)\csc^2 x\mathrm{d}x$；

(5) 由 $y=\mathrm{e}^u$, $u=\sqrt{x}$ 复合而成, $\mathrm{d}y=\mathrm{e}^{\sqrt{x}}\dfrac{1}{2\sqrt{x}}\mathrm{d}x$；

(6) 由 $y=\sqrt{u}$, $u=2-\mathrm{e}^x$ 复合而成, $\mathrm{d}y=\dfrac{-\mathrm{e}^x}{2\sqrt{2-\mathrm{e}^x}}\mathrm{d}x$.

综合练习三

1. 切线方程：$y=x$.

2. (1) $f'(x)=\dfrac{1}{2\sqrt{x}}+\cos x-3$； (2) $f'(x)=-\dfrac{4}{x(2+\ln x)^2}$；

(3) $f'(x)=\dfrac{1}{2\sqrt{x}}\mathrm{e}^{\sqrt{x}}\sin x+\mathrm{e}^{\sqrt{x}}\cos x$； (4) $f'(x)=\dfrac{1}{\sqrt{1-(x^2-3x)^2}}(2x-3)$；

(5) $f'(x)=\dfrac{1}{\sqrt{1+x^2}}$； (6) $f'(x)=\csc x$； (7) $f'(x)=\dfrac{2}{3\sin 6x}$；

(8) $f'(x)=\dfrac{1}{2\sqrt{x}(1+x)}\mathrm{e}^{\arctan\sqrt{x}}$； (9) $f'(x)=-\dfrac{1}{x^2}\cot\dfrac{1}{x}$； (10) $f'(x)=\dfrac{\cos x-3}{\sin x-3x}$；

(11) $f'(x)=\dfrac{1}{2\sqrt{x+\sqrt{x}}}\left(1+\dfrac{1}{2\sqrt{x}}\right)$； (12) $f'(x)=3x^2\sin(6x^3)$；

(13) $f'(x)=\cos(\sin(\sin x))\cos(\sin x)\cos x$； (14) $f'(x)=\dfrac{1}{x\ln x\ln(\ln x)}$；

(15) $f'(x)=-\dfrac{1}{x^2\sqrt{1-\dfrac{1}{x^2}}}$； (16) $f'(x)=6(\cot 3x+\tan 3x)(-\csc^2 3x+\sec^2 3x)$；

(17) $f'(x)=\mathrm{e}^{-x+\sin 2x}(-1+2\cos 2x)$； (18) $f'(x)=\mathrm{e}^{2x}-\mathrm{e}^{-2x}$；

(19) $f'(x)=\dfrac{\left(\dfrac{\mathrm{e}^{\sqrt{x}}}{2\sqrt{x}}-\cos x\right)\cos\mathrm{e}^x+\mathrm{e}^x(\mathrm{e}^{\sqrt{x}}-\sin x)\sin\mathrm{e}^x}{\cos^2\mathrm{e}^x}$；

(20) $f'(x)=\dfrac{2-2\sqrt{3}}{\sqrt{1-[2(x-\sqrt{3x})]^2}}$.

3. (1) $\lim\limits_{h\to 0}\dfrac{f(3-h)-f(3)}{2h}=-1$； (2) $\lim\limits_{h\to 0}\dfrac{f(3+h)-f(3-h)}{2h}=2$.

4. (1) $y'=\dfrac{2y-e^{-x}}{3y^2-2x}$； (2) $y'=\dfrac{ye^{-x}}{e^{-x}-3y^2}$； (3) $y'=\dfrac{2y-e^{-x}}{3y^2-2x-e^{-x}}$； (4) $y'=\dfrac{y^2-x}{x^2+y}$；

(5) $y'=\dfrac{e^{x+y}+2y-e^{-x}}{2y-e^{x+y}-2x}$； (6) $y'=\dfrac{2y\cos xy-ye^{-x}}{1-2x\cos xy-e^{-x}}$；

(7) $y'=\dfrac{10\sin x\cos x+4xy-2e^{-2x+y}}{3y^2-2x^2-e^{-2x+y}}$； (8) $y'=\dfrac{3x^2+3y-\cos(x+y)}{\cos(x+y)-\dfrac{1}{y}-3x}$.

5. (1) $y'=2x^{2x}(\ln x+1)$； (2) $y'=x^{\sin 2x}\left(2\cos 2x\ln x+\dfrac{\sin 2x}{x}\right)$；

(3) $y'=x^{2\sin x}\left(2\cos x\ln x+\dfrac{2\sin x}{x}\right)$；

(4) $y'=\left[\dfrac{2}{7(1+x)}+\dfrac{3}{7(2+x)}-\dfrac{4}{7(3+x)}-\dfrac{5}{7(4+x)}\right]\sqrt[7]{\dfrac{(1+x)^2(2+x)^3}{(3+x)^4(4+x)^5}}$；

(5) $y'=\sqrt[7]{\dfrac{(1+\sin x)^2(2+\sin x)^3}{(3+\sin x)^4(4+\sin x)^5}}\left[\dfrac{2\cos x}{7(1+\sin x)}+\dfrac{3\cos x}{7(2+\sin x)}-\dfrac{4\cos x}{7(3+\sin x)}-\dfrac{5\cos x}{7(4+\sin x)}\right]$.

6. (1) $y'=\dfrac{2t-2\sin 2t}{1-\cos t}$； (2) $y'=\dfrac{2t^2-1}{2t+t\sin t}$； (3) $y'=\dfrac{2t-2\cos(2t)e^{\sin 2t}}{e^t-\cos t}$；

(4) $y'=\dfrac{2t-2\cos(2t)e^{\sin 2t}}{1-e^{\sin t}\cos t}$； (5) $y'=\dfrac{2t-\dfrac{1}{t}}{2+\sin t}$.

7. $f'(x)=\cos x\sin 3x\sin 5x+3\sin x\cos 3x\sin 5x+5\sin x\sin 3x\cos 5x$.

8. $f'(0)=\lim\limits_{x\to 0}\dfrac{f(x)-f(0)}{x}$

$=\lim\limits_{x\to 0}\dfrac{\sin x(\sin x-1)(\sin x-2)(\sin x-3)(\sin x-4)(\sin x-5)}{x}=-120.$

9. (1) $y'=\dfrac{xe^x-e^x}{x^2}$，$y''=\dfrac{2e^x}{x^3}-\dfrac{2e^x}{x^2}+\dfrac{e^x}{x}$；

(2) $y'=\dfrac{\cos^2 x}{x}-2\cos x\ln x\sin x$，$y''=-\dfrac{\cos^2 x}{x^2}-\dfrac{4\cos x\sin x}{x}-2\ln x\cos 2x$；

(3) $y'=\dfrac{1}{x}$，$y''=-\dfrac{1}{x^2}$； (4) $y'=-\dfrac{3x^2}{(2+x^3)^2}$， $y''=\dfrac{18x^4}{(2+x^3)^3}-\dfrac{6x}{(2+x^3)^2}$.

10. (1) $y^{(n)}=3^n\sin\left(3x+\dfrac{n\pi}{2}\right)$； (2) $y^{(n)}=3^ne^{3x}$； (3) $y^{(n)}=(-1)^nn!x^{-n-1}$；

(4) $y^{(n)}=(-1)^nn!(x+1)^{-n-1}$.

11. $y^{(20)}=2^{20}x^3\sin 2x-15\cdot 2^{21}x^2\cos 2x-20\cdot 19\cdot 6\cdot 2^{18}x\sin 2x+20\cdot 19\cdot 18\cdot 6\cdot 2^{17}\cos 2x$.

12. (1) $dy=\left[\ln(x-\sqrt{1+x^2})-\dfrac{x}{\sqrt{1+x^2}}\right]dx$； (2) $dy=[\ln 2(\csc x-\cot x)+x\csc x]dx$；

(3) $dy=\left(\dfrac{\sec^2 x}{\tan x}+\dfrac{e^x}{1+e^{2x}}\right)dx$； (4) $dy=e^{x\arctan 2\sqrt{x}}\left(\arctan 2\sqrt{x}+\dfrac{\sqrt{x}}{1+4x}\right)dx$；

(5) $dy=\left[(\sin 2x+2x\cos 2x)\ln\sin^2\dfrac{1}{x}-\dfrac{2\sin 2x}{x}\cot\dfrac{1}{x}\right]dx$；

(6) $dy=\dfrac{\dfrac{\cos x-3}{\sin x-3x}-\ln 2(\sin x-3x)}{e^x}dx$；

(7) $\mathrm{d}y=\dfrac{\dfrac{1+\dfrac{1}{2\sqrt{x}}}{2\sqrt{x+\sqrt{x}}}\sin 2x-2\sqrt{x+\sqrt{x}}\cos 2x}{(\sin 2x)^2}\mathrm{d}x$；

(8) $\mathrm{d}y=2(\sin x+2\ln\cos x-x)(\cos x-2\tan x-1)\mathrm{d}x$.

习 题 4.1

1. 提示：利用罗尔中值定理.

2. 提示：利用罗尔中值定理.

3. 略.

4. 提示：利用推论 2.

习 题 4.2

(1) $\frac{2}{3}$； (2) $\frac{2}{3}$； (3) $-\frac{1}{2}$； (4) 1； (5) 1； (6) $\frac{8}{3}$； (7) -1； (8) 0.

习 题 4.3

1. (1) 单调增区间为 $\left(\frac{1}{2},+\infty\right)$，单调减区间为 $\left(-\infty,\frac{1}{2}\right)$，在 $x=\frac{1}{2}$ 处取极小值 $-\frac{1}{4}$；

(2) 单调增区间为 $(-\infty,0)$，$(1,+\infty)$，单调减区间为 $(0,1)$，在 $x=0$ 处取极大值 0，在 $x=1$ 处取极小值 -1；

(3) 单调增区间为 $(-\infty,-2)$，$(1,+\infty)$，单调减区间为 $(-2,1)$，在 $x=-2$ 处取极大值 20，在 $x=1$ 处取极小值 -7；

(4) 单调增区间为 $\left(-\infty,-\frac{3}{2}\right)$，$(1,+\infty)$，单调减区间为 $\left(-\frac{3}{2},1\right)$，在 $x=-\frac{3}{2}$ 处取极大值 $\frac{81}{4}$，在 $x=1$ 处取极小值 -11；

(5) 单调增区间为 $(-\infty,-1)$，$(1,+\infty)$，单调减区间为 $(-1,1)$，在 $x=-1$ 处取极大值 2，在 $x=1$ 处取极小值 -2；

(6) 单调增区间为 $(-1,0)$，单调减区间为 $(0,+\infty)$，在 $x=0$ 处取极大值 0.

2. 最大值 128，最小值 -32.

3. D 点应选在距 A 点 15 km 处.

4. 变压器设在距 A 点 1.2 km 处.

习 题 4.4

1. (1) 凹区间为 $(0,+\infty)$，凸区间为 $(-\infty,0)$，拐点为 $(0,0)$；

(2) 凹区间为 $\left(0,\frac{2}{3}\right)$，凸区间为 $(-\infty,0)\cup\left(\frac{2}{3},+\infty\right)$，拐点为 $(0,0)$，$\left(\frac{2}{3},\frac{16}{27}\right)$；

(3) 凹区间为 $\left(\frac{5}{3},+\infty\right)$，凸区间为 $\left(-\infty,\frac{5}{3}\right)$，拐点为 $\left(\frac{5}{3},-\frac{115}{27}\right)$；

(4) 凹区间为 $(-\infty,-1)\cup(2-\sqrt{3},2+\sqrt{3})$，凸区间为 $(-1,2-\sqrt{3})\cup(2+\sqrt{3},+\infty)$，拐点为 $(-1,-1)$，$\left(2-\sqrt{3},\frac{1+\sqrt{3}}{4}\right)$，$\left(2+\sqrt{3},\frac{1-\sqrt{3}}{4}\right)$.

2. 图略. **3.** 图略.

习 题 4.5

1. (1) 2； (2) 0； (3) $\frac{\sqrt{2}}{4}$，$2\sqrt{2}$； (4) $(1,1)$.

2. 1.25.

习　题　4.6

(1) 1.003；(2) 0.002；(3) 1.002；(4) 0.9999；

(5) 0.870 4；(6) 0.507 6；(7) 4.005 5；(8) 1.610 4.

综合练习四

1. 略.

2. 提示:利用罗尔中值定理.

3. 略.

4. 提示:利用推论 2.

5. (1) $-\frac{2}{3}$；(2) $\frac{1}{2}$；(3) $-\frac{1}{2}$；(4) $\frac{2}{3}$；(5) 1；(6) $\frac{4}{3}$；(7) $\frac{1}{2}$；(8) 0.

6. (1) 单调增区间为 $\left(-\frac{1}{2}, +\infty\right)$,单调减区间为 $\left(-\infty, -\frac{1}{2}\right)$,在 $x=-\frac{1}{2}$ 处取极小值 $-\frac{1}{4}$；

(2) 单调增区间为 $(-\infty, -1)$, $(0, +\infty)$,单调减区间为 $(-1, 0)$,在 $x=0$ 处取极小值 0,在 $x=-1$ 处取极大值 1；

(3) 单调减区间为 $(-\infty, -2)$, $(1, +\infty)$,单调增区间为 $(-2, 1)$,在 $x=-2$ 处取极小值 4,在 $x=1$ 处取极大值 13；

(4) 单调减区间为 $(-\infty, -1)$, $\left(\frac{3}{2}, +\infty\right)$,单调增区间为 $\left(-1, \frac{3}{2}\right)$,在 $x=\frac{3}{2}$ 处取极大值 $\frac{81}{4}$,在 $x=-1$ 处取极小值 -11；

(5) 单调增区间为 $\left(-\infty, -\frac{1}{2}\right)$, $\left(\frac{1}{2}, +\infty\right)$,单调减区间为 $\left(-\frac{1}{2}, \frac{1}{2}\right)$,在 $x=-\frac{1}{2}$ 处取极大值 2,在 $x=\frac{1}{2}$ 处取极小值 -2；

(6) 单调增区间为 $\left(-\frac{1}{2}, 0\right)$,单调减区间为 $(0, +\infty)$,在 $x=0$ 处取极大值 0.

7. 最大值 13,最小值 4.

8. $x=\frac{70-10\sqrt{13}}{3}$, $V_{\max}=\frac{280\,000+104\,000\sqrt{13}}{27}$.

9. 售价应定为 70 元.

10. (1) 凹区间为 $(0, +\infty)$,凸区间为 $(-\infty, 0)$,拐点为 $(0, 0)$；

(2) 凹区间为 $\left(0, \frac{1}{3}\right)$,凸区间为 $(-\infty, 0)\cup\left(\frac{1}{3}, +\infty\right)$,拐点为 $(0, 0)$, $\left(\frac{1}{3}, \frac{16}{27}\right)$；

(3) 凹区间为 $\left(\frac{5}{6}, +\infty\right)$,凸区间为 $\left(-\infty, \frac{5}{6}\right)$,拐点为 $\left(\frac{5}{6}, -\frac{115}{27}\right)$；

(4) 凹区间为 $\left(-\infty, -\frac{1}{2}\right)\cup\left(\frac{2-\sqrt{3}}{2}, \frac{2+\sqrt{3}}{2}\right)$,凸区间为 $\left(-\frac{1}{2}, \frac{2-\sqrt{3}}{2}\right)\cup\left(\frac{2+\sqrt{3}}{2}, +\infty\right)$,拐点为 $\left(-\frac{1}{2}, 1\right)$, $\left(\frac{2-\sqrt{3}}{2}, \frac{1+\sqrt{3}}{4}\right)$, $\left(\frac{2+\sqrt{3}}{2}, \frac{1-\sqrt{3}}{4}\right)$.

11. (1) 1.004；(2) 0.001；(3) 1.000 1；(4) 0.999 8.

12. (1) 0.861 6；(2) 0.492 4；(3) 8.011 1；(4) 0.786 4.

13. (1) 8；(2) 0；(3) $\frac{9}{100}\sqrt{10}$, $\frac{10}{9}\sqrt{10}$；(4) $\left(1, \frac{1}{5}\right)$.

习　题　5.1

ln 2.

习题 5.2

1. (1) $2x+\cos x$，$2-\cos x$.　(2) $2F(x)+C$

2. (1) $2x+\frac{1}{3}x^3-\frac{5}{4}x^4+C$；　(2) $4e^x-5\tan x+C$；　(3) $-\frac{1}{3}(1-x)^3+C$；　(4) $5\sin x+2\cos x+C$；　(5) $\frac{1}{2}(x-\sin x)+C$；　(6) $\frac{1}{2}(\sin x+x)+C$；　(7) $2e^x+C$；　(8) $-\frac{1}{x}-\arctan x+C$.

习题 5.3

1. (1) $\frac{1}{2}$；　(2) $\frac{1}{2}$；　(3) $\frac{1}{3}e^{3x}$；　(4) $\ln|1+x|$；　(5) $\arctan x$；　(6) $\frac{1}{2}\sin 2x$.

2. (1) $\frac{1}{4}\sin 4x+C$；　(2) $\frac{1}{4}(x^2-3x+2)^4+C$；　(3) $-\frac{1}{8}(3-2x)^4+C$；　(4) $\sqrt{x^2-2}+C$；

(5) $\frac{1}{\cos x}+C$；　(6) $-\frac{1}{\ln x}+C$；　(7) $-e^{-x}+C$；　(8) $e^{\sin x}+C$；

(9) $3\left(\frac{1}{2}(x+1)^{\frac{2}{3}}-\sqrt[3]{x+1}+\ln|1+\sqrt[3]{x+1}|\right)+C$；

(10) $-(\ln|\sqrt{x+1}+1|-\ln|\sqrt{x+1}-1|)+C$；

(11) $\frac{1}{2}x\sqrt{1-x^2}+\frac{1}{2}\arcsin x+C$；　(12) $\ln|\sqrt{1+x^2}+x|+C$；

(13) $x\cdot\arccos x-\sqrt{1-x^2}+C$；　(14) $-(xe^{-x}+e^{-x})+C$；

(15) $\frac{1}{2}\left(\ln x\cdot x^2-\frac{1}{2}x^2\right)+C$；　(16) $\frac{1}{2}e^x(\sin x-\cos x)+C$.

习题 5.4

1. (1) 4；　(2) $\frac{\pi}{2}$；　(3) $-\frac{1}{2}$；　(4) 0.

2. (1) -12；　(2) 36.

3. (1) $<$；　(2) $>$；　(3) $=$；　(4) $<$.

4. (1) $\int_{-\frac{\pi}{2}}^{\frac{\pi}{2}}\cos x\mathrm{d}x-\int_{\frac{\pi}{2}}^{\pi}\cos x\mathrm{d}x$；　(2) $\int_a^b(f(x)-g(x))\mathrm{d}x$；　(3) $\int_0^1(1-x^2)\mathrm{d}x$；

(4) $\int_{-1}^{1}(\sqrt{2-x^2}-x^2)\mathrm{d}x$.

习题 5.5

1. (1) $\frac{4}{3}$；　(2) $\frac{175\,099}{11}$；　(3) 0；　(4) $\ln 4$；　(5) $5\ln 5-2\ln 2-3$；　(6) $\frac{1}{6}(-3+\sqrt{3}\pi)$；　(7) $\frac{5}{2}$；

(8) $\sqrt{3}-\frac{\pi}{3}$；　(9) $-1+\frac{\pi}{2}$；　(10) $\ln 4$；　(11) $\frac{\sqrt{3}}{3}\pi-\ln 2$；　(12) $-\frac{2}{3}\ln 2$；　(13) 4；

(14) $-2+\frac{7}{4}\pi$；　(15) $\ln 2$；　(16) $\frac{(e-1)^2}{2e}$；　(17) $1-\frac{\sqrt{3}}{3}-\frac{\pi}{12}$；　(18) $\frac{44}{3}$；　(19) $4-2\ln 3$；

(20) $\frac{2}{3}$；　(21) $\frac{\pi}{4}$；　(22) $\frac{2}{3}\pi$；　(23) π；　(24) $\frac{5}{6}\pi$.

2. (1) $\frac{1}{3}$；　(2) 发散；　(3) 发散；　(4) 0.

综合练习五

一、**1.** $\frac{\sin x}{x}$, $\frac{\sin x}{x}+C$, $\frac{\sin x}{x}\mathrm{d}x$.

2. $-\sin x+C$.　**3.** $F(e^x)+C$.　**4.** $\frac{\pi}{4}$.　**5.** $<$.　**6.** 0, $\frac{1}{3}$.　**7.** $\frac{3}{4}\pi$.

二、1. C. 2. B. 3. A. 4. D. 5. C. 6. D. 7. D. 8. B.

三、1. $\frac{1}{2}x^2+3x+C$. 2. $\frac{1}{2}e^{x^2}+C$.

3. $-\cot x-x+C$. 4. $\ln|\ln x|+C$.

5. $2\sqrt{\sin x}+C$. 6. $2(\frac{1}{3}(\sqrt{x+1})^3-\sqrt{x+1})+C$.

7. $-(x\cos x-\sin x)+C$. 8. $-e^{-x}(x+1)+C$.

9. $\sqrt{3}$. 10. ln 2. 11. 1. 12. 1.

四、1. 4 200. 2. (1) $\frac{4}{\pi}$; (2) $\frac{2(5-2\sqrt{2})}{\pi}$; (3) 0.

习 题 6.2

1. e^4-e^2. 2. $\frac{1}{3}$. 3. $\frac{2}{3}$. 4. 18.

习 题 6.3

1. $\frac{512}{15}\pi$. 2. $\frac{3}{10}\pi$. 3. $\frac{128}{7}\pi$, $\frac{64}{5}\pi$ 4. $\frac{2}{3}\pi$.

习 题 6.4

1. (1) $\int_0^{\frac{p}{2}}\sqrt{1+\frac{p}{2x}}dx$; (2) $x-(\ln|x+1|-\ln|x-1|)+C$.

2. $\int_0^1\sqrt{1+x^2}dx$. 3. $\int_0^3\sqrt{1+x}dx$. 4. $\int_{-a}^{a}\sqrt{1+\frac{1}{4}(e^{\frac{x}{a}}-e^{-\frac{x}{a}})^2}dx$.

习 题 6.5

1. 0.75. 2. 2.45. 3. 40.

习 题 6.6

1. 147 000 2. $\frac{5}{2}\sqrt{2}$.

习 题 6.7

1. 10. 2. $\frac{2}{\pi}$.

综合练习六

一、1. C. 2. C. 3. A. 4. C. 5. D.

二、1. $\frac{9}{2}$ 2. $\frac{8}{3}\pi$ 3. $x-(\ln|x+1|-\ln|x-1|)+C$. 4. $\frac{64}{5}\pi$ 5. 5.

三、1. $\frac{5}{12}$. 2. $\frac{3}{2}-\ln 2$. 3. $\frac{1}{2}$. 4. (1) 0; (2) $\frac{\sqrt{2}}{2}$ 5. -2 6. $\frac{7}{6}$, $\frac{62}{15}\pi$, $\frac{5}{2}\pi$.

7. $\frac{48}{5}\pi$, $\frac{24}{5}\pi$ 8. $\frac{\pi}{12}$.

习 题 7.1

1. (1) V, VII, VIII; (2) $(-1, 2, -3)$, $(1, -6, -2)$, $(-3, -4, -3)$;
(3) $(-1, -2, -3)$, $(1, 6, -2)$, $(-3, 4, -3)$; (4) $(-1, -2, 3)$, $(1, 6, 2)$, $(-3, 4, 3)$.

2. $(-2, 0, 0)$或$(-4, 0, 0)$.

3. 到原点距离 $5\sqrt{2}$,到 x 轴距离 $\sqrt{34}$,到 y 轴距离 $\sqrt{41}$,到 z 轴距离 5,到 xOy 面距离 5,到 yOz 面距离 4,到 xOz 面距离 3.

4. (1) $\overrightarrow{AB}=\{-4,-1,1\}$, $\overrightarrow{CB}=\{-5,-1,1\}$, $\overrightarrow{AC}=\{1,0,0\}$; (2) $1+3\sqrt{2}$.

5. (1) 3, $\sqrt{11}$, $\sqrt{10}$; (2) $\{-3,5,-1\}$.

6. $\cos\alpha=-\frac{1}{2}$, $\cos\beta=\frac{1}{2}$, $\cos\gamma=-\frac{\sqrt{2}}{2}$, $\alpha=\frac{2}{3}\pi$, $\beta=\frac{\pi}{3}$, $\gamma=\frac{3}{4}\pi$.

习 题 7.2

1. (1) 3, $3\sqrt{3}$; (2) -3.

2. (1) 8; (2) $\{8,5,-1\}$; (3) $3\sqrt{10}$; (4) $\arccos\frac{8}{\sqrt{11}\sqrt{14}}$.

3. $\left\{-\frac{36}{29},-\frac{54}{29},-\frac{72}{29}\right\}$. 4. $\left\{\frac{-1}{\sqrt{35}},\frac{3}{\sqrt{35}},\frac{5}{\sqrt{35}}\right\}$.

习 题 7.3

1. $12x+20y+28z-400=0$. 2. $x+2y-z-2=0$. 3. $x+11y+3z-38=0$.

4. $x-2y=0$. 5. $\frac{\pi}{2}$.

习 题 7.4

1. $\begin{cases}\frac{x+2}{1}=\frac{z-1}{-1},\\ y=-1.\end{cases}$ 2. $\frac{x-1}{3}=\frac{y-2}{-1}=\frac{z+5}{5}$. 3. $\frac{x+1}{3}=\frac{y}{1}=\frac{z-3}{-8}$. 4. $\frac{\pi}{4}$.

5. $\begin{cases}\frac{x-1}{-2}=\frac{z}{1},\\ y=1.\end{cases}$

综合练习七

一、1. $(-3,2,1)$, $(3,2,-1)$, $(-3,-2,-1)$, $(-3,-2,1)$, $(3,2,1)$, $(3,-2,-1)$.

2. $\left\{\frac{6}{11},\frac{7}{11},-\frac{6}{11}\right\}$. 3. $\pm\frac{3}{5}$. 4. $\frac{\pi}{3}$ 5. 13, 13. 6. $3x-7y+5z-4=0$.

7. $A_1A_2+B_1B_2+C_1C_2=0$, $\frac{A_1}{A_2}=\frac{B_1}{B_2}=\frac{C_1}{C_2}$ 8. $\{1,1,-3\}$ 9. $\frac{x-4}{2}=y+1=\frac{z-3}{5}$.

10. $\frac{x-3}{-4}=\frac{y+2}{2}=z-1$ 11. $-16x+14y+11z+65=0$ 12. $\left\{-\frac{1}{5},\frac{13}{5},\frac{1}{5}\right\}$.

二、1. (1) 3, $\{5,1,7\}$; (2) -18, $\{10,2,14\}$; (3) $\arccos\frac{3}{\sqrt{14}\sqrt{6}}$.

2. $\left\{\frac{3}{\sqrt{17}},\frac{-2}{\sqrt{17}},\frac{-2}{\sqrt{17}}\right\}$. 3. (1) $\{\frac{3}{5},\frac{12}{25},\frac{16}{25}\}$; (2) $\frac{25}{2}$; (3) $\sqrt{\frac{1\,671}{106}}$.

4. (1) $z=3$; (2) $-9y+z+2=0$; (3) $x+3y=0$.

5. $\arccos\left[\frac{11}{15}\right]$. 6. $3x-y+z+2=0$. 7. $-7x+y+3z+14=0$. 8. $2x+3y-z+1=0$.

9. (1) $\frac{x-4}{2}=\frac{y+1}{1}=\frac{z-3}{5}$; (2) $\frac{x}{-2}=\frac{y-2}{3}=\frac{z-4}{1}$; (3) $\frac{x-3}{2}=\frac{y}{3}=\frac{z+1}{1}$.

10. $\frac{x+1}{16}=\frac{y}{19}=\frac{z-4}{28}$. 11. $2x-y-z=0$. 12. $11x+3y-4z-11=0$.

13. $11x-30y+2z-136=0$. 14. $\frac{4}{3}\sqrt{21}$. 15. $\frac{3}{2}\sqrt{2}$.

习 题 8.1

1. (1) $D=\{(x,y)\mid x^2+y^2>4\}$; (2) $D=\{(x,y)\mid x^2+y^2\geqslant 16, y<x\}$.

2. (1) $-\frac{1}{4}$； (2) ln 2.

习 题 8.2

1. (1) $\frac{\partial z}{\partial x}=y^2+\sin y+ye^{xy}$，$\frac{\partial z}{\partial y}=2xy+x\cos y+xe^{xy}$；

(2) $\frac{\partial z}{\partial x}=5yx^{5y-1}$，$\frac{\partial z}{\partial y}=5x^{5y}\cdot\ln x$；

(3) $\frac{\partial z}{\partial x}=3x^2y^2-2xy$，$\frac{\partial z}{\partial y}=2x^3y^2-x^2$；

(4) $\frac{\partial s}{\partial u}=\frac{1}{v}-2u^{-3}v^4$，$\frac{\partial s}{\partial v}=-\frac{u}{v^2}+\frac{4v^3}{u^2}$；

(5) $\frac{\partial z}{\partial x}=\frac{1}{x\sqrt{\ln(x^2y)}}$，$\frac{\partial z}{\partial y}=\frac{1}{2y\sqrt{\ln(x^2y)}}$；

(6) $\frac{\partial z}{\partial x}=2xy\cos(x^2y)-6xy\cos^2(x^2y)\sin(x^2y)$，

$\frac{\partial z}{\partial y}=x^2\cos(x^2y)-3x^2\cos^2(x^2y)\sin(x^2y)$；

(7) $\frac{\partial z}{\partial x}=\frac{1}{\tan\frac{x^2}{y}}\cdot\sec^2\frac{x^2}{y}\cdot\frac{2x}{y}$， $\frac{\partial z}{\partial y}=\frac{1}{\tan\frac{x^2}{y}}\cdot\sec^2\frac{x^2}{y}\cdot\left(-\frac{x^2}{y^2}\right)$；

(8) $\frac{\partial z}{\partial x}=-e^x-\frac{2x+1}{x^2+x+y}$， $\frac{\partial z}{\partial y}=1-\frac{1}{x^2+x+y}$.

2. (1) 3cos 5； (2) 1.

3. $\frac{\partial^2 z}{\partial x^2}=18xy$，$\frac{\partial^2 z}{\partial y^2}=30xy+4$，$\frac{\partial^2 z}{\partial x\partial y}=15y^2+9x^2$，$\frac{\partial^2 z}{\partial y\partial x}=15y^2+9x^2$.

4. (1) $\frac{\partial^2 z}{\partial x^2}=6x+12xy^2$，$\frac{\partial^2 z}{\partial y^2}=6+4x^3$，$\frac{\partial^2 z}{\partial x\partial y}=12x^2y$，$\frac{\partial^2 z}{\partial y\partial x}=12x^2y$；

(2) $\frac{\partial^2 z}{\partial x^2}=e^x\sin y$，$\frac{\partial^2 z}{\partial y^2}=-e^x\sin y$，$\frac{\partial^2 z}{\partial x\partial y}=e^x\cos y$，$\frac{\partial^2 z}{\partial y\partial x}=e^x\cos y$；

(3) $\frac{\partial^2 z}{\partial x^2}=-\frac{2xy^2}{(x^2+y^4)^2}$，$\frac{\partial^2 z}{\partial y^2}=-\frac{2(x^3-3xy^4)}{(x^2+y^4)^2}$，

$\frac{\partial^2 z}{\partial x\partial y}=\frac{2y(x^2-y^4)}{(x^2+y^4)^2}$，$\frac{\partial^2 z}{\partial y\partial x}=\frac{2y(x^2-y^4)}{(x^2+y^4)^2}$；

(4) $\frac{\partial^2 z}{\partial x^2}=2^{1+x^2}y^{x^2}(1+2x^2\ln 2+2x^2\ln y)\ln 2y$， $\frac{\partial^2 z}{\partial y^2}=2^{x^2}x^2(-1+x^2)y^{-2+x^2}$，

$\frac{\partial^2 z}{\partial x\partial y}=2^{1+x^2}xy^{-1+x^2}(1+x^2\ln 2+x^2\ln y)=\frac{\partial^2 z}{\partial y\partial x}$.

5. (1) (183,213)； (2) 嵌入式.

习 题 8.3

1. (1) $dz=(2x-4xy)dx+(-6y^2-2x^2)dy$； (2) $dz=\left(y+\frac{1}{y}\right)dx+\left(x-\frac{x}{y^2}\right)dy$；

(3) $dz=\frac{2x}{x^2+y^2}dx+\frac{2y}{x^2+y^2}dy$； (4) $dz=\left(-e^x-\frac{2x+1}{x^2+x+y}\right)dx+\left(1-\frac{1}{x^2+x+y}\right)dy$.

2. −0.121 2，−0.12. 3. 1.954 6. 4. −0.02.

习 题 8.4

1. $\frac{3-12t^2}{\sqrt{1-(x-y)^2}}$. 2. $\frac{\partial z}{\partial r}=e^x\sin y\cdot 2sr+e^x\cos y\cdot 2$，$\frac{\partial z}{\partial s}=e^x\sin y\cdot r^2+e^x\cos y\cdot 5$.

3. (1) $\dfrac{\mathrm{d}y}{\mathrm{d}x}=-\dfrac{\mathrm{e}^x-y^2}{\cos y-2xy}$； (2) $\dfrac{\mathrm{d}y}{\mathrm{d}x}=\dfrac{x+y}{x-y}$； (3) $\dfrac{\partial z}{\partial x}=-\dfrac{y}{\cos z-3}$，$\dfrac{\partial z}{\partial y}=-\dfrac{x+1}{\cos z-3}$；

(4) $\dfrac{\partial z}{\partial x}=\dfrac{yz}{e^z-xy}$，$\dfrac{\partial z}{\partial y}=\dfrac{xz}{\mathrm{e}^z-xy}$.

习 题 8.5

1. (1) 极小值点$\left(\dfrac{1}{2},1\right)$，极小值 $f\left(\dfrac{1}{2},1\right)=-1$；

(2) 极大值点$(0,-2)$，极大值 $f(0,-2)=8$， 极小值点$(-1,2)$，$(1,2)$，极小值 $f(-1,2)=-24$，$f(1,2)=-24$.

2. 8，8，4.

3. $x=\dfrac{\sqrt{3}\pi}{9+4\sqrt{3}+\sqrt{3}\pi}l$，$y=\dfrac{4\sqrt{3}}{9+4\sqrt{3}+\sqrt{3}\pi}l$，$z=\dfrac{9}{9+4\sqrt{3}+\sqrt{3}\pi}l$.

习 题 8.6

1. 切线：$x-\left(\dfrac{\pi}{2}-1\right)=y-1=\dfrac{z-2\sqrt{2}}{\sqrt{2}}$，

法平面：$x-\left(\dfrac{\pi}{2}-1\right)+(y-1)+\sqrt{2}(z-2\sqrt{2})=0$.

2. 切线：$\dfrac{x-\dfrac{3}{\sqrt{2}}}{-\dfrac{3}{\sqrt{2}}}=\dfrac{y-\dfrac{3}{\sqrt{2}}}{\dfrac{3}{\sqrt{2}}}=\dfrac{z-\pi}{4}$，

法平面：$-\dfrac{3}{\sqrt{2}}\left(x-\dfrac{3}{\sqrt{2}}\right)+\dfrac{3}{\sqrt{2}}\left(y-\dfrac{3}{\sqrt{2}}\right)+4(z-\pi)=0$.

3. 切平面：$-6(x+1)+10(y+1)+(z+2)=0$，

法线：$\dfrac{x+1}{-6}=\dfrac{y+1}{10}=z+2$.

4. 切平面：$2(x-1)+8(y-2)-2(z+1)=0$，

法线：$\dfrac{x-1}{2}=\dfrac{y-2}{8}=\dfrac{z+1}{-2}$.

习 题 8.7

(1) $\dfrac{83}{6}$； (2) $\dfrac{5}{6}$； (3) $\dfrac{4}{3}$； (4) $\dfrac{4}{3}$； (5) $\dfrac{9}{8}$； (6) $\dfrac{45}{8}$； (7) $\dfrac{2}{9}$； (8) $\dfrac{6}{55}$.

习 题 8.8

1. 18. **2.** $\dfrac{4}{3}\pi a^3$，$4\pi a^2$. **3.** 4. **4.** $\dfrac{4}{3}\pi abc$，$\dfrac{4}{3}\pi(ab+ba+ac)$.

综合练习八

一、**1.** $D=\{(x,y)\mid 1<x^2+y^2<4\}$. **2.** $\mathrm{e}^{x^2y}\cdot 2xy$. **3.** $\dfrac{1}{xy^2+\ln y}\cdot\left(2xy+\dfrac{1}{y}\right)$.

4. (x_0,y_0)是驻点. **5.** $1,\dfrac{1}{2},\dfrac{1}{2}$. **6.** 1.

7. $B^2-AC<0$ 且 $A<0$，$B^2-AC<0$ 且 $A>0$，$B^2-AC>0$.

二、**1.** B. **2.** A. **3.** C. **4.** B. **5.** B. **6.** D. **7.** C. **8.** B.

三、**1.** $\dfrac{x^2(1-y^2)}{(1+y)^2}$. **2.** $\dfrac{1}{2}$. **3.** $\dfrac{\partial z}{\partial x}=\dfrac{y}{1+(xy)^2}$，$\dfrac{\partial z}{\partial y}=\dfrac{x}{1+(xy)^2}$. **4.** $\dfrac{y}{(x+y)^2}$.

5. 极大值点$(2,-2)$，极大值 $f(2,-2)=8$.

6. $\frac{\partial z}{\partial x}=-\frac{3x^2-3yz}{3z^2-3xy}$, $\frac{\partial z}{\partial y}=-\frac{3y^2-3xz}{3z^2-3xy}$.　7. $2(x-1)+2(y-2)+3(z-3)=0$.

8. $(-1+e)^2$.　9. $\frac{9}{4}$.

四、1. $3\sqrt{10}$, $2\sqrt{10}$.　2. 100，25.　3. 25 645.24.

习 题 9.1

1. 是,3.　2. 是,$\frac{1}{2}$.　3. 否.　4. 是,交错级数.　5. 是,收敛于 4.

6. (1) 10；(2) -8；(3) 6；(4) 26.

7. $\frac{3}{4}$.　8. 是(提示:利用比较审敛法判断).　9. 提示:几何级数.　10. 提示:用比值审敛法.

习 题 9.2

1. (1) $\left[-\frac{1}{3}, \frac{1}{3}\right)$；(2) $(-1, 1]$；(3) $(-1, 1)$；(4) $[-3, 3)$；(5) $\{0\}$；(6) $(-\infty, +\infty)$.

2. $(-1, 1)$, $f(x)=\frac{1}{(1-x)^2}$.　3. $r=1$, $(-1, 1]$.

习 题 9.3

1. $f(x)=\frac{\pi^2}{3}+\sum_{n=1}^{+\infty}\frac{4}{n^2}(-1)^n\sin n\pi$, $-\infty<x<+\infty$.

2. $f(x)=\frac{\pi}{4}-\sum_{n=1}^{+\infty}\left[\frac{1-(-1)^n}{n^2\pi}\cos nx-\frac{(-1)^{n+1}}{n}\sin n\pi\right]$, $-\infty<x<+\infty$, $x\neq\pm\pi, \pm3\pi, \cdots$.

习 题 9.4

1. 提示:利用 $\arctan x$ 的泰勒展式.
2. 提示:利用 $\arctan x$ 的傅里叶展式.
3. 略.
4. (1) 提示:$\ln 3=\ln 2+\ln\frac{3}{2}=\ln(1+1)+\ln\left(1+\frac{1}{2}\right)$, 利用 $\ln(1+x)$ 的泰勒展式；

(2) 提示:$\sqrt{e}=e^{\frac{1}{2}}$,利用 e^x 的泰勒展式；

(3) 提示:利用 $(1+x)^n$ 的泰勒展式；

(4) 提示:利用 $\cos x$ 的泰勒展式.

5. (1) 提示:在 $\frac{1}{1+x}$ 的泰勒展式中以 x^4 代替 x 得 $\frac{1}{1+x^4}$ 泰勒展式；

(2) 提示:在 e^x 的泰勒展式中以 $-x^2$ 代替 x 得 e^{-x^2} 泰勒展式.

综合练习九

1. (1) $5m$；(2) $2m-3n$；(3) $5m-n$；(4) $3m+5n$.
2. 收敛、3.
3. (1) $\left[-\frac{1}{5}, \frac{1}{5}\right)$；(2) $(-1, 1]$ (3) $(-1, 1)$；(4) $[-4, 4)$；(5) $\{0\}$；(6) $(-\infty, +\infty)$.
4. 收敛域 $(-1, 1)$, $f(x)=\frac{2}{(1-x)^2}$.
5. $f(x)=\sum_{n=1}^{+\infty}\frac{4}{n}(-1)^n\sin nx$.

习 题 10.2

1. (1) 是；(2) 不是；(3) 是；(4) 不是；(5) 是；(6) 是.

2. (1) 一阶；(2) 二阶；(3) 三阶；(4) 二阶；(5) 二阶；(6) 二阶.

3. (1) 是；(2) 是；(3) 否；(4) 是；(5) 是.

4. (1) $x^2-y^2=-25$；(2) $y=xe^{2x}$.

5. (1) $y'=x^2$；(2) $yy'+2x=0$.

习题 10.3

1. (1) $y=\frac{1}{-x^3-c}$；(2) $y=\frac{1}{16}x^4+\frac{1}{4}(cx^2+c^2)$ (3) $y=\pm\sqrt{x^2+2c+2\ln x}$；

(4) $y=-\ln\left(\frac{x^2}{2}-c\right)$；(5) $y=\ln(2ex+c+e\sin x)$；(6) $z=-\ln(e^x-c)$.

2. (1) $y=-\ln\left(1-\frac{x^2}{2}\right)$；(2) $y=-\sqrt{-1+2\cos x+2x\sin x}$；(3) $u=-\sqrt{25+t^2+\tan t}$；

(4) $y=(2-\sqrt{1+x^2})^{\frac{1}{3}}$；(5) $P=\left(\frac{1}{3}t^{\frac{3}{2}}+\sqrt{2}-\frac{1}{3}\right)^2$.

3. $y=\sqrt{x^2+4}$.

4. (1) $y=\frac{x^4}{24}+c_1x^2+c_2x+c_3$；(2) $y=c_1+c_2x+c_3x^2+c_4x^3+\sin x$；

(3) $y=\frac{1}{8}e^{2x}+c_1x^2+c_2x+c_3$；(4) $y=c_1+c_2x+c_3x^2+c_4x^3+\frac{1}{16}\sin(2x)$.

习题 10.4

1. (1) $y=1+ce^{-x}$；(2) $y=(x+c)e^x$；(3) $y=ce^{-x}+x-1$；(4) $y=\frac{2}{3}\sqrt{x}+\frac{c}{x}$；

(5) $y=\sqrt{x}+\frac{c}{\sqrt{x}}$；(6) $y=x^2(c+\ln x)$；(7) $y=ce^{-x^2}$；(8) $y=ce^{\frac{x}{2}-\frac{1}{4}\sin 2x}$.

2. (1) $y=\frac{3-x+x\ln x}{x^2}$；(2) $y=\frac{\sin t}{t^3}$；(3) $u=-t^2+t^3$；(4) $y=\frac{1-x^2+2x^2\ln x}{4x}$.

3. (1) $y=\frac{1}{ce^x-\sin x}$；(2) $y=\frac{3e^{\frac{3}{2}x^2+c}}{1-3e^{\frac{3}{2}x^2+c}}$；(3) $y=\frac{1}{\sqrt[3]{ce^x-2x-1}}$；

(4) $y^4=\frac{4e^{4x}}{4xe^{4x}-e^{4x}-4c}$.

习题 10.5

1. (1) $y=c_1e^{-2x}+c_2e^x$；(2) $y=\frac{1}{4}c_1e^{4x}+c_2$；

(3) $y=e^{-3x}(c_1\sin 2x+c_2\cos 2x)$；(4) $y=c_1e^{(1-a)x}+c_2e^{(1+a)x}$.

2. (1) $y=(2+x)e^{-\frac{x}{2}}$；(2) $y=3e^{-2x}\sin 5x$.

3. (1) $y=x$；(2) $y=e^x$；(3) $y=\sin x$；(4) $y=\frac{7}{6}$.

4. (1) $y=c_1e^{-x}+c_2e^{3x}+\frac{1}{3}(1-3x)$；(2) $y=-\frac{1}{2}c_1e^{-2x}+x-\frac{x^2}{2}+\frac{x^3}{3}+c_2$；

(3) $y=c_1e^{-2x}+c_2e^{-x}+x^2-3x+4$；(4) $y=c_1e^{\frac{x}{2}}+c_2xe^{\frac{x}{2}}+\frac{5}{2}x^2e^{\frac{x}{2}}$；

(5) $y=c_1e^{4x}+\frac{1}{9}(8-12x)e^x+c_2$；(6) $y=c_1e^{-2x}+c_2xe^{-2x}+\frac{1}{6}x^2(3+x^2)e^{-2x}$；

(7) $y=c_1+c_2x-\sin 2x$；(8) $y=c_1+c_2x+\frac{x^3}{6}-3\cos x$.

5. (1) $y=e^{-\frac{5}{2}x}(2+e^x+xe^x)$；(2) $y=2-\frac{1}{7}e^{-\frac{x}{4}}\left(7\cos\frac{\sqrt{7}}{4}x+\sqrt{7}\sin\frac{\sqrt{7}}{4}x\right)$；

(3) $y=\sin x$.

习 题 10.6

1. $y=2(e^x-x-1)$.
2. 略.
3. $P=-\frac{1}{a}[(1+b-aP_0)e^{-ax}-1-b+ax]$.
4. 提示:建立方程 $P'(t)=1-aP(t)$.
5. 提示:建立方程 $f_1-a-bs'=Ps''$, $s(0)=s'(0)=0$.
6. 提示:建立方程 $T'=k(T-T_e)$, $T(0)=T_0$.
7. $y=x^2-5$.
8. 提示:建立方程 $y+xy'=0$, $y(2)=3$.
9. 提示:建立方程 $y'=ky$.
10. 提示:建立方程 $R'=kR$.
11. 提示:建立方程 $\frac{20t}{v}=v$.

综合练习十

一、1. A 2. A、B、C. 3. A、C、D. 4. B、C 5. B. 6. A. 7. A. 8. A. 9. A.

二、1. $y=-e^{-x}+3$. 2. $y=e^{-\int p(x)dx}\left[\int q(x)e^{\int p(x)dx}dx+c\right]$. 3. $y=2e^{-2x}$. 4. $y=e^{2x}-e^{3x}+\frac{7}{6}$.

5. $y=c_1\cos x+c_2\sin x$. 6. $y=c_1e^{-2x}+c_2$. 7. $\lambda^2+2\lambda-3=0$. 8. $y=(Ax+B)e^{-x}$.

三、1. $y=e^{-x}(x+c)$. 2. $y=\frac{x^3}{4}+\frac{c}{x}$. 3. $y=\sec x\left(\frac{1}{4}\sin 2x+\frac{x}{2}+c\right)$. 4. $y=ce^{\frac{3}{2}x^2}-\frac{2}{3}$.

5. $y=\frac{1}{3}e^{-x}(3\cos 3x+2\sin 3x)$, 6. $y=c_1e^{-x}+c_2e^{3x}+\frac{1}{3}(1-3x)$.

7. $y=c_1e^{-2x}+x-\frac{x^2}{2}+\frac{x^3}{3}+c_2$. 8. $y=c_1e^{-2x}+c_2e^{-x}+4-3x+x^2$.

四、提示:根据牛顿运动定律 $f=ma$ 建立方程 $v''=kv$.

习 题 11.2

1. (1) 0; (2) $-y^2$; (3) 2 000; (4) 4; (5) $-2(x^3+y^3)$; (6) 48.
2. 提示:利用拆分法则,将原行列式拆分成 8 个行列式,即可证明出结果.
3. 2, 3. 4. 0.
5. (1) $\begin{cases}x_1=1,\\x_2=-1;\end{cases}$ (2) $\begin{cases}x_1=1,\\x_2=2,\\x_3=\frac{1}{2};\end{cases}$ (3) $\begin{cases}x_1=1,\\x_2=1,\\x_3=0,\\x_4=1;\end{cases}$ (4) $\begin{cases}x_1=1,\\x_2=1,\\x_3=1,\\x_4=1.\end{cases}$

习 题 11.3

1. $2\left(\boldsymbol{A}+\frac{1}{2}\boldsymbol{B}\right)=\begin{pmatrix}4&9\\2&1\end{pmatrix}$; $\boldsymbol{AB}=\begin{pmatrix}-6&-9\\-2&-5\end{pmatrix}$; $\boldsymbol{BA}=\begin{pmatrix}-5&-6\\-3&-6\end{pmatrix}$; $3\boldsymbol{A}^{\mathrm{T}}-\boldsymbol{B}^{\mathrm{T}}=\begin{pmatrix}11&2\\12&9\end{pmatrix}$.

2. $\boldsymbol{X}=\frac{1}{3}\begin{bmatrix}-3&-1&-5\\-4&-1&8\\-6&5&3\end{bmatrix}$.

3. (1) $r(\boldsymbol{A})=2$; (2) $r(\boldsymbol{B})=2$; (3) $r(\boldsymbol{C})=2$; (4) $r(\boldsymbol{D})=3$,

4. $\boldsymbol{P}^{-1}=\begin{pmatrix}1&0&0\\2&-1&0\\-4&1&1\end{pmatrix}$, $\boldsymbol{A}=\boldsymbol{PBP}^{-1}=\begin{pmatrix}1&0&0\\2&0&0\\6&-1&-1\end{pmatrix}$.

5. (1) $\begin{pmatrix}1&3&-2\\-\dfrac{3}{2}&-3&\dfrac{5}{2}\\1&1&-1\end{pmatrix}$; (2) $\begin{pmatrix}1&-4&-3\\1&-5&-3\\-1&6&4\end{pmatrix}$;

(3) $\begin{pmatrix}1&-3&11&-38\\0&1&-2&7\\0&0&1&-2\\0&0&0&1\end{pmatrix}$; (4) $\dfrac{1}{4}\begin{pmatrix}1&1&1&1\\1&1&-1&-1\\1&-1&1&-1\\1&-1&-1&1\end{pmatrix}$.

6. $\boldsymbol{X}=\begin{pmatrix}2&-23\\0&8\end{pmatrix}$.

7. $\boldsymbol{X}=\boldsymbol{A}^{-1}\boldsymbol{C}\boldsymbol{B}^{-1}=\begin{pmatrix}1&3&-2\\-\dfrac{3}{2}&-3&\dfrac{5}{2}\\1&1&-1\end{pmatrix}\begin{pmatrix}1&3\\2&0\\3&1\end{pmatrix}\begin{pmatrix}3&-1\\-5&2\end{pmatrix}=\begin{pmatrix}-2&1\\10&-4\\-10&4\end{pmatrix}$.

习 题 11.4

1. 24. 2. $a=-1$. 3. (1) 只有零解；(2) 有无穷多个解.

4. (1) $\begin{cases}x_1=\dfrac{1}{10}(4-c_1-6c_2),\\x_2=\dfrac{1}{5}(3+3c_1-7c_2),\\x_3=c_1,\\x_4=c_2,\end{cases}$ 其中 c_1，c_2 可任意取值；

(2) $\begin{cases}x_1=1-\dfrac{8}{21}c,\\x_2=\dfrac{3}{7}c,\\x_3=\dfrac{2}{3}c,\\x_4=c,\end{cases}$ 其中 c 可任意取值；

(3) $\begin{cases}x_1=0,\\x_2=0,\\x_3=0,\\x_4=0;\end{cases}$ (4) $\begin{cases}x_1=\dfrac{1}{3},\\x_2=-1,\\x_3,=\dfrac{1}{2},\\x_4=1.\end{cases}$

5. $k=\dfrac{4}{11}$.

6. 当 $\lambda\neq1$ 且 $\lambda\neq-2$ 时，方程组有唯一解为 $\begin{cases}x_1=-\dfrac{\lambda+1}{\lambda+2},\\x_2=\dfrac{1}{\lambda+2},\\x_3=\dfrac{(\lambda+1)^2}{\lambda+2};\end{cases}$

当 $\lambda = 1$ 时,方程组有无穷多解,可表示为 $\begin{cases} x = c_1, \\ y = c_2, \\ z = 1 - c_1 - c_2 \end{cases}$ (其中 c_1, c_2 可任意取值);

当 $\lambda = -2$ 时,方程组无解.

习　题　11.5

1. 20 个时段后,两个种群 X, Y 的数量分别为 2^{42}, $3 \cdot 2^{41}$.
2. S(小号)、M(中号)、L(大号)、XL(特大号)四个类型的运动服在这天获得的利润分别是 115, 340, 375, 75.

综合练习十一

一、1. A.　2. B.　3. D.　4. B.　5. C.

二、1. $\begin{pmatrix} 1 & 1 \\ 2 & 3 \end{pmatrix}$, $\begin{pmatrix} 3 & 8 \\ 4 & 11 \end{pmatrix}$;　2. 4.　3. -4.　4. 4, $\frac{1}{2}$;　5. -2;　6. 0.

三、1. 2.　2. $x^3(a_1 + a_2 + a_3 + a_4 + x)$.　3. (1) $\boldsymbol{A}^{-1} = \begin{pmatrix} \frac{1}{2} & 0 & 0 \\ 0 & 9 & -1 \\ 0 & -8 & 1 \end{pmatrix}$;　(2) 0.

四、1. $\boldsymbol{X} = \boldsymbol{A}^{-1}\boldsymbol{B} = \begin{pmatrix} 1 & 0 & 0 \\ 0 & -2 & 1 \\ 0 & -1 & 1 \end{pmatrix} \begin{pmatrix} 1 & -1 \\ 2 & 0 \\ 5 & -3 \end{pmatrix} = \begin{pmatrix} 1 & -1 \\ 1 & -3 \\ 3 & -3 \end{pmatrix}$.

2. (1) $a = -5$;　(2) $\begin{cases} x_1 = -4c_2, \\ x_2 = 1 - 2c_1 + c_2, \\ x_3 = c_1, \\ x_4 = c_2, \end{cases}$ 其中 c_1, c_2 可任意取值.

习　题　12.1

1. (1) A;　(2) A;　(3) A;　(4) φ;　(5) Ω;　(6) A;　(7) Ω;　(8) φ.
2. (1) $B \subset A$;　(2) $C \subset D$;　(3) $E \subset F$;　(4) $H \subset I \subset G$.
3. (1) $A\bar{B}\bar{C}$;　(2) $AB\bar{C}$;　(3) ABC;　(4) $A + B + C$;　(5) $AB + AC + BC$;

   (6) $A\bar{B}\bar{C} + \bar{A}B\bar{C} + \bar{A}\bar{B}C$;　(7) $AB\bar{C} + A\bar{B}C + \bar{A}BC$;　(8) $\bar{A}\bar{B}\bar{C}$;　(9) $\overline{ABC}$.
4. 0.3.
5. (1) $\frac{C_{900}^{15}}{C_{1000}^{15}}$;　(2) $\frac{C_{100}^{15}}{C_{1000}^{15}}$;　(3) $\frac{C_{900}^{14} C_{100}^{1}}{C_{1000}^{15}}$;　(4) $\frac{C_{900}^{13} C_{100}^{2}}{C_{1000}^{15}}$;　(5) $1 - \frac{C_{900}^{15}}{C_{1000}^{15}}$;　(6) $\frac{C_{900}^{15} + C_{900}^{14} C_{100}^{1}}{C_{1000}^{15}}$;

   (7) $\frac{\sum_{i=0}^{4} C_{900}^{15-i} C_{100}^{i}}{C_{1000}^{15}}$.
6. 0.35.　7. $\frac{9}{22}$.　8. 1 000.

习　题　12.2

1. (1) 连续;　(2) 离散;　(3) 离散;　(4)离散.
2. (1) $a = 0.3$;　(2) $P\{x > 2\} = 0.6$;　(3) $P\{x \geqslant 2\} = 0.8$.
3. (1) $P\{Z = 2\} = C_{10}^{2} \left(\frac{19}{20}\right)^2 \left(\frac{1}{20}\right)^8$;　(2) $P\{Z < 2\} = \left(\frac{1}{20}\right)^{10} + C_{10}^{1} \left(\frac{19}{20}\right) \left(\frac{1}{20}\right)^9$;

   (3) $P\{Z \geqslant 2\} = 1 - \left(\frac{1}{20}\right)^{10} - C_{10}^{1} \left(\frac{19}{20}\right) \left(\frac{1}{20}\right)^9$;　(4) $P\{2 \leqslant Z \leqslant 5\} = \sum_{i=2}^{5} C_{10}^{i} \left(\frac{19}{20}\right)^i \left(\frac{1}{20}\right)^{10-i}$.

4. $P(\xi=k)=\left(\frac{1}{4}\right)^{k-1}\frac{3}{4}, k=1, 2, \cdots.$

5. (1) $k=\pm\pi$； (2) $P\left\{1\leqslant Z\leqslant\frac{\sqrt{3}}{3}\right\}=\frac{1}{\pi}\left(\arctan\frac{\sqrt{3}\pi}{3}-\arctan\pi\right)$；

(3) $P\{Z\leqslant 1\}=\frac{1}{\pi}\arctan\pi+\frac{1}{2}$； (4) $P\left\{Z\leqslant\frac{\sqrt{3}}{3}\right\}=\frac{1}{\pi}\arctan\frac{\sqrt{3}\pi}{3}+\frac{1}{2}$.

6. (1) $\mu=0, \sigma=1$； (2) $\mu=1, \sigma=2$； (3) $\mu=-1, \sigma=\frac{1}{2}$.

7. (1) $k=\frac{1}{2}$；(2) $E(Z)=\pi$.

8. (1) 0.818 55； (2) 0.5； (3) 0.977 25.

9. 0.922 20.

10. 随机变量 Z 的分布列为 $P(Z=k)=\frac{1}{216}, k=3, 4, \cdots, 18$.

$E(Z)=\sum_{k=3}^{18}k\frac{1}{216}=\frac{169}{216}$; $E(Z^2)=\sum_{k=3}^{18}k^2\frac{1}{216}=\frac{263}{27}$;

$D(Z)=E(Z^2)-(E(Z))^2=\frac{425\,903}{46\,656}$; $\sqrt{DZ}=\frac{\sqrt{425\,903}}{216}$.

11. $E(Z)=5$; $E(Z^2)=\frac{100}{3}$; $D(Z)=E(Z^2)-(E(Z))^2=\frac{25}{3}$; $\sqrt{DZ}=\frac{5\sqrt{3}}{3}$.

习 题 12.3

1. 样本均值 $\bar{X}_{身高}=158.15$，$\bar{X}_{体重}=54.3$；
样本方差 $S^2_{n身高}=12.352\,5$，$S^2_{n体重}=0.81$.

2. $n\geqslant 4$.

3. 设该天生产产品的重量的均值为 μ，
$H:\mu=20$
由于产品重量的标准差不变，所以样本的均值 $\bar{X}\sim N\left(\mu, \frac{5^2}{100}\right)$

进而统计量 $\mu=\frac{\bar{X}-\mu}{5}\sqrt{100}\sim N(0, 1)$.

如果 $H:\mu=20$ 成立，则 $\mu=\frac{\bar{X}-20}{5}\sqrt{100}\sim N(0, 1)$.

由正态分布表，有 $P\{|u|>1.96\}=5\%$，把 $\bar{x}=20.5$ kg 代入上面的式子，$|\mu|=1<1.96$，故接受 $H:\mu=20$；也就是说，该天生产是正常的.

综合练习十二

1. $\frac{9}{14}$.

2. (1) $\frac{1}{256}$；(2) $\frac{1}{256}$；(3) $\frac{1}{32}$；(4) $\frac{7}{64}$；(5) $\frac{255}{256}$；(6) $\frac{9}{256}$.

3. (1) $\frac{C_{48}^2}{C_{60}^2}$； (2) $\frac{C_{48}^1C_{16}^1}{C_{60}^2}$.

4. 0.3.

5. (1) $P(AB)=0.001\,5$； (2) $P(A\bar{B})=0.048\,5$； (3) $P(A+B)=0.078\,5$.

6. 0.97.

7. (1) $P\{Z=0\}=0.018\,316$； (2) $P\{Z<4\}=0.433\,471$； (3) $P\{2\leqslant Z<4\}=0.341\,892$.

8. $P(\xi=4)=\frac{2}{3}e^{-2}$.

9. (1) 常数 $k=\frac{1}{6}$； (2) $P\{X\leqslant 2\}=\frac{1}{3}$； (3) $P\{1<X\leqslant 3.5\}=\frac{41}{48}$.

10. $E(Z)=1.9$.

11. (1) $a=0.3$； (2) 随机变量 Z 的分布函数 $F(z)=\begin{cases}0, & z<1,\\ 0.3, & 1\leqslant z<2,\\ 0.7, & 2\leqslant z<3,\\ 1, & z\geqslant 3.\end{cases}$

12. (1) $P\{2\leqslant Z\leqslant 12\}=\Phi(2)-\Phi(0)=0.477\,25$；

(2) $P\{Z\leqslant 18\}=\Phi(3.2)=0.999\,31$；

(3) $P\{-1\leqslant Z\leqslant 8\}=\Phi(1.2)-\Phi(-0.6)=\Phi(1.2)+\Phi(0.6)-1=0.610\,6$.

13. $E\left(\frac{1}{n}\sum_{k=1}^{n}X_k\right)=\mu$, $D\left(\frac{1}{n}\sum_{k=1}^{n}X_k\right)=\frac{\sigma^2}{n}$.

14. 设 X 为试用过的钥匙数,可得

(1) $P(X=k)=\frac{1}{n}\ (k=1, 2, \cdots, n)$, $E(X)=\sum_{k=1}^{n}k\cdot\frac{1}{n}=\frac{n+1}{2}$,

$E(X^2)=\sum_{k=1}^{n}k^2\cdot\frac{1}{n}=\frac{(n+1)(2n+1)}{6}$, $D(X)=E(X^2)-(E(X))^2=\frac{n^2-1}{12}$；

(2) $P(X=k)=\left(\frac{n-1}{n}\right)^{k-1}\frac{1}{n}(k=1, 2, \cdots)$, $E(X)=\sum_{k=1}^{\infty}k\cdot\left(\frac{n-1}{n}\right)^{k-1}\frac{1}{n}=n$,

$E(X^2)=\sum_{k=1}^{\infty}k^2\cdot\left(\frac{n-1}{n}\right)^{k-1}\frac{1}{n}=2n^2-n$, $D(X)=E(X^2)-(E(X))^2=n(n-1)$.

15. $P(\xi>0.8)=\int_{0.8}^{1}12x(1-x)^2\mathrm{d}x=0.027\,2$；$P(\xi>0.9)=\int_{0.9}^{1}12x(1-x)^2\mathrm{d}x=0.003\,7$.

参考文献

[1] 同济大学数学系. 高等数学(上下册)[M]. 7 版. 北京:高等教育出版社,2014.
[2] Ron Larson, Bruce Edwards. Calculus[M]. 10th. Bosdon: Brooks/Cole, 2012.
[3] Maurice D. Weir, Joel Hass, George B. Thomas, Thomas' Calculus[M]. 12th. Boston: Pearson Education, 2009.
[4] James Stewart. Calculus[M]. 8th. Bosdon: Brooks/Cole, 2014.
[5] 同济大学数学系. 工程数学 线性代数[M]. 6 版. 北京:高等教育出版社, 2014.
[6] 王高雄. 常微分方程[M]. 3 版. 北京:高等教育出版社, 2013.
[7] 魏宗舒. 概率论与数理统计教程[M]. 2 版. 北京:高等教育出版社, 2010.
[8] 工科中专数学教材编写组. 数学(第 3—4 册)[M]. 3 版. 北京:高等教育出版社,1994.
[9] 周爱月. 化工数学[M]. 2 版. 北京:化学工业出版社, 2001.
[10] 邓光. 数学应用技术[M]. 北京:化学工业出版社, 2011.
[11] 陈杰. Matlab 宝典[M]. 3 版. 北京:电子工业出版社, 2011.
[12] 张圣勤. Matlab7.0 实用教程[M]. 北京:机械工业出版社, 2015.